21世纪电脑艺术设计精品课程规划教材

3ds Max 2009
实训标准教程

朱云飞／主编
汪训 陈帅佐／副主编

中国青年出版社
中国青年电子出版社
http://www.21books.com http://www.cgchina.com
中青雄狮

图书在版编目(CIP)数据

3ds Max 2009实训标准教程 / 朱云飞主编. －北京：中国青年出版社，2009.5

21世纪电脑艺术设计精品课程规划教材

ISBN 978-7-5006-8729-0

I.3 ... II.朱... III.三维－动画－图形软件，3DS MAX 2009－教材 IV. TP391.41

中国版本图书馆CIP数据核字（2009）第 060670 号

3ds Max 2009实训标准教程

朱云飞 主编

出版发行：中国青年出版社

地　　址：北京市东四十二条21号

邮政编码：100708

电　　话：(010) 59521188 / 59521189

传　　真：(010) 59521111

企　　划：中青雄狮数码传媒科技有限公司

责任编辑：李廷钧　丁　伦　王家辉

封面设计：刘洪涛

印　　刷：北京机工印刷厂

开　　本：787×1092 1/16

总 印 张：78.25

版　　次：2009年6月北京第1版

印　　次：2009年6月第1次印刷

书　　号：ISBN 978-7-5006-8729-0

总 定 价：128.00元（共4分册，各附赠1CD）

本书如有印装质量等问题，请与本社联系　电话：(010) 59521188 / 59521189

读者来信：reader@cypmedia.com

如有其他问题请访问我们的网站：www.21books.com

“北京北大方正电子有限公司”授权本书使用如下方正字体：

封面用字包括：方正兰亭黑体、方正兰亭粗黑

前言

3ds Max是目前市场上最流行的三维造型和动画制作软件之一，也是当前世界上应用范围最广的三维建模、动画以及渲染解决方案之一。在2008年的2月份，Autodesk公司宣布推出Autodesk 3ds Max建模、动画和渲染软件的两个新版本——Autodesk 3ds Max 2009与3ds Max Design 2009。其中，Autodesk 3ds Max 2009主要用于游戏及影视制作。最新的3ds Max 2009的新增功能主要体现在以下几个方面：Reveal渲染和视图操作接口、改进的OBJ和FBX支持、改进的UV纹理编辑、改进的DWG导入、ProMaterial、Biped改进、光度学灯光改进等。

● 本书内容

本书以3ds Max 2009的工作流程为主线，分为入门、进阶及综合几部分。全书总计13章，内容丰富。本书的第一章简要介绍了3ds Max 2009的新增功能及特点、安装与卸载方法，以及工作流程等基础知识。第二章介绍了3ds Max 2009的界面布局、场景文件管理，以及视口显示等内容。第三章为3ds Max 2009的初级建模技法篇，介绍了标准三维几何体、扩展三维几何体、标准二维图形、扩展二维图形，以及建筑类型等内容。第四章为中级建模技法篇，主要介绍了布尔运算、放样、散布、噪波修改器、毛发修改器等知识。第五章为高级建模技法篇，主要介绍了面片建模、多边形及网格建模、NURBS建模等知识。第六章为灯光及摄影机基础篇，主要介绍了3ds Max 2009的标准灯光及摄影机的基础知识。第七章为灯光及摄影机的高级篇，介绍了3ds Max 2009的光学度灯光和摄影机的运动模糊和景深特效的应用。第八章和第九章分别为材质基础篇和高级篇，主要介绍了3ds Max 2009的材质与贴图方面的知识。第十章为3ds Max 2009的动画制作篇，介绍了关键帧动画的制作、粒子和空间扭曲的应用、曲线编辑器的使用等知识。第十一章为3ds Max 2009的渲染输出篇。第十二章为3ds Max 2009的环境和特效应用篇。第十三章介绍Video Post方面的知识。

● 本书特色

本书在章节内容选择方面，非常注重实际运用，立求更加贴近教学。以一个“任务”为一节，内容上由基础的“核心知识”到 “实际操作”，再到相关知识拓展的“深度解析”，使读者在掌握该任务知识的同时，了解其他的相关知识。在每章的最后还安排了一个“综合实训”，用于对该章重点知识进行综合训练。章节末尾还安排“测试练习”，方便读者对该章知识进行复习、测试与巩固。本书的附录内容也相当的丰富，附录1的任务上机指导内容几乎涵盖了3ds Max 2009所有的功能，附录2的认证模拟试题数量多达80道，更加方便读者练习与巩固本书知识。

● 教学资源

随书光盘附赠任务案例的原始素材和最终效果文件，以及考试大纲、就业指导和3ds Max相关视频学习文件等。通过众多的教学辅导资源，希望能为广大师生在“教”与“学”之间铺垫出一条更加平坦的道路，力求使每一位学习本书的读者均可达到一定的职业技能水平。

由于时间仓促，疏漏之处在所难免，希望广大读者批评指正。

编　者

目录

第1章 认识3ds Max 2009

第2章 3ds Max 2009基本操作

第3章 在3ds Max 2009中创建基本对象

第4章 复合对象的创建及修改

第5章 高级建模方法的基础及应用

第6章 3D数字灯光与摄影机的基础知识

第7章 高级灯光、摄影机的应用

第8章 材质编辑器与基本参数设置

第9章 深入了解材质贴图

第10章 认识3ds Max动画

第11章 3ds Max 2009的渲染输出

第12章 认识3ds Max的环境和特效

第13章 使用Video Post制作特效

附录1 任务上机指导

附录2 认证模拟试题

Chapter 01

认识3ds Max 2009

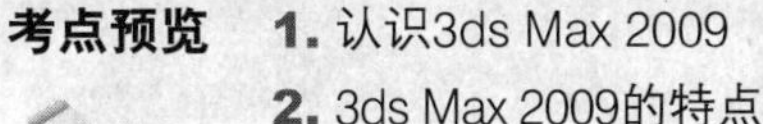

▶ **考点预览**

1. 认识3ds Max 2009
2. 3ds Max 2009的特点
3. 3ds Max 2009的新增功能
4. 了解安装环境并安装3ds Max 2009
5. 3ds Max 2009的卸载注意事项
6. 3ds Max 2009的工作流程

▶ **课前预习**

本章将主要带领读者认识3ds Max 2009，了解3ds Max 2009的功能与特点，讲解其安装方法及基本的工作流程，让读者在系统地进行学习前先对3ds Max 2009有一个大概的认识，了解3ds Max的适用行业。

1.1 任务01 了解3ds Max软件

3ds Max是Autodesk出品的一款著名3D动画软件，为著名软件3d Studio的升级版本。3ds Max是世界上应用最广泛的三维建模、动画、渲染软件，广泛应用于游戏开发、角色动画、电影电视视觉效果和设计等领域。3d Studio最初版本由Kinetix开发，后为Discreet收购，Discreet后又被Autodesk收购。最新版本Autodesk 3ds Max 2009分32- bit和64- bit两种版本。

3ds Max的发展史：

DOS环境下的3DS ➔ 3d studio Max ➔ Autodesk 3ds Max ➔ 3ds Max 2009

1.1.1 简单讲评

学习3ds Max 2009，首先应当对3ds Max的用途及其发展史进行了解，在本小节中将向读者介绍3ds Max的发展史。读者只需了解本小节中介绍的这些基本知识即可。

1.1.2 核心知识

3ds Max是一款功能强大的三维建模、动画、渲染软件。下面将对其发展史进行介绍。

3ds Max的发展

3ds Max的前身是运行在DOS环境下的3DS，直到1996年，才开发了面向Windows操作系统的桌面程序，并正式命名为3d studio Max。1999年，Autodesk公司将收购的Discreet Logic公司和旗下的Kinetix公司合并，成立了Discreet多媒体分公司，专门致力于提供用于视觉效果、3D动画、特效编辑、广播图形和电影特技的系统和软件。这次并购使3ds Max系列软件的设计者们也随之加入了该公司，并推出了3ds Max 4系列专业级三维动画及建模软件。2000年11月中旬，Autodesk的多媒体分部Discreet公司在庆祝其在动画业界独领风骚10年之际，推出了具有重大革新内容的3ds Max新版本——3ds Max 5。图1-1所示的是Autodesk公司的官方网站。

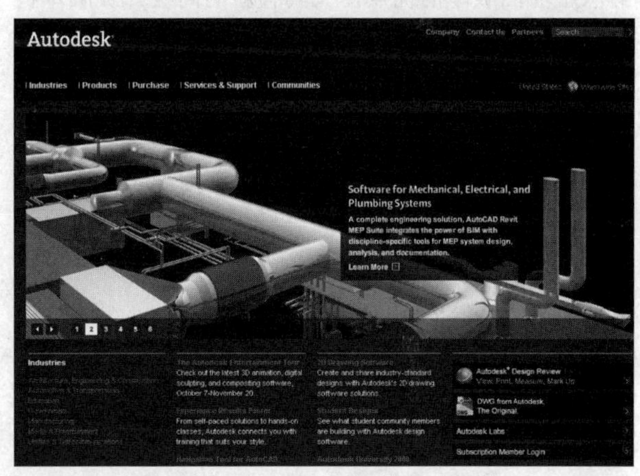

图1-1 Autodesk公司的官方网站

2005年3月24日，Autodesk宣布将其下属分公司Discreet正式更名为Autodesk媒体与娱乐部，而软件的名称由原来的Discreet 3ds Max更名为Autodesk 3ds Max，随之附带的官方认证也由原来的Discreet认证更名为现在的Autodesk传媒娱乐认证。图1-2所示的是Autodesk传媒娱乐认证样本。

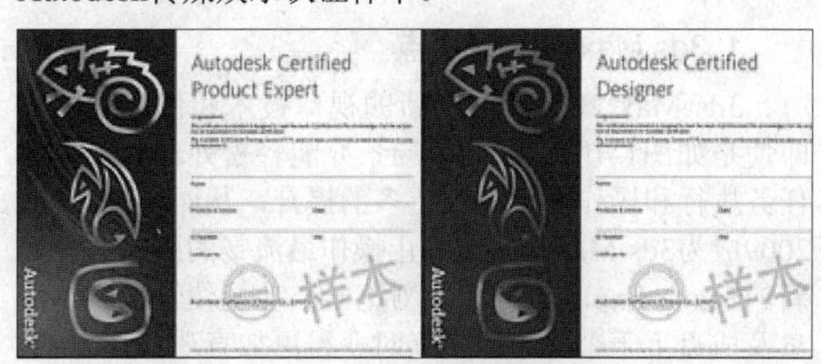

图1-2 Autodesk传媒娱乐认证

2008年2月，最新版本3ds Max 2009发布，软件宣传手册封面如图1-3所示。该版本通过简化处理复杂场景的过程，视窗交互、迭代转换和材质执行等方面的巨大性能改进，以及增加新的艺术家友好的UI和场景管理功能可以最大限度地提高工作效率。它还推出了Review工具包，提供阴影的交互式预览、3ds Max太阳天空系统及建筑和设计材质的设置。

图1-3　软件宣传手册封面

1.2 任务02 了解3ds Max 2009的特点与新增功能

作为一款优秀的三维制作软件，3ds Max 2009既继承了前面版本的优点，又具有新的高级升级版本特点及新增功能。在本节中将对3ds Max 2009的特点及新增功能进行介绍。

任务快速流程：

3ds Max 2009的特点 ➔ 3ds Max 2009的新增功能

1.2.1 简单讲评

本小节主要对3ds Max 2009的特点及新增功能进行介绍，读者只需了解本小节中介绍的3ds Max 2009的特效及其新增功能即可。

1.2.2 核心知识

3ds Max是目前世界上最流行的三维设计制作软件，它不仅应用于游戏开发和合成电影电视特效方面，还可用于工业辅助设计、建筑园林、室内装饰，甚至还能为科技教育、军事技术和科学研究的某些领域提供帮助。

1. 3ds Max 2009的特点

3ds Max 2009提供了新的视口技术和优化功能，即使是如图1-4所示的复杂场景亦能轻松处理。常见的任务执行和操作速度得到更多的提升，从而使3ds Max 2009成为3ds Max到现在为止操作最流畅的版本，并且新的Scene Explorer（场景浏览器）功能使管理大型场景及成百上千个对象的交互时变得更加直观。

图1-4　拥有大量对象的复杂场景

2008年2月12日Autodesk, Inc. (NASDAQ: ADSK)公司推出了面向娱乐专业人士的Autodesk 3ds Max 2009软件，同时也首次推出了3ds Max Design 2009软件，这是一款专门为建筑师、设计师以及可视化专业人士而量身定制的3D应用软件。Autodesk 3ds Max的两个版本均提供了新的渲染功能，增强了与包括Revit软件在内的行业标准产品之间的互通性，并且包含更多的节省大量时间的动画和制图工作流工具。3ds Max Design 2009还提供了灯光模拟和分析技术。

3ds Max 2009除了提供对视窗交互、迭代转换和材质执行等方面的巨大性能改进，增加新的艺术家友好的UI、场景管理功能和Review工具包以外，还提供对复杂制作流程和工作流程的改进支持——新的集成MAX Script ProEditor（Max脚本编辑器），使扩展和自定义3ds Max比以前更加容易。并且改进的DWG文件链接和数据支持加强了与AutoCAD 2009、AutoCAD Architecture 2009和Revit Architecture 2009等软件产品的协同工作能力。同时还对众多的Biped进行了改进，包括对角色动作进行分层并将其导出到游戏引擎的新方法，以及在Biped骨架方面为动画师制作出如图1-5所示的更灵活多变的角色动作提供条件。

图1-5　改进的Biped功能让角色动作更灵活多变

2. 3ds Max 2009的新增功能

① Reveal 渲染和视图操作接口

图1-6所示的Reveal渲染系统是3ds Max 2009的一项新功能，为用户快速精确渲染提供了所需的精确控

制。用户可以选择渲染减去某个特定物体的场景，或渲染单个物体甚至帧缓冲区的特定区域。渲染图像帧缓冲区现在包含一套简化的工具，通过随意过滤物体、区域和进程，平衡质量、速度和完整性，可以快速有效达到渲染设置中的变化。

图1-6 Reveal 渲染系统

图1-7所示的视图操作接口也是3ds Max 2009的一项新功能。该视图操作接口方便用户对视图进行精确调节，通过快捷键Alt+Ctrl+V/Shift+W可开启或关闭该功能。为方便操作，通常情况下将该功能关闭。

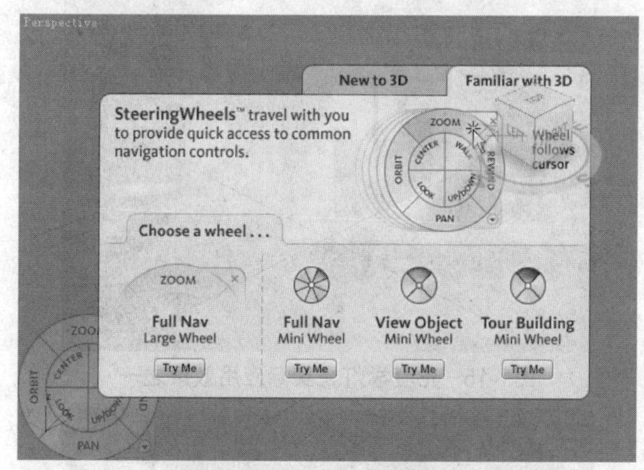

图1-7 视图操作接口

② 改进的OBJ和FBX支持

更高的OBJ转换保真度，以及更多的导出选项使3ds Max、Mudbox，以及其他数字雕刻软件之间的数据传递更加容易。用户可以利用新的导出预置，额外的几何体选项，包括隐藏样条线或直线，以及新的优化选项来减少文件大小和改进性能。游戏制作人员可以体验到增强的纹理贴图处理，以及在物体面数方面得到改进的Mudbox导入信息。3ds Max 2009还提供改进的FBX内存管理及支持3ds Max与其他产品（如Maya和MotionBuilder）协同工作的新的导入选项。

③ 改进的UV纹理编辑

3ds Max在智能、易用的贴图工具方面继续引领业界潮流。用户可以使用新的样条贴图功能来对管状和样条状物体进行贴图，如把道路贴图到一个区域中。此外，改进的Relax和Pelt工作流程简化了UVW展开，使用户能够以更少的步骤创作出想要的作品。UV纹理编辑在角色模型方面的应用效果如图1-8所示。

图1-8 UV在角色模型上的应用

UV纹理编辑在工业展示上的应用效果如图1-9所示。可通过使用Microsoft的高效高级应用程序编程接口扩展用户的软件。

图1-9 UV在工业展示中的应用

④ 改进的DWG导入

3ds Max 2009提供更快、更精确的DWG文件导入。使用户能够在更短的时间内导入带有多个物体的大型复杂场景。并且改进了指定和命名材质、实体导入和法线管理等功能，从而大大简化了基于DWG的工作流程。图1-10所示的是AutoCAD 2009的宣传手册封面效果。

图1-10 AutoCAD 2009宣传手册封面效果

⑤ ProMaterials

新的材质库提供了易用、基于实物的Mental ray材质，使用户能够快速创建如图1-11所示的固态玻璃、混凝土或专业的有光墙壁涂料等常用的建筑和设计表面。

图1-11 固态玻璃效果

图1-12所示的是无光墙壁涂料的室内效果。

图1-12 无光墙壁涂料效果

⑥ Biped改进

3ds Max 2009在Biped骨架方面为用户提供了更高水平的灵活性。新的Xtras工具能用于Rig上的任何部位（如翼或其他面部骨骼）的制作和动画外来的Biped物体，并可以将其保存为BIP文件。被保存的这些文件在Mixer、Motion Flow，以及层中都得到很好的支持。其中，新的分层功能使用户能够把BIP文件另存为每个层的偏移，从而更加精确地对角色动作进行控制。Biped骨架在角色动画中的应用效果如图1-13所示。

图1-13 Biped骨架在角色动画中的应用

3ds Max 2009还支持Biped物体以工作轴心点和选取的轴心点为轴心进行旋转，这加速了戏剧化角色的动作创建，比如图1-14所示的角色手腕弯曲等动作。

图1-14 角色手腕弯曲动作

⑦ 光度学灯光改进

3ds Max 2009支持新型的区域灯光浏览对话框和灯光用户界面中的光度学网络预览，以及改进的近距离光度学计算质量和光斑分布。另外，分布类型现在能够支持任何发光形状，而且用户可以使灯光形状与渲染图像中的物体一致。光度学灯光在设计中的实际应用效果如图1-15和图1-16所示。

图1-15 光度学灯光实际应用效果之一

图1-16 光度学灯光实际应用效果之二

1.3 任务03 安装及卸载3ds Max 2009软件

本节将对3ds Max 2009的安装环境要求，以及3ds Max 2009的安装和卸载方法进行介绍。

任务快速流程：

安装注意事项 ➔ 安装3ds Max ➔ 卸载3ds Max

1.3.1 简单讲评

3ds Max 2009与其他应用软件一样，具有标准的软件安装程序及卸载程序，以便用户对软件进行相应修改。

1.3.2 核心知识

本小节将对3ds Max 2009的安装及卸载过程中的注意事项进行介绍，读者在安装及卸载过程中需熟悉这些注意事项。

1. 3ds Max 2009的安装注意事项

在安装3ds Max 2009的过程中，首先要注意的是在安装文件中只能通过如图1-17所示的setup（安装）程序进行安装。其次是在设置3ds Max 2009的安装位置时应尽量设置安装在空间较大的硬盘分区中。

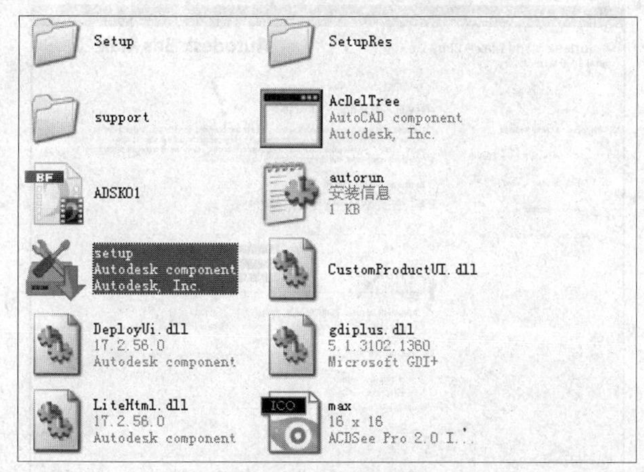

图1-17 安装程序

最后，为了能进行Mental ray网络渲染，需要安装Backburner程序，该程序安装方法是在安装过程中勾选该程序的安装复选框并设置占用端口即可，如图1-18所示。

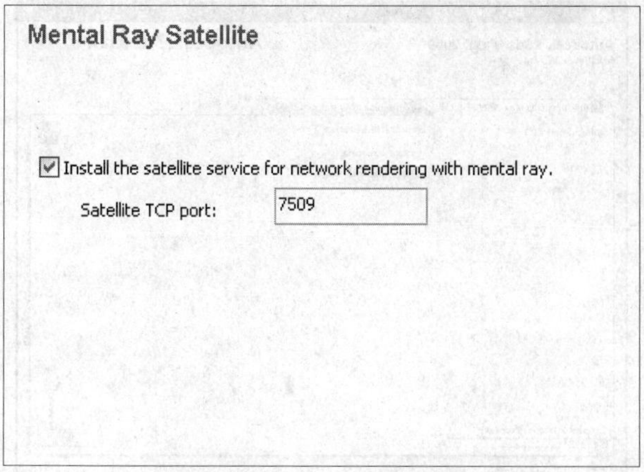

Mental Ray Satellite

☑ Install the satellite service for network rendering with mental ray.

Satellite TCP port: 7509

图1-18 安装Backburner程序

下面对安装3ds Max 2009时，需要满足的最低配置计算机硬件及系统要求进行讲解。与旧版本3ds Max 9相同，3ds Max 2009也有同时支持32位和64位操作系统的两个版本，并且针对不同的安装版本有不同的环境需求，如表1-1所示。

表 1-1

软件	
32位版本： Microsoft Windows Vista Microsoft Windows XP Professional（SP2或更高版本）	64位版本： Microsoft Windows Vista Microsoft Windows XP Professional x64
3ds Max 2009软件需要以下浏览器： Microsoft Internet Explorer 6或更高版本 3ds Max 2009 软件需要以下补充软件： DirectX 9.0c（必需）、OpenGL（可选）	
硬件	
32位版本： Intel Pentium4或AMD Athlon XP或更快的处理器 512MB内存（推荐使用1GB） 500MB交换空间（推荐使用2GB） 支持硬件加速的OpenGL和Direct3D 与Microsoft Windows兼与容的定点设备（针对Microsoft IntelliMouse进行了优化） DVD-ROM驱动器	64位版本： Intel EM64T、AMD Athlon 64或更高版本、AMD Opteron 处理器 1GB内存（推荐使用4GB） 500MB交换空间（推荐使用2GB） 支持硬件加速的OpenGL和Direct3D 与Microsoft Windows兼容的定点设备（优化的IntelliMouse） DVD-ROM 驱动器

2. 3ds Max 2009的卸载注意事项

由于3ds Max 2009在开始菜单栏中并未提供该软件的卸载程序，因此需要在“控制面板”的“添加或删除程序”中进行软件的删除操作。

1.3.3 实际操作

在了解了3ds Max 2009的安装及卸载的注意事项后，下面将对其安装方法进行详细介绍，具体操作步骤如下。

步骤❶ 运行Setup（安装）执行程序，对3ds Max 2009进行安装，可查看到图1-19所示的全新安装界面。单击第二个选项。

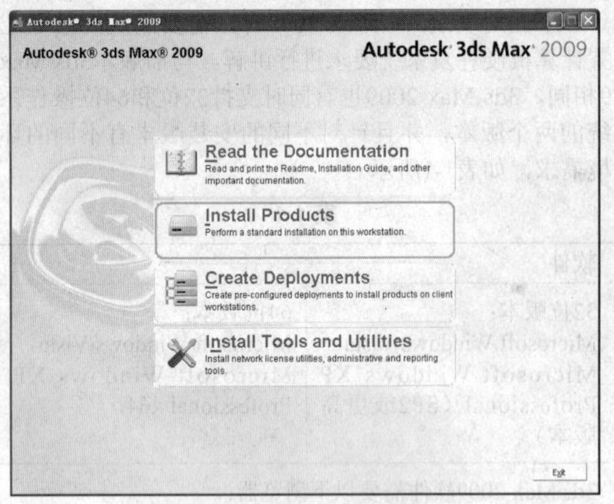

图1-19 进入交互式的安装界面

步骤❷ 进入如图1-20所示的选择安装的产品界面，选择需要安装的版本后单击Next（下一步）按钮 Next > 。

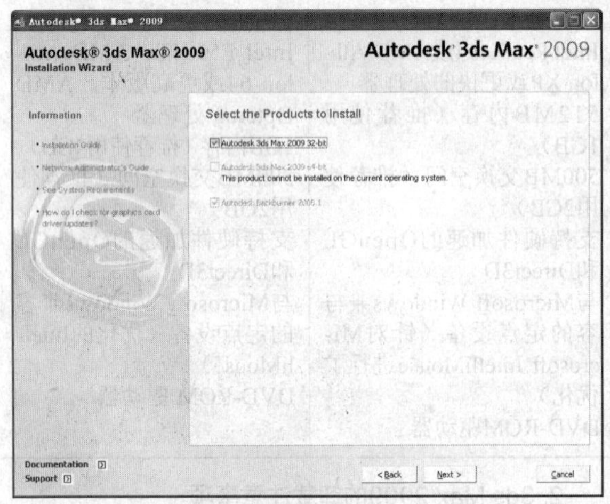

图1-20 进入产品选择界面

步骤❸ 进入如图1-21所示的用户协议安装界面，单击I Accept（我同意）单选按钮，并单击Next（下一步）按钮 Next > 。

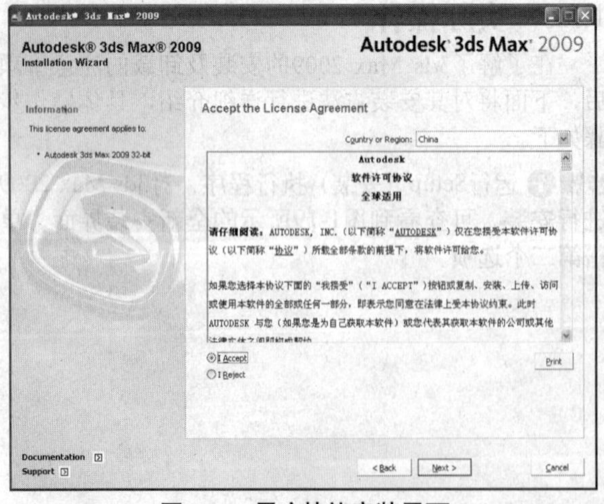

图1-21 用户协议安装界面

步骤❹ 进入如图1-22所示的下一安装界面，该界面需要手动输入包括用户名称、用户所买软件的序列号等信息，完成后单击Next（下一步）按钮 Next > 。

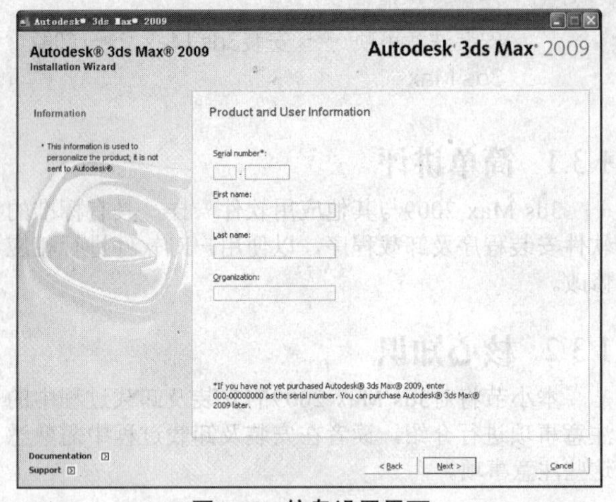

图1-22 信息设置界面

步骤❺ 进入如图1-23所示的确认配置界面中，在其中显示了用户填写的信息及安装路径等信息，若需要进行更改，可单击界面中的Configure（配置）按钮 Configure 。

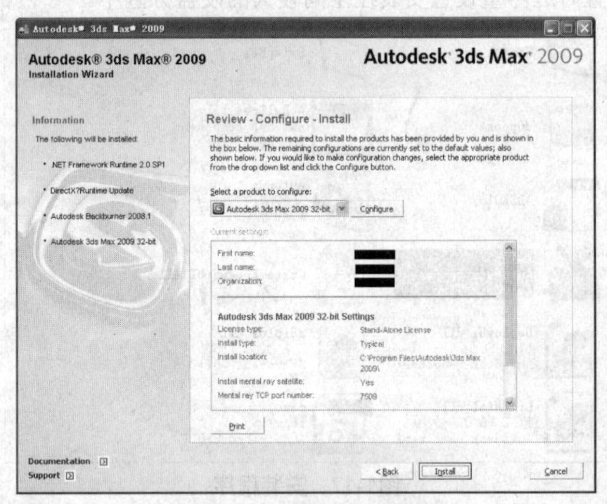

图1-23 确认配置界面

步骤❻ 单击如图1-24所示的Stand-alone License单选按钮，然后单击Configuration Complete（完成配置）按钮 Configuration Complete 。

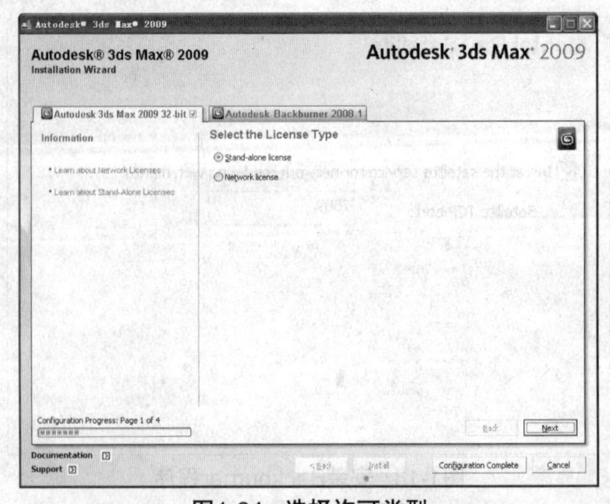

图1-24 选择许可类型

步骤⑦ 进入下一安装界面后，会显示系统默认安装路径及选择安装方式，并允许用户更改，如图1-25所示，完成后单击Next（下一步）按钮 Next > 。

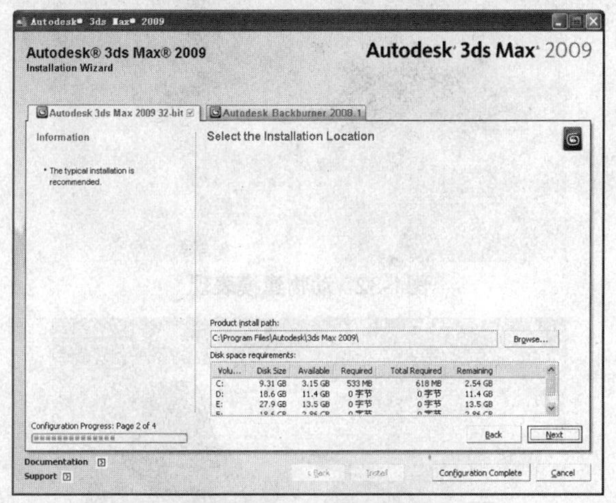

图1-25 选择安装路径

步骤⑧ 进入设置Backburner占用端口界面，设置Backburner占用端口，如图1-26所示。

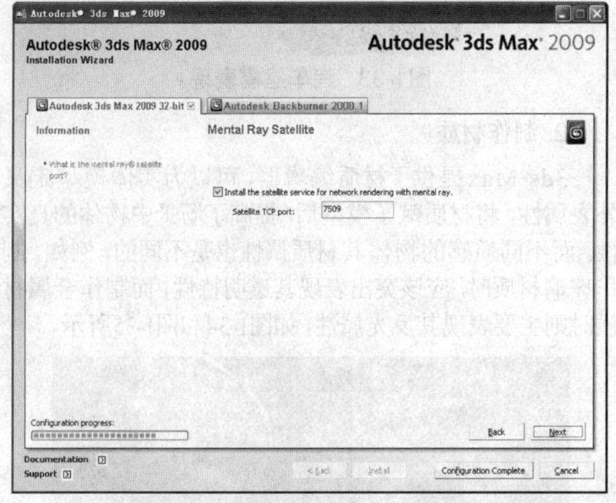

图1-26 设置Backburner占用端口

步骤⑨ 单击Next（下一步）按钮 Next > ，进入如图1-27所示的下一安装界面，单击Configuration Complete（完成配置）按钮 Configuration Complete 。

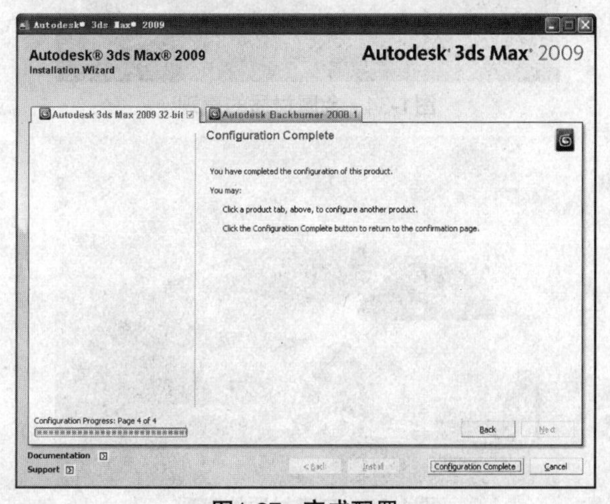

图1-27 完成配置

步骤⑩ 此时转到如图1-28所示的确认信息界面，单击Install（安装）按钮 Install 开始安装。

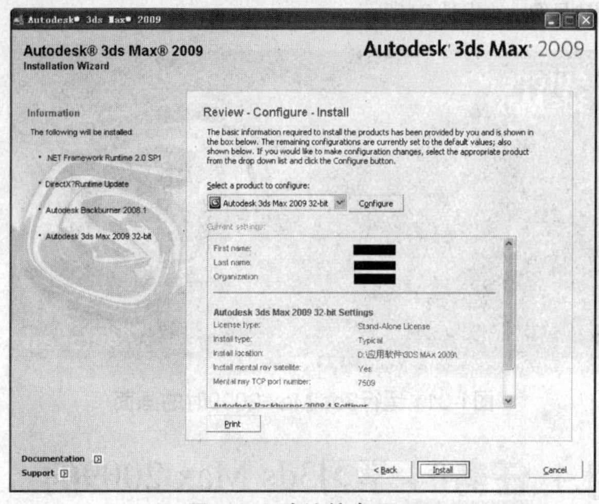

图1-28 确认信息界面

步骤⑪ 完成上一步操作后，系统开始拷贝3ds Max 2009的程序文件到安装目录，此时的界面如图1-29所示。

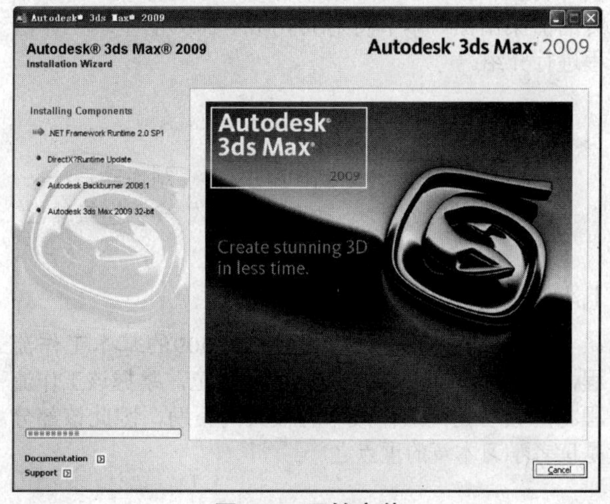

图1-29 开始安装

步骤⑫ 程序安装完成后，将转到完成安装界面，提示3ds Max 2009安装成功，如图1-30所示。

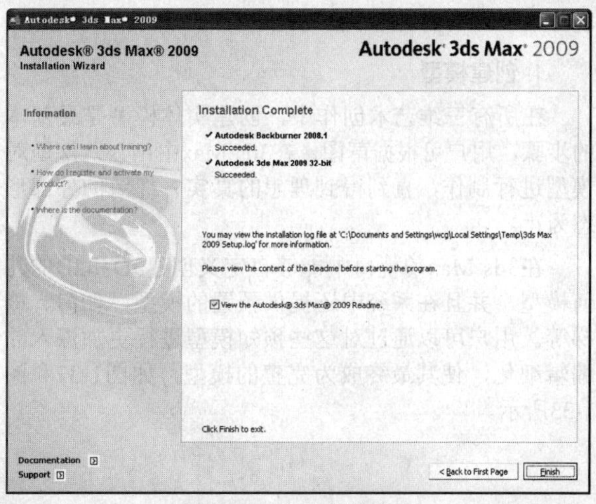

图1-30 确认安装成功

步骤⑬ 单击Finish（完成）按钮完成安装，再运行3ds Max 2009，软件的启动画面会显示出3ds Max 2009标识图像，如图1-31所示。

图1-31 运行3ds Max 2009时的画面

1.4 任务04 学习3ds Max 2009的工作流程

3ds Max 2009的场景文件制作流程主要包括建模、材质、摄影机和灯光、动画、环境特效，以及最终的渲染出图。本节将对3ds Max 2009的基本工作流程进行介绍。

任务快速流程：

创建模型 → 制作材质 → 制作动画 → 布置灯光 → 制作环境特效 → 渲染输出

1.4.1 简单讲评

本节主要介绍的是3ds Max 2009的基本工作流程，该流程是3ds Max的基本工作规范，掌握该工作流程将对读者提高工作效率有极大的帮助，因此该部分是读者学习本章的重点之一。

1.4.2 核心知识

3ds Max 2009的工作流程大致可分为以下几步：创建模型、制作材质、建立动画、布置灯光、制作环境特效及渲染输出，下面对此进行一一介绍。

1. 创建模型

在所有三维艺术创作中，创建实体模型是最基本的步骤，用户可根据草图，在3ds Max中由浅入深地对模型进行制作，直到得到理想的真实、细致的外部形态为止。

在3ds Max的视口中能够自定义创建3D和2D的几何模型，并且在系统中还提供预置的模型，如门、楼梯等。用户可以通过对这些预知模型进行更加深入的编辑细化，使其最终成为完整的模型，如图1-32和图1-33所示。

图1-32 动物建模表现

图1-33 汽车建模表现

2. 制作材质

3ds Max提供了材质编辑器，可以为实体模型定义外表属性，将材质赋予模型后，提高了场景中物体的真实性。而不同质感的物体其材质属性也是不同的，例如，制作玻璃材质时，应该突出表现其透明特性，而制作金属材质时则主要表现其反光属性，如图1-34和图1-35所示。

图1-34 金属材质的表现

图1-35 车漆材质的表现

3. 制作动画

利用Auto Key（自动关键帧）按钮Auto Key，可以记录场景中模型的移动、旋转和比例变换。当Auto Key（自动关键帧）处于激活状态时，场景中的任何变化都会被记录成动画过程，图1-36所示的是关键帧动画。

图1-36 骨骼动画表现

要制作更加复杂的动画可以使用动画控制器、动画约束对运动或变化进行控制和约束。图1-37所示的是约束动画。在3ds Max中Character Studio主要用于制作和调整角色动画，reactor则可以使场景对象具有物理属性，如质量、摩擦力等，用于制作物理场景动画。

图1-37 约束动画表现

4. 布置灯光

灯光不仅起到照明作用，还能投射阴影、投影图像、精确控制影响范围和作用对象，以及添加如体积光、镜头光晕等大气效果，利用这些功能和效果能够很好地烘托出场景的气氛。3ds Max 2009提供了很多的灯光类型和灯光效果来满足不同环境的气氛营造需求，如图1-38和图1-39所示。

图1-38 营造气氛的灯光表现

图1-39 灯光照明表现

5. 制作环境特效

3ds Max在环境中提供了各种特殊效果，如雾、火焰、模糊等效果，如图1-40和图1-41所示。为场景添加环境特效可以丰富渲染效果，相当于为场景添加特殊的后期处理，并且可以设置场景的对比度及色彩平衡等。

图1-40 雾效果表现

图1-41 运动模糊效果表现

6. 渲染输出

渲染输出是制作流程的最后一步，在将场景制作完毕后，根据不同的需求可以设置输出文件的分辨率，然后进行渲染输出，如图1-42和图1-43所示，并能将其保存为不同格式的图像或动画文件，同时这可以渲染出图像的各种通道。为了解决渲染时间的问题，3ds Max还提供了网络渲染的方式进行渲染。

图1-42　静物渲染表现

图1-43　场景渲染表现

1.5 教学总结

本章对3ds Max 2009的特点及新功能进行概述，并通过实际操作步骤对3ds Max 2009的安装及卸载进行了介绍，使读者进一步了解3ds Max 2009。读者应该重点掌握3ds Max 2009的功能与特点，以及基本的工作流程，这样可以在后面的学习过程中遵循这个工作流程以便进行系统深入的学习。

1.6 作品赏析

3ds Max作为世界上最流行的三维制作软件之一，被广泛应用于游戏开发、影视制作、工业设计、建筑表现以及室内装饰等行业。图1-44~图1-49为利用3ds Max制作的各个行业中的一些优秀作品，读者可以从中了解3ds Max是如何应用于各个行业中的。

图1-44　在游戏行业中的应用

图1-45　在影视行业中的应用

图1-46　在工业产品展示中的应用

图1-47　在室内设计行业中的应用

图1-48　在CG艺术艺术领域的应用

图1-49　在建筑领域的应用

1.7 测试练习

1. 填空题

（1）3ds Max 2009包含________和________两个版本。

（2）3ds Max 2009可被应用于________行业。

（3）3ds Max现在隶属于________公司。

2. 选择题

（1）3ds Max的工作流程不包含以下的________选项。

A. 渲染　　B. 自定义UI

C. 材质　　D. 建模

（2）以下________选项不属于3ds Max 2009的新增功能。

A. 改进的DBJ支持

B. 改进的DWG导入

C. Biped改进

D. 光度学灯光

（3）以下________不属于3ds Max的特点。

A. Mental ray 渲染功能

B. 程序编写功能

C. Biped 角色动画工具包

D. 直观的用户界面

3. 判断题

（1）3ds Max 2009的32位版本可用于Mac OS操作系统。（　）

（2）2000年11月中旬，Autodesk公司推出了3ds Max 5。（　）

（3）3ds Max 2009新增了Reveal渲染和视图操作接口功能。（　）

4. 问答题

（1）3ds Max 2009卸载时的注意事项是什么？

（2）3ds Max 2009新增了哪些功能？

（3）在3ds Max 2009的基本操作流程中包括哪些内容？

Chapter 02

3ds Max 2009基本操作

考点预览

1. 3ds Max界面的基本组成
2. 3ds Max中的工具应用
3. 自定义3ds Max工具栏位置
4. 新建、打开场景文件
5. 导入、合并场景文件
6. 设置3ds Max的视口布局
7. 3ds Max的视口显示类型

课前预习

本章主要讲解如何管理场景文件，包括新建、合并、保存、导入和导出文件的方法。并且介绍对界面中的视口进行自定义设置的方法，自定义用户界面设置能够最大限度地满足人性化的要求，可根据喜好和需求更改用户界面，这为用户的创作提供了更多的方便。

2.1 任务05 认识3ds Max 2009的界面布局

在打开3ds Max程序后，用户首先接触到的即是3ds Max程序的操作界面。本节即向读者介绍3ds Max 2009的界面操作方法，使读者熟悉3ds Max的界面组成及各个部分的功能，内容包括菜单栏简介、主工具栏简介、命令面板简介，以及卷展栏简介4个部分。

任务快速流程：
启动3ds Max → 3ds Max操作界面

2.1.1 简单讲评

任何一个软件都具有操作界面，但不同的软件其操作界面的内容、布局等亦不同。3ds Max的操作界面中包含了许多工具及命令，这些工具与命令按照类别的不同，整齐地组织在一起，方便用户的使用和查看。本节即向读者介绍3ds Max的部分工具和命令。

2.1.2 核心知识

1. 菜单栏简介

3ds Max的菜单栏中主要提供了File（文件）、Edit（编辑）、Tools（工具）、Group（组）、Views（视图）、Create（创建）、Modifiers（修改器）、Liqhting Analysis（照明分析）、Animation（动画）、Graph Editors（图表编辑器）、Rendering（渲染）、Customize（自定义）、MAXScript（MAX脚本），以及Help（帮助）这14个菜单命令。图2-1所示的是部分菜单栏。

File Edit Tools Group Views Create Modifiers Animation Graph Editors

图2-1 部分菜单栏

菜单栏中常用的菜单命令含义如下。

- File（文件）菜单：File（文件）菜单中包含了使用3ds Max文件的各种命令，使用这些命令可以创建新场景，打开和保存场景文件，也可以使用外部的参考对象和场景。
- Edit（编辑）菜单：Edit（编辑）菜单包含从错误中恢复的命令、存放和取回的命令，以及几个常用的选择对象的命令。
- Tools（工具）菜单：Tools（工具）菜单主要包含一些场景对象的操作命令，如阵列、克隆、对齐等，以及一些管理对象的操作命令。
- Group（组）菜单：Group（组）菜单中包括成组、解组、打开组、关闭组、附加组、分离组、炸开组和集合命令，主要是对场景中的物体进行管理。
- Create（创建）菜单：Create（创建）菜单主要包括各种对象的创建命令，3ds Max所提供的各种对象类型都可以在该菜单中找到。
- Modifiers（修改器）菜单：Modifiers（修改器）菜单中主要包含的是3ds Max中的各种修改器，并对这些修改器进行了分类。
- Animation（动画）菜单：Animation（动画）菜单中主要包含各种控制器、动画图层、骨骼，以及其他一些针对动画操作的命令。
- Rendering（渲染）菜单：Rendering（渲染）菜单主要包含与渲染有关的各种命令，3ds Max的环境和效果、高级照明、材质编辑器等都包含在该菜单中。

2. 主工具栏简介

主工具栏位于菜单栏的下方并与菜单栏相邻，该工具栏包含一些常用的3ds Max命令及相关的下拉列表选项，用户可以在工具栏中单击相应的按钮快速执行命令。图2-2所示为3ds Max的部分主工具栏。

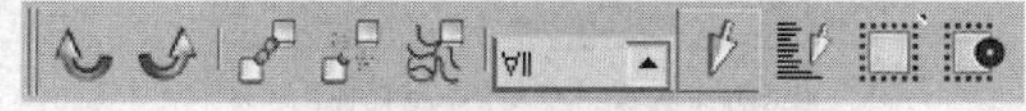

图2-2 部分主工具栏

单击主工具栏左端的两条竖线并拖动，可以使其脱离界面边缘而形成一个浮动的工具窗口，如图2-3所示。

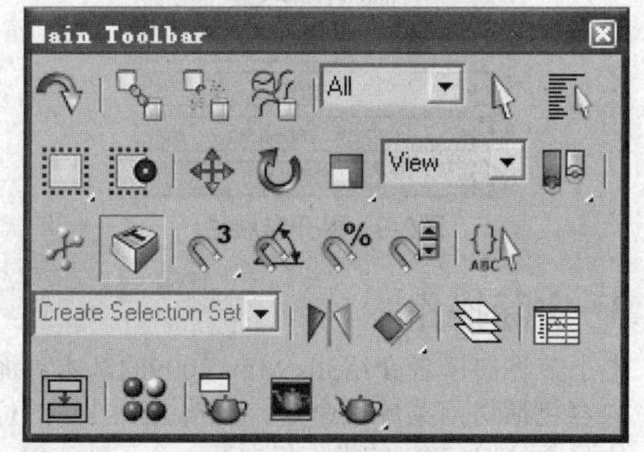

图2-3 浮动工具窗口

如果主工具栏中的工具按钮含有多种命令类型，则单击该按钮不放会弹出相应的下拉选项，如图2-4所示，单击Align（对齐）按钮不放，在该按钮下方即出现了多种对齐类型的按钮选项。

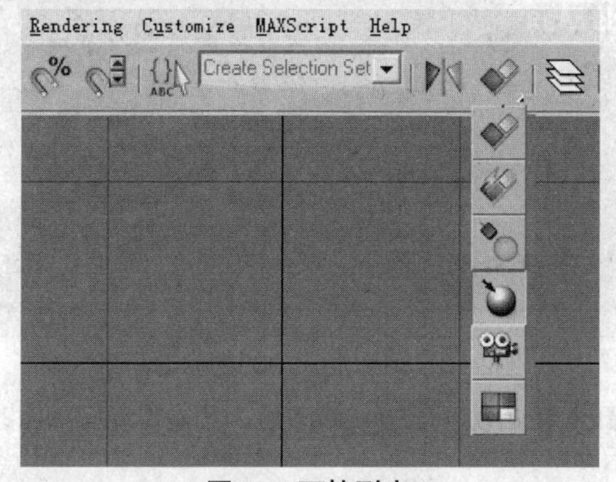

图2-4 下拉列表

主工具栏中主要工具按钮的含义如下。

- Undo（撤销）按钮：撤销最近一次执行的命令。
- Select and Link（选择并链接）按钮：建立对象之间的连链接。
- Unlink Selection（取消链接选择)按钮：取消物体与物体之间的链接。
- Bind to Space Warp（绑定到空间扭曲）按钮：将对象绑定到空间扭曲物体上。
- Select Object（选择对象）按钮：在场景中选择对象。
- Select and Move（选择并移动）按钮：选择一个对象并进行位置变换。
- Select and Rotate（选择并旋转）按钮：选择一个对象并进行旋转变换。
- Select and Uniform Scale（选择并缩放）按钮：选择一个对象并进行缩放变换。
- Mirror（镜像）按钮：创建选定对象的镜像副本。
- Align（对齐）按钮：将对象按照不同的方式对齐。
- Material Editor（材质编辑器）按钮：打开材质编辑器。
- Render Production（快速渲染）按钮：对当前的视口进行快速渲染。

3. 命令面板简介

命令面板位于3ds Max操作界面的右侧，该面板提供了6种命令类型，用户可以进行创建对象、修改对象、设置对象层级关系、为对象设置动画、控制场景显示，以及调用其他工具等操作。图2-5所示为Create（创建）命令面板。

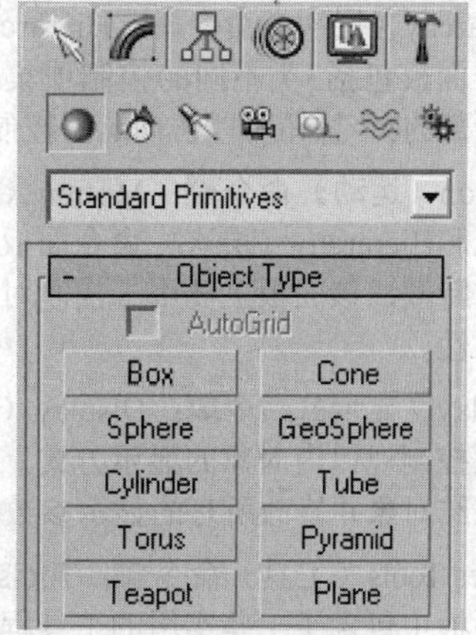

图2-5 创建命令面板

图2-6所示为Hierarchy（层次）命令面板。

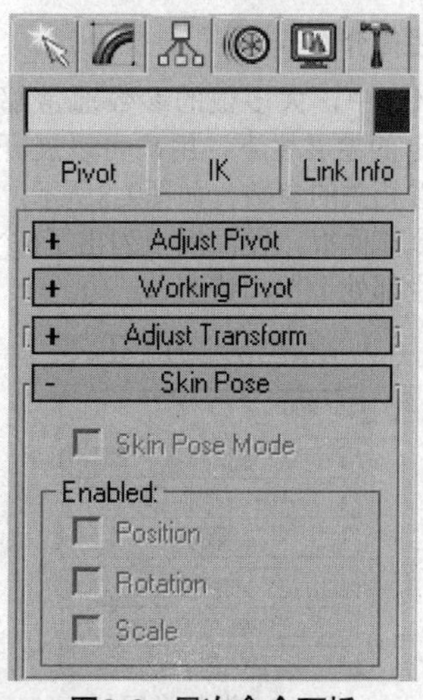

图2-6 层次命令面板

图2-7所示为Motion（运动）命令面板。

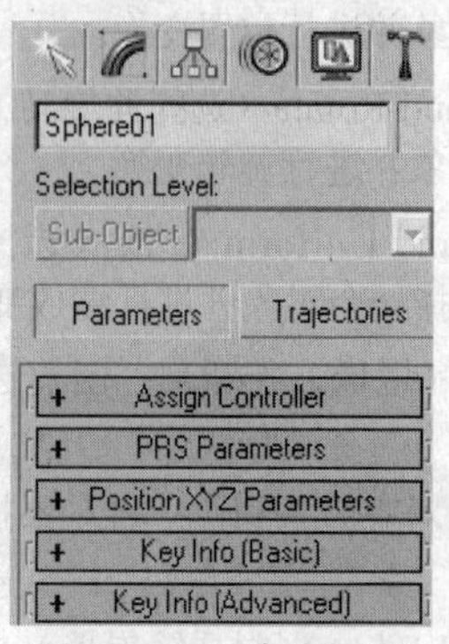

图2-7 运动命令面板

命令面板中主要命令类型的含义如下。

- Create（创建）命令：Create（创建）命令面板可以为场景创建对象。这些对象可以是几何体，也可以是灯光、摄影机或空间扭曲之类的对象。
- Modify（修改）命令：Modify（修改）命令面板中的参数对更改对象十分有帮助，除此之外，在修改面板中还可以为选定的对象添加修改器。
- Hierarchy（层次）命令：Hierarchy（层次）命令面板包括3类不同的控制项集合，通过面板顶部的3个按钮可以访问这些控制项。
- Motion（运动）命令：Motion（运动）命令面板和Hierarchy（层次）命令面板类似，具有双重特性，该面板主要用于控制对象的一些运动属性。
- Display（显示）命令：Display（显示）命令面板控制视口内对象的显示方式，还可以隐藏和冻结对象并修改所有的显示参数。
- Vtilies Tools（工具）命令：Tools（工具）命令面板中包含了一些实用的工具程序，单击面板顶部的More（更多）按钮可以打开显示其他实用工具列表的对话框。

4. 卷展栏简介

在3ds Max中，大多数的参数通常都会按类别分别排列在特定的卷展栏下，用户可以展开或卷起这些卷展栏来查看相关的参数，如图2-8所示，进入Display（显示）命令面板，在面板中列出了6个卷展栏，此时这些卷展栏都处于卷起状态。

图2-8 卷起卷展栏

用鼠标单击这些卷展栏的标题就会展开该卷展栏，显示其中的相关参数，如图2-9所示。

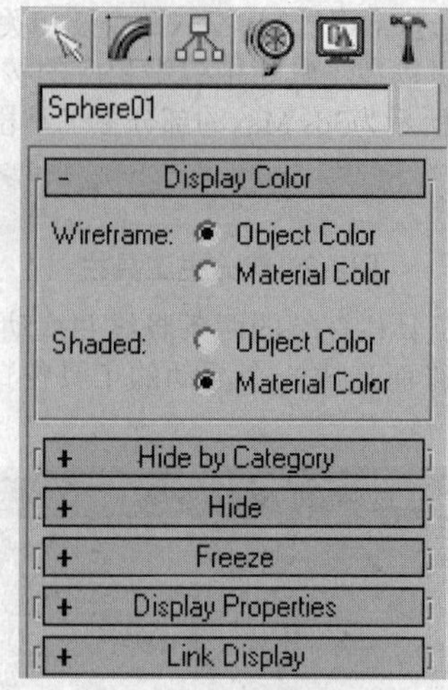

图2-9 展开卷展栏

2.1.3 实际操作

本小节将向读者介绍3ds Max 2009的基本界面操作，内容包括访问菜单栏命令、调整主工具栏的位置等，使读者对3ds Max的操作界面有一个基础认识，以方便后面的学习。具体操作步骤如下。

步骤1 启动3ds Max 2009，打开3ds Max 2009时程序的启动画面如图2-10所示。

图2-10 3ds Max 2009的启动画面

步骤2 在启动3ds Max 2009后，其操作界面如图2-11所示。

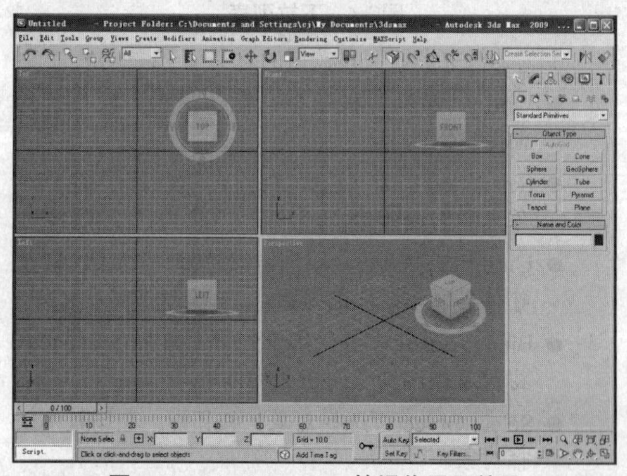

图2-11 3ds Max 2009的操作界面效果

步骤❸ 在菜单栏中单击Create（创建）命令，在下方即会显示Create（创建）命令的下拉菜单，如图2-12所示。

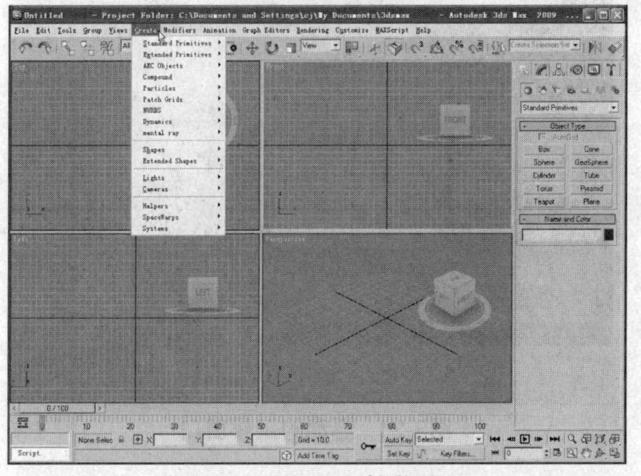

图2-12 打开下拉菜单

步骤❹ 将鼠标指针指向Extended Primitives（扩展基本体）命令，即可出现如图2-13所示的Extended Primitives（扩展基本体）子菜单。

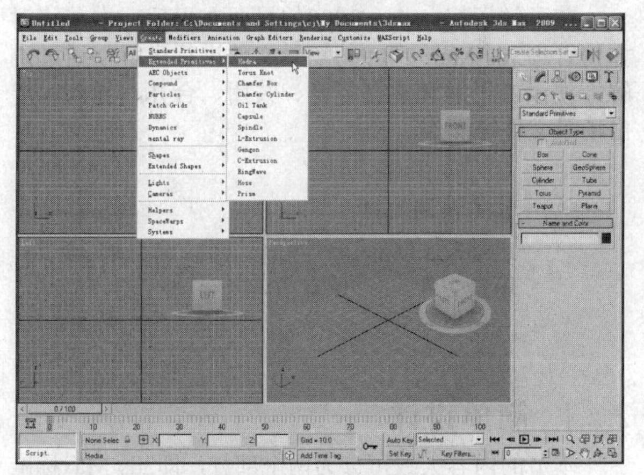

图2-13 显示子菜单

步骤❺ 在菜单栏下方列有一排按钮的是主工具栏，如图2-14所示。

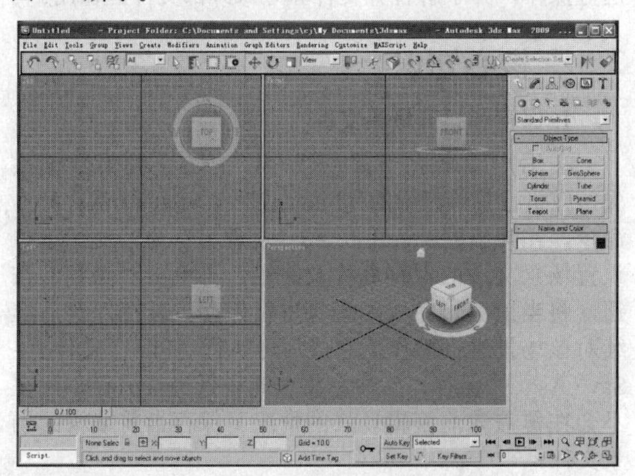

图2-14 主工具栏

步骤❻ 在主工具栏的最左端竖线处单击鼠标不放并进行拖动，可以将主工具栏置于界面的左侧，如图2-15所示。

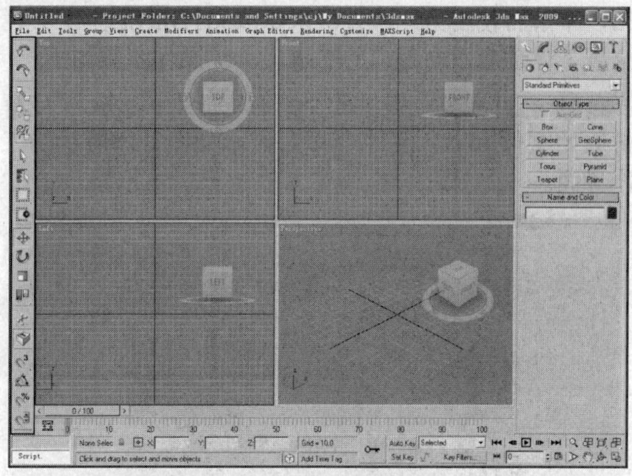

图2-15 移动主工具栏的位置

步骤❼ 位于操作界面右侧的是命令面板，命令面板分为6种类型，如图2-16所示的为Create（创建）命令面板。

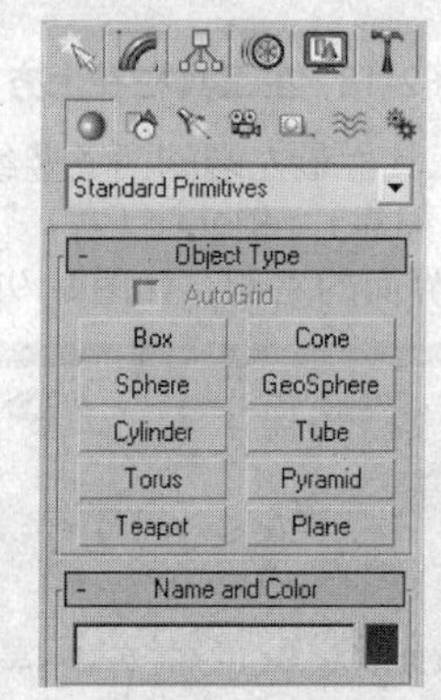

图2-16 创建命令面板

步骤❽ 单击Utilities（工具）按钮切换到Utilitids（工具）命令面板，如图2-17所示。

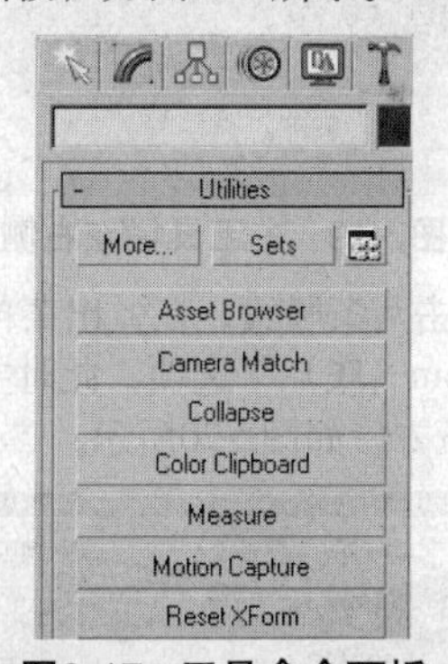

图2-17 工具命令面板

2.1.4 深度解析：自由摆放主工具栏的位置

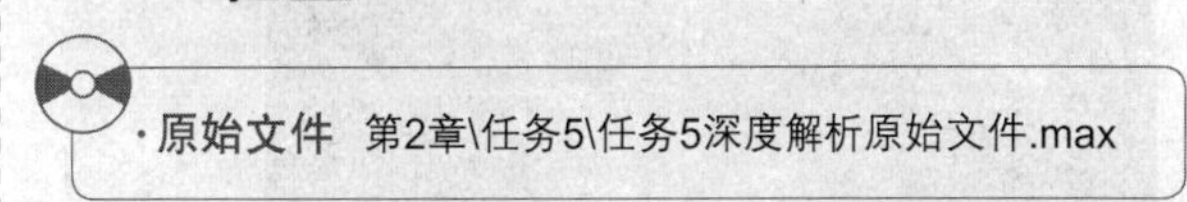

·原始文件 第2章\任务5\任务5深度解析原始文件.max

主工具栏主要用于存放常用命令的快捷按钮。在软件默认界面布局的情况下，主工具栏位于3ds Max操作界面的上部，用户可根据自身习惯对主工具栏的位置进行随意设置。在前面的小节中曾对此进行过介绍，本节将使用另一种方法来摆放3ds Max的主工具栏位置，以适应不同用户的需求，具体操作步骤如下。

步骤❶ 打开光盘中提供的"第2章\任务5\任务5深度解析原始文件.max"文件，即会显示如图2-18所示的工作界面。

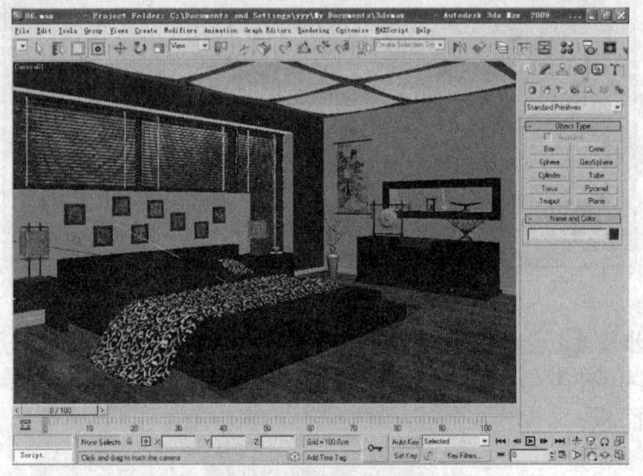

图2-18 主工具栏在上方

步骤❷ 右击主工具栏最左端的两条竖线，在弹出菜单中选择"Dock（停靠）>Riqht（右）"选项，主工具栏即被移动到了界面的右侧，如图2-19所示。

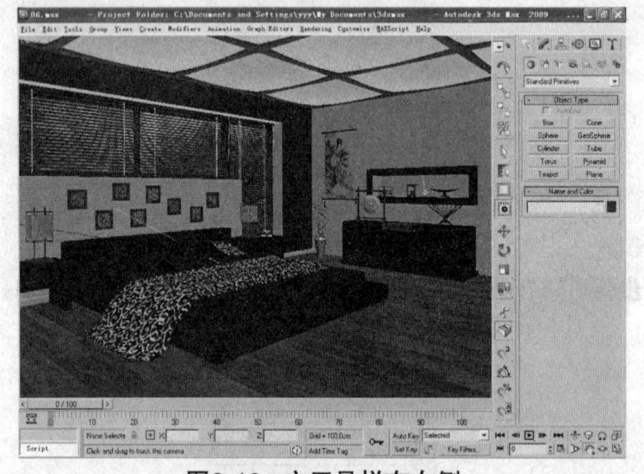

图2-19 主工具栏在右侧

步骤❸ 再次右击两条竖线，在弹出菜单中选择"Dock（停靠）>Bottom（底）"选项，此时主工具栏即被放置在了界面的下方，如图2-20所示。

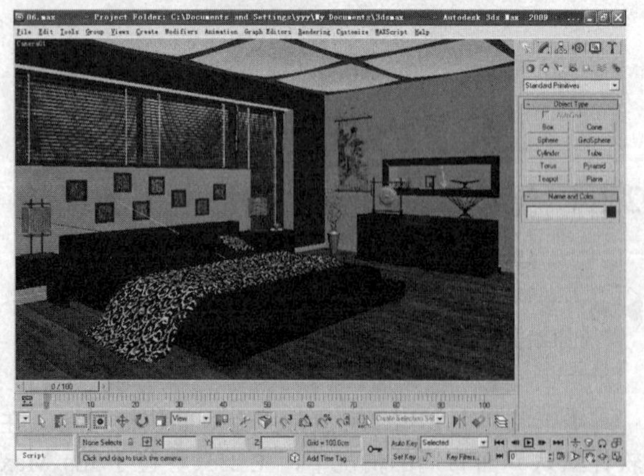

图2-20 主工具栏在下方

步骤❹ 右击两条竖线，在弹出菜单中选择"Float（浮动）选项，主工具栏即会形成一个浮动的工具窗口，如图2-21所示。

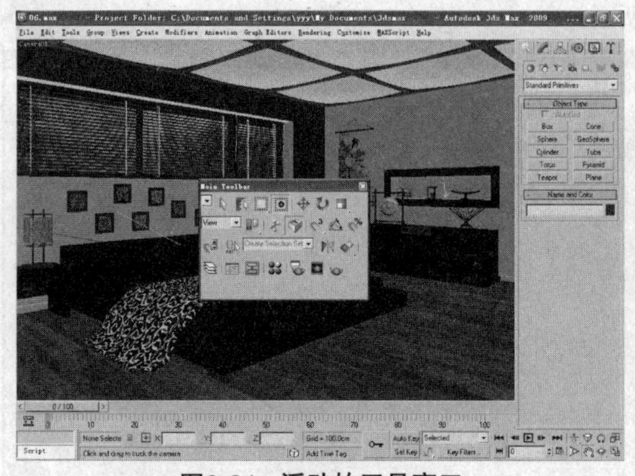

图2-21 浮动的工具窗口

2.2 任务06 了解3ds Max 2009的场景文件基本操作

在了解了3ds Max 2009的界面布局后，本节将对如何管理3ds Max 2009的场景文件进行讲解，通过讲解，使读者了解和掌握打开、关闭、合并、导入、导出场景文件等操作。

任务快速流程：

启动3ds Max → 打开场景文件 → 合并场景文件 → 保存场景文件 → 导出场景文件

2.2.1 简单讲评

本节的内容大致可分为两个部分，即3ds Max标准文件的操作和导入外部文件。通过本节内容，读者应该掌握如何对3ds Max的场景文件进行保存、打开、导出等操作，并了解合并文件和导入外部文件的作用。

2.2.2 核心知识

1. 保存和打开场景文件

在用户编辑完当前场景时，为防止编辑数据丢失，应执行菜单栏中的"File（文件）>Save（保存）"命令，在弹出的Save File As（文件另存为）对话框中设置场景文件的保存名称及路径，再单击"保存"按钮，将当前编辑完成的场景进行保存。若在保存后继续对该场景进行操作，完成后可执行"File（文件）>Save As（另保存）"命令将编辑场景进行另存，可在不会在覆盖先前编辑场景的情况下保存当前编辑的场景文件。

当执行"File（文件）>Open（打开）"命令后，会弹出如图2-22所示的Open File（打开文件）对话框，在该对话框中用户可以选择要打开的3ds Max文件。

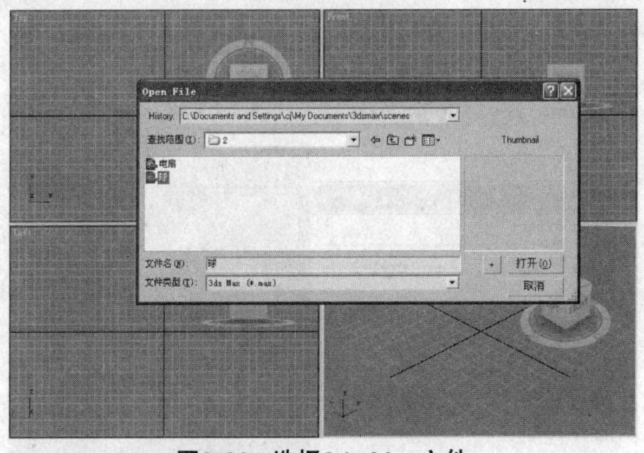

图2-22 选择3ds Max文件

默认的文件类型为“*.Max”，如果用户需要打开其他的文件类型，可以单击“文件类型”选项的下拉按钮，3ds Max提供了3种可以直接打开的文件类型，如图2-23所示。

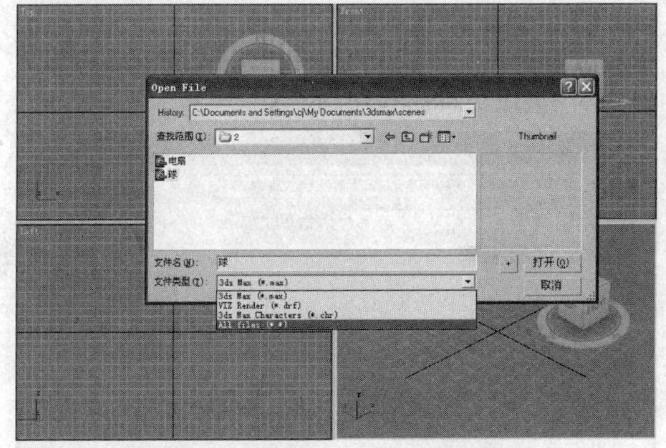

图2-23 可直接打开的文件类型

2. 合并场景文件

如果用户创建了一个比较复杂的场景，而又希望将该场景中的一些元素应用到另一个场景中去，可以使用Merge（合并）命令来完成这个操作。

当执行Merge（合并）命令并在弹出的对话框中选择并打开一个文件后，会出现如图2-24所示的对话框，在该对话框中显示了所选择场景文件中的所有对象，用户可以根据对象的名称来选择合并。

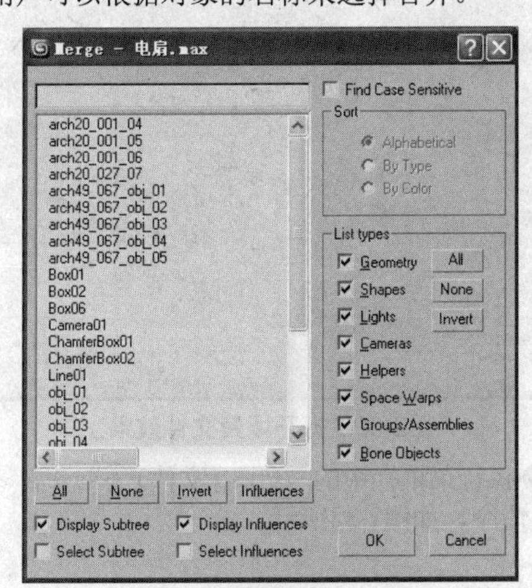

图2-24 合并文件对话框

Merge（合并）对话框中主要选项的含义如下。

- List types（列出类型）选项组：该选项组中列出了所能合并的所有场景对象的类型，在默认情况下这些类型都是被勾选的，如果场景中的对象太多，那么可以只勾选需要选择的对象类型，被勾选的对象类型将会在左侧的窗口中显示出来。
- Sort（排序）选项组：该选项组可以设置让左侧窗口中的对象以不同的方式进行排列，方便用户的查阅。

3. 导入和导出场景文件

使用Export（导出）命令可以将创建好的3ds Max场景文件导出成其他多种格式的文件，使得该场景文件可以在其他的三维制作软件中使用。

同时也可以使用Impore（导入）命令将其他格式的文件导入到3ds Max的场景中来。如图2-25所示，3ds Max支持多种格式的文件导入。

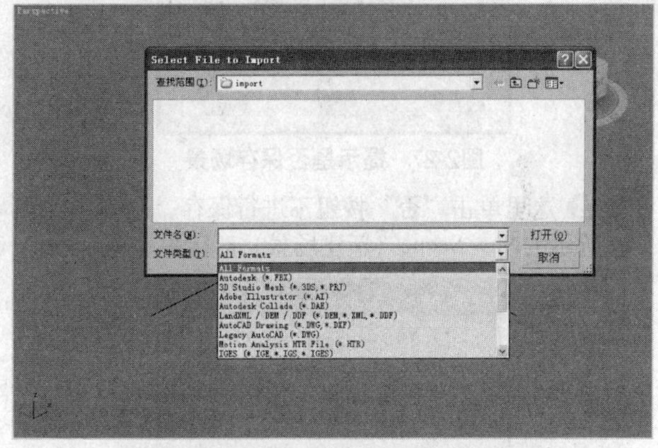

图2-25 3ds Max支持导入的文件类型

2.2.3 实际操作

· 原始文件 第2章\任务6\任务6实际操作原始文件.max

· 最终文件 第2章\任务6\任务6实际操作最终文件.max

在了解了3ds Max的操作界面后，下面要学习的就是如何对3ds Max的场景文件进行操作。本节将向读者读者展示3ds Max中场景文件的基本操作，包括如何新建场景文件，如何保存场景文件、如何打开场景文件等。具体操作步骤如下。

步骤❶ 在菜单栏中执行“File（文件）>New（新建）”命令，如图2-26所示。

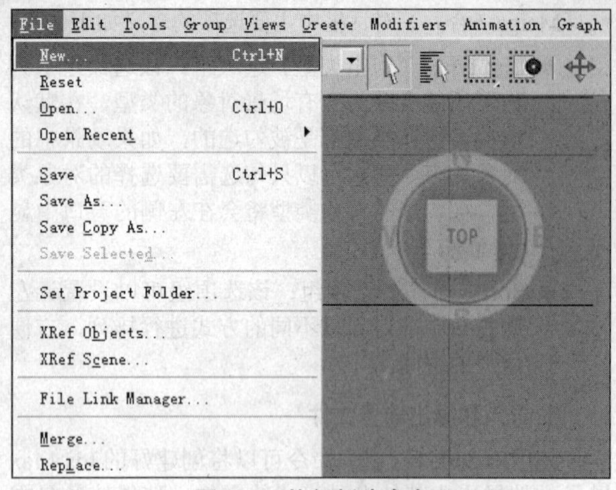

图2-26 执行新建命令

步骤❷ 如当前有打开并进行了编辑修改的场景文件，则执行新建命令后，会弹出如图2-27所示的3ds Max对话框，提示当前的场景已修改，是否要进行保存。

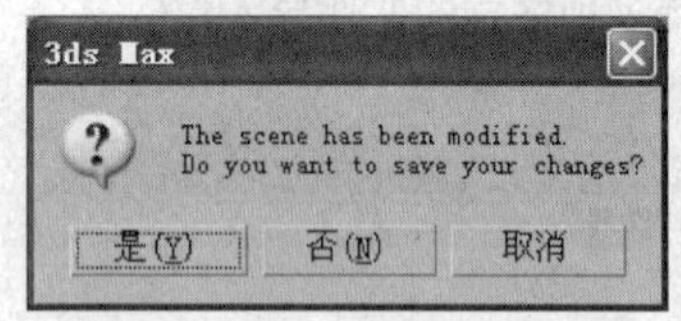

图2-27 提示是否保存场景

步骤❸ 这里单击“否”按钮不进行保存，会弹出如图2-28所示的New Scene（新建场景）对话框。

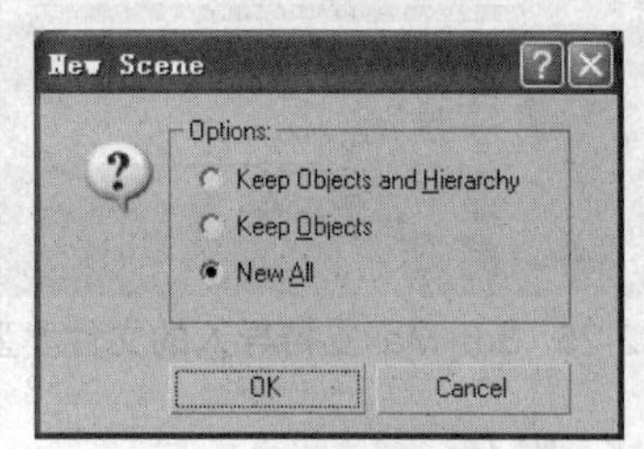

图2-28 选择新建方式

步骤❹ 单击New All（新建全部）单选按钮，然后单击OK按钮 OK ，即可新建一个全新的场景，如图2-29所示。

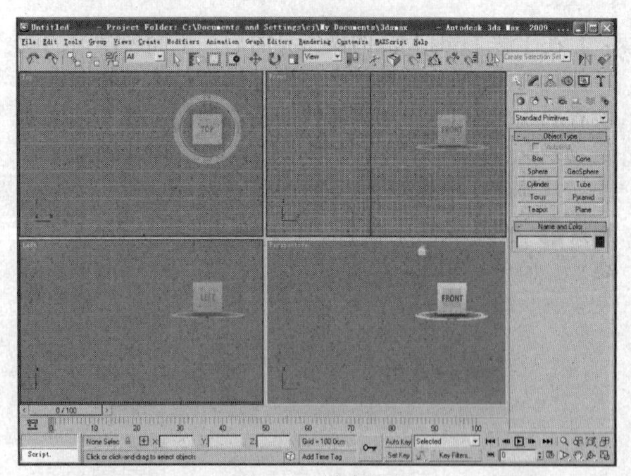

图2-29 新建场景

步骤❺ 执行菜单栏中的“File（文件）>Open（打开）”命令，如图2-30所示。

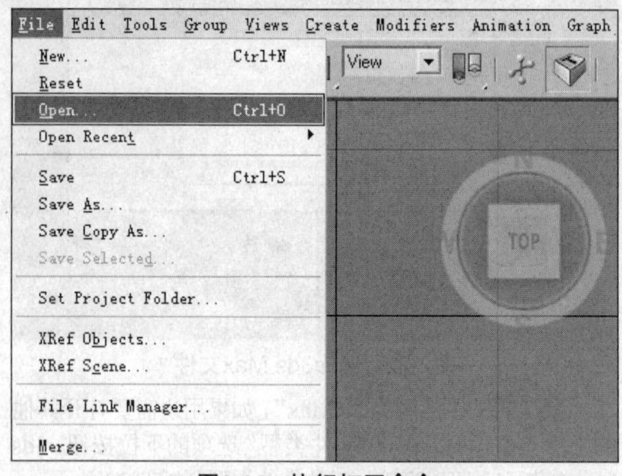

图2-30 执行打开命令

步骤❻ 在弹出的Open File（打开文件）对话框中选择附书光盘中的“第2章\任务6\任务6实际操作原始文件.max”文件，如图2-31所示。

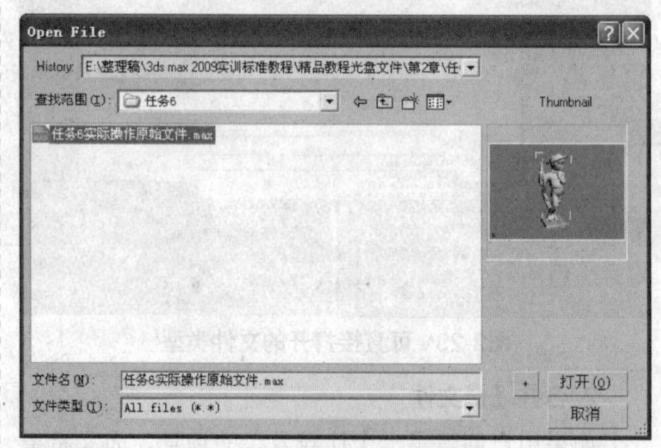

图2-31 选择目标场景文件

步骤❼ 在选择需要打开的场景文件后单击“打开”按钮，即可打开该场景文件，效果如图2-32所示。

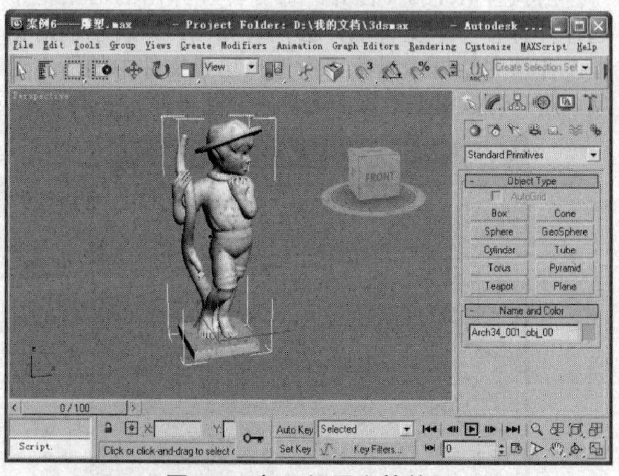

图2-32 打开场景文件效果

步骤❽ 执行菜单栏中的“File（文件）>Save as（另存为）”命令，如图2-33所示。

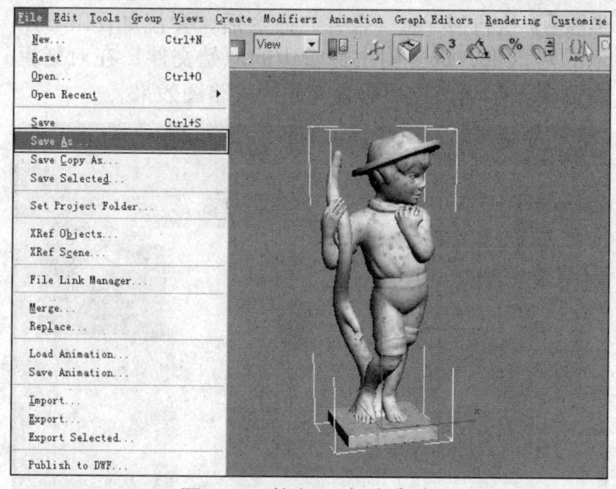

图2-33 执行另存为命令

步骤❾ 在打开的Save File as（文件另存为）对话框中设置文件的路径及文件名，如图2-34所示。

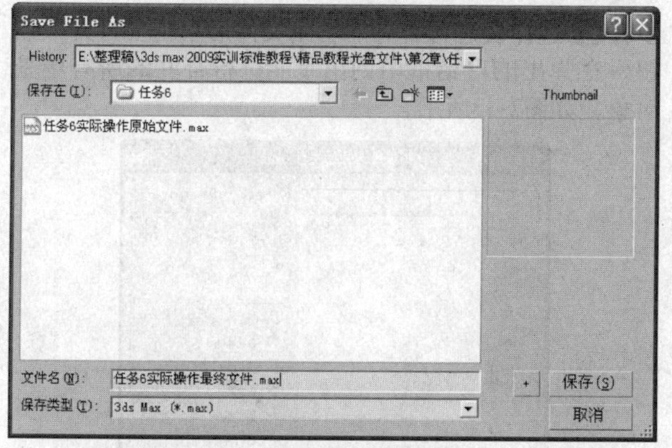

图2-34 设置场景文件的保存路径及文件名

步骤❿ 单击“保存”按钮 保存(S) 后，即可将当前场景保存在指定的位置，如图2-35所示。

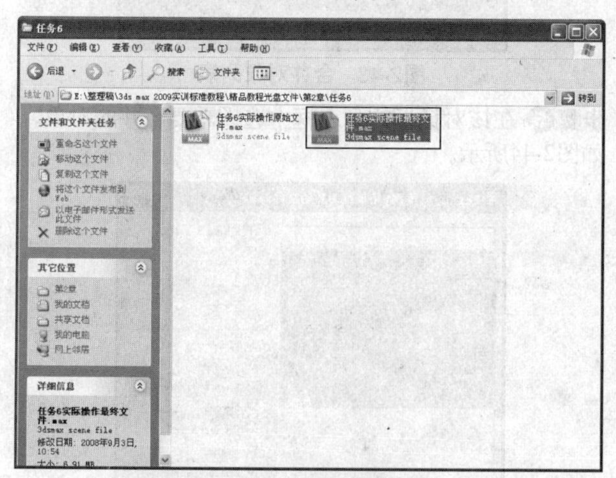

图2-35 预览场景文件保存效果

步骤⓫ 保存完毕后，在菜单栏中执行“File（文件）> Reset（重置）”命令，如图2-36所示。

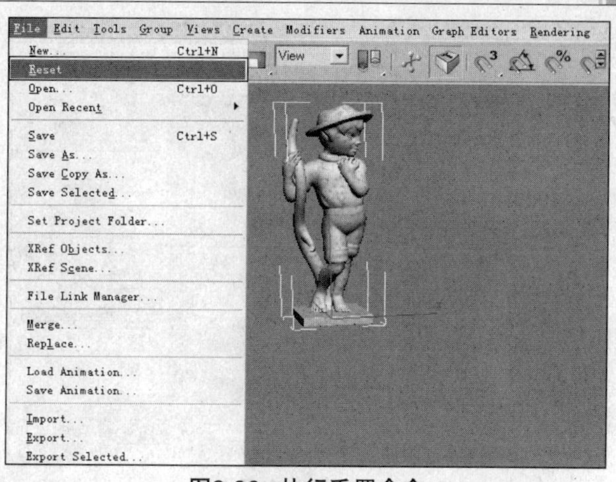

图2-36 执行重置命令

步骤⓬ 在弹出的3ds Max提示对话框中单击Yes按钮，场景即被重置为新的标准界面。再在菜单栏中执行“File（文件）>Open（打开）”命令，如图2-37所示。

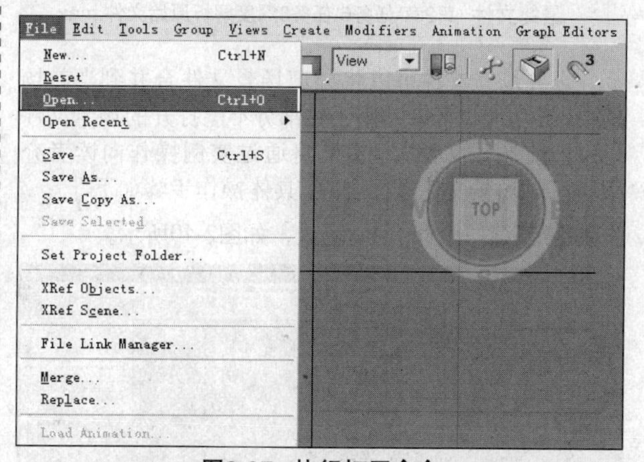

图2-37 执行打开命令

步骤⓭ 执行菜单栏Open（打开）命令后会弹出如图2-38所示的Open File（打开文件）对话框。

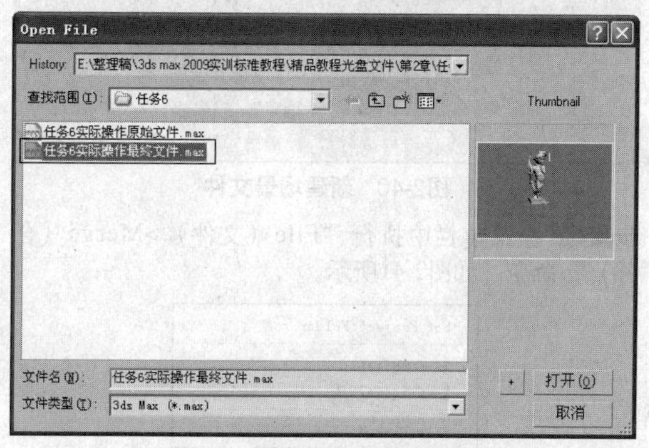

图2-38 选择保存的场景文件

步骤⓮ 选择前面另存的文件，再单击“打开”按钮 打开(O) ，即可打开此文件，效果如图2-39所示。

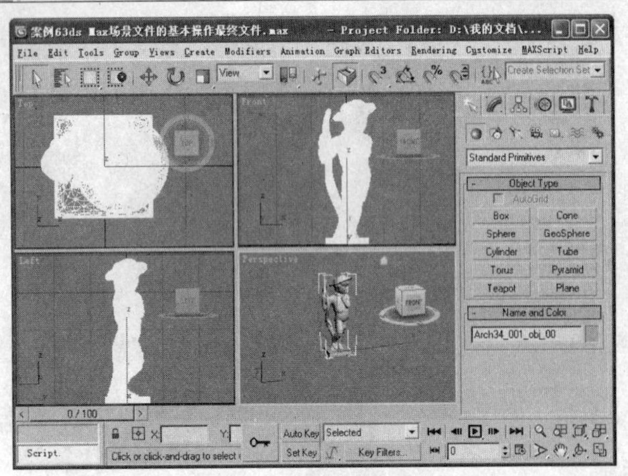

图2-39 打开场景文件

2.2.4 深度解析：合并场景文件

· 原始文件 第2章\任务6\任务6深度解析原始文件.max

· 最终文件 第2章\任务6\任务6深度解析原始文件.max

合并场景文件可以将外部场景文件合并到当前场景中。该功能也可以应用于将部分不能打开的场景文件导入当前场景文件中。本节将通过实例操作向读者介绍如何对场景文件进行合并，具体操作步骤如下。

步骤❶ 新建一个3ds Max场景，如图2-40所示。

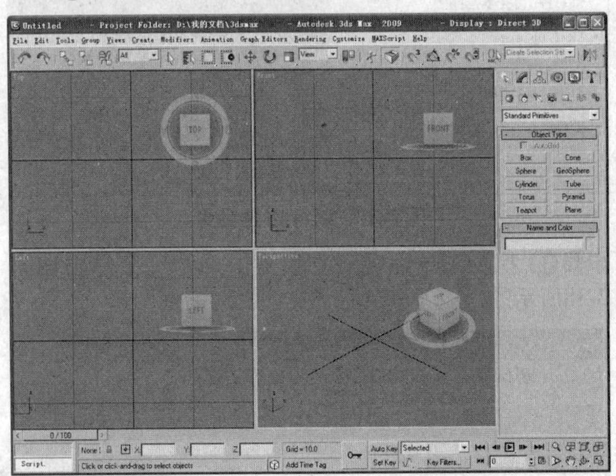

图2-40 新建场景文件

步骤❷ 在菜单栏中执行“File（文件）>Merge（合并）”命令，如图2-41所示。

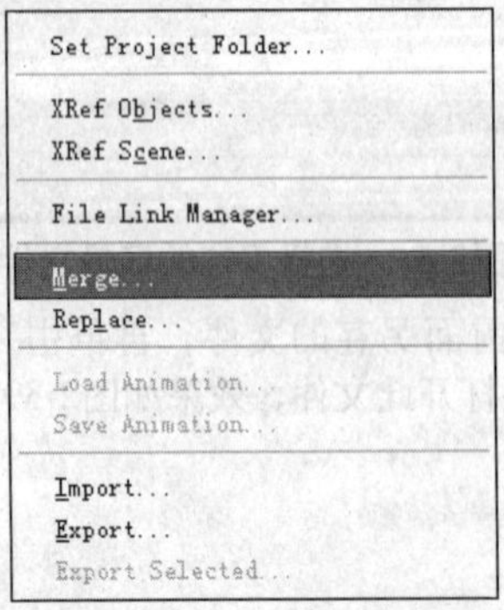

Set Project Folder...
XRef Objects...
XRef Scene...
File Link Manager...
Merge...
Replace...
Load Animation...
Save Animation...
Import...
Export...
Export Selected...

图2-41 执行合并命令

步骤❸ 执行Merge（合并）命令后，弹出如图2-42所示的对话框，选择附书光盘中的原始文件，在对话框右侧会显示当前选择场景文件的缩略图效果。

Merge File
History: C:\Documents and Settings\jiahui\My Documents\3dsmax\scenes
查找范围(I): 任务6
Thumbnail
任务6深度解析原始文件.max
任务6实际操作原始文件.max
任务6实际操作最终文件.max
文件名(N): 任务6深度解析原始文件.max
文件类型(T): 3ds Max (*.max)
打开(O)
取消

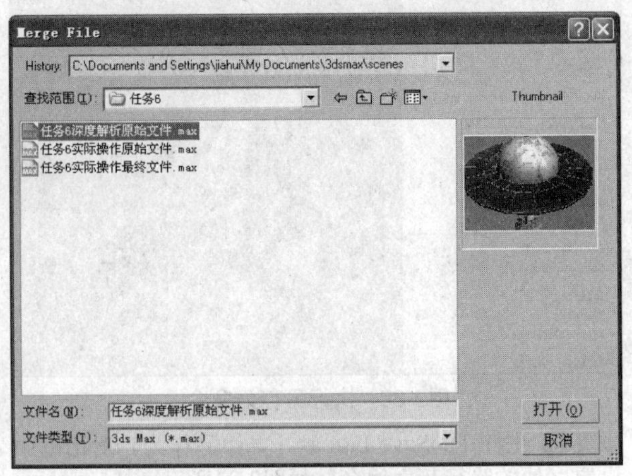

图2-42 选择要合并的文件

步骤❹ 选择要进行合并的场景文件后单击“打开”按钮，在弹出的对话框中列出了能进行合并的所有场景对象，如图2-43所示。

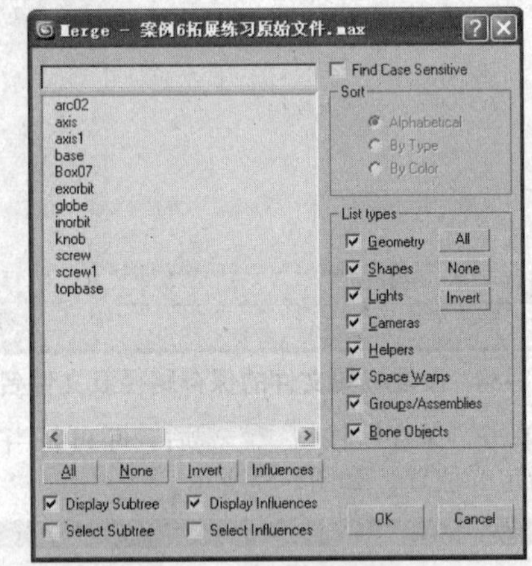

图2-43 合并对象列表

步骤❺ 在该对话框的列表框中选择需要合并的对象，如图2-44所示。

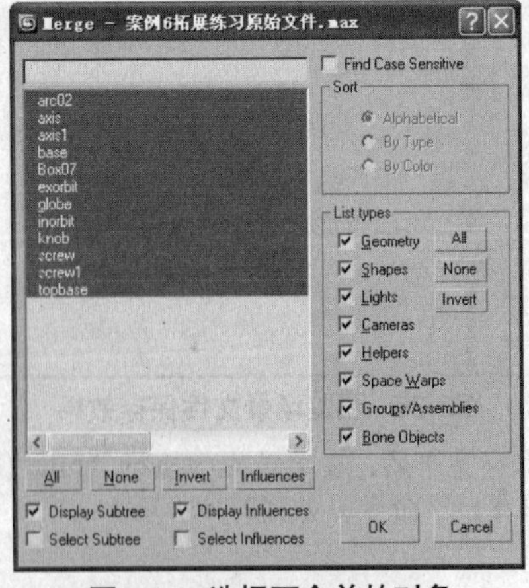

图2-44 选择要合并的对象

步骤❻ 单击OK按钮 OK ，被选择的对象即合并到了当前的场景中，效果如图2-45所示。

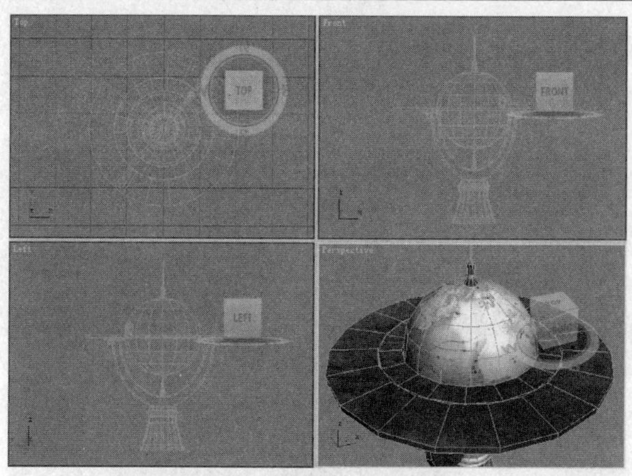

图2-45 合并对象到场景中

2.3 任务07 自定义3ds Max 2009的视口布局

3ds Max的默认视口布局能满足大多数用户的操作需要，但如果用户有特殊要求，也可通过Customize（自定义）菜单来自定义视口布局。本节对视口布局、视口显示类型，以及视口操作工具等的相关知识进行介绍。

任务快速流程：

启动3ds Max ➔ 3ds Max操作界面 ➔ 自定义视口布局

2.3.1 简单讲评

默认情况下，整个视口工作区域由4个等大的独立视口组成，3ds Max允许用户调整单个视口的大小和更换预置的布局方式。通过Configure（配置）菜单命令，用户可按照自己的需求设置视口的布局及实例显示类型，并且可以使用视口控件对视口进行更进一步的调整。

2.3.2 核心知识

1. 视口的布局

在视口左上角的视口名称上右击，在弹出的菜单中选择Configure（配置）命令，如图2-46所示。

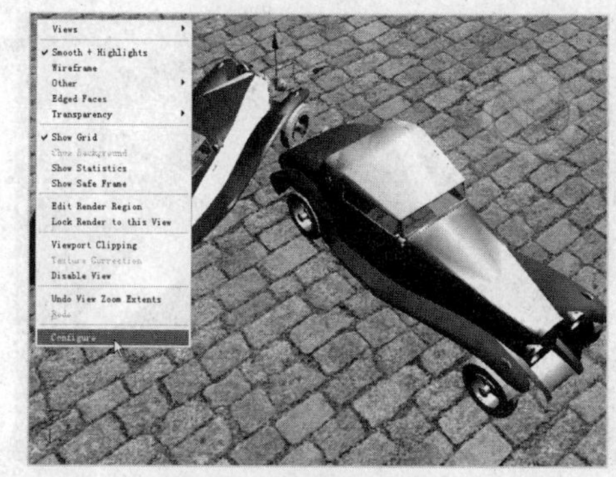

图2-46 选择视口配置命令

在开启的Viewport Configuration（视口配置）对话框中切换到Layout（布局）选项卡，如图2-47所示。

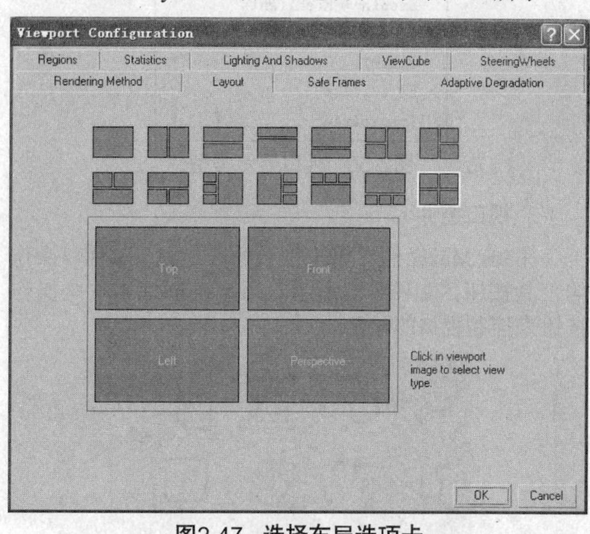

图2-47 选择布局选项卡

在Layout（布局）选项卡下可以设置视口的布局方式，3ds Max 2009提供了14种布局方式，图2-48和图2-49所示为不同的视口布局类型效果。

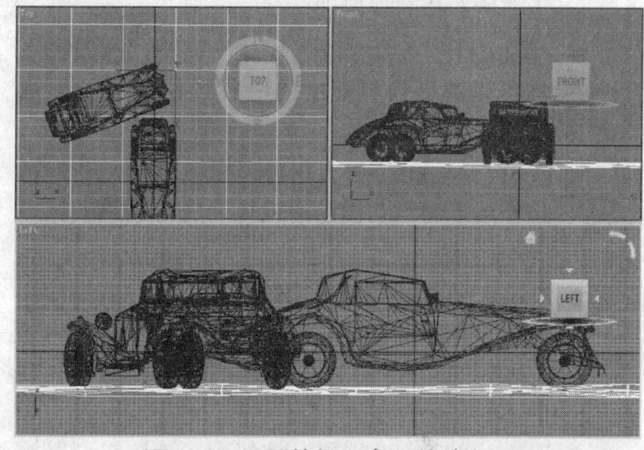

图2-48 不同的视口布局效果之一

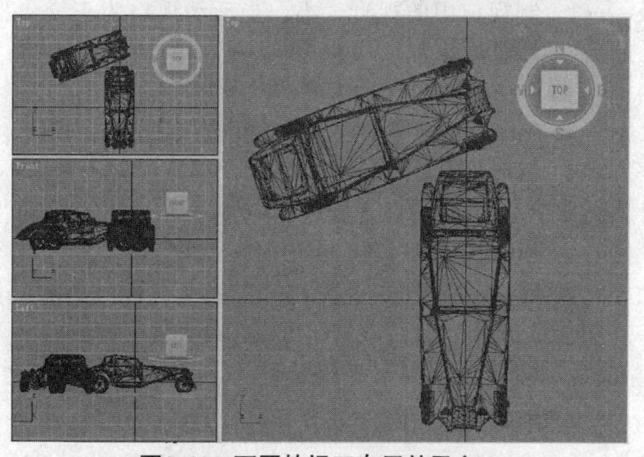

图2-49 不同的视口布局效果之二

2. 不同的视口显示类型

在激活视口左上角的视口名称上单击鼠标右键，在弹出的如图2-50所示的菜单中可以选择不同的视口显示方式。

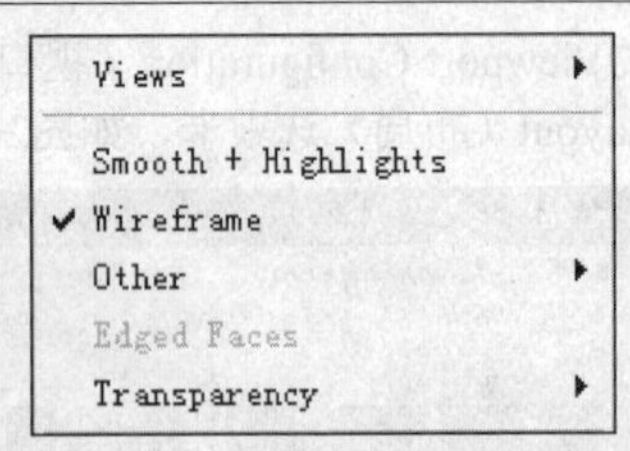

图2-50 视口显示类型

3. 视口控件

在3ds Max操作界面的右下角有一些针对视口操作的工具按钮，如图2-51所示，用户可以使用这些操作按钮来控制视口的显示。

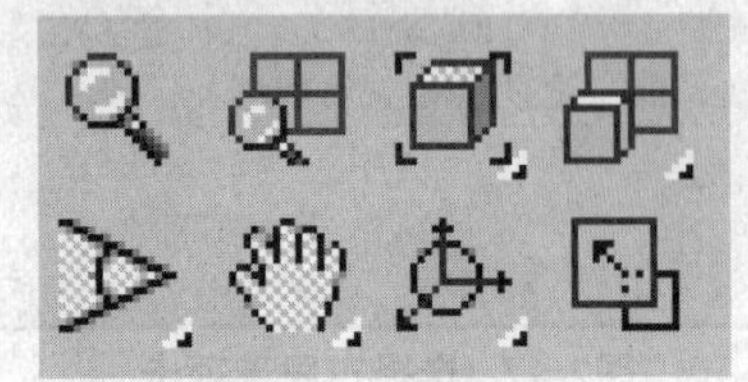

图2-51 视口控件

视口控件中各个按钮的含义如下。

- Zoom（缩放）按钮：使用缩放工具可以对当前所选择的视口进行缩放控制。
- Zoom All（缩放所有视图）按钮：使用该工具可以对操作界面中的所有视口都进行缩放控制。
- Zoom Extents（最大化显示）按钮：使用该按钮可以将当前激活的视口中的对象最大化显示出来。
- Zoom Extents All（所有视图最大化显示）按钮：该按钮的功能和Zoom Extents（最大化显示）按钮一样，只是它将所有视口中的对象都最大化显示。
- Field-of-View（视野）按钮：该按钮可以控制视口中的视野大小。当活动视口为正交、透视或用户三向投影视图时，有可能显示为Zoom Region（缩放区域）按钮。
- Pan View（平移视图）按钮：使用该按钮可以对视口进行平移操作。
- Arc Rotate（弧形旋转）按钮：使用该按钮可以对视口进行各个方向的旋转操作。
- Maximize Viewport Toggle（最大化视口切换）按钮：使用该按钮可以在最大化视口和标准的视口之间进行切换。

4. 其他视口操作命令

除了在视口右键菜单中选择视口的类型和显示方式外，菜单中还提供了一些其他的针对视口的操作命令。

其中，Show Grid（显示栅格）命令可以控制是否在视口中显示背景的栅格线。

图2-52所示的为在视口中显示栅格的效果。

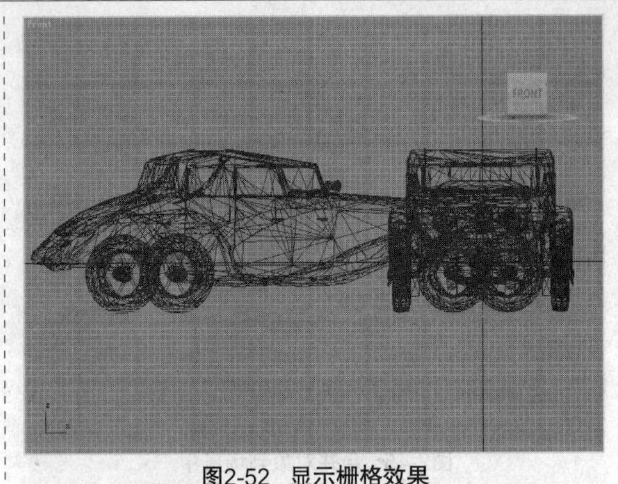

图2-52 显示栅格效果

图2-53所示的为视口中不显示栅格的效果。

图2-53 不显示栅格效果

图2-54所示的Show Safe Frame（显示安全框）命令可用于在视口中显示一个由3种颜色线条围成的线框。

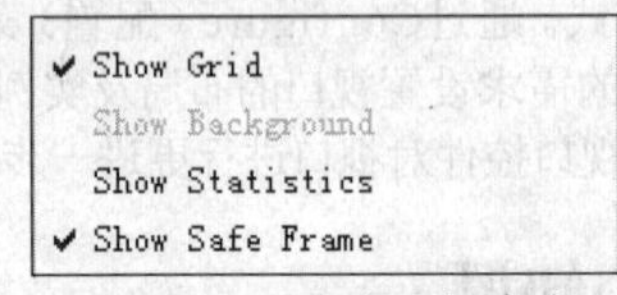

图2-54 显示安全框命令

如图2-55所示，最外面的框是渲染的边界，中间的框为图像安全框，内部的框为字幕安全框。处于安全框外的对象将不显示在最终的渲染结果中。

图2-55 在视口中显示安全框

选择如图2-56所示的Show Statistics（显示统计）命令。

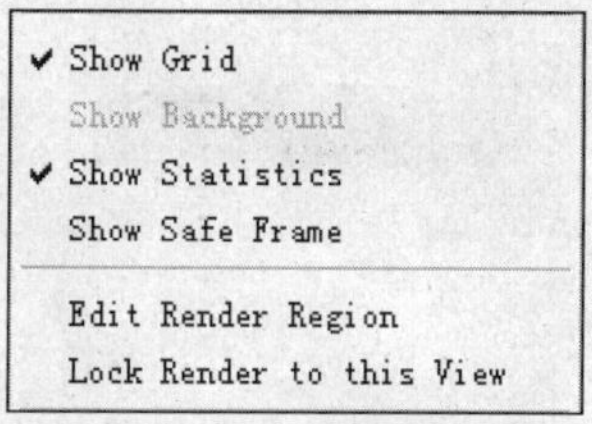

✔ Show Grid
Show Background
✔ Show Statistics
Show Safe Frame
Edit Render Region
Lock Render to this View

图2-56 显示统计命令

该命令可以在当前激活视口中的左上角显示该场景中所包含的多边形数量、顶点的数量，以及帧数，如图2-57所示。

图2-57 在视口中显示统计数字

2.3.3 实际操作

·原始文件 第2章\任务7\任务7实际操作原始文件.max

场景对象的所有操作都是在视口中进行的，用户可以通过视口来查看场景对象的各种信息，如对象的形状、颜色、大小等。本节将向读者展示3ds Max中更改视口设置的一些基本操作，具体操作步骤如下。

步骤❶ 打开光盘中提供的“第2章\任务7\任务7实际操作原始文件.max”场景文件，如图2-58所示。

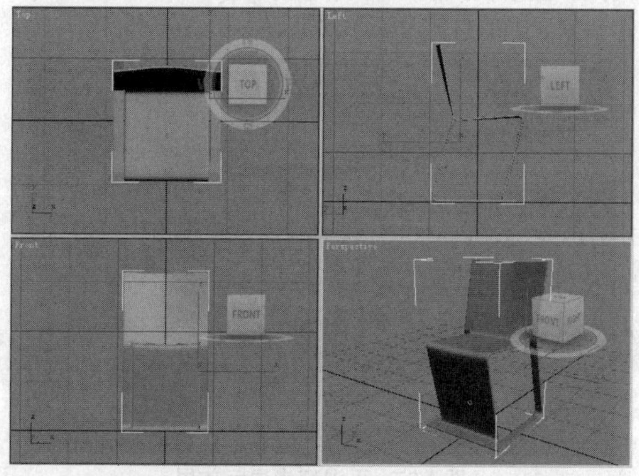

图2-58 标准的视口组成

步骤❷ 边缘处为黄色高亮显示的视口表示当前被激活的视口，如图2-59所示。

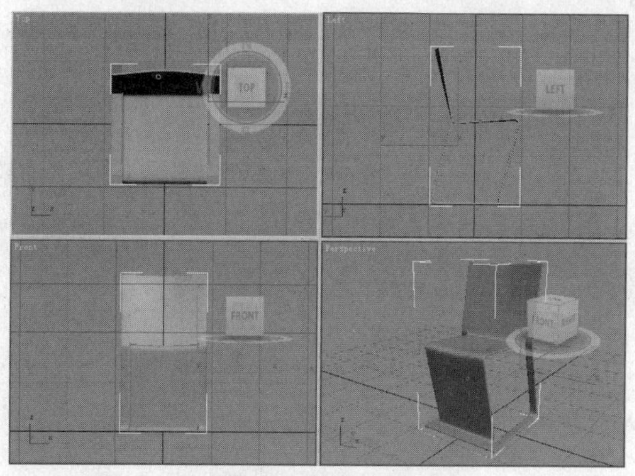

图2-59 激活顶视口

步骤❸ 将鼠标指针移动到4个视口的交点处，指针会呈十字箭头形状，单击并拖动鼠标左键，可以对视口进行任意的大小调整，如图2-60所示。

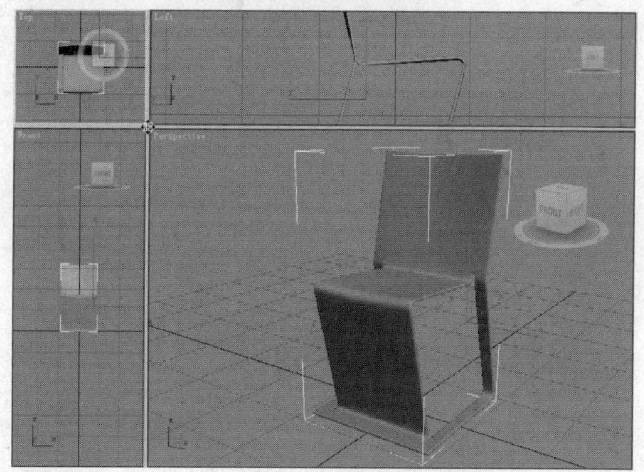

图2-60 拖动改变视口的大小

步骤❹ 在交点处单击鼠标右键，会弹出一个如图2-61所示的Reset Layout（重置布局）命令选项，选择此选项，则视口恢复默认设置。

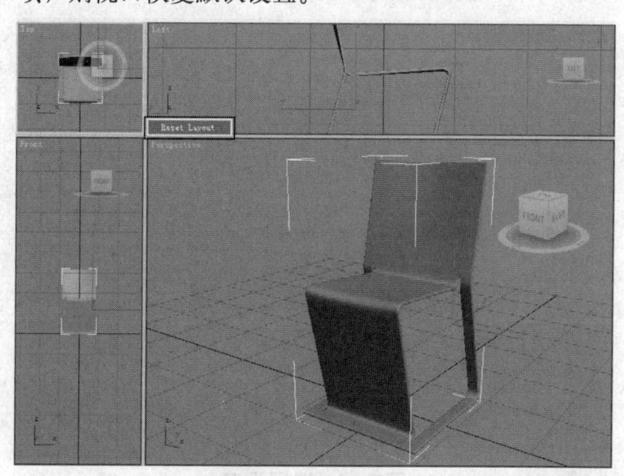

图2-61 重置布局

步骤❺ 激活Perspective（透视）视口，在操作界面的右下角单击Zoom Extents（最大化视口切换）按钮，

Perspective（透视）视口即被最大化显示，效果如图2-62所示。

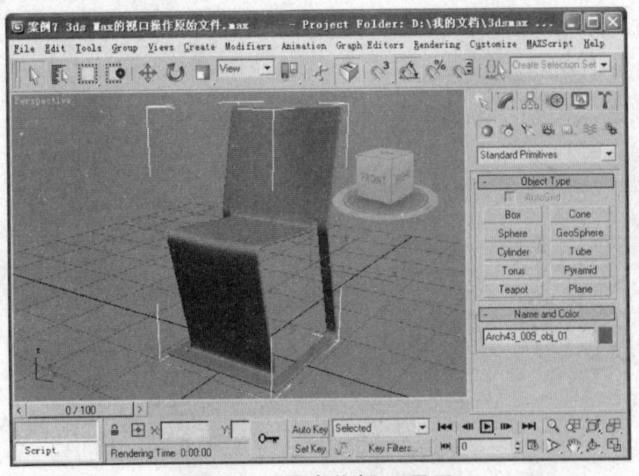

图2-62　最大化视口显示

步骤❻ 再次单击Zoom Extents（最大化视口切换）按钮，视口又会回到原来标准的4个视口的显示方式，效果如图2-63所示。

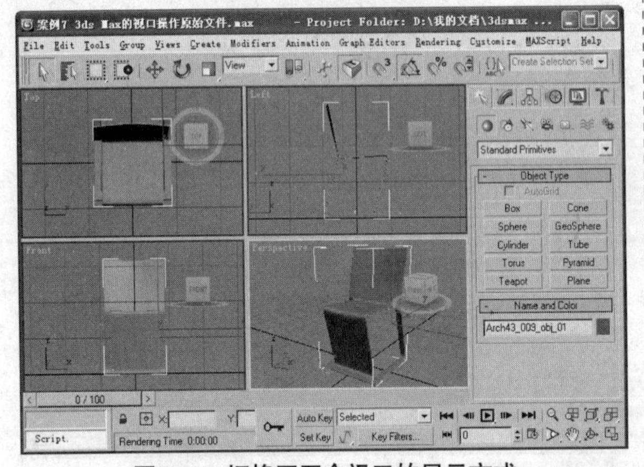

图2-63　切换回四个视口的显示方式

步骤❼ 在Perspective（透视）视口左上角的名称上单击鼠标右键，在弹出菜单中选择“View（视图）> Top（顶）”命令，如图2-64所示。

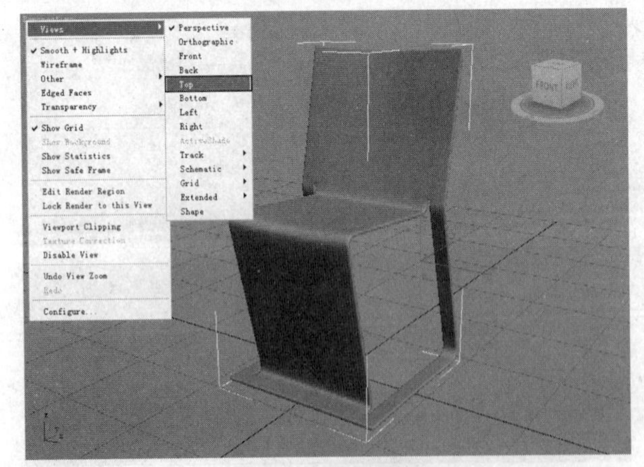

图2-64　选择视口

步骤❽ 此时，Perspective（透视）视口更换为了Top（顶）视口，效果如图2-65所示。

图2-65　更换为顶视口

2.3.4　深度解析：不同的视口显示类型

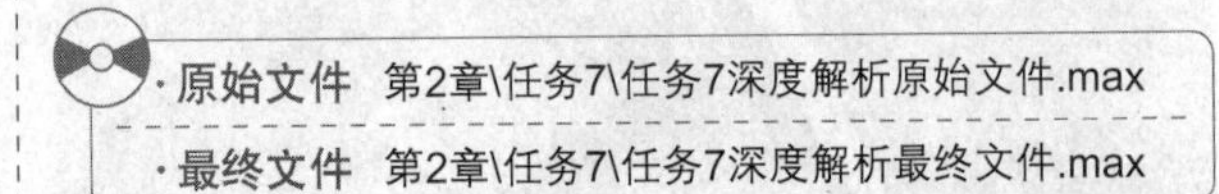

·原始文件　第2章\任务7\任务7深度解析原始文件.max

·最终文件　第2章\任务7\任务7深度解析最终文件.max

3ds Max提供了多种类型的视口显示方式，适用于不同情况下观察场景中的对象，用户可以根据需要和喜好来选择不同的视口显示方式。本节将向读者展示选择不同的视口显示类型的显示效果，具体操作步骤如下。

步骤❶ 打开原始文件，在视口左上角的名称上单击鼠标右键，再在弹出的菜单中选择如图2-66所示的Smooth+Highlights（平滑+高光）显示模式。

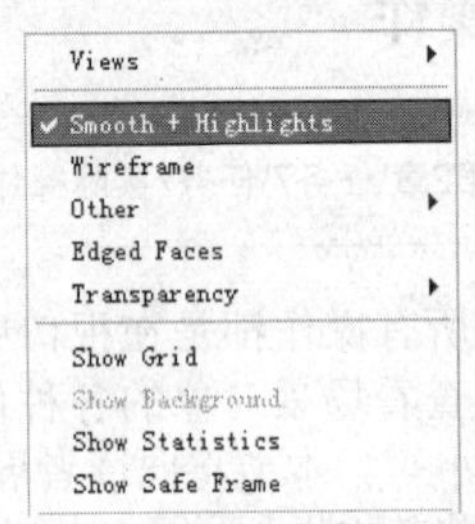

图2-66　平滑高光显示模式

步骤❷ 图2-67所示为选择Smooth+Highlights（平滑+高光）显示模式的效果，在该模式下，视口中会显示出对象表面的材质及高光效果。

图2-67　平滑高光显示效果

步骤3 在透视视口的右键菜单中选择如图2-68所示的Wireframe（线框）模式。

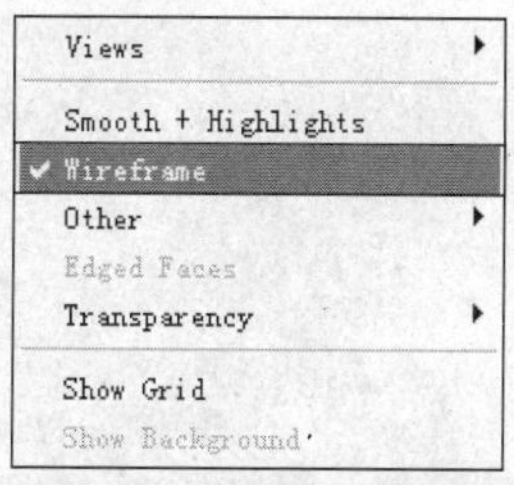

图2-68 线框显示模式

步骤4 图2-69所示为选择Wireframe（线框）模式的显示效果，在该模式下视口中的对象只显示模型的线框。

图2-69 线框显示效果

步骤5 在视口右键菜单中选择如图2-70所示的Edged Faces（边面）模式。

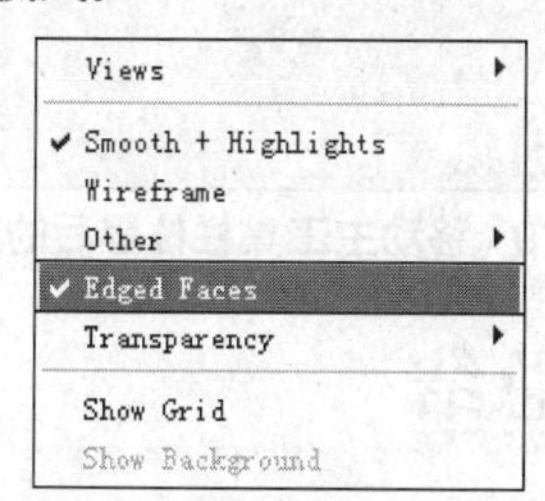

图2-70 边面显示模式

步骤6 图2-71所示为Edged Faces（边面）模式的显示效果，其作用是在显示材质高光的基础上再显示出模型的线框。

图2-71 边面显示效果

步骤7 在视口右键菜单中选择如图2-72所示的“Other（其他）>Facets（面）模式。

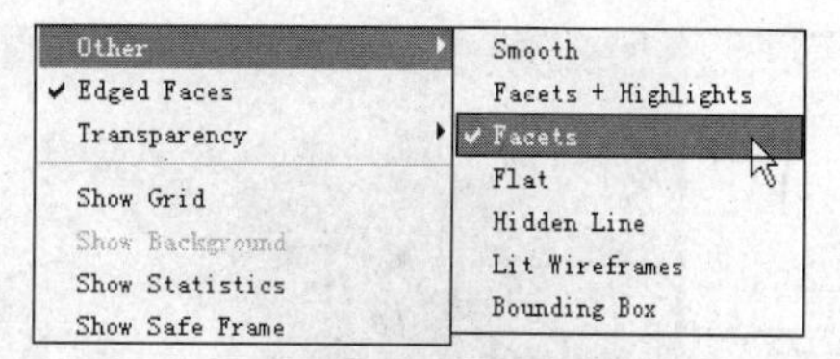

图2-72 面显示模式

步骤8 图2-73所示为选择Facets（面）模式的视口显示效果，该模式下视口中将显示模型的面片效果。

图2-73 面显示效果

2.4 综合实训：自定义视口布局与显示类型

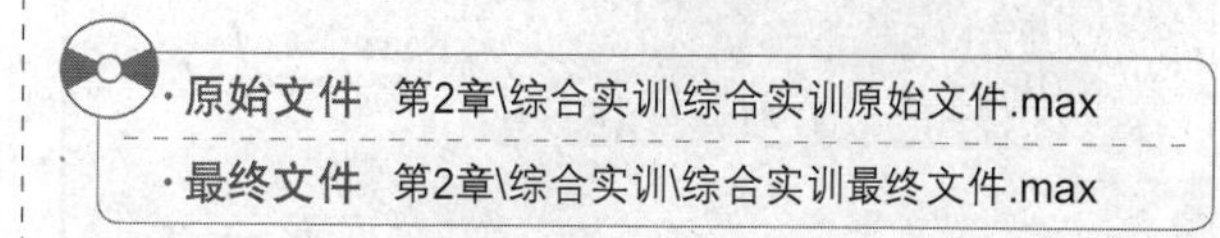

本章对3ds Max操作界面中的部分工具与命令进行了介绍，并对3ds Max打开、合并、导入等场景文件的操作方法，以及视口布局、视口显示类型的设置进行了讲解。在本节中将对本章所学内容进行总结，具体操作步骤如下。

步骤1 打开光盘中提供的“第2章\综合实训\综合实训原始文件.max”场景文件，如图2-74所示。

图2-74 打开场景文件

步骤2 在视口左上角的名称上单击鼠标右键，在弹出的菜单中选择Configure（配置）命令，如图2-75所示。

图2-75　选择视口配置命令

步骤③ 在弹出的对话框中切换至Layout（布局）选项卡，在该选项卡中选择需要的布局类型，如图2-76所示，完成后单击OK按钮。

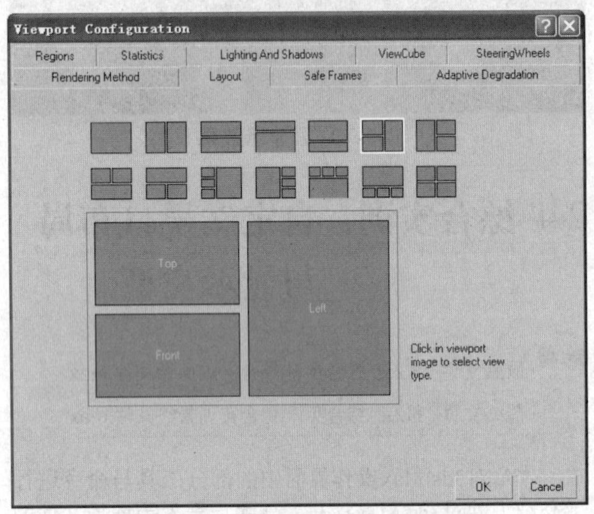

图2-76　选择视口布局类型

步骤④ 在Top（顶）视口左上角的名称上单击鼠标右键，在弹出的菜单中选择“Views（显示）>Perspective（透视）”命令，如图2-77所示。

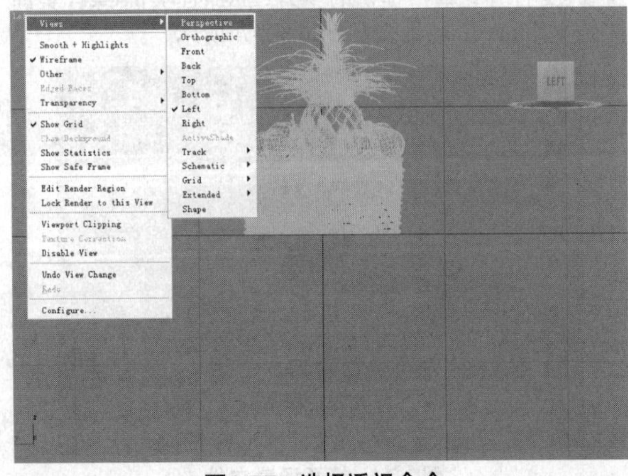

图2-77　选择透视命令

步骤⑤ 更改为Perspective（透视）视口后再对其进行简单调整，完成后效果如图2-78所示。

图2-78　调整视口完成效果

步骤⑥ 在3ds Max操作界面的上部通过拖动将主工具栏中移动至操作界面的左侧，效果如图2-79所示。

图2-79　移动主工具栏位置后的效果

2.5 教学总结

本章主要介绍了3ds Max的界面相关操作、场景文件的基础操作，以及设置视口的操作。读者应该重点掌握3ds Max的界面和视口的相关操作，这部分属于3ds Max的基础操作，熟练掌握可使后面的学习进行得更加顺利。

2.6 测试练习

1. 填空题

（1）3ds Max的菜单栏中为用户提供了________个类型的菜单命令。

（2）Create（创建）面板位于3ds Max操作界面的________。

（3）3ds Max默认操作界面配置了________、________、________、________视口。

2. 选择题

（1）3ds Max 的Create（创建）面板中提供了________种命令类型。

A. 6　　B. 7

C. 8　　D. 9

（2）以下________菜单下的命令可以用来合并外部场景文件。

A. File（文件）

B. Edit（编辑）

C. Animation（动画）

D. Customize（自定义）

（3）在3ds Max中不包括以下________视口类型。

A. Front（前）　　B. In（内）

C. Left（左）　　D. Back（后）

3. 判断题

（1）3ds Max的菜单栏中包含了11组命令。（　）

（2）3ds Max操作界面中主工具栏的位置可进行随意设置。（　）

（3）3ds Max的显示类型包含了Wireframe（线框）模式。（　）

4. 问答题

（1）3ds Max的工具栏是否可以独立显示？

（2）如何将当前选择的视口进行放大并更换为其他视口？

（3）如何将当前的操作界面重置为默认的操作界面？

Chapter 03

在3ds Max 2009中创建基本对象

▶ **考点预览**

1. 标准三维几何体类型及创建方法
2. 扩展三维几何体类型及参数设置
3. 标准二维图形的类型及创建方法
4. Section（截面）对象的应用
5. Doors（门）、Foliage（植物）等建筑对象的创建方法

▶ **课前预习**

本章对Standard Primitives（标准基本体）、Extended Primitives（扩展基本体）、Shape（图形）类的对象进行介绍。读者应该重点掌握这些对象的创建方法及参数设置方法。

3.1 任务08 创建标准三维几何体

在大多数复杂模型的创建初期，都是先用基本几何体组成雏形，再对其进行细致的修改，基本几何体的创建可以在Create（创建）命令面板中的Geometry（几何体）类别下进行。

任务快速流程：

选择创建类型 ➔ 创建Standard Primitives（标准基本体）

3.1.1 简单讲评

本节将对Standard Primitives（标准基本体）的创建方法进行介绍。每一种Standard Primitives（标准基本体）都有自身特定的参数，如Box（长方体）类型有Length（长）、Width（宽）、Height（高）等参数，Sphere（球体）有Radius（半径）参数等。读者应该重点掌握这些Standard Primitives（标准基本体）的创建方法及参数的设置方法。

3.1.2 核心知识

3ds Max还提供了如Box（长方体）、Sphere（球体）、Cylinder（圆柱体）等其他多种标准基本体类型。本节即向读者展示Standard Primitives（标准基本体）所提供的其他一些几何体类型，以及它们的参数设置。

1. 标准三维几何体

在Create（创建）命令面板中Geometry（几何体）类别下的Object Type（对象类型）卷展栏中，系统为用户提供了10种标准基本体，如图3-1所示。

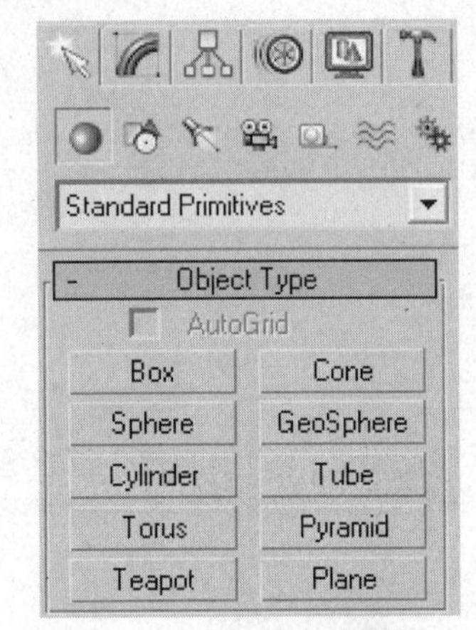

图3-1 标准基本体类型

其中，利用Box（长方体）对象类型可以在场景中创建一个长方体对象，如图3-2所示。

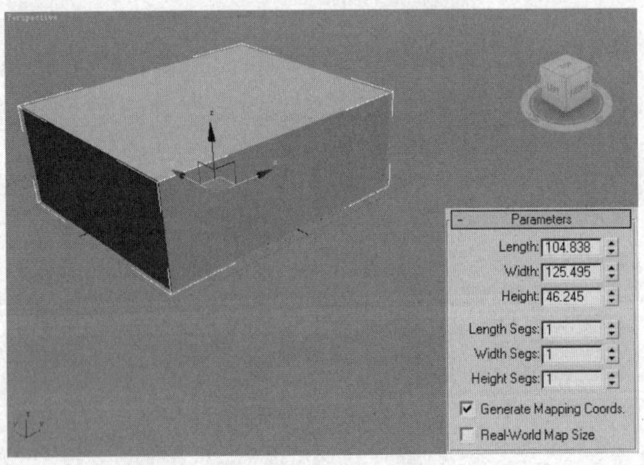

图3-2 创建长方体

该对象包含Length（长）、Width（宽）、Height（高）、Length Segs（长度分段）等参数。图3-3所示的是修改参数后的模型效果。

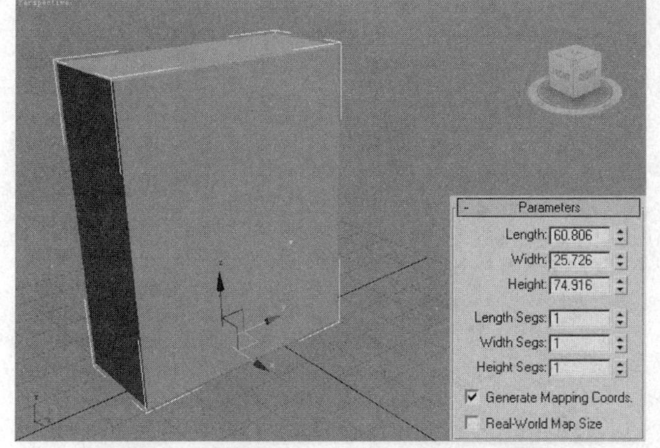

图3-3 更改参数后的长方体模型效果

利用Sphere（球体）和GeoSphere（几何球体）对象类型可以在场景中创建球体和几何球体，如图3-4所示。

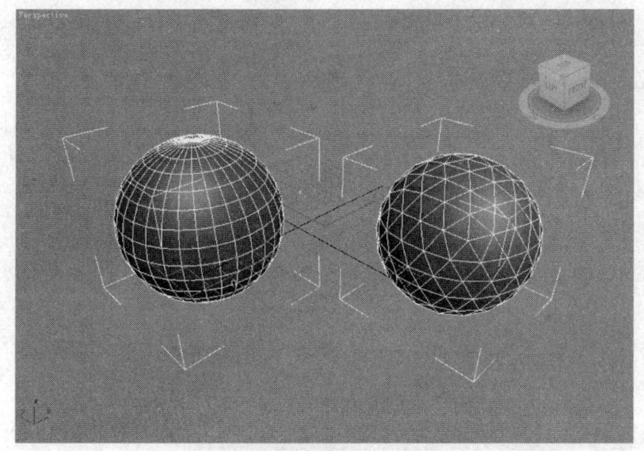

图3-4 创建球体和几何球体

两种类型均包含Radius（半径）和Segments（分段）参数。更改创建的几何球体参数后模型的效果如图3-5所示。

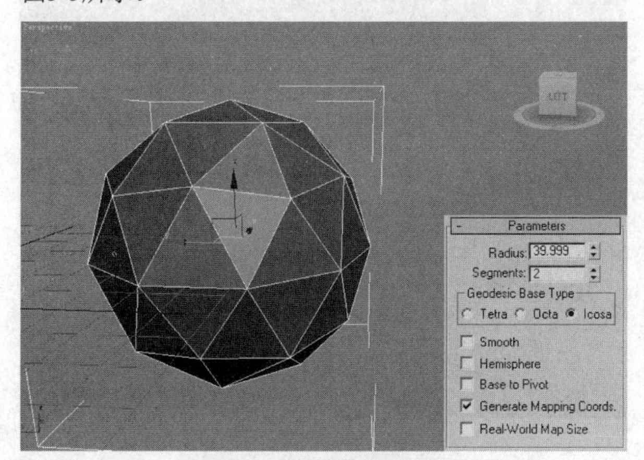

图3-5 更改参数后的几何球体模型效果

利用Tube（管状体）对象类型可在场景中创建管状体，如图3-6所示。

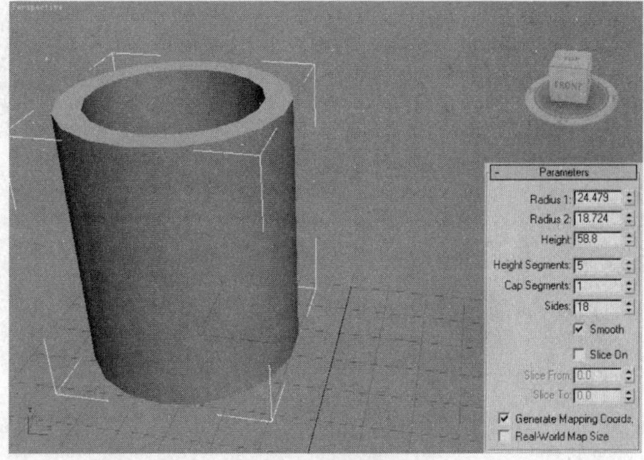

图3-6 创建管状体

该类型对象包含Radius（半径）、Height（高度）及Sides（边数）等参数。更改参数后，管状体模型的效果如图3-7所示。

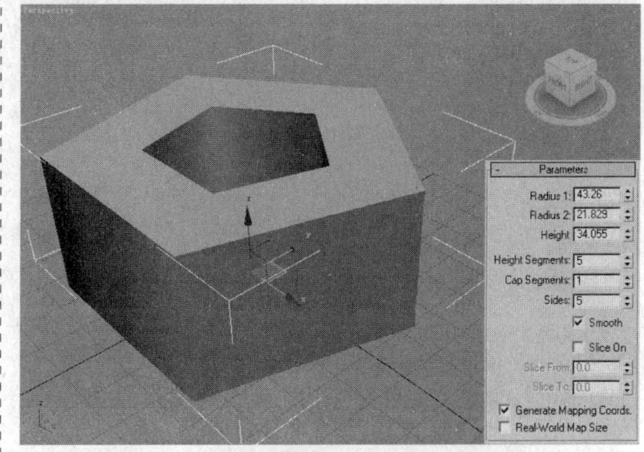

图3-7 更改参数后的管状体模型效果

2. 其他标准几何体

利用Cone（圆锥体）对象类型可以在场景中创建一个圆锥体，如图3-8所示。

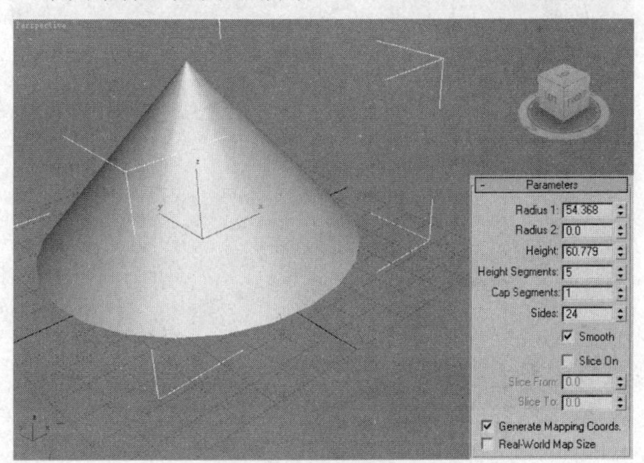

图3-8 创建圆锥体

该对象包含Radius（半径）、Height Segments（高度分段）等参数。图3-9所示的是更改圆锥体参数后的模型效果。

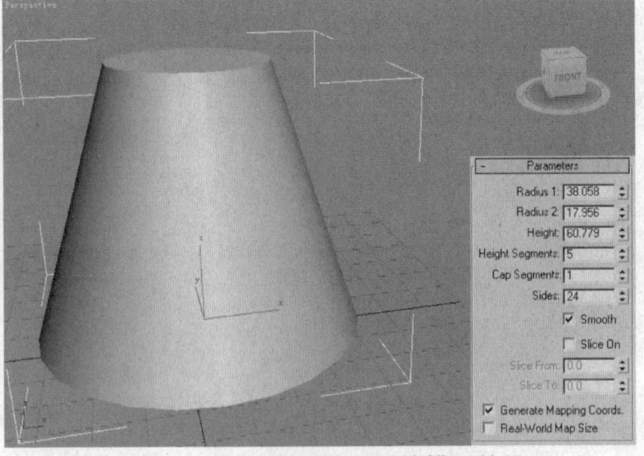

图3-9 更改参数后的圆锥体模型效果

利用Torus（圆环）对象类型可以在场景中创建一个圆环，如图3-10所示。

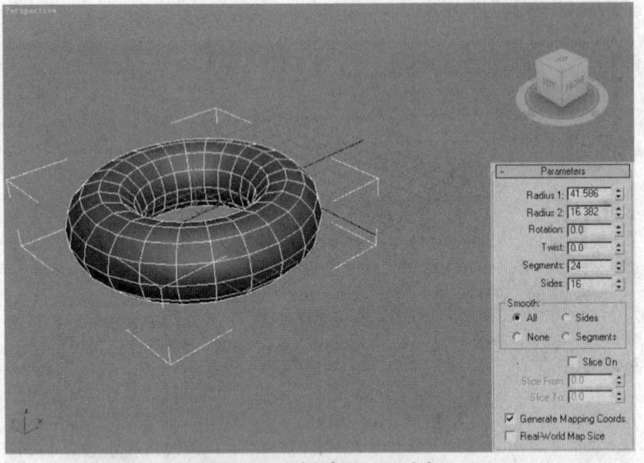

图3-10 创建圆环对象

该类型包含Radius（半径）、Rotation（旋转）、Twist（扭曲）等参数。图3-11所示的是更改圆环参数后的模型效果。

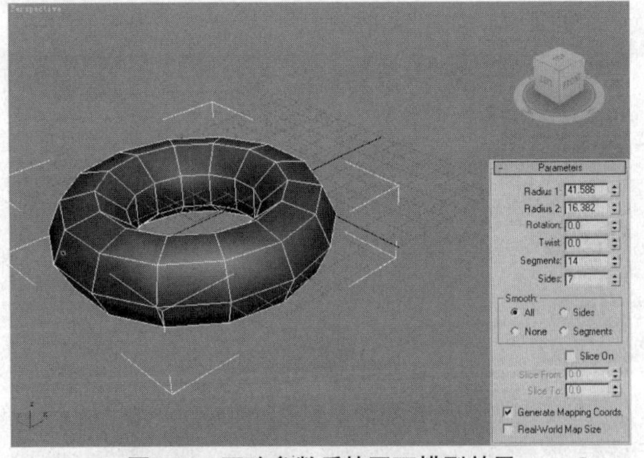

图3-11 更改参数后的圆环模型效果

利用Pyramid（四棱锥）对象类型可在场景中创建一个四棱锥对象，如图3-12所示。

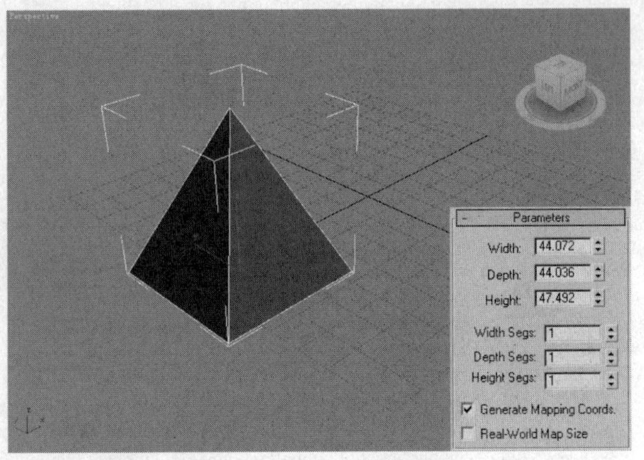

图3-12 创建四棱锥对象

Plane（平面）是没有厚度的平面实体，如图3-13所示，不同的Segs（分段）值决定Plane（平面）在长、宽上的分段数。

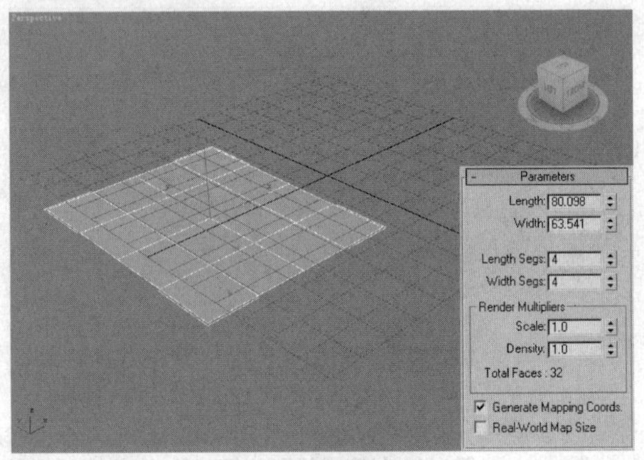

图3-13 平面对象

利用Teapot（茶壶）对象类型可在场景中创建一个茶壶，如图3-14所示。

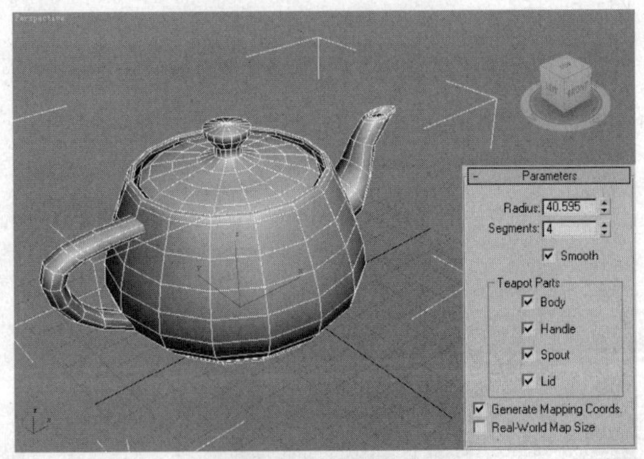

图3-14 创建茶壶

该类型由Radius（半径）和Segments（分段）决定其大小和光滑程度。图3-15所示的是更改茶壶模型参数后的效果。

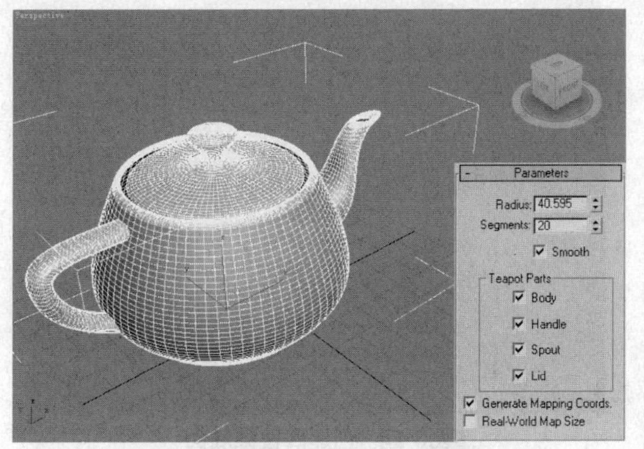

图3-15 更改参数后的茶壶模型效果

3.1.3 实际操作

3ds Max为用户提供了10种Standard Primitives（标准基本体）类型，用户可在Create（创建）命令面板的Geometry（几何体）类别下选择并创建这些几何体。本节将向读者介绍如何在场景中实际创建各种基本几何体并修改其参数，具体操作步骤如下。

步骤1 新建一个场景，进入右侧的Create（创建）命令面板中Geometry（几何体）类别，如图3-16所示。

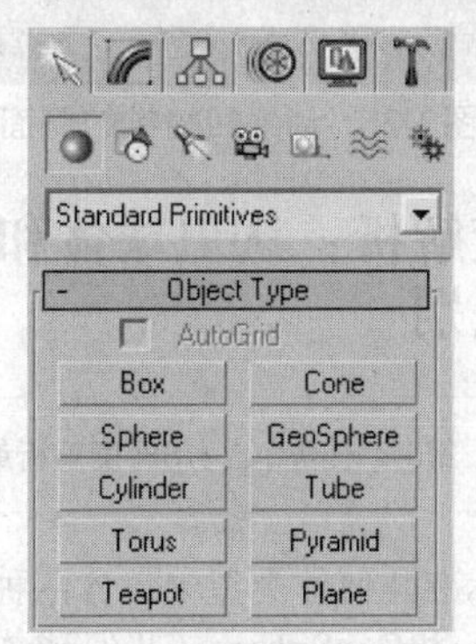

图3-16 标准基本体类型

步骤2 展开Object Type（对象类型）卷展栏上方的下拉列表，如图3-17所示，该列表中列出了可以创建的几何体类型，这里保持默认设置。

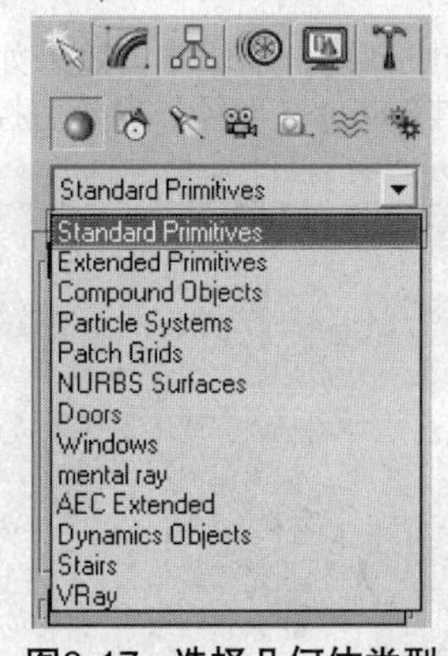

图3-17 选择几何体类型

步骤3 单击Sphere（球体）按钮 Sphere ，在Perspective（透视）视口中按住鼠标左键不放并拖动，如图3-18所示。

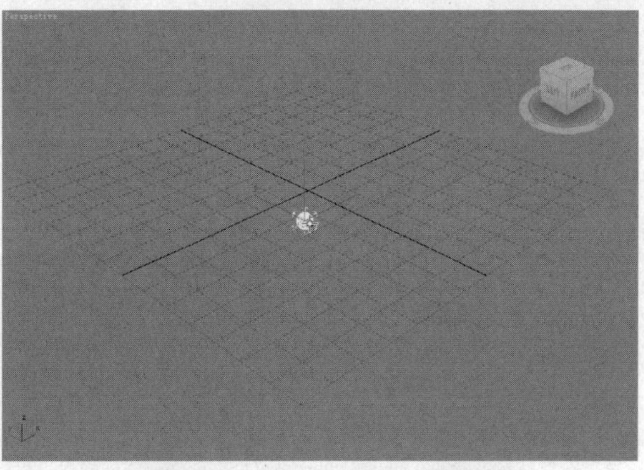

图3-18 在视口中单击鼠标左键

步骤4 当球体大小达要求时松开鼠标结束操作，此时在Perspective（透视）视口中即创建了一个球体，如图3-19所示。

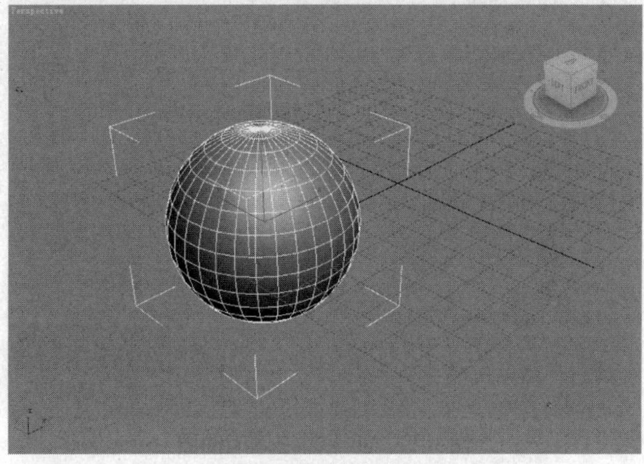

图3-19 创建球体

步骤5 切换至Modify（修改）面板，在其中设置如图3-20所示的球体参数，可发现在增加了模型的Segments（分段）参数值后，模型变得更平滑。

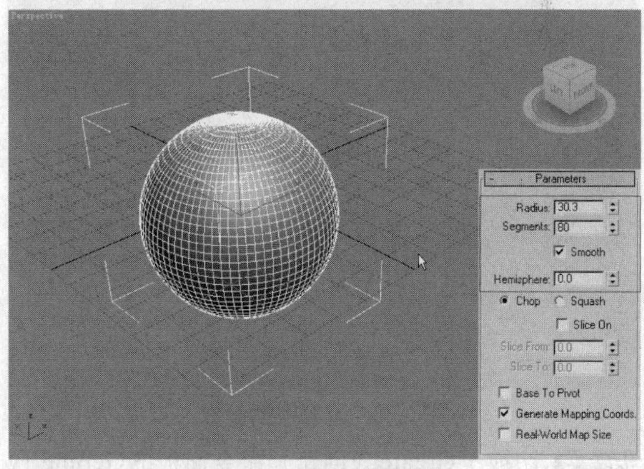

图3-20 更改球体参数

步骤6 切换至Greate（创建）命令面板的Geometry（几何体）类别下，单击Cylinder（圆柱体）按钮 Cylinder ，在Perspective（透视）视口中按住鼠标左键不放并拖动，确定圆柱体底面半径，如图3-21所示。

图3-21　创建圆柱体底面

步骤7 向上拖动鼠标，到达适当位置后单击鼠标左键确定创建圆柱体的高度，效果如图3-22所示。

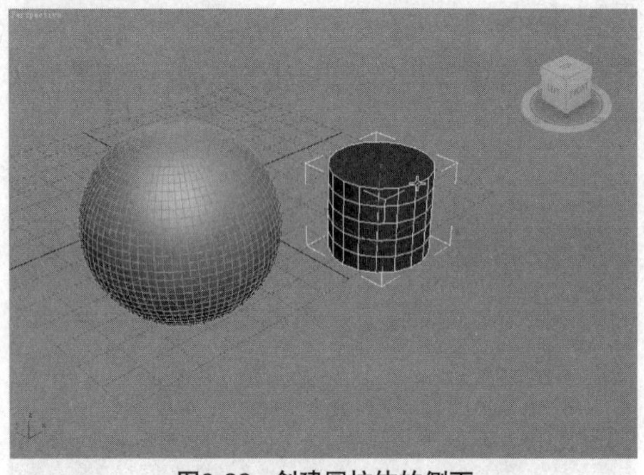

图3-22　创建圆柱体的侧面

步骤8 单击鼠标右键结束模型的创建。切换至Modify（修改）面板并设置为如图3-23所示的模型参数。

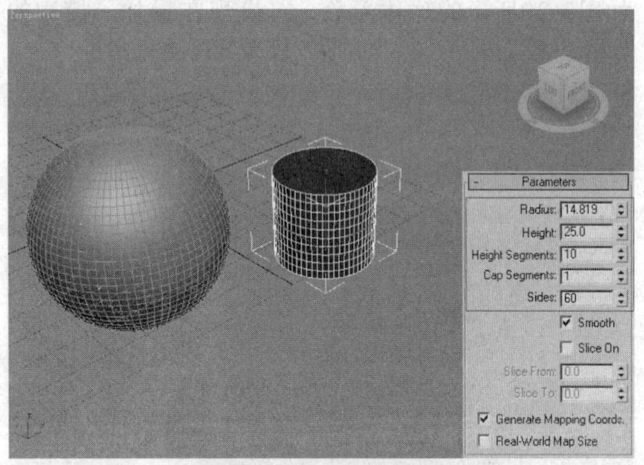

图3-23　设置模型参数

步骤9 切换至Greate（创建）命令面板的Geometry（几何体）类别下，单击Pyramid（四棱锥）按钮 Pyramid ，在视口中创建四棱锥的底面，效果如图3-24所示。

步骤10 向上拖动鼠标至适当位置后单击鼠标左键，确定四棱锥的高度，再单击鼠标右键完成模型的创建，效果如图3-25所示。

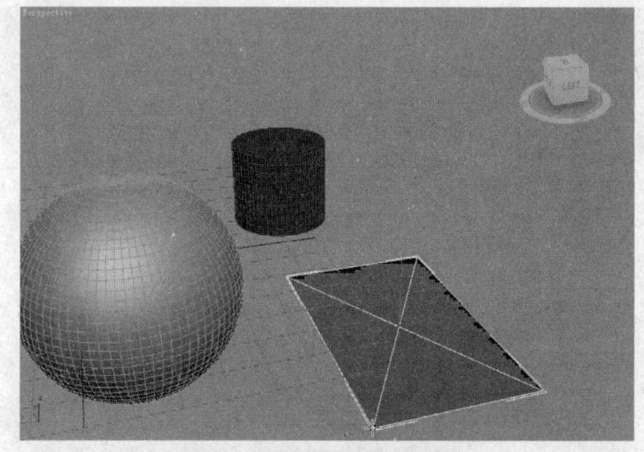

图3-24　创建四棱锥底面

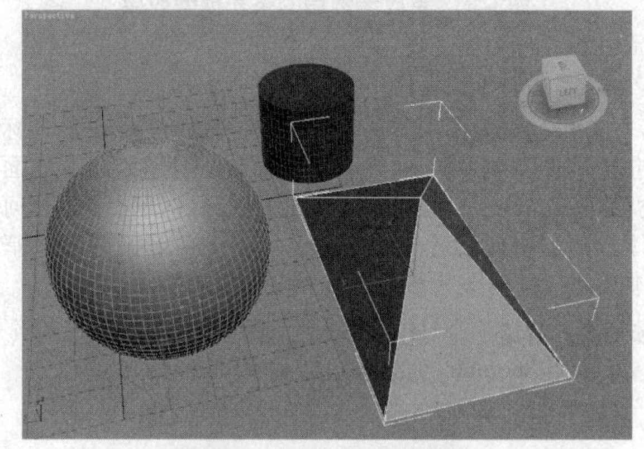

图3-25　创建四棱锥的侧面

3.1.4　深度解析：认识球体和几何球体的区别

· 最终文件　第3章\任务8\任务8深度解析最终文件.max

3ds Max标准几何体类型中包含两种球体类型——Sphere（球体）和GeoSphere（几何球体）。利用这两种类型创建出的球体效果虽然很相似，但是在本质上还是存在一定的区别。本小节将通过实例的方式为读者讲解Sphere（球体）和GeoSphere（几何球体）两种球体类型的区别。

步骤1 在场景中创建一个球体，效果如图3-26所示。球体的大小由其Radius（半径）参数值控制。

图3-26　创建球体

步骤❷ 按住Ctrl键，将创建的球体进行拖动复制，然后减小复制球体的半径参数值，效果与参数设置如图3-27所示。

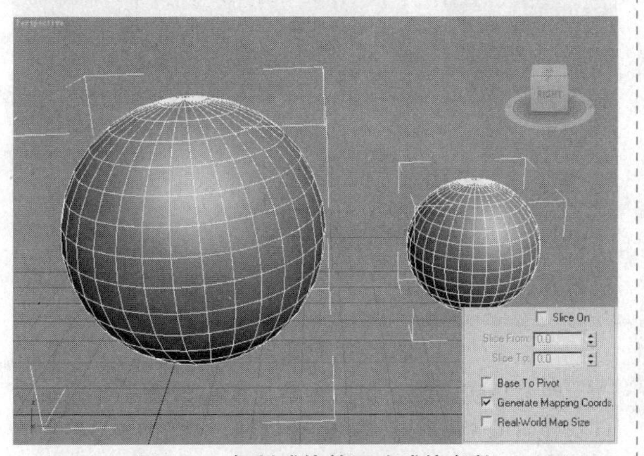

图3-27　复制球体并更改球体参数

步骤❸ 更改复制球体的Segments（分段）参数值为8，效果如图3-28所示。完成后删除复制的球体。

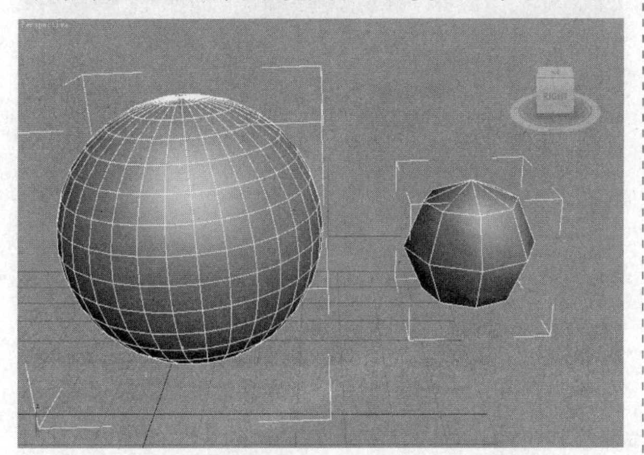

图3-28　不同半径及分段值的对比效果

步骤❹ 在视口中创建一个GeoSphere（几何球体），在Modify（修改）面板中设置与球体相同的Segments（分段）参数值，效果如图3-29所示。

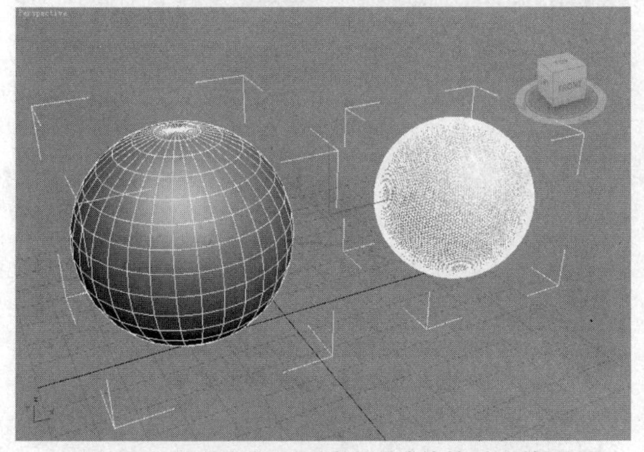

图3-29　同分段数下两种类型球体的对比效果

步骤❺ 删除球体并按照前面的方法复制GeoSphere（几何球体），再更改Geodesic Base Type（基点面类型）。

步骤❻ 再次复制几何球体并更改其基点面类型。图3-30所示为在相同分段数的情况下3种不同的基点面类型的效果。

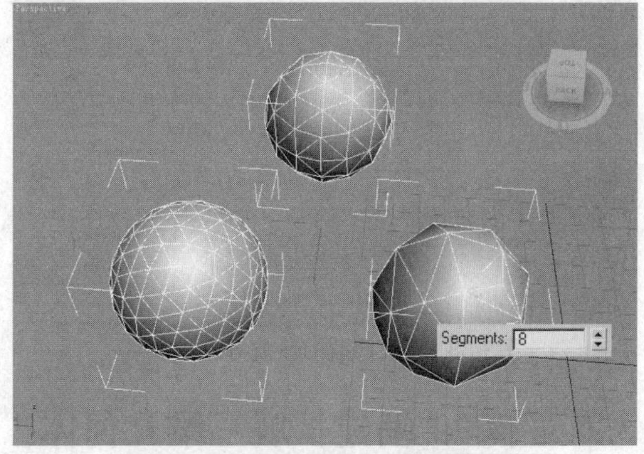

图3-30　不同基点面类型的对比效果

步骤❼ 选择一个GeoSphere（几何球体）并取消勾选Smooth（平滑）复选框，效果如图3-31所示。完成后删除场景中的所有几何球体。

图3-31　平滑与不平滑的对比效果

步骤❽ 在视口中创建一个球体，在Modify（修改）面板中更改球体的参数，球体模型效果与参数设置如图3-32所示。

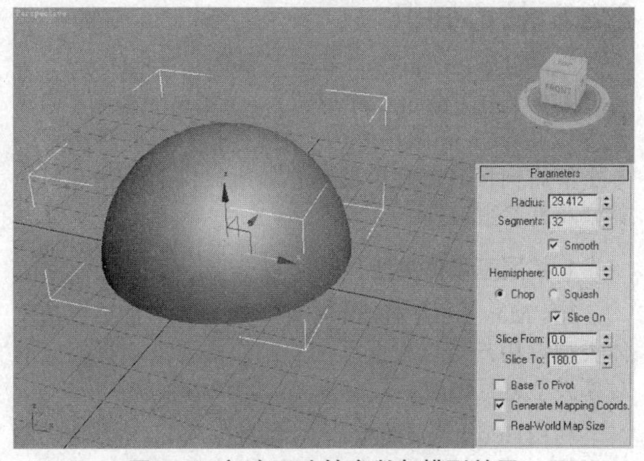

图3-32　初次更改的参数与模型效果

步骤❾ 继续更改模型参数，模型效果与参数设置如图3-33所示。

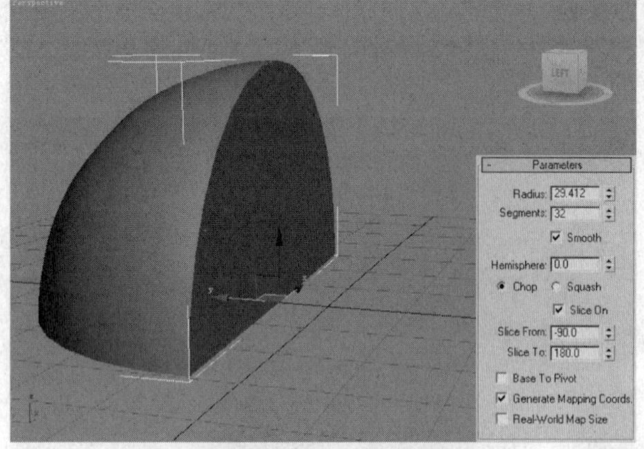

图3-33 再次修改的参数与模型效果

3.2 任务09 创建扩展三维几何体

3ds Max包含两种基本体类型，Standard Primitives（标准基本体）以及Extended Primitives（扩展基本体）。在上一节中已经介绍了Standard Primitives（标准基本体）类型，在本节中将介绍Extended Primitives（扩展基本体）类型。Extended Primitives（扩展基本体）是由标准基本体扩展而成的，不仅拥有基本几何体的属性，还有其自身的特殊属性。

任务快速流程：

选择创建类型 ➜ 创建Extended Primitives（扩展基本体）

3.2.1 简单讲评

Extended Primitives（扩展基本体）要比Stanard Primitives（标准基本体）具有更多的参数控制，能生成比基本几何体更为复杂的造型，读者在学习本节的过程中要重点掌握这些参数的含义，了解修改这些参数会对对象产生怎样的影响。

3.2.2 核心知识

Extended Primitives（扩展基本体）包括Hedra（异面体）、Torus Knot（环形结）、ChamferBox（切角长方体）和ChamferCyl（切角圆柱体）等多种类型，本小节将向读者展示扩展基本体所提供的一些几何体类型及其参数设置。

1. 扩展基本体类型

3ds Max提供了Hedra（异面体）等13种扩展基本体类型，用户可以根据不同的制作需要来选择相应的对象类型进行创建。

利用Hedra（异面体）对象类型可以在场景中创建异面体对象，默认情况下创建的异面体如图3-34所示。

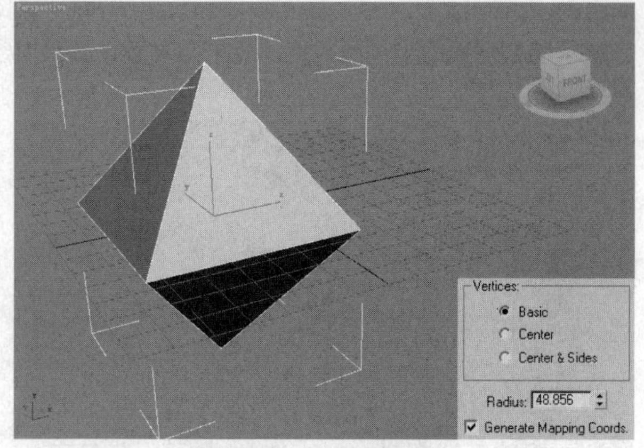

图3-34 创建异面体

图3-35所示的是更改参数后的模型效果。该对象自身包含有5种形态，并且可以通过修改P、Q参数值调整模型效果。

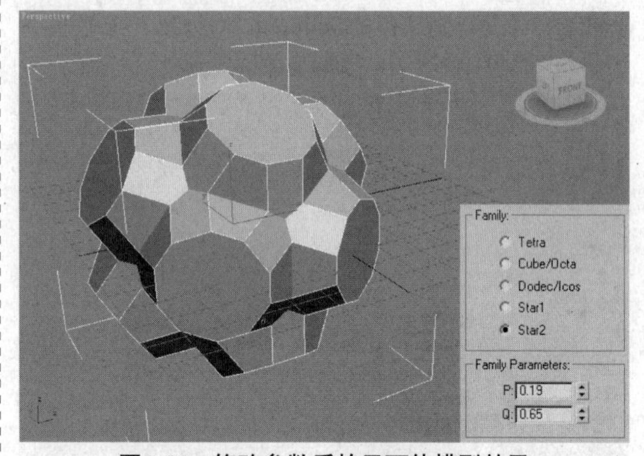

图3-35 修改参数后的异面体模型效果

Torus Knot（环形结）是Extended Primitives（扩展基本体）中较为复杂的工具，默认情况下的模型效果如图3-36所示。

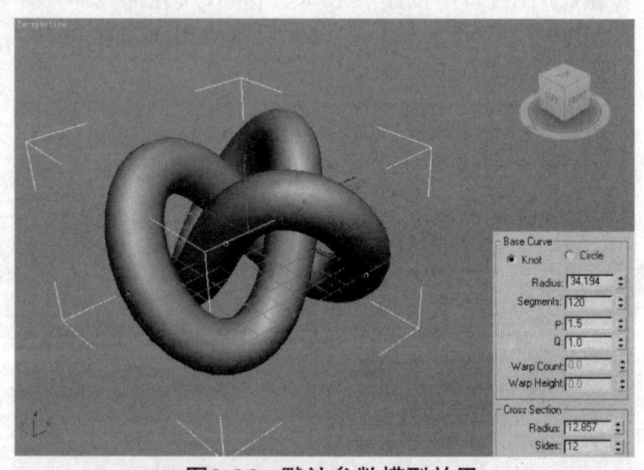

图3-36 默认参数模型效果

图3-37所示是更改参数后的Torus Knot（环形结）模型效果。

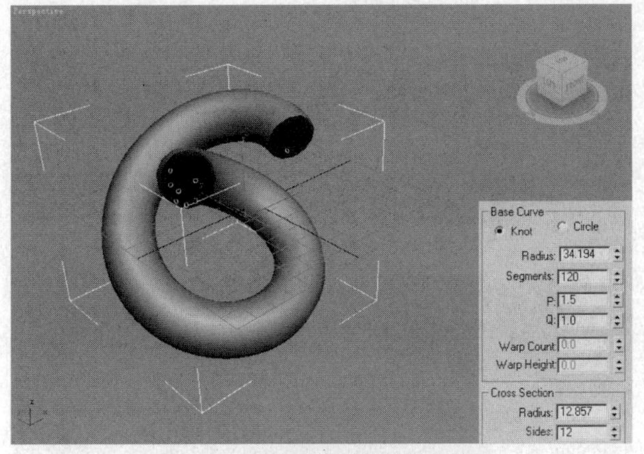

图3-37 更改参数后的模型效果

利用ChamferBox（切角长方体）对象类型可在场景中创建切角长方体，如图3-38所示。该类型和Box（长方体）对象的区别在于前者可以在边缘处产生倒角效果。

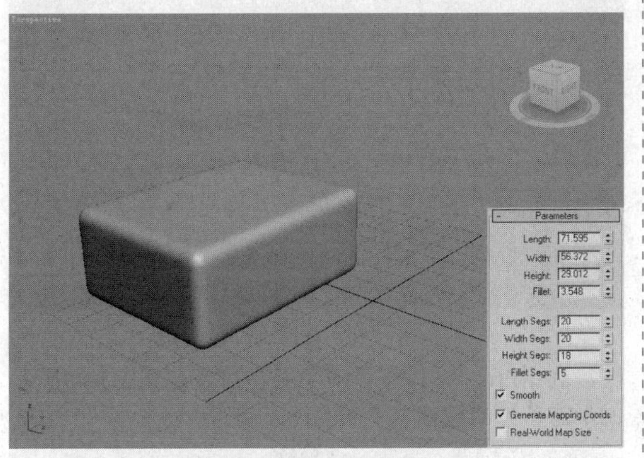

图3-38 创建切角长方体

利用ChamferCyl（切角圆柱体）对象类型可创建出带有圆角的圆柱体，如图3-39所示。 Fillet（圆角）和Fillet Segs（圆角分段）参数分别用来控制倒角的大小和分段数。

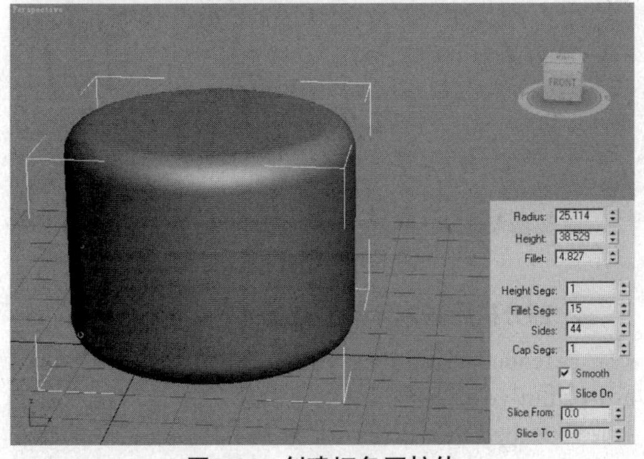

图3-39 创建切角圆柱体

利用OilTank（油罐）对象类型可创建两端为凸面的圆柱体，如图3-40所示。Radius（半径）参数用来控制油罐的半径大小。该对象可使用Slice（切片），启用Slice后的效果如图3-41所示。

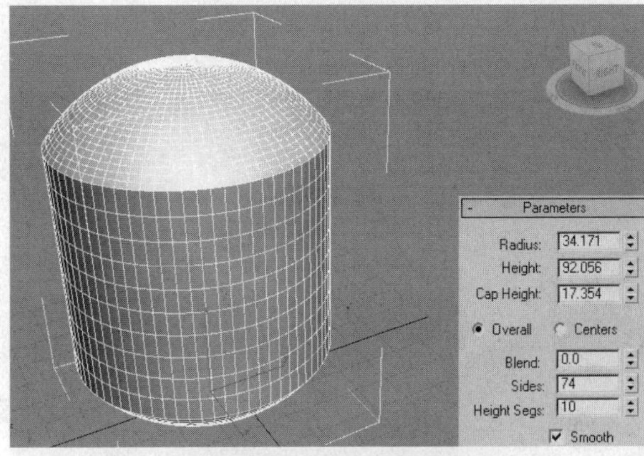

图3-40 创建油罐对象

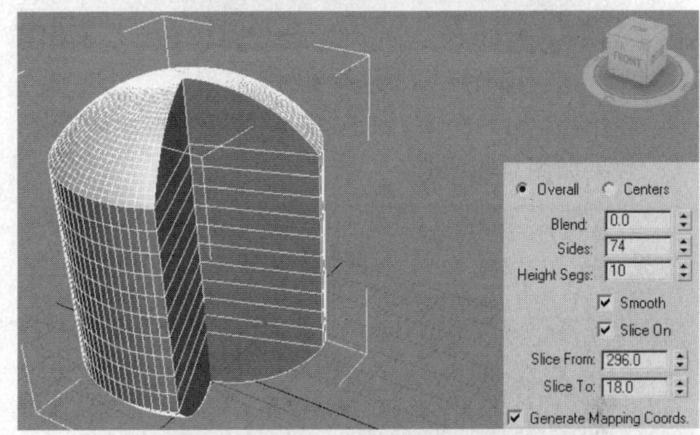

图3-41 更改参数后的模型效果

利用Capsule（胶囊）对象类型可创建出类似药用胶囊形状的对象。图3-42所示为创建的胶囊对象。

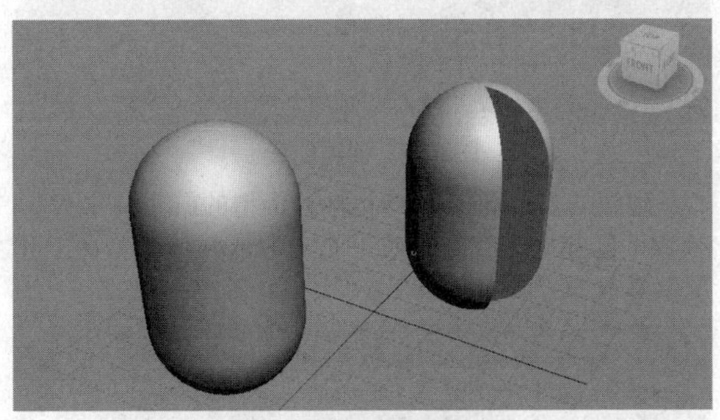

图3-42 创建胶囊对象

利用Spindle（纺锤）对象类型可以创建出类似于陀螺形状的对象。图3-43所示为在场景中创建的纺锤对象。

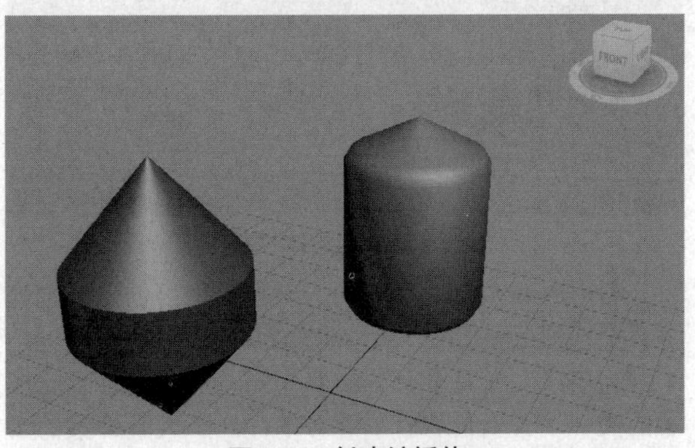

图3-43 创建纺锤体

利用L-Ext对象类型可创建类似L形的墙体对象，效果如图3-44所示。

图3-44 创建L-Ext墙体对象

利用C-Ext对象类型则可创建类似C形的墙体对象，效果如图3-45所示。

图3-45 创建C-Ext

通过设置Gengon（球棱柱）类型的Fillet（圆角）参数可创建出带有圆角效果的多边形，效果如图3-46所示。

图3-46 创建球棱柱

利用RingWave（环形波）对象类型可创建一个内部有不规则波形的环形，效果如图3-47所示。

利用Hose（软管）对象类型可创建出如图3-48所示的类似于弹簧的软管形态对象，但不具备弹簧的动力学属性。

图3-47 创建环形波

图3-48 创建软管

利用Prism（棱柱）对象类型可创建如图3-49所示的形态各异的棱柱。

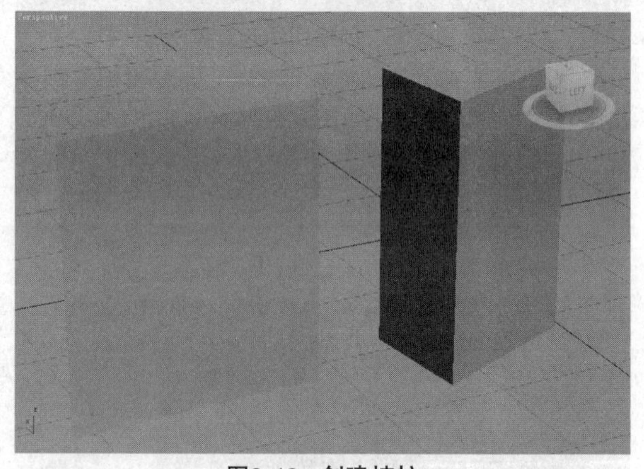

图3-49 创建棱柱

2. 部分扩展基本体的参数设置

Extended Primitives（扩展基本体）具有比Standard Primitives（标准基本体）更多的参数设置，通过控制Extended Primitives（扩展基本体）的这些参数，能制作出更多种形态的对象，下面将介绍一些常用Extended Primitives（扩展基本体）的参数设置。

Torus Knot（环形结）类型的参数较多，其参数卷展栏中包括4个选项组。图3-50所示为Base Curve（基础曲线）选项组。

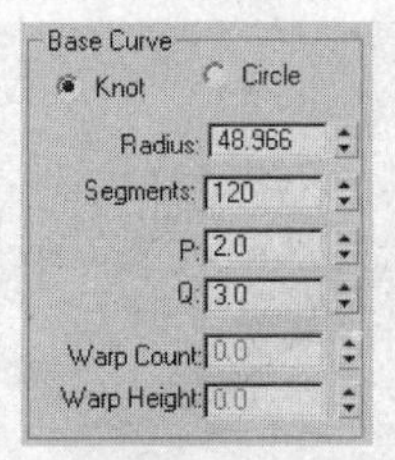

图3-50 环形结类型的部分参数卷展栏

图3-51所示为OilTank（油罐）对象类型的部分参数卷展栏。

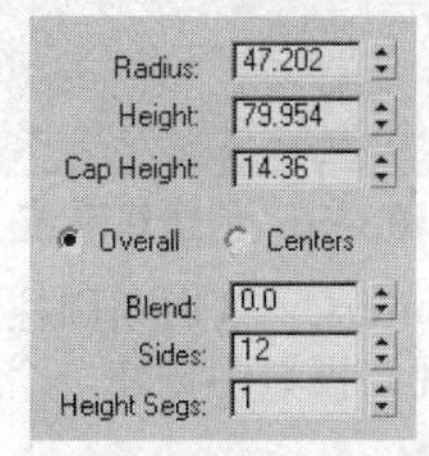

图3-51 油罐类型的部分参数卷展栏

其中，Cap Height（封口高度）参数用于设置油罐两端的球状体的高度。图3-52所示为设置不同的Cap Height（封口高度）参数的模型效果。

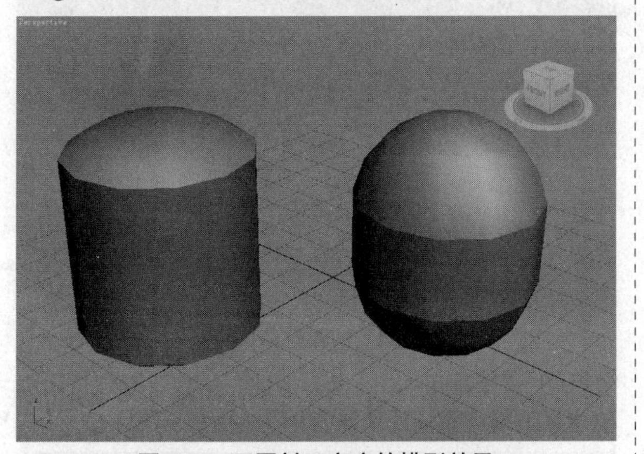

图3-52 不同封口高度的模型效果

Hose（软管）类型的参数比较多，其参数卷展栏中包括Free Hose Parameters（自由软管参数）等5个选项组。图3-53所示为不同周期参数的软管效果。

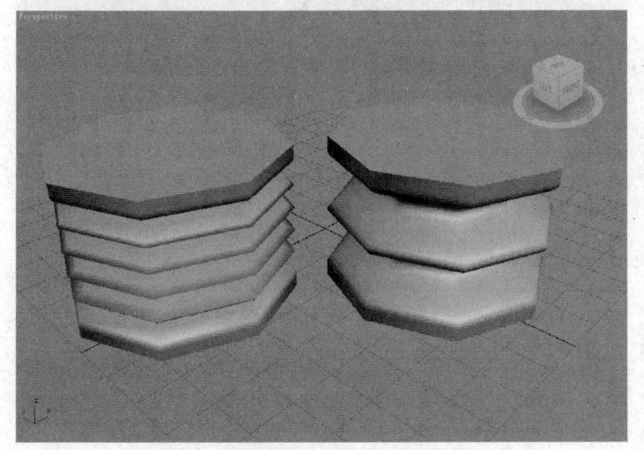

图3-53 设置不同周期参数的模型效果

在Hose Shape（软管形状）选项组中可以选择软管的类型。图3-54所示为3种软管类型的效果。

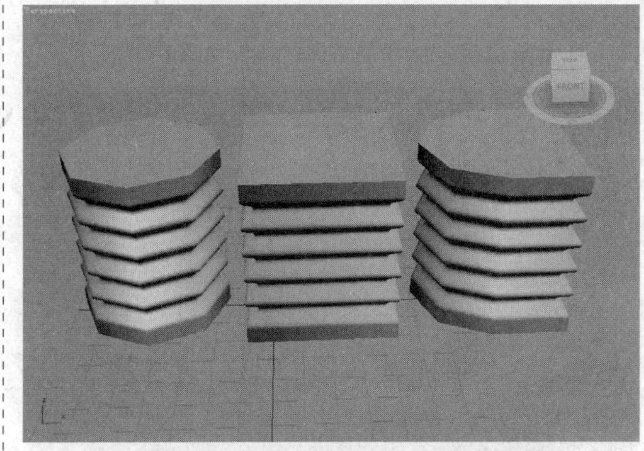

图3-54 设置不同软管类型的模型效果

3.2.3 实际操作

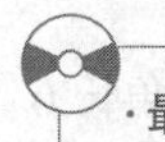

· 最终文件 第3章\任务9\任务9实际操作最终文件.max

Extended Primitives（扩展基本体）包含有13种对象类型，用于创建一些特殊造型的对象，如Capsule（胶囊）等。其参数比Standard Primitives（标准基本体）要多。本节将向读者演示如何在场景中创建各种扩展基本体，具体操作如下。

步骤❶ 在Geometry（几何体）对象类别下选择Extended Primitives（扩展基本体）类型，如图3-55所示。

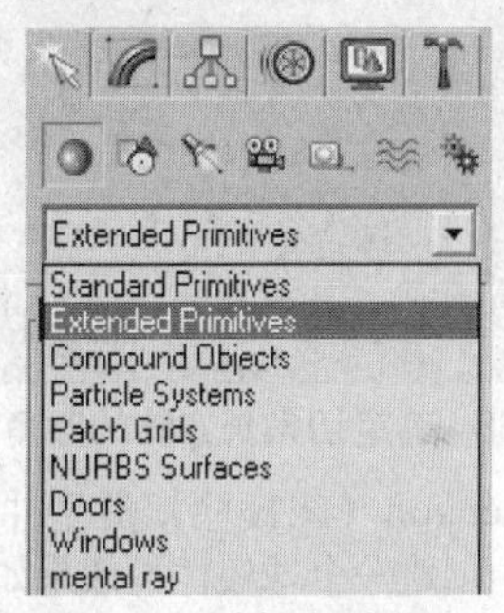

图3-55 选择创建类型

步骤❷ 选择ChamferBox（切角长方体）类型，再在Perspective（透视）视口中按住鼠标左键并拖动，创建切角长方体的底面，如图3-56所示。

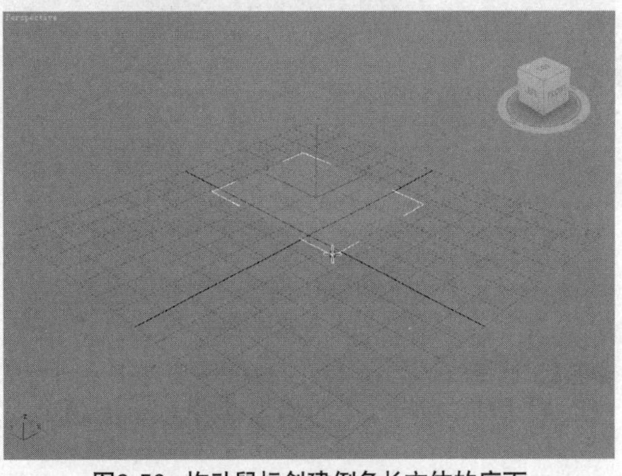

图3-56 拖动鼠标创建倒角长方体的底面

步骤❸ 松开鼠标左键确定切角长方体的地面大小，再向上拖动鼠标确定倒角长方体的高，如图3-57所示。

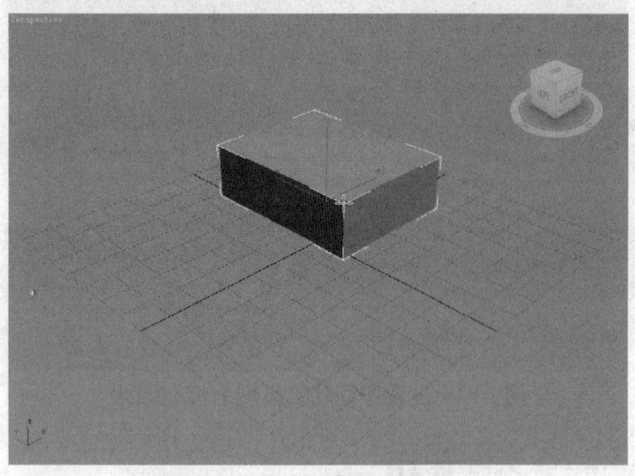

图3-57　确定切角长方体的高

步骤❹ 单击鼠标左键后，左右拖动鼠标确定倒角长方体的圆角程度，然后单击完成创建，效果如图3-58所示。

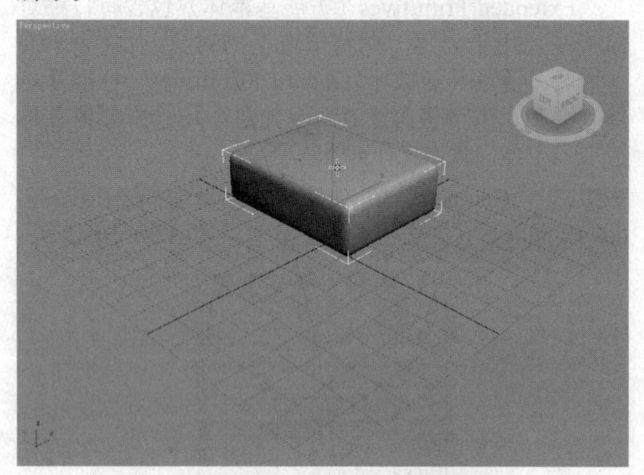

图3-58　确定切角长方体的圆角程度

步骤❺ 选择Gengon（球棱柱）类型并在Perspective（透视）视口中创建一个球棱柱，效果如图3-60所示。

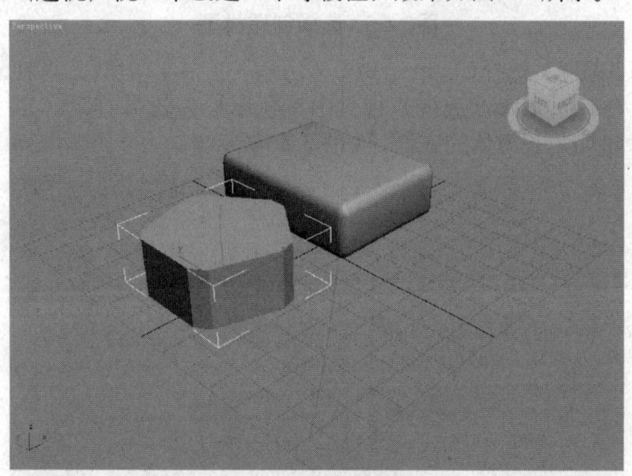

图3-59　创建球棱柱

步骤❻ 选择RingWave（环形波）类型并在Perspective（透视）视口中创建一个环形波，效果如图3-61所示。

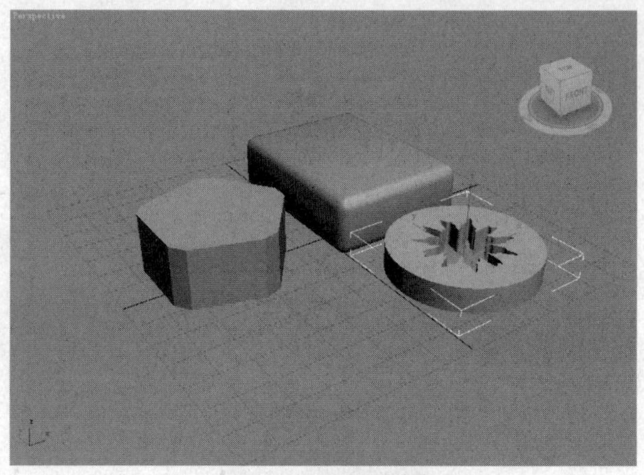

图3-60　创建环形波

步骤❼ 选择ChamferCyl（切角圆柱体）类型，再在Perspective（透视）视口中创建一个切角圆柱体，效果如图3-61所示。

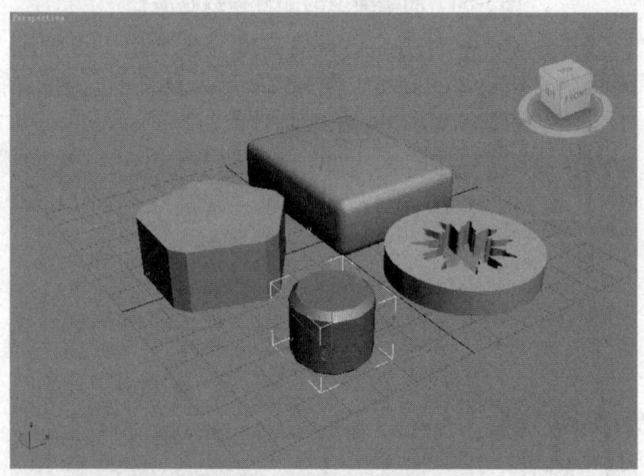

图3-61　创建切角圆柱体

步骤❽ 选择Torus Knot（环形结）类型并在视口中创建一环形结对象，效果如图3-62所示。

图3-62　创建环形结

步骤❾ 进入Torus Knot（环形结）对象的Modify（修改）面板，并设置如图3-63所示的参数值。

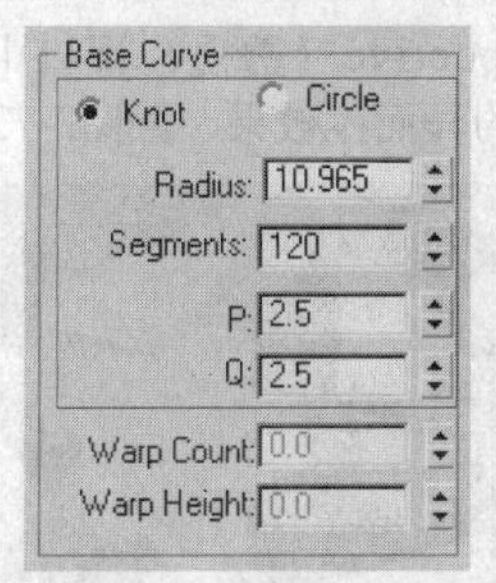

图3-63 设置参数

步骤⑩ 在视口中可预览到如图3-64所示的模型效果。

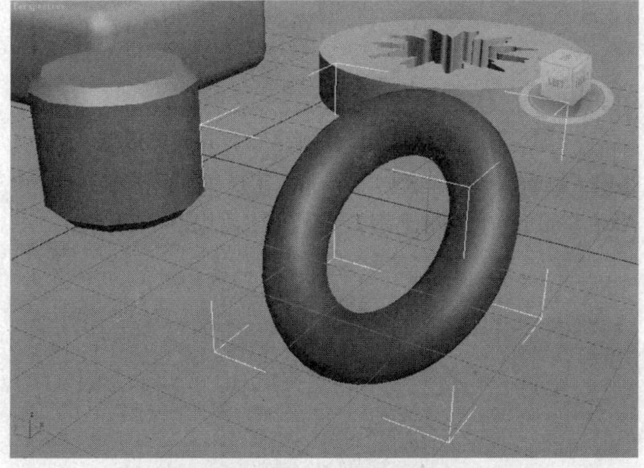

图3-64 更改参数后环形结模型的效果

步骤⑪ 在Modify（修改）面板中更改Q值，如图3-65所示。

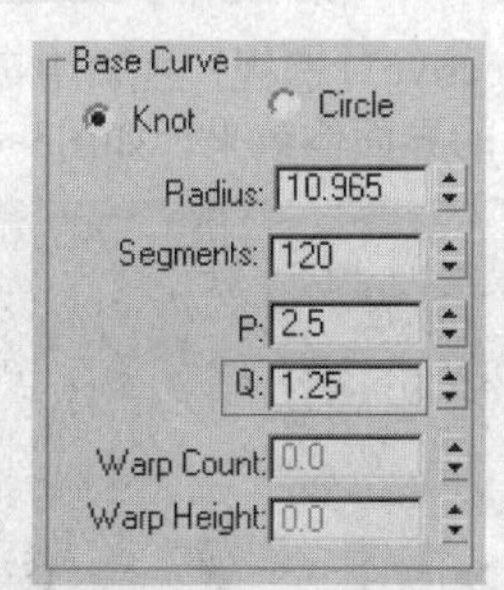

图3-65 更改Q值

步骤⑫ 在Perspective（透视）视口中可预览到再次更改Q值后的环形结模型效果，如图3-66所示。

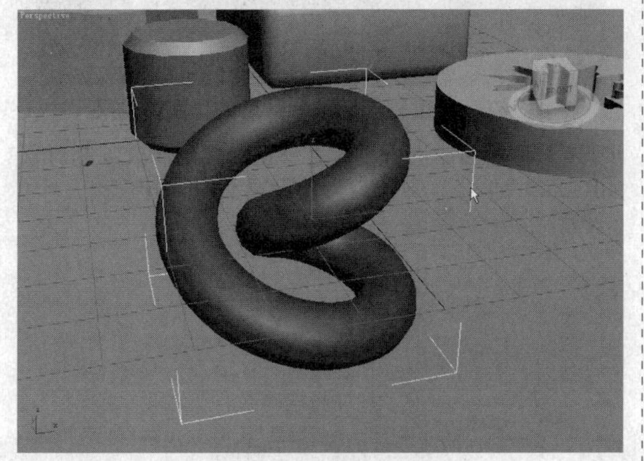

图3-66 更改参数后的模型效果

步骤⑬ 在环形结对象的Modify（修改）面板中设置Smooth（平滑）参数为None（无），此时环形结模型变得不平滑，效果如图3-68所示。

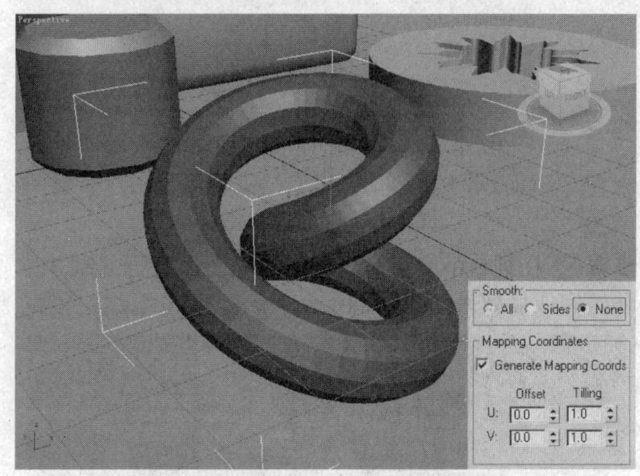

图3-67 环形结对象不平滑的效果

3.2.4 深度解析：异面体对象的特点

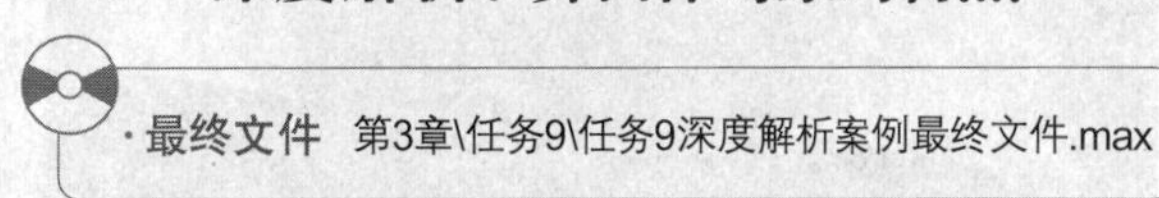
·最终文件 第3章\任务9\任务9深度解析案例最终文件.max

Hedra（异面体）类型是Extended Primitives（扩展基本体）中较为特殊的一种类型，其参数值较多，通过控制这些参数，用户可制作出多种多样的模型。本小节将通过实例操作对Hedra（异面体）类型进行详细介绍，具体步骤如下。

步骤① 在Object Type（对象类型）卷展栏中选择Hedra（异面体）类型，并在视口中创建一个异面体对象，如图3-68所示。

图3-68 创建异面体

步骤② 打开异面体的Modify（修改）面板，卷展栏中包含Family（系列）等4个选项组，如图3-69所示。

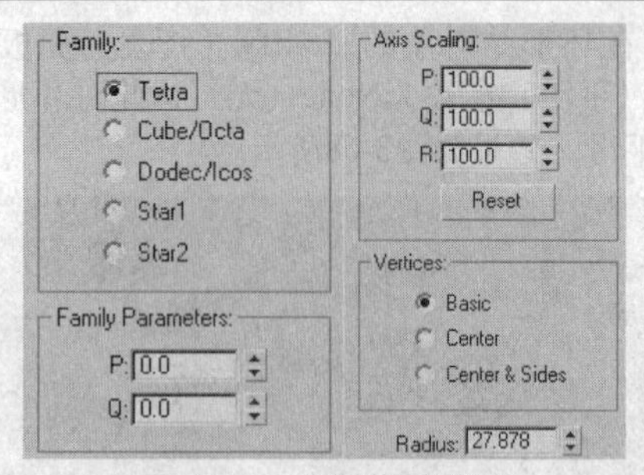

图3-69 异面体参数

步骤3 在视口中多次对已创建的异面体进行复制并移动，完成后效果如图3-70所示。

图3-70 复制并移动异面体

步骤4 分别设置5个异面体为不同的Family（系列）参数，完成后模型效果如图3-71所示。

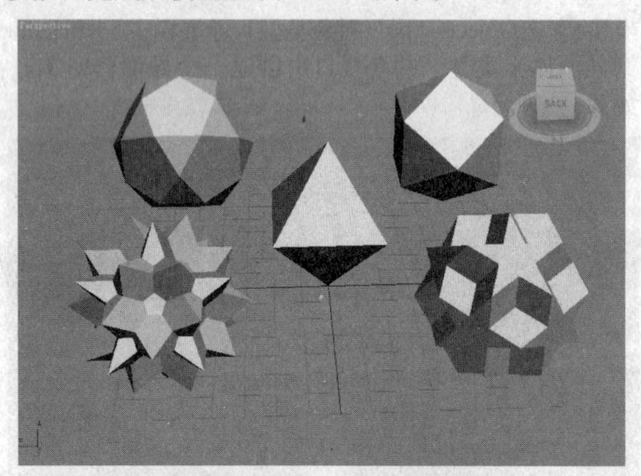

图3-71 不同类型参数的异面体效果

步骤5 选择系列类型为Star2（星形2）的异面体，在其Modify（修改）面板中更改P、Q参数值，参数设置如图3-72所示。

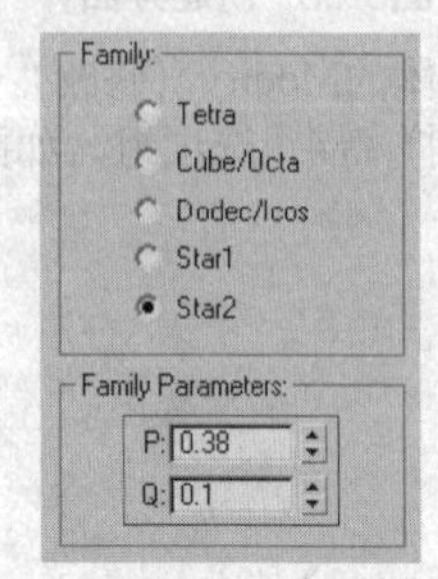

图3-72 更改P、Q参数值

步骤6 在Perspective（透视）视口中可预览到更改P、Q参数值后的异面体效果，如图3-73所示。

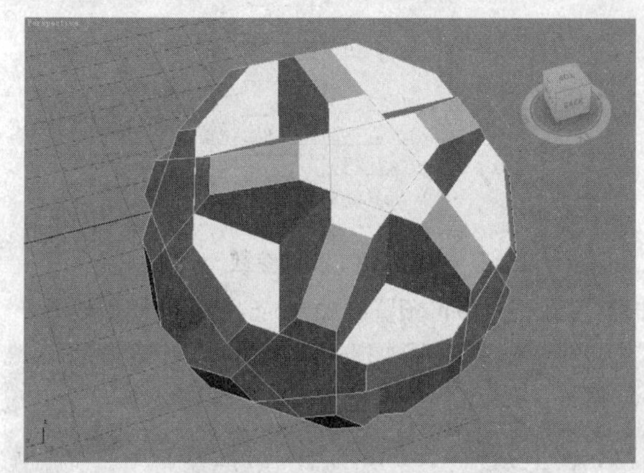

图3-73 更改P、Q参数值后的异面体效果

步骤7 更改系列类型为Star2（星形2）的异面体的Axis Scaling（轴向比率）参数值，如图3-74所示。

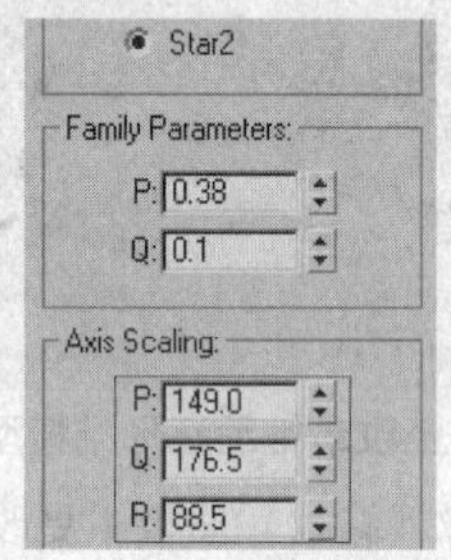

图3-74 轴向比率参数设置

步骤8 在Perspective（透视）视口中可预览到更改轴向比率参数值后的异面体效果，如图3-75所示。

图3-75 修改轴向比率参数后的异面体效果

步骤9 将异面体进行复制并移动，然后修改复制对象的Radius（半径）参数，参数设置如图3-76所示。

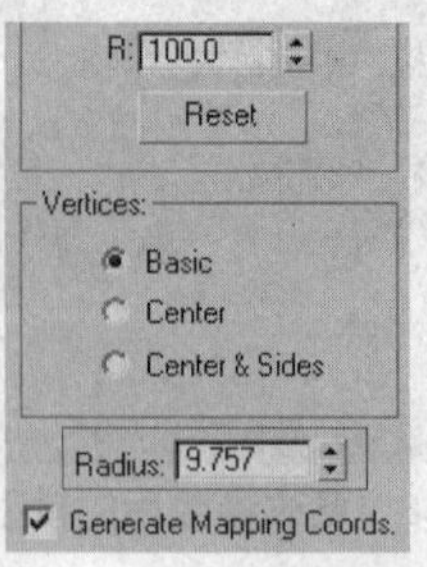

图3-76 半径参数设置

步骤⑩ 在Perspective（透视）视口中可预览到更改Radius（半径）参数后的异面体对比效果，如图3-77所示。

图3-77 更改半径参数后的异面体对比效果

3.3 任务10 创建标准二维图形

几何图形是由一条或多条曲线组成的对象，在3ds Max中可将图形转换为三维模型。图形的创建可在Create（创建）命令面板的Shapes（图形）类别下进行。

任务快速流程：

选择创建类型 → 创建标准二维图形

3.3.1 简单讲评

虽然3ds Max是一款三维制作软件，但用户在三维世界中依然会遇到很多二维元素，如建筑物的立面与侧面、文字的截面等。学习本节内容时，读者应该重点掌握如何在3ds Max中创建标准的二维图形。

3.3.2 核心知识

3ds Max中一般的曲线都可称为Spline（样条线），系统为用户提供了11种样条线，如弧、螺旋线、椭圆、文本等。本小节将对系统所提供的二维样条线进行介绍。

1. 标准样条线类型

Line（线）是3ds Max中最简单的图形对象，可通过使用不同的Initial Type（初始类型）和Drag Type（拖动类型）创建不同形状的线。图3-78所示即为创建的线对象。

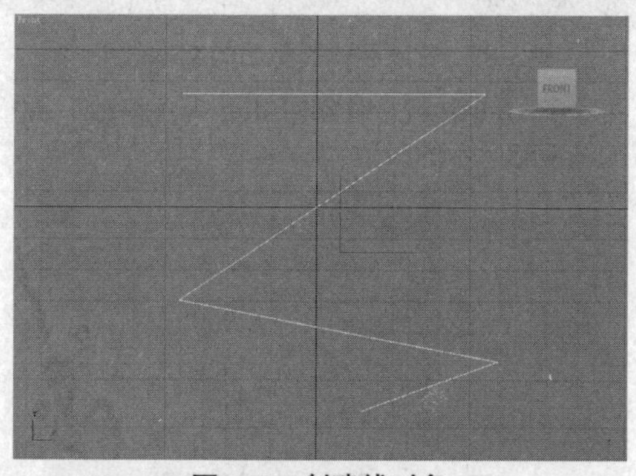

图3-78 创建线对象

Rectangle（矩形）类型由Length（长）、Width（宽）和Corner Radius（角半径）3个参数控制其形态，不同参数值下模型的效果如图3-79所示。

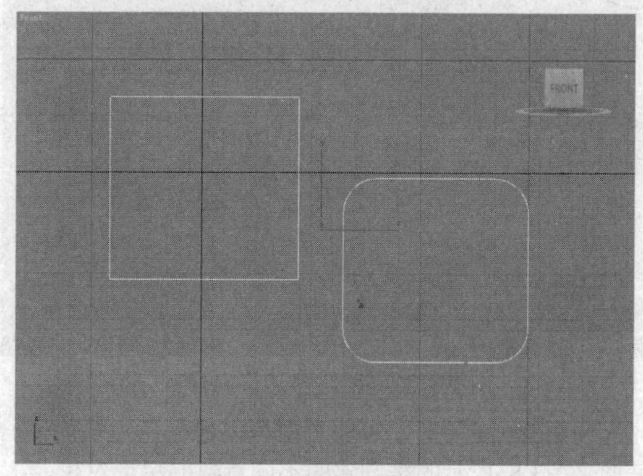

图3-79 创建矩形对象

Ellipse（椭圆）类型由Length（长度）和Width（宽度）参数来控制，而Circle（圆）和Donut（圆环）由Radius（半径）来控制，利用这3种类型创建的对象效果如图3-80所示。

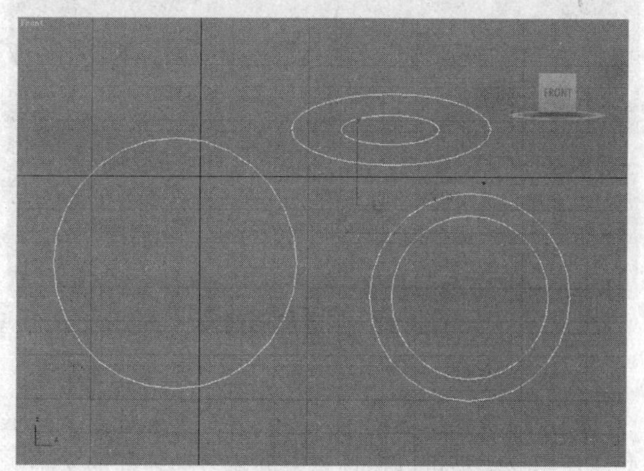

图3-80 创建的椭圆、圆、椭圆对象

利用Arc（弧）对象类型可创建出圆弧和扇形，而利用Helix（螺旋线）对象类型则可创建平面或3D空间的螺旋状图形。Arc（弧）和Helix（螺旋线）效果如图3-81所示。

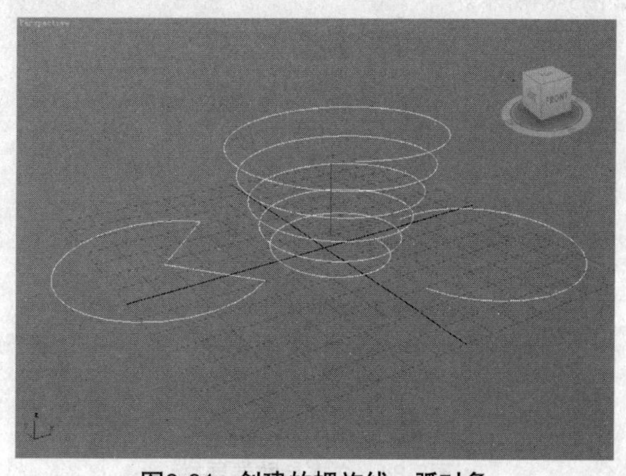

图3-81 创建的螺旋线、弧对象

利用NGon（多边形）对象类型可创建出任意边数或顶点的闭合几何多边形，如图3-82所示。

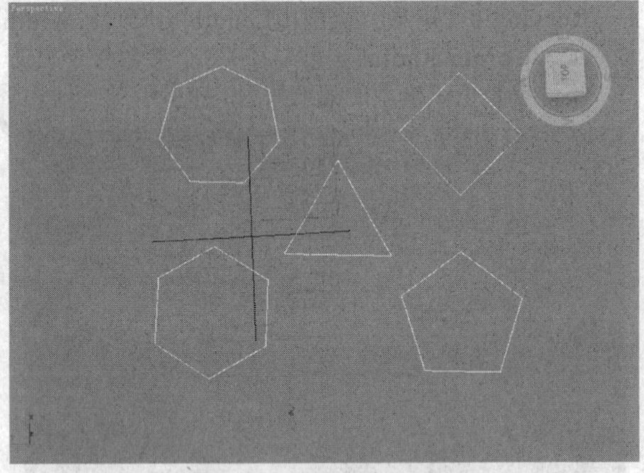

图3-82　创建多边形对象

利用Star（星形）对象类型可创建任意点数的闭合星形。图3-83所示的是创建的不同点数的星形对象。

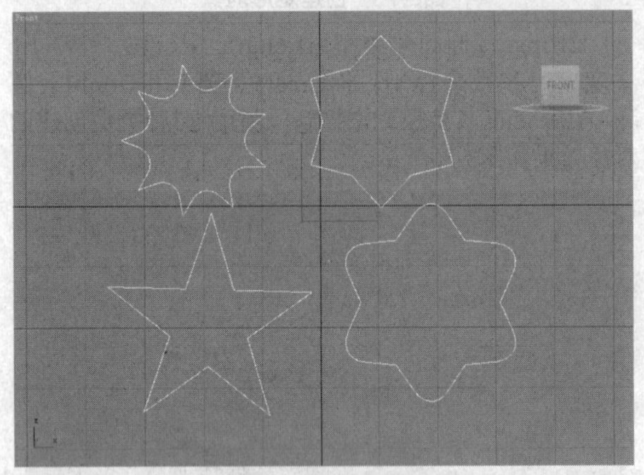

图3-83　创建星形对象

2. 文本类型

标准样条线还提供了一个Text（文本）样条线类型，使用该类型可以在场景中创建多种多样的文字二维样条线，通过为文本样条线添加修改器可以很容易地制作出三维立体文字效果。

在Create（创建）面板的Shapes（图形）类别下选择Text（文本）类型，面板下部显示出参数卷展栏，如图3-84所示。

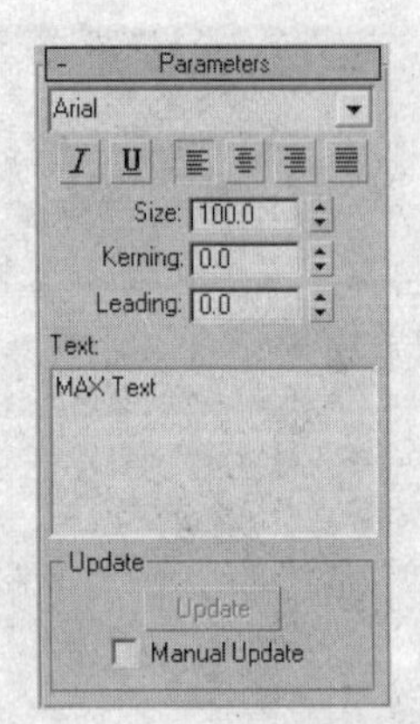

图3-84　文本参数卷展栏

在Text（文本）文本框中输入文本内容3ds Max 2009，如图3-85所示。

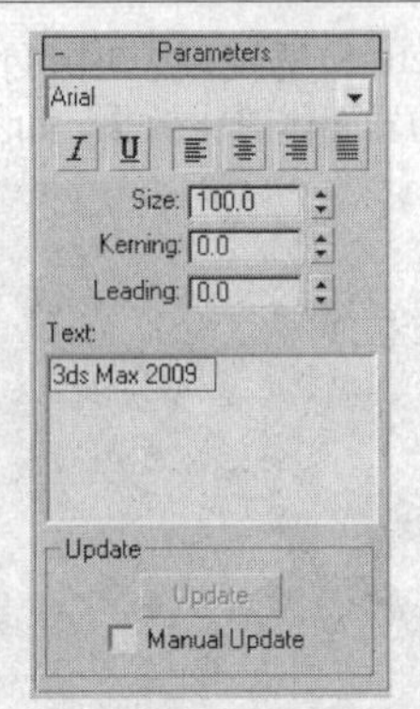

图3-85　输入文本内容

在Front（前）视口中单击鼠标左键，即可在该视口中创建文本对象，效果如图3-86所示。

图3-86　创建文本对象

再在Modify（修改）面板中修改文本的字体类型，在视口中可预览到更改字体类型后的文本，如图3-87所示。

图3-87　更改字体类型后的文本效果

再在Text（文本）对象的Modify（修改）面板中设置如图3-88所示的参数。

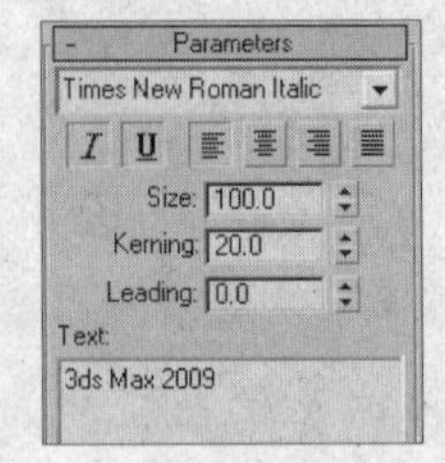

图3-88　设置文本对象参数

在Front（前）视口中可发现文本的字间距变大、文本倾斜，并在其下方添加了下划线，效果如图3-89所示。

图3-89 更改参数后文本对象的效果

3.3.3 实际操作

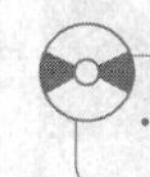

·最终文件 第3章\任务10\任务10实际操作最终文件.max

3ds Max中为用户提供了11种基本二维图形类型。这些基本的二维图形类型具有自身的参数设置，可以通过设置这些类型的参数，控制该类型图形的形状。本小节将向读者介绍在场景中如何创建各种二维图形，具体操作步骤如下。

步骤1 在Create（创建）命令面板中单击Shape（图形）按钮，进入Shape（图形）对象类别，如图3-90所示。

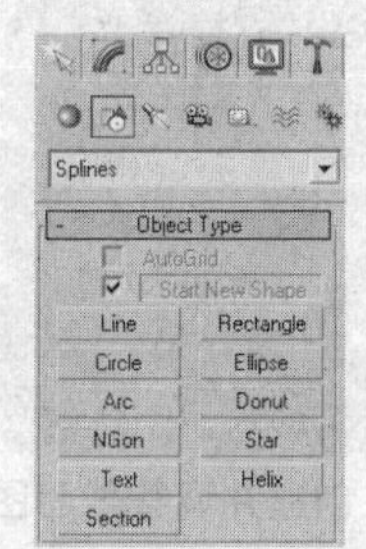

图3-90 图形对象类别

步骤2 单击Line（线）按钮 Line ，在Front（前）视口中创建如图3-91所示的样条线。

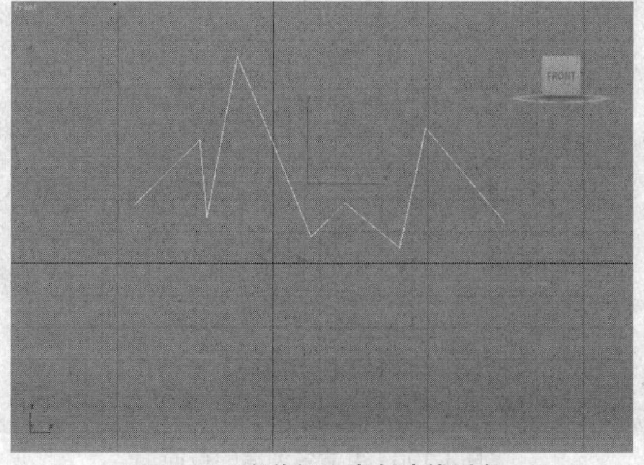

图3-91 在前视口中创建线对象

步骤3 单击Rectangle（矩形）按钮 Rectangle ，在Front（前）视口中创建矩形图形，如图3-92所示。

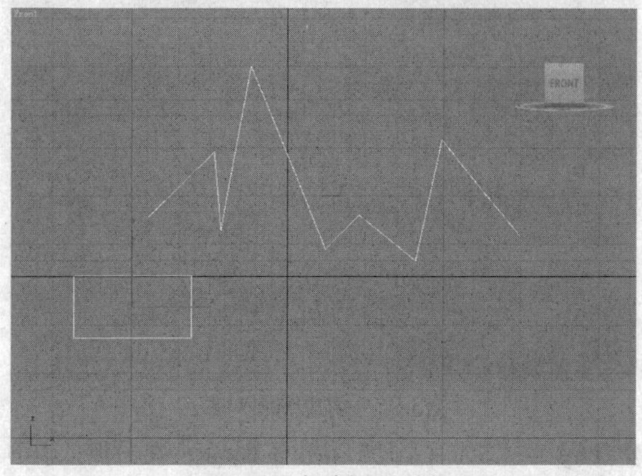

图3-92 创建矩形对象

步骤4 单击Circle（圆） Circle 按钮，在Front（前）视口中创建圆图形，如图3-93所示。

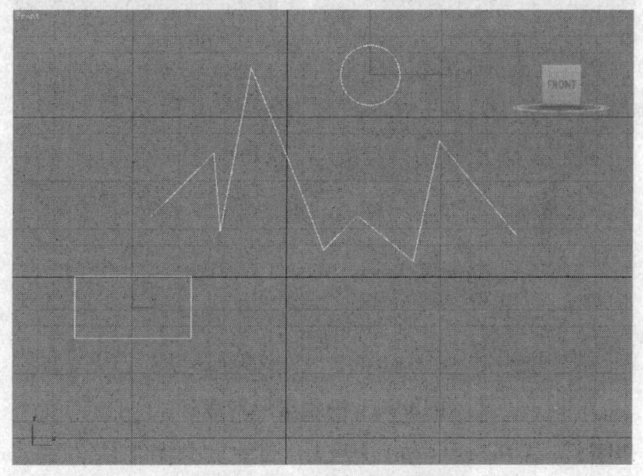

图3-93 创建圆对象

步骤5 单击Arc（弧）按钮 Arc ，在Front（前）视口中创建弧图形，如图3-94所示。

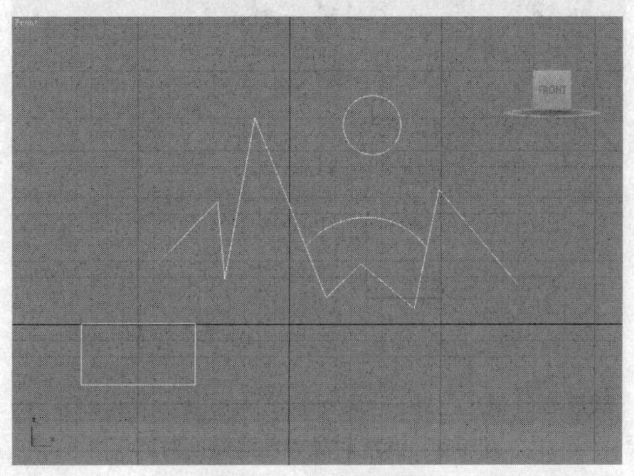

图3-94 创建弧对象

步骤6 单击Ellipse（椭圆）按钮 Ellipse ，在Front（前）视口中创建椭圆图形，如图3-95所示。

图3-95　创建椭圆对象

步骤7 单击Star（星形）按钮 Star ，在前视口中创建星形图形，如图3-96所示。

图3-96　创建星形对象

步骤8 在Front（前）视口中调整部分图形的位置。再单击Section（截面）按钮 Section ，在视口中创建截面对象，如图3-97所示。

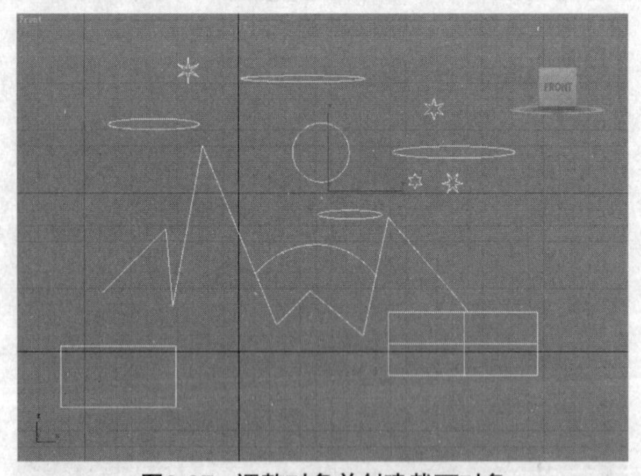

图3-97　调整对象并创建截面对象

3.3.4　深度解析：从三维对象上获取二维图形

·原始文件　第3章\任务10\任务10深度解析原始文件.max

·最终文件　第3章\任务10\任务10深度解析最终文件.max

Section（截面）类型是基本二维图形中较为特殊的一种，该类型可以从三维对象上获取二维图形。截面形状就是指切平面穿过三维对象时所形成的边缘截面。本节将通过具体的实例操作来讲解如何使用截面类型从三维对象上获取二维图形，具体操作步骤如下。

步骤1 打开附书光盘中的“第3章\任务10\任务10深度解析原始文件.max”文件，如图3-98所示。

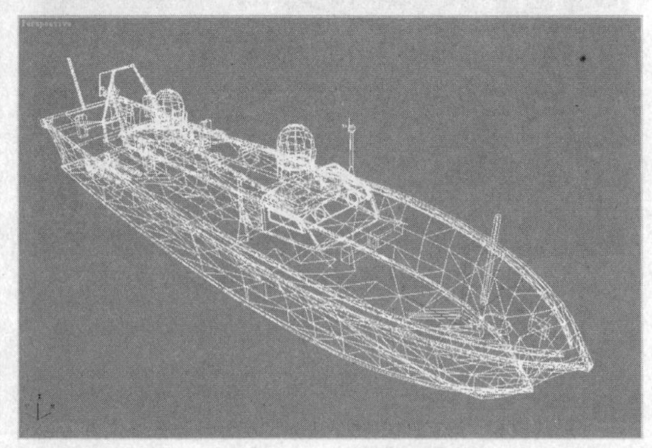

图3-98　打开场景文件

步骤2 单击Section（截面）按钮 Section ，再在Top（顶）视口中创建一个截面图形并适当调整其位置，完成后效果如图3-99所示。

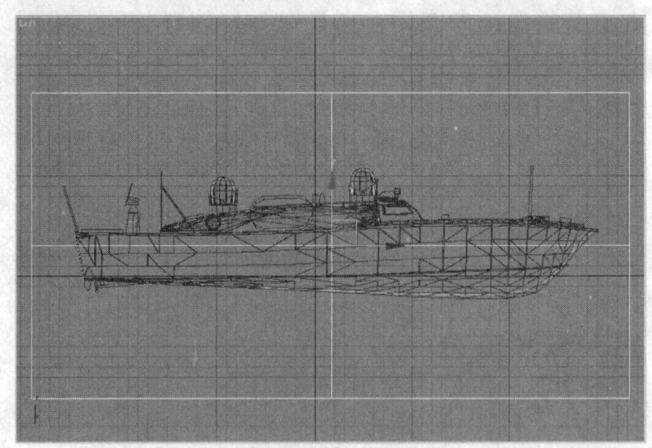

图3-99　创建并调整截面图形位置

步骤3 在截面图形的Modify（修改）面板中单击Create Shape（创建图形）按钮 Create Shape ，在弹出对话框文本框中输入“截面”，如图3-100所示。

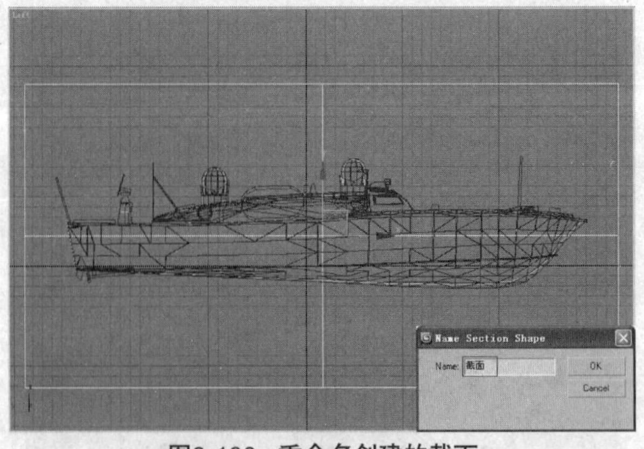

图3-100　重命名创建的截面

步骤④ 选择创建的截面并隐藏未选中对象，此时，在视口中可预览到通过Section（截面）图形类型创建的截面，效果如图3-101所示。

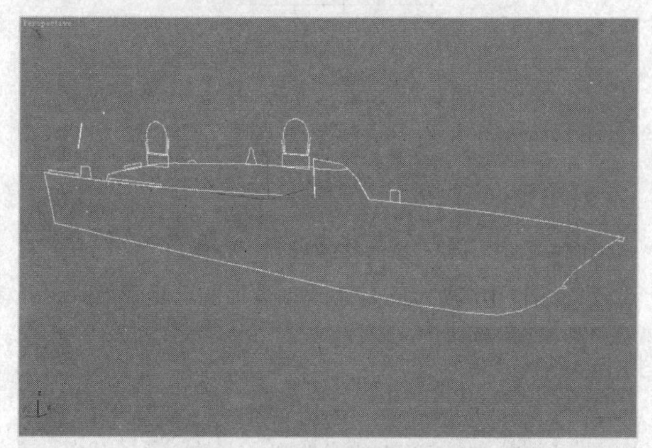

图3-101 预览创建的截面效果

3.4 任务11 创建扩展二维图形

除了上一节介绍的标准二维样条线外，3ds Max还提供一些扩展的二维样条线，用来创建一些特殊的二维图形。Extended Splines（扩展样条线）是由基本的二维样条线扩展而来的，是基本几何图形的变形或组合。

任务快速流程：

选择创建类型（扩展样条线） → 创建Extended Splines

3.4.1 简单讲评

3ds Max中的扩展样条线包括WRectangle（墙矩形）、Channel（通道）、Angle（角度）、Tee（T形）和Wide Flange（宽法兰）5种类型。读者应该重点掌握创建这些扩展二维样条线的方法、参数设置，以及这些类型适用的地方。

3.4.2 核心知识

作为基本样条线扩展的扩展样条线只包含WRectangle（墙矩形）、Channel（通道）等5种对象类型，主要用于绘制建筑平面图，本节即对这些扩展样条线进行逐一介绍。

各类扩展样条线

WRectangle（墙矩形）与Donut（圆环）类似，只不过它是由两个同心矩形组成的，利用该类型可在视口中创建墙矩形。其主要参数包括Length（长度）、Width（浅度）、Thickness（厚度），以及Corner Radius（角半径）。其中Corner Radius1（角半径1）用于控制外围矩形的圆角效果，Corner Radius2（角半径2）用于控制内部矩形的圆角效果。图3-102所示为设置不同角半径值的墙矩形。

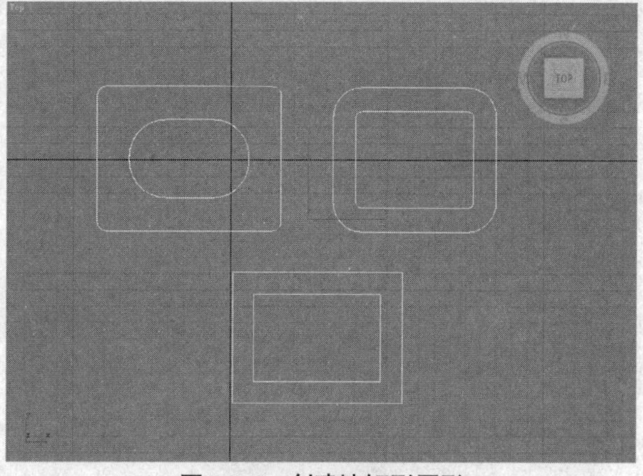

图3-102 创建墙矩形图形

利用Channel（通道）对象类型可创建一个C形封闭图形，并可以控制模型的内部及外部转角的圆角效果，不同角半径的通道图形如图3-103所示。

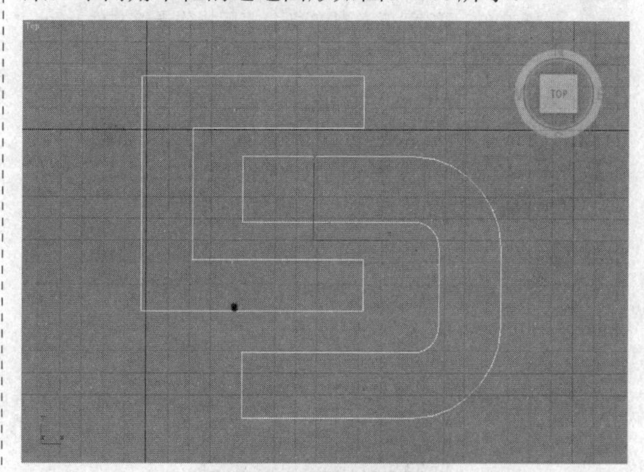

图3-103 创建通道图形

利用Angle对象类型（角度）可创建一个L形的封闭图形，也可以控制内部及外部转角的圆角效果，不同参数下的角度图形如图3-104所示。

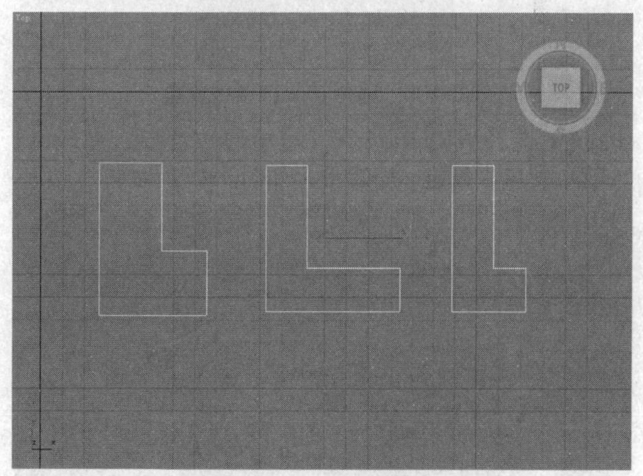

图3-104 创建角度图形

利用Tee（T形）对象类型可创建一个T形的封闭图形；而利用Wide Flange（宽法兰）对象类型可创建一个I形的封闭图形。图3-105所示的是创建的T形和宽法兰图形。

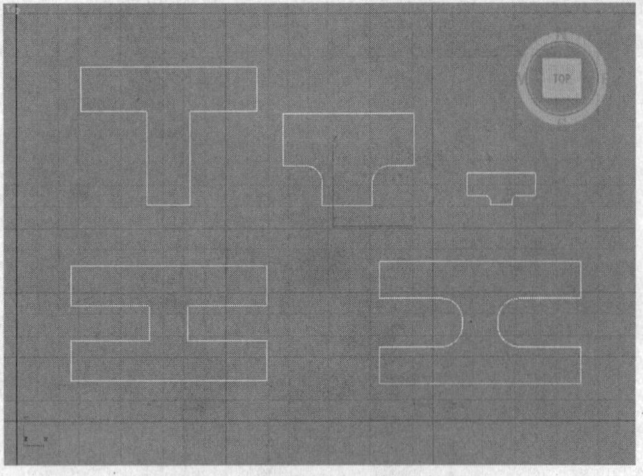

图3-105　创建T形、宽法兰图形

3.4.3　实际操作

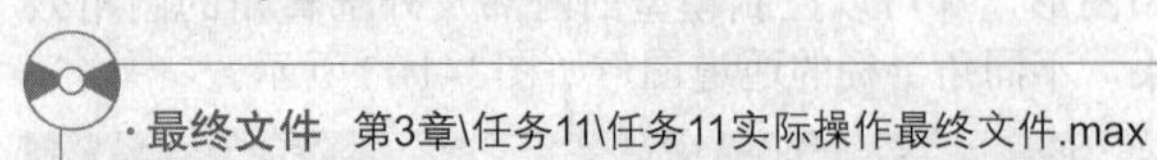

Extended Splines（扩展样条线）通常用于建筑平面图的绘制，可以快速创建出墙体、门窗、走廊等二维图形。本节将向读者演示如何在场景中创建各种扩展二维图形并设置其参数，具体操作步骤如下。

步骤❶ 在Create（创建）命令面板的Shapes（图形）类别下选择Extended Splines（扩展样条线）类型，如图3-106所示。

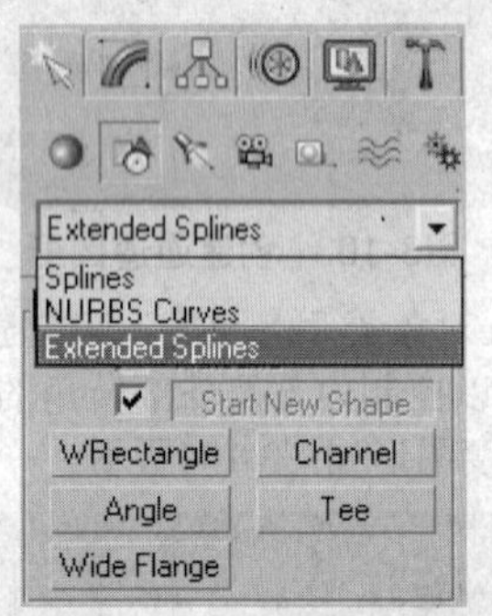

图3-106　选择扩展样条线类型

步骤❷ 选择WRectangle（墙矩形）类型，在Front（前）视口中创建一墙矩形，如图3-107所示。

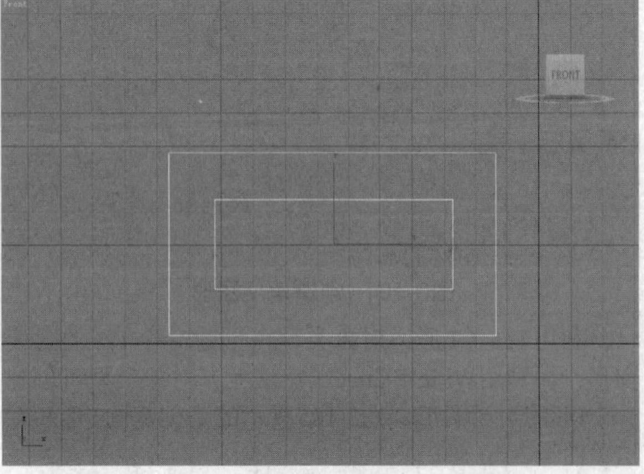

图3-107　在前视口中创建墙矩形图形

步骤❸ 进入墙矩形的Modify（修改）面板，并按图3-108所示设置参数值。

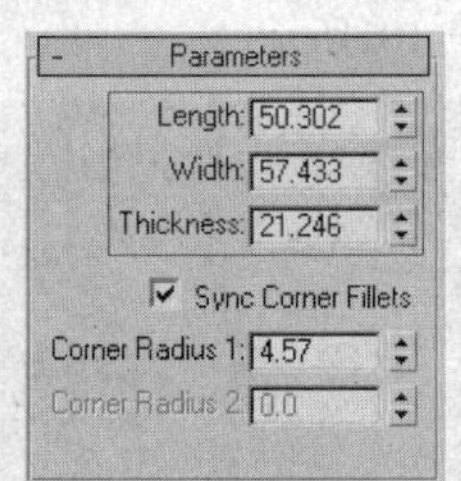

图3-108　设置墙矩形参数

步骤❹ 图3-109所示的是修改参数后的墙矩形效果。

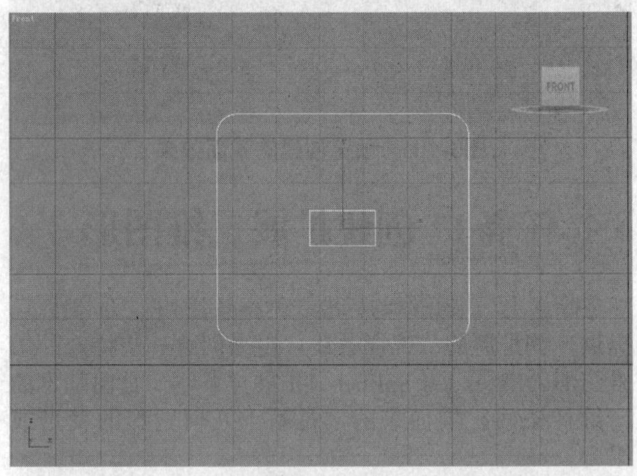

图3-109　更改参数后的宽矩形对象效果

步骤❺ 单击Angle（角度）按钮，并在视口中创建角度对象，如图3-110所示。

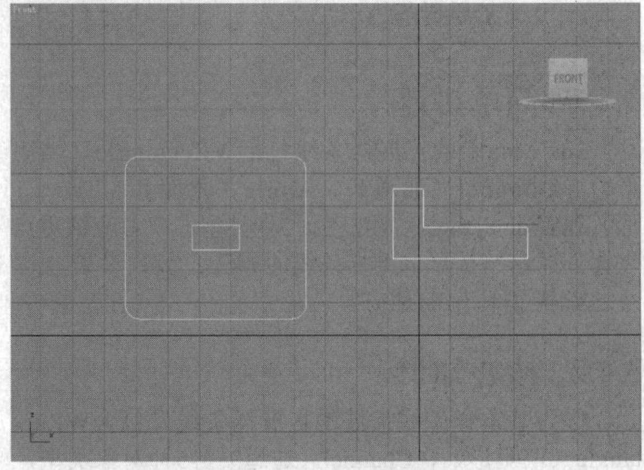

图3-110　创建角度图形

步骤❻ 进入角度对象的Modify（修改）面板，按照如图3-111所示设置参数值。

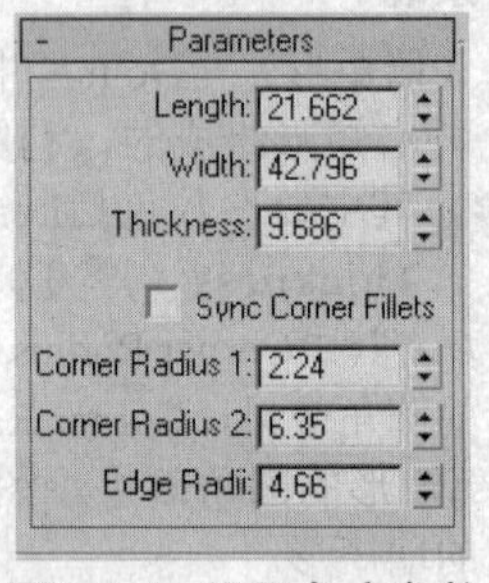

图3-111　设置角度参数

步骤7 在Front（前）视口中可预览到更改参数后的角度图形，效果如图3-112所示。

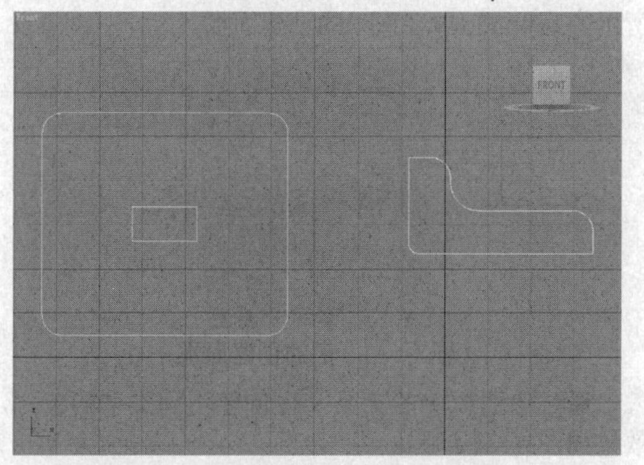

图3-112 更改参数后的角度图形效果

步骤8 单击Wide Flange（宽法兰）按钮 Wide Flange，在前视口中创建宽法兰图形，效果如图3-113所示。

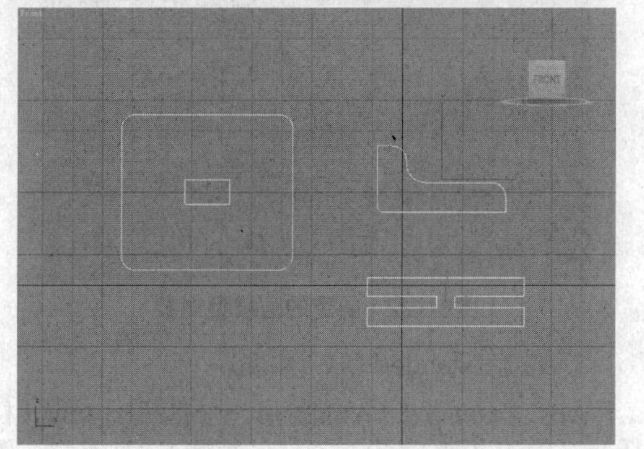

图3-113 创建宽法兰图形

3.4.4 深度解析：应用开始新图形复选框创建图形

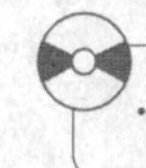

·最终文件 第3章\任务11\任务11深度解析最终文件.max

前面实例中所创建的各种二维图形均为单一独立的对象，使用Start New Shape（开始新图形）复选框可以控制创建的样条线是新图形，还是和之前创建的样条线归为同一个对象。本节将通过实例操作向读者介绍Object Type（对象类型）卷展栏下Start New Shape（开始新图形）复选框的作用，具体操作步骤如下。

步骤1 在Object Type（对象类型）卷展栏下勾选Start New Shape（开始新图形）复选框，如图3-114所示。

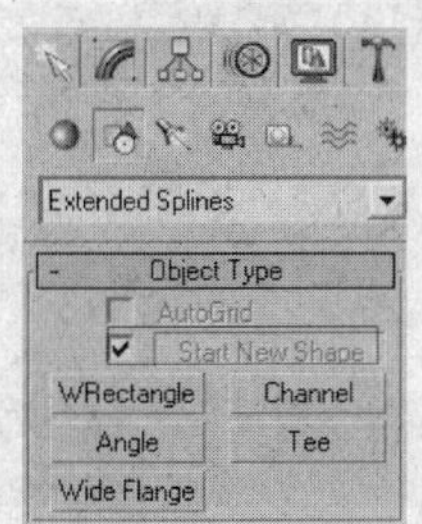

图3-114 勾选开始新图形复选框

步骤2 在视口中创建多个图形对象，完成效果如图3-115所示。此时如使用Select and Move（选择并移动）工具，每次只能移动一个样条线图形。

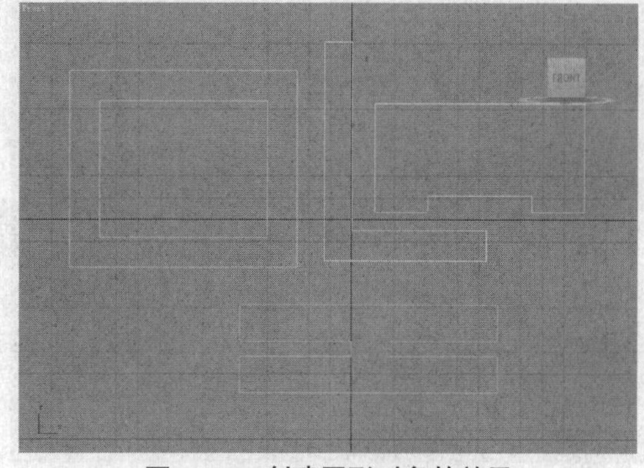

图3-115 创建图形对象的效果

步骤3 在Object Type（对象类型）卷展栏下取消勾选Start New Shape（开始新图形）复选框，如图3-116所示。再在视口中创建多个图形对象。此时如使用Select and Move（选择并移动）工具，可同时移动多个样条线图形。

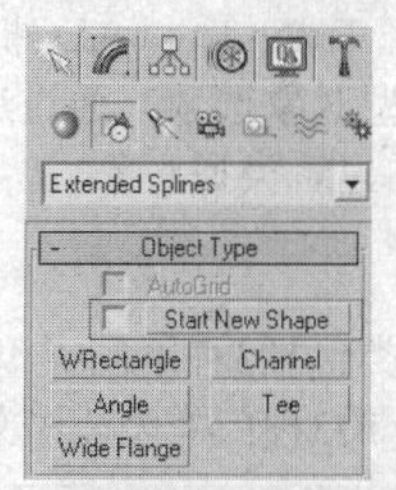

图3-116 取消勾选开始新图形复选框

3.5 任务12 建筑类模型的创建

3ds Max提供了许多种建筑模型类型，它们位于Create（创建）命令面板的Geometry（几何体）类别中。

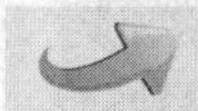

任务快速流程：
选择创建类型 ➜ 创建建筑类型对象

3.5.1 简单讲评

3ds Max为用户提供了多种建筑模型类型，如Doors（门）、Windows（窗）等，这些分类位于Geometry（几何体）类别中，如图3-117所示。

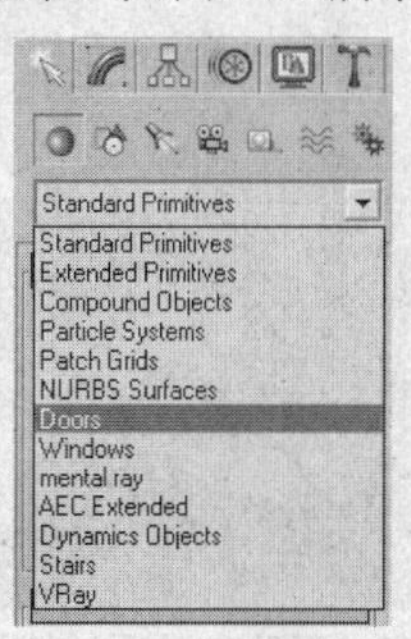

图3-117 建筑模型类型

使用这些建筑类型创建的模型效果如图3-118所示。该类型对象主要应用于建筑、工程和构造领域中，并且这些建筑物体对象都提供相关建筑属性。

图3-118　创建的建筑类型模型对象

3.5.2 核心知识

在Create（创建）命令面板的Geometry（几何体）类别下，系统为用户提供了Doors（门）、Windows（窗）、AEC Extended（AEC扩展）、Stairs（楼梯）4大类建筑类型对象选项，通过选择这些选项，可创建出多种多样的建筑类型对象。

1. Doors（门）

Doors（门）类包括3种不同类型的门。图3-119所示的是默认参数下的3种门类型模型效果。

图3-119　默认参数下的模型效果

图3-120所示的是更改参数后的模型效果。

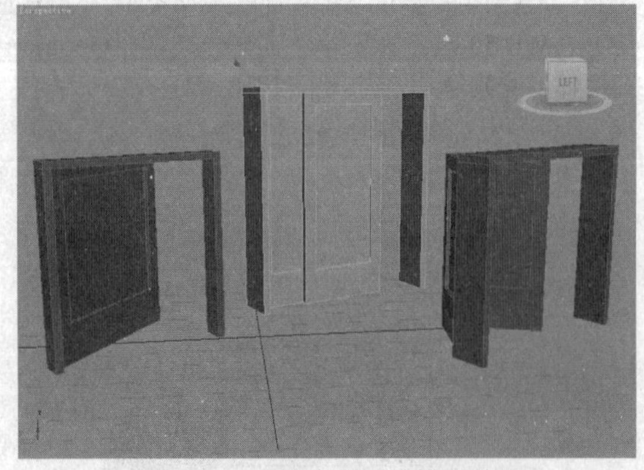

图3-120　更改参数后的模型效果

2. Windows（窗）

3ds Max 2009提供了6种不同类型的窗户。图3-121所示的为Windows（窗）的创建面板。

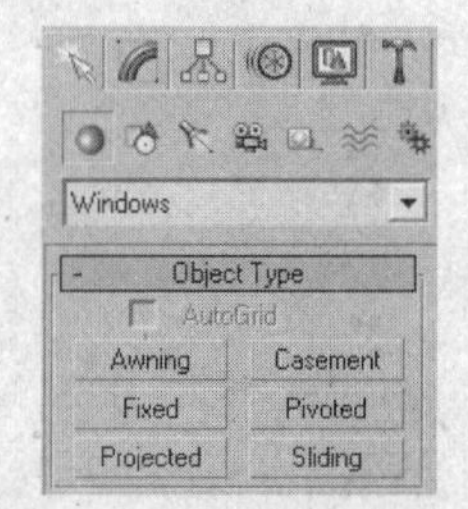

图3-121　窗的创建面板

通过该面板中的工具，可创建不同类型的窗户，效果如图3-122所示。

图3-122　创建的窗模型对象

3. AEC Extended（AEC扩展）

AEC Extended（AEC扩展）中包括Railing（栏杆）、Wall（墙）和Foliage（植物）3种类型。图3-123所示的为AEC Extended（AEC扩展）对象的创建面板。

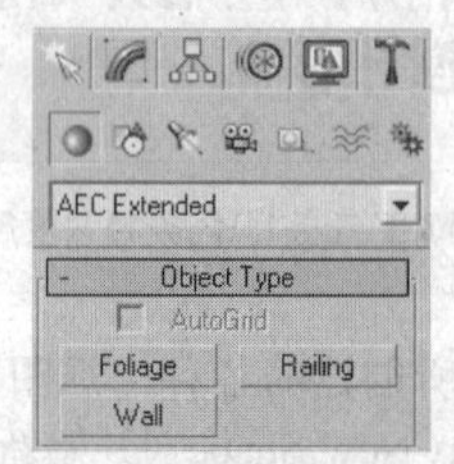

图3-123　AEC扩展的创建面板

通过此面板中的工具，可创建出如图3-124所示的Foliage（植物）等多种类型的对象。

图3-124　创建的AEC扩展类型模型对象

4. Stairs（楼梯）

Stairs（楼梯）提供了4种不同类型的楼梯。图3-125所示的为Stairs（楼梯）的创建面板。

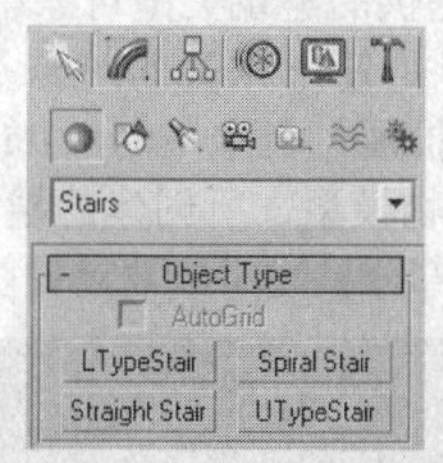

图3-125 楼梯的创建面板

通过该面板可创建如图3-126所示的不同类型的楼梯对象。

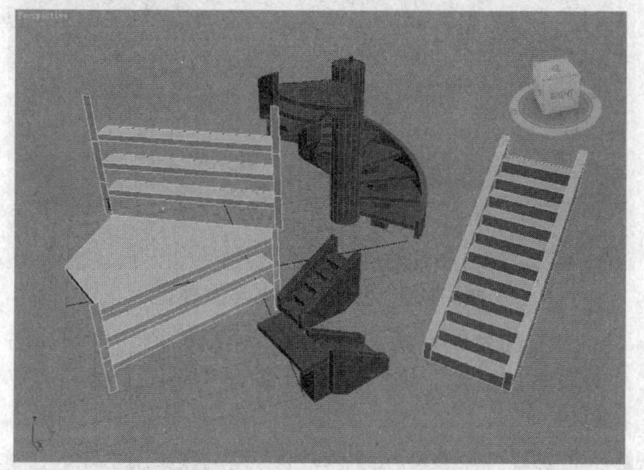

图3-126 创建的楼梯类型模型

3.5.3 实际操作

·最终文件 第3章\任务12\任务12实际操作最终文件.max

3ds Max提供的建筑类型对象具有建筑的特殊属性参数，通过控制这些参数可制作出各式各样的模型效果。本小节将通过创建楼梯模型，介绍该类型对象的基本制作方法，以及参数的设置方法。

步骤❶ 在Create（创建）命令面板中选择Geometry（几何体）类别下拉列表中的Stairs（楼梯）类型，如图3-127所示。

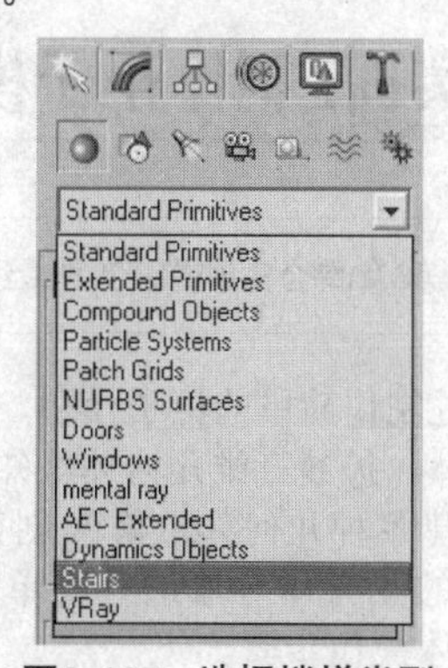

图3-127 选择楼梯类型

步骤❷ 在Object Type（对象类型）卷展栏中选择Spiral Stair（螺旋楼梯）类型，如图3-128所示。

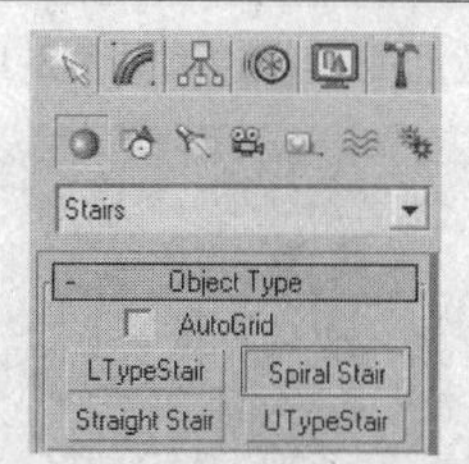

图3-128 选择螺旋楼梯类型

步骤❸ 在透视视口中按住鼠标左键并拖动，创建楼梯的底面，如图3-129所示。

图3-129 创建楼梯底面

步骤❹ 向上拖动鼠标确定楼梯的高，如图3-130所示。

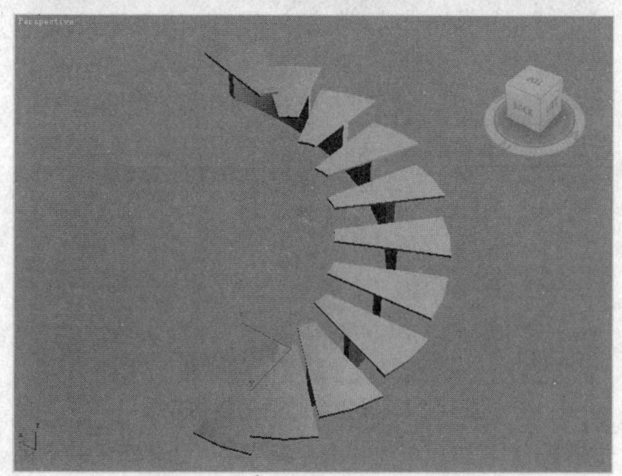

图3-130 创建一侧的梯子平面

步骤❺ 在Spiral Stair（螺旋楼梯）的Modify（修改）面板中按照图3-131所示来设置各选项。

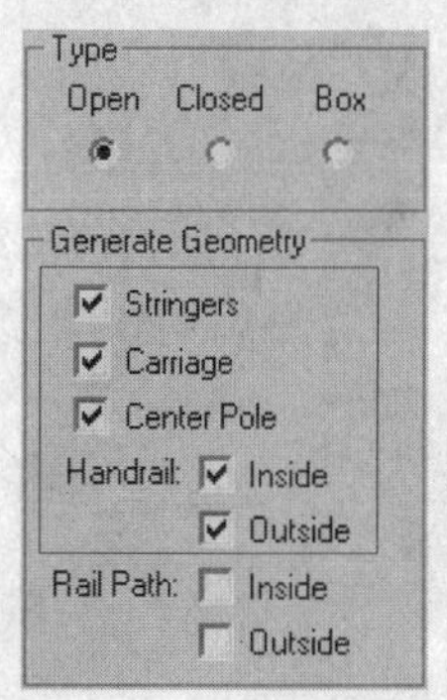

图3-131 更改参数设置

步骤❻ 设置参数后的楼梯造型如图3-132所示。

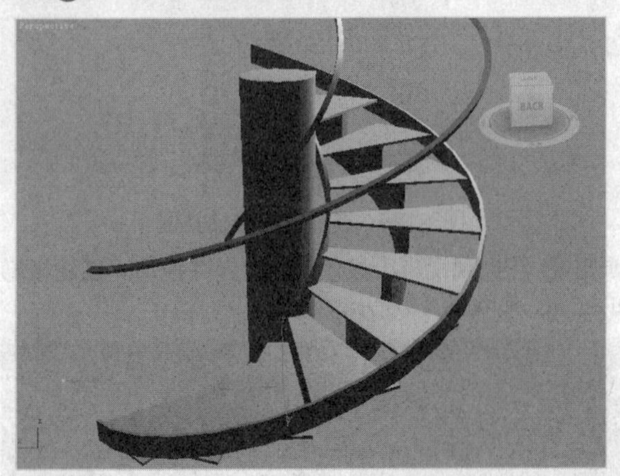

图3-132 设置参数后的楼梯效果

步骤❼ 在Modify（修改）面板中按照图3-133所示设置Layout（布局）选项组的各选项。

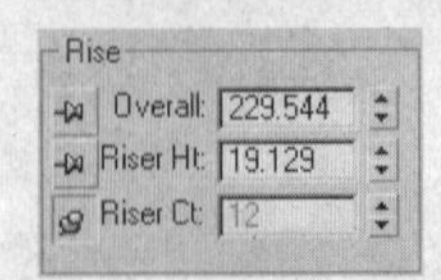

图3-133 更改参数设置

步骤❽ 设置参数后的楼梯造型如图3-134所示。

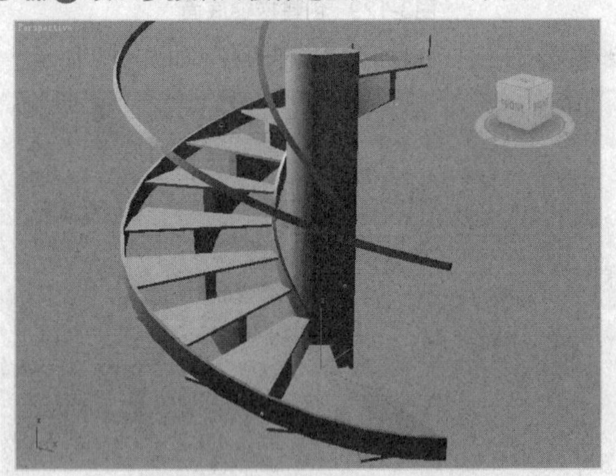

图3-134 设置参数后的楼梯效果

步骤❾ 在视口中创建一个无缝背景，为各对象赋予材质后，渲染效果如图3-135所示。

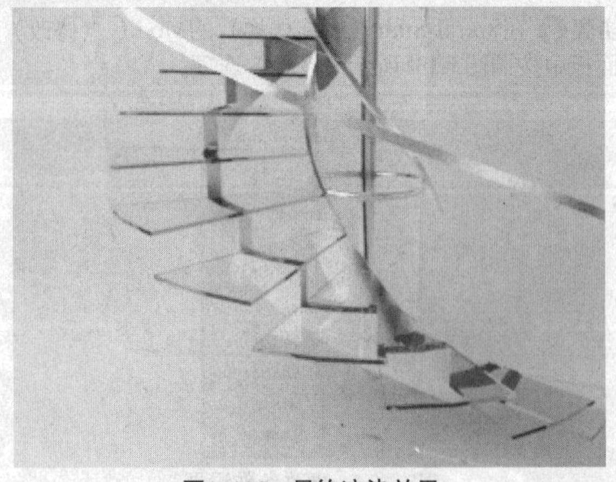

图3-135 最终渲染效果

3.5.4 深度解析：隐藏部分对象节约系统资源

在3ds Max提供的建筑类型对象中，AEC Extended（AEC扩展）是使用频繁的对象类型之一。AEC Extended（AEC扩展）类型中的Foliage（植物）类型包括12种预设植物模型，所创建的植物对象均为完整的模型。创建的部分植物对象效果如图3-136所示。

图3-136 创建的植物类型模型

为节约系统资源，用户可不显示如植物树叶等面片数较多的对象。图3-137所示的即为隐藏了树叶的植物对象。

图3-137 隐藏了树叶的植物

3.6 综合实训：制作柜子模型

·最终文件 第3章\综合实训\综合实训最终文件.max

本节将通过制作简单的柜子模型，对前面所讲的标准三维几何体、扩展三维几何体等知识进行总结。本实例通过创建各种几何体，修改创建几何体的参数，并将创建的几何体对象进行简单堆积来制作出柜子模型，具体操作步骤如下。

步骤❶ 在Geometry（几何体）对象类别下选择Extended Primitives（扩展基本体）类型，如图3-138所示。

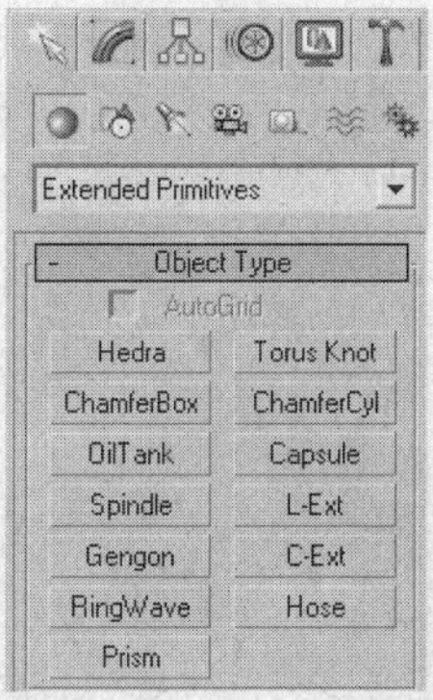

图3-138 选择扩展几何体类型

步骤❷ 选择ChamferBox（切角长方体）类型，并在透视视口中创建一个切角长方体，用于制作柜子的台面，效果如图3-139所示。

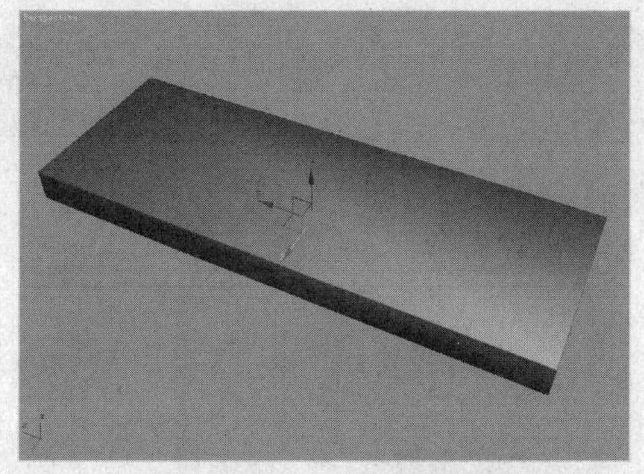

图3-139 创建切角长方体

步骤❸ 创建的切角长方体参数如图3-140所示。

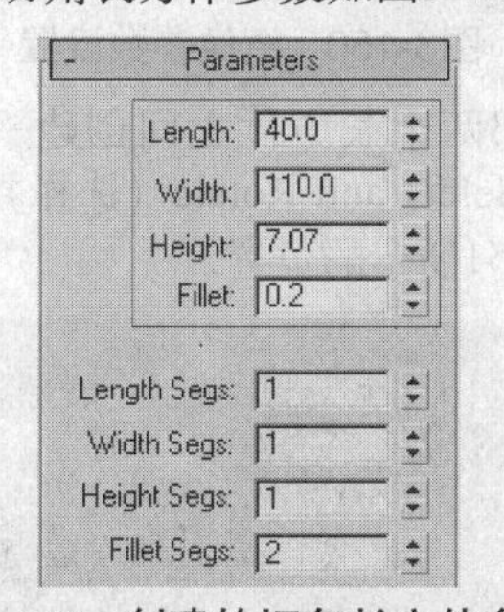

图3-140 创建的切角长方体参数

步骤❹ 选择ChamferBox（切角长方体），在顶视口中创建一个切角长方体，完成后效果如图3-141所示。

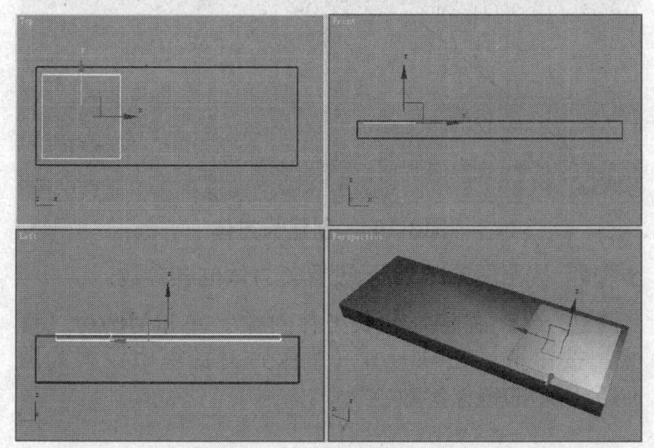

图3-141 创建切角长方体

步骤❺ 创建的切角长方体的参数如图3-142所示。

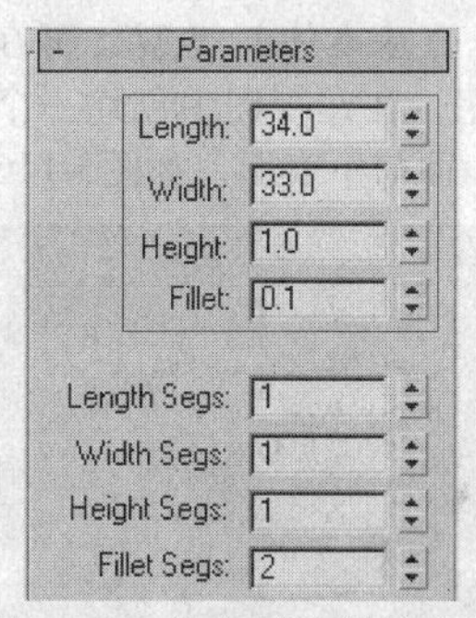

图3-142 切角长方体的参数

步骤❻ 对刚创建的切角长方体进行复制，得到两个副本对象，并分别放置到如图3-143所示的位置。

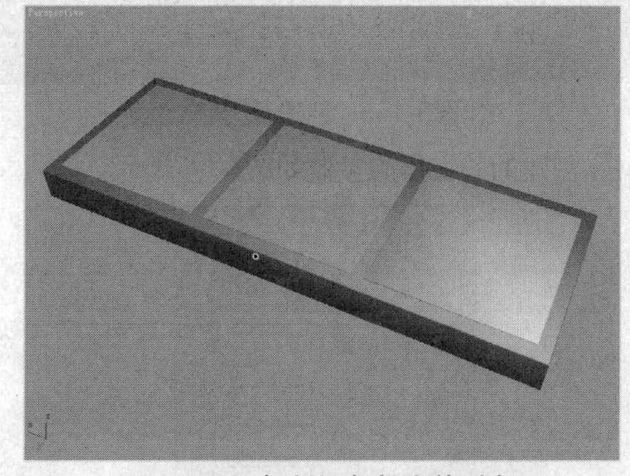

图3-143 复制切角长方体对象

步骤❼ 再次在顶视图中创建一个切角长方体，用于制作柜子的底面，并放置到如图3-144所示的位置。

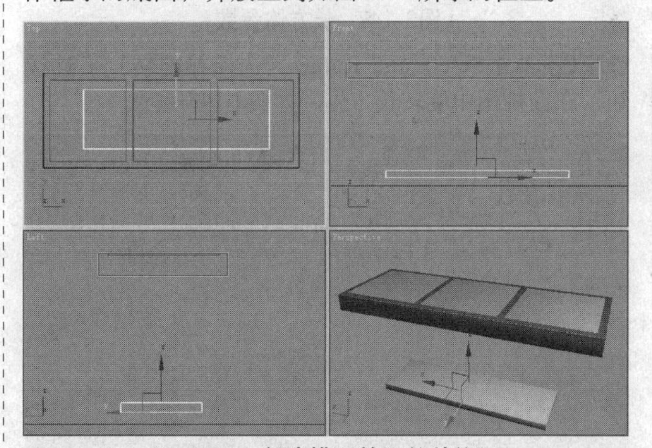

图3-144 创建模型并调整其位置

步骤❽ 用作柜底的切角长方体的参数如图3-145所示。

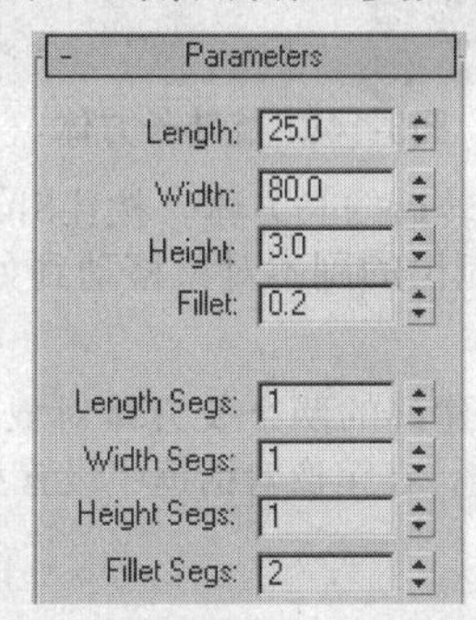

图3-145 切角长方体的参数

步骤 9 在Geometry（几何体）类别下选择Standard Primitives（标准基本体）类型，再在其下单击Box（长方体）按钮，在左视图中创建一个长方体，用于连接柜子的上表面与下表面，如图3-146所示。

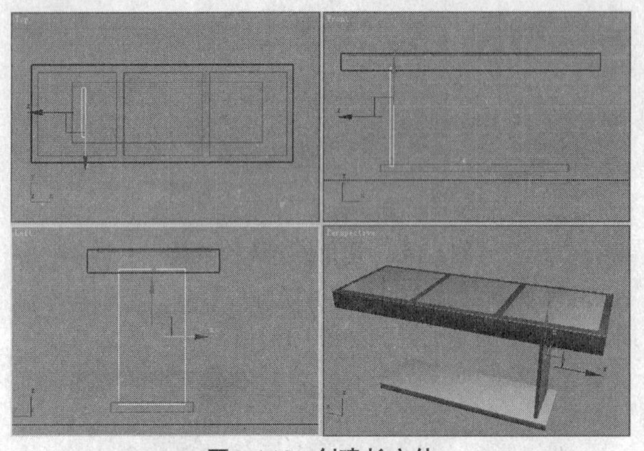

图3-146 创建长方体

步骤 10 创建的长方体的参数如图3-147所示。

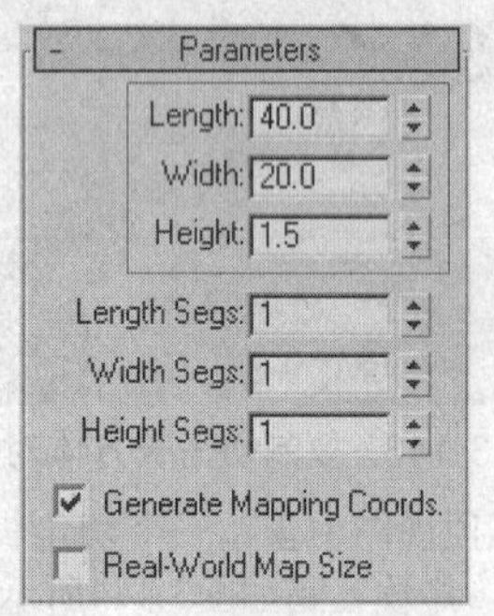

图3-147 长方体参数

步骤 11 单击Select and Rotate（选择并旋转）工具按钮，在前视图中旋转长方体，如图3-148所示。

图3-148 旋转长方体

步骤 12 选择旋转后的长方体，按住Shift键进行拖动复制，并将复制出的副本对象移动到如图3-149所示的位置。

步骤 13 选择创建好的两个长方体对象，单击Mirror（镜像）按钮，在镜像对话框中设置如图3-150所示的镜像参数。

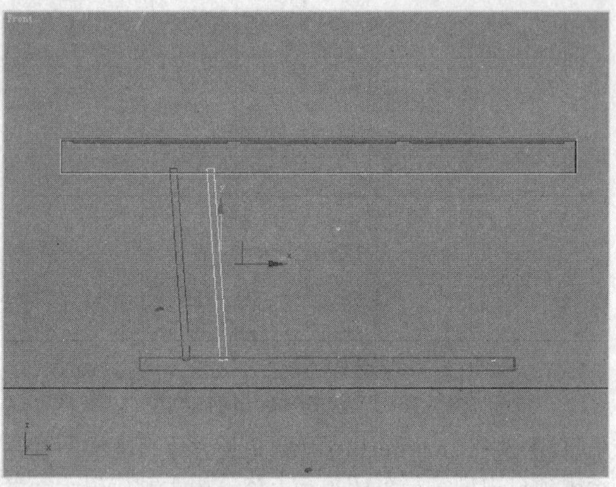

图3-149 复制长方体

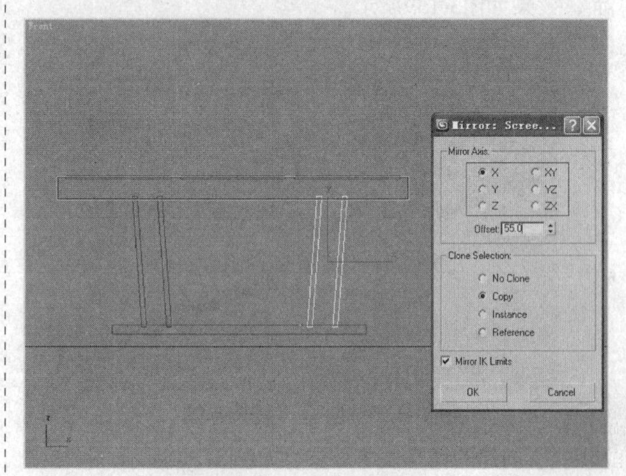

图3-150 镜像参数设置

步骤 14 在相邻两个长方体之间创建一个Box（长方体），并使用Select and Rotate（选择并旋转）命令，调整到如图3-151所示的位置。

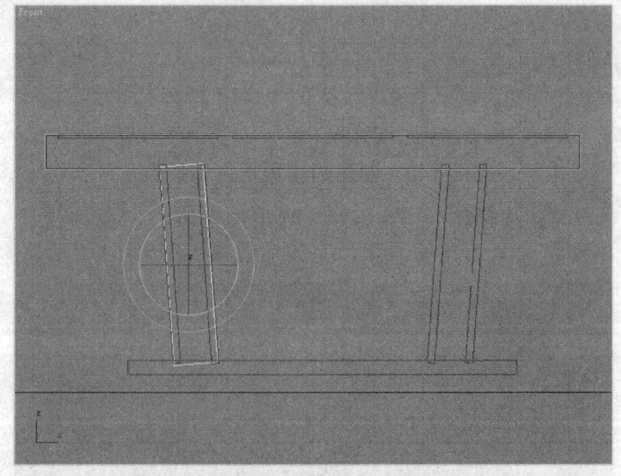

图3-151 创建长方体

步骤 15 按照图3-152所示设置长方体的各参数。

步骤 16 选择调整好的长方体对象，单击Mirror（镜像）按钮，在Mirror（镜像）对话框中设置如图3-153所示的镜像参数。

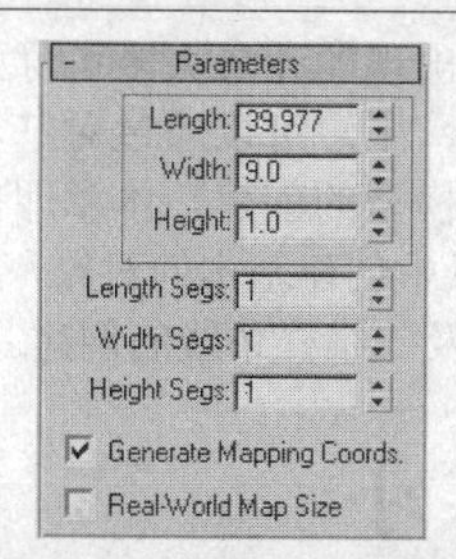

图3-152 设置长方体参数

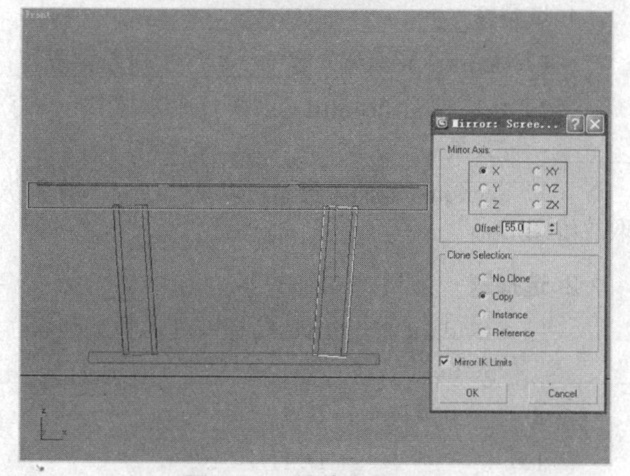

图3-153 镜像参数设置

步骤⑰ 在前视图中创建一个长方体，用于制作柜脚，并放置到最下面的位置，如图3-154所示。设置长方体的长、宽和高均为4。

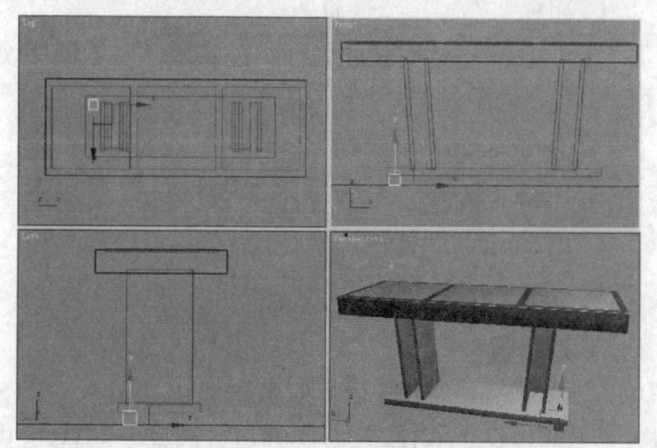

图3-154 创建柜脚

步骤⑱ 将柜脚对象复制得到3个副本对象，并分别放置到底面长方体的四个角位置，如图3-155所示。

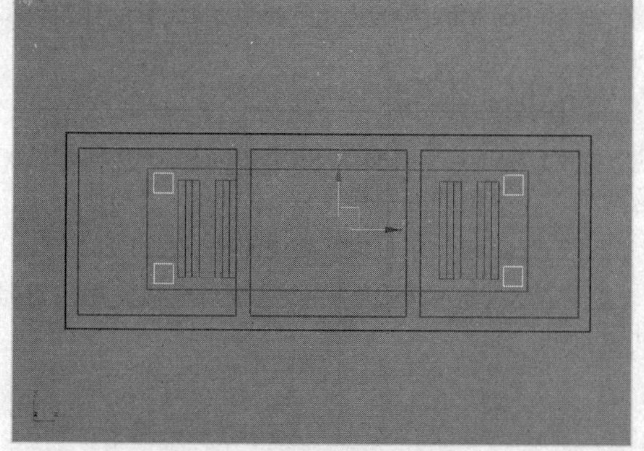

图3-155 复制柜脚对象

步骤⑲ 再次创建一个长方体，用于制作柜子的隔板，并放置到如图3-156所示的位置。

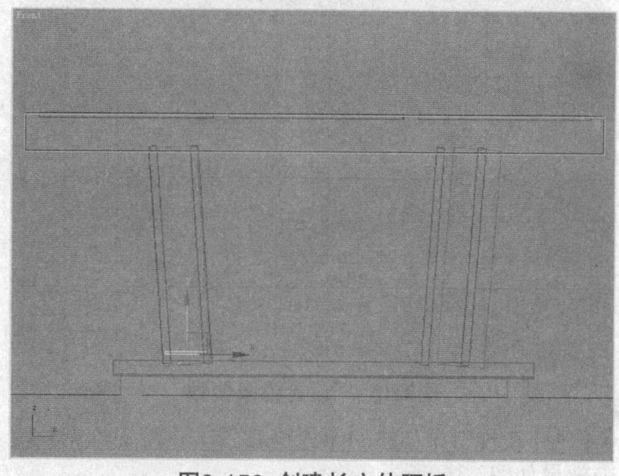

图3-156 创建长方体隔板

步骤⑳ 使用Select and Rotate（选择并旋转）工具调整隔板的位置，如图3-157所示。

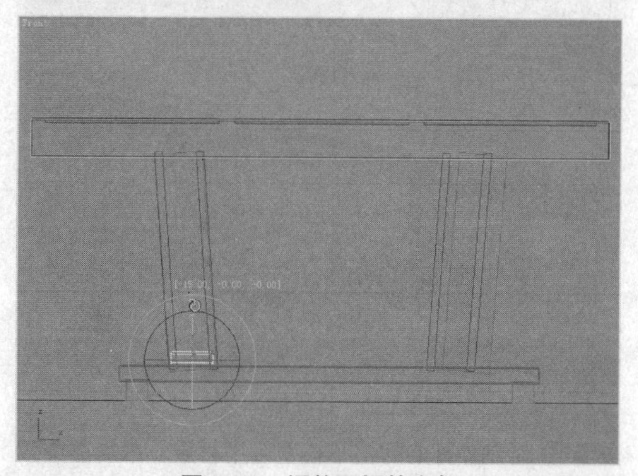

图3-157 调整隔板的方向

步骤㉑ 选择调整好的隔板对象，按住Shift键进行拖动，并按照图3-158所示设置Clone Options（克隆选项）对话框中的各参数。

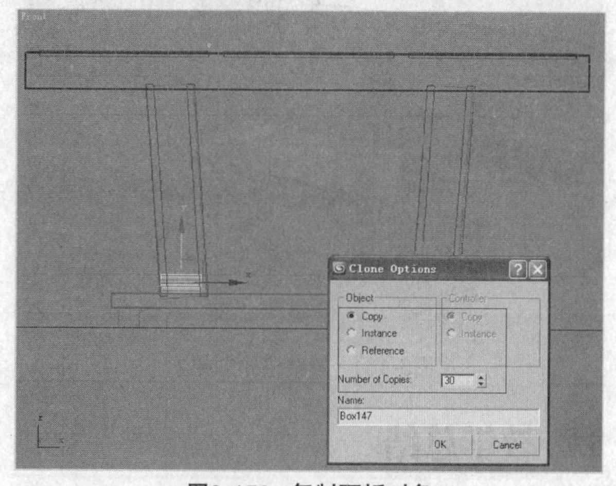

图3-158 复制隔板对象

步骤㉒ 选择隔板长方体及其复制出的所有对象，然后单击Mirror（镜像）按钮，在弹出的镜像对话框中设置如图3-159所示的镜像参数。

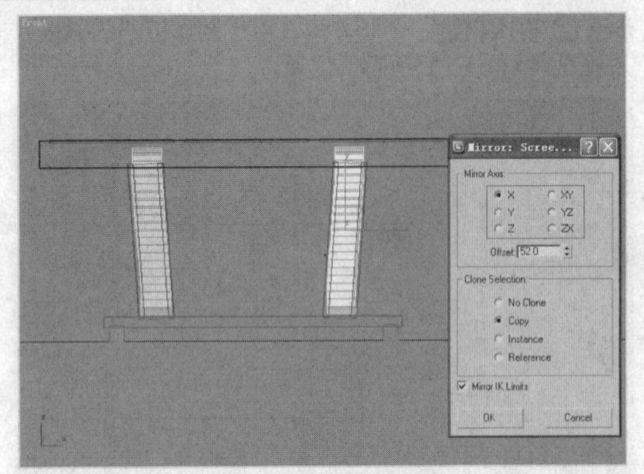

图3-159　设置镜像参数

步骤㉓ 在视口中创建一个无缝背景，并设置灯光，渲染效果如图3-160所示。

图3-160　灯光渲染效果

步骤㉔ 对制作好的的柜子模型应用材质，最终渲染效果如图3-161所示。

图3-161　最终渲染效果

3.7 教学总结

一个完整的3ds Max场景文件是由许多对象组成的，这些在场景出现的元素大多可称之为对象，在模型的创建过程中，用户可以通过对基本模型的修改来完成更加复杂的模型的创建。本章即向读者介绍了如何在3ds Max场景中创建基本的对象，内容包括基本和扩展几何体，以及二维样条线的创建。

3.8 测试练习

1. 填空题

（1）Hedra（异面体）有________个对象类型。

（2）Extended Primitives（扩展基本体）包含了________种类型。

（3）Section（截面）类型可以从________对象获取二维图形。

2. 选择题

（1）Standard Primitives（标准基本体）包含了________种类型。

A. 8　　B. 9

C. 10　　D. 11

（2）Sphere（球体）类型的Segments（分段）参数越低，模型越________。

A. 大　　B. 圆滑

C. 粗糙　　D. 小

（3）Extended Primitives（扩展基本体）不包含以下________类型。

A. Torus Knot（环形结）

B. Hose（软管）

C. Pyramid（四棱锥）

D. Gengon（球棱柱）

3. 判断题

（1）Cone（圆锥体）对象包含Radius1（半径1）、Radius2（半径2）、Height（高度）、Height Segments（高度分段）等参数。（　）

（2）Hedra（异面体）类型是Standard Primitives（标准基本体）中较为特殊的一种类型。（　）

（3）3ds Max 2009为用户提供了4大类的建筑类型对象。（　）

4. 问答题

（1）Sphere（球体）和GeoSphere（几何球体）这两种球体类型的区别是什么？

（2）Hedra（异面体）类型的特点是什么？

（3）Section（截面）类型的原理和使用关键是什么？

Chapter 04

复合对象的创建及修改

▶ **考点预览**

1. 超级布尔的几种运算类型
2. 超级布尔的拾取类型
3. 超级布尔的使用方法
4. 设置放样参数
5. 放样对象的变形方法
6. 放样的使用方法
7. 使用空间修改器修改模型

▶ **课前预习**

除了使用3ds Max所提供的基本几何体外，还可以通过使用复合对象创建更为复杂的模型。本章将内容分为4个部分，分别讲解Loft（放样）等复合对象及其他一些常用的复合对象类型和对象空间修改器。

4.1 任务13 利用布尔运算创建烤炉底座

布尔复合对象是指通过对两个相交的物体进行并集、差集、交集等布尔运算，使这两个物体进行融合、挖取、留取公共部分等的操作。ProBoolean（超级布尔）是3ds Max 9的新增功能，而3ds Max 2009延续了该功能并采用3ds Max网格，使布尔对象的可靠性更高，有更少的小边和三角形，计算结果也更清晰。本节将介绍ProBoolean（超级布尔）的使用方法及各种运算类型的差别。

任务快速流程：

创建对象 ➔ 缩放复制对象 ➔ 应用ProBoolean（超级布尔）制作对象

4.1.1 简单讲评

ProBoolean（超级布尔）是使用率非常高的一种复合对象，其使用方法比较简单。读者应该重点掌握各种布尔运算类型之间的差别，特别要注意其中差集运算类型的拾取顺序，不同的拾取顺序会产生不同的效果。

4.1.2 核心知识

ProBoolean（超级布尔）提供的几种运算类型与选择类型是使用ProBoolean（超级布尔）时应当注意的关键点。本小节将对ProBoolean（超级布尔）的这些参数进行详细讲解。

1. ProBoolean（超级布尔）的运算类型

ProBoolean（超级布尔）为用户提供了Union（并集）、Merge（合集）等4种运算类型，如图4-1所示。

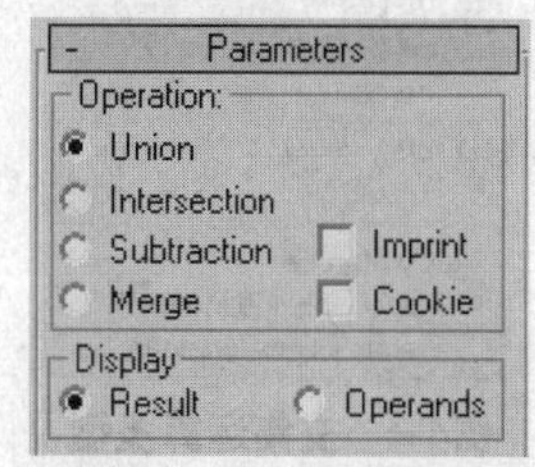

图4-1 不同的运算类型

Union（并集）可以将多个相互独立的对象合并为一个对象，并忽略两对象之间相交的部分。

在视口中分别创建如图4-2所示的相交在一起的ChamferBox（切角长方体）和Torus（圆环），此时这两个对象为相互独立的对象。

图4-2 创建对象效果

选择ChamferBox（切角长方体）对象进行ProBoolean（超级布尔），选择Union（并集）运算类型，拾取的Torus（圆环）对象，完成后效果如图4-3所示，两个对象合并为了一个对象。

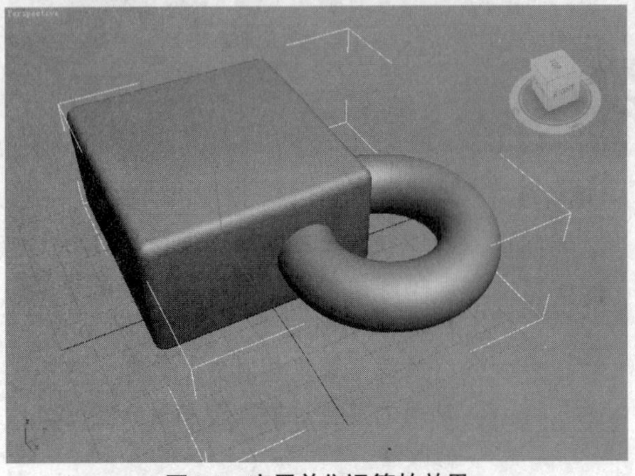

图4-3　应用并集运算的效果

图4-4所示的Intersection（交集）用于对两个连接在一起的对象进行布尔运算，使两对象的重合部分保留，而删除不重合的部分。

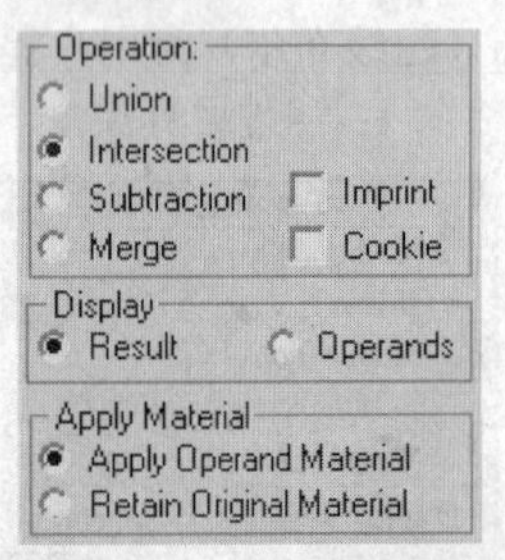

图4-4　交集运算类型

还以前面有两个独立对象的场景为例，选择切角长方体对象，再选择Intersection（交集）运算类型，然后拾取Torus（圆环）对象，效果如图4-5所示。

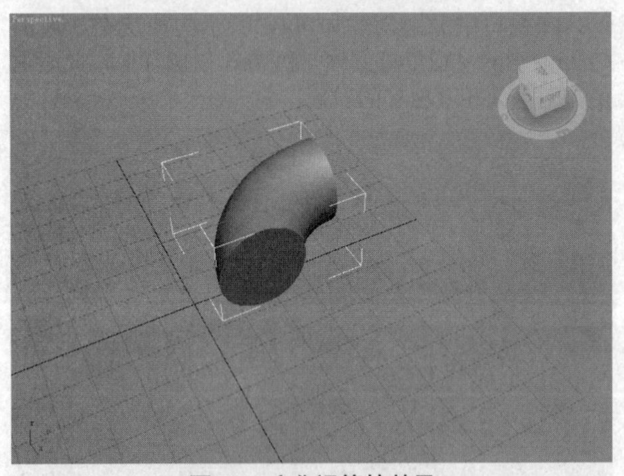

图4-5　交集运算的效果

Subtraction（差集）可以从一个对象上减去与另一个对象的重合部分。图4-6所示的为从切角长方体对象中减去圆环对象的效果。

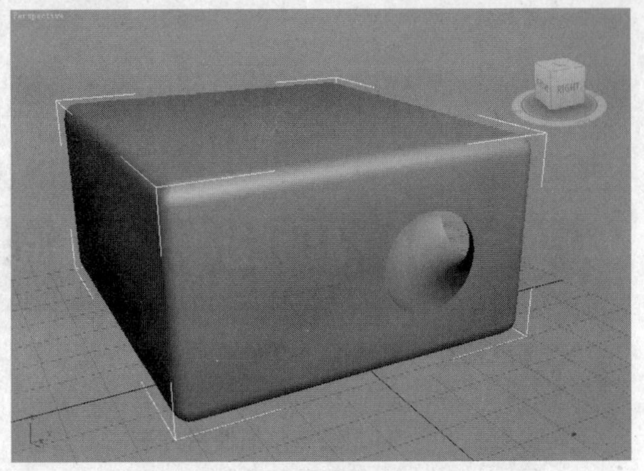

图4-6　从切角长方体中减去圆环效果

图4-7所示为从Torus（圆环）对象中减去ChamferBox（切角长方体）对象的效果。

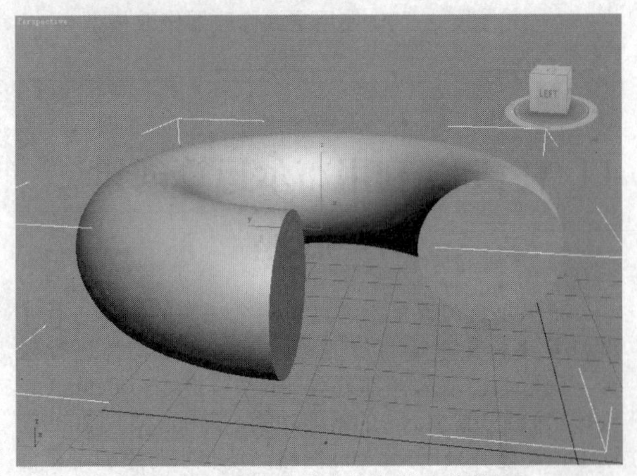

图4-7　从圆环中减去切角长方体效果

Merge（合集）和Union（并集）运算类型很相似，均能将两个相互独立的对象合并在一起，不同的地方是Merge（合集）运算类型将保留两个对象相交的部分。

图4-8所示是Merge（合集）运算的效果。

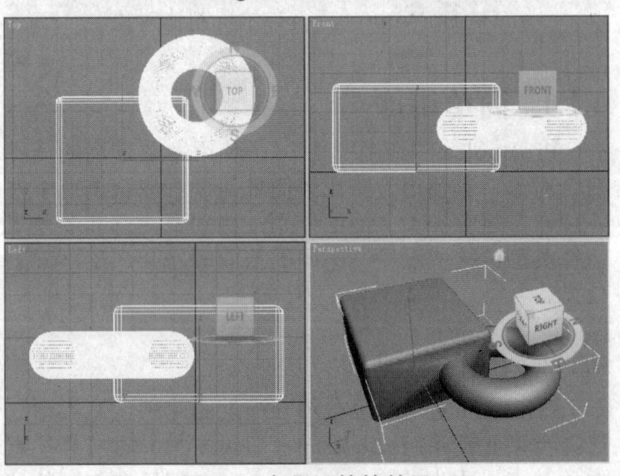

图4-8　合集运算的效果

图4-9所示是Union（并集）运算的效果。

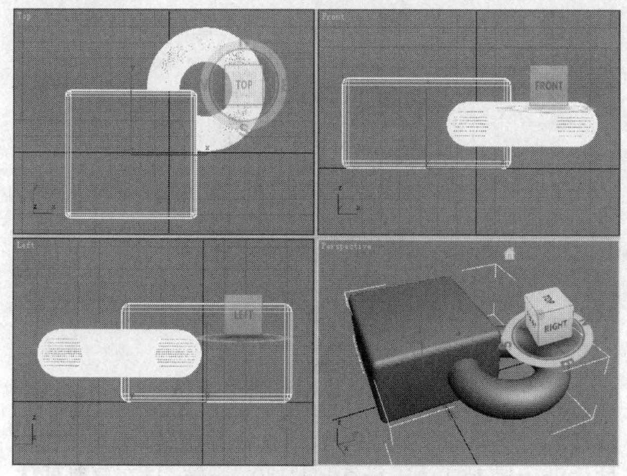

图4-9　并集运算的效果

2. 拾取布尔对象的拾取类型

在Pick Boolean（拾取布尔对象）卷展栏中包括Move（移动）等4种拾取类型，如图4-10所示。

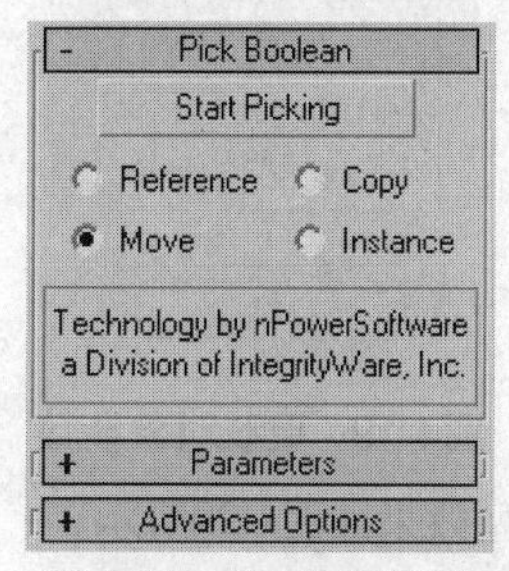

图4-10　4种拾取类型

3. ProBoolean（超级布尔）的高级设置

ProBoolean（超级布尔）为用户提供了Advanced Options（高级选项）参数卷展栏，如图4-11所示。

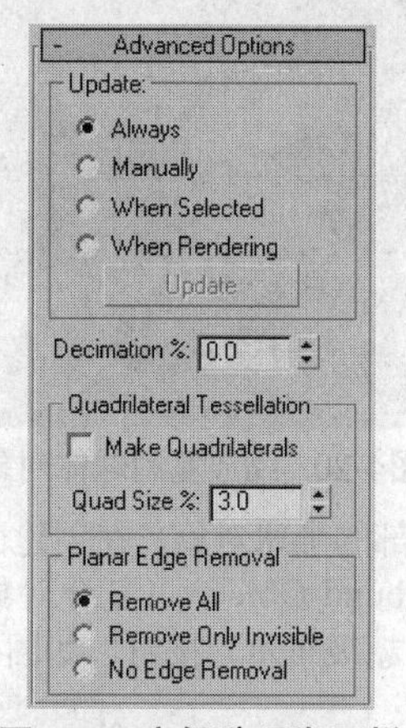

图4-11　高级选项卷展栏

Update（更新）选项组参数用于控制布尔运算后模型的更新方式。为方便预览布尔运算的效果，一般选择该选项组中的Always（始终）选项。较常用的是Quadrilateral Tessellation（四边形镶嵌）选项组中的参数。

图4-12所示的场景中包括印章和文字对象，下面以此场景为例说明高级选项卷展栏中的参数设置。

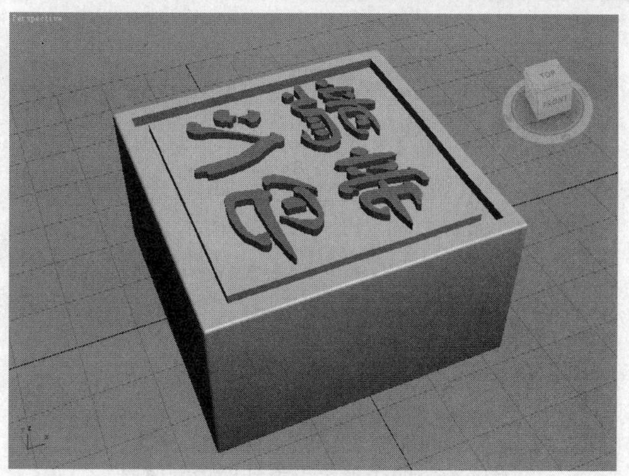

图4-12　场景文件效果

选择印章对象并使用Union（并集）运算类型进行ProBoolean（超级布尔）操作，完成后的效果如图4-13所示。

图4-13　超级布尔后的模型效果

在Advanced Options（高级选项）参数卷展栏中勾选Make Quadrilaterals（设为四边形）复选框，模型效果如图4-14所示。

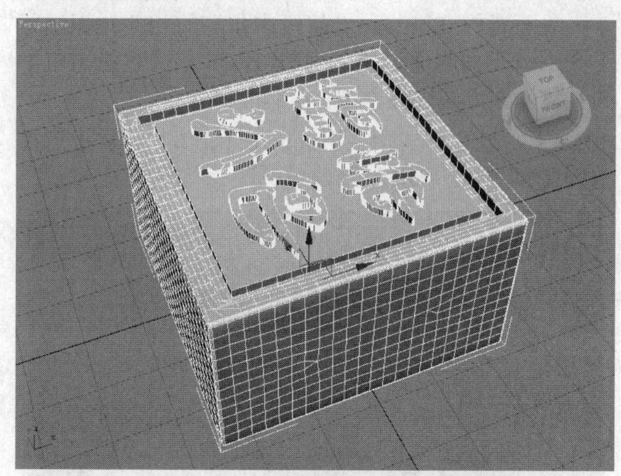

图4-14　勾选设为四边形复选框后的模型效果

在Quadrilateral Tessellation（四边形镶嵌）选项组中设置Quad Size（四边形大小）为15，模型效果如图4-15所示。

图4-15　四边形大小为15时模型效果

更改Quad Size（四边形大小）参数为50，模型效果如图4-16所示。

图4-16　四边形大小为50时模型效果

4.1.3　实际操作

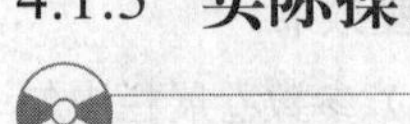

·最终文件　第4章\任务13\任务13实际操作最终文件.max

前面对ProBoolean（超级布尔）的相关知识进行了介绍，下面将通过实例对ProBoolean（超级布尔）的具体操作方法进行介绍，具体步骤如下。

步骤❶ 在场景中新建一个Sphere（球体），完成后模型效果如图4-17所示。

图4-17　新建球体

步骤❷ 在Modify（修改）面板中设置如图4-18所示的球体参数。

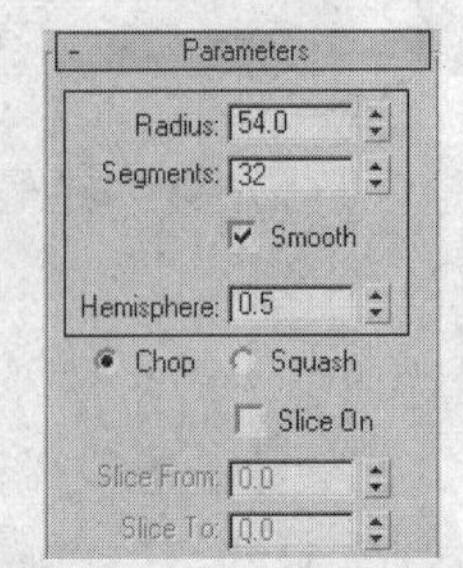

图4-18　设置球体对象参数

步骤❸ 单击Select and Rorate（选择并旋转）工具按钮，按住Shift键对球体进行复制并180° 旋转。再在复制球体的Modify（修改）面板中设置如图4-19所示的参数。

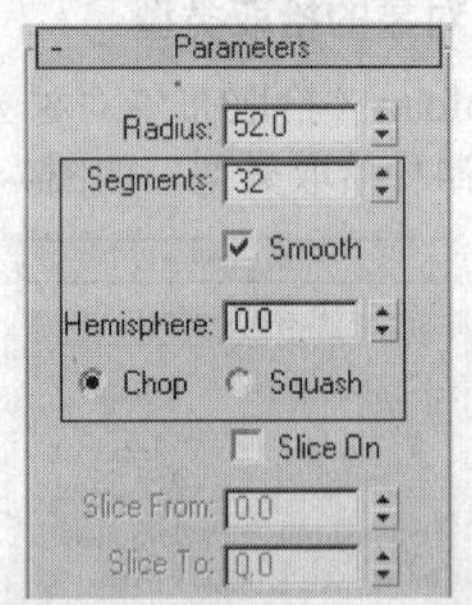

图4-19　更改对象参数

步骤❹ 此时模型效果如图4-20所示。

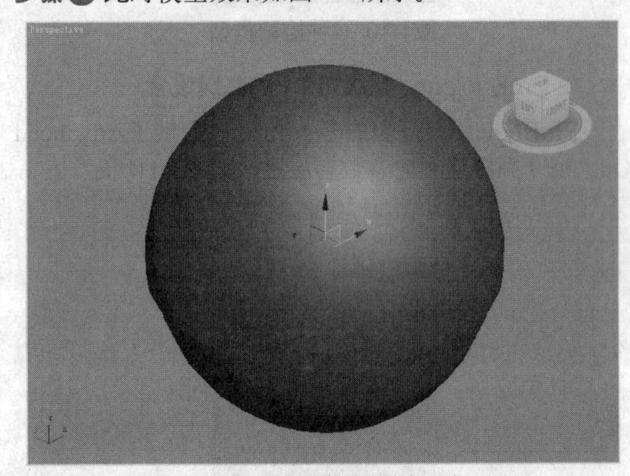

图4-20　缩放复制球体对象

步骤❺ 选中上部的半球对象，在创建面板的几何体类别下选择Gompound Objects（复合对象）类型，再单击ProBoolean（超级布尔）按钮，如图4-21所示。

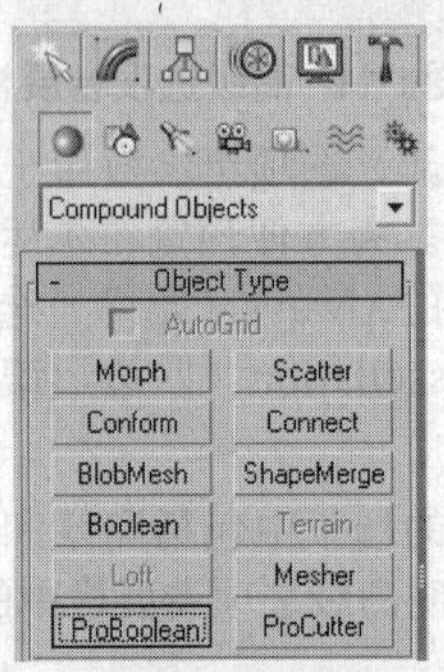

图4-21　单击超级布尔按钮

步骤6 按照图4-22所示设置其参数卷展栏下的选项。

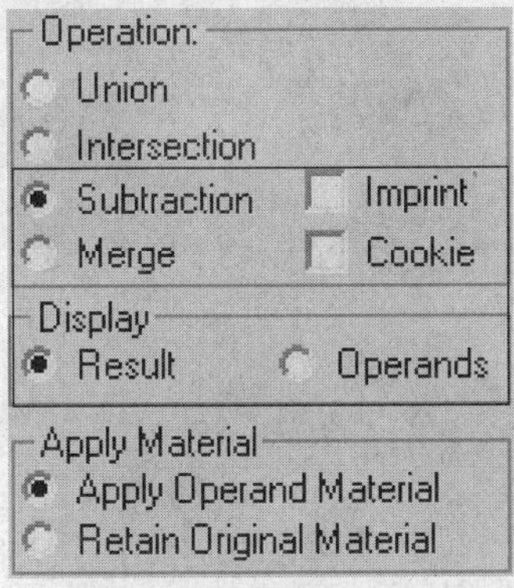

图4-22 设置布尔选项

步骤7 设置好各选项参数后，单击Start Picking（开始拾取）按钮 Start Picking ，在视口中拾取小球对象，运算后的几何体效果如图4-23所示。

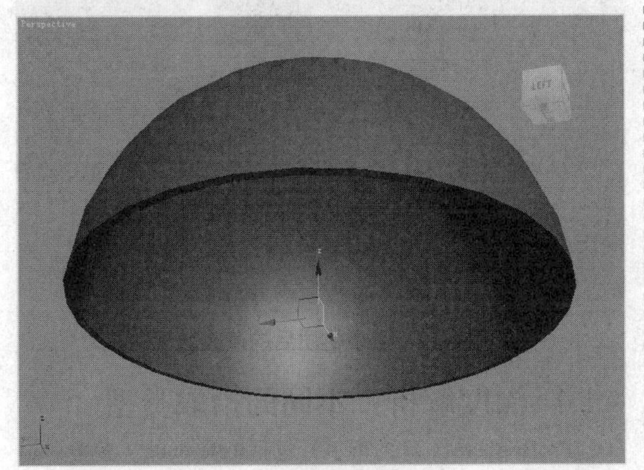

图4-23 运算后的几何体

步骤8 单击Select and Vniform Scale（选择并均匀缩放）按钮，选择运算后的几何体对象，按住Shift键对其进行缩放复制，如图4-24所示。

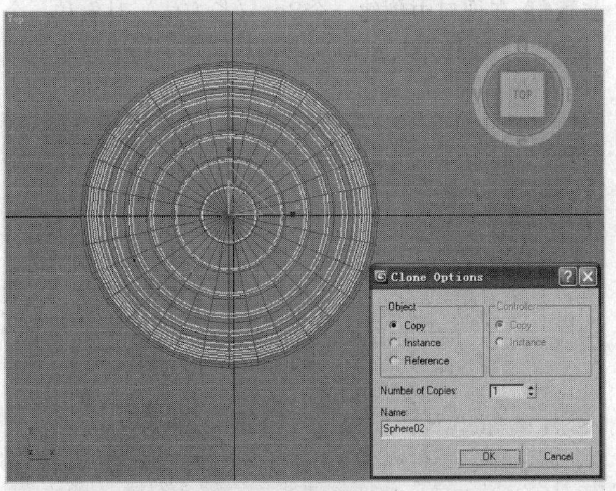

图4-24 复制对象

步骤9 在视口中创建一个半径为20的圆柱体，并放置到如图4-25所示的位置。

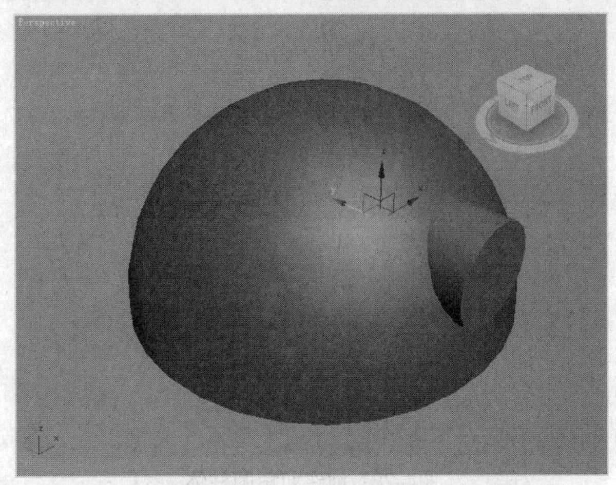

图4-25 创建圆柱体

步骤10 对圆柱体对象进行复制，并将副本对象分别放置到如图4-26所示的位置。

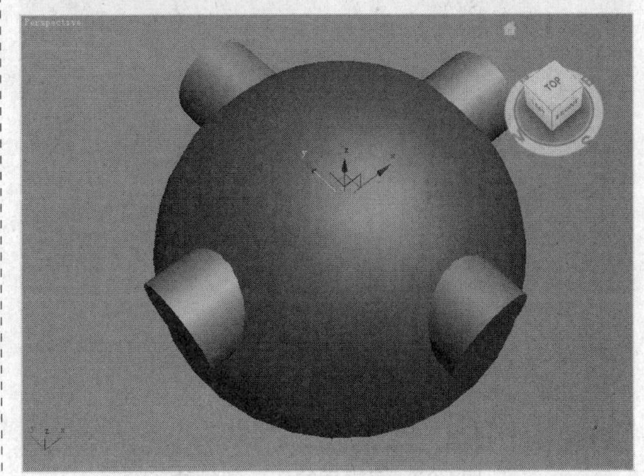

图4-26 复制对象

步骤11 选择最大的半球对象，在修改面板下单击Start Picking（开始拾取）按钮，再在视图中拾取创建的四个圆柱体对象，运算后的几何体效果如图4-27所示。

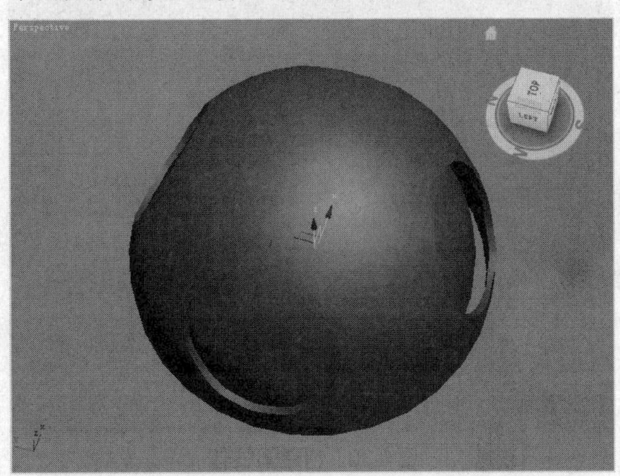

图4-27 布尔运算后的几何体

步骤12 在视图中创建一个半径为40的切角圆柱体，如图4-28所示。

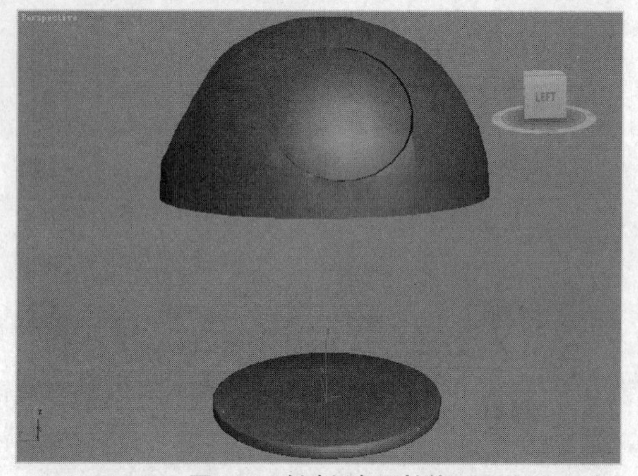

图4-28 创建切角圆柱体

步骤⑬ 适当编辑切角圆柱体的形状，使其如图4-29所示。

图4-29 编辑后的切角圆柱体

步骤⑭ 在视图中创建一个半径为2的圆柱体对象，并放置到如图4-30所示的位置。

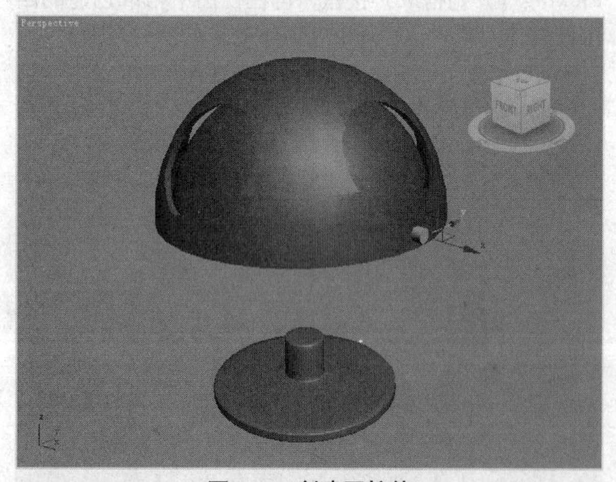

图4-30 创建圆柱体

步骤⑮ 将圆柱体对象复制得到3个副本对象，并分别放置到运算后的几何体对象上，再创建如图4-31所示的圆柱体作为灯柱。

步骤⑯ 对对象应用相应的材质，最终渲染效果如图4-32所示。

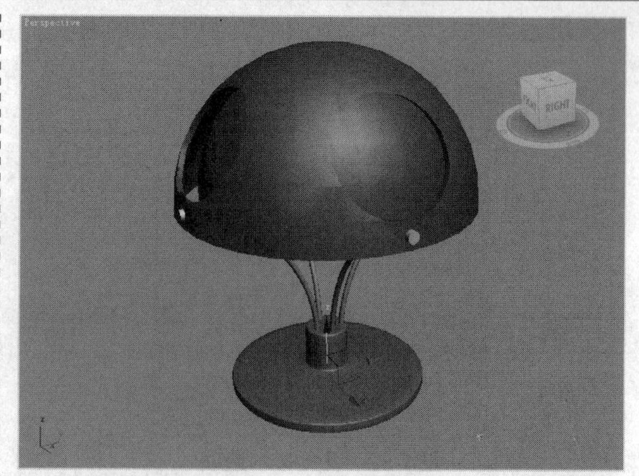

图4-31 创建灯柱

图4-32 赋予材质后的渲染效果

4.1.4 深度解析：不同的拾取类型

ProBoolean（超级布尔）包括Reference（参考）、Copy（复制）、Move（移动）、Instance（实例化）4种不同的拾取类型，使用不同的拾取类型进行超级布尔运算时所产生的效果亦不同。本小节将对不同的拾取类型进行比对操作，具体步骤如下。

步骤❶ 在视口中创建一个Box（长方体）对象和一个Pyramid（四棱锥）对象，调整其位置，完成效果如图4-33所示。

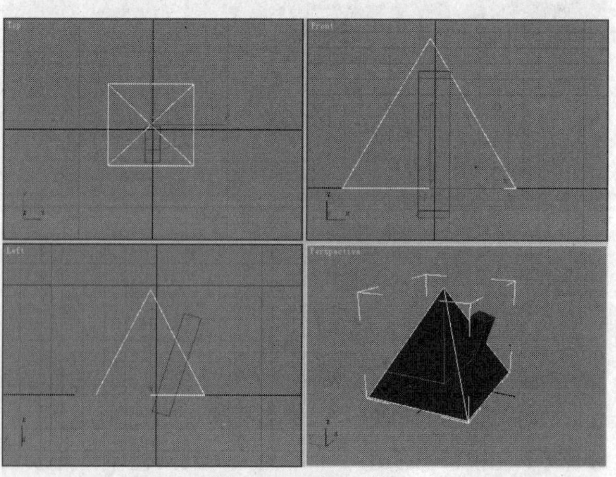

图4-33 创建对象

步骤❷ 选择四棱锥对象并进行超级布尔运算操作，选择Move（移动）拾取类型，再拾取长方体对象，操作效果如图4-34所示。

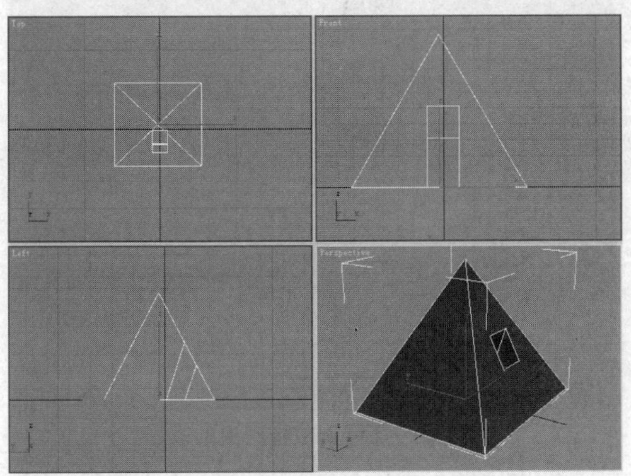

图4-34 移动拾取的超级布尔运算效果

步骤❸ 单击主工具栏中的Vrdo（撤销）按钮，返回上一步操作。选择Copy（复制）拾取类型，进行超级布尔运算，完成后移动长方体，效果如图4-35所示。

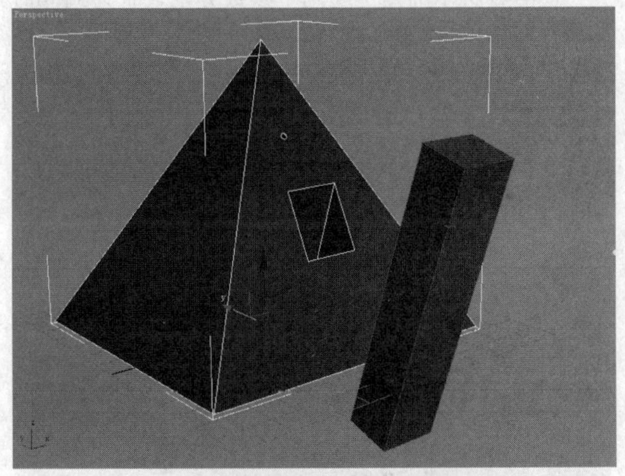

图4-35 复制拾取的超级布尔运算效果

步骤❹ 返回原始状态。选择Instance（实例化）拾取类型，进行超级布尔运算操作，将长方体对象移动到其他位置并为其添加Bend（弯曲）修改器，设置修改器参数，可发现超级布尔运算的对象也随之发生变化，效果如图4-36所示。

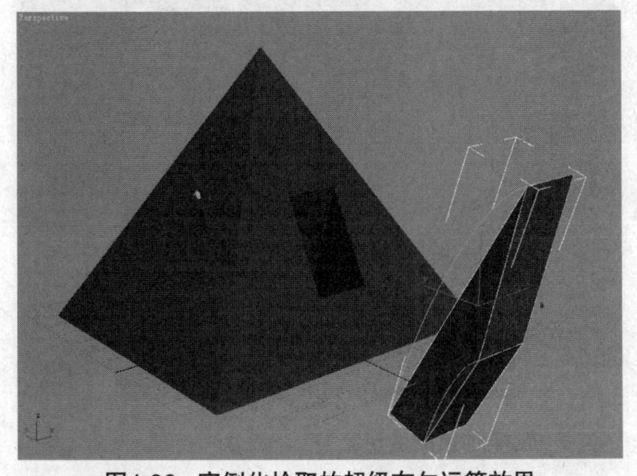

图4-36 实例化拾取的超级布尔运算效果

4.2 任务14 运用放样制作桥墩模型

Loft（放样）复合对象是由两条或两条以上的二维图形合成的，它以一个或多个二维图形作为截面，以另一个二维图形作为第三个轴进行挤出。Loft（放样）是常用的一种建模手法。

任务快速流程：

打开场景文件 ➔ 放样图形 ➔ 制作对象

4.2.1 简单讲评

Loft（放样）建模的原理较为简单且易理解，但要熟练使用放样却并不容易。读者应该着重体会Loft（放样）建模的操作方法，掌握如何使用二维图形来制作三维立体对象，以及对放样后的对象进行各种变形的操作。

4.2.2 核心知识

Loft（放样）复合对象具有Creation Method（创建方法）、Surface Parameters（曲面参数）、Path Parameters（路径参数）等5个参数卷展栏。本小节将对Loft（放样）复合对象的参数及放样对象的变形操作进行介绍。

1. 放样的参数

在进行放样操作后，进入Modify（修改）面板，在该面板中可以通过设置参数，对放样对象进行进步的修改。图4-37所示的是Loft（放样）复合对象的参数卷展栏。其中Deformations（变形）卷展栏在完成放样后才会出现。

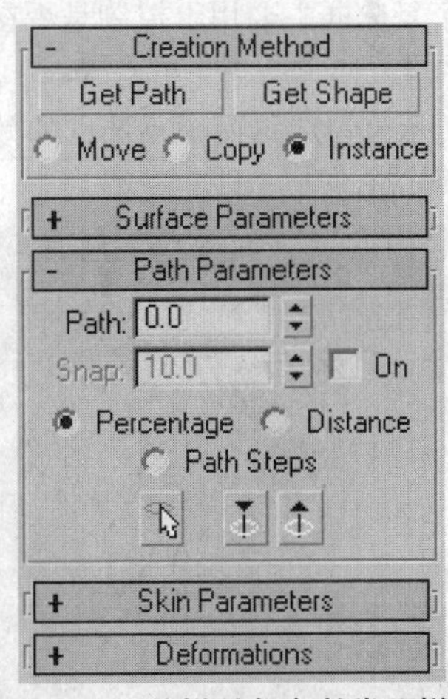

图4-37 放样对象参数卷展栏

在Creation Method（创建方法）卷展栏中，用户可以选择是获取路径还是获取图形。

图4-38所示的即是选择Star（星形）样条线为路径，然后拾取Arc（弧）样条线为截面的放样效果。

图4-38　拾取星形对象为截面后的模型效果

图4-39所示的是选择Arc（弧）样条线为截面图形，然后拾取Star（星形）样条线为路径的放样效果。

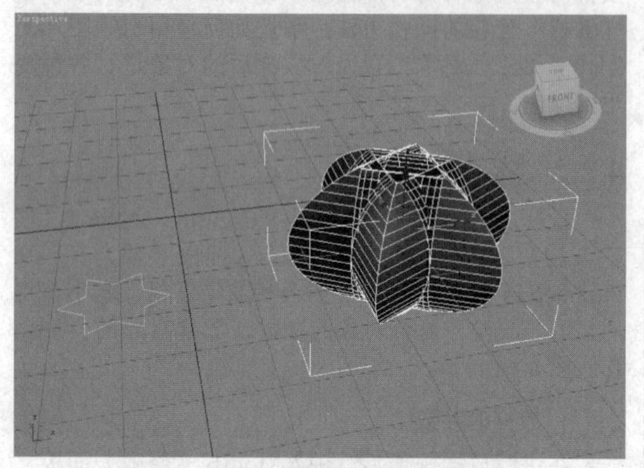

图4-39　拾取星形对象为路径后的效果

Surface Parameters（曲面参数）卷展栏主要用来控制放样对象表面的属性。Smoothing（平滑）选项组中的Smooth Length（平滑长度）和Smooth Width（平滑宽度）两个复选框主要用于控制是否在放样对象的长度方向和宽度方向上应用平滑效果。

图4-40所示为勾选这两个复选框的效果，放样对象的表面非常光滑。

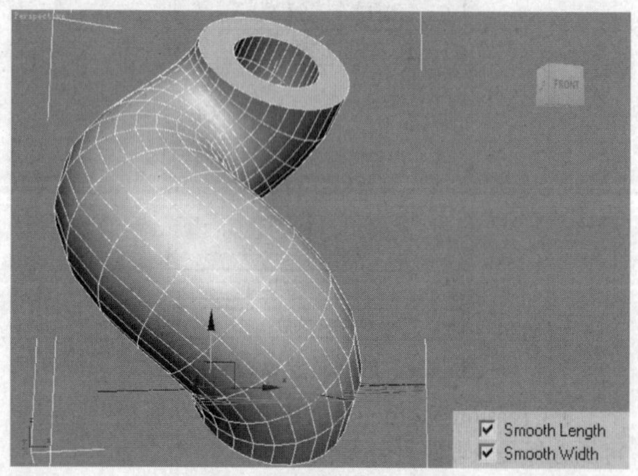

图4-40　平滑放样对象的表面

图4-41所示为取消勾选这两个复选框的效果，放样对象的表面产生了比较明显的网格效果。

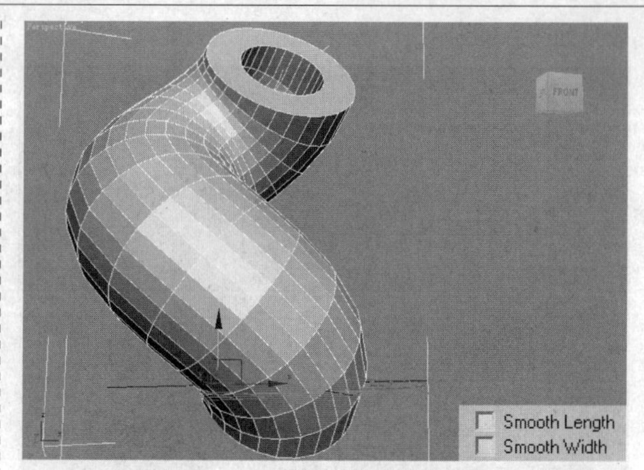

图4-41　不平滑放样对象的表面

在Skin Parameters（蒙皮参数）卷展栏中，Options（选项）选项组中的Shape Steps（图形步数）和Path Steps（路径步数）选项用于控制放样路径和截面上的分段数。

图4-42所示的是上述两个参数分别设置为3和0时的放样对象效果。

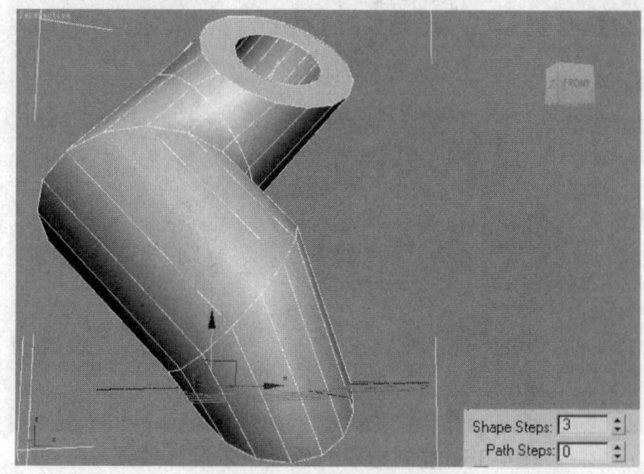

图4-42　参数分别为3和0时的放样对象效果

图4-43所示的是将这两个参数均设置为10时的放样对象效果。

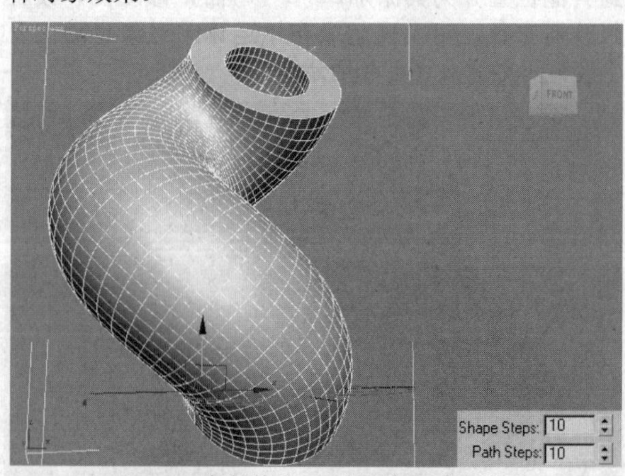

图4-43　参数均为10时的放样对象效果

2. 放样对象的变形

Loft（放样）复合对象在如图4-44所示的Deformations（变形）卷展栏下提供了5个按钮，可对放样后的对象进行各种变形操作。

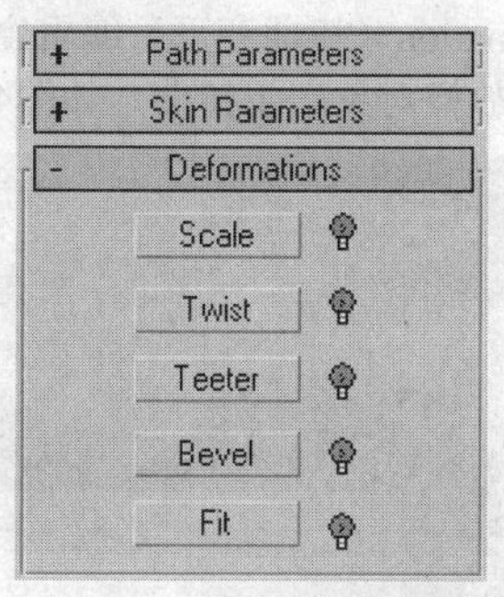

图4-44 变形参数卷展栏

4.2.3 实际操作

·原始文件 第4章\任务14\任务14实际操作原始文件.max

·最终文件 第4章\任务14\任务14实际操作最终文件.max

前面几小节对Loft（放样）复合对象的参数进行了介绍，在本小节中，将向读者介绍Loft（放样）复合对象的使用方法，具体操作步骤如下。

步骤❶ 打开光盘中提供的“第4章\任务14\任务14实际操作原始文件.max”，场景中有几个用于Loft（放样）操作的图形对象，如图4-45所示。

图4-45 打开的场景文件

步骤❷ 通过快捷键H选择Line01对象，在Geometry（几何体）类别下选择Compound Objects（复合对象）类型，再单击Loft（放样）按钮 Loft ，在Loft（放样）的参数卷展栏中按照图4-46所示设置参数。

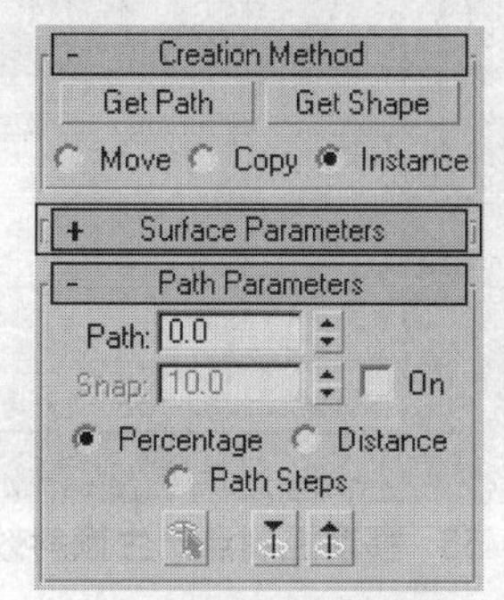

图4-46 放样参数设置

步骤❸ 在Creation Method（创建方法）卷展栏中单击Get Shape（获取图形）按钮 Get Shape ，在视口中拾取Circle01对象，完成后效果如图4-47所示。

图4-47 放样效果

步骤❹ 通过快捷键H选择视口中的Line02对象，如图4-48所示。

图4-48 选择对象

步骤❺ 在Creation Method（创建方法）卷展栏中单击Get Path（获取路径）按钮 Get Path ，进行放样操作，完成后效果如图4-49所示。

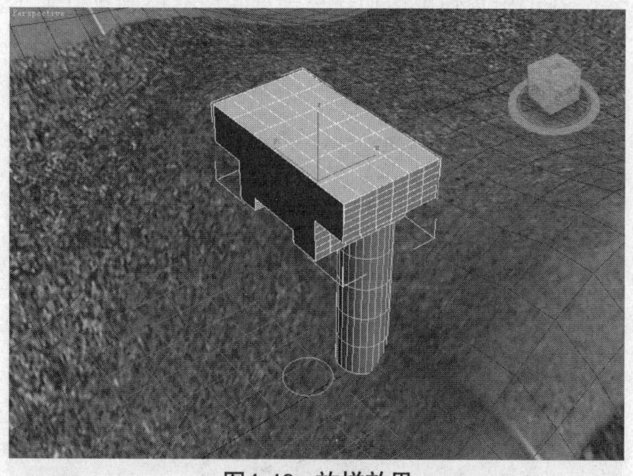

图4-49 放样效果

步骤❻ 在各个视口中调整刚才放样得到的对象，完成后效果如图4-50所示。

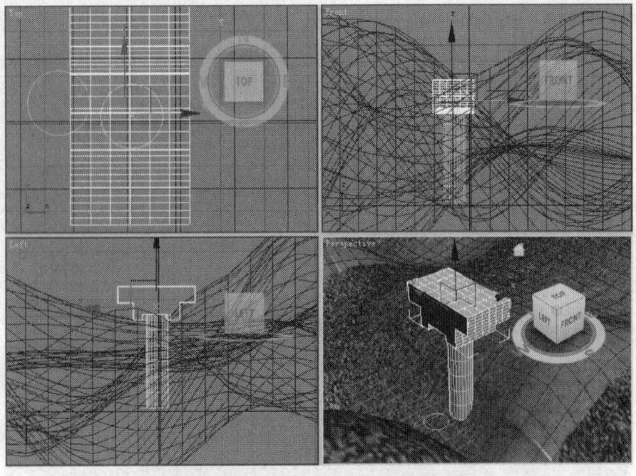

图4-50　调整放样对象位置

4.2.4　深度解析：放样对象的变形

前面对Loft（放样）复合对象的Deformations（变形）卷展栏进行了简单的介绍，在本节中将为读者详细讲解该参数卷展栏的用法与作用。

单击Deformations（变形）卷展栏下的Scale（缩放）按钮 Scale ，即可打开如图4-51中所示的Scale Deformation（缩放变形）编辑窗口。

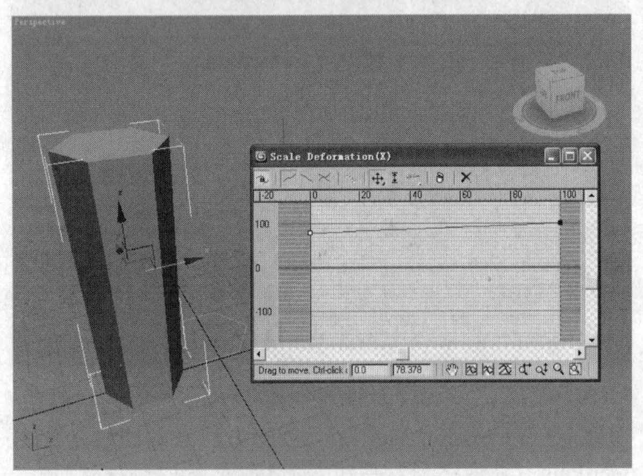

图4-51　移动控制点产生缩放变形

在编辑窗口中增加新控制点并调整控制点位置，模型亦随之发生改变，效果如图4-52所示。

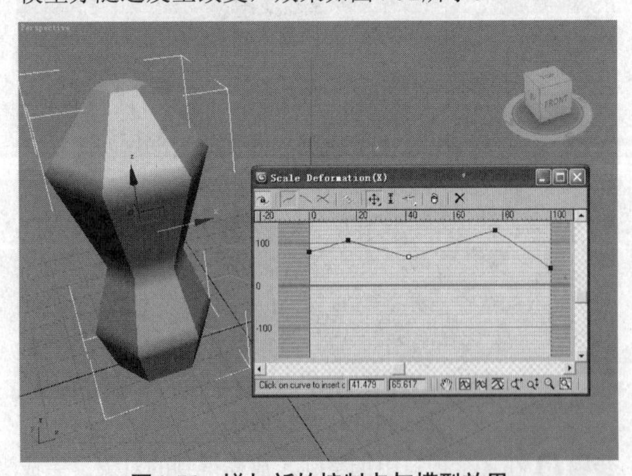

图4-52　增加新的控制点与模型效果

在变形卷展栏下单击Twist（扭曲）按钮，在打开的Twist Deformation（扭曲变形）编辑窗口中调整控制点位置，可使放样对象产生扭曲，如图4-53所示。

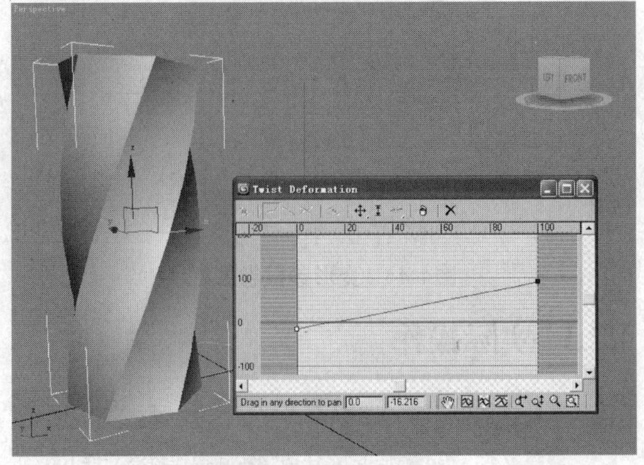

图4-53　扭曲变形效果

图4-54所示为在编辑窗口中增加并调整新的控制点，使对象在不同的区域内产生扭曲变形的效果。

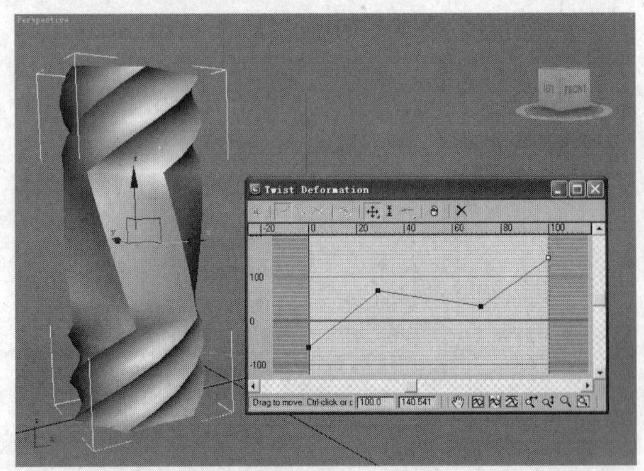

图4-54　增加新的控制点产生的扭曲变形效果

在变形卷展栏下单击 Teeter（倾斜）按钮，在打开的Teeter Deformation（倾斜变形）编辑窗口调整控制点位置，可使放样对象的两个端面产生倾斜的效果，如图4-55所示。

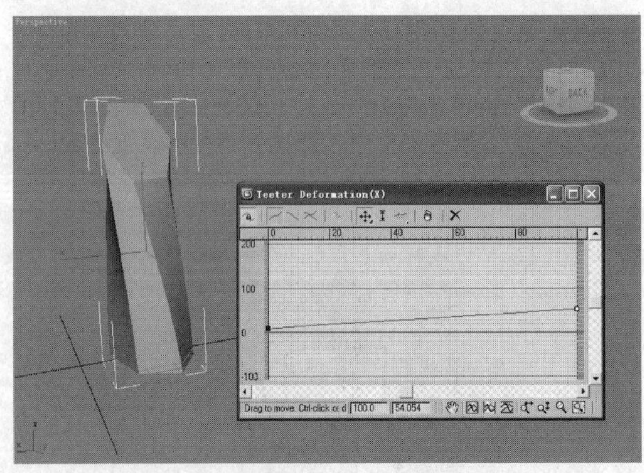

图4-55　移动控制点产生倾斜效果

图4-56所示为在编辑窗口中增加控制点后所产生的倾斜效果。

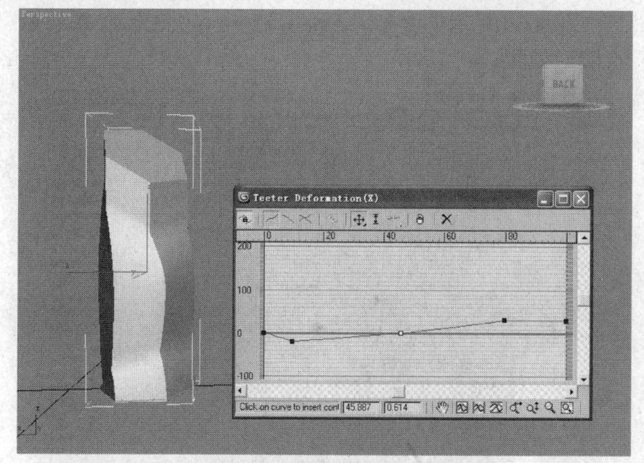

图4-56　增加控制点后的倾斜效果

在变形卷展栏下单击Bevel（倒角）按钮，在Bevel Deformation（倒角变形）编辑窗口调整控制点位置，可让放样对象的边缘产生倒角的效果，如图4-57所示。

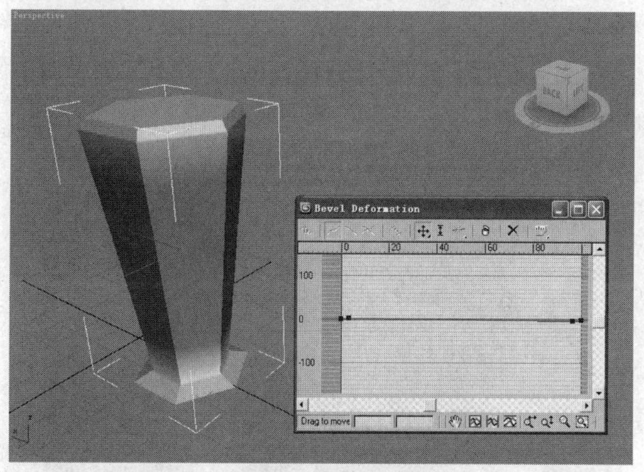

图4-57　倒角效果

图4-58所示的是添加控制点，并将控制点转为Bezier（贝塞尔）点后放样对象产生的倒角效果。

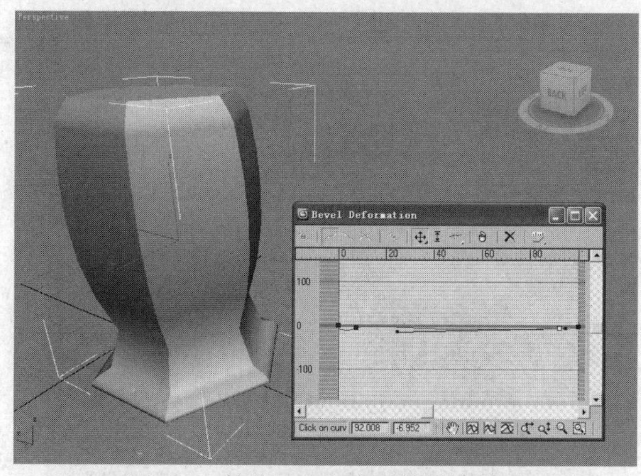

图4-58　转为贝塞尔点后模型的效果

在变形卷展栏下单击Fit（拟合）按钮，即可打开Fit Deformation（拟合变形）编辑窗口。该窗口可以使放样后的对象在指定的轴向上拟合另外一条封闭曲线。

图4-59所示的是没有进行拟合前的放样对象。

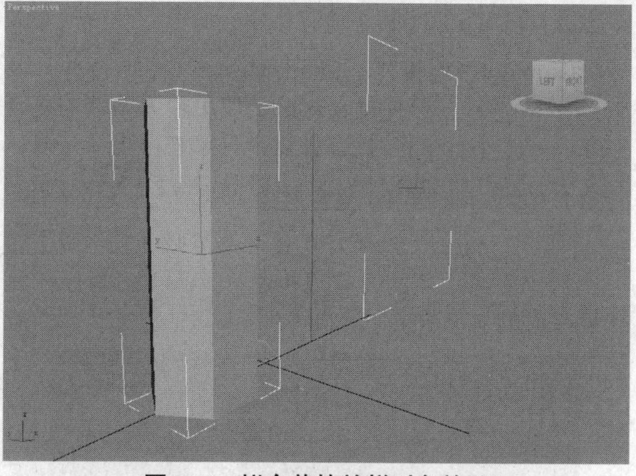

图4-59　拟合前的放样对象效果

图4-60所示的是调整控制点，让物体形态与控制点造型吻合的效果。

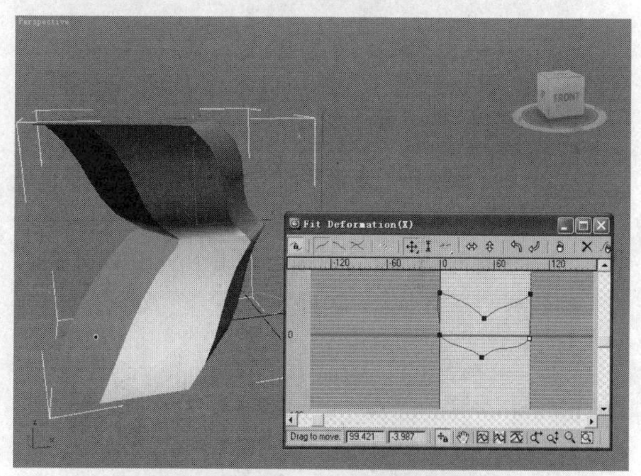

图4-60　拟合后的放样对象效果

4.3 任务15 制作长有植被的丘陵

前面介绍了ProBoolean（超级布尔）与Loft（放样）两种复合对象，通过学习，相信读者已经掌握了这两种复合对象的使用方法。在本节中将向读者介绍其他一些复合对象的参数设置及使用方法。

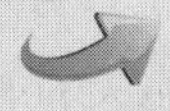

任务快速流程：

打开场景文件 ➔ 选择Scatter（散布）复合对象 ➔ 拾取对象 ➔ 制作丘陵

4.3.1 简单讲评

在制作某些大型复杂场景时，使用复合对象可以达到事半功倍的效果。例如，使用ShapeMerge（图形合并）复合对象可以将二维图形映射到三维对象上；使用Scatter（散布）复合对象可以将一个对象按照用户设置的参数，散布到另一个对象上；使用Connect（连接）复合对象，可通过对象表面的“洞”连接两个或多个对象等。读者应该着重理解这些复合对象的基本使用方法、使用注意事项，以及产生的效果。

4.3.2 核心知识

Connect（连接）、ShapeMerge（图形合并）及Scatter（散布）这3种复合对象是使用较为频繁的复合对象。在本小节中将对这3种复合对象进行逐一介绍。

1. Connect（连接）复合对象

使用Connect（连接）复合对象类型可以将两个带有空洞的对象用新的对象连接起来。图4-61所示的是未连接时的对象效果。

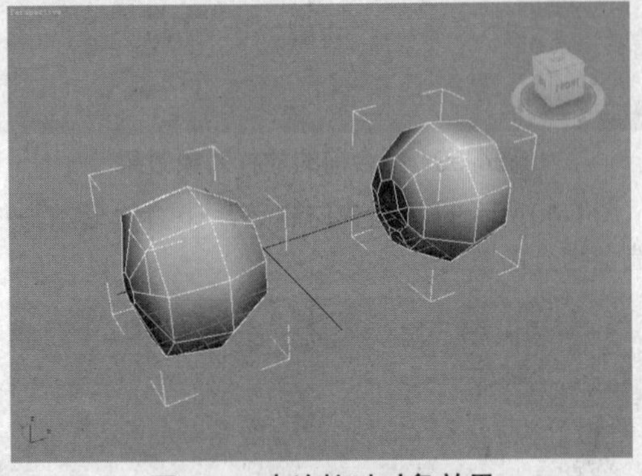

图4-61 未连接时对象效果

图4-62所示的是应用Connect（连接）之后的模型效果。应当注意的是该复合对象不适用于NURBS对象。

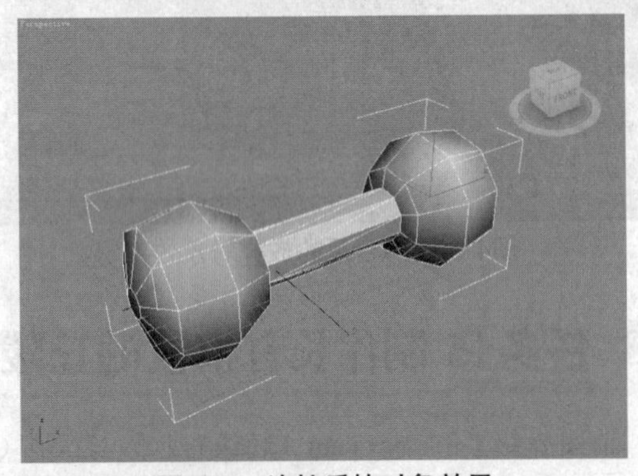

图4-62 连接后的对象效果

2. ShapeMerge（图形合并）复合对象

使用ShapeMerge（图形合并）可以创建包含网格对象和一个或多个图形的复合对象。

图4-63所示的是未进行ShapeMerge（图形合并）操作时的对象效果。

图4-63 未进行图形合并时的模型效果

图4-64所示的是应用ShapeMerge（图形合并）后的模型效果。

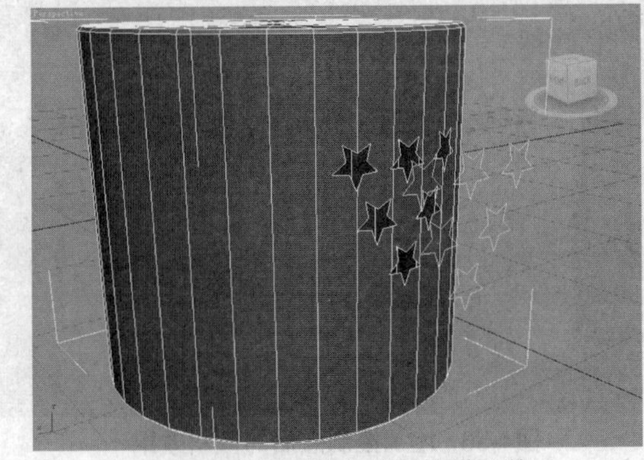

图4-64 进行图形合并后的模型效果

3. Scatter（散布）复合对象

Scatter（散布）是一种在制作具有不规则对象的大型复杂场景时经常使用的一种复合对象。

图4-65所示的是未进行Scatter（散布）操作时的模型效果。

图4-65 未进行散布操作时的场景效果

图4-66所示的是进行Scatter（散布）操作后的模型效果。

图4-66 进行散布操作后的场景效果

4.3.3 实际操作

· 原始文件 第4章\任务15\任务15实际操作原始文件.max

· 最终文件 第4章\任务15\任务15实际操作最终文件.max

前面对Connect（连接）、ShapeMerge（图形合并）及Scatter（散布）这3种复合对象进行了介绍，在本小节中将通过实例，以Scatter（散布）复合对象为例，向读者介绍复合对象的使用方法。

步骤❶ 打开光盘中提供的“第4章\任务15\任务15实际操作原始文件.max”，场景中有模拟地面的平面及植物，如图4-67所示。

图4-67 打开场景文件

步骤❷ 选择植物对象，再在面板中选择Scatter（散布）复合对象，在Modify（修改）面板中设置如图4-68所示的参数。

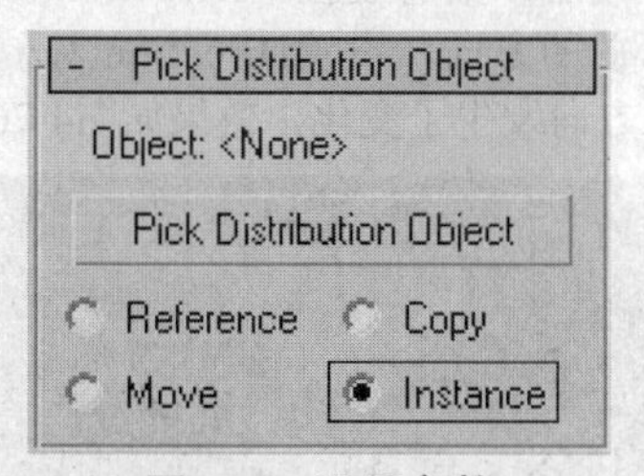

图4-68 设置参数

步骤❸ 单击Pick Distribution Object（拾取分布对象）按钮 Pick Distribution Object ，拾取平面对象后，植物对象被放置在了平面的左侧，效果如图4-69所示。

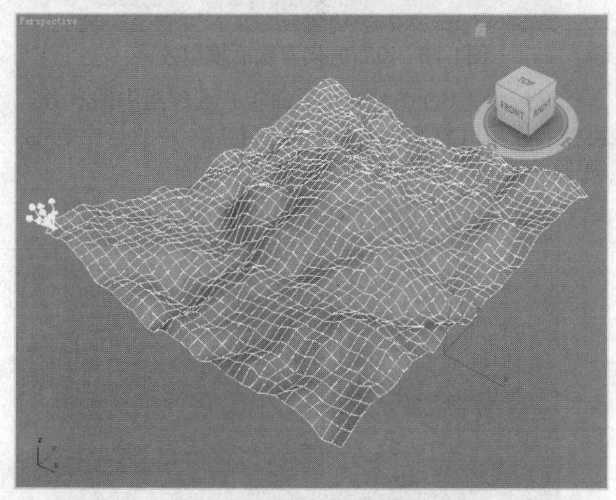

图4-69 拾取植物后的效果

步骤❹ 进入Modify（修改）面板，设置如图4-70所示的参数。

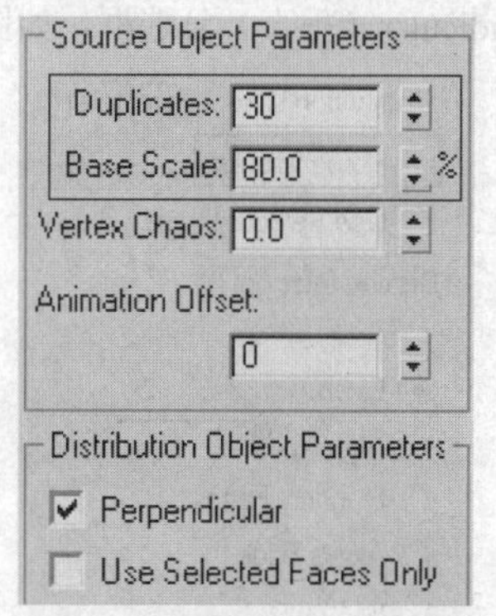

图4-70 设置植物的重复数量

步骤❺ 在Distribution Object Parameters（分布对象参数）选项组中选择如图4-71所示的分布类型。

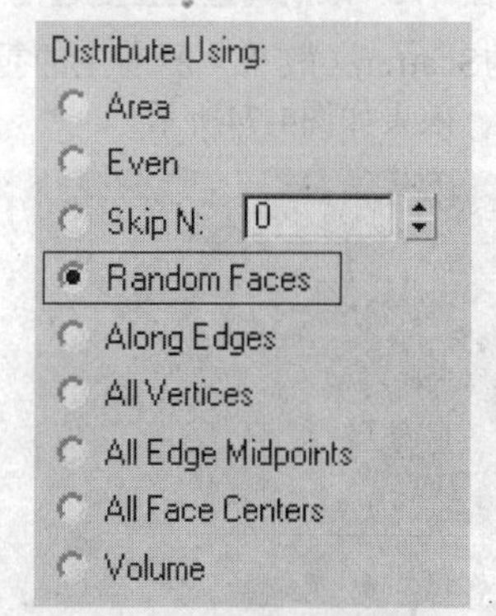

图4-71 设置分布类型

步骤❻ 在视口中可预览到更改分布类型后的模型效果，如图4-72所示。

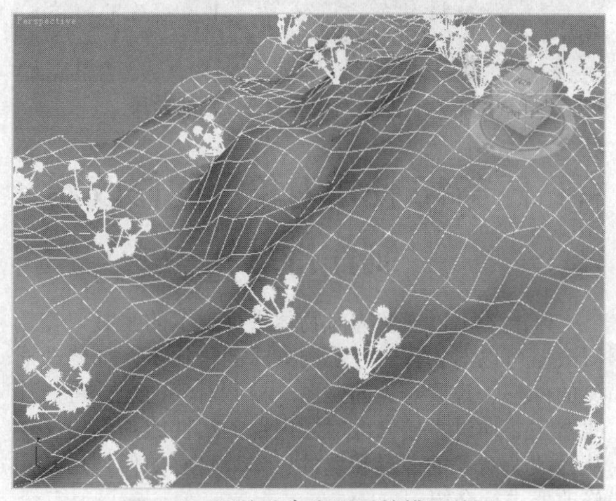

图4-72 更改分布类型后的模型效果

4.3.4 深度解析：散布的方向控制

前面对Scatter（散布）复合对象的使用方法进行了介绍，在本小节中将对Scatter（散布）复合对象的方向控制进行介绍。

通过Scatter（散布）复合对象制作的重复对象默认情况下垂直于所在面片。

在制作部分有方向要求的场景时，需要取消勾选Distribution Object Parameters（分布对象参数）选项组中的Perpendicular（垂直）复选框，如图4-73所示。

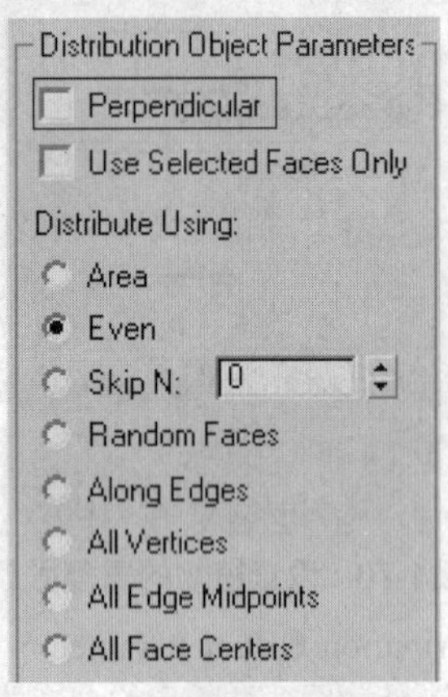

图4-73　取消勾选垂直复选框

场景中的Scatter（散布）所产生的重复对象将全部垂直于X轴，效果如图4-74所示。

图4-74　重复对象垂直于X轴的效果

4.4 任务16 使用对象空间修改器制作排球模型

修改器可以理解为对物体进行加工的工具，使用修改器可以对物体进行不同方式的再加工，如修改对象的外形、设置对象的贴图、控制对象的运动等。修改器主要通过直接修改对象内部的属性或重新定义，从而改变对象的外形和属性。本节将对如何使用常用修改器进行介绍。

任务快速流程：

创建长方体 → 添加编辑网格修改器 → 选择多边形 → 炸开选择的多边形 → 添加网格平滑修改器 → 添加球形化修改器 → 添加编辑网格修改器 → 添加面挤出修改器 → 制作出对象

4.4.1　简单讲评

每一种修改器都具有自己的一些特性和参数，读者应该着重掌握这些常用修改器的使用方法，以及它们的不同特性。在本节中将向读者介绍部分常用的对象空间修改器。

4.4.2　核心知识

由于对象空间修改器的种类很多，不可能一一讲解，所以本节主要向读者介绍一些常用的修改器类型。

1. Bend（弯曲）修改器

Bend（弯曲）修改器可以使对象在X、Y、Z轴向上产生弯曲效果，效果如图4-75所示。

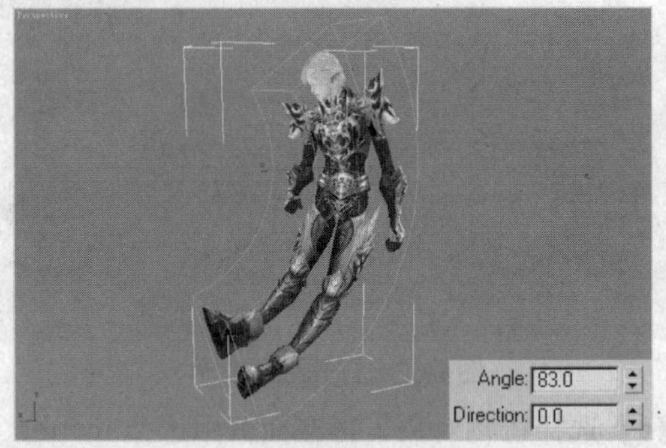

图4-75　设置角度参数模型效果

弯曲修改器参数卷展栏中Direction（方向）参数可以控制弯曲的方向，设置Direction（方向）参数后圆柱的弯曲方向发生了变化，效果如图4-76所示。

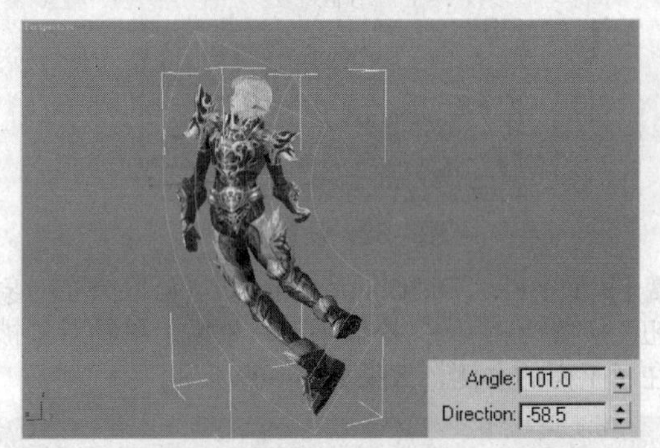

图4-76　设置方向参数后模型效果

通过设置Bend Axis（弯曲轴）选项组中的参数，可控制模型对象的弯曲方向。图4-77所示的是模型在Z轴上的弯曲效果。

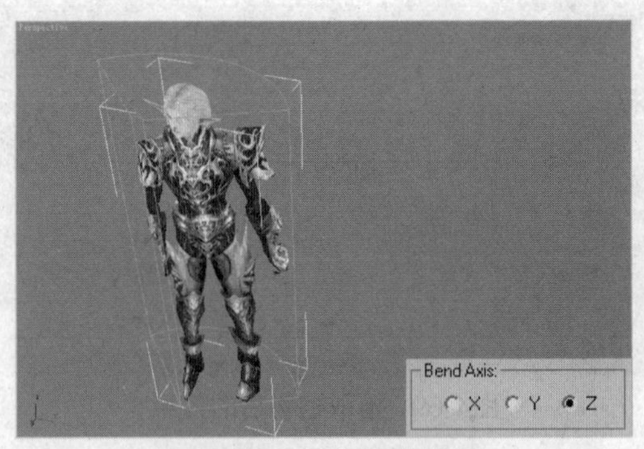

图4-77　Z轴向弯曲效果

Limits（限制）选项组可以设置模型在指定的一段区域内产生弯曲效果。图4-78所示是设置上限的弯曲效果。

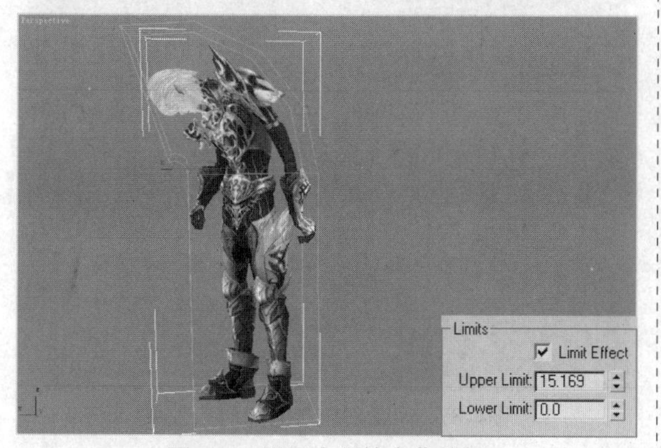

图4-78 设置上限的弯曲效果

2. Twist（扭曲）修改器

通过为对象添加Twist（扭曲）修改器，可以使对象产生扭曲变形的效果，如图4-79所示。

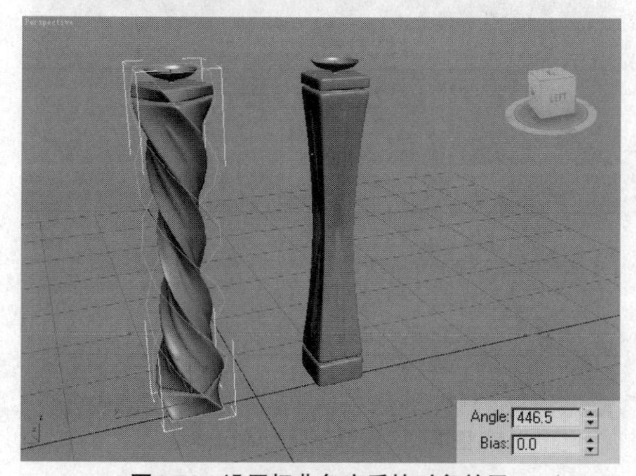

图4-79 设置扭曲角度后的对象效果

扭曲修改器参数卷展栏中的Bias（偏移）参数可以控制扭曲的偏移度，数值越高，则扭曲的效果越强烈。图4-80所示为设置Bias（偏移）后的效果。

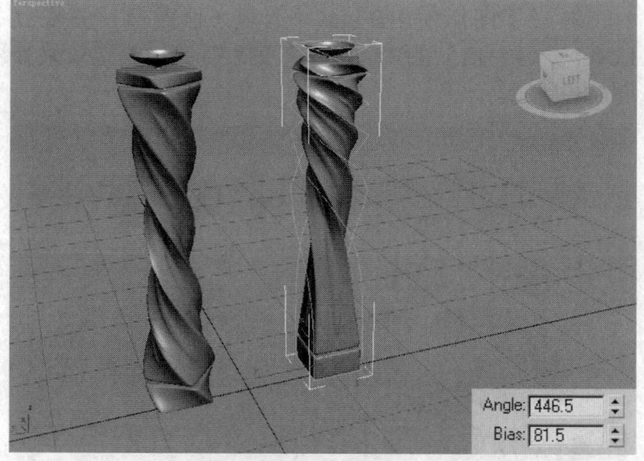

图4-80 设置偏移后的对象效果

Twist Axis（扭曲轴）选项组可以设置对象扭曲的轴向。图4-81所示为在X轴上扭曲的效果。

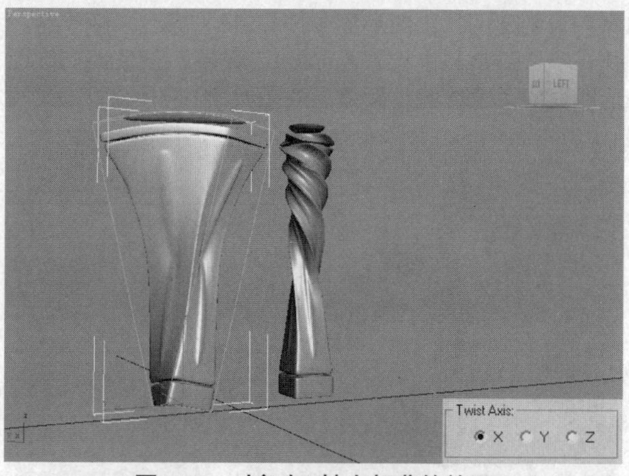

图4-81 对象在X轴上扭曲的效果

Twist（扭曲）修改器也包含Limits（限制）选项组，通过设置该选项组中的参数，可以设置对象在指定的区域内产生扭曲效果，如图4-82所示。

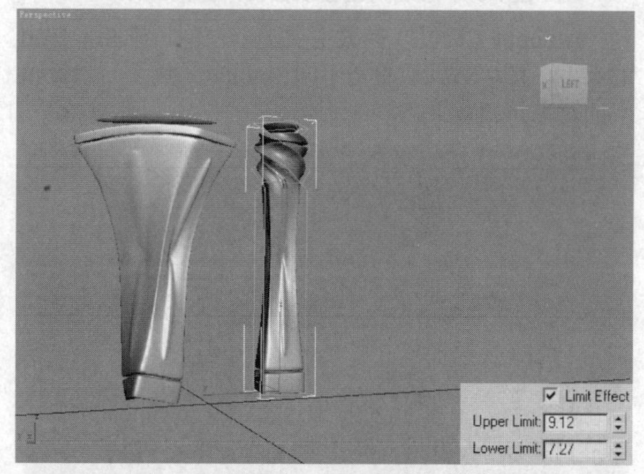

图4-82 设置上、下限后的扭曲效果

3. Extrude（挤出）修改器

Extrude（挤出）修改器可以将深度添加到图形中，并使其成为参数，利用该修改器可轻松将二维的图形制作成三维对象。

使用Extrude（挤出）修改器可以方便地制作出立体几何体。在场景中创建一个二维图形，如图4-83所示。

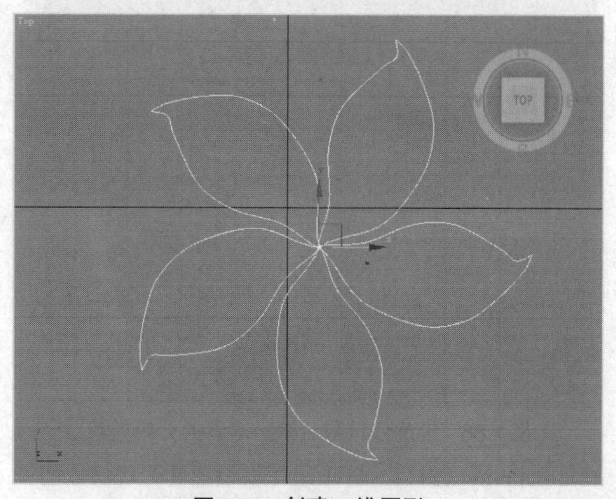

图4-83 创建二维图形

为创建的二维图形添加Extrude（挤出）修改器，并在参数卷展栏中设置Amount（数量）参数，二维图形即变成了三维的几何体，效果如图4-84所示。

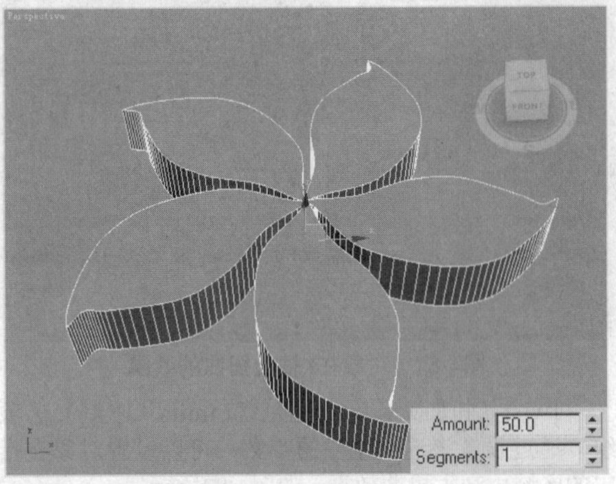

图4-84 添加挤出修改器后对象的效果

Amount（数量）参数主要用于控制二维图形挤出的高度。图4-85所示的是不同Amount（数量）参数值下的对象挤出效果。

图4-85 不同数量参数下的挤出效果

Segments（分段）参数可以设置对象在挤出方向上的分段数，设置分段数的效果如图4-86所示。

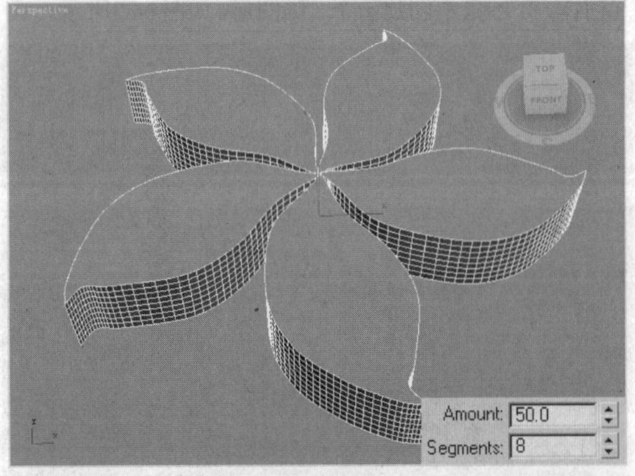

图4-86 设置分段数后挤出对象的分段效果

Capping（封口）选项组可以设置是否对挤出的三维对象进行封口。如图4-87所示的是取消勾选Cap End（封口末端）复选框后的对象效果。

图4-87 未封口末端时的对象效果

Output（输出）选项组可以设置挤出后的三维对象的类型是面片、网格还是NURBS对象，如图4-88所示为选择不同输出类型的效果。

图4-88 选择不同的输出类型

4. Bevel（倒角）修改器

Bevel（倒角）修改器与Extrude（挤出）修改器的效果有些相似，都可以将二维图形转换为三维对象，但倒角修改器还能在挤出的基础上进行倒角操作。

对文字图形使用Bevel（倒角）修改器，并设置Level 1（级别1）的Height（高度）参数，模型效果如图4-89所示。

图4-89 设置级别1高度的模型效果

在Bevel（倒角）修改器修改器的Bevel Values（倒角值）卷展栏中包含3个级别选项，通过设置可以对挤出的对象产生3次倒角效果。图4-90所示为Bevel Values（倒角值）参数卷展栏。

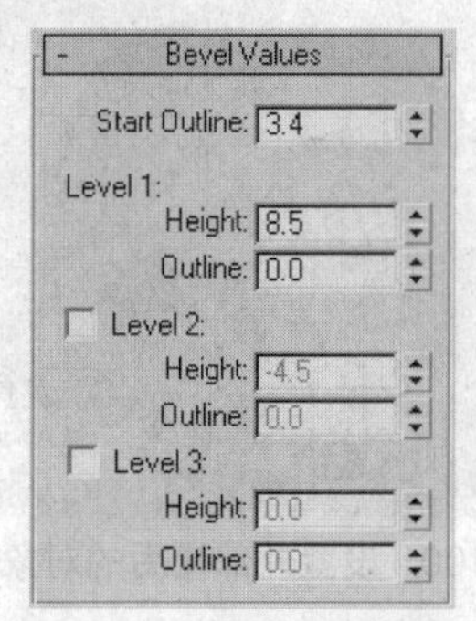

图4-90 倒角值卷展栏

在Bevel Values（倒角值）参数卷展栏中勾选Level 2（级别2）复选框，并设置Height（高度）和Outline（轮廓）参数，对象产生了倒角的效果，如图4-91所示。

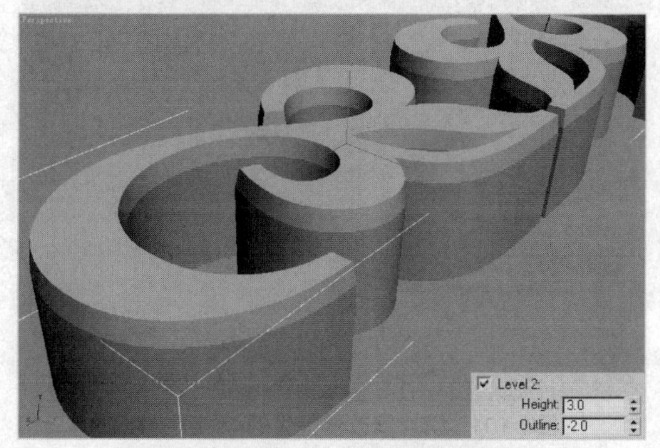

图4-91 设置级别2参数后的模型效果

勾选Level 3（级别3）复选框，设置Height（高度）和Outline（轮廓）参数，对象在第二次倒角的基础上又产生了一次倒角，效果如图4-92所示。

图4-92 设置级别3参数的模型效果

5. Bevel Profile（倒角剖面）修改器

利用Bevel Profile（倒角剖面）修改器可以将二维图形转变为三维对象，不同于Bevel（倒角）等其他修改器的是，该修改器是通过将二维图形适配到另一个图形，从而得到三维对象，三维对象的形态由适配的那个图形来决定。

在视口中创建一个NGon（多边形），并在垂直于NGon（多边形）的方向上创建Arc（弧），完成效果如图4-93所示。

图4-93 创建两条样条线

选择NGon（多边形）图形为其添加一个Bevel Profile（倒角剖面）修改器，完成效果如图4-94所示。

图4-94 添加修改器后的对象效果

在视口中拾取创建的Arc（弧），操作完成后，对象在挤出方向上的外形轮廓和拾取的Arc（弧）一样，效果如图4-95所示。

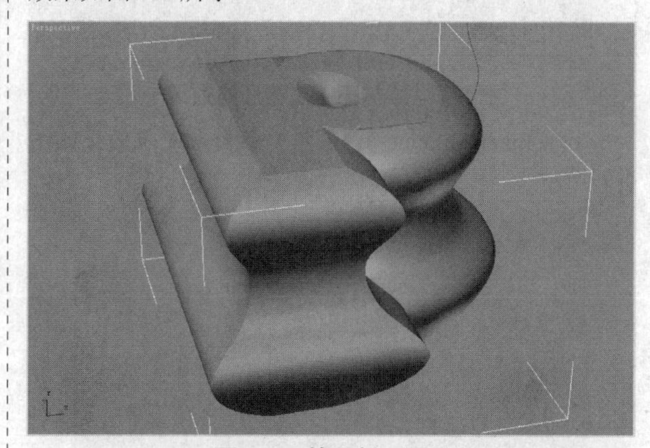

图4-95 拾取剖面图形

Bevel Profile（倒角剖面）修改器可以控制对象是否封口。图4-96所示为没有末端封口的对象效果。

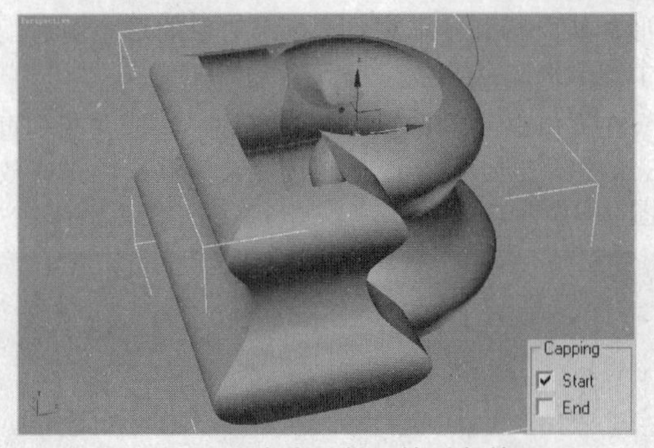

图4-96　没有末端封口的对象效果

6. Shell（壳）修改器

Shell（壳）修改器可以让空心对象的内部产生厚度。图4-97所示为一个被用来模拟破碎蛋壳的球体。

图4-97　没有添加修改器时的效果

为其添加一个Shell（壳）修改器，球体对象的内部产生了厚度，效果如图4-98所示。

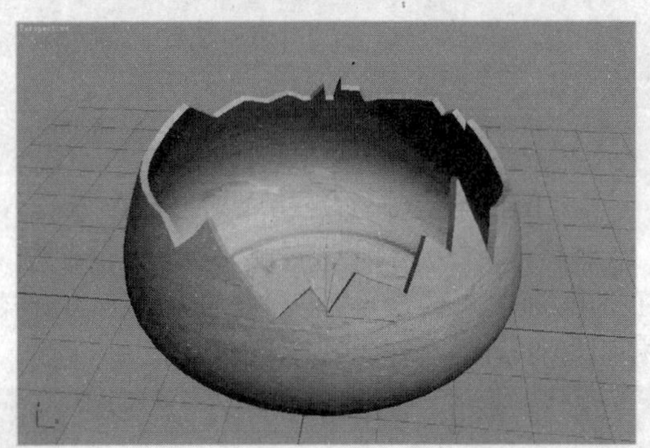

图4-98　添加壳修改器后的效果

设置Inner Amount（内部量）参数，对象效果如图4-99所示。

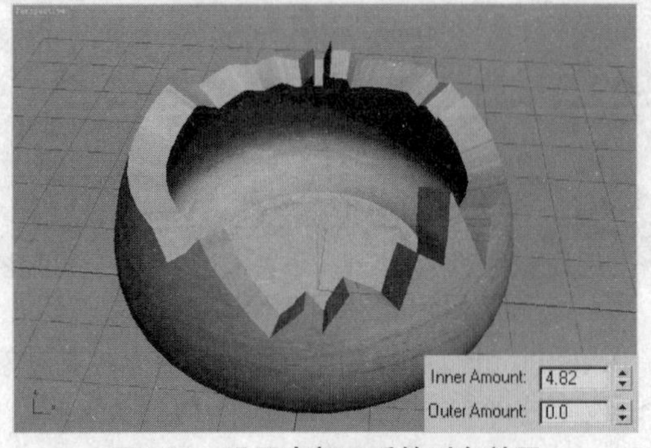

图4-99　设置内部量后的对象效果

继续设置Outer Amount（外部量）参数，对象效果如图4-100所示。

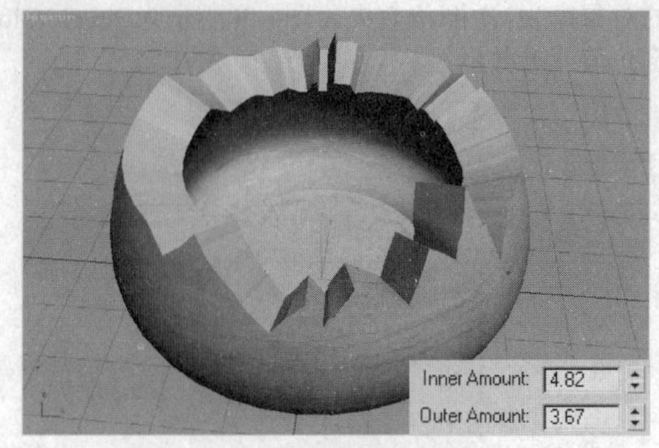

图4-100　设置外部量后的对象效果

7. Slice（切片）修改器

利用Slice（切片）修改器可建立一个通过网格对象的切片。该修改器提供了如图4-101所示的4种切片类型。

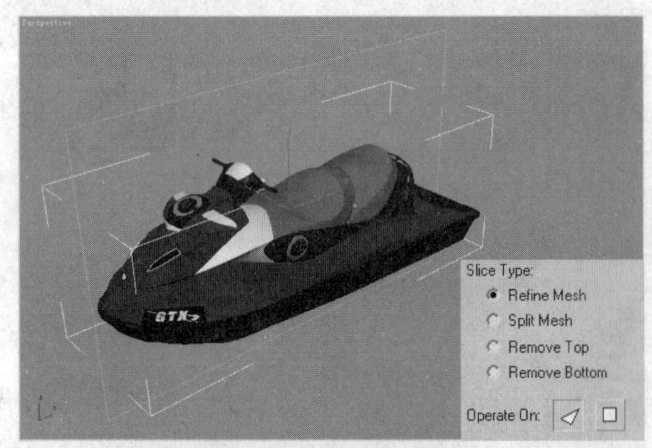

图4-101　切片修改器提供的4种切片类型

选择Remove Top（移除顶部）类型，可以将切面上方的部分删除，效果如图4-102所示。

图4-102　选择移除顶部类型效果

8. Cap Holes（补洞）修改器

使用Cap Holes（补洞）修改器可以对对象表面破碎穿孔的地方进行补漏处理，来使对象成为封闭的实体。

图4-103所示的是将茶壶对象转换为可编辑多边形，然后删除它的几个面后的效果。

图4-103 带有空洞的对象

为对象添加Cap Holes（补洞）修改器，效果如图4-104所示，添加Cap Holes（补洞）修改器后对象表面的空洞部分被自动填补上。

图4-104 使用补洞修改器

图4-105所示的Parameters（参数）卷展栏中的Smooth With Old Faces（与旧面保持平滑）参数，可使补洞生成的面与模型的面保持相同的平滑度。

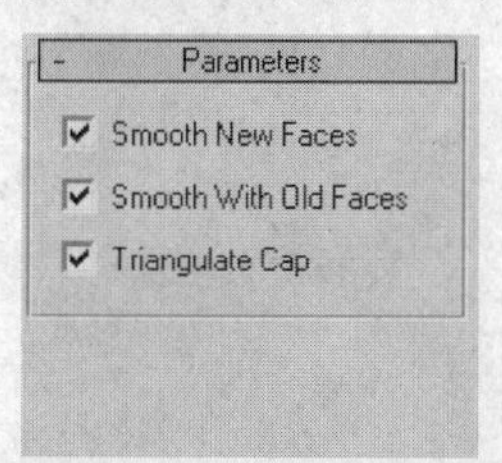

图4-105 参数卷展栏

在Parameters（参数）卷展栏中勾选Smooth With Old Faces（与旧面保持平滑）复选框，此时的模型效果如图4-106所示。

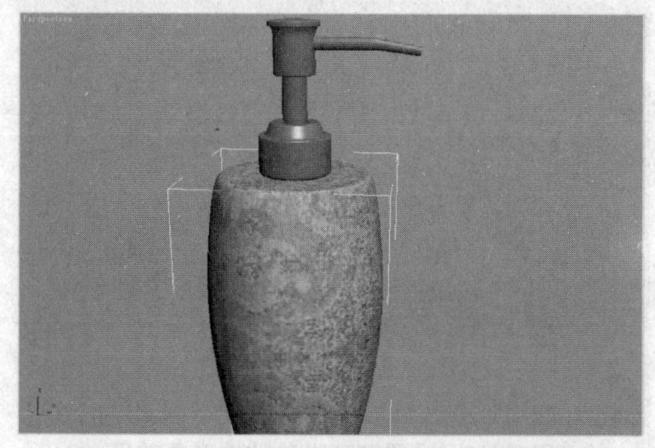

图4-106 设置与旧面保持平滑后的模型效果

9. Taper（锥化）修改器

Taper（锥化）修改器可以使对象产生锥形的变形效果。图4-107所示的是给对象添加Taper（锥化）修改器后产生的锥化效果。

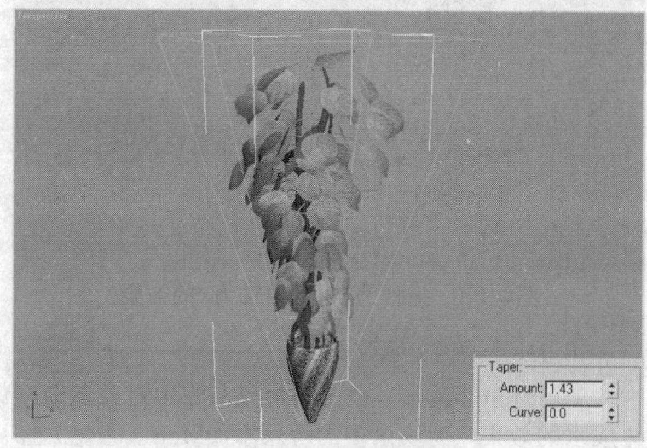

图4-107 设置锥化数量

Curve（曲线）参数可以使对象在锥化的同时产生弯曲效果，如图4-108所示。

图4-108 设置锥化的弯曲参数

Taper Axis（锥化轴）选项组中有Primary（主轴）和Effect（效果）两个选项。图4-109所示的是主轴为X、效果轴为Y时的效果。

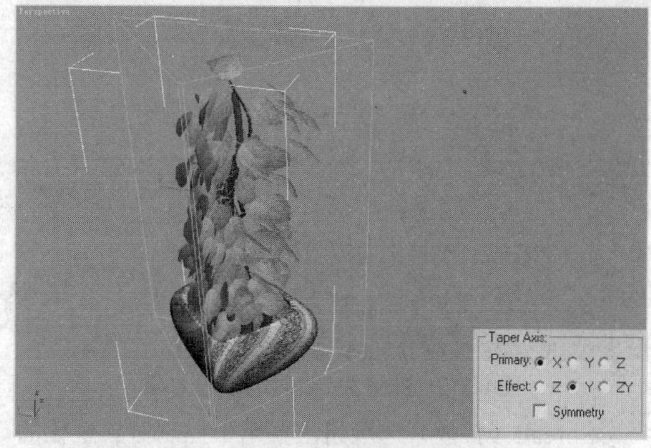

图4-109 主轴为X、效果轴为Y的效果

图4-110所示的是主轴为Z、效果轴为X时的对象效果。

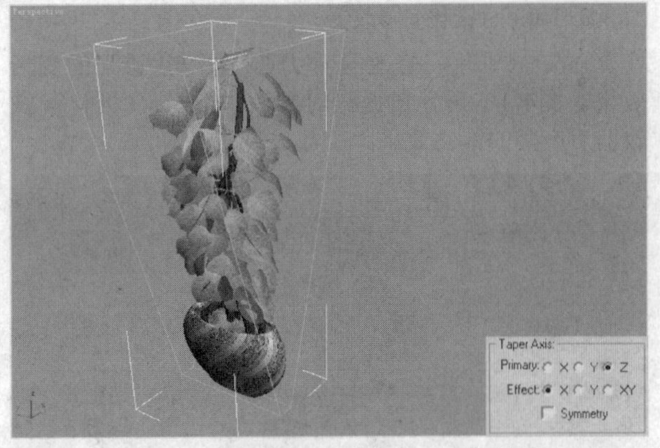

图4-110　主轴为Z、效果轴为X的效果

10. Melt（融化）修改器

利用Melt（融化）修改器可以制作出对象逐渐融化成水的效果。为场景中的对象添加Melt（融化）修改器，如图4-111所示。

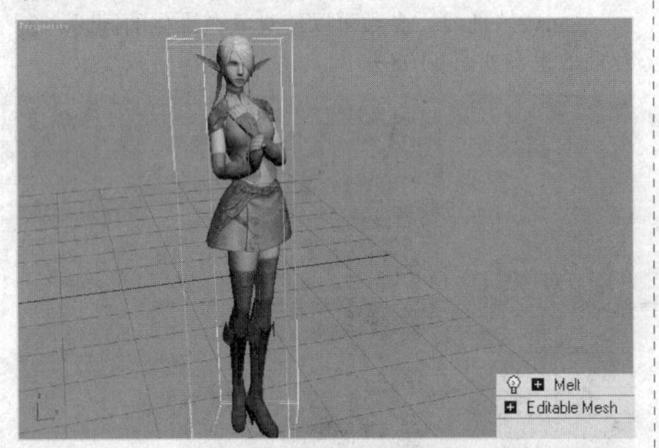

图4-111　添加融化修改器

在Parameters（参数）卷展栏中设置融化的Amount（数量）为131，对象的下半部分被融化掉了，效果如图4-112所示。

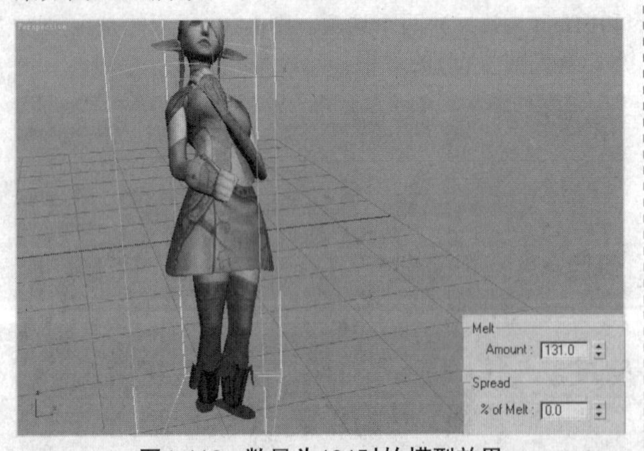

图4-112　数量为131时的模型效果

Spread（扩散）选项组主要用于控制对象融化的扩散程度。图4-113所示的是将%of melt（融化百分比）参数设置为64.4时的对象效果。

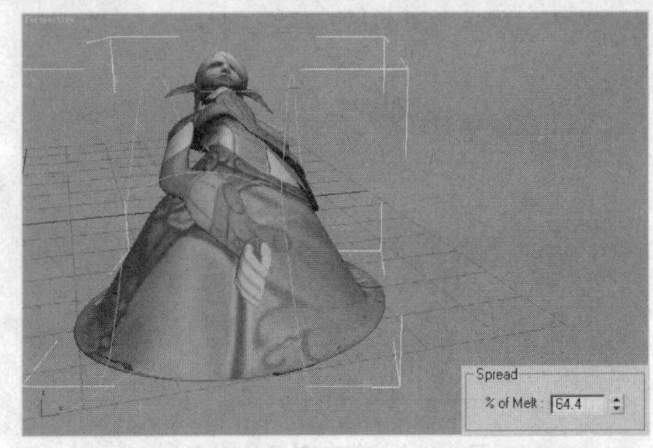

图4-113　融化百分比为64.4时的对象效果

图7-114所示的是融化百分比为20时的效果。

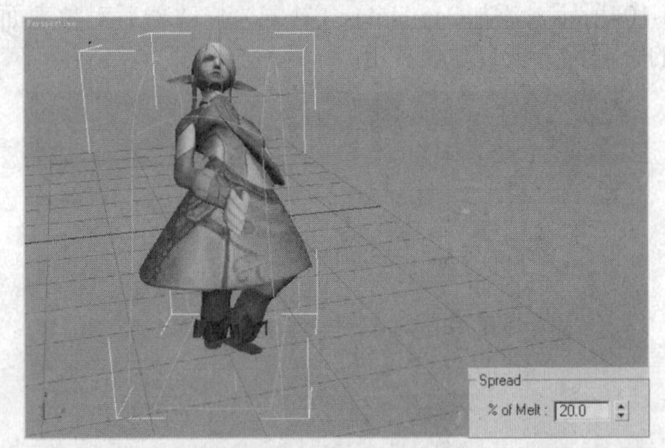

图4-114　融化百分比为20时的对象效果

在Solidity（固态）选项组中可以设置对象模拟的类型。图4-115所示的是Glass（玻璃）类型的对象融化效果。

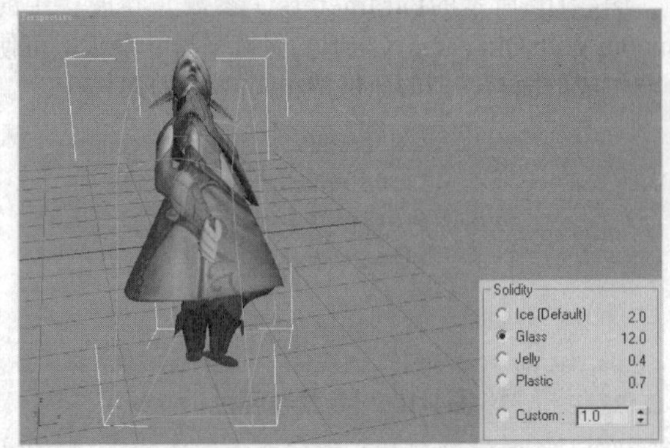

图4-115　选择玻璃类型的对象效果

图4-116所示的是设置自定义参数时的效果。

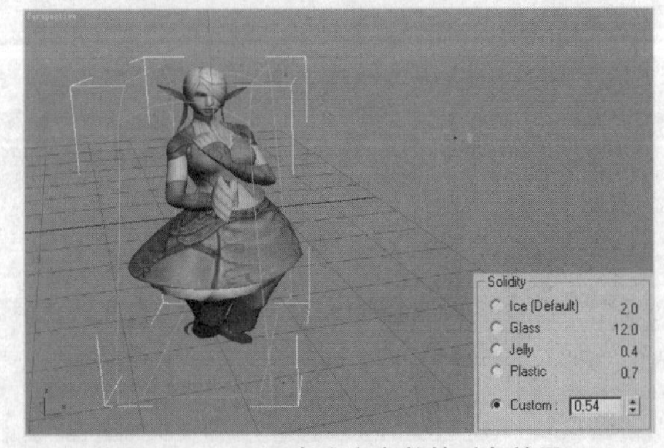

图4-116　设置自定义参数的对象效果

11. Noise（噪波）修改器

利用Noise（噪波）修改器可以使对象表面产生崎岖不平的效果。创建一个Box（长方体），如图4-117所示。

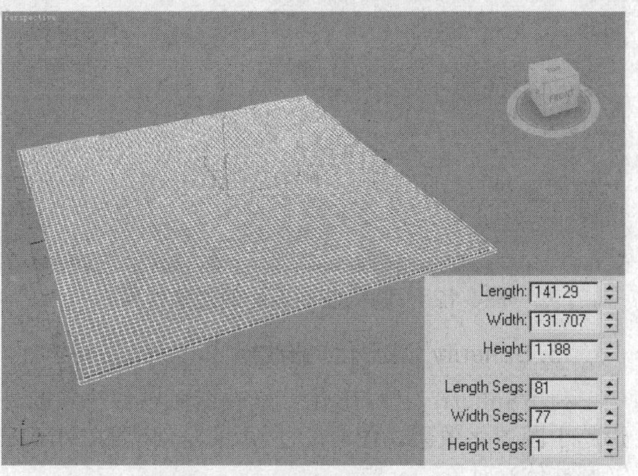

图4-117 创建长方体对象

为创建的长方体添加一个Noise（噪波）修改器，设置Z轴向上的强度参数，此时长方体产生了起伏效果，如图4-118所示。

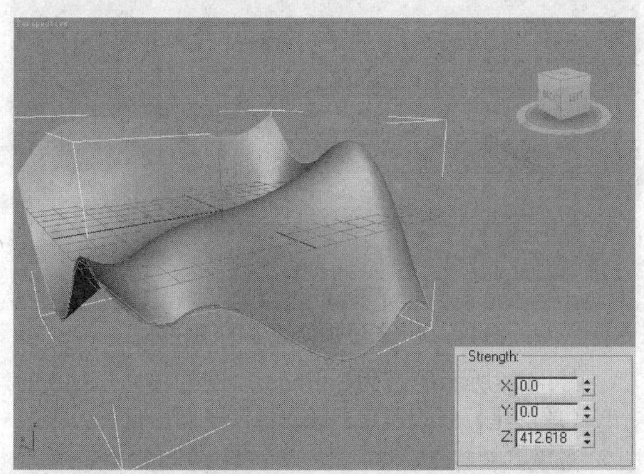

图4-118 设置强度选项组参数后的对象效果

12. Wave（波浪）修改器

利用Wave（波浪）修改器可以使对象的表面产生波浪效果。图4-119所示的是设置波浪修改器并更改参数后的对象效果。

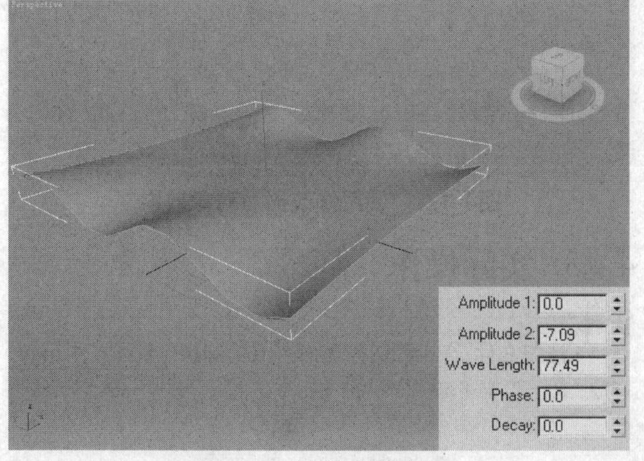

图4-119 波浪效果之一

图4-120所示的是重新设置修改器参数后的效果。

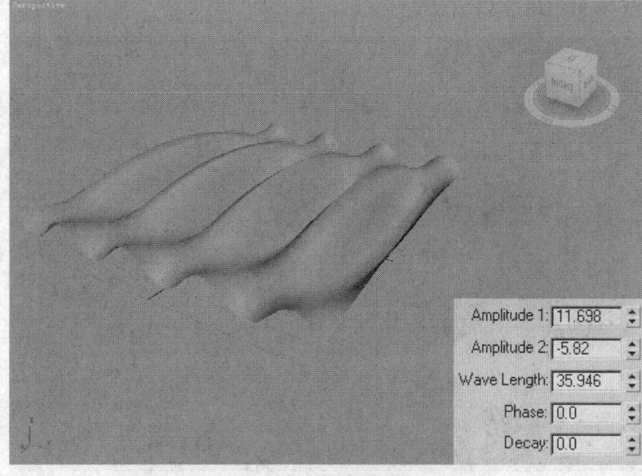

图4-120 波浪效果之二

13. Ripple（涟漪）修改器

使用Ripple（涟漪）修改器可以在对象表面产生类似物体掉入水中而激起的涟漪的效果。图4-121所示的是设置修改器并适当更改参数后的对象效果。

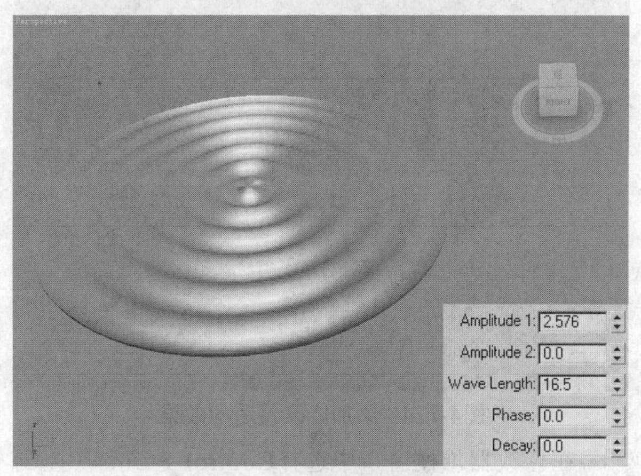

图4-121 涟漪效果之一

图4-122所示的是更改设置参数后的对象效果。

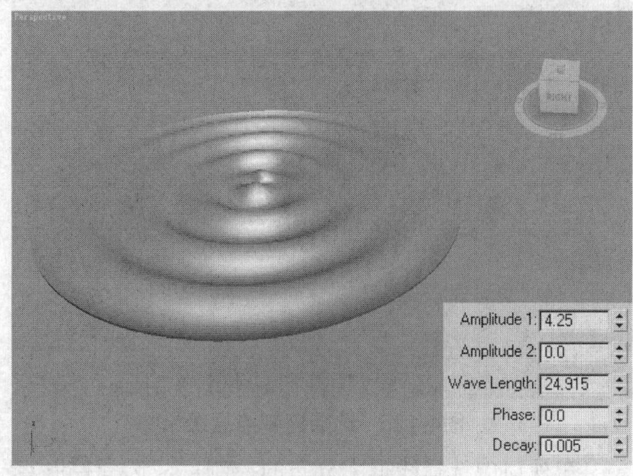

图4-122 涟漪效果之二

14. 自由变形修改器

FFD（自由变形）修改器包括5种类型，可以根据对象边界盒来为对象添加一个可控制的变形盒或变形柱。

在场景中创建一个ChamferBox（切角长方体），效果如图4-123所示。

图4-123　创建切角长方体

选择切角长方体，在修改器列表中为切角长方体对象添加FFD（Box）（FFD长方体）修改器，添加修改器后对象的效果如图4-124所示。

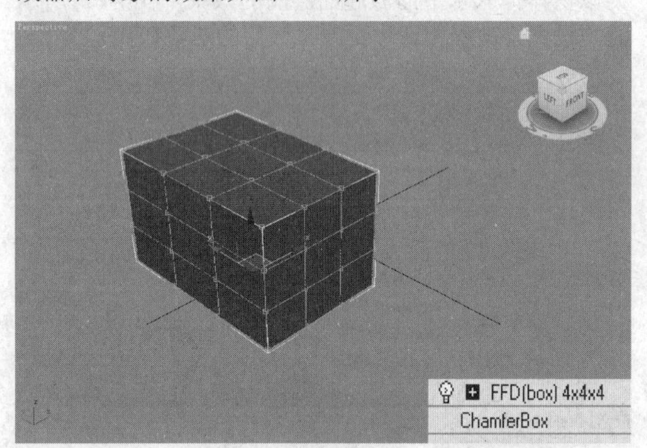

图4-124　添加修改器后的效果

在修改器堆栈窗口中选择Control Points（控制点）层级，效果如图4-125所示。

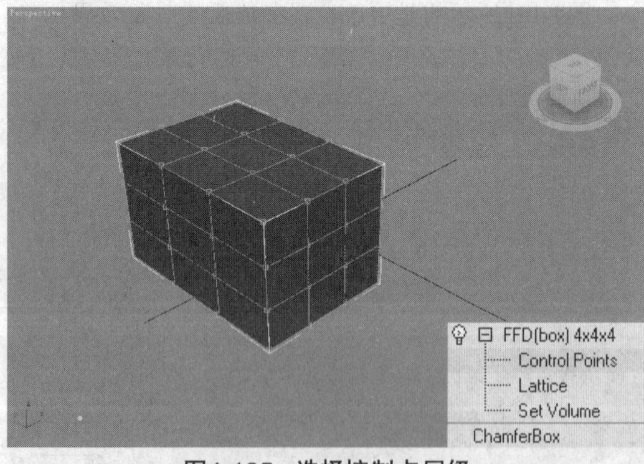

图4-125　选择控制点层级

在视口中选择线框上分布的控制点，选择控制点后可以对这些点进行移动、旋转等操作，对象的形态会随着这些控制点的变化而发生改变，调整后的效果如图4-126所示。

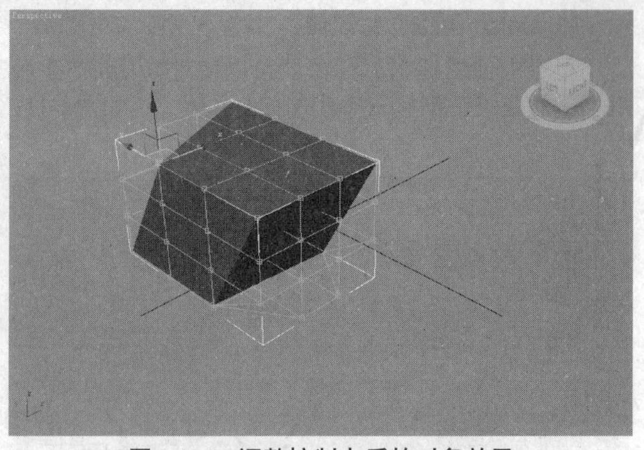

图4-126　调整控制点后的对象效果

15. Spherify（球形化）修改器

利用Spherify（球形化）修改器可以使对象的外形趋于圆球化效果。图4-127所示的是创建的Cylinder（圆柱体）对象。

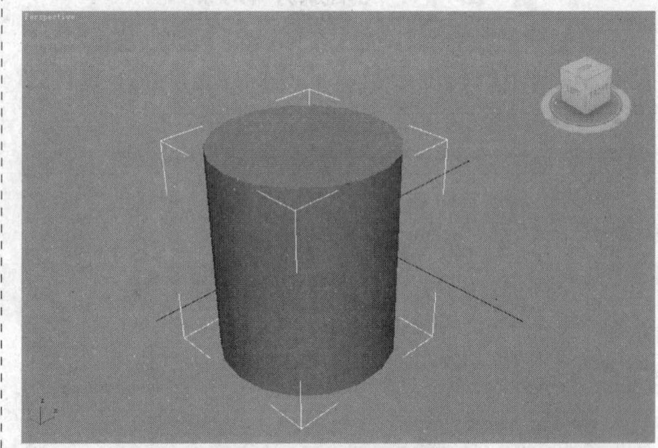

图4-127　未添加修改器的圆柱体

图4-128所示的是为Cylinder（圆柱体）添加Spherify（球形化）修改器后，该对象趋于圆球化的效果。

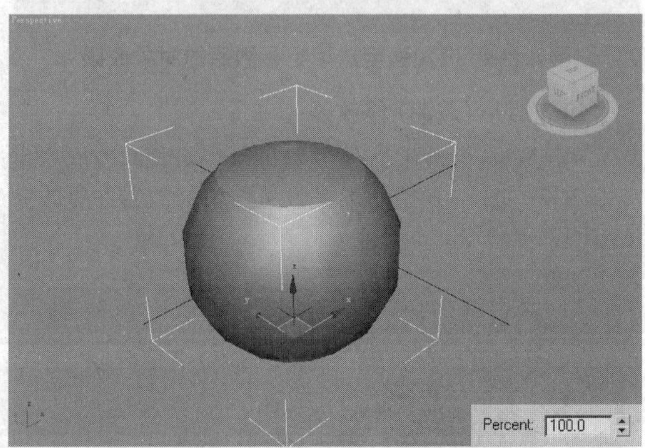

图4-128　使用修改器后对象效果

4.4.3　实际操作

· 最终文件　第4章\任务16\任务16实际操作最终文件.max

前面对Bend（弯曲）、Twist（扭曲）、Spherify（球形化）等修改器进行了介绍，在本小节中将通过实例操作向读者介绍部分修改器的具体使用方法，详细步骤如下。

步骤❶ 在视口中创建一个长方体，如图4-129所示。

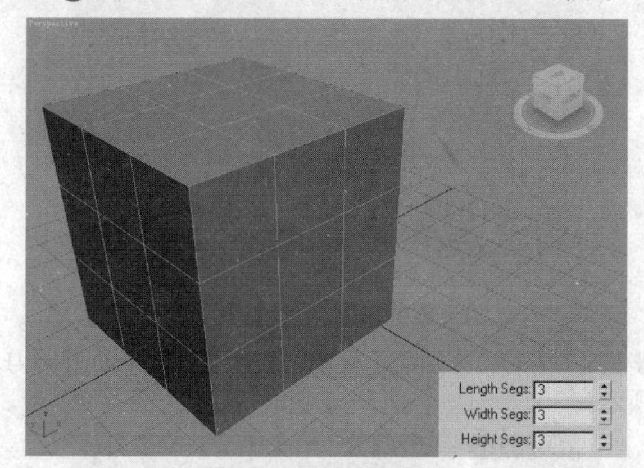

图4-129　创建长方体

步骤❷ 进入Modify（修改）面板中，为创建的长方体添加Edit Mesh（编辑网格）修改器，如图4-130所示。

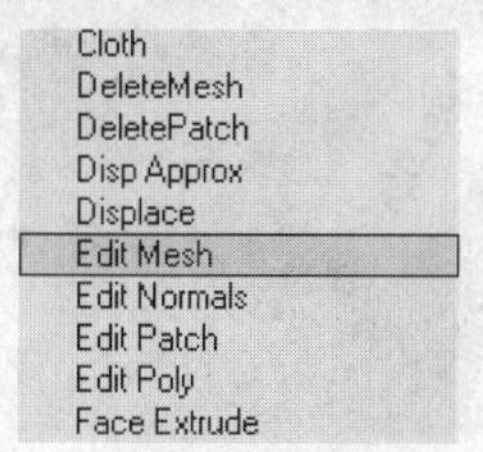

图4-130　添加编辑网格修改器

步骤❸ 在修改器的Selection（选择）卷展栏中单击Polygon（多边形）按钮，如图4-131所示。

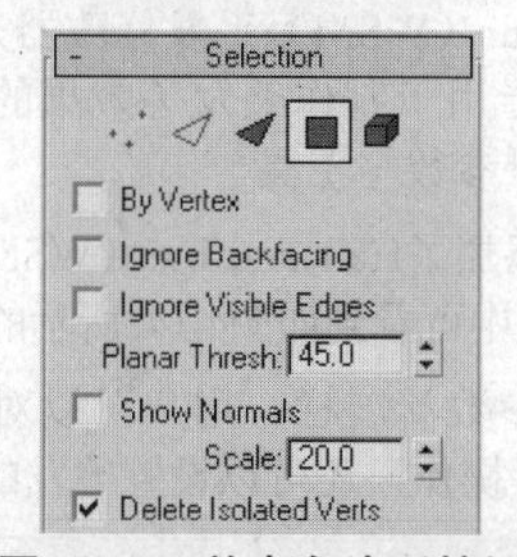

图4-131　单击多边形按钮

步骤❹ 在视口中选择如图4-132所示的多边形。

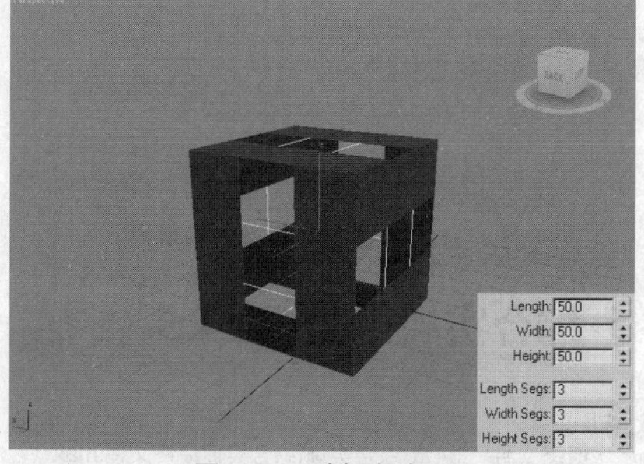

图4-132　选择多边形

步骤❺ 在修改面板中设置如图4-133所示的Explode（炸开）参数。

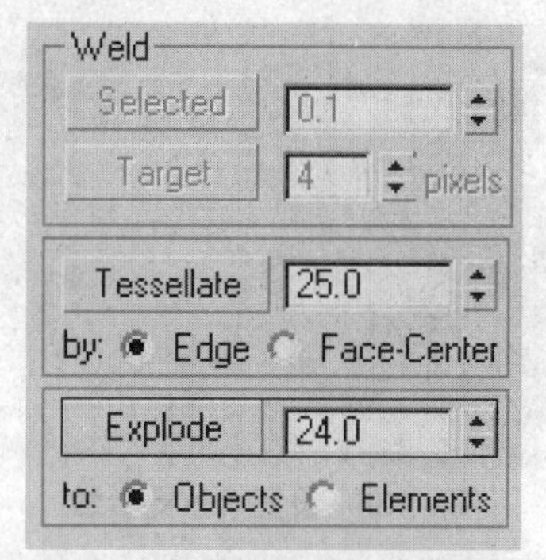

图4-133　设置炸开选项参数

步骤❻ 单击Weld（焊接）选项组中的Explode（炸开）按钮，在弹出的对话框中单击OK按钮，对选择的多边形进行炸开，如图4-134所示。

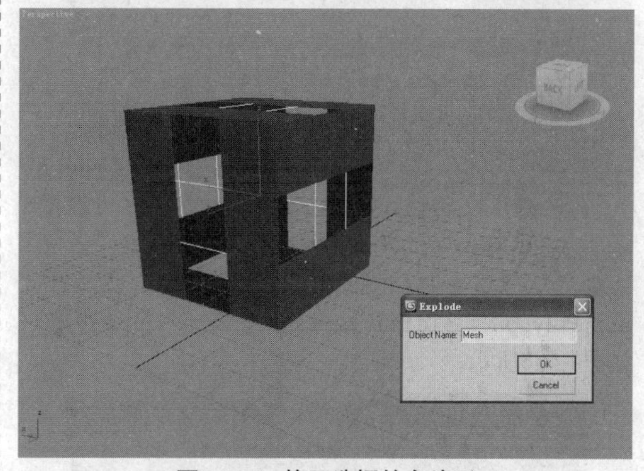

图4-134　炸开选择的多边形

步骤❼ 按下键盘H键，在打开的Select From Scene（从场景选择）窗口中选择所有的对象，如图4-135所示，再单击OK按钮。

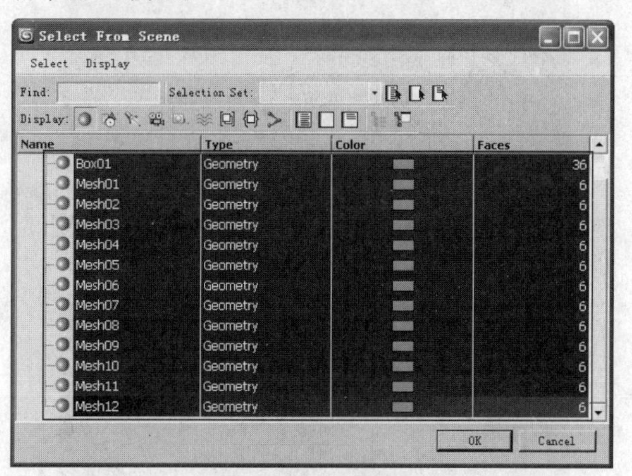

图4-135　选择对象

步骤❽ 为选择的对象添加MeshSmooth（网格平滑）修改器，并在修改面板中设置Iterations（迭代次数）为2，如图4-136所示。

步骤❾ 再为对象添加Spherify（球形化）修改器，完成后效果如图4-137所示。

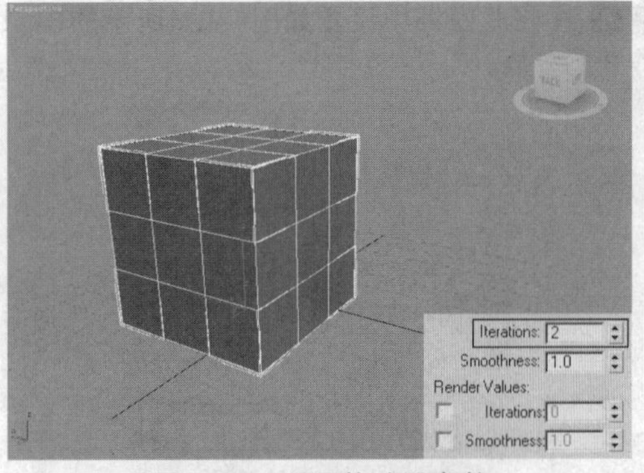

图4-136　设置修改器参数

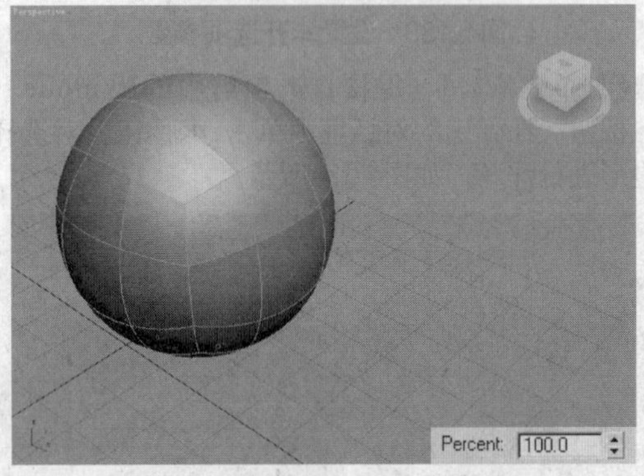

图4-137　添加球形化修改器效果

步骤⑩ 再为对象添加Edit Mesh（编辑网格）修改器，单击Polygon（多边形）按钮，并选择所有的多边形，如图4-138所示。

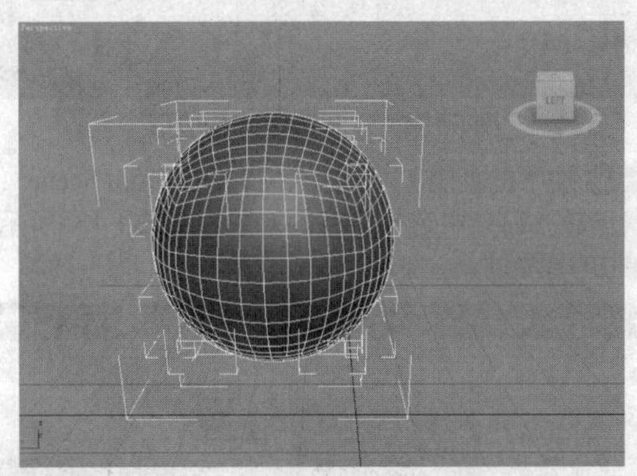

图4-138　选择多边形

步骤⑪ 为选择的多边形添加Face Extrude（面挤出）修改器并设置参数，效果如图4-139所示。

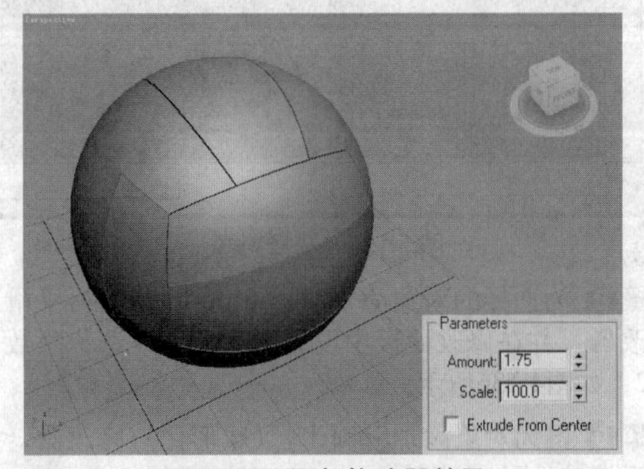

图4-139　添加修改器效果

步骤⑫ 将编辑好的对象放入到场景中，效果如图4-140所示。

图4-140　场景对象

步骤⑬ 为对象分别赋予材质，最终渲染效果如图4-141所示。

图4-141　实例最终效果

4.4.4　深度解析：认识毛发修改器

Hair and Fur（WSM）毛发修改器是3ds Max为用户提供的一个专用于制作毛发等效果的修改器，该修改器包含了大量参数与工具。

在为对象添加了Hair and Fur（WSM）毛发修改器后，在修改面板中可看到如图4-142所示的参数卷展栏。

通过这些参数卷展栏，用户可以对创建的毛发进行梳理、剪切等操作，还可以设置毛发的材质等参数。

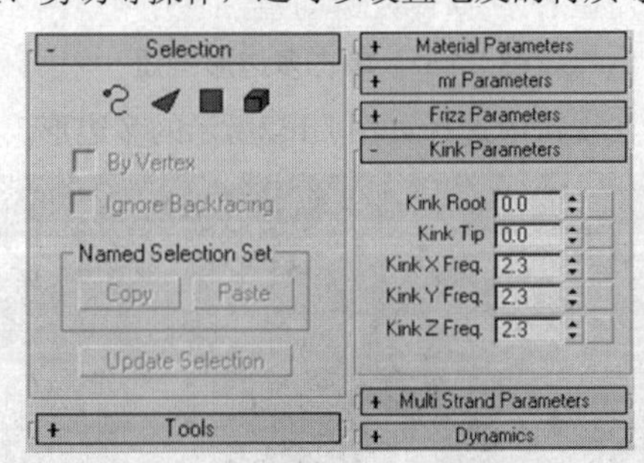

图4-142　毛发修改器参数卷展栏

4.5　综合实训：制作摄像头

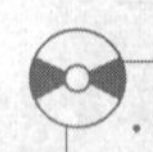

·最终文件　第4章\综合实训\综合实训最终文件.max

本章对ProBoolean（超级布尔）、Loft（放样）等复合对象，以及对象空间修改器进行了介绍，在本节中将以综合实训的方式对前面介绍的知识进行总结，具体操作步骤如下。

步骤❶ 在Create（创建）面板选择Sphere（球体）类型，在透视视口中创建如图4-143所示的几何图形。

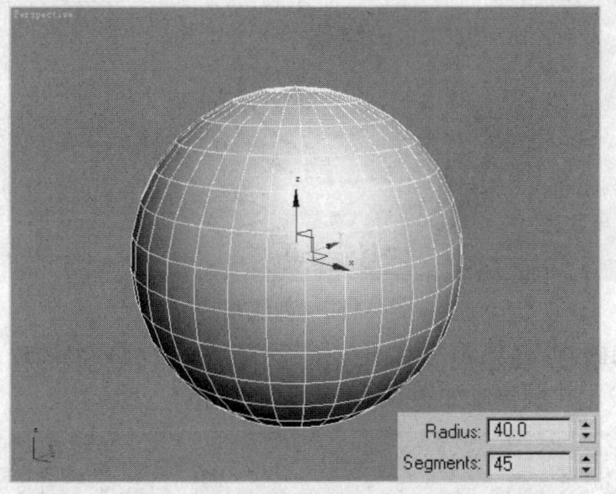

图4-143 创建球体

步骤❷ 再在视口中创建一个Radius（半径）为18的Cylinder（圆柱体），并放置到如图4-144所示的位置。

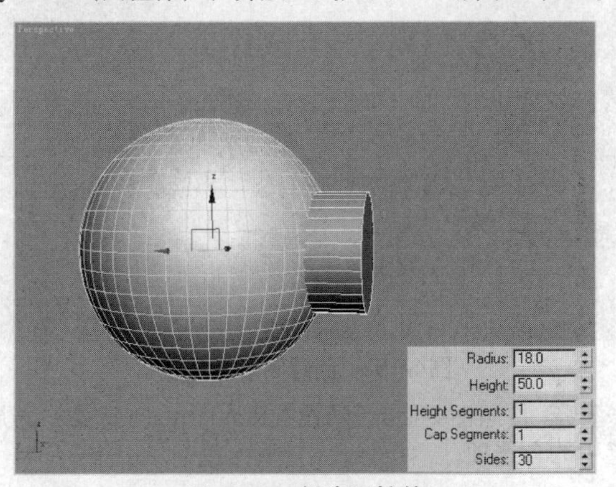

图4-144 创建圆柱体

步骤❸ 选择球体，在创建面板下选择复合对象类型，并单击ProBoolean（超级布尔）按钮，然后单击Start Picking（开始拾取）按钮拾取管状体，如图4-145所示。

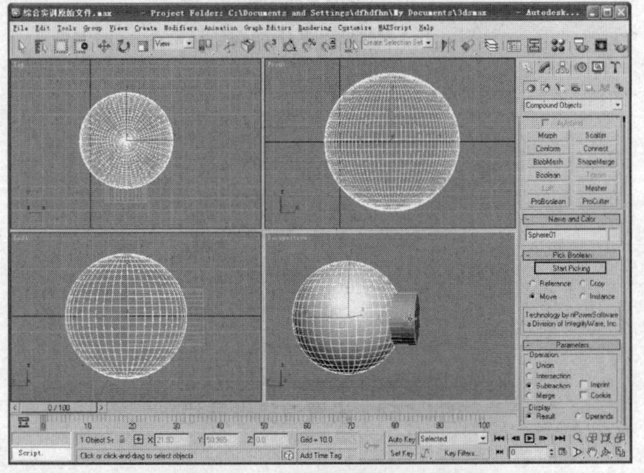

图4-145 使用超级布尔运算

步骤❹ 运算后的几何体效果如图4-146所示。

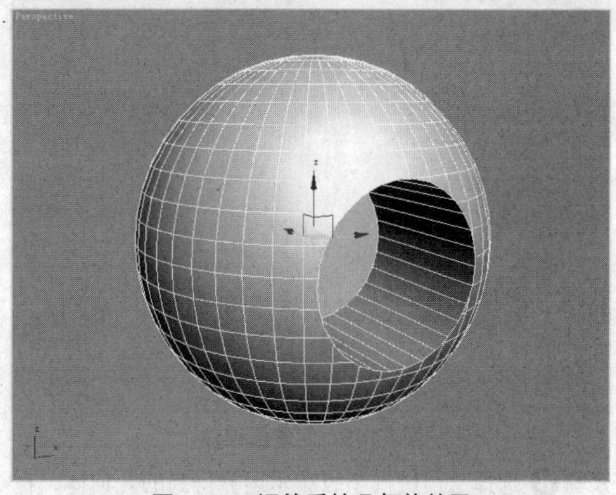

图4-146 运算后的几何体效果

步骤❺ 在视口中创建一个Radius（半径）分别为18和15的Tube（管状体），并放置到如图4-147所示的位置。

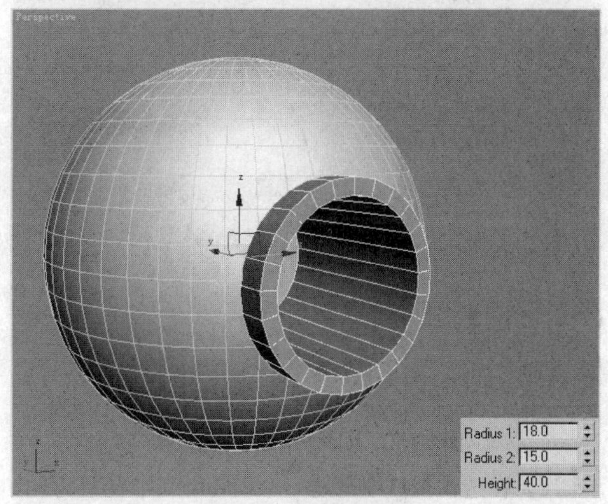

图4-147 创建管状体

步骤❻ 将创建好的管状体复制得到7个副本对象，并分别放置到如图4-148所示的位置。

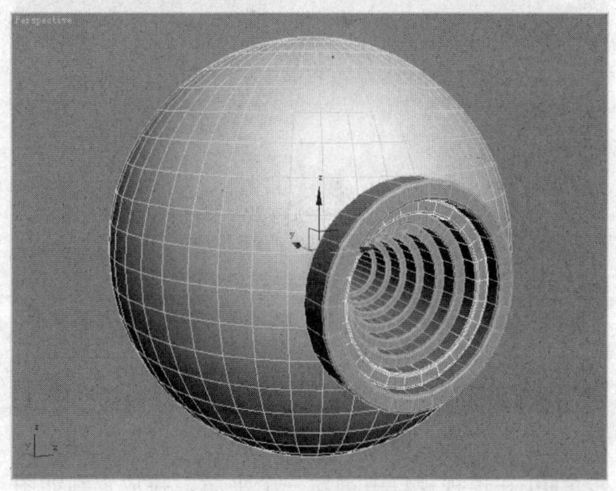

图4-148 复制管状体

步骤❼ 在透视视口中创建一个Cone（圆锥体），并放置到如图4-149所示的位置。

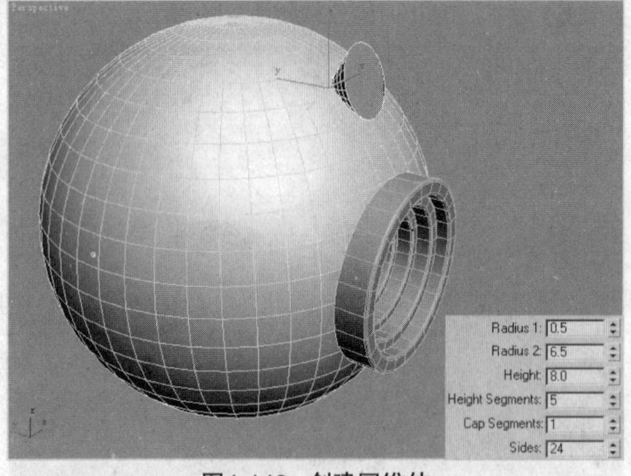

图4-149　创建圆锥体

步骤8 选择之前进行超级布尔运算得到的几何体，在修改面板中单击Start Picking（开始拾取）按钮，在视口中拾取圆锥体，运算后的效果如图4-150所示。

图4-150　运算后的几何体效果

步骤9 在透视视口中创建一个Radius（半径）为1的球体，并放置到如图4-151所示的位置。

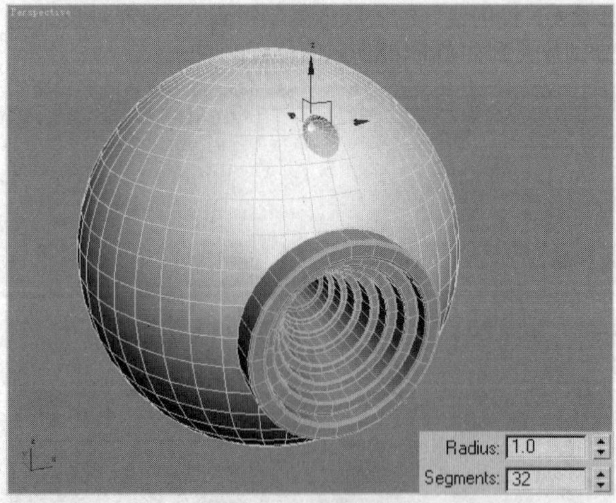

图4-151　创建球体

步骤10 在透视视口中创建一个平面，并放置到如图4-152所示的位置，来作为摄像机的镜片。

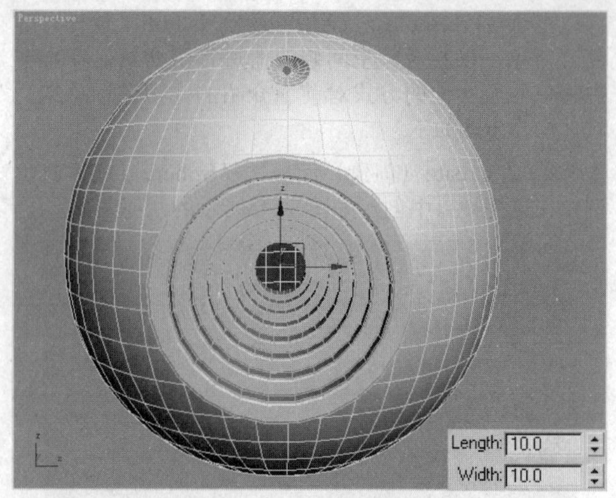

图4-152　创建镜片

步骤11 在透视视口中创建一个Circle（圆）形的样条线，并调整成如图4-153所示的形状。

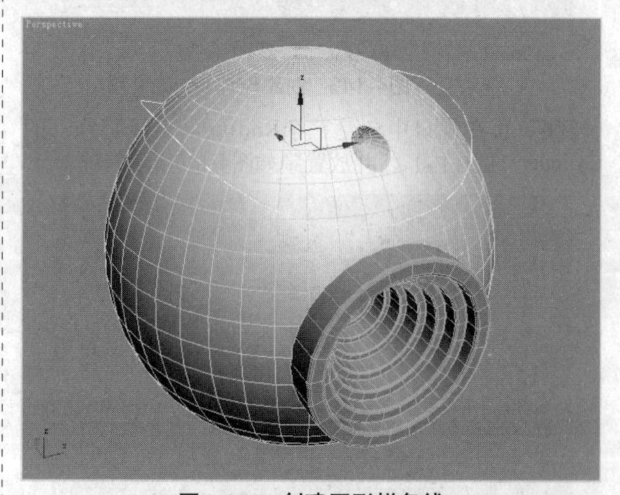

图4-153　创建圆形样条线

步骤12 按照图4-154所示设置Rendering（渲染）卷展栏中的各选项。

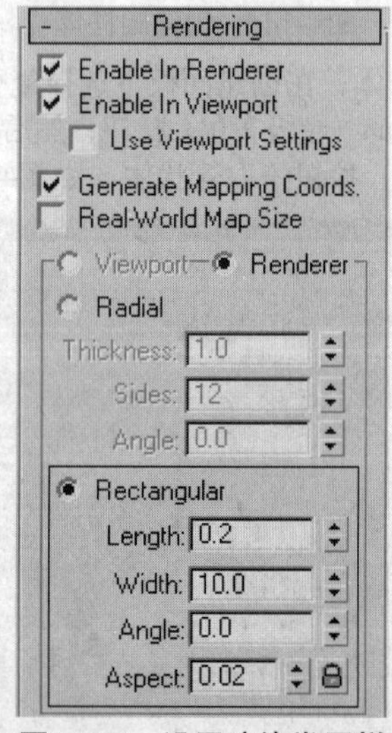

图4-154　设置渲染卷展栏

步骤⑬ 完成Rendering（渲染）卷展栏中各选项的设置后，圆形被显示为几何体的形状，其效果如图4-155所示。

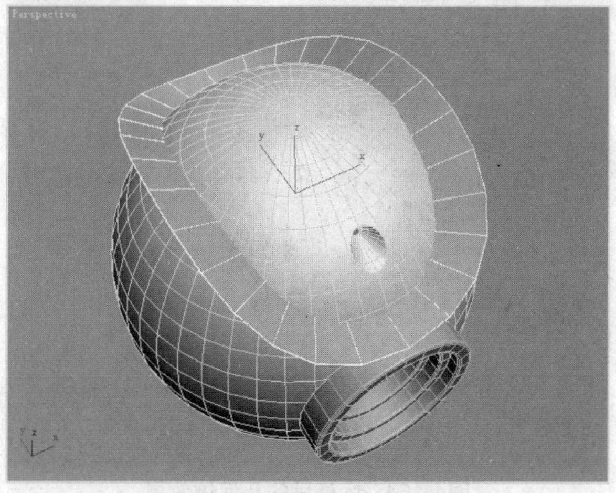

图4-155 转换后的几何体效果

步骤⑭ 选择作为摄像头的对象，再在修改面板中单击Start Picking（开始拾取）按钮，在视图中拾取转换后的几何体对象，最后效果如图4-156所示。

图4-156 运算后的几何体效果

步骤⑮ 在透视视口中创建一个Radius（半径）为7的Cy-linder（圆柱体），并放置到如图4-157所示的位置。

图4-157 创建圆柱体

步骤⑯ 单击创建面板中图形类别下的Line（线）按钮，在顶视口中创建一个如图4-158所示的二维图形，用于制作摄像头的底座。

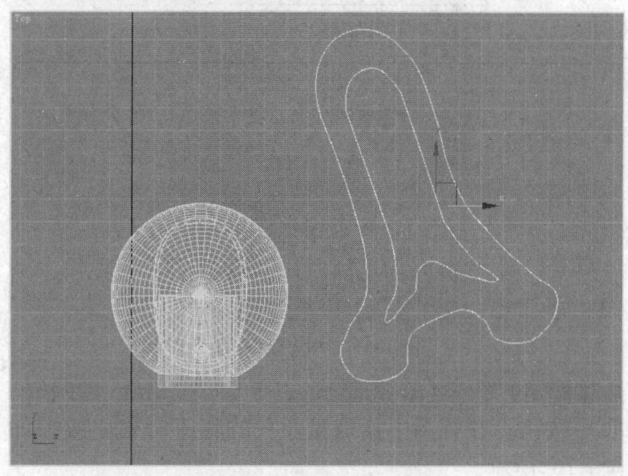

图4-158 创建二维图形

步骤⑰ 为创建好的二维图形添加Extrude（挤出）修改器，然后设置Amount（数量）为15，完成后效果如图4-159所示。

图4-159 挤出后的几何体效果

步骤⑱ 在透视视口中创建一个Radius（半径）分别为18和6.2的Tube（管状体），并放置到如图4-160所示的位置。

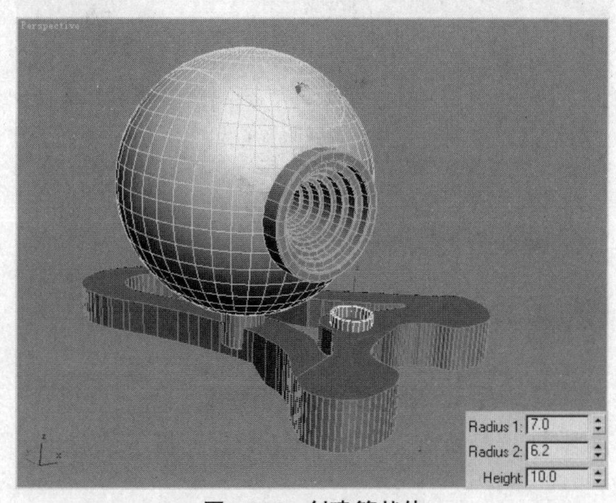

图4-160 创建管状体

步骤⑲ 选择作为摄像头的对象，在修改面板下按照如图4-161所示设置其参数。

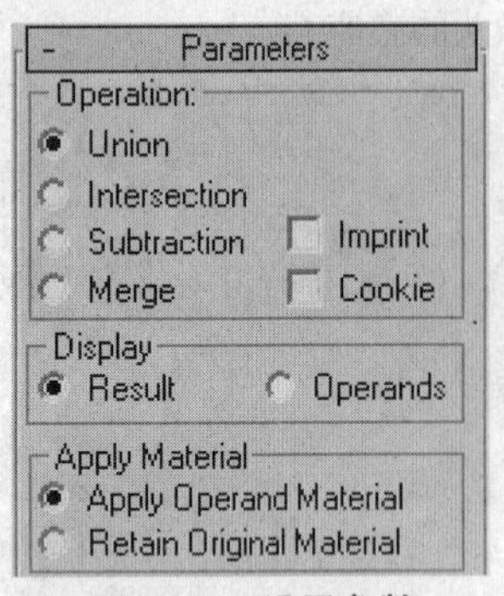

图4-161 设置参数

步骤⑳ 设置好各参数后，单击Start Picking（开始拾取）按钮，在视图中拾取摄像头的底座对象，效果如图4-162所示。

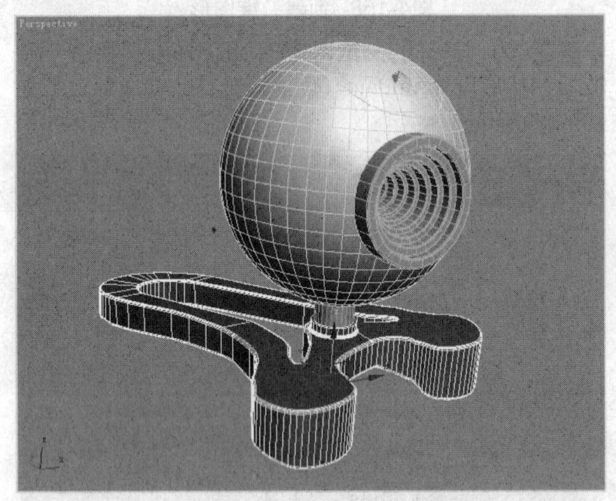

图4-162 运算后的几何体效果

步骤㉑ 在视口中创建一个Radius（半径）值为2的Cylinder（圆柱体），然后将其放置到如图4-163所示的位置。

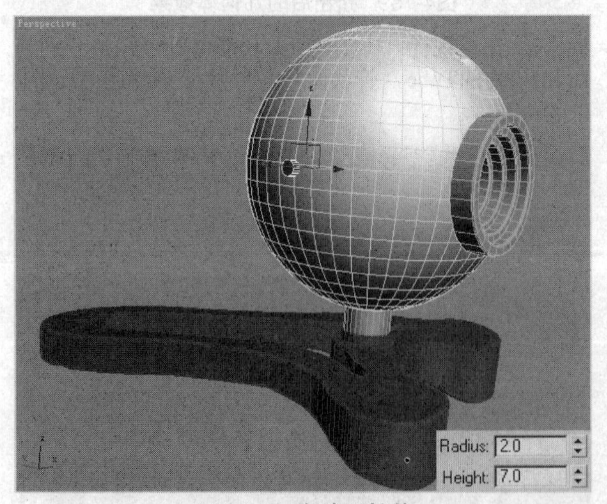

图4-163 创建圆柱体

步骤㉒ 选择摄像头对象，再在修改面板下单击Start Picking（开始拾取）按钮，在视图中拾取圆柱体对象，效果如图4-164所示。

图4-164 运算后的几何体效果

步骤㉓ 复制整个摄像头，并将副本对象放置到如图4-165所示的位置。

图4-165 复制并移动对象

步骤㉔ 在场景中创建一个无缝背景，并为各对象赋予材质，最终渲染效果如图4-166所示。

图4-166 赋予材质后的渲染效果

4.6 教学总结

在本章中，主要对一些复合对象及空间修改器进行了介绍。其中介绍了ProBoolean（超级布尔）的几种运算类型和拾取类型，并通过任务实例操作介绍该复合对象的使用方法。然后对Loft（放样）的参数进行了介绍；对Bend（弯曲）修改器等部分常用的对象空间修改器进行了讲解。建议读者在学习本章的过程中认真学习所讲知识点，并对介绍的复合对象、修改器的使用进行反复练习，以便更加扎实地掌握相关知识。

4.7 测试练习

1. 填空题

（1）ProBoolean（超级布尔）中的________类型可以从一个对象上减去与另一个对象的重合部分。

（2）Loft（放样）复合对象总共包括________和________两种创建方法。

（3）Extrude（挤出）修改器可以将________添加到图形中，并使其成为参数，利用该修改器可轻松将二维的图形制作成三维对象。

2. 选择题

（1）ProBoolean（超级布尔）为用户提供了________种运算类型。

A. 3　　B. 4　　C. 5　　D. 6

（2）Loft（放样）复合对象的Deformations（变形）卷展栏中不包含下面的________参数。

A. Teeter（倾斜）

B. Fit（拟合）

C. Position（位移）

D. Bevel（倒角）

（3）Extrude（挤出）修改器可将________制作成三维对象。

A. 多边形对象

B. 网格对象

C. 面片对象

D. 样条线对象

3. 判断题

（1）ProBoolean（超级布尔）为用户提供了Instance（实例化）等5种拾取类型。（　）

（2）使用Connect（连接）复合对象类型可以将两个带有空洞的对象用新的对象连接起来。（　）

（3）使用Slice（切片）修改器可建立一个通过网格对象的切片，并在切片与网格对象连接处建立新的点、边和面。（　）

4. 问答题

（1）使用Loft（放样）复合对象进行多重放样的方法是什么？

（2）使用Scatter（散布）复合对象进行放样需要注意的事项有哪些？

（3）为什么给对象添加了多个修改器后看不到效果？

Chapter 05 高级建模方法的基础及应用

▶ **考点预览**

1. 面片建模方法
2. 网格建模方法
3. 多边形建模方法
4. NURBS建模方法
5. 多种高级建模方法的混合应用

▶ **课前预习**

本章主要介绍面片建模、网格和多边形建模、NURBS曲面建模等建模方法，并对部分建模方法的基本创建体进行介绍。在3ds Max中，不管是制作室内模型还是户外模型都会经常用到几何体建模。

5.1 任务17 利用面片建模方法制作凹凸不平的地形

面片建模与前面所介绍的为二维图形添加修改器制作三维几何体的方法类似，该建模方法也是将二维图形结合起来形成三维几何体的方法之一，在本节中将向读者介绍面片建模的核心知识及其建模方法。

任务快速流程：

创建四边形面片 ➔ 添加Edit Patch（编辑面片）修改器 ➔ 调整顶点 ➔ 完成实例制作

5.1.1 简单讲评

面片建模方法是3ds Max为用户提供的高级建模方法之一，该方法属于曲面建模方法类型。读者应了解面片的分类及各类型间的不同之处，通过本节的实例操作以及读者自己操作练习掌握面片建模的使用方法。

5.1.2 核心知识

本小节将对面片的分类、各种类型的不同之处，以及Edit Patch（编辑面片）修改器参数卷展栏等知识进行介绍。

1. 面片分类

在Create（创建）面板中，3ds Max为用户提供了Patch Grids（面片栅格）对象类型，用户可在该面板中单击对象类型下拉按钮，再在展开的下拉列表中选择如图5-1所示的Patch Grids（面片栅格）对象类型。

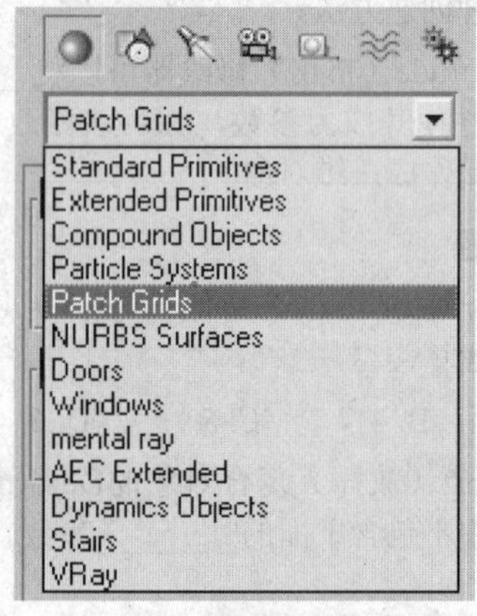

图5-1 选择面片栅格类型

Patch Grids（面片栅格）类型包含Quad Patch（四边形面片）和Tri Patch（三角形面片）两种对象类型，如图5-2所示。

图5-2 面片栅格的对象类型

Quad Patch（四边形面片）类型面片由四边形构成，如图5-3所示。

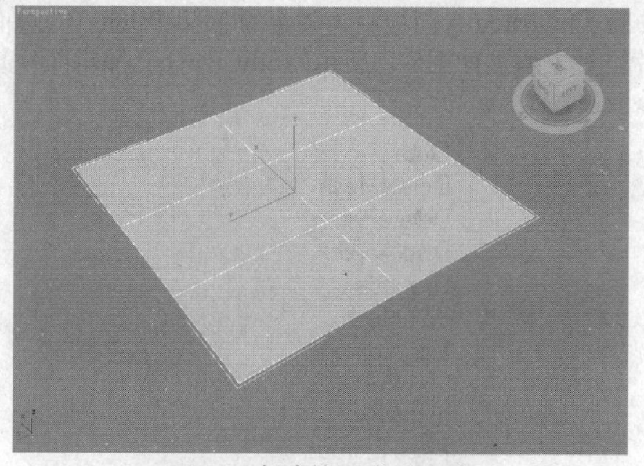

图5-3 创建的四边形面片

图5-4所示的是Quad Patch（四边形面片）类型面片的参数卷展栏。

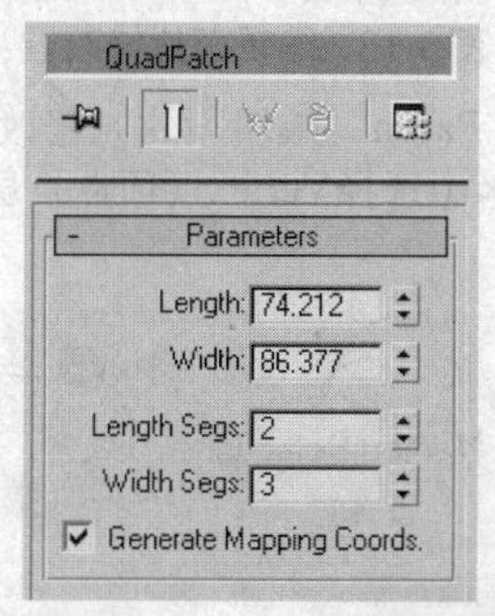

图5-4 四边形面片的参数卷展栏

而Tri Patch（三角形面片）类型面片是由三角面构成的，如图5-5所示。

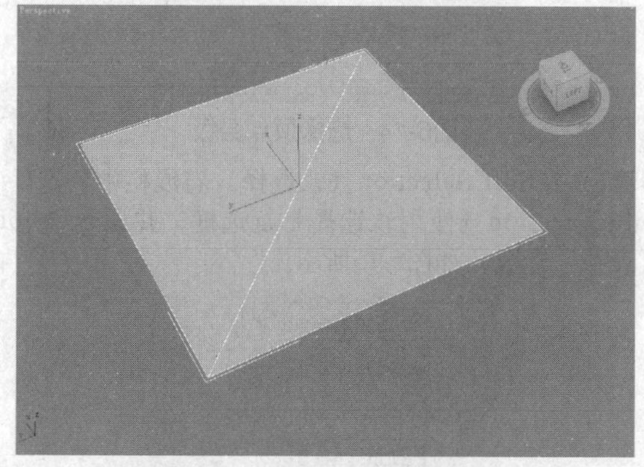

图5-5 创建的三角形面片

该类型面片只有Length（长度）、Width（宽度）两个属性参数，其参数卷展栏如图5-6所示。

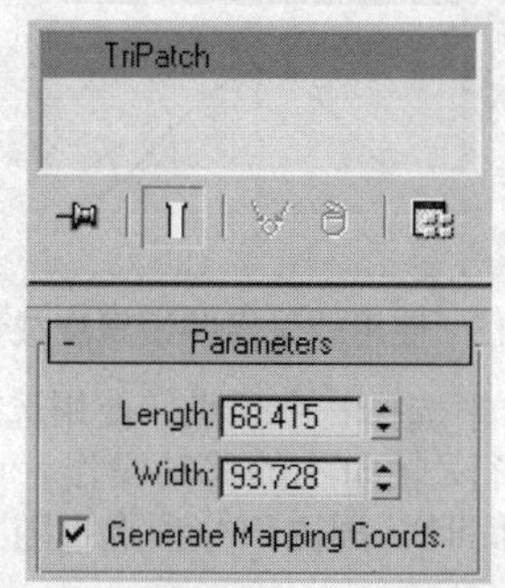

图5-6 三角形面片的参数卷展栏

2. Edit Patch（编辑面片）修改器

在创建了面片对象后，可为对象添加Edit Patch（编辑面片）修改器，之后即可对创建的对象进行编辑了。该修改器的参数卷展栏如图5-7所示。

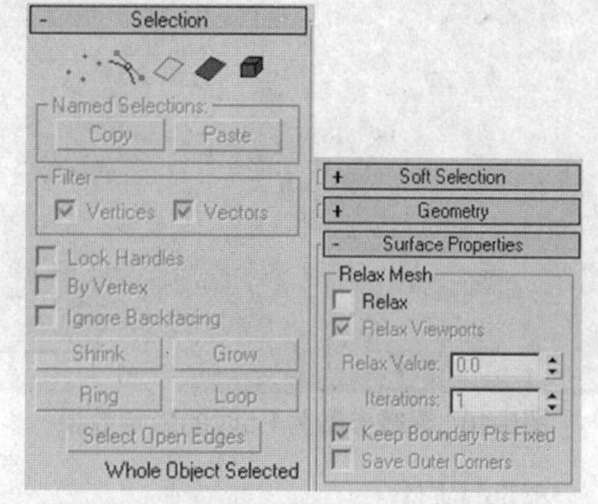

图5-7 编辑面片修改器的参数卷展栏

其中，Selection（选择）参数卷展栏主要用于进行不同层级的选择，如选择Patch（面片）层级，可选择创建对象的面片，如图5-8所示。

图5-8 选择对象的面片

Soft Selection（软选择）参数卷展栏用于在选择某一个或多个Vertices（顶点）、Patch（面片）等层级后，调整Vertices（顶点）或其他层级类型时能对周围其余部分进行影响。该参数卷展栏中的Falloff（衰减）参数用于控制影响的范围大小。

图5-9所示的是衰减参数为7.5时的影响效果。

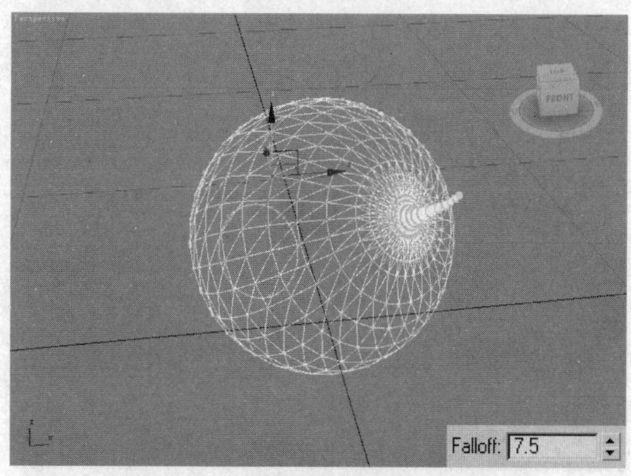

图5-9 衰减参数为7.5时的影响效果

图5-10所示的是衰减参数为1.5时的影响效果。

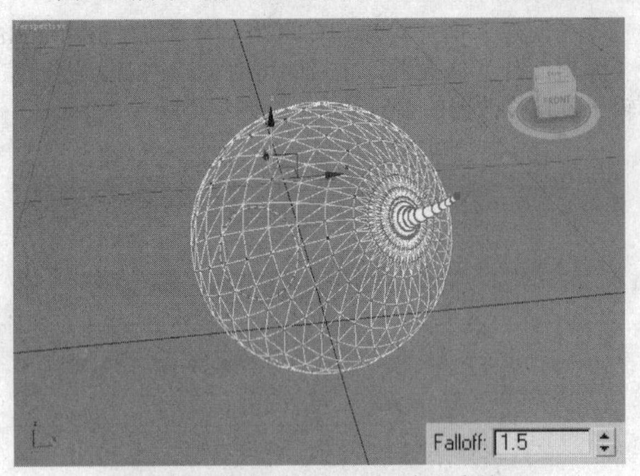

图5-10　衰减参数为1.5时的影响效果

5.1.3　实际操作

前面对面片类型及Edit Patch（编辑网格）修改器进行了介绍，本节中将通过实例操作，对面片建模进行介绍，具体步骤如下。

步骤❶ 在Create（创建）面板中选择Patch Grids（面片栅格）类型，在如图5-11所示的Object Type（对象类型）卷展栏中选择Quad Patch（四边形面片）类型。

图5-11　对象类型卷展栏

步骤❷ 在Perspective（透视）视口中创建一个四边形面片，如图5-12所示。再进入该对象的Modify（修改）面板。

图5-12　创建四边形面片

步骤❸ 在Modify面板中为创建的Quad Patch（四边面片）对象添加如图5-13所示的Edit Patch（编辑面片）修改器。

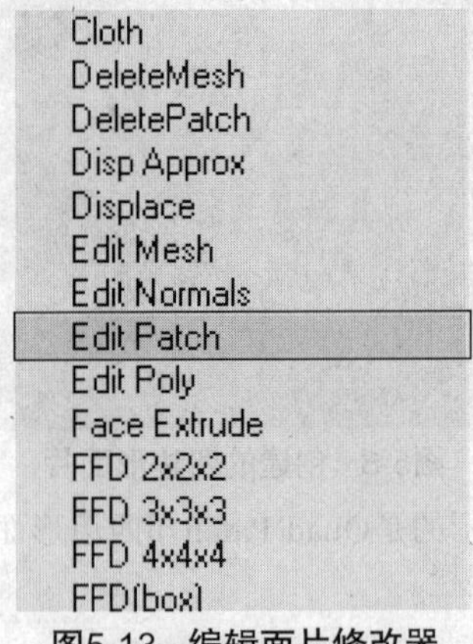

图5-13　编辑面片修改器

步骤❹ 在Edit Patch（编辑面片）修改器的Selection（选择）卷展栏中选择Vertex（顶点）层级，如图5-14所示。

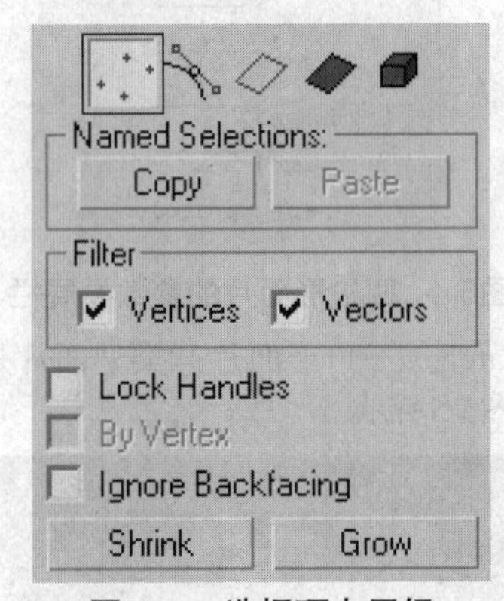

图5-14　选择顶点层级

步骤❺ 在Soft Selection（软选择）卷展栏中勾选Use Soft Selection（使用软选择）复选框，并设置Falloff（衰减）参数，如图5-15所示。

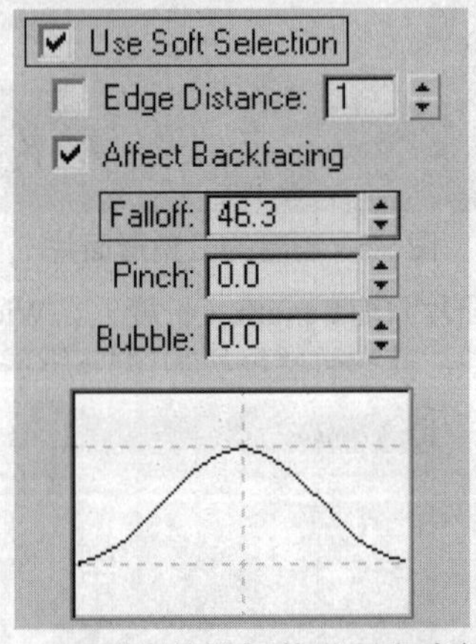

图5-15　使用软选择并设置衰减参数

步骤❻ 在视口中选择一个顶点，使用选择并移动工具对选择的点进行Z轴向上的移动操作，可观察到在移动这一顶点的同时，周围部分顶点也随之移动，效果如图5-16所示。

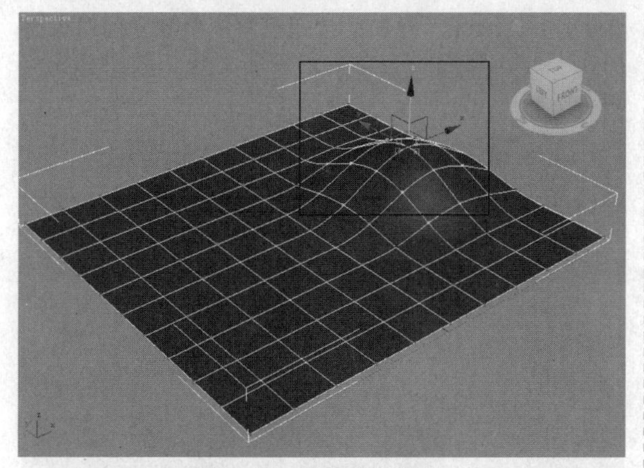

图5-16 顶点移动效果

步骤⑦ 使用同样的方法对四边形面片对象的其他部分顶点进行调整，完成后效果如图5-17所示。

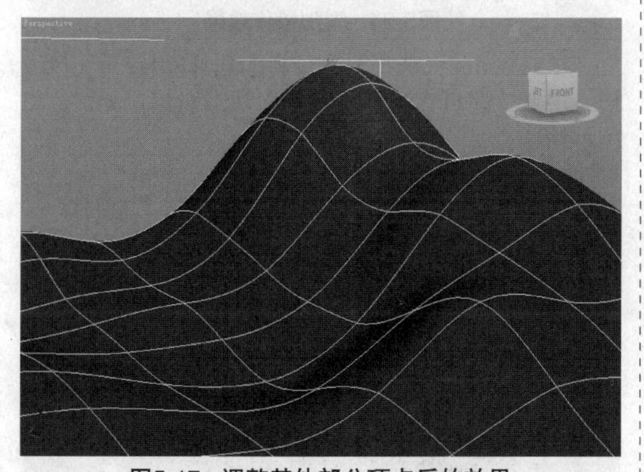

图5-17 调整其他部分顶点后的效果

步骤⑧ 对场景进行适当渲染，最终效果如图5-18所示。

图5-18 实例最终渲染效果

5.1.4 深度解析：了解编辑面片修改器参数

Edit Patch（编辑面片）修改器参数卷展栏中的参数较多，在本小节中将继续对其进行介绍。

在Geometry（几何体）卷展栏中的选项及按钮主要用于对对象进行编辑操作。创建一个四边形面片，并为其添加编辑面片修改器，选择Patch（面片）层级并选中一面片，再单击几何体卷展栏中的Extrude（挤出）按钮，对选择的面片进行挤出操作，效果如图5-19所示。

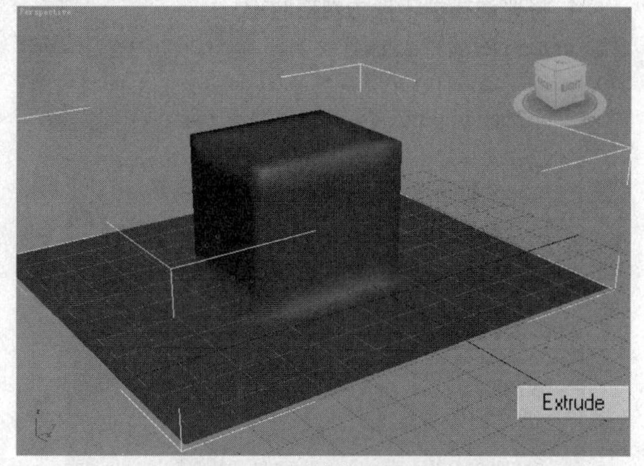

图5-19 面片的挤出操作效果

如单击几何体卷展栏中的Bevel（倒角）按钮，则可对选择的面片进行倒角操作，效果如图5-20所示。

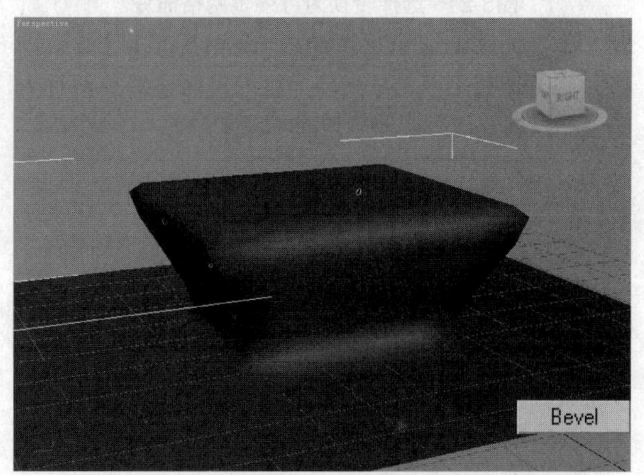

图5-20 面片的倒角操作效果

5.2 任务18 利用网络和多边形建模方法制作相框

由于面片建模方法的局限性，因此在实际对象制作过程中，用户可能更多地采用网格或多边形建模方法。本节即将对网格建模方法及多边形建模方法进行介绍。

任务快速流程：

创建基本体 ➔ 添加修改器 ➔ 制作对象

5.2.1 简单讲评

网络和多边形建模方法是比较常用的建模方法，本节将对这些常用建模方法进行介绍，建议读者仔细研读介绍的知识，结合实例操作加深知识的理解，并在实际操作过程中积累操作经验。

5.2.2 核心知识

在创建了基本对象后，可通过适当设置对创建的对象进行网格编辑。

1. 将普通模型转换为网格对象

在视口中创建完对象后，选择创建的对象并单击鼠标右键，在弹出的四元菜单中选择如图5-21所示的命令，即可将创建的对象转换为可编辑网格对象。

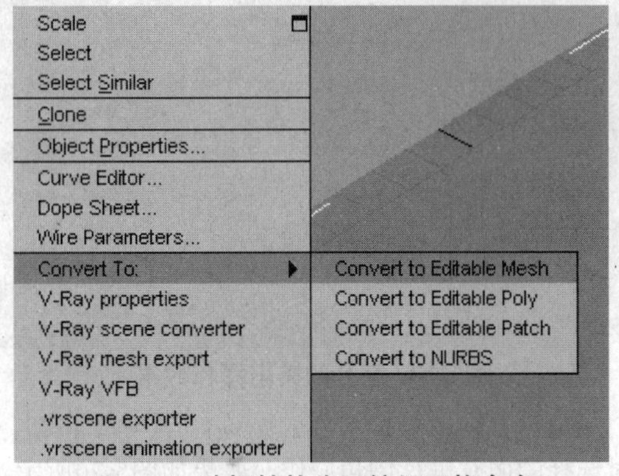

图5-21 选择转换为可编辑网格命令

通过四元菜单，与通过添加Edit Mesh（编辑网格）修改器将平面对象转换为可编辑网格对象两种方法下修改面板的对比效果如图5-22所示。

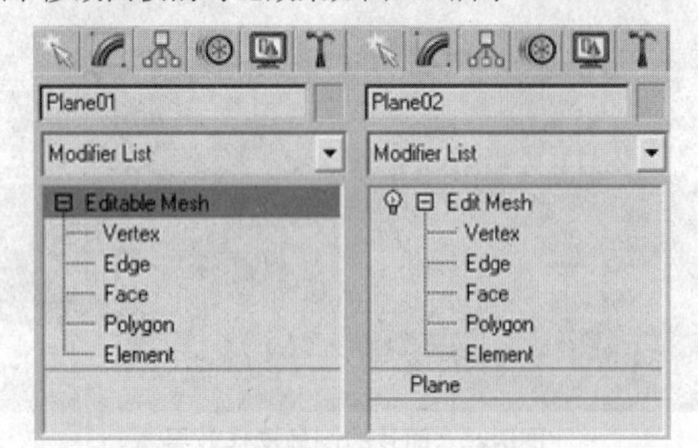

图5-22 两种方法下修改面板对比

2. 可编辑网格参数控制面板

在将创建的对象转换为可编辑网格对象后，在其Modify（修改）面板中，可通过其参数卷展栏中的选项及命令按钮对网格对象进行编辑。

Edit Geometry（编辑几何体）参数卷展栏中为用户提供了许多的命令按钮，如图5-23所示，方便用户对网格对象进行编辑。

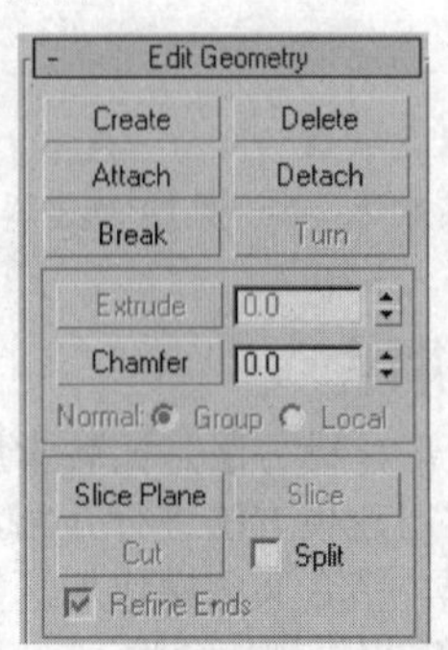

图5-23 编辑几何体卷展栏

使用Attach（附加）按钮可将多个独立的对象附加在一起，形成一个单独的网格对象，效果如图5-24所示。

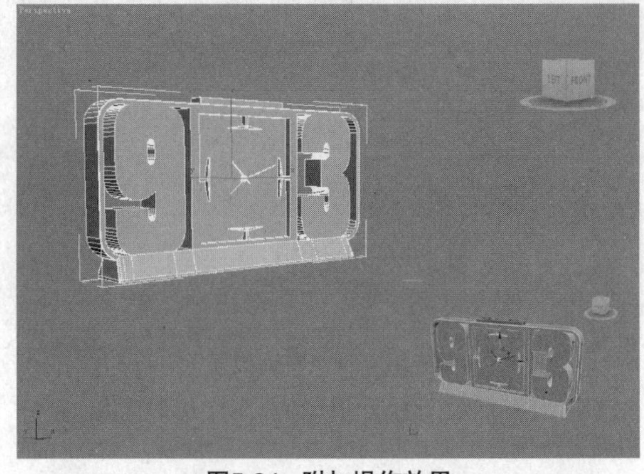

图5-24 附加操作效果

在Selection（选择）卷展栏中选择Polygon（多边形）层级，即可在视口中选择多边形对象，如图5-25所示。

图5-25 选择多边形对象

单击编辑几何体卷展栏中的Extrude（挤出）命令，可对选择的多边形进行挤出操作，效果如图5-26所示。

图5-26 挤出多边形效果

选择Elemental（元素）层级，选择可编辑网格对象中的组成元素对象，如图5-27所示。

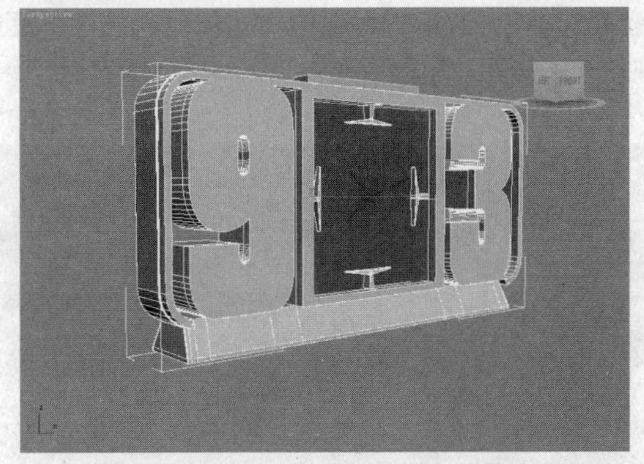

图5-27 选择可编辑多边形的元素效果

在编辑几何体卷展栏中单击Explode（炸开）按钮 Explode ，可将选择的元素部分炸开，使其成为多个单一对象，如图5-28所示。

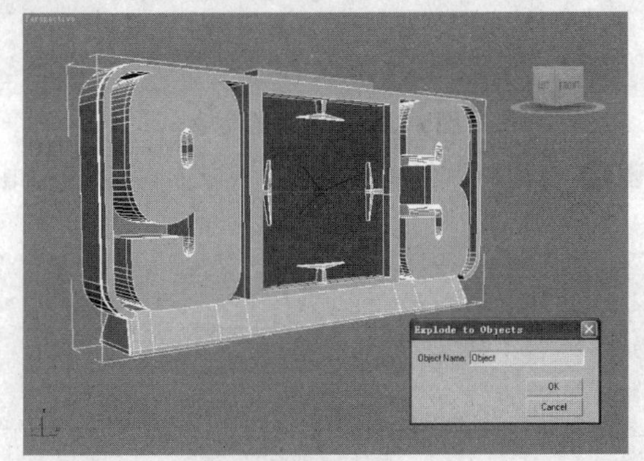

图5-28 炸开元素的效果

5.2.3 实际操作

前面对将创建的基本对象转换为可编辑网格对象的方法，以及可编辑网格对象参数卷展栏中的参数进行了介绍。在本小节中，将通过实例操作向读者介绍通过编辑网格创建对象的方法，具体操作步骤如下。

步骤❶ 在Create（创建）面板中选择Box（长方体）类型，再在透视视口中创建一个长方体，如图5-29所示。

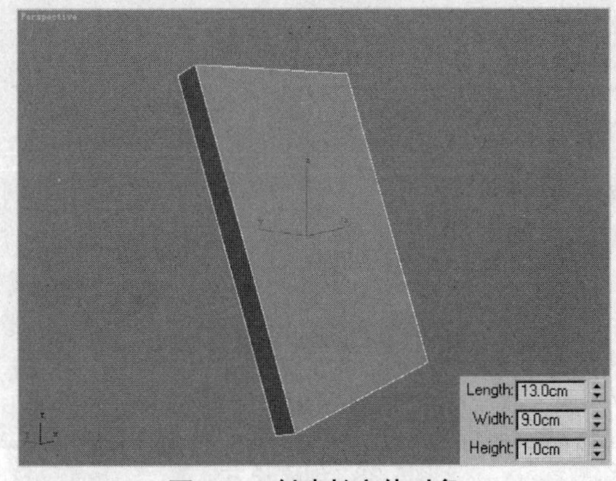

图5-29 创建长方体对象

步骤❷ 选择创建的长方体对象并单击鼠标右键，在弹出的四元菜单中选择Convert to Editable Mesh（转换为可编辑网格）命令，如图5-30所示。

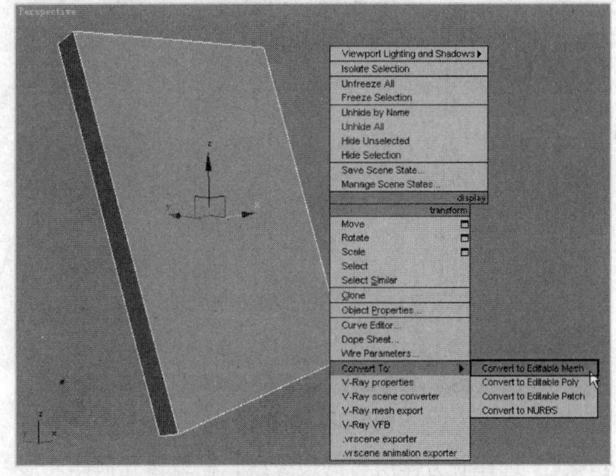

图5-30 选择转换为可编辑网格命令

步骤❸ 在该对象的Modify（修改）面板中选择Edge（边）层级，如图5-31所示。

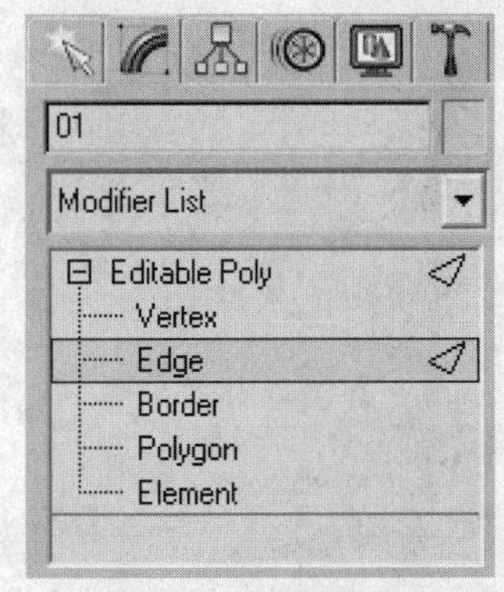

图5-31 选择边层级

步骤❹ 在编辑几何体卷展栏下单击Cut（切割）按钮，在对象上切割出4条新的线段，效果如图5-32所示。

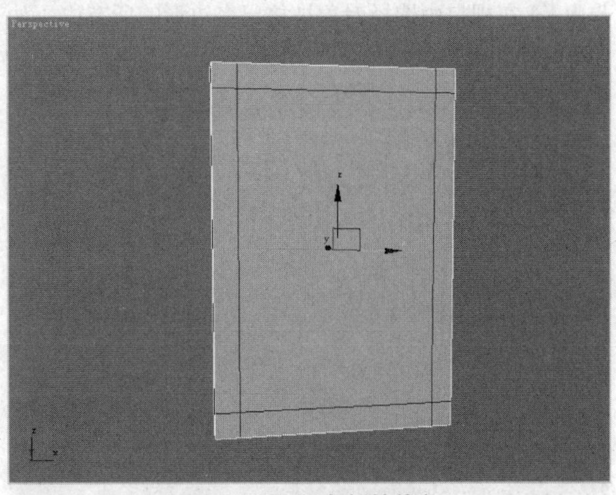

图5-32 切割出新的线段

步骤❺ 选择被切出的多边形，在编辑几何体卷展栏下设置Extrude（挤出）的值为-0.2cm，完成后效果如图5-33所示。

图5-33　挤出面

步骤❻ 选择长方体所有的边缘线，在编辑几何体卷展栏下设置Chamfer（切角）参数为0.1cm，完成后效果如图5-34所示。

图5-34　对边进行切角

步骤❼ 在视口中选择对象被挤出多边形的所有边，如图5-35所示。

图5-35　选择边

步骤❽ 选择好边后，再在编辑几何体卷展栏下设置Chamfer（切角）参数为0.05cm，完成后效果如图5-36所示。

图5-36　使用切角命令

步骤❾ 在视口中创建一个切角长方体，其大小如图5-37所示。

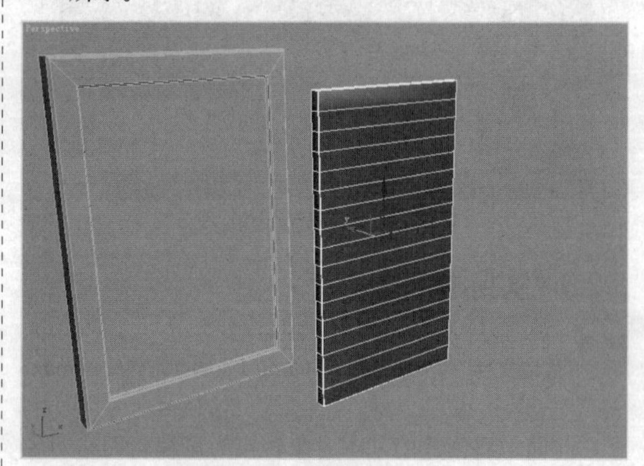

图5-37　创建切角长方体

步骤❿ 对创建的几何体进行变形，然后再创建一个大小如图5-38所示的长方体。

图5-38　创建长方体

步骤⑪ 选择小的长方体复制得到9个副本对象，并分别放置到如图5-39所示的位置。

图5-39 复制长方体对象

步骤⑫ 选择变形的几何体，在创建类别下选择复合对象类型，并单击ProBoolean（超级布尔）按钮，然后单击Start Picking（开始拾取）按钮，在视口中分别拾取复制的10个长方体对象进行差集运算，最后效果如图5-40所示。

图5-40 运算后的几何体效果

步骤⑬ 再次创建一个切角长方体，使其大小如图5-41所示。

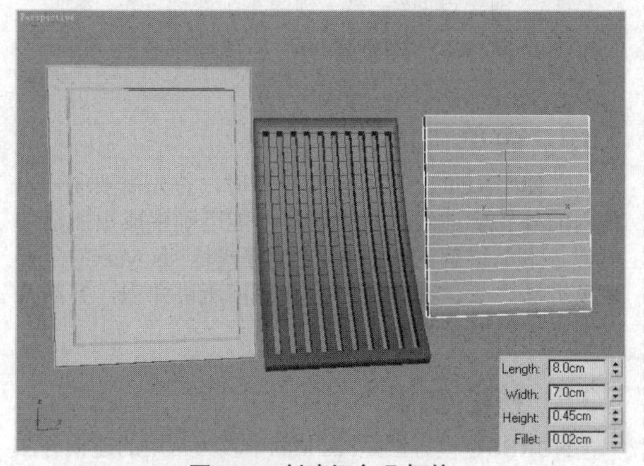

图5-41 创建切角几何体

步骤⑭ 对创建好的切角长方体进行变形，效果如图5-42所示。

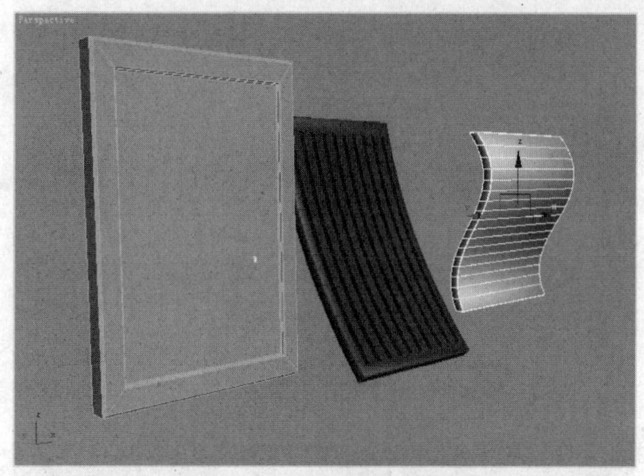

图5-42 几何体变形后的效果

步骤⑮ 在视口中创建一个长方体，并放置到如图5-43所示的位置。

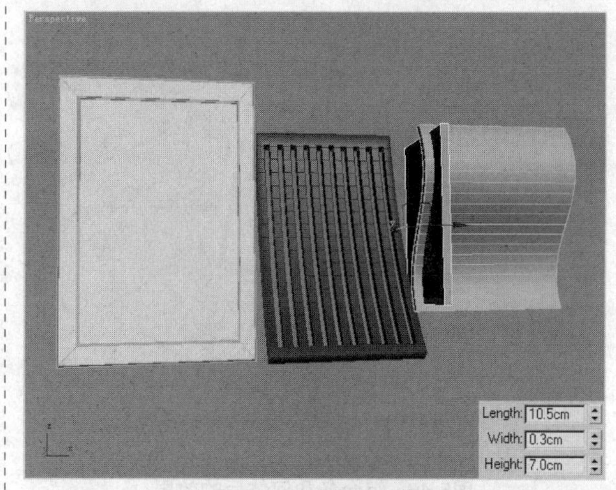

图5-43 创建长方体

步骤⑯ 将刚创建好的长方体复制得到9个副本对象，并分别放置到如图5-44所示的位置。

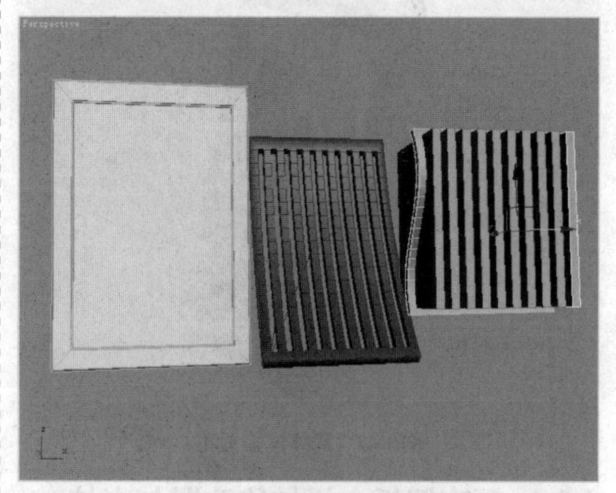

图5-44 复制长方体对象

步骤⑰ 使用ProBoolean（超级布尔）进行差集运算后的几何体效果如图5-45所示。

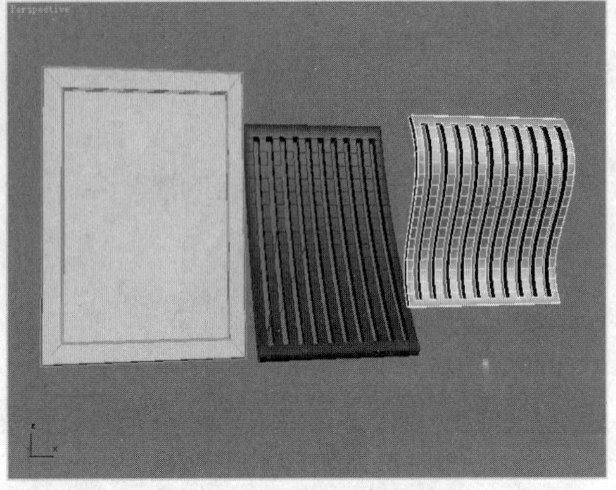

图5-45　运算后的几何体效果

步骤18 调整各几何体的位置，效果如图5-46所示。

图5-46　组合各几何体后的效果

步骤19 为对象赋予材质，最终渲染效果如图5-47所示。

图5-47　最终渲染效果

5.2.4 深度解析：添加修改器与直接转换为可编辑网格的区别

在创建了基本对象后，若直接将其转换为可编辑网格，那么该对象即是可编辑网格对象，在其修改面板中不保留原始的基本对象属性参数，如图5-48所示。

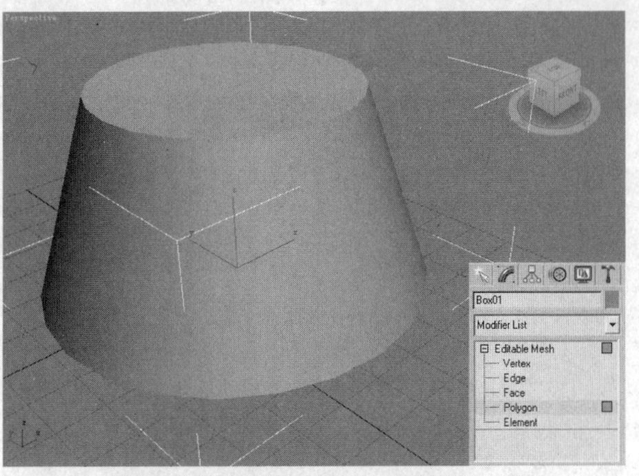

图5-48　不保留原始基本对象属性参数

若为对象添加Edit Mesh（编辑网格）修改器，则可返回至原始基本对象级别，如图5-49所示。

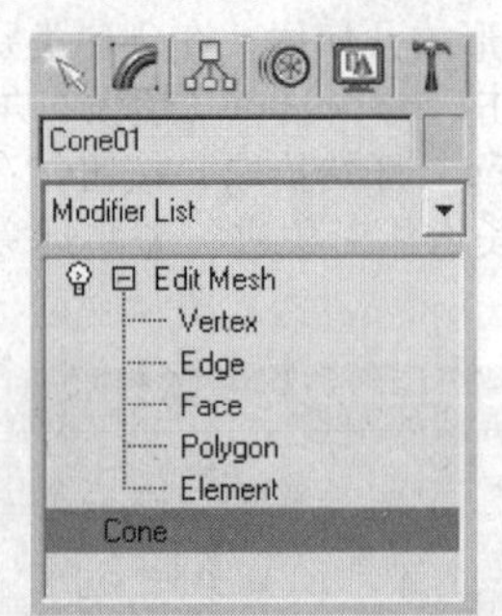

图5-49　返回至原始对象级别

5.3 任务19 利用NURBS建模方法制作酒杯造型

在3ds Max中，NURBS建模功能极为强大。该建模方法可制作出结构非常复杂的模型对象，并使模型的轮廓自然生动。本节中将对NURBS建模方法进行介绍。

任务快速流程：

创建点曲线 ➔ 创建车削曲面 ➔ 添加网格平滑修改器 ➔ 完成制作

5.3.1 简单讲评

在使用NURBS进行创建模型时，首先需要制作出精确的外轮廓曲线，只有这样才能准确生成出所需的模型。本节讲解的NURBS建模方式是3ds Max的重要建模方法之一，建议读者仔细研读所讲知识，并结合实例操作以加深了解。

5.3.2 核心知识

NURBS建模方法是3ds Max中较为常用的建模方法之一，读者应当仔细学习该知识点。NURBS造型系统由点、曲线、曲面3种元素构成。在本节中将对NURBS样条线类型和NURBS工具面板等知识进行介绍。

1. 基本NURBS类型

在Create（创建）面板中单击创建类型的下拉按钮，在展开的下拉列表中选择NURBS Surfaces（NURBS曲面），如图5-50所示。

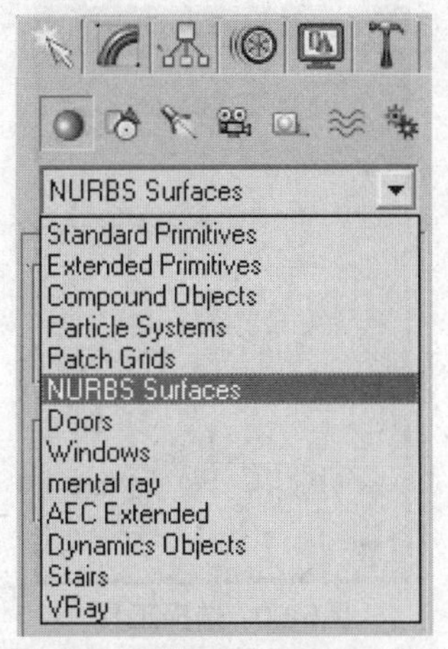

图5-50 选择NURBS曲面类型

系统为用户提供了Point Surf（点曲面）和CV Surf（CV曲面）两种对象类型，如图5-51所示。

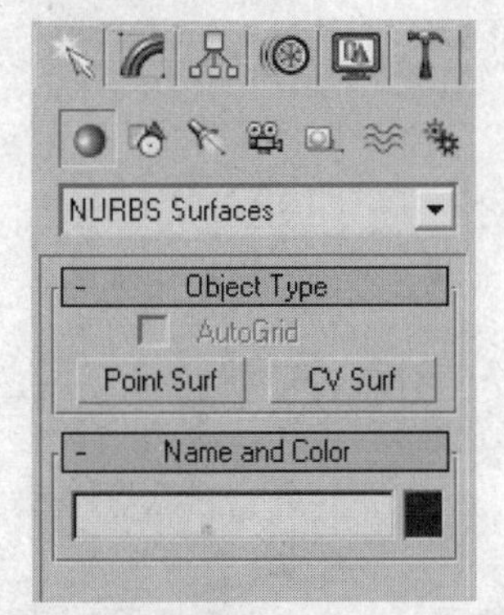

图5-51 系统提供的NURBS曲面类型

Point Surf（点曲面）对象类型创建的点曲面对象可通过调整对象的点来调整对象外部形态，如图5-52所示。

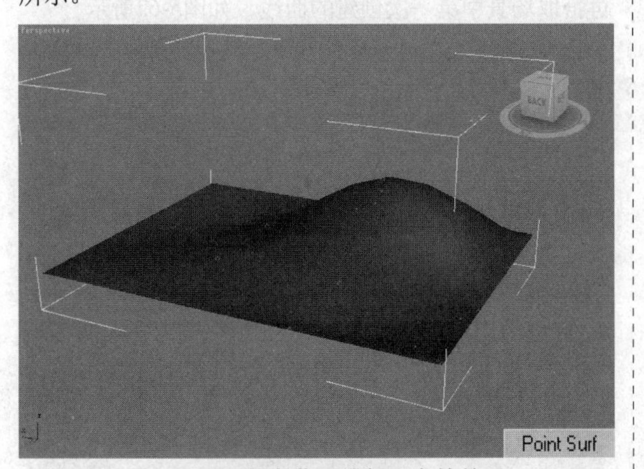

图5-52 调整点曲面外部形态的效果

CV Surf（CV曲面）类型可通过调整其参数卷展栏中的参数来调整对象外部形态，如图5-53所示。

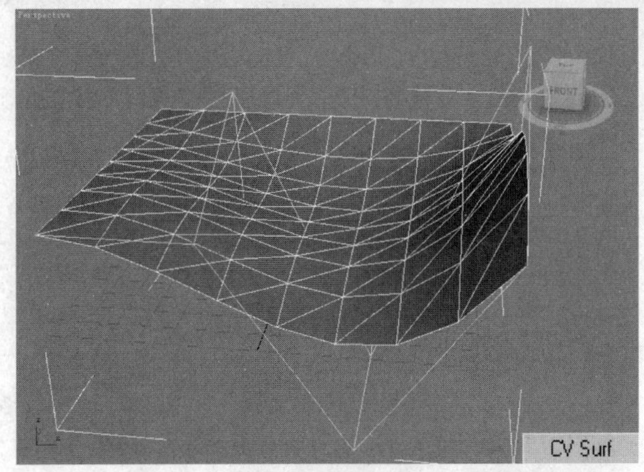

图5-53 调整CV曲面外部形态效果

在Shapes（图形）类别下单击创建类型的下拉按钮，在列表中选择NURBS Curve（NURBS曲线）类型，如图5-54所示。

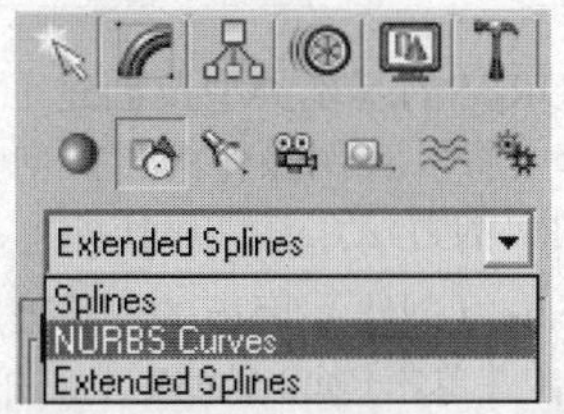

图5-54 选择NURBS曲线类型

系统为用户提供了Point Curve（点曲线）和CV Curve（CV曲线）两种类型，如图5-55所示。

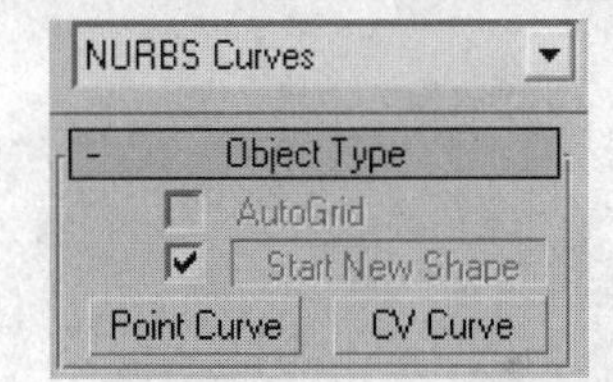

图5-55 NURBS曲线

2. NURBS工具箱

在NURBS曲面对象的Modify（修改）面板中单击General（常规）参数卷展栏中的NURBS Creation Toolbox（NURBS创建工具箱）按钮，将弹出NURBS工具箱，如图5-56所示。

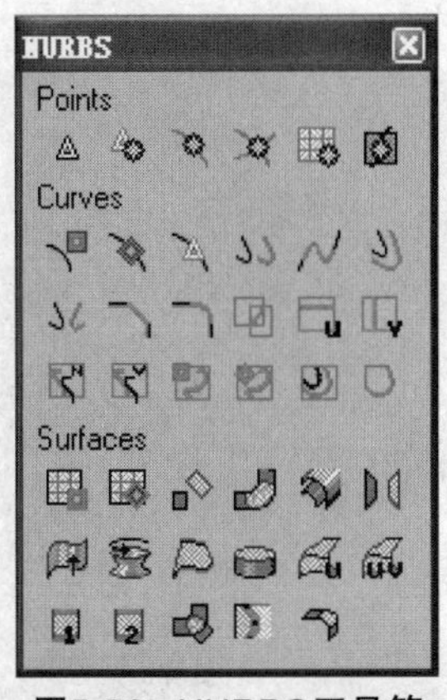

图5-56 NURBS工具箱

该工具箱是系统提供的NURBS专用工具箱，工具箱中的工具与Modify（修改）面板中如图5-57所示的Create Points（创建点）等3个卷展栏中的命令按钮是完全一致的。

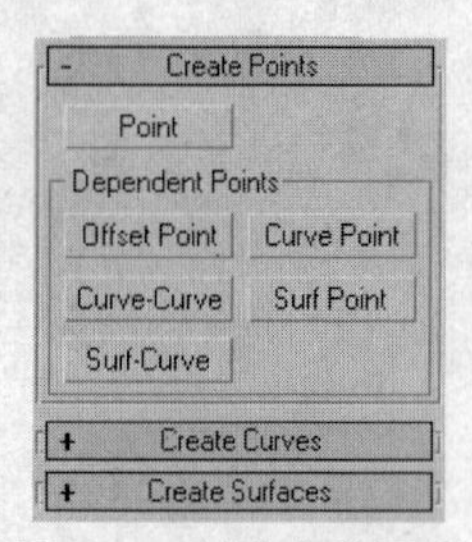

图5-57 创建点卷展栏

5.3.3 实际操作

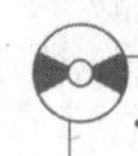

· 最终文件 第5章\任务19\任务19实际操作最终文件.max

前面对NURBS的基本类型及创建工具箱进行了介绍，在本小节中将以实例操作的方式向读者介绍应用NURBS创建对象的方法，具体操作如下。

步骤❶ 在Create（创建）面板的图形类别下选择NURBS曲线选项，并单击Point Curve（点曲线）按钮，在Front（前）视口中创建如图5-58所示的NURBS曲线。

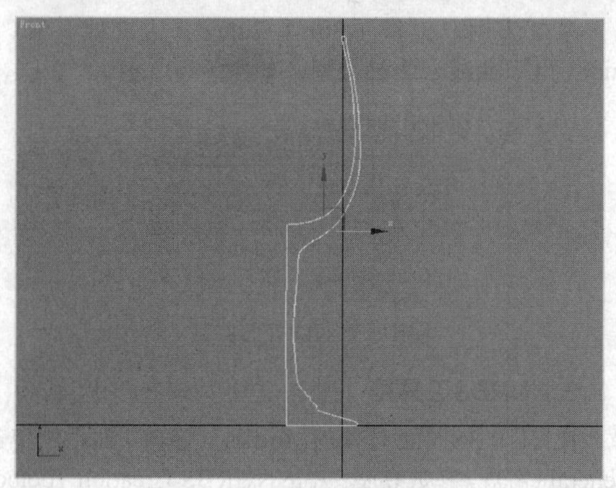

图5-58 创建NURBS曲线

步骤❷ 在Front（前）视口中创建如图5-59所示的NURBS线。

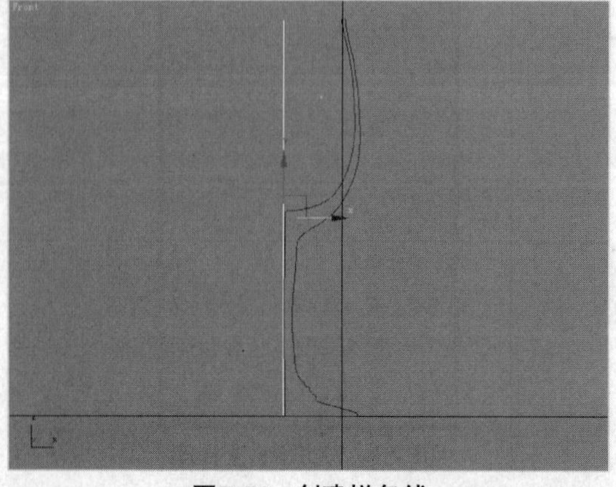

图5-59 创建样条线

步骤❸ 在Modify（修改）面板中单击NURBS Creation Toolbox（NURBS创建工具箱）按钮，在弹出的工具箱中选择Greate Lathe Surface（创建车削曲面）工具，如图5-60所示。

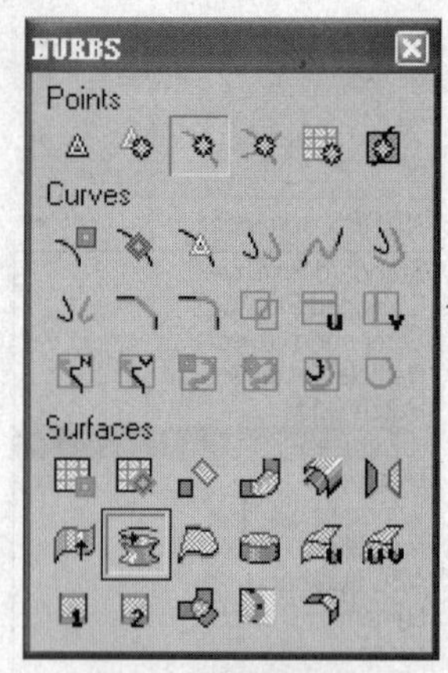

图5-60 选择工具

步骤❹ 在前视口中将指针置于场景中第二次创建的NURBS样条线上，拾取该样条线，效果如图5-61所示。

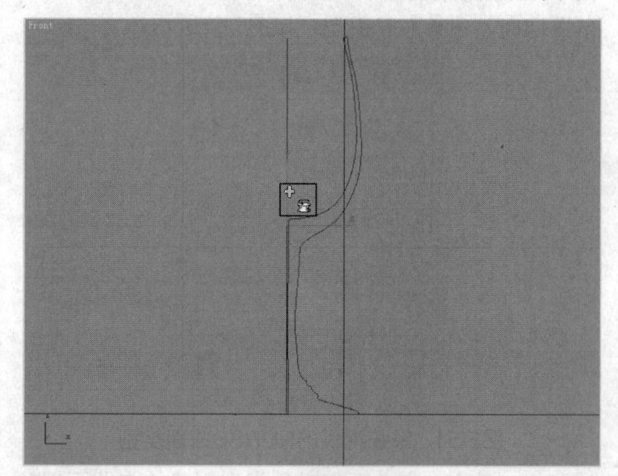

图5-61 拾取样条线

步骤❺ 在拾取了第二次创建的NURBS样条线之后，再拾取场景中第一次创建的曲线，如图5-62所示。

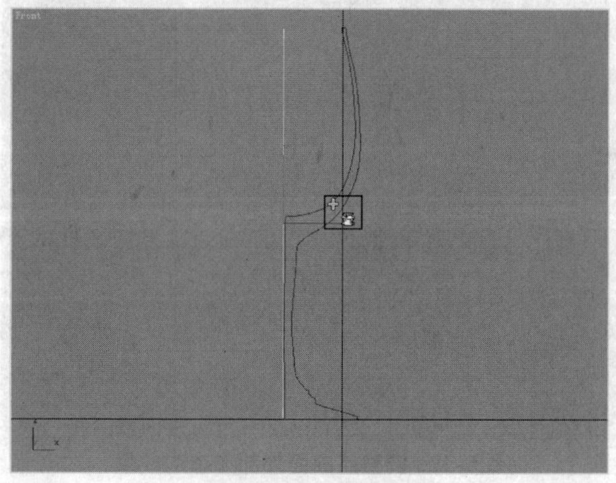

图5-62 拾取样条曲线

步骤❻ 拾取完后玻璃杯的大致形态即被制作出来了，效果如图5-63所示。

图5-63 玻璃杯初模效果

步骤7 选择制作的玻璃杯模型，在Modify（修改）面板中为其添加MeshSmooth（网格平滑）修改器，并保持如图5-64所示的默认参数。

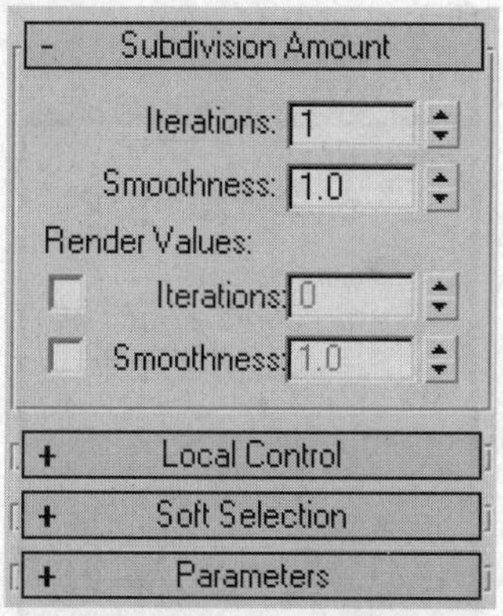

- Subdivision Amount
Iterations: 1
Smoothness: 1.0
Render Values:
Iterations: 0
Smoothness: 1.0
+ Local Control
+ Soft Selection
+ Parameters

图5-64 保持默认网格平滑修改器参数

步骤8 在透视视口中可预览到玻璃杯模型被添加了MeshSmooth（网格平滑）修改器后的效果，如图5-65所示。

图5-65 实例效果

步骤9 在视口中创建一个无缝背景，并设置灯光，其渲染效果如图5-66所示。

图5-66 放入场景效果

步骤10 为场景中的对象赋予材质，最终渲染效果如图5-67所示。

图5-67 最终渲染效果

5.3.4 深度解析：NURBS工具箱中部分工具简介

在前面的小节中对NURBS工具箱中的Greate Lathe Surface（创建车削曲面）工具进行了介绍，在本节中将对工具箱的其他工具进行简要介绍。

在NURBS工具箱的Curves（曲线）组中的Create Offset Curve（创建偏移曲线）工具可使原始曲线、父曲线偏移，如图5-68所示。

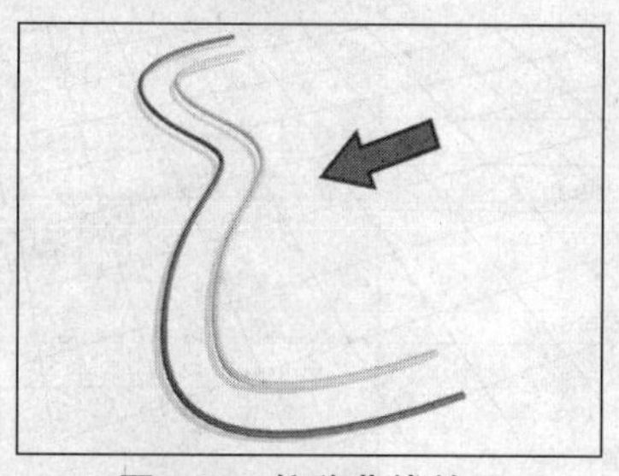

图5-68 偏移曲线效果

选择工具箱中的Create Mirror Curve（创建镜像曲线）工具，可将当前NURBS曲线镜像，效果如图5-69所示。

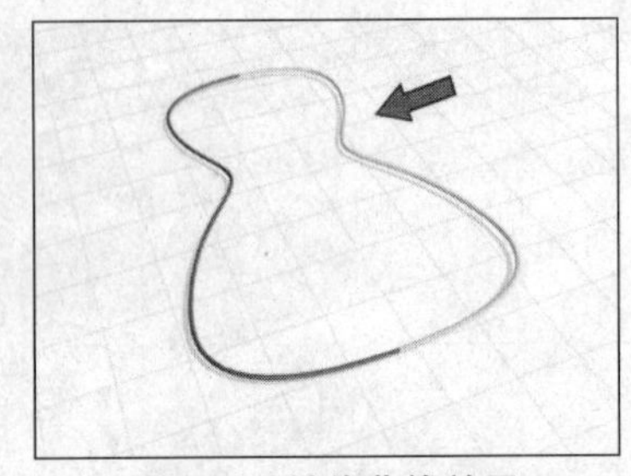

图5-69　镜像曲线效果

5.4 综合实训：制作烛台

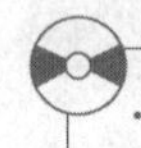

·最终文件　第5章\综合实训\综合实训最终文件.max

前面对网格建模、多边形建模，以及NURBS曲线建模方法进行了介绍，在本节中将通过制作烛台模型对所讲解的知识进行总结。

步骤❶ 在Create（创建）面板选择Shape（图形）类型中的Line（线）对象类型，在Front（前）视口中创建如图5-70所示的对象。

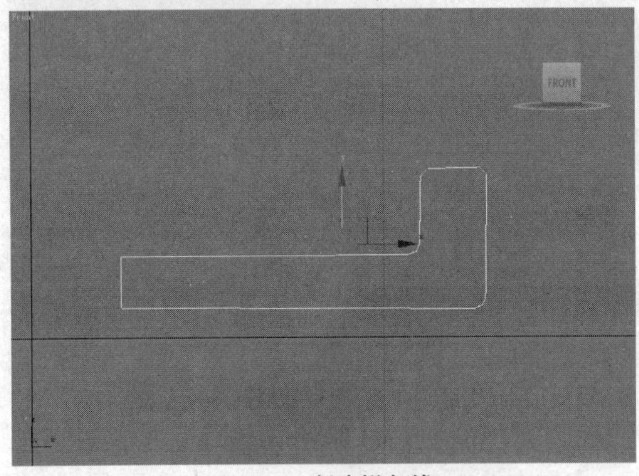

图5-70　创建样条线

步骤❷ 选择创建的样条线并单击鼠标右键，在弹出的四元菜单中选择如图5-71所示的Convert to NURBS（转换为NURBS）命令。

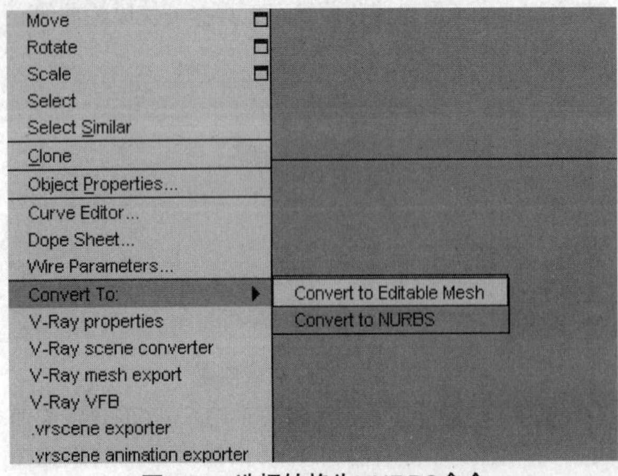

图5-71　选择转换为NURBS命令

步骤❸ 在Create（创建）面板中选择Point Curve（点曲线）类型，然后在视口中创建点曲线，效果如图5-72所示。

图5-72　创建点曲线

步骤❹ 选择第一次制作的NURBS曲线，在NURBS工具箱中选择Greate Lathe Surface（创建车削曲面）工具，如图5-73所示。

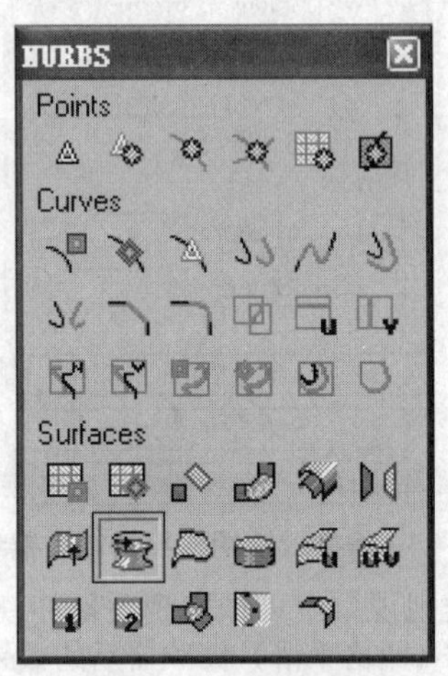

图5-73　选择工具

步骤❺ 在视口中拾取第二次创建的Point Curve（点曲线），如图5-74所示。

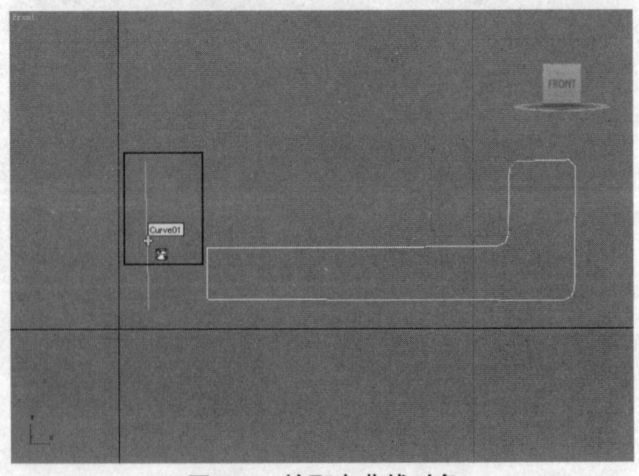

图5-74　拾取点曲线对象

步骤❻ 拾取了创建的点曲线之后，在视口中继续拾取NURBS曲线，如图5-75所示。

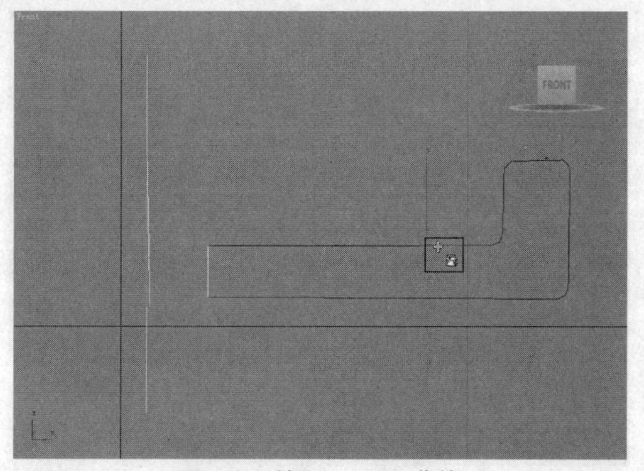

图5-75 拾取NURBS曲线

步骤❼ 在Modify（修改）面板中设置如图5-76所示的旋转参数。

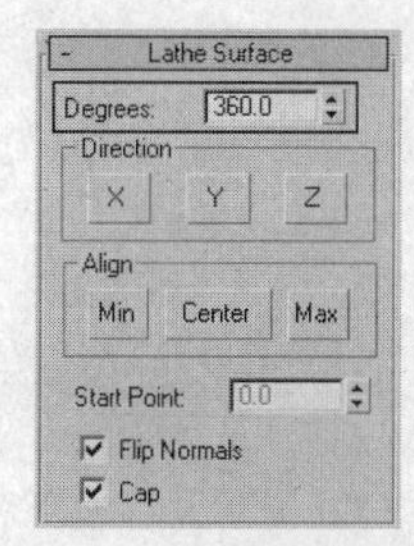

图5-76 设置旋转参数

步骤❽ 在透视视口中创建圆柱体对象，如图5-77所示。

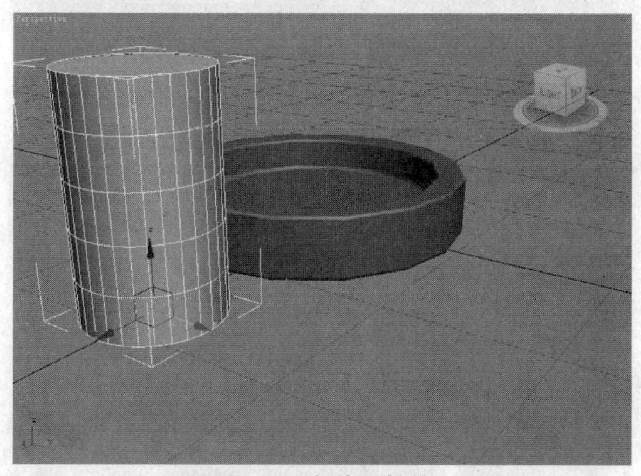

图5-77 创建圆柱体

步骤❾ 选择创建的圆柱体并单击鼠标右键，在弹出的四元菜单中选择Convert to Editable Poly（转换为可编辑多边形）命令，如图5-78所示。

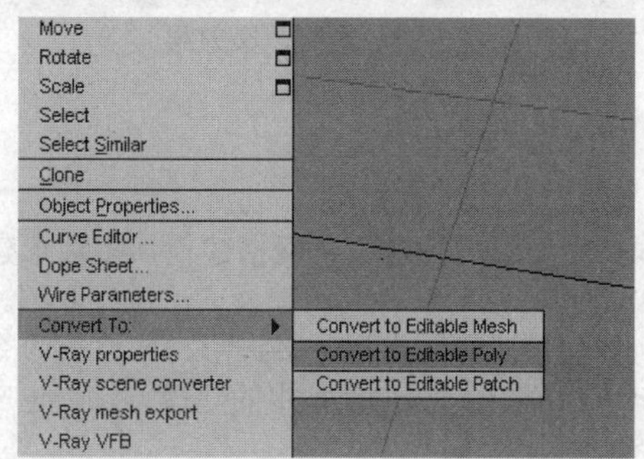

图5-78 选择转换为可编辑多边形命令

步骤❿ 选择Modify（修改）面板中可编辑多边形下的Polygon（多边形）层级，在视口中选择圆柱体对象顶部的多边形，如图5-79所示。

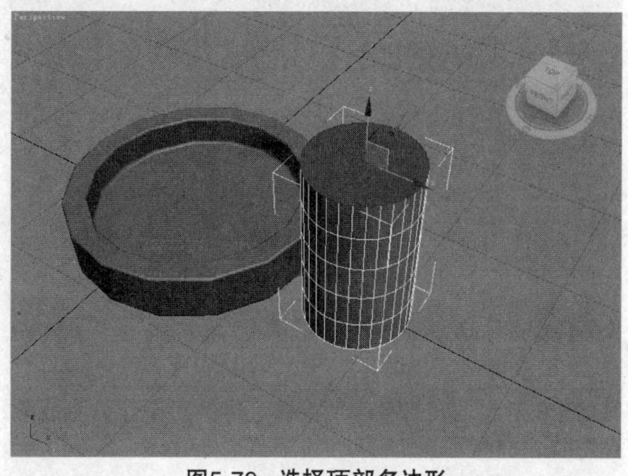

图5-79 选择顶部多边形

步骤⓫ 在Modify（修改）面板中通过单击Inset（插入）设置按钮，为对象插入新的多边形，效果如图5-80所示。

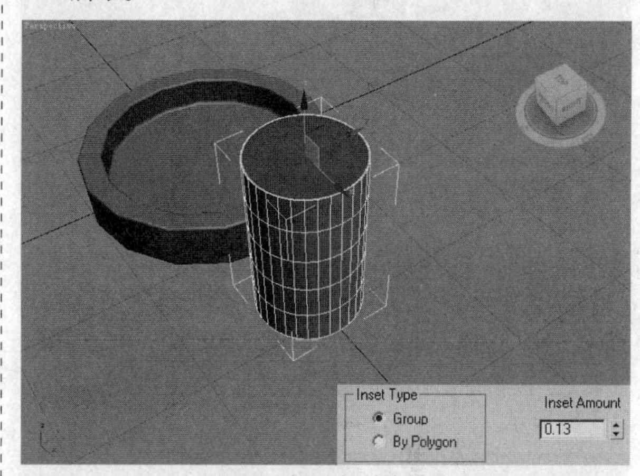

图5-80 插入新的多边形

步骤⓬ 通过单击Extrude（挤出）设置按钮，对新插入的多边形进行挤出操作，如图5-81所示。

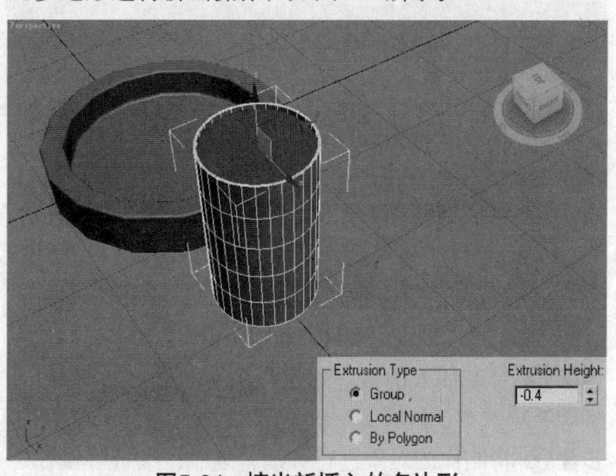

图5-81 挤出新插入的多边形

步骤⓭ 对挤出的新的多边形继续进行Inset（插入）操作，如图5-82所示。

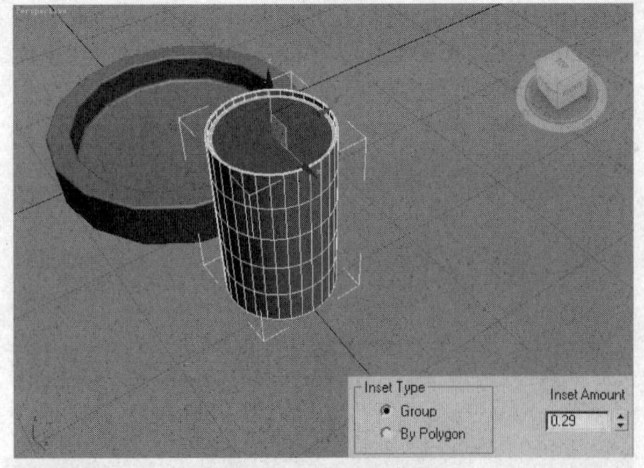

图5-82　插入多边形

步骤⑭ 对新插入的多边形继续进行挤出操作，完成效果如图5-83所示。

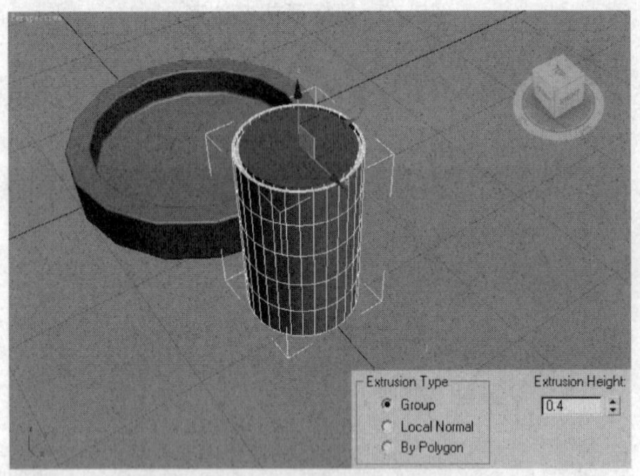

图5-83　挤出新插入的多边形

步骤⑮ 在新挤出的多边形上再次插入新的多边形，如图5-84所示。

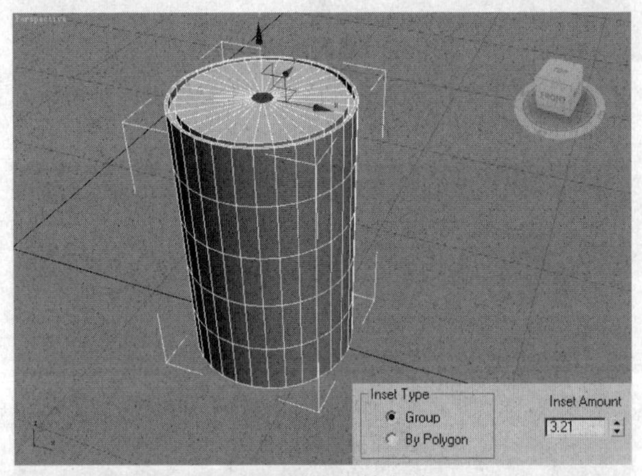

图5-84　插入新的多边形

步骤⑯ 对新插入的多边形进行Bevel（倒角）操作，如图5-85所示。

步骤⑰ 将制作的对象进行移动、复制、缩放等操作，完成效果如图5-86所示。

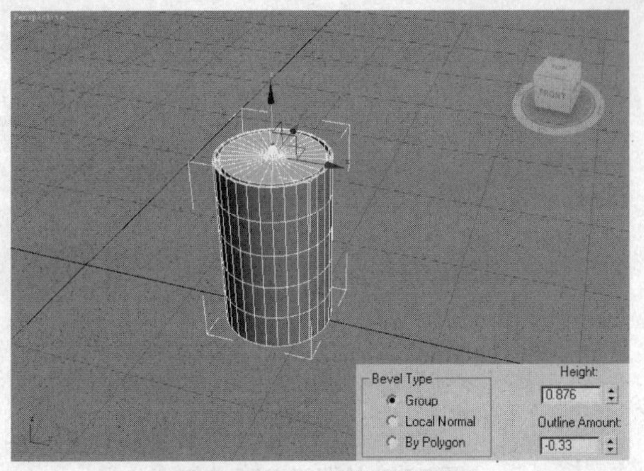

图5-85　多边形倒角的效果

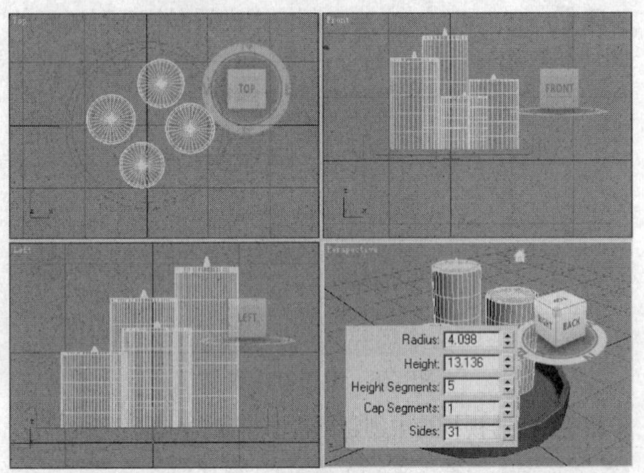

图5-86　移动、复制、缩放对象效果

步骤⑱ 在视口中创建一个平面作为桌面，为各对象赋予材质后的渲染效果如图5-87所示。

图5-87　最终渲染效果

5.5 教学总结

本章主要对面片建模、网格建模、多边形建模及NURBS建模方法等多种高级建模方法进行介绍。在使用几何体建模时必须掌握好多边形、网格等命令的用法。NURBS建模方法也是常用的建模方法，也应掌握其命令的使用方法。

5.6 测试练习

1. 填空题

（1）Patch Grids（面片栅格）对象类型包含了________和________两种类型。

（2）________命令可将多个独立的对象附加在一起，形成一个单独的网格对象。

（3）NURBS造型系统由________、________、________3种元素构成。

2. 选择题

（1）在Edit Patch（编辑面片）修改器的Selection（选择）卷展栏中不包括________层级。

A. 顶点　　B.边

C. 元素　　D. 网格

（2）Explode（炸开）命令不能将选择的________进行炸开。

A. 边　　B. 多边形

C. 顶点　　D. 元素

（3）NURBS Surface（NURBS曲面）共包含________种类型对象。

A. 2　　B. 3

C. 4　　D. 5

3. 判断题

（1）为创建的基本对象添加Edit Patch（编辑面片）修改器后，即可对其进行面片编辑。（　）

（2）Bevel（倒角）按钮可对选择的对象进行倒角操作。（　）

（3）NURBS曲线不具有可渲染性。（　）

4. 问答题

（1）Patch Grids（面片栅格）对象类型包含几种类型对象，这几种类型对象之间的不同之处是什么？

（2）将普通模型转换为网格对象的方法有哪些？各种方法的区别又是什么？

（3）NURBS工具箱中的工具分为哪几类？

Chapter 06

3D数字灯光与摄影机的基础知识

▶ **考点预览**

1. Standard（标准）灯光的分类
2. 设置灯光的参数
3. 摄影机的分类
4. 镜头参数与视野参数的作用
5. 使用摄影机系统的备用镜头

▶ **课前预习**

本章将对Standard（标准）灯光及摄影机的基础知识进行介绍。系统为用户提供了8种Standard（标准）灯光及两种摄影机类型，并可设置镜头参数或在9种备用镜头中选择。

6.1 任务20 了解标准灯光的类型

3ds Max中灯光可分为标准灯光类型、模拟真实的光度学灯光两大类型，标准灯光是基于计算机的模拟灯光对象，只能模拟投射方法，不具有基于物理的属性参数。在本节中将对标准灯光类型进行介绍。

任务快速流程：

打开场景 ➜ 选择灯光类型 ➜ 添加灯光 ➜ 渲染场景

6.1.1 简单讲评

灯光是模拟实际灯光（如家庭或办公室的灯光、舞台和电影工作中的照明光以及太阳光）的对象。不同种类的灯光对象用不同的方法投射灯光， 模拟真实世界中不同种类的光源。读者在学习过程中应当掌握Target Spot（目标聚光灯）、Skylight（天光）等标准灯光，以及各类灯光的参数设置。

6.1.2 核心知识

Standard（标准）灯光可细分为Omni（泛光灯）、Target Spot（目标聚光灯）、Free Spot（自由聚光灯）等如图6-1所示的8种不同类型的灯光。

图6-1 标准灯光类型

在本书中，将按照Spot Light（聚灯光）、Direct Light（平行光）、Omni（泛光灯）、Area Light（区域灯光）这几大类来对Standard（标准）灯光的类型进行介绍。

1. Spot Light（聚灯光）

Target Spot（目标聚光灯）Target Spot是一种有方向的光源，用户可以控制光束大小及其衰减范围等，如图6-2所示。

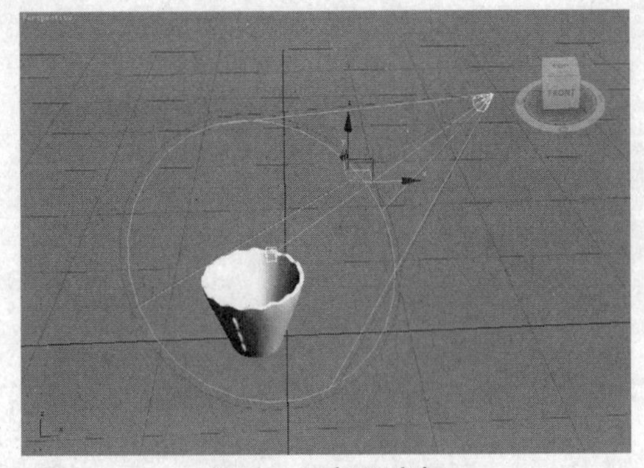

图6-2 目标聚光灯

Free Spot（自由聚光灯）Free Spot的功能及各项参数与Target Spot（目标聚光灯）相似，只是该灯光没有目标点，其照射按固定方向延伸，如图6-3所示。

图6-3 自由聚光灯

2. Direct Light（平行光）

Target Direct（目标平行光）是一种有向灯光，它沿一个方向投射出平行光线。图6-4所示的即为Target Direct（目标平行光）。

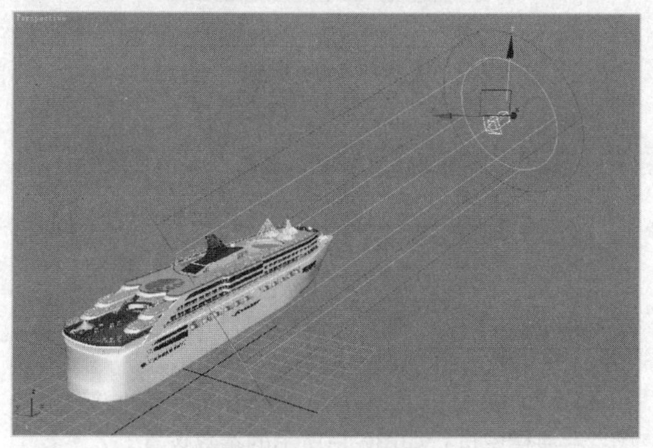

图6-4 目标平行光

图6-5所示的Free Direct（自由平行光）与Target Direct（目标平行光）的特性一样，但该灯光没有目标点，可以通过移动或旋转来改变灯的照射方向。

图6-5 自由平行光

3. Omni（泛光灯）和Skylight（天光）

图6-6所示的Omni（泛光灯）均匀地向四周发射光线，它没有控制照射方向的光束，将照亮所有面向它的对象。

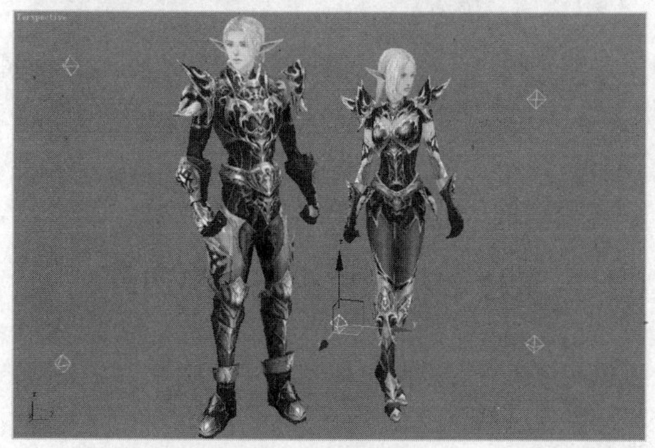

图6-6 泛光灯

图6-7所示的Skylight（天光）常和光跟踪器一起使用来模拟真实的日光效果，可对其颜色进行修改，并且可以使用贴图。

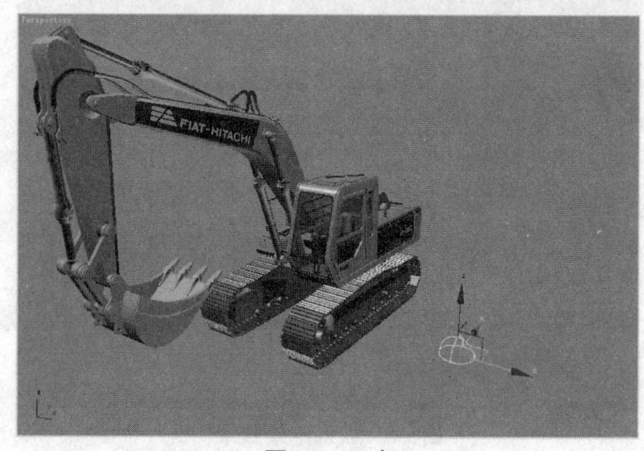

图6-7 天光

4. Area Light（区域灯光）

区域灯光包括mr Area Omni（mr区域泛光灯）和mr Area Spot（mr区域聚光灯）两种，是专门为Mental ray渲染器设计的灯光类型，支持全局照明、聚光等功能。这两种灯光从光源周围一个宽阔的区域内发光，生成边缘柔和的阴影，使场景更加真实。

6.1.3 实际操作

·原始文件 第6章\任务20\任务20实际操作原始文件.max

·最终文件 第6章\任务20\任务20实际操作最终文件.max

前面对Target Spot（目标聚光灯）、Omni（泛光灯）等Standard（标准）灯光进行了分类介绍，在本节中将通过实例操作，向读者介绍灯光的使用方法，具体步骤如下。

步骤❶ 打开光盘中提供的“第6章\任务20\任务20实际操作原始文件.max”场景文件，场景效果如图6-8所示。

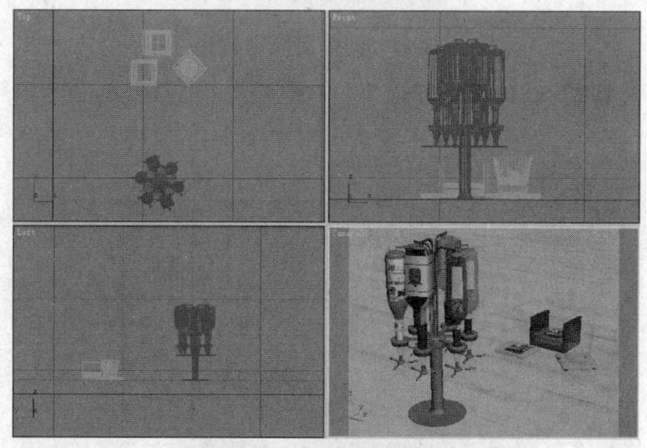

图6-8 打开的场景文件

步骤❷ 执行“Rendering（渲染）>Render（渲染）”命令渲染场景，渲染效果如图6-9所示。

步骤❸ 在Create（创建）面板的Lights（灯光）类别下选择Standard（标准）灯光类型，如图6-10所示。

图6-9　默认渲染效果

图6-10　选择标准灯光

步骤4 在Object Type（对象类型）卷展栏中选择Target Direct（目标平行光）类型灯光，如图6-11所示。

图6-11　选择目标平行光

步骤5 在Front（前）视口中创建一个Target Direct（目标平行光），并在视口中调整灯光的位置，完成后效果如图6-12所示。

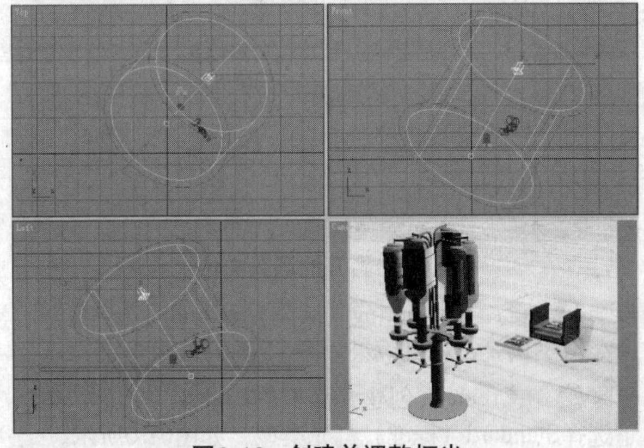

图6-12　创建并调整灯光

步骤6 在灯光的Modify（修改）面板中的General Parameters（常规参数）卷展栏中进行如图6-13所示的设置。

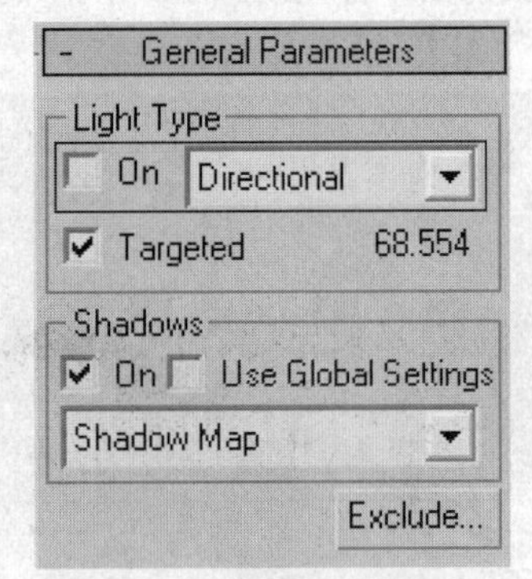

图6-13　设置灯光类型

步骤7 在Intensity/Color/Attenuation（强度/颜色/衰减）卷展栏中进行如图6-14所示的参数设置。

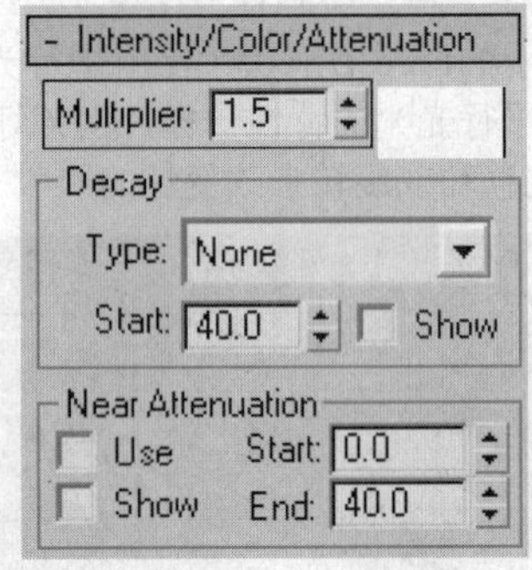

图6-14　设置灯光参数

步骤8 再次执行菜单栏中的“Rendering（渲染）> Render（渲染）”命令渲染场景。图6-15所示的即为添加了灯光后的场景渲染效果。

图6-15　添加灯光后的场景渲染效果

6.1.4　深度解析：自由灯光的调整

Free Spot（自由聚光灯）等自由类型的灯光没有可控制灯光照射方向的目标点，在创建该类型灯光后，可通过移动、旋转、缩放等方法来对灯光进行调整。

图6-16所示的是创建后还未进行调整的Free Spot（自由聚光灯）。

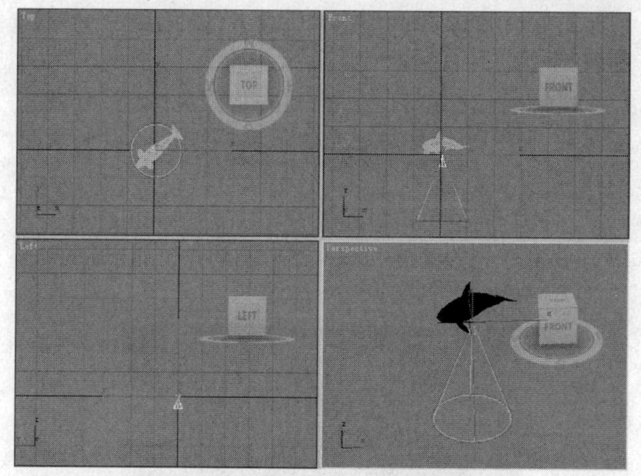

图6-16 未调整的自由聚光灯

图6-17所示的是经过调整后的Free Spot（自由聚光灯）。

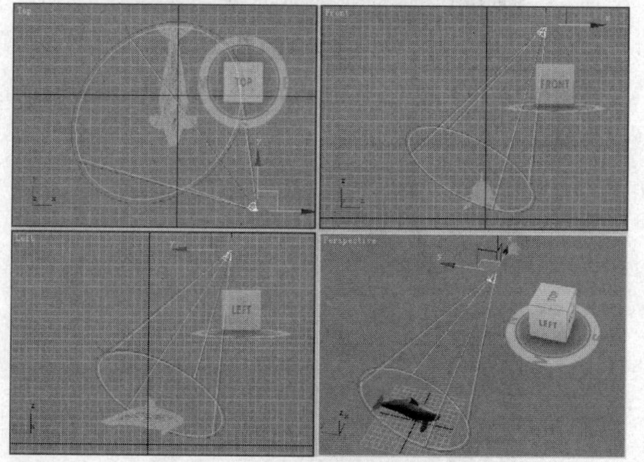

图6-17 调整后的自由聚光灯

6.2 任务21 认识部分标准灯光的参数设置

在前一任务中，读者了解了Standard（标准）灯光的分类，在本节中将带领读者学习部分标准灯光的参数设置。

任务快速流程：

打开场景 ➔ 添加灯光 ➔ 设置参数 ➔ 渲染场景

6.2.1 简单讲评

为真实体现场景中的光与影，每个灯光均为用户提供了大量的参数供其设置。正确的参数设置决定了场景渲染效果的好坏，因此认识、了解各个参数的设置方法对读者来说是非常关键的，建议读者在学习过程中掌握各种类型灯光的公用参数，理解不同参数的设置方法。

6.2.2 核心知识

前面对Standard（标准）灯光的类型进行了介绍，在本节中将向读者介绍General Parameters（常规参数）等几个灯光的参数卷展栏。图6-18所示的是灯光的部分常用参数卷展栏。

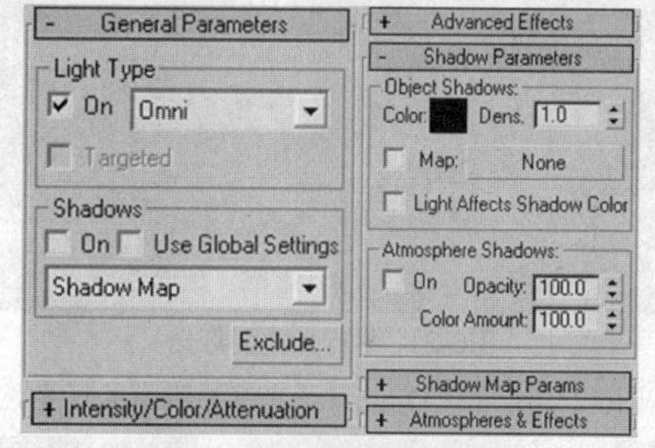

图6-18 部分常用参数卷展栏

下面对这些参数卷展栏进行介绍。

1. General Parameters（常规参数）卷展栏

在Light Type（灯光类型）选项组中主要用于设置是否启用灯光，以及灯光类型的选择。图6-19所示的是勾选On（启用）复选框的效果。

图6-19 启用灯光效果

图6-20所示的是取消勾选On（启用）复选框的效果。

图6-20 不启用灯光效果

在Light Type（灯光类型）选项组为用户提供了3种类型的灯光以方便用户进行选择。图6-21所示的是Directional（平行光）类型灯光。

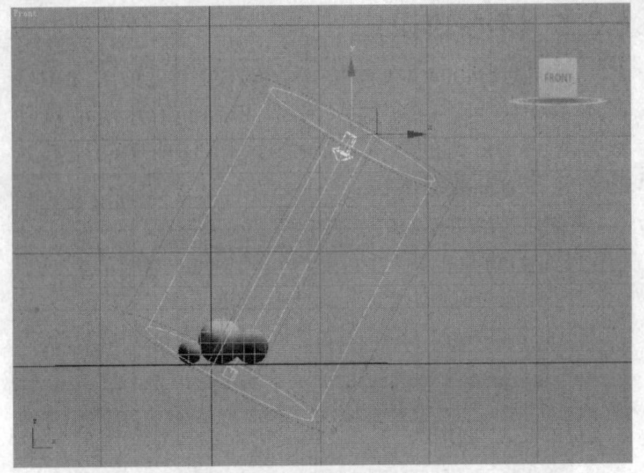

图6-21 平行光类型灯光

图6-22所示的是Omni（泛光灯）类型的灯光。

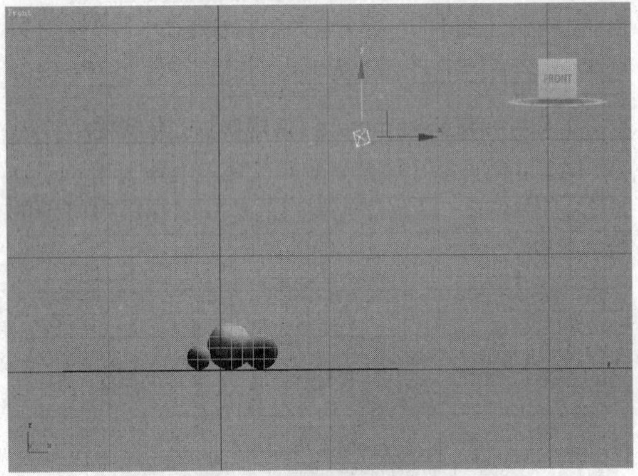

图6-22 泛光灯类型灯光

Shadows（阴影）选项组用于定义灯光阴影的类型。在创建灯光后，系统默认为不启用阴影。图6-23所示的是Area Shadows（区域阴影）效果。

图6-23 区域阴影效果

图6-24所示的是Shadow Map（阴影贴图）效果。

图6-24 阴影贴图效果

2. Intensity/Color/Attenuation（强度/颜色/衰减）卷展栏

Intensity/Color/Attenuation（强度/颜色/衰减）卷展栏主要用于设置灯光的强度、颜色，以及衰减效果等。

在该卷展栏中可以通过设置灯光的Multiplier（倍增）设置灯光的强度。图6-25所示的是Multiplier（倍增）为0.917时的效果。

图6-25 倍增值为0.917时的效果

图6-26所示的是Multiplier（倍增）为1.467时的效果。

图6-26 倍增值为1.467时的效果

Multiplier（倍增）参数后的色块主要用于设置灯光的颜色。图6-27所示的是红色灯光的渲染效果。

图6-27 红色灯光渲染效果

图6-28所示的是灯光颜色为蓝色时的渲染效果。

图6-28 蓝色灯光渲染效果

Near/Far Attenuation（近距/远距衰减）选项组主要用于控制灯光的近距、远距衰减。图6-29所示的是设置近距衰减的渲染效果。

图6-29　近距衰减效果

图6-30所示的是设置远距衰减的渲染效果。

图6-30　远距衰减效果

6.2.3 实际操作

· 原始文件　第6章\任务21\任务21实际操作原始文件.max

· 最终文件　第6章\任务21\任务21实际操作最终文件.max

在前面的小节中，对灯光的General Parameters（常规参数）、Intensity/Color/Attenuation（强度/颜色/衰减）等几个灯光的常用参数卷展栏中的参数进行了介绍。在本小节中将以实例方式对前面介绍的知识点进行练习操作，具体操作步骤如下。

步骤❶ 打开光盘中提供的“第6章\任务21\任务21实际操作原始文件.max”场景文件，如图6-31所示。

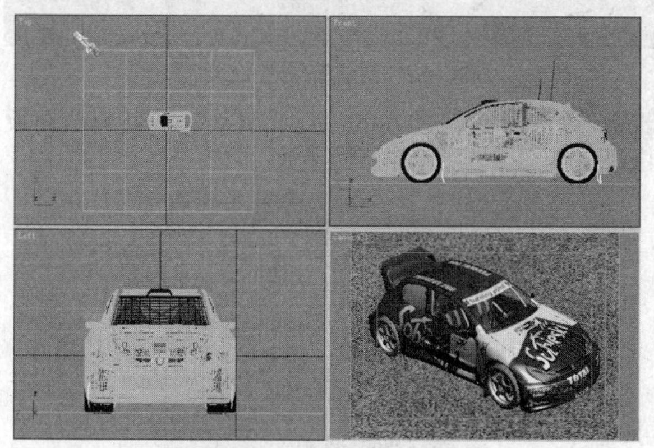

图6-31　打开场景文件

步骤❷ 按下F9键进行渲染，效果如图6-32所示，图像中既没有阴影也没有光线的明暗变化。

图6-32　没有灯光的渲染效果

步骤❸ 在Greate（创建）面板的Lights（灯光）类别下选择Standard（标准）灯光，如图6-33所示。

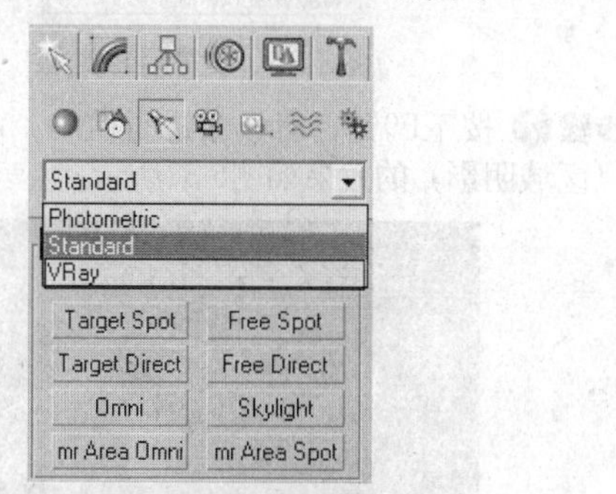

图6-33　选择标准灯光

步骤❹ 在Object Type（对象类型）卷展栏中选择Target Direct（目标平行光），在视口中创建灯光并调整其位置，完成效果如图6-34所示。

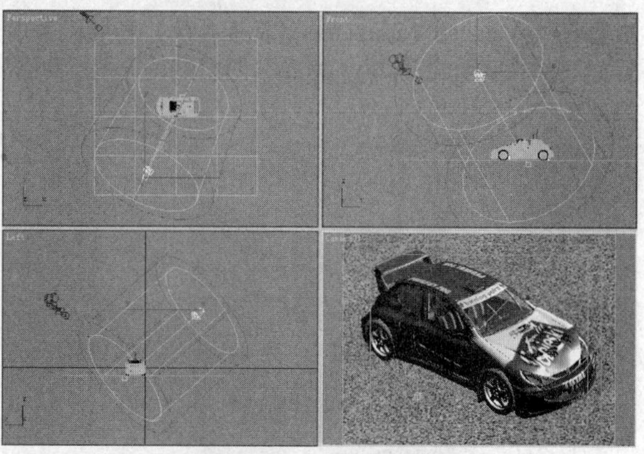

图6-34　创建灯光

步骤❺ 对场景进行渲染，可发现添加灯光后的场景具有了明暗变化，且在画面中留下了平行光形成的圆形光照区域，如图6-35所示。

图6-35　添加灯光后的渲染效果

步骤❻ 选择创建的Target Direct（目标平行光），进入其Modify（修改）面板，为灯光设置如图6-36所示的阴影类型。

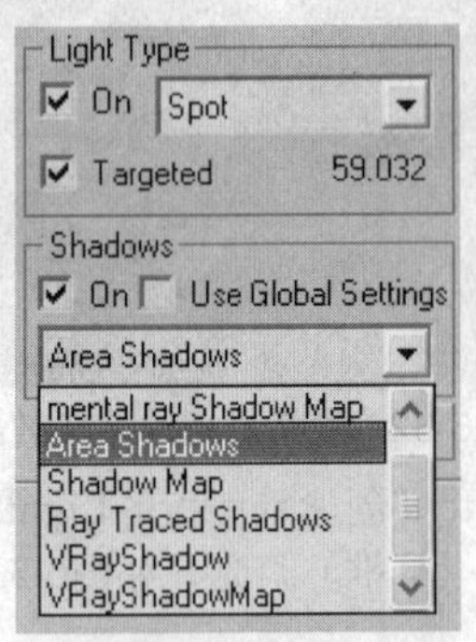

图6-36 设置阴影类型

步骤❼ 按下F9键，对场景进行渲染，Area Shadows（区域阴影）的效果如图6-37所示。

图6-37 区域阴影效果

步骤❽ 在General Parameters（常规参数）卷展栏中设置如图6-38所示的Shadow Map（阴影贴图）灯光阴影类型。

图6-38 选择阴影贴图类型

步骤❾ 再次渲染场景，可观察到Shadow Map（阴影贴图）类型的渲染效果，如图6-39所示。

图6-39 阴影贴图类型的渲染效果

步骤❿ 展开Directional Parameters（平行光参数）卷展栏，进行如图6-40所示的参数设置。

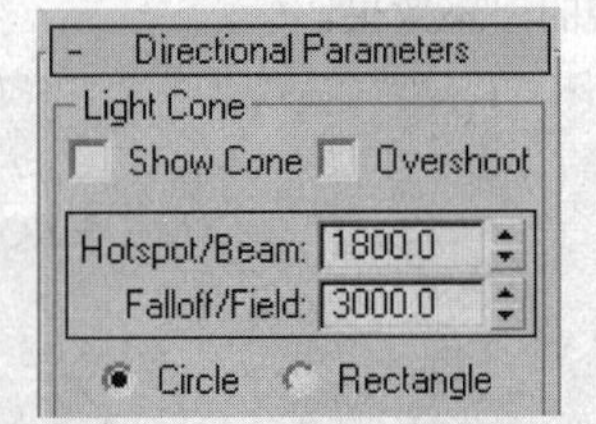

图6-40 设置平行光参数

步骤⓫ 渲染场景，可观察到灯光的照射范围增大了，效果如图6-41所示。

图6-41 设置平行光参数后的渲染效果

步骤⓬ 选择Omni（泛光灯）类型并在视口中创建一个泛光灯，调整泛光灯的位置，完成后的效果如图6-42所示。

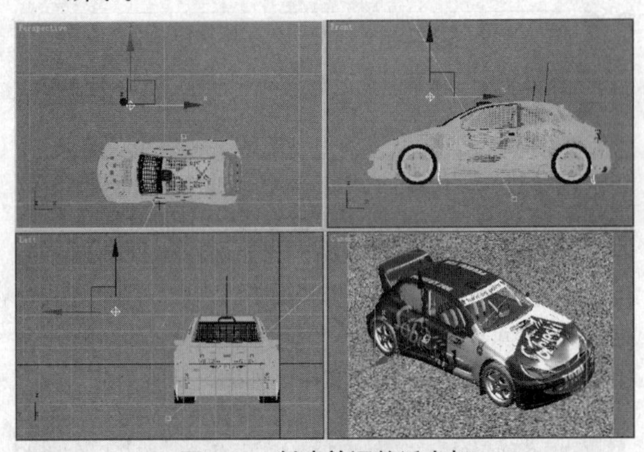

图6-42 创建并调整泛光灯

步骤⓭ 选择创建的Omni（泛光灯），在其修改面板中设置如图6-43所示的灯光参数。

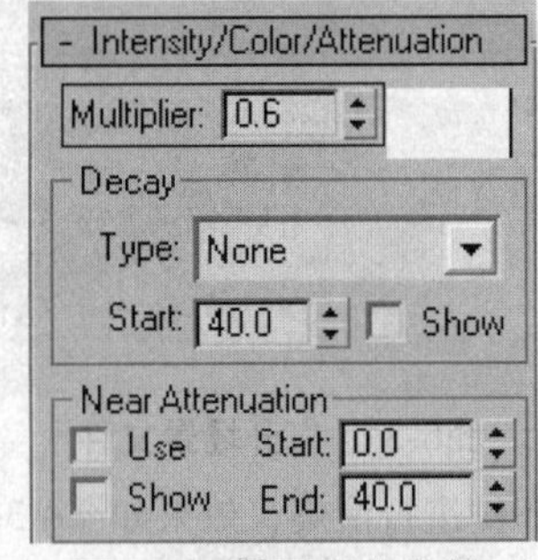

图6-43 设置灯光参数

步骤⑭ 渲染场景，可观察到在添加Omni（泛光灯）后，画面更加明亮且阴影变淡，渲染效果如图6-44所示。

图6-44 添加泛光灯后的渲染效果

6.2.4 深度解析：为灯光指定照射对象

在一个大型的复杂场景中，有时候用户可能并不希望所有的对象都接受灯光的照射，这时可以通过排除对象来使某些对象不接受灯光的照射。本节将向读者讲解如何使用排除功能使场景中的对象不接受灯光照射的方法。

在灯光的General Parameters（常规参数）卷展栏中单击如图6-45所示的Exclude（排除）按钮Exclude...。

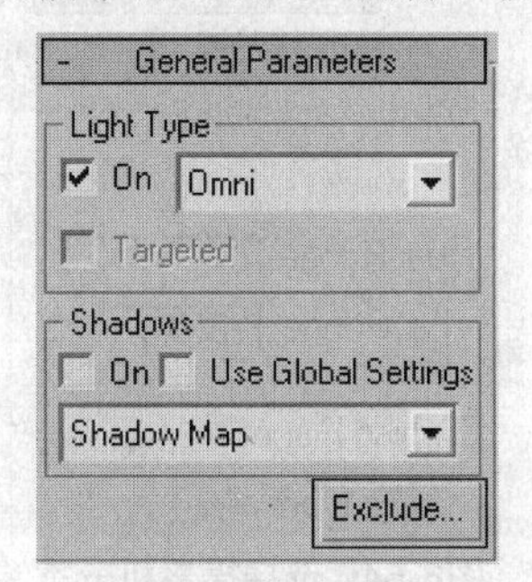

图6-45 排除按钮

在单击了Exclude（排除）按钮Exclude...后，即可开启如图6-46中所示的Exclude/Include（排除/包含）对话框。

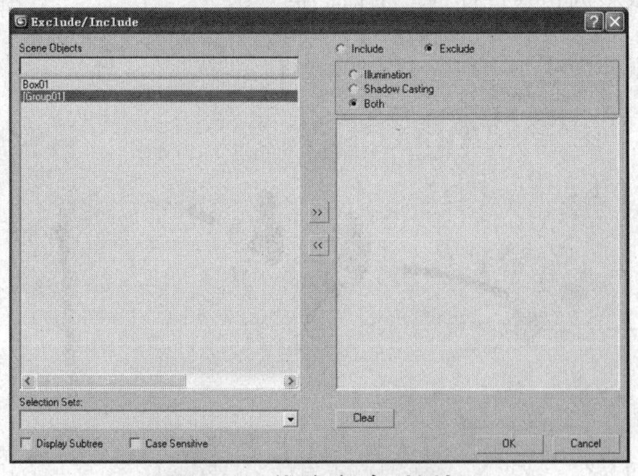

图6-46 排除/包含对话框

在Exclude/Include（排除/包含）对话框中可指定哪些对象受灯光的影响，哪些对象不受灯光的影响。图6-47所示的是使场景对象全部受灯光照射影响时的效果。

图6-47 场景对象全部受灯光照射的效果

图6-48所示的是场景中部分对象不受灯光照射的效果。

图6-48 部分对象不受灯光照射的效果

6.3 任务22 了解摄影机的基础知识

Cameras（摄影机）为用户提供了更加专业的场景观察途径。在为场景添加了摄影机后，用户能够通过视口控制栏中的工具对视口进行更加方便的设置，这些设置包括推远或拉近视口、设置摄影机的镜头焦距等。

任务快速流程：

打开场景 ➔ 添加摄影机 ➔ 设置参数 ➔ 渲染场景

6.3.1 简单讲评

3ds Max提供了Target Camera（目标摄影机）和Free Cameras（自由摄影机）两种摄影机类型，建议读者掌握摄影机的创建方法、摄影机Lens（镜头）和FOV（视野）参数的设置方法、摄影机的类型，以及Stock Lenses（备用镜头）的使用方法。

6.3.2 核心知识

为使摄影机能更加真实地模拟现实摄影机，系统为用户提供了大量的参数，在本小节中将对摄影机的参数进行介绍。摄影机主要通过Lens（镜头）、FOV（视野）两个参数来进行控制。

1. Lens（镜头）参数

Lens（镜头）影响对象出现在图片上的清晰度。Lens（镜头）越小画面中包含的场景就越多。图6-49

所示的是Lens（镜头）为67mm时的画面效果。

图6-49　67毫米镜头的画面效果

加大Lens（镜头）参数值，画面将包含更少的场景，但会显示远距离对象的更多细节。图6-50所示的是Lens（镜头）为97mm时的画面效果。

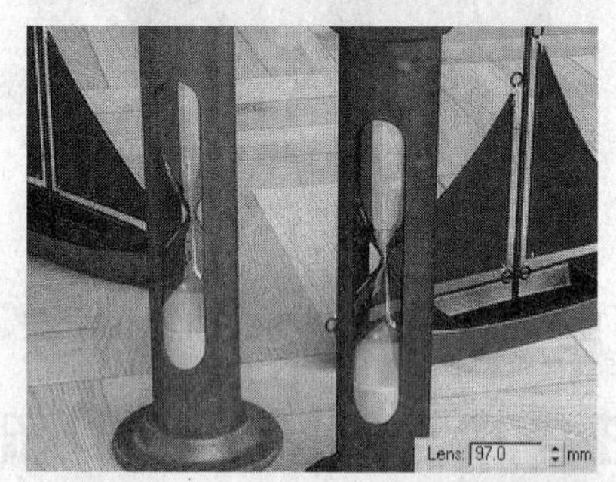

图6-50　97毫米镜头的画面效果

2. FOV（视野）参数

FOV（视野）控制可见场景的数量以水平线度数进行测量。该参数与镜头参数有直接关联。

图6-51所示的是FOV（视野）参数为33.126时的画面效果。

图6-51　视野参数为33.126时的画面效果

图6-52所示的是FOV（视野）参数为20时的画面效果。

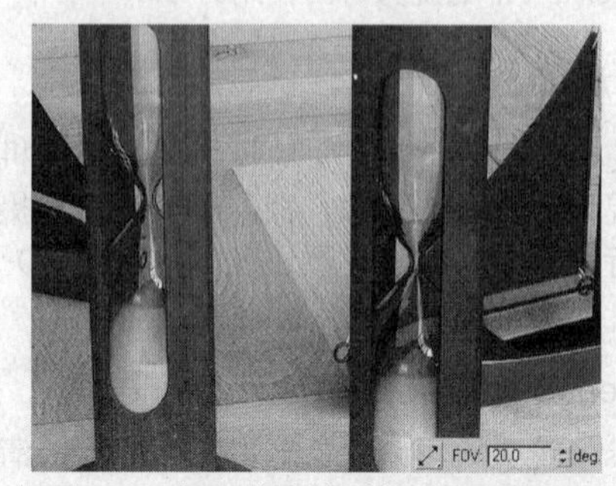

图6-52　视野参数为20时的画面效果

3. 摄影机类型

3ds Max提供了两种摄影机：Target（目标）摄影机和Free（自由）摄影机，如图6-53所示。

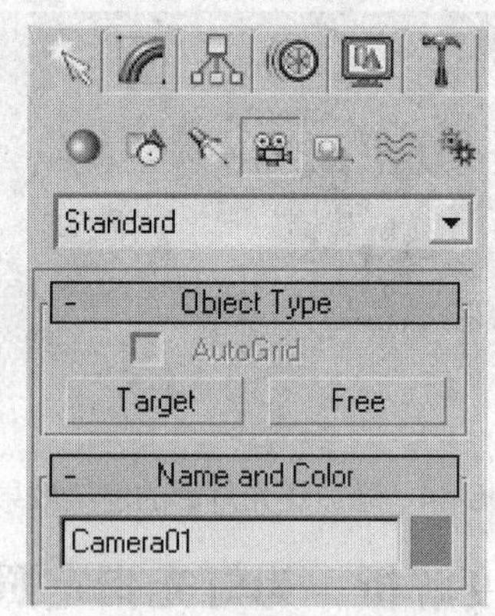

图6-53　摄影机分类

在Cameras（摄影机）的Parameters（参数）卷展栏中单击Type（类型）下拉按钮，在弹出的下拉列表中可选择摄影机类型，如图6-54所示。

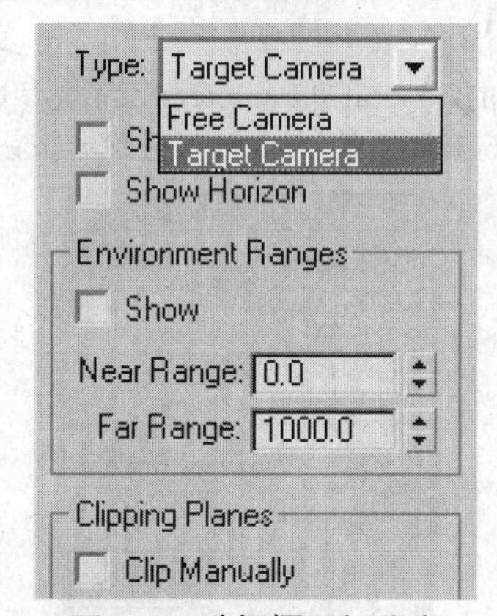

图6-54　选择摄影机分类

Target（目标）摄影机用于查看目标对象周围的区域。创建Target（目标）摄影机后，会看到一个包含两个部分的图标，如图6-55所示，这两个图标分别表示摄影机和其目标（一个白色框）。

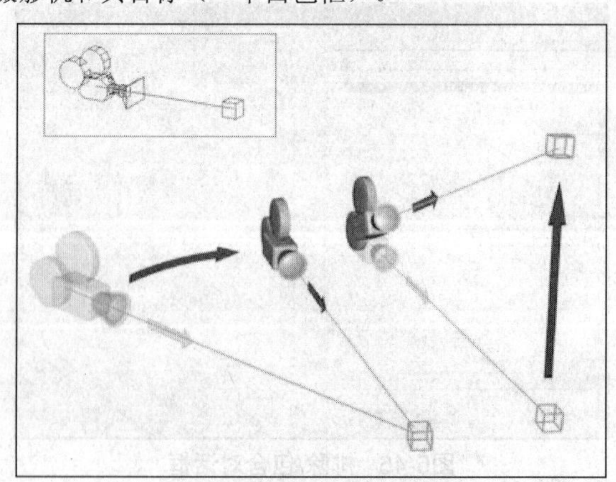

图6-55　目标摄影机示意图

Free（自由）摄影机用于查看注视摄影机方向的区域。图6-56所示的图标表示摄影机及其视野，自由摄影机可以不受限制地进行移动和定向。

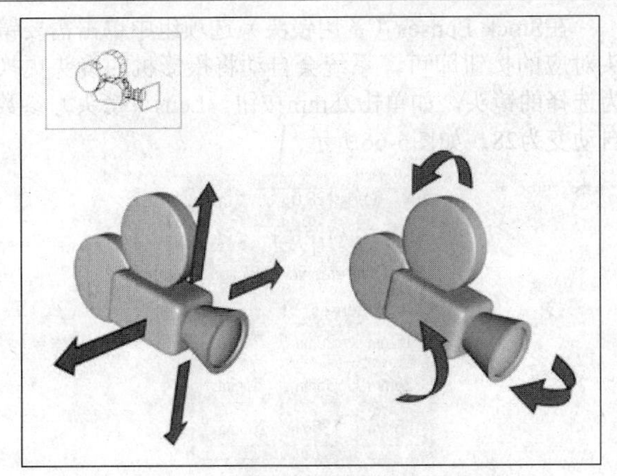

图6-56 可随意调整的自由摄影机

6.3.3 实际操作

· 原始文件 第6章\任务22\任务22实际操作原始文件.max

· 最终文件 第6章\任务22\任务22实际操作最终文件.max

前面对摄影机的Lens（镜头）、FOV（视野）等重要参数，以及摄影机的分类进行了介绍，在本小节中将对通过实例向读者介绍摄影机的使用方法，具体操作步骤如下。

步骤❶ 打开光盘中提供的“第6章\任务22\任务22实际操作原始文件.max”场景文件，如图6-57所示。

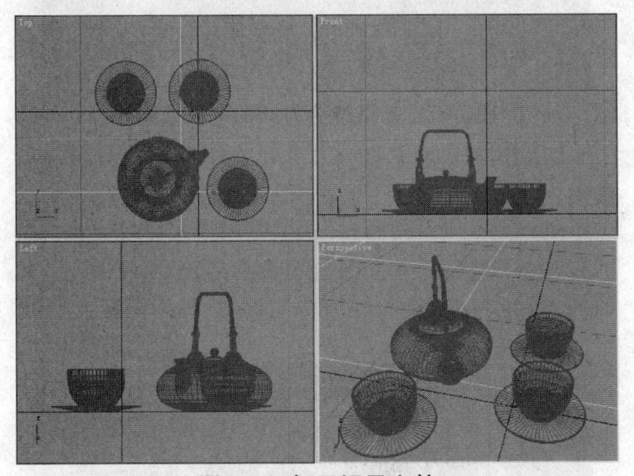

图6-57 打开场景文件

步骤❷ 在Create（创建）面板中选择Camera（摄影机）类别，并选择Target（目标）摄影机类型，如图6-58所示。

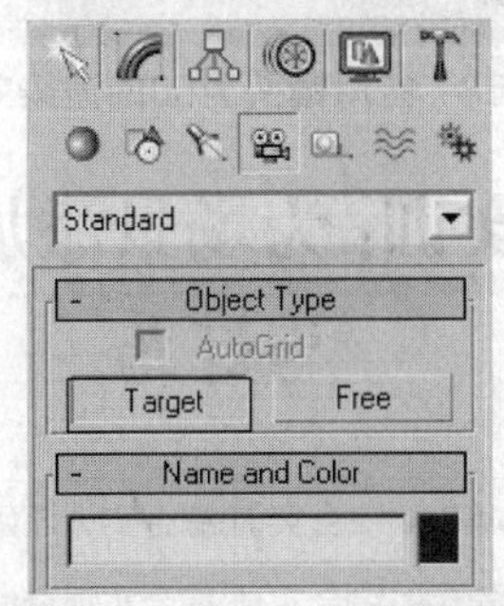

图6-58 选择目标摄影机

步骤❸ 在视口中创建一个目标摄影机，并调整摄影机的位置，完成效果如图6-59所示。

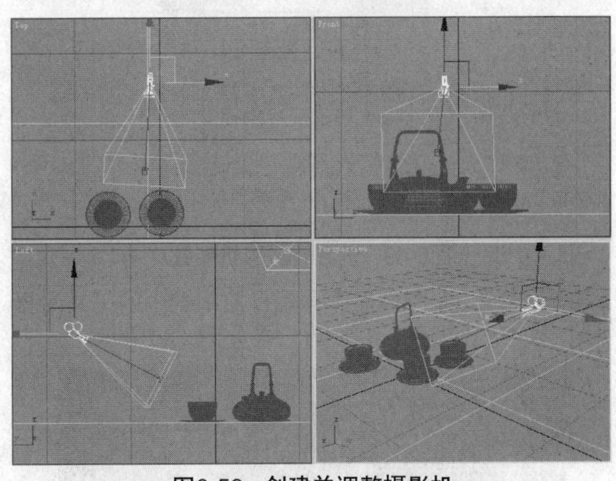

图6-59 创建并调整摄影机

步骤❹ 在Perspective（透视）视口左上角的名称上单击鼠标右键，在弹出的菜单中选择Camera01（摄影机01）命令，如图6-60所示。

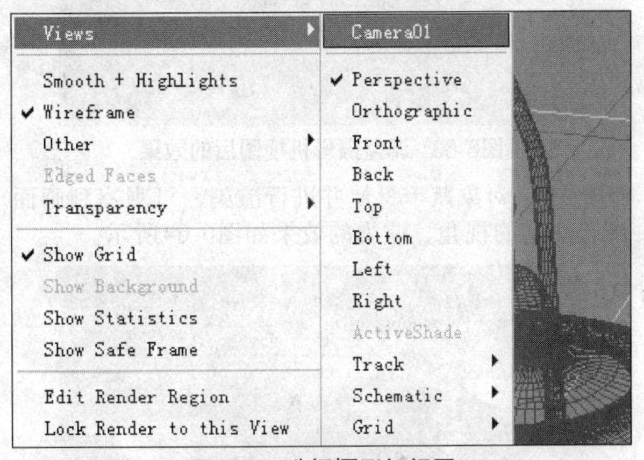

图6-60 选择摄影机视图

步骤❺ 在选择Camera01（摄影机01）命令之后，Perspective（透视）视口即切换为Camera01（摄影机01）视口，如图6-61所示。

图6-61 切换的摄影机01视口

步骤❻ 选择创建的摄影机，进入其Modify（修改）面板，在Parameters（参数）卷展栏中进行如图6-62所示的摄影机参数设置。

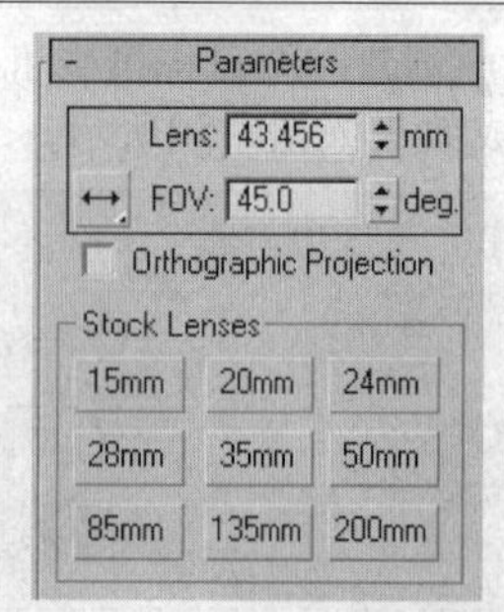

图6-62 设置的摄影机参数

步骤7 使用3ds Max右下角视口控制栏中的工具对摄影机视口进行调整，完成后效果如图6-63所示。

图6-63 调整摄影机视图后的效果

步骤8 为对象赋予材质并进行渲染，可观察到画面带有一定的视角，渲染的效果如图6-64所示。

图6-64 画面带有视角的效果

6.3.4 深度解析：使用系统备用镜头

摄影机不仅可以让用户自定义其Lens（镜头）、FOV（视野）参数，还可以直接使用系统为用户提供的如图6-65所示的9种不同备用镜头。

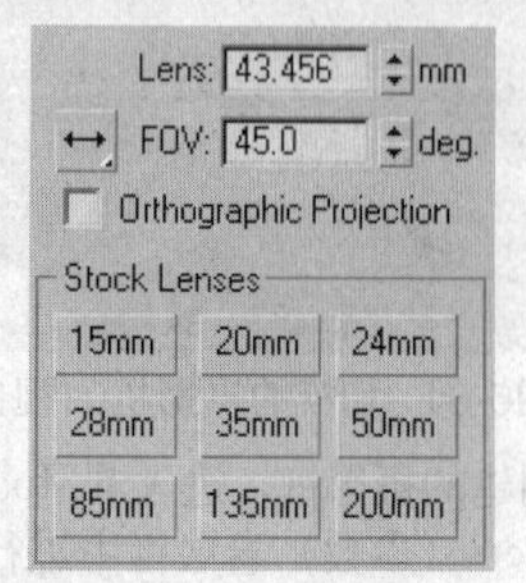

图6-65 9种备用镜头

在Stock Lenses（备用镜头）选项组中单击需要镜头对应的按钮即可，系统会自动将摄影机的镜头更换为选择的镜头，如单击28mm按钮，Lens（镜头）参数自动变为28，如图6-66所示。

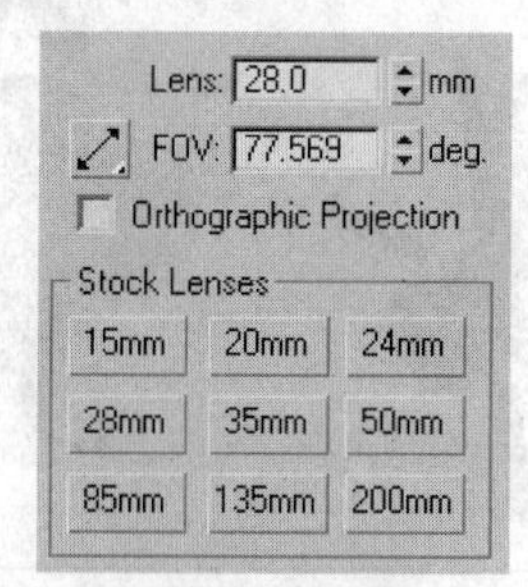

图6-66 选择28毫米备用镜头

图6-67所示的是选择备用镜头为35毫米时的画面效果。

图6-67 备用镜头为35的画面效果

图6-68所示的是选择备用镜头为50毫米时的画面效果。

图6-68 备用镜头为50的渲染效果

6.4 综合实训：为场景添加摄影机与灯光

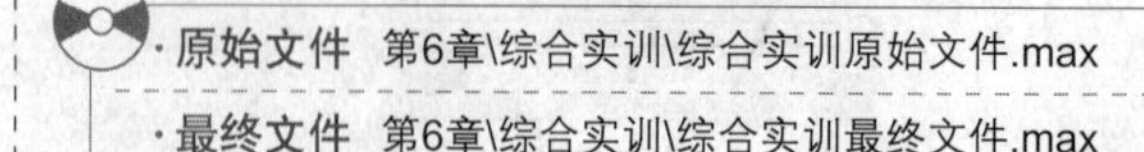

· 原始文件 第6章\综合实训\综合实训原始文件.max

· 最终文件 第6章\综合实训\综合实训最终文件.max

本章对Standard（标准灯光）的分类及部分常用参数、摄影机基础知识进行了介绍。在本节中将通过为场景添加摄影机、灯光的实例操作，对本章所介绍的知识进行总结，具体操作步骤如下。

步骤① 打开光盘中提供的“第6章\综合实训\ 综合实训原始文件.max”场景文件，场景文件效果如图6-69所示。

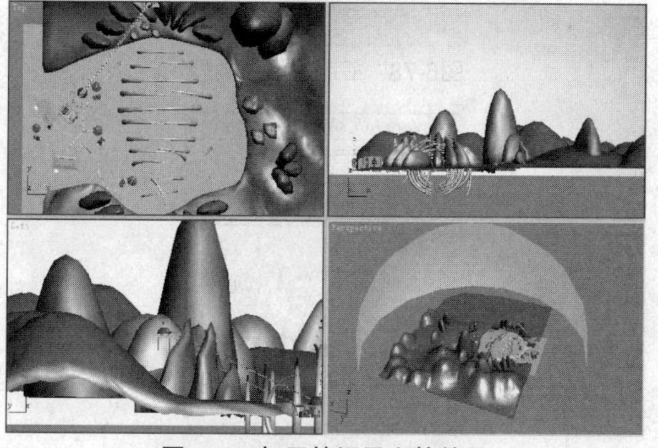

图6-69 打开的场景文件效果

步骤② 在Create（创建）面板中选择Camera（摄影机）类别，如图6-70所示。

图6-70 选择摄影机类别

步骤③ 选择Target（目标）摄影机类型并在视口中创建一个目标摄影机，然后在视口中调整摄影机的位置，完成后效果如图6-71所示。

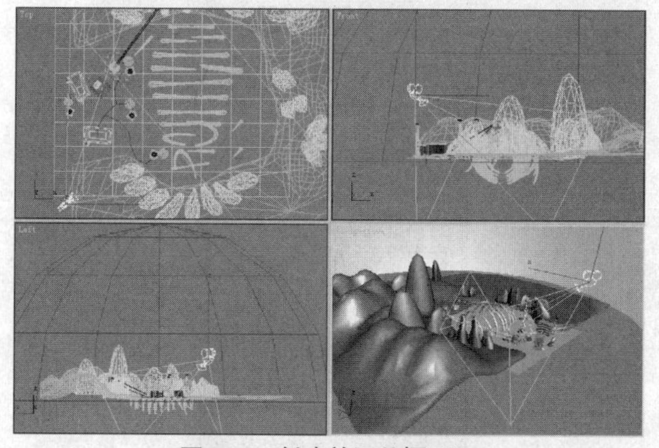

图6-71 创建并调整摄影机

步骤④ 在Perspective（透视）视口左上角的名称上单击鼠标右键，在弹出的菜单中选择Camera01（摄影机01）命令，如图6-72所示。

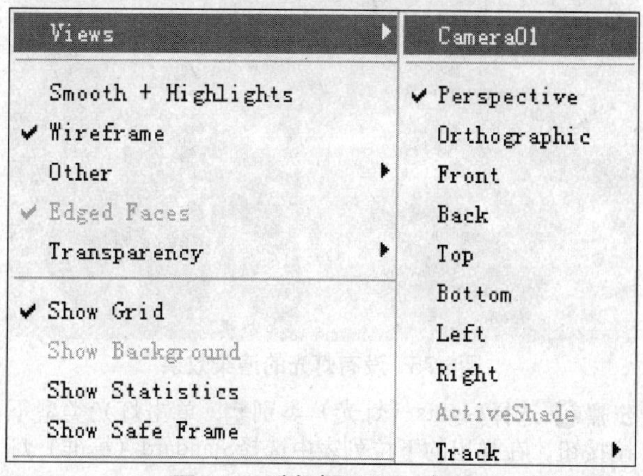

图6-72 选择摄影机01命令

步骤⑤ 在选择Camera01（摄影机01）命令之后，Perspective（透视）视口转换为Camera01（摄影机01）视口，效果如图6-73所示。

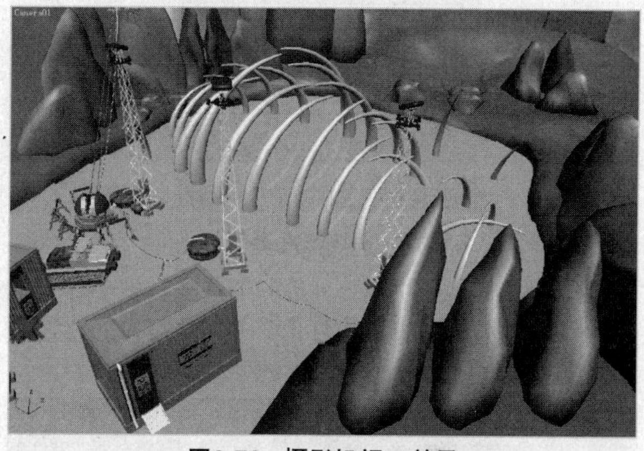

图6-73 摄影机视口效果

步骤⑥ 选择创建的目标摄影机，进入其Modify（修改）面板，展开Parameters（参数）卷展栏，设置如图6-74所示的Lens（镜头）及FOV（视野）参数。

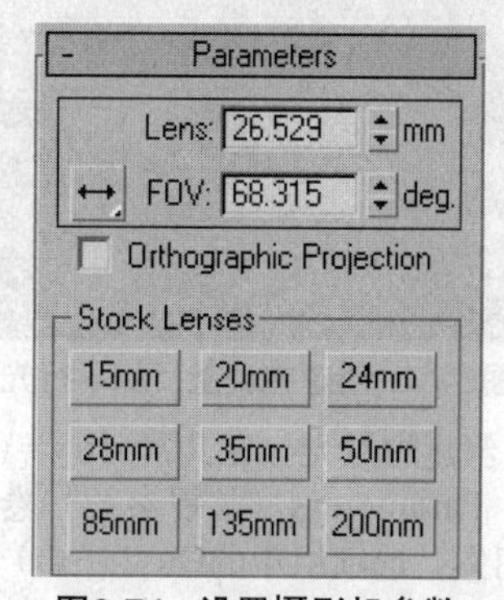

图6-74 设置摄影机参数

步骤⑦ 执行菜单栏中的“Rendering（渲染）>Render（渲染）”命令来渲染场景，效果如图6-75所示。由于场景中没有灯光，场景的渲染画面没有层次感，缺少阴影，所以显得不真实。

图6-75　没有灯光的渲染效果

步骤❽ 选择Lights（灯光）类别，单击灯光类型下拉按钮，在弹出的下拉列表中选择Standard（标准）灯光，如图6-76所示。

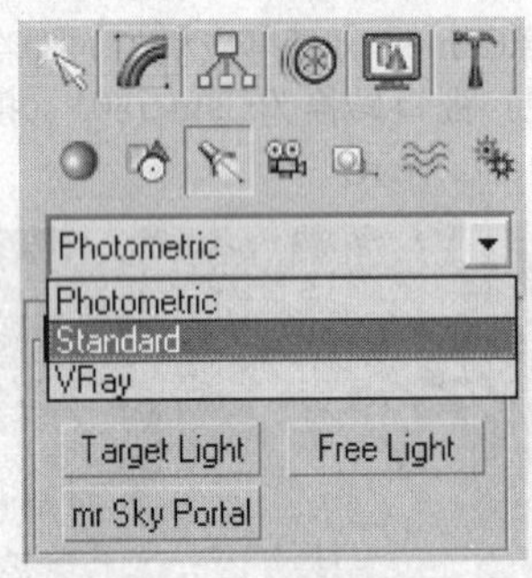

图6-76　选择标准类型灯光

步骤❾ 选择Target Direct（目标平行光）类型灯光，在Front（前）视口中创建灯光，并调整灯光的位置，完成后效果如图6-77所示。

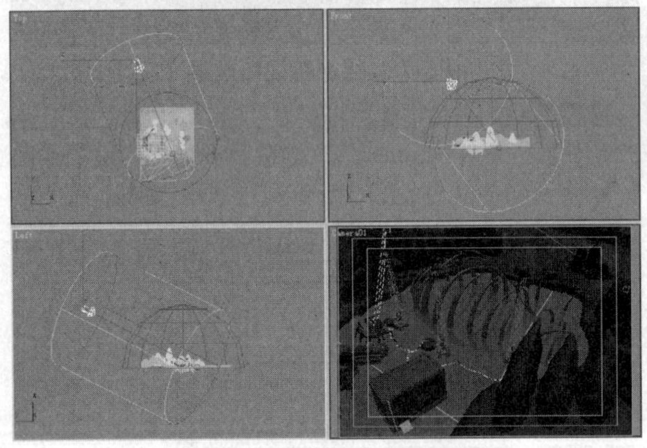

图6-77　创建并调整目标平行光

步骤❿ 选择创建的灯光，在其Modify（修改）面板中的General Parameters（常规参数）卷展栏中勾选Shadows（阴影）选项组中的On（开启）复选框，并为灯光指定如图6-78所示的阴影类型。

步骤⓫ 展开Intensity/Color/Attenuation（强度/颜色/衰减）卷展栏，为灯光设置如图6-79所示的参数。

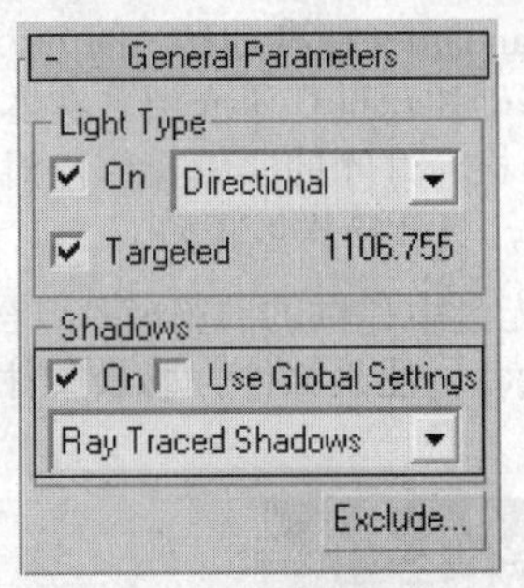

图6-78　指定的阴影类型

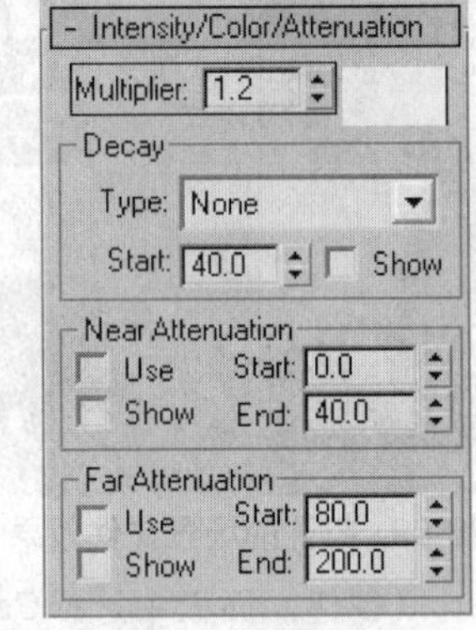

图6-79　设置灯光参数

步骤⓬ 展开Directional Parameters（平行光参数）卷展栏，设置如图6-80所示的平行光参数。

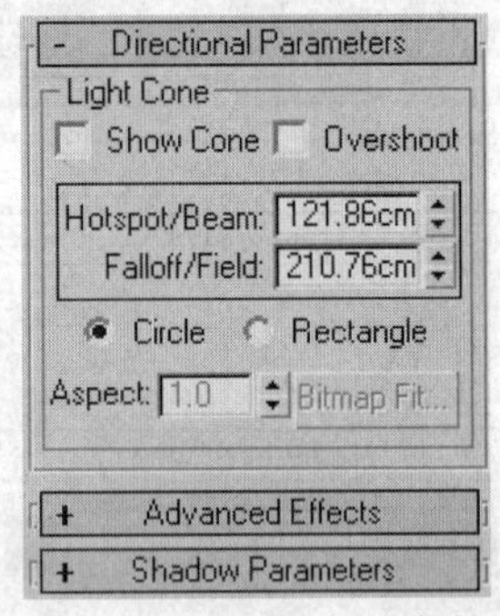

图6-80　设置平行光参数

步骤⓭ 在Standard（标准）类型灯光的Object Type（对象类型）卷展栏中选择Target Direct（目标平行光）类型灯光，如图6-81所示。

图6-81　选择目标平行光类型灯光

步骤⑭ 在Front（前）视口中创建一个目标平行光，在各个视口中调整灯光的位置，完成后效果如图6-82所示。

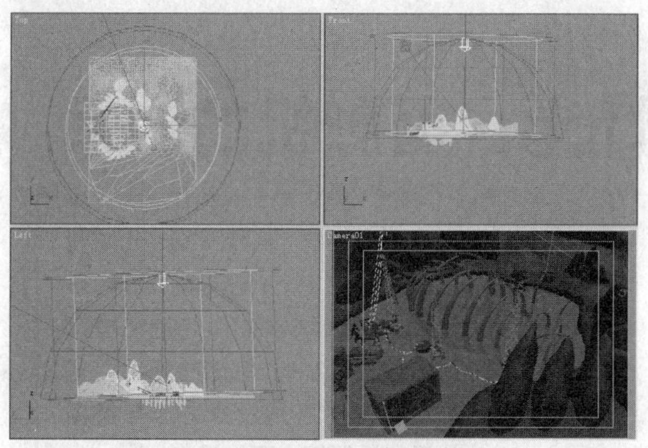

图6-82 创建并调整目标平行光位置

步骤⑮ 进入Target Direct（目标平行光）的Modify（修改）面板，设置如图6-83所示的Multiplier（倍增）参数。

图6-83 设置灯光倍增参数

步骤⑯ 执行“Rendering（渲染）>Render（渲染）”命令渲染场景，最终渲染效果如图6-84所示。此时场景渲染效果带有明暗变化，并且产生了阴影，使整幅画面看起来更真实。

图6-84 最终渲染效果

6.5 教学总结

摄影机和灯光是决定场景气氛的关键环节。本章对摄影机与各种类型灯光的创建原理等各方面基础知识进行了介绍。读者应掌握这些基本知识，从而为Photometric（光度学）灯光、VRay灯光、摄影机景深特效高级知识的学习打下基础。

6.6 测试练习

1. 填空题

（1）3ds Max灯光是模拟________的对象。

（2）Spot Light（聚灯光）可以分为________和________两种类型。

（3）3ds Max提供了________和________两种类型摄影机。

2. 选择题

（1）Standard（标准）灯光不包含以下________灯光。

A. mr Area Omni（mr区域泛光灯）

B. Free Light（自由光）

C. Omni（泛光灯）

D. Skylight（天光）

（2）灯光General Parameters（常规参数）卷展栏中的________复选框可用于打开或关闭灯光。

A. Light Type（灯光类型）选项组的On（启用）

B. Shadows（阴影）选项组的On（启用）

C. Use Global Setting（使用全局设置）

D. Exclude（排除）

（3）灯光的Multiplier（倍增）参数用于设置灯光的________。

A. 颜色　　B. 位置

C. 强度　　D. 方向

3. 判断题

（1）Target Direct（目标平行光）是一种有向灯光，可以模拟太阳光的效果。（　）

（2）创建的灯光是无法更改其类型的。（　）

（3）镜头越大画面中包含的场景就越多，减小镜头将包含更少的场景，会显示近距离对象的更多细节。（　）

4. 问答题

（1）Standard（标准）灯光可细分为哪8种不同类型的灯光？

（2）如何调整灯光的亮度与颜色？

（3）Lens（镜头）、FOV（视野）两个参数的意义，以及两者之间的关系是什么？

Chapter 07 高级灯光、摄影机的应用

▶ **考点预览**

1. 不同类型光度学灯光的设置
2. VRay灯光的作用
3. 为摄影机本身设置景深效果
4. 在扫描线渲染器中设置景深效果
5. 设置对象的运动模糊效果

▶ **课前预习**

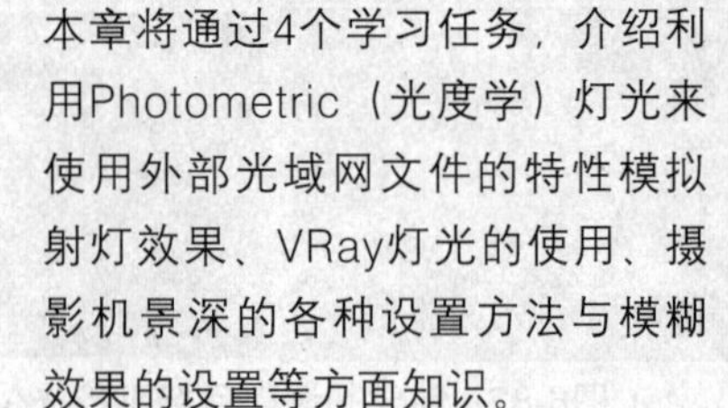

本章将通过4个学习任务，介绍利用Photometric（光度学）灯光来使用外部光域网文件的特性模拟射灯效果、VRay灯光的使用、摄影机景深的各种设置方法与模糊效果的设置等方面知识。

7.1 任务23 使用光度学灯光模拟射灯效果

Standard（标准）灯光提供了一些可以控制的参数，如灯光的Multiplier（倍增）、Decay（衰减）等。但是真实世界中的灯光有自己的度量规则，用于定义所产生的灯光类型。Photometric（光度学）灯光就是基于真实世界中的灯光度量单位的。

任务快速流程：

打开场景 ➔ 添加光度学灯光 ➔ 设置光度学灯光参数 ➔ 渲染场景

7.1.1 简单讲评

Photometric（光度学）灯光使用光度学（光能）值，通过这些值可以更精确地定义灯光，就像在真实世界一样。用户可以创建具有各种分布和颜色特性的灯光，或导入照明制造商提供的特定光度学文件（即光域网）。注意：光度学灯光使用平方反比衰减来进行持续衰减，并依赖于使用实际单位的场景。在学习过程中建议读者掌握Photometric（光度学）灯光的参数设置方法，以及照明制造商提供的特定光度学文件（即光域网）的使用方法。

7.1.2 核心知识

Photometric（光度学）灯光可以较为真实地模拟现实世界中的灯光照明效果。在本小节中就将对Photometric（光度学）灯光的分类及其分布方式进行介绍。

1. 光度学灯光的分类

3ds Max为用户提供了3个类型的Photometric（光度学）灯光。Photometric（光度学）灯光是Lights（灯光）类别下默认打开的灯光类型，包括Target Light（目标灯）、Free Light（自由灯）和mr Sky Portal（mr天光）对象类型，如图7-1所示。

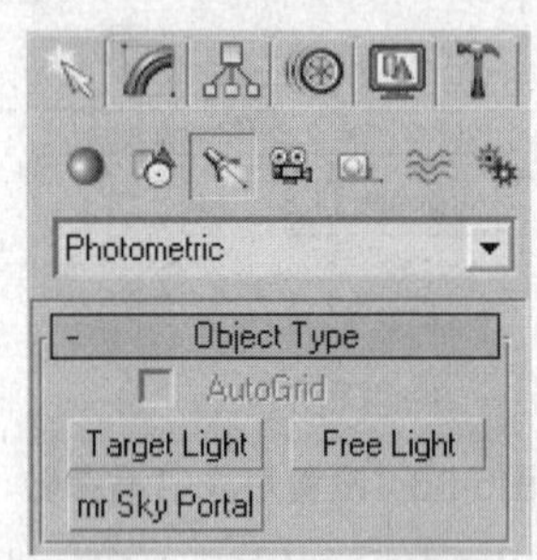

图7-1 光度学灯光类型

单击Target Light（目标灯）按钮Target Light，当初次在场景中创建光度学灯光时，会弹出一个如图7-2所示的对话框，提示用户是否选择Logarithmic Exposure Control（对数曝光控制）类型。

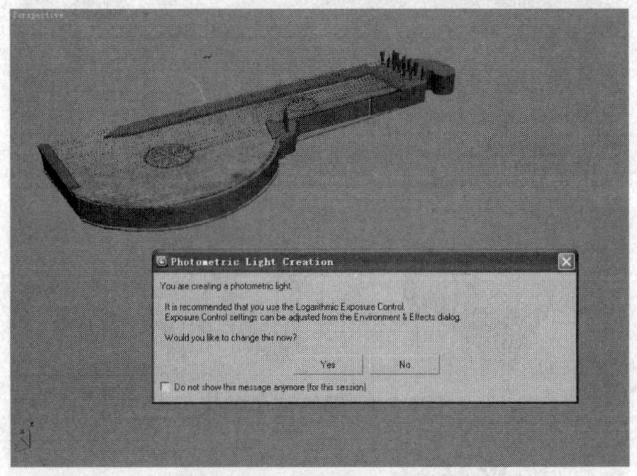

图7-2 光度学提示对话框

如果单击Yes（确定）按钮，再按下数字键8，在Environment and Effects（环境和特效）窗口中可以看

到在Exposure Control（曝光控制）卷展栏中选择的是Logarithmic Exposure Control（对数曝光控制）类型，如图7-3所示。

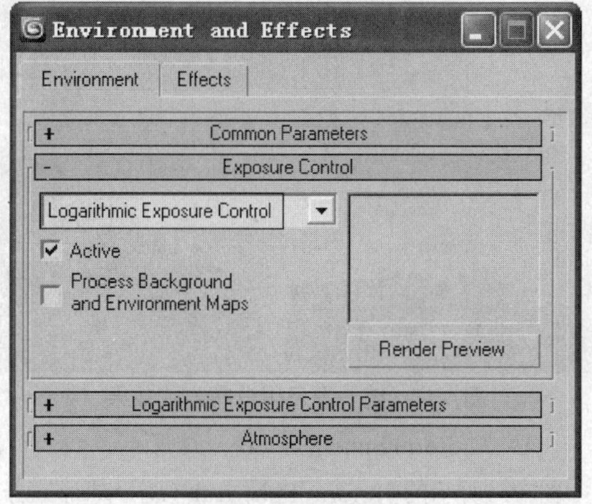

图7-3 曝光控制

在场景中创建如图7-4所示的Target Light（目标灯），它同标准泛光灯一样从几何体发射光线。

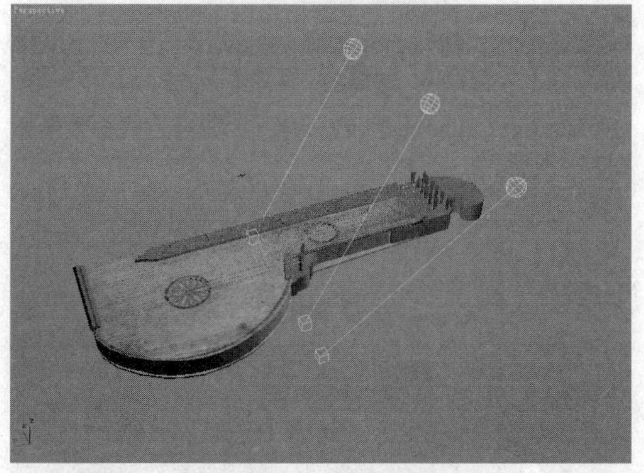

图7-4 目标灯

Free Light（自由灯）和Target Light（目标灯）的属性与参数基本相同，两者不同之处就在于Target Light（目标灯）有目标点，而Free Light（自由灯）没有目标点。图7-5所示为在场景中创建的Free Light（自由灯）。

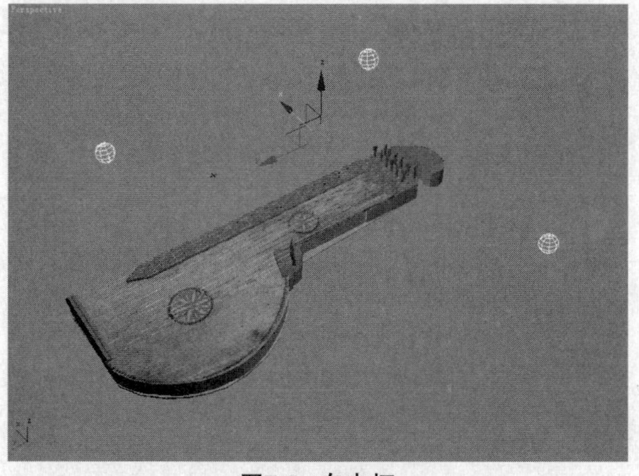

图7-5 自由灯

mr Sky Portal（mr天光）主要在Mental ray太阳和天空组合中使用，图7-6所示的是在场景中创建的mr Sky Portal（mr天光）。

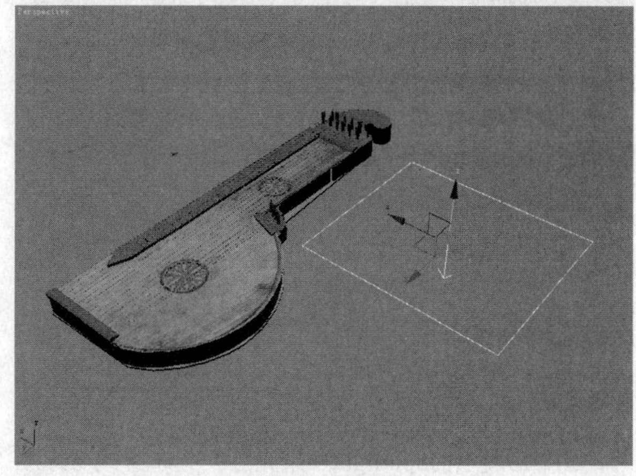

图7-6 mr天光

2. 光度学灯光的分布方式

在光度学灯光参数卷展栏中的Light Distribution（灯光分布）下拉列表中提供了灯光的分布类型，如图7-7所示。

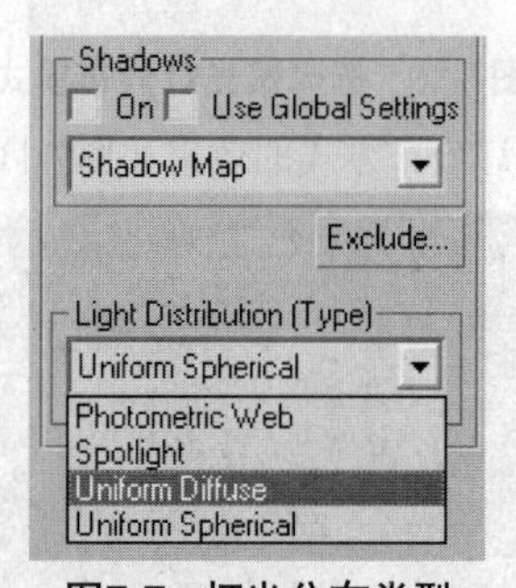

图7-7 灯光分布类型

（1） Photometric Web（光域网）

创建Target Light（目标灯）等光度学光源后，将灯光分布设置为如图7-8所示的光域网选项，可以使用外部光域网文件来定义灯光的分布方法，Web文件通常作为为照明制造商提供产品性能的文件，并且可以模拟多种特殊灯光照射效果。

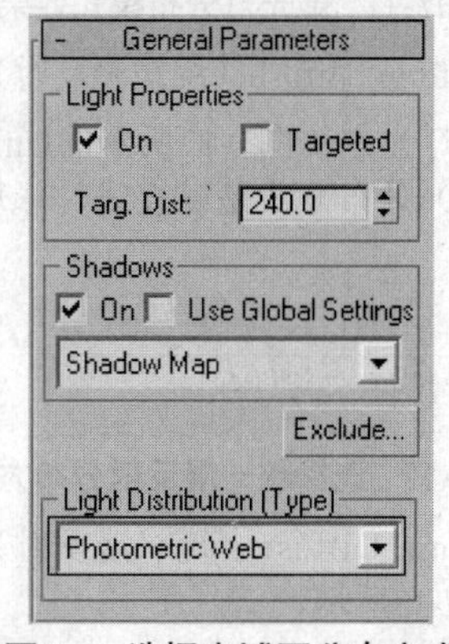

图7-8 选择光域网分布方式

使用Photometric Web（光域网）灯光分布类型的效果如图7-9所示。

图7-9　光域网灯光分布效果

（2）Spotlight（聚光灯）

图7-10所示的Spotlight（聚光灯）分布方式与标准灯光中的Spot（聚光灯）照射方式类似。与之不同的是使用Spotlight（聚光灯）分布方式光锥上的光线分布量是按物理性质自动计算的。

图7-10　选择聚光灯分布模式

使用聚光灯分布方式的效果如图7-11所示。

图7-11　聚光灯分布模式效果

（3） Uniform Diffuse（统一漫反射）

在光度学灯光中，图7-12所示的Uniform Diffuse（统一漫反射）分布方式是以直线、球形或面的形式发散光线的。

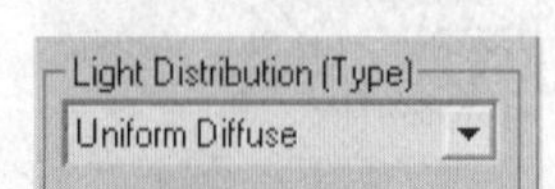

图7-12　选择统一漫反射分布方式

使用Uniform Diffuse（统一漫反射）分布方式的灯光效果如图7-13所示。

图7-13　统一漫反射分布方式效果

（4） Uniform Spherical（统一球形）

图7-14所示的Uniform Spherical（统一球形）分布方式与Omni（泛光灯）的照射方式类似，光线都是从光源处平均地向各个方向分布。

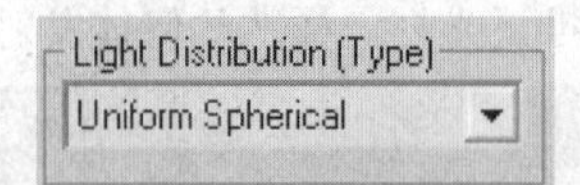

图7-14　选择统一球形分布方式

Uniform Spherical（统一球形）分布方式的效果如图7-15所示。

图7-15　统一球形分布方式效果

7.1.3　实际操作

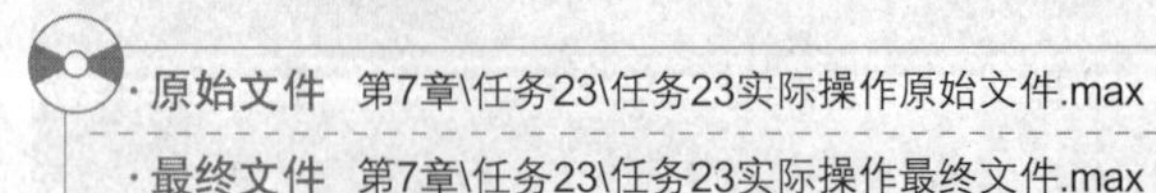

前面对Photometric（光度学）灯光的分类及分布方式进行了介绍，在本小节中将以实例操作的方式向读者介绍使用Photometric（光度学）灯光模拟射灯效果的方法，具体操作步骤如下。

步骤❶ 打开光盘中提供的“第7章\任务23\任务23实际操作原始文件.max”场景文件，再按下F9键对场景进行渲染，效果如图7-16所示。

图7-16 初次渲染效果

步骤❷ 在Create（创建）面板中选择Target Light（目标灯），在Front（前）视口中创建灯光并调整灯光位置，完成的效果如图7-17所示。

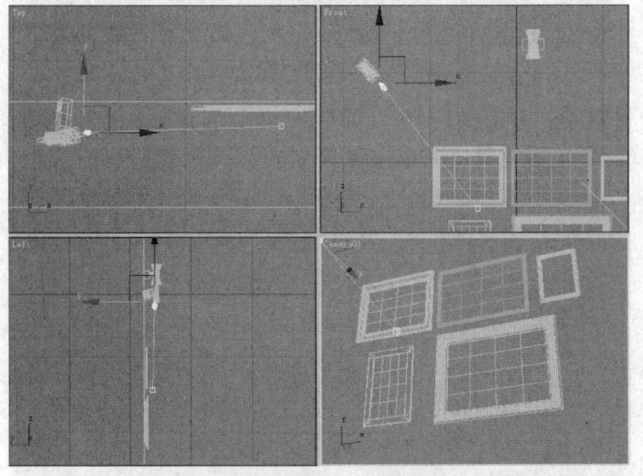

图7-17 创建并调整灯光

步骤❸ 选择创建的Target Light（目标灯），再进入其Modify（修改）面板，在General Parameters（常规参数）卷展栏中设置如图7-18所示的灯光及阴影类型参数。

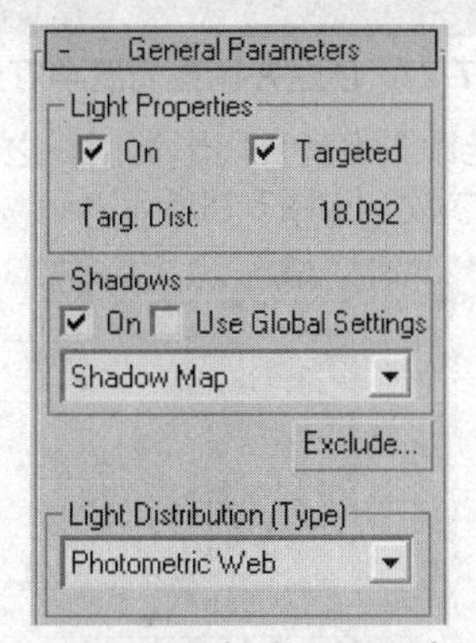

图7-18 设置灯光及阴影类型

步骤❹ 在Photometric Web（光域网）的参数卷展栏中单击Choose Photometric File（选择光域网文件）按钮 < Choose Photometric File >，在开启的对话框中选择光盘中所提供的光域网文件，如图7-19所示。

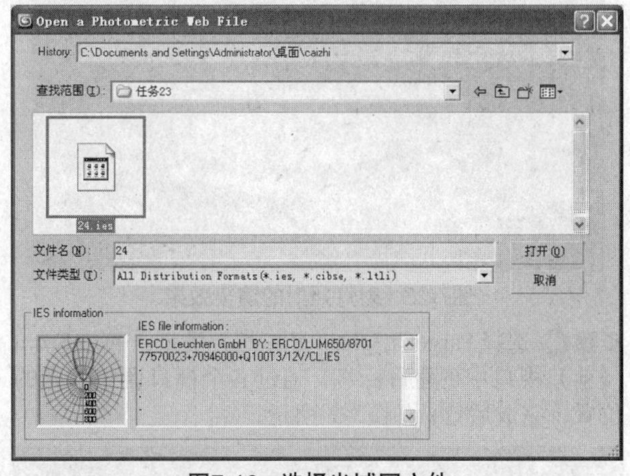

图7-19 选择光域网文件

步骤❺ 在为灯光添加Photometric Web（光域网）文件后，在Photometric Web（光域网）的参数卷展栏中设置X Rotation（X位移）参数为-4，如图7-20所示。

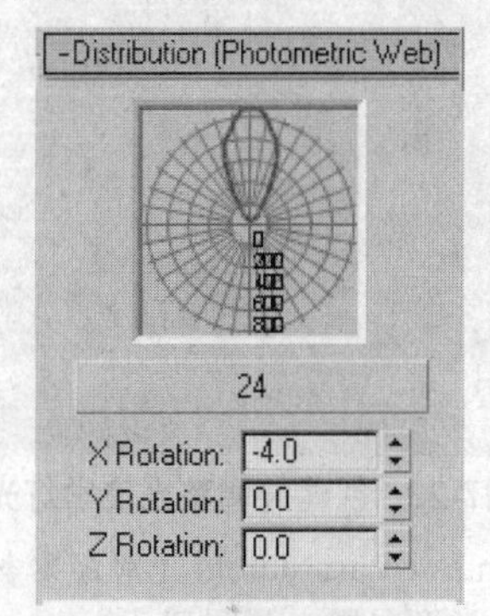

图7-20 设置光域网参数

步骤❻ 在灯光的Intensity/Color/Attenuation（强度/颜色/衰减）卷展栏中设置如图7-21所示的灯光参数。

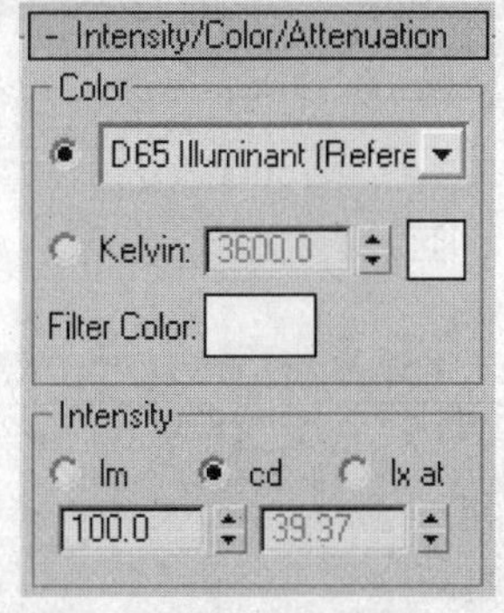

图7-21 设置强度/颜色/衰减卷展栏中的参数

步骤❼ 对场景进行渲染，可发现在添加了光度学灯光并设置灯光类型后，画面中已经有了射灯照射效果，渲染效果如图7-22所示。

图7-22　射灯照射的渲染效果

步骤8 选择Target Light（目标灯）类型，再在Front（前）视口中创建目标灯，通过各个视口调整灯光的位置，完成后效果如图7-23所示。

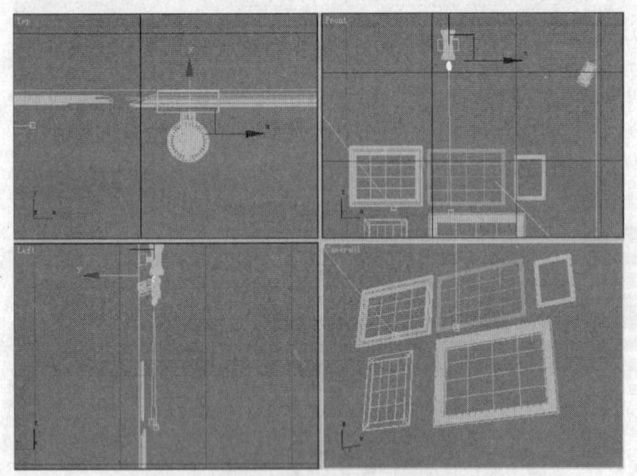

图7-23　创建并调整光度学灯光

步骤9 在General Parameters（常规参数）面板中设置灯光及阴影类型参数，通过Photometric Web（光域网）的参数卷展栏为创建的光度学灯光设置如图7-24所示的光域网文件。

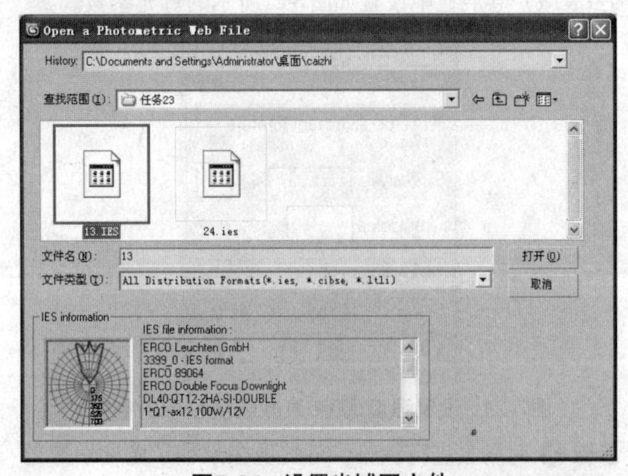

图7-24　设置光域网文件

步骤10 在灯光的Intensity/Color/Attenuation（强度/颜色/衰减）卷展栏中设置如图7-25所示的灯光参数。

步骤11 再次渲染场景，可发现在添加了灯光后，画面有了射灯照射的效果，渲染效果如图7-26所示。

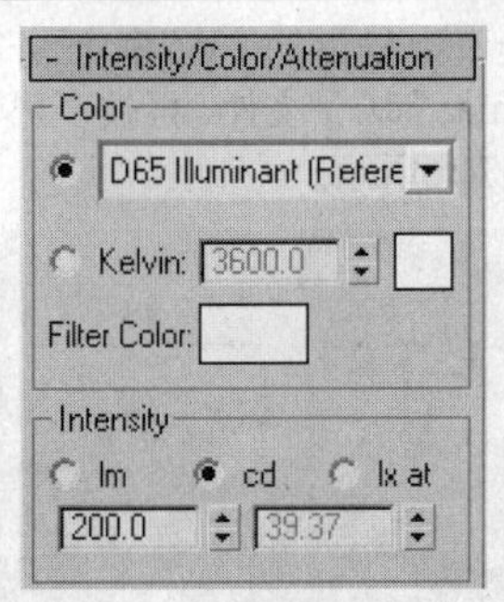

图7-25　设置灯光参数

图7-26　再次渲染效果

步骤12 再次在Front（前）视口中创建目标灯，并调整灯光的位置，完成后效果如图7-27所示。

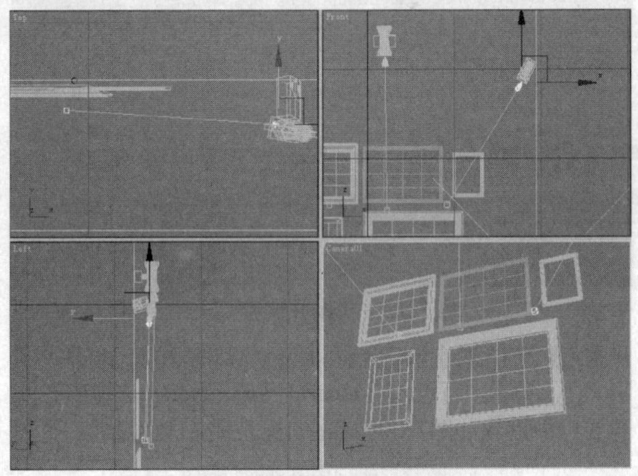

图7-27　创建并调整光度学灯光

步骤13 为灯光设置类型及阴影类型，之后选择光域网文件并设置其参数，如图7-28所示。

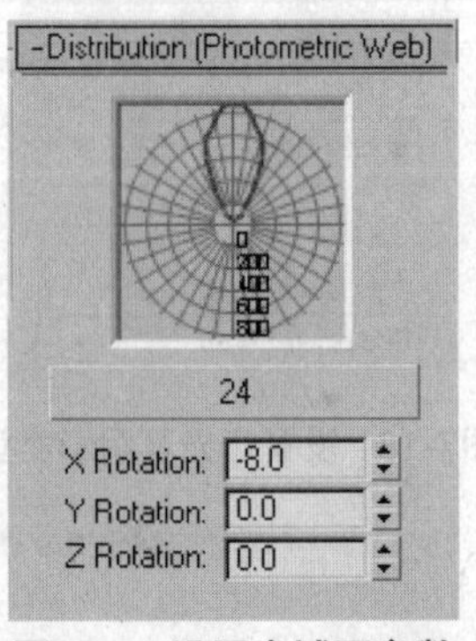

图7-28　设置光域网参数

步骤⑭ 在Intensity/Color/Attenuation（强度/颜色/衰减）卷展栏中设置如图7-29所示的灯光参数。

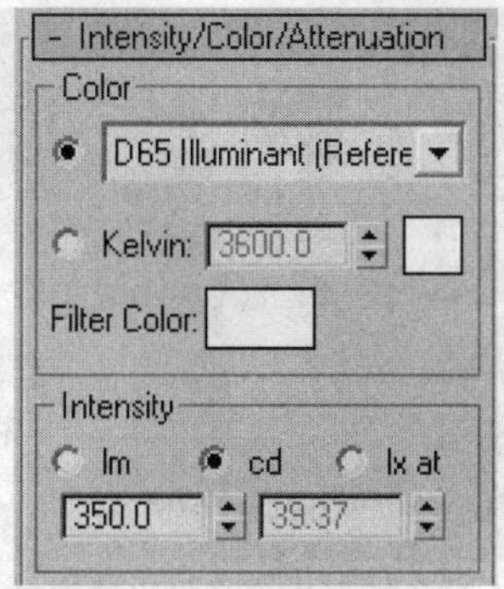

图7-29 设置灯光参数

步骤⑮ 渲染场景，效果如图7-30所示，可发现在添加了光度学灯光后，画面的射灯照射效果更加强烈。

图7-30 最终渲染效果

7.1.4 深度解析：设置光度学灯光参数

Photometric（光度学）灯光的参数较多，在前面仅对几个参数的设置进行了介绍，在本小节中将对Photometric（光度学）灯光其他一些常用且重要参数的设置方法进行介绍。

在创建了光度学灯光后，在灯光的Template（模板）参数卷展栏中单击其中选项的下拉按钮，可看到系统为用户提供的Bulb Lights（电灯泡灯光）、Halogen Lights（卤素灯光）等5种预置类型灯光，如图7-31所示。

{Bulb Lights}
. 40W Bulb
. 60W Bulb
. 75W Bulb
. 100W Bulb
{Halogen Lights}
. Halogen Spotlight
. 21W Halogen Bulb
. 35W Halogen Bulb
. 50W Halogen Bulb
. 80W Halogen Bulb
. 100W Halogen Bulb
{Recessed Lights}
. Recessed 75W Lamp (web)
. Recessed 75W Wallwash (web)
. Recessed 250W Wallwash (web)
{Fluorescent Lights}
. 4ft Pendant Fluorescent (web)
. 4ft Cove Fluorescent (web)
{Other Lights}
. Street 400W Lamp (web)
. Stadium 1000W Lamp (web)

图7-31 预置类型灯光

在Template（模板）参数卷展栏的下拉列表中选择一种类型的灯光后，用户可直接使用该灯光。图7-32所示的是40W Bulb（40瓦电灯泡）灯光的效果。

图7-32 40瓦电灯泡的灯光效果

图7-33所示的是100W Bulb（100瓦电灯泡）的灯光效果。

图7-33 100瓦电灯泡的灯光效果

在Intensity/Color/Attenuation（强度/颜色/衰减）卷展栏中的Intensity（强度）选项组中为用户提供了lm（流明）、cd（坎迪拉）及lx at（勒克斯）3种照明方式，如图7-34所示。默认为cd（坎迪拉）照明方式，用户可根据自身需求选择不同的照明方式。

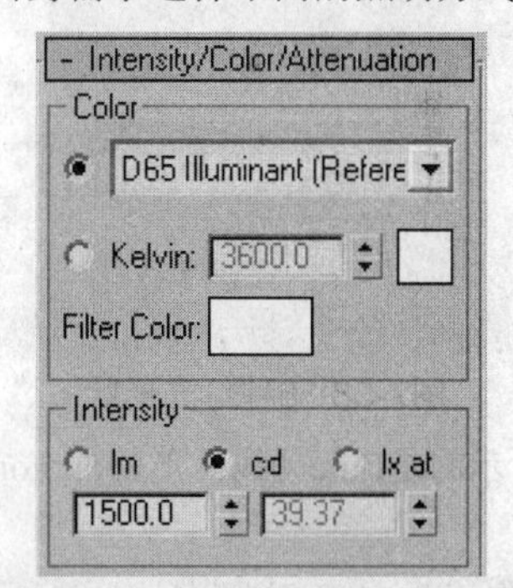

图7-34 照明方式

图7-35所示为cd（坎迪拉）照明方式的渲染效果。

图7-35 cd照明方式的渲染效果

图7-36所示为lm（流明）照明方式的渲染效果。

图7-36 lm照明方式的渲染效果

图7-37所示的是lx at（勒克斯）照明方式的渲染效果。

图7-37 lx at照明方式的渲染效果

在Shape/Area Shadows（图形/区域阴影）卷展栏中，系统为用户提供了Point（点）、Line（线）、Sphere（球形）等6种灯光图形，如图7-38所示。

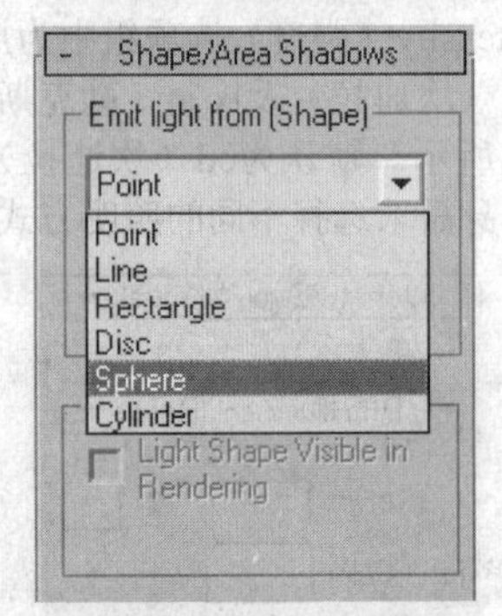

图7-38 6种灯光形状

图7-39所示的是Line（线）形的Photometric（光度学）灯光。

图7-39 线形光度学灯光

图7-40所示的是Rectangle（矩形）光度学灯光的渲染效果。

图7-40 矩形光度学灯光渲染效果

图7-41所示的是Line（线）形光度学灯光的渲染效果。

图7-41 线形光度学灯光渲染效果

图7-42所示的是Sphere（球形）光度学灯光的渲染效果。

图7-42 球形光度学灯光渲染效果

图7-43所示的是Cylinder（圆柱）形光度学灯光的渲染效果。

图7-43 圆柱形光度学灯光渲染效果

7.2 任务24 为场景添加VRay灯光

前一节通过使用Photometric（光度学）灯光模拟射灯效果，为读者介绍了Photometric（光度学）灯光的使用方法，在本节中将通过任务操作向读者介绍另一种简单却非常优秀的灯光——VRay灯光。

任务快速流程：

打开场景 ➔ 创建VRay灯光 ➔ 设置VRay 灯光参数 ➔ 渲染场景

7.2.1 简单讲评

VRay灯光是第三方渲染器——VRay渲染器提供的灯光，因此需要安装VRay 渲染器才能使用该灯光。VRay灯光系统与3ds Max自带灯光系统的区别在于是否具有面光。读者在学习本知识点时，需掌握VRay灯光常用的参数的意义及灯光的使用方法。

7.2.2 核心知识

成功安装了VRay渲染器之后，可在Create（创建）命令面板的Lights（灯光）类别下单击其中的类型选择下拉按钮，在弹出的列表中选择VRay，如图7-44所示。

图7-44 选择VRay

在Object Type（对象类型）卷展栏中可查看VRayLight（VRay灯光）等3种类型的VRay灯光，如图7-45所示。

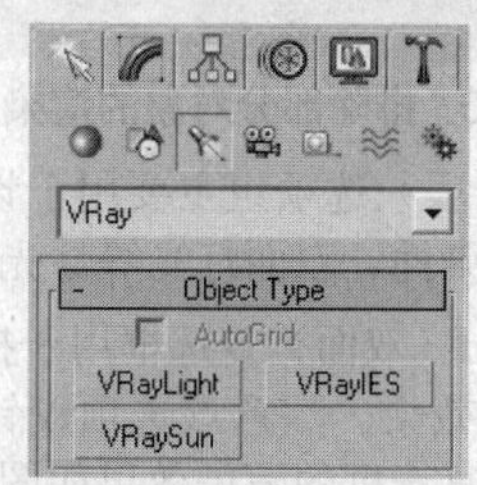

图7-45 VRay灯光

1. VRay灯光的分类

VRay灯光分为VRayLight（VRay灯光）、VRayIES、VRaySun（VRay太阳光）3种类型，下面将分别对这3种灯光进行介绍。

VRayLight（VRay灯光）是使用最为频繁的一种VRay灯光，同时也是VRay渲染器的专用灯光。该灯光可以设置为完全不被渲染或可被渲染的照明虚拟体，还可以设置为环境天光的入口。图7-46所示的是灯光设置为可被渲染的照明虚拟体的渲染效果。

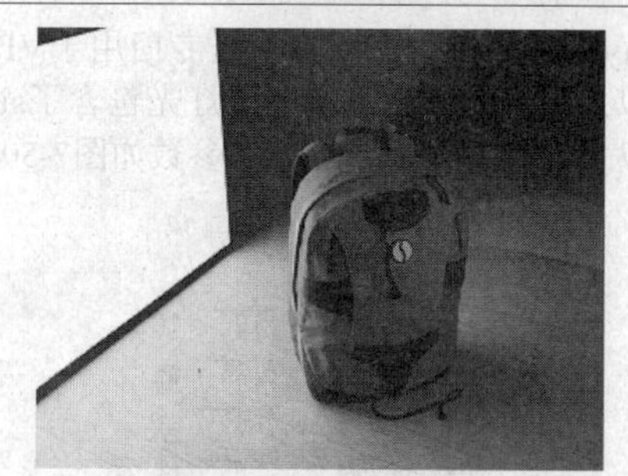

图7-46 灯光可被渲染的效果

图7-47所示的是灯光设置为完全不被渲染的照明虚拟体的渲染效果。

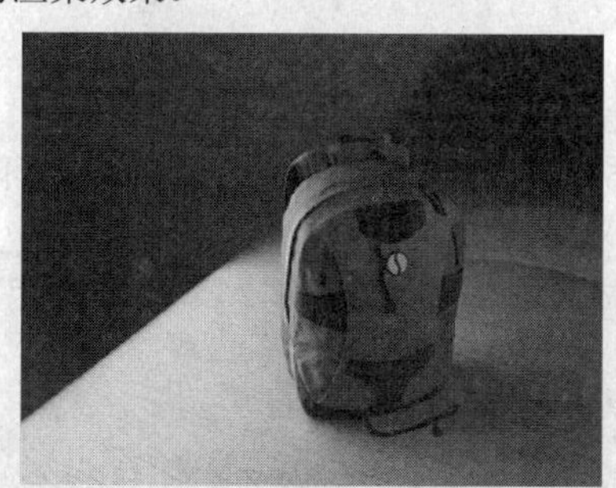

图7-47 灯光完全不可被渲染的效果

VRayIES灯光是VRay为用户提供的专门用于VRay渲染器的光度学灯光，该灯光拥有enabled（启用）等参数，可通过power（能量）参数控制灯光的强度，其参数如图7-48所示。

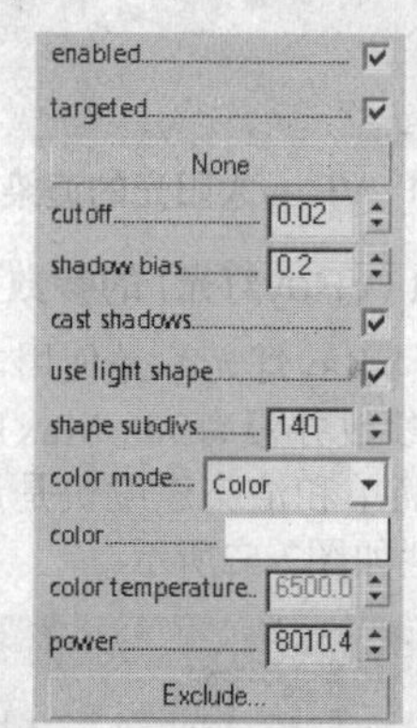

图7-48 VRayIES灯光参数

VRayIES灯光是从VRay1.50.SP2版本开始添加的灯光，在此之前的VRay版本中并没有此灯光。该灯光与Photometric（光度学）灯光相似，可以较为真实地模拟灯光效果，但在功能方面没有光度学灯光的功能强大。图7-49所示的是VRayIES灯光的渲染效果。

图7-49 VRayIES灯光的渲染效果

VRaySun（VRay太阳光）是专门用于VRay渲染器来模拟太阳光的灯光系统，该灯光包含了size multiplier（大小倍增器）等参数，其参数如图7-50所示。

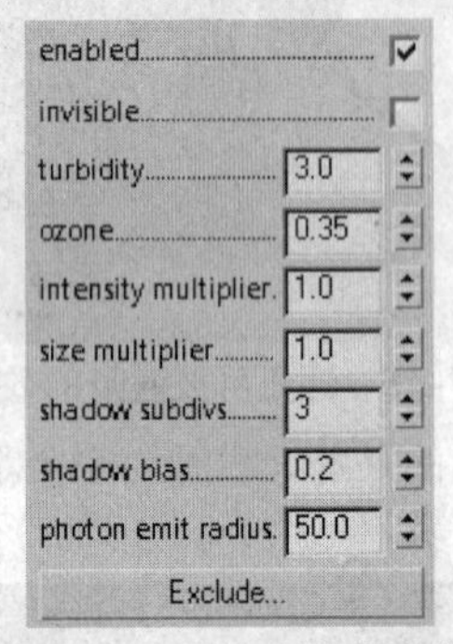

图7-50 VRay太阳光参数

图7-51所示的是使用VRaySun（VRay太阳光）的场景渲染效果。

图7-51 VRay太阳光的渲染效果

2. VRayLight（VRay灯光）的参数设置

VRayLight（VRay灯光）是使用非常频繁的一种灯光，该灯光的参数并没有3ds Max自带的灯光参数那么复杂。使用简单和渲染速度快是该灯光系统的优点。其参数卷展栏如图7-52所示。

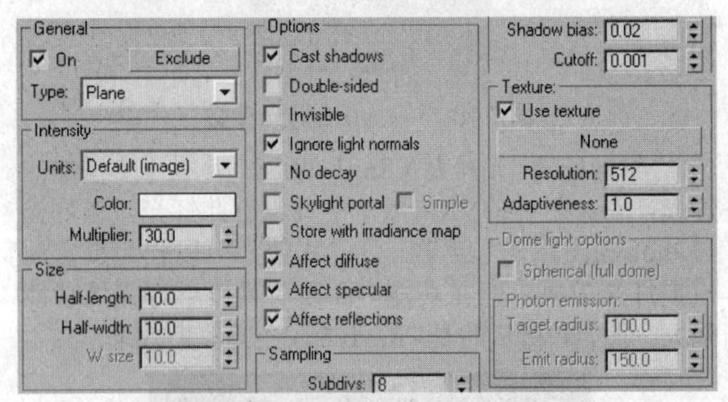

图7-52 VRay灯光参数卷展栏

VRayLight（VRay灯光）的参数卷展栏中分为General（常规）、Intensity（强度）、Sampling（采样）等8个选项组。

在General（常规）选项组中，On（启用）复选框用于控制是否启用该灯光。图7-53所示的是勾选On（启用）复选框的渲染效果。

图7-53 勾选启用复选框的渲染效果

图7-54所示的是不勾选On（启用）复选框的渲染效果。

图7-54 不勾选启用复选框时的渲染效果

通过Exclude（排除）按钮可在场景中指定哪些对象受灯光照射。图7-55所示的是排除部分对象的渲染效果。

图7-55 排除部分对象的渲染效果

Options（选项）选项组主要用于设置灯光背面阴影、灯光的可渲染性、双面灯光等灯光属性。

Double-Sided（双面）复选框用于控制灯光的两面是否都产生照明效果。注意该选项仅针对平面类型的灯光。不勾选此复选框的渲染效果如图7-56所示。

图7-56 不勾选双面复选框的渲染效果

图7-57所示的是勾选Double-Sided（双面）复选框的渲染效果。

图7-57 勾选双面复选框渲染效果

Invisible（不可见）复选框主要设置灯光是否在渲染结果中显示它的形状。默认状态为未勾选，此时渲染效果如图7-58所示。

图7-58 不勾选不可见复选框渲染效果

图7-59所示的是勾选Invisible（不可见）复选框后的渲染效果。

图7-59 勾选不可见复选框的渲染效果

Cast shadows（背面阴影）复选框用于设置灯光是否产生阴影效果。勾选此复选框，渲染效果如图7-60所示。

图7-60 勾选背面阴影复选框的渲染效果

图7-61所示的是取消勾选Cast shadows（背面阴影）复选框时的渲染效果。

图7-61 取消勾选背面阴影复选框的渲染效果

7.2.3 实际操作

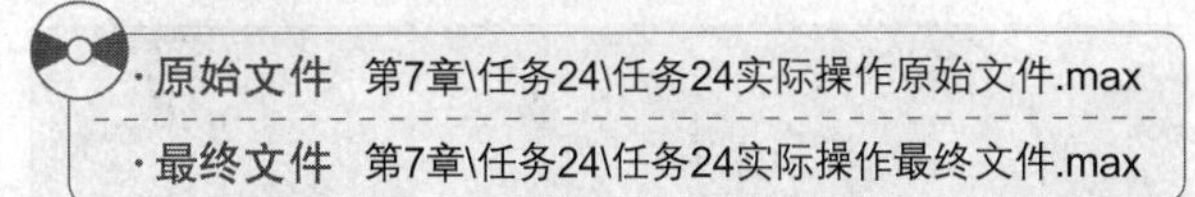

· 原始文件 第7章\任务24\任务24实际操作原始文件.max

· 最终文件 第7章\任务24\任务24实际操作最终文件.max

前面对VRay灯光的分类以及VRayLight（VRay灯光）的部分重要参数进行了介绍，在本节中将通过实例操作，为读者介绍VRay Lighting（VRay灯光）的使用方法，具体操作步骤如下。

步骤❶ 打开光盘中提供的“第7章\任务24\任务24实际操作原始文件.max”场景文件，场景文件效果如图7-62所示。

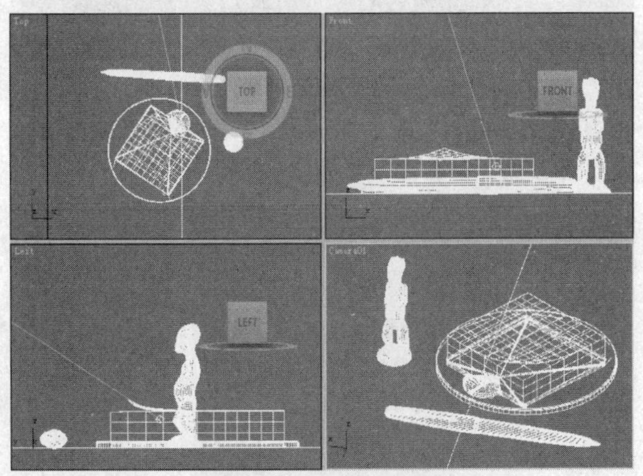

图7-62 打开场景文件

步骤❷ 按下F9键，对打开的默认场景进行渲染，渲染效果如图7-63所示。

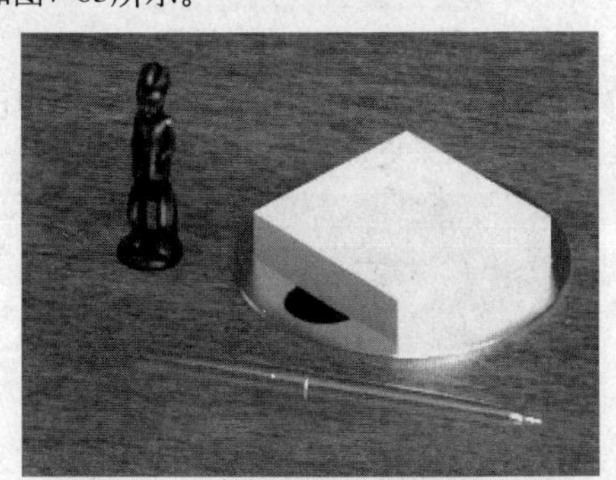

图7-63 默认场景渲染效果

步骤❸ 在Create（创建）面板下选择VRay灯光类型，再选择VRayLight（VRay灯光），如图7-64所示。

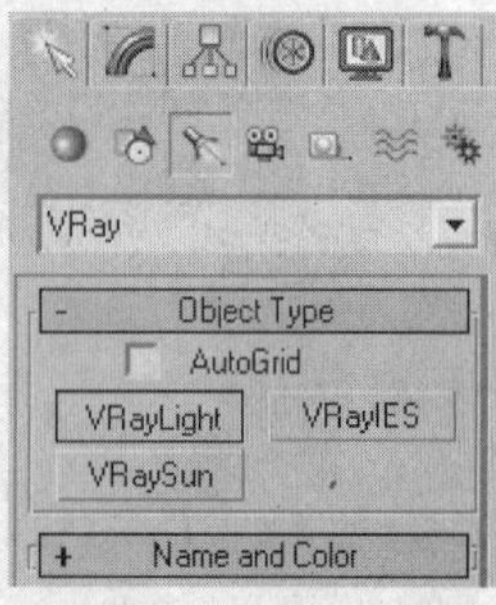

图7-64　选择VRay灯光

步骤④ 在Left（左）视口中创建VRayLight（VRay灯光），在其他视口中调整灯光的位置，完成后效果如图7-65所示。

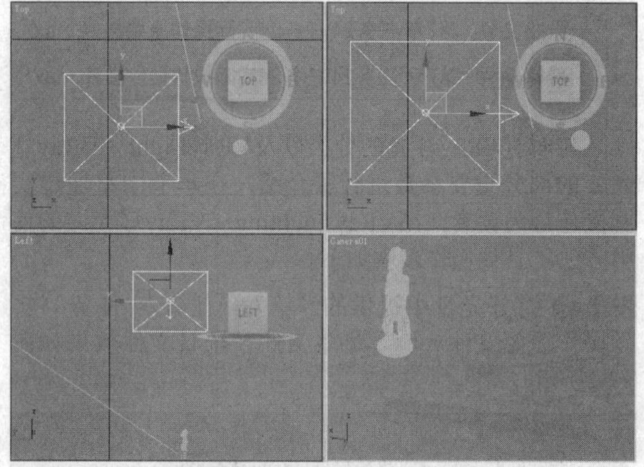

图7-65　创建并调整灯光

步骤⑤ 在VRayLight（VRay灯光）的参数卷展栏中设置灯光参数。参数设置如图7-66所示。

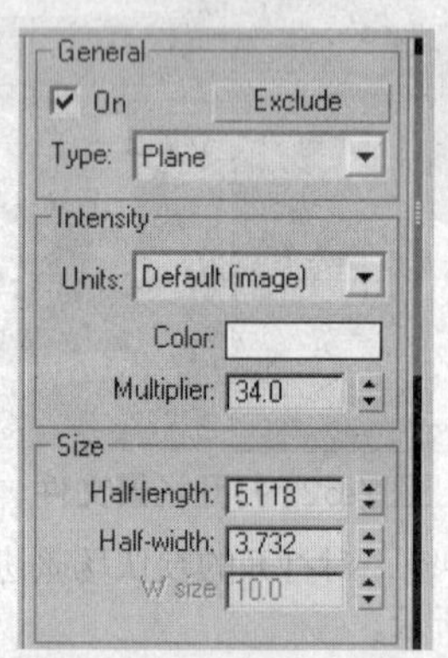

图7-66　灯光参数设置

步骤⑥ 渲染场景，效果如图7-67所示，画面中已经有了阴影，且照明效果更加真实。

图7-67　渲染效果

步骤⑦ 选择创建的VRayLight（VRay灯光），复制并移动该灯光，如图7-68所示。

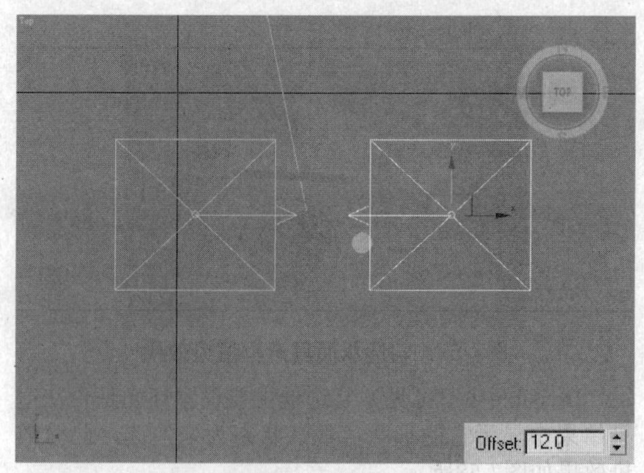

图7-68　复制并移动VRay灯光

步骤⑧ 设置复制的VRayLight（VRay灯光）参数。参数设置如图7-69所示。

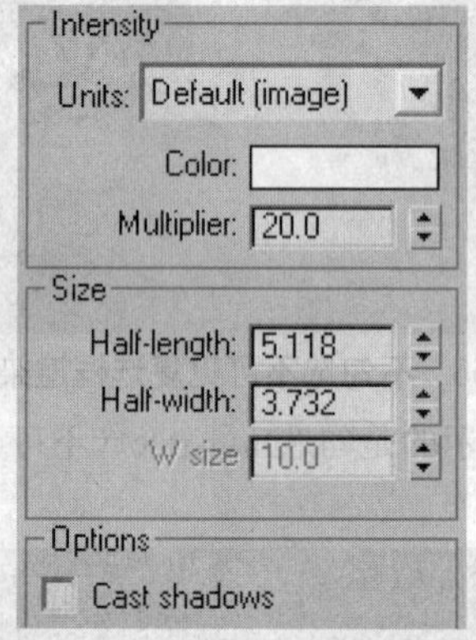

图7-69　设置复制灯光参数

步骤⑨ 再次渲染场景，效果如图7-70所示，可发现场景变得更加明亮。

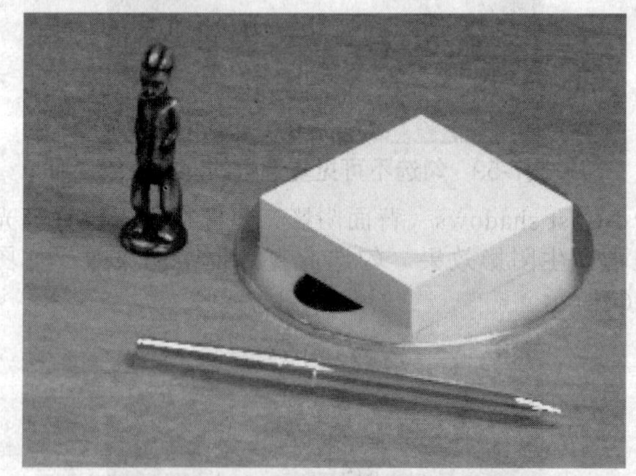

图7-70　最终渲染效果

7.2.4　深度解析：认识VRayLight（VRay灯光）的类型

VRay为用户提供了3种类型的VRayLight（VRay灯光），如图7-71所示，分别是：Plane（平面）类型灯光、Dome（穹顶）类型灯光、Sphere（球体）类型灯光。

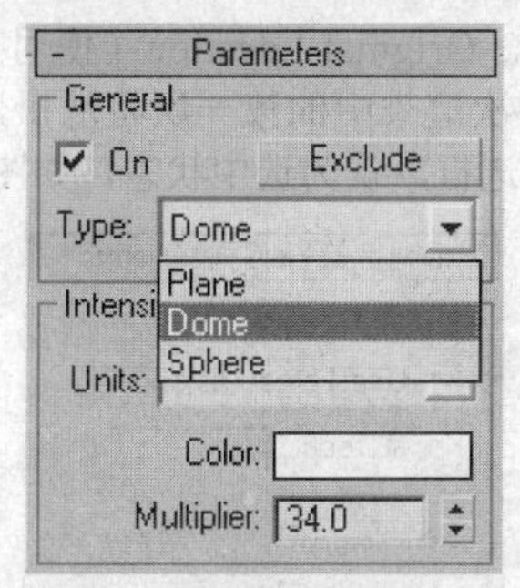

图7-71 灯光类型

Plane（平面）类型灯光是使用平面形状向外发射光线的灯光。制作室内外建筑时，该类型灯光常被置于窗口位置来模拟室外光。

图7-72所示为使用平面灯光模拟室外光的效果。

图7-72 使用平面类型灯光模拟室外光的效果

Plane（平面）类型灯光是针对光子贴图渲染引擎设计的。因为光子贴图不支持天光效果。

而Dome（穹顶）类型灯光是穹形的灯光阵列，可以达到模拟天光的照明效果。

图7-73所示的是穹顶类型灯光的渲染效果。

图7-73 穹顶类型灯光的渲染效果

Sphere（球体）类型灯光主要用于模拟球形的灯光效果，图7-74所示的是球体VRay灯光的渲染效果。

图7-74 球体VRay灯光的渲染效果

7.3 任务25 使用摄影机来表现景深效果

在前一章中，本书向读者介绍了摄影机的基础知识，在本章中将继续介绍摄影机的景深高级知识。

任务快速流程：

打开场景 → 创建摄影机 → 启用景深效果 → 设置参数 → 渲染场景

7.3.1 简单讲评

摄影机的景深功能是非常有用的，通过调整摄影机的景深参数，可以突出场景中的某些对象，并且通过摄影机的景深效果还可以进行动画设置。在学习摄影机景深知识时，建议读者掌握景深效果的启用方法，以及景深的参数设置方法。

7.3.2 核心知识

在摄影机参数卷展栏的Multi-Pass Effect（多过程效果）组的下拉列表中选择Depth of Field（景深）选项，并勾选Enable（启用）复选框，如图7-75所示。

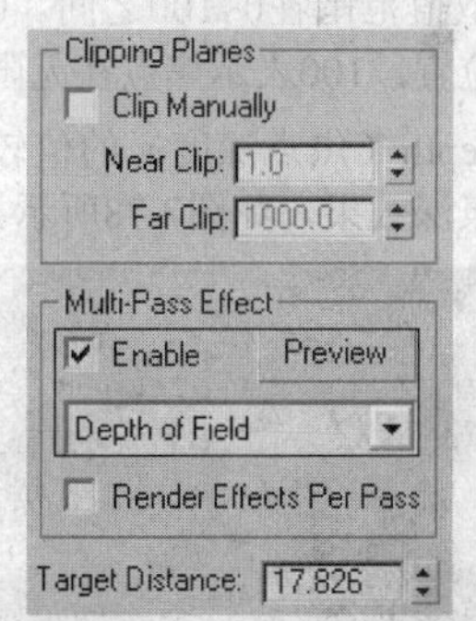

图7-75 启用景深效果

图7-76所示的是Depth of Field（景深）的参数卷展栏。

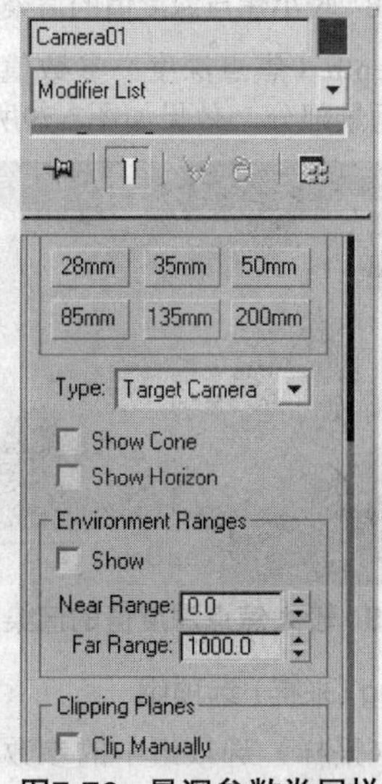

图7-76 景深参数卷展栏

下面介绍景深的相关参数。

1. Focal Depth（焦点深度）选项组

Focal Depth（焦点深度）是指摄影机到焦点平面的距离。

当勾选Use Target Distance（使用目标距离）复选框之后，就可以使用如图7-77所示的Target Distance（目标距离）参数。

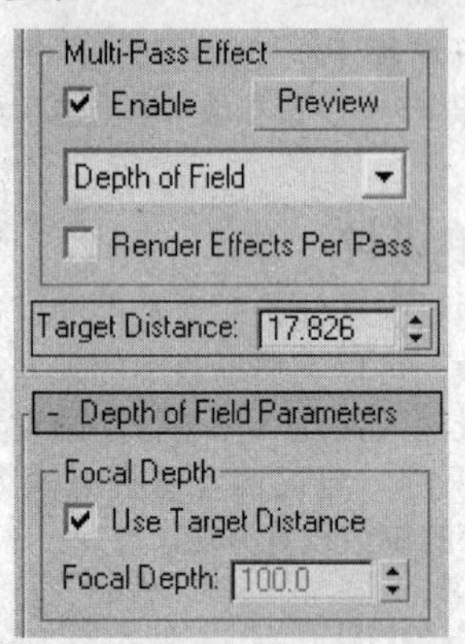

图7-77　目标距离参数

若不勾选Use Target Distance（使用目标距离）复选框，则可在Focal Depth（焦点深度）后的文本框中输入参数值，取值范围在0~100之间。0表示焦点位于摄影机所在的位置，100表示焦点在无限远处。

当Focal Depth（焦点深度）的值较小时，渲染画面将有强烈的景深效果，如图7-78所示。

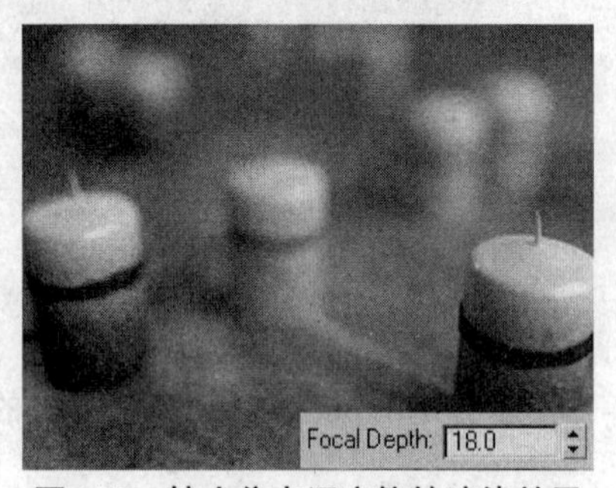

图7-78　较小焦点深度值的渲染效果

当Focal Depth（焦点深度）参数值较大时，将只模糊场景中的远景部分，效果如图7-79所示。

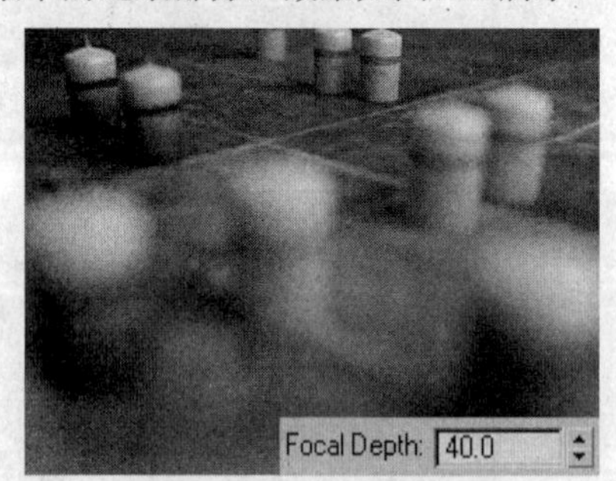

图7-79　较大焦点深度值的渲染效果

2. Sampling（采样）选项组

Sampling（采样）选项组中的参数决定了图像的最终渲染效果。

在勾选Use Original Location（使用初始位置）复选框之后，多次渲染中的第一次将从摄影机的当前位置开始。此复选框默认为选中状态，如图7-80所示。

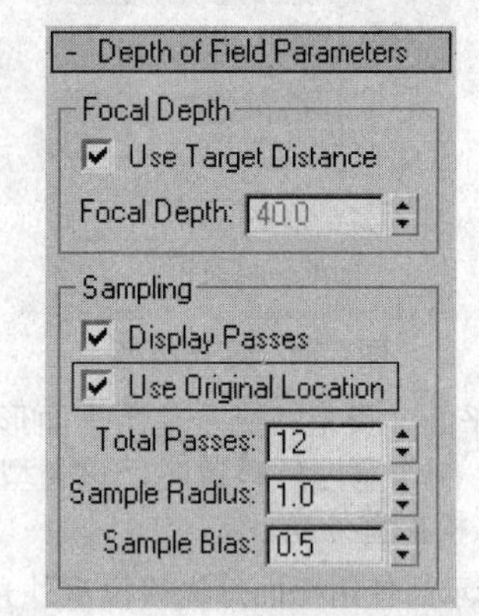

图7-80　默认选中使用初始位置

Total Passes（过程总数）参数用于设置多遍渲染的次数，默认参数值为12。该参数值越大，渲染的次数越多，最终得到的渲染效果就越好。

图7-81所示的是Total Passes（过程总数）参数为6的渲染效果。

图7-81　过程总数为6的渲染效果

图7-82所示的是Total Passes（过程总数）参数为14的渲染效果。

图7-82　过程总数为14的渲染效果

通过设置Sample Radius（采样半径）参数，设置摄影机从原始半径移动的距离。在每遍渲染的过程中稍微移动一点摄影机，即可获得景深效果。该参数值越大，摄影机移动的距离越大，渲染的景深效果也就越明显。但是若该参数值过大，渲染得到的图像将因变形而无法使用。

图7-83所示的是Sample Radius（采样半径）参数值为0.5时的渲染效果。

图7-83 采样半径为0.5时的渲染效果

图7-84所示的是Sample Radius（采样半径）参数值为1.5时的渲染效果。

图7-84 采样半径为1.5时的渲染效果

Sample Bias（采样偏移）参数主要用于设置在每遍渲染过程中摄影机的移动距离。该参数值越大，摄影机偏移原始点的距离越远；参数值越小，摄影机偏移原始点的距离越近。默认参数值为0.5。

图7-85所示的是Sample Bias（采样偏移）参数值为0.2时的渲染效果。

图7-85 采样偏移为0.2时的渲染效果

图7-86所示的是Sample Bias（采样偏移）参数值为0.7时的渲染效果。

图7-86 采样偏移为0.7时的渲染效果

3. Pass Blending（过程混合）选项组

当渲染多遍摄影机效果时，渲染器将轻微抖动每遍的渲染过程，以便混合多次的渲染效果。可通过设置Pass Blending（过程混合）选项组中的参数，设置渲染器的混合过程。

图7-87所示即为Pass Blending（过程混合）选项组。

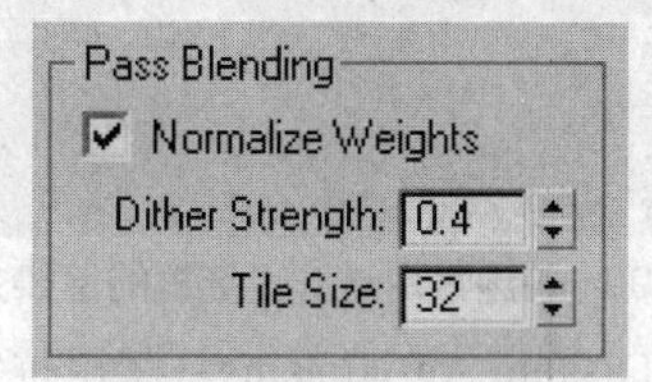

图7-87 过程混合选项组

Normalize Weights（规格化权重）复选框默认为启用。使用随机权重混合的过程可以避免出现诸如条纹这些人工效果。Dither Strength （抖动强度）可控制应用于渲染通道的抖动程度。Tile Size（平铺大小）用于设置抖动时图案的大小。

4. Scanline Renderer Params（扫描线渲染器参数）选项组

通过设置Scanline Renderer Params（扫描线渲染器参数）选项组中的参数，可以取消多遍渲染的过滤并反走样，从而加快渲染速度，减少渲染时间。

图7-88所示的即是Scanline Renderer Params（扫描线渲染器参数）选项组。

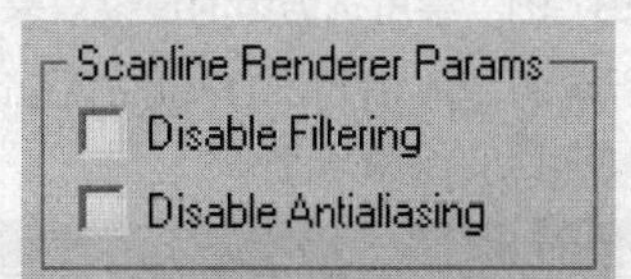

图7-88 扫描线渲染器参数选项组

勾选Disable Filtering（禁用过滤）复选框后，将取消过滤采样功能。默认为未勾选状态。

图7-89所示的是未勾选Disable Filtering（禁用过滤）复选框的渲染效果。

图7-89 未勾选禁用过滤复选框的渲染效果

图7-90所示的是勾选Disable Filtering（禁用过滤）复选框的渲染效果。

图7-90　勾选禁用过滤复选框的渲染效果

若勾选Disable Antialiasing（禁用抗锯齿）复选框，则可关闭渲染器在渲染过程中的抗锯齿功能。

图7-91所示的是勾选Disable Antialiasing（禁用抗锯齿）复选框的渲染效果。

图7-91　禁用抗锯齿的渲染效果

图7-92所示的是取消勾选Disable Antialiasing（禁用抗锯齿）复选框的渲染效果。

图7-92　启用抗锯齿的渲染效果

7.3.3　实际操作

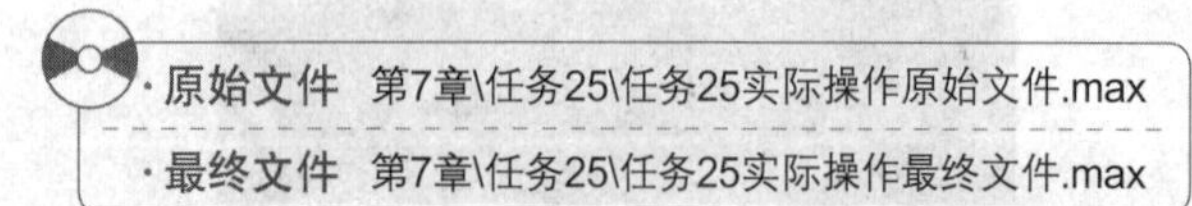

前面对景深参数卷展栏中的参数进行了详细介绍，在本小节中将以实例的方式向读者介绍使用摄影机表现景深效果的方法，具体操作步骤如下。

步骤❶ 打开光盘中提供的“第7章\任务25\任务25实际操作原始文件.max”场景文件，打开的场景文件如图7-93所示。

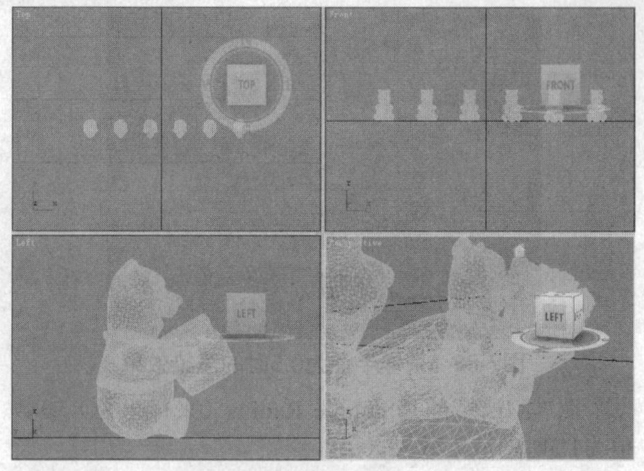

图7-93　打开场景文件

步骤❷ 按下F9键，渲染打开的场景文件，初次的渲染效果如图7-94所示。

图7-94　默认渲染效果

步骤❸ 在创建面板的Cameras（摄影机）类别下选择Target（目标）摄影机类型，如图7-95所示。

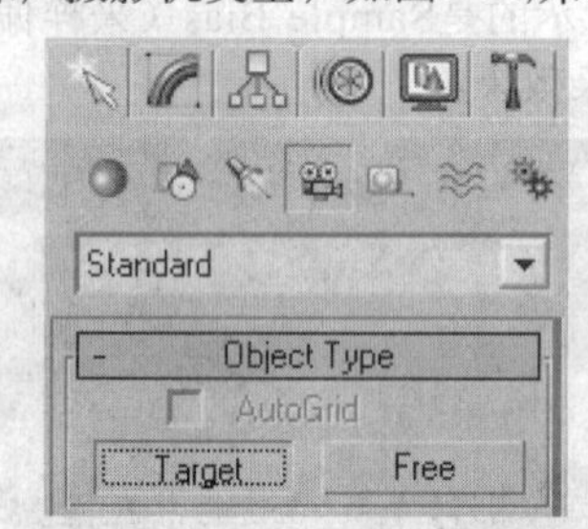

图7-95　选择目标摄影机类型

步骤❹ 在Top（顶）视口中创建一个摄影机，在其他视口中调整其位置，完成后效果如图7-96所示。

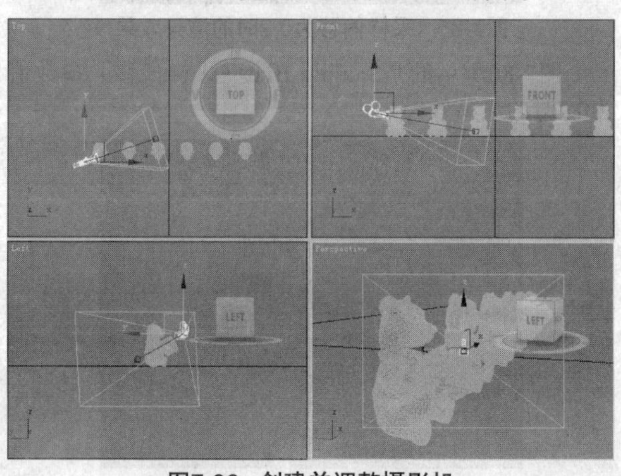

图7-96　创建并调整摄影机

步骤5 在Perspective（透视）视口左上角的名称上单击鼠标右键，在弹出菜单中选择Camera01（摄影机01）命令，如图7-97所示。

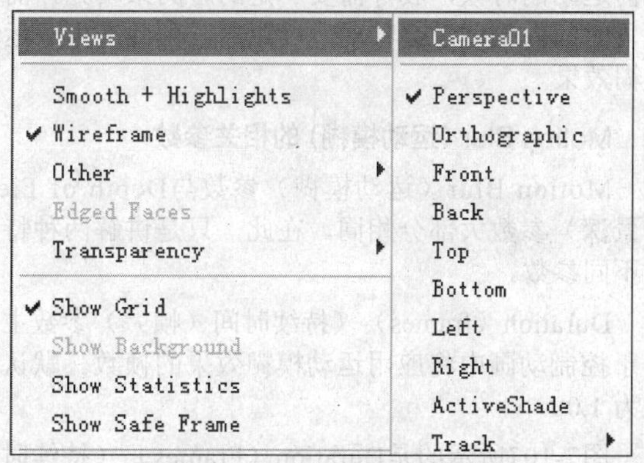

图7-97 选择摄影机01命令

步骤6 再次渲染场景，摄影机视口的渲染效果如图7-98所示。

图7-98 摄影机视口的渲染效果

步骤7 在Multi-Pass Effect（多过程效果）卷展栏中启用Depth of Field（景深），如图7-99所示。

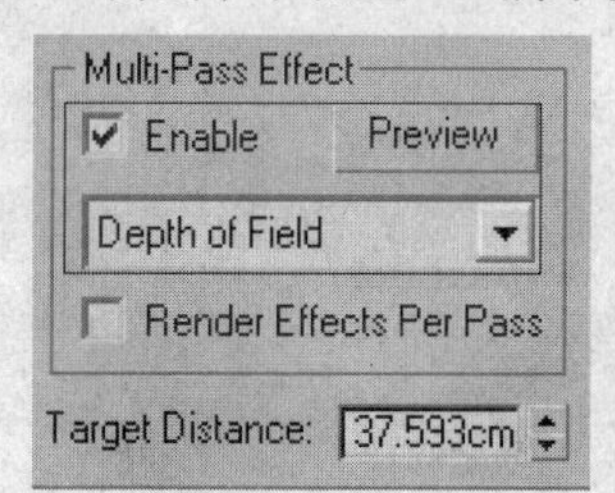

图7-99 启用景深特效

步骤8 设置如图7-100所示的Depth of Field（景深）特效参数。

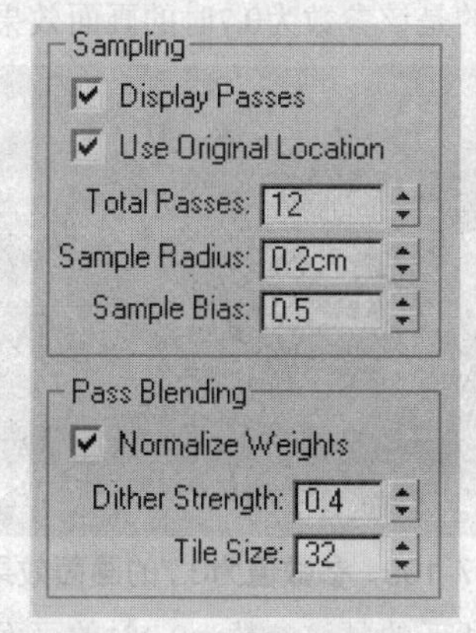

图7-100 设置景深参数

步骤9 渲染场景，效果如图7-101所示。

图7-101 实例最终效果

7.3.4 深度解析：设置摄影机的景深混合参数

前面章节对摄影机的部分景深参数进行了介绍，在本小节中将对摄影机的景深混合参数进行介绍。

在前一小节中，本书已经对Pass Blending（过程混合）选项组进行了简要的介绍。Pass Blending（过程混合）选项组中的参数主要用于控制渲染器的混合渲染过程。

勾选Normalize Weights（规格化权重）参数复选框，则每遍混合都会使用规格化权重，景深效果比较平滑，如图7-102所示。

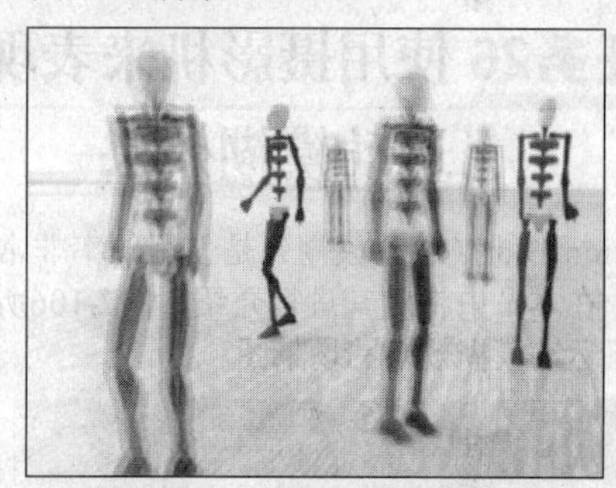

图7-102 景深效果比较平滑

若不勾选该复选框，渲染器将使用随机权重，景深效果会比较尖锐，如图7-103所示。

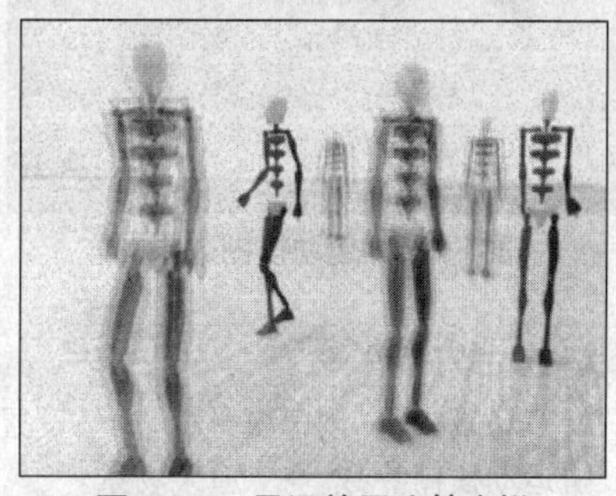

图7-103 景深效果比较尖锐

摄影机抖动是通过混合不同颜色和像素来模拟颜色或混合图像。Dither Strength（抖动强度）参数决定每遍渲染抖动的强度，参数值越大，摄影机抖动的强度越大。

图7-104所示的是Dither Strength（抖动强度）参数为0.5时的画面效果。

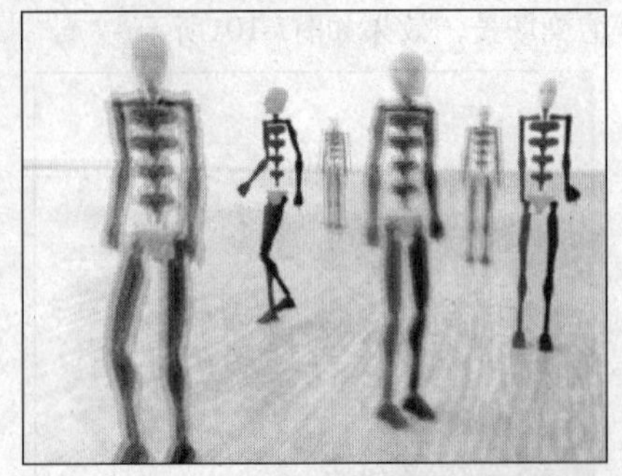

图7-104 抖动强度为0.5时的画面效果

图7-105所示的是Dither Strength（抖动强度）参数为0.2时的画面效果。

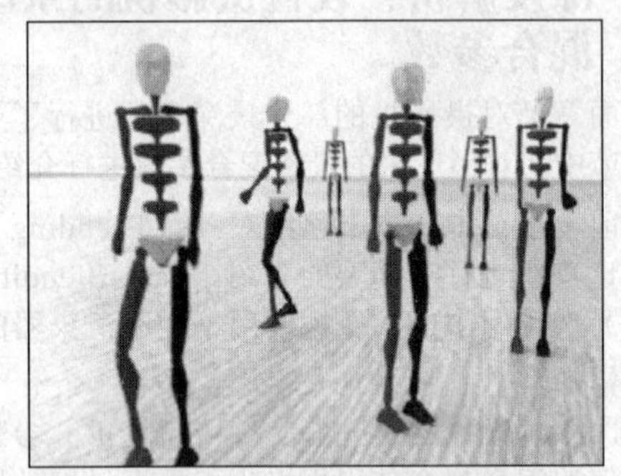

图7-105 抖动强度为0.2时的画面效果

7.4 任务26 使用摄影机来表现运动模糊效果

Motion Blur（运动模糊）是使用频率非常高的一种效果，在本节中将对其进行介绍。图7-106所示的即是运用了运动模糊效果的场景图。

图7-106 运动模糊效果图

任务快速流程：

打开场景 ➔ 创建摄影机 ➔ 设置摄影机运动模糊参数 ➔ 渲染场景

7.4.1 简单讲评

摄影机的Motion Blur（运动模糊）效果与景深效果一样，非常实用且效果逼真。建议读者重点掌握设置运动模糊特效参数的方法，以及对场景对象的影响效果。

7.4.2 核心知识

Motion Blur（运动模糊）是由于一个对象在摄影机前运动的时候，胶片需要一定的时间来曝光，而在这段时间内物体还会移动一段距离，由此产生了运动模糊效果。

Motion Blur（运动模糊）的相关参数

Motion Blur（运动模糊）参数与Depth of Field（景深）参数大部分相同，在此，只是讲解两种特效的不同参数。

Duration（frames）（持续时间（帧））参数主要用于控制动画中将应用运动模糊效果的帧数。默认设置为1.0。

图7-107所示的是Duration（Frames）（持续时间（帧））参数为7的画面效果。

图7-107 参数值为7的画面效果

图7-108所示的是Duration（Frames）（持续时间（帧））参数为2的画面效果。

图7-108 参数值为2的画面效果

Bias（偏移）主要用于控制场景对象的模糊程度，图7-109所示的是该参数为0.7时的画面效果。

图7-109 参数值为0.7的画面效果

图7-110所示的是该参数为0.2时的画面效果。

图7-110 参数值为0.2的画面效果

7.4.3 实际操作

· 原始文件 第7章\任务26\任务26实际操作原始文件.max

· 最终文件 第7章\任务26\任务26实际操作最终文件.max

在前面对Motion Blur（运动模糊）特效的部分参数进行了介绍，本小节将通过实例学习其使用方法。

步骤❶ 打开附书光盘中的原始文件，如图7-111所示。

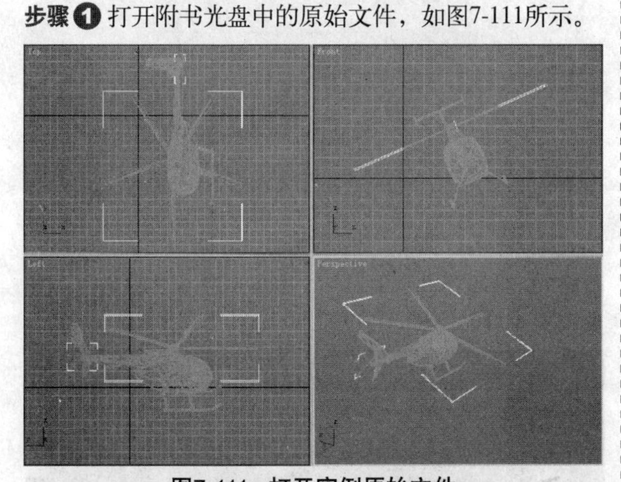

图7-111 打开实例原始文件

步骤❷ 渲染场景，渲染效果如图7-112所示。

图7-112 场景默认渲染效果

步骤❸ 在视口中创建摄影机，效果如图7-113所示。

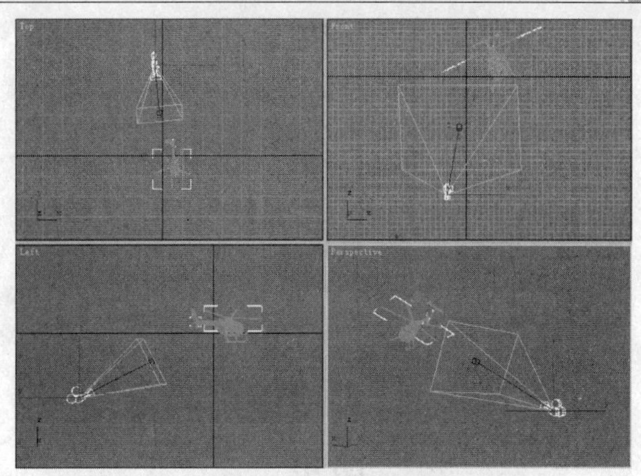

图7-113 创建摄影机

步骤❹ 选择摄影机，在Modify（修改）面板中启用Motion Blur（运动模糊）特效，如图7-114所示。

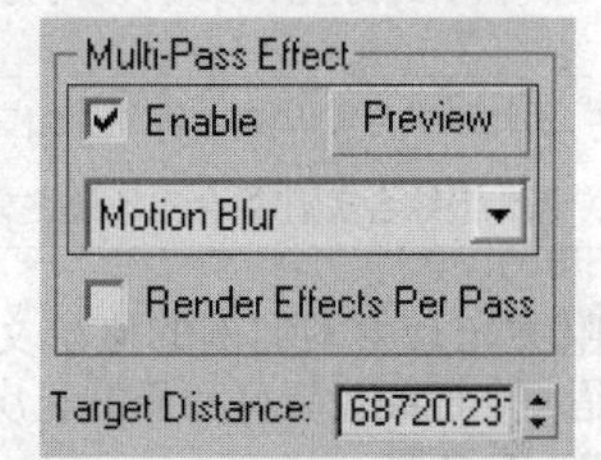

图7-114 启用运动模糊特效

步骤❺ 在Motion Blur（运动模糊）特效的参数卷展栏中设置如图7-115所示的参数。

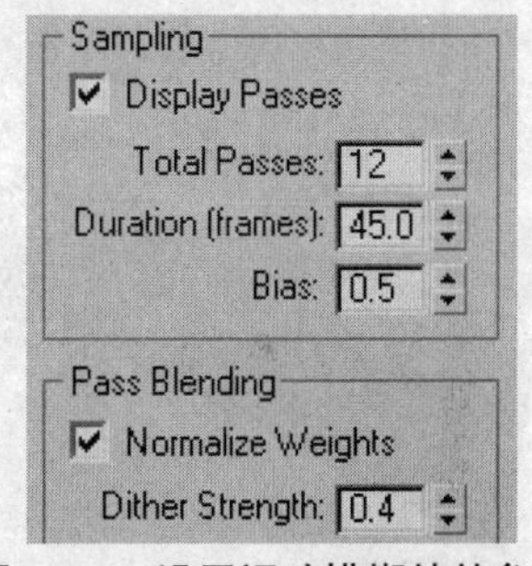

图7-115 设置运动模糊特效参数

步骤❻ 渲染场景，可预览到直升机螺旋桨的运动模糊效果，如图7-116所示。

图7-116 螺旋桨的运动模糊效果

7.4.4 深度解析：使用运动模糊特效的注意事项

首先，Motion Blur（运动模糊）特效只是适用于默认的Scanline Renderer（扫描线渲染器）。

其次，Motion Blur（运动模糊）特效只是对运动的对象产生效果。若对象不运动，即使启用摄影机的Motion Blur（运动模糊）效果，画面中也不会有任何运动模糊效果。

7.5 综合实训：表现厨房的景深效果

前面对VRay灯光的设置进行了介绍，在本节中将通过实例操作总结VRay灯光特效的使用方法。

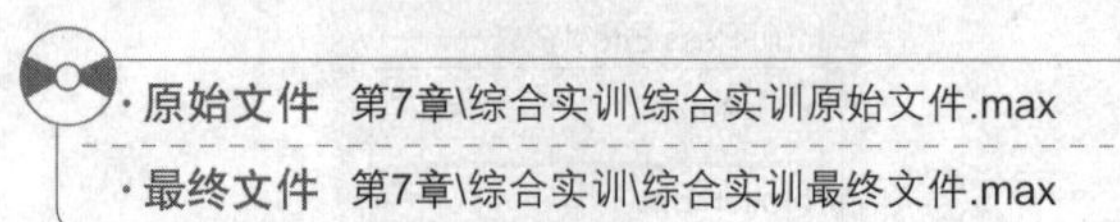
·原始文件 第7章\综合实训\综合实训原始文件.max
·最终文件 第7章\综合实训\综合实训最终文件.max

步骤❶ 打开附书光盘中本实例的原始文件，如图7-117所示，这是一个已经设置好材质的厨房场景，该场景使用的是VRay渲染器。

图7-117 打开原始场景文件

步骤❷ 在默认的情况下进行渲染，效果如图7-118所示，场景中没有光影效果。

图7-118 默认状态的渲染效果

步骤❸ 在如图7-119所示的窗口处创建一个和窗户面积大小相当的VRayLight（VRay灯光）。

图7-119 创建灯光

步骤❹ 在灯光的参数卷展栏中设置Multiplier（倍增）为23，如图7-120所示。

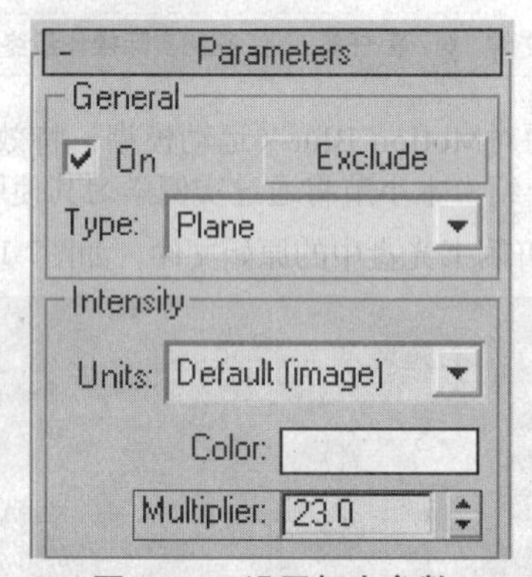

图7-120 设置灯光参数

步骤❺ 对场景进行渲染，效果如图7-121所示，场景中出现了灯光效果。

图7-121 创建灯光后的渲染效果

步骤❻ 在如图7-122所示的和窗户相对的位置再创建一个VRayLight（VRay灯光）来作为补充灯光。

步骤❼ 设置该灯光的Multiplier（倍增）为2.3，如图7-123所示。

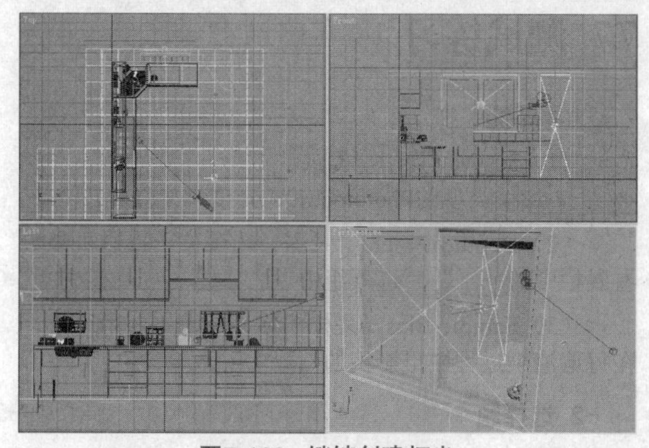

图7-122　继续创建灯光

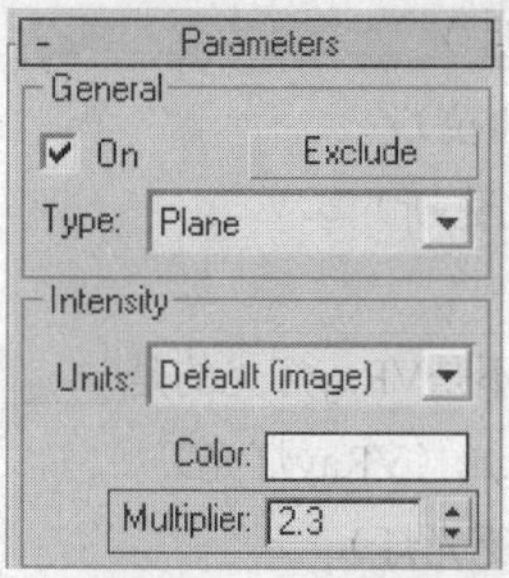

- Parameters
General
On　Exclude
Type: Plane
Intensity
Units: Default (image)
Color:
Multiplier: 2.3

图7-123　设置灯光的倍增

步骤❽ 设置完毕后再次对场景进行渲染，效果如图7-124所示。由于还没开启全局光照，所以场景的整体亮度比较低。

图7-124　再次添加灯光后的渲染效果

步骤❾ 在VRay的Indirect illumination（间接照明）卷展栏中勾选On（启用）复选框开启全局光照，并进行如图7-125所示的设置。

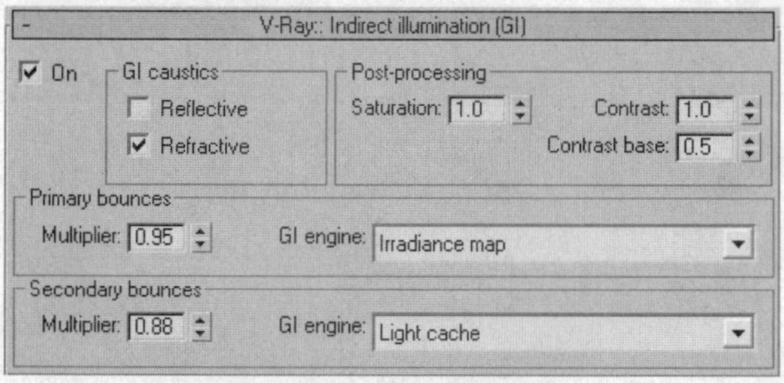

- V-Ray:: Indirect illumination (GI)
On
GI caustics
Reflective
Refractive
Post-processing
Saturation: 1.0
Contrast: 1.0
Contrast base: 0.5
Primary bounces
Multiplier: 0.95
GI engine: Irradiance map
Secondary bounces
Multiplier: 0.88
GI engine: Light cache

图7-125　开启全局光照

步骤❿ 将Irradiance map（光照贴图）的预设质量设置为Very low（非常低），如图7-126所示。

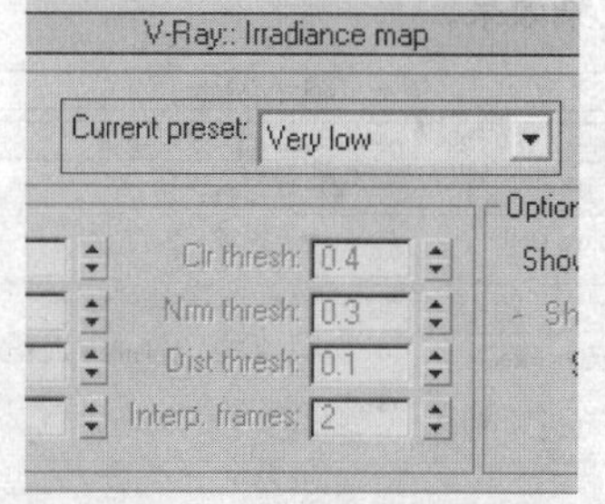

图7-126　设置光照贴图质量

步骤⓫ 在Light cachel（灯光缓存）卷展栏中设置Subdivs（细分）参数为200，如图7-127所示。

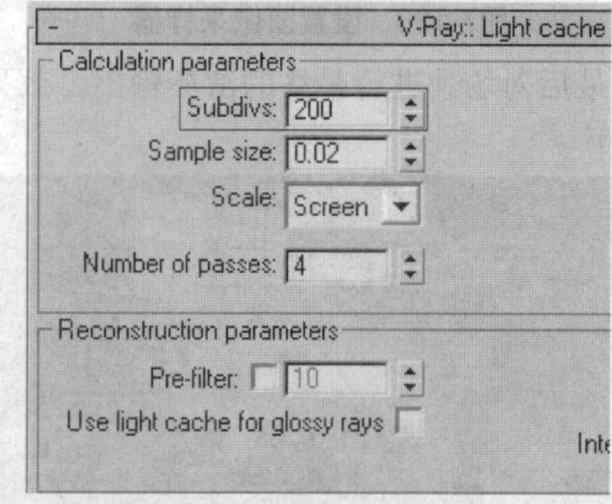

图7-127　设置灯光缓存质量

步骤⓬ 进入Color mapping（颜色贴图）卷展栏，进行如图7-128所示的设置。

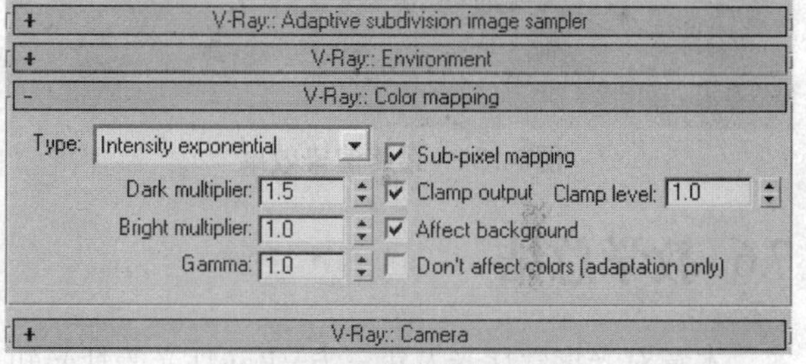

图7-128　选择颜色贴图

步骤⓭ 设置完毕后对场景再次进行渲染，效果如图7-129所示。开启全局光照后场景的整体亮度提高了。

图7-129　开启全局光照后的渲染效果

步骤⑭ 进入VRay的Image sampler（图像采样）卷展栏，进行如图7-130所示的采样器设置，这样可以得到较好的渲染效果。

+ V-Ray:: Global switches
- V-Ray:: Image sampler (Antialiasing)
Image sampler
Type: Adaptive DMC
Antialiasing filter
☑ On VRaySincFilter V-Ray implementation of the Sinc filter.
Size: 6.0
+ V-Ray:: Adaptive DMC image sampler
+ V-Ray:: Environment
+ V-Ray:: Color mapping

图7-130 设置图像采样器

步骤⑮ 最后对场景进行最终的渲染输出，效果如图7-131所示。

图7-131 最终渲染效果

7.6 教学总结

本章对光度学灯光及第三方VRay灯光等灯光知识和摄影机的景深、运动模糊特效等知识进行了介绍。读者应掌握这些知识，以便制作出更加逼真的光影效果。

7.7 测试练习

1. 填空题

（1）3ds Max为用户提供了________、________、________3个类型的Photometric（光度学）灯光。

（2）Depth of Field（景深）选项位于摄影机参数卷展栏中的________选项组中。

（3）Sample Bias（采样偏移）参数主要用于设置在每遍渲染过程中摄影机的________。

2. 选择题

（1）以下不属于光度学照明方式的是________。

A. lm（流明）

B. cd（坎迪拉）

C. lx at（勒克斯）

D. ft

（2）以下不是VRay灯光的是________。

A. VRayLight（VRay灯光）

B. Omni（泛光灯）

C. VRayIES

D. VRaySun（VRay太阳光）

（3）不属于光度学灯光分布方式的是________。

A. Uniform Diffuse（统一漫反射）分布方式

B. Spotlight（聚光灯）分布方式

C. Rectangle（长方形）分布方式

D. Uniform Spherical（统一球形）分布方式

3. 判断题

（1）VRay灯光可以设置为可渲染状态。（ ）

（2）Photometric（光度学）灯光不能使用外部光域网文件。（ ）

（3）Motion Blur（运动模糊）效果只是对运动的对象产生效果。（ ）

4. 问答题

（1）什么是景深效果？

（2）如何启用景深效果？

（3）运动模糊的产生原理是什么？

Chapter 08

材质编辑器与基本参数设置

▶ **考点预览**

1. 材质编辑器菜单栏
2. 材质编辑器工具栏
3. 材质编辑器的参数卷展栏
4. 冷材质与热材质
5. 材质的明暗器
6. 明暗器基本参数设置
7. 线框材质
8. 材质的扩展参数

▶ **课前预习**

前两章中对3ds Max的灯光及摄影机的初、高级知识进行了介绍，在本章中将带领读者走进3ds Max的材质世界。在制作材质前，首先向读者介绍Material Editor（材质编辑器）窗口的布局，以及材质属性卷展栏的相关知识。

8.1 任务27 了解材质编辑器窗口布局

接下来的两章将带领读者走进3ds Max的材质殿堂。在学习3ds Max的材质知识前，首先来了解一下Material Editor（材质编辑器）窗口，Material Editor（材质编辑器）窗口是3ds Max定义、创建，以及修改材质的编辑界面，制作材质等操作都在该窗口中进行。

任务快速流程：

打开场景文件 ➔ 制作材质 ➔ 赋予对象材质 ➔ 渲染场景

8.1.1 简单讲评

熟练使用材质编辑器是制作材质所必须掌握的知识。本节将对Material Editor（材质编辑器）窗口的布局进行介绍。建议读者在学习本节知识的过程中掌握Material Editor（材质编辑器）窗口中部分重要且常用工具的意义及用法。

8.1.2 核心知识

Material Editor（材质编辑器）窗口主要由菜单栏、示例窗、工具栏和参数卷展栏4个部分组成，本节将对某些部分所包含的一些具体的选项参数进行讲解，并向读者介绍冷材质和热材质之间的区别。

1. 材质编辑器的菜单栏

菜单栏位于Material Editor（材质编辑器）的最上端，包括Material（材质）、Navigation（导航）、Options（选项）、Utilities（工具）4个菜单命令。图8-1所示为Material Editor（材质编辑器）的菜单栏。

Material Navigation Options Utilities

图8-1 材质编辑器的菜单栏

菜单栏中主要菜单命令的意义如下。

- Material（材质）菜单：材质菜单主要用于对材质编辑器进行全局控制，包括获取材质、指定材质、更改材质类型等。
- Navigation（导航）菜单：导航菜单可以在制作复杂材质时，在子级和父级对象之间进行切换。
- Options（选项）菜单：选项菜单主要用来设置一些材质编辑器的属性，比如显示背景、更改材质球的数量等。
- Utilities（工具）菜单：工具菜单中含有一些针对材质编辑器窗口的操作命令，比如重置材质编辑器窗口，精简材质编辑器窗口等。

2. 工具栏

3ds Max的材质工具栏共两栏，分别位于材质示例窗的右侧与下方，如图8-2所示。

图8-2 工具栏

材质示例窗右侧工具栏最上方的Sample Type（采样类型）工具，可改变材质的显示类型，3ds Max提供了球形、圆柱形、立方体这3种采样类型，如图8-3所示。

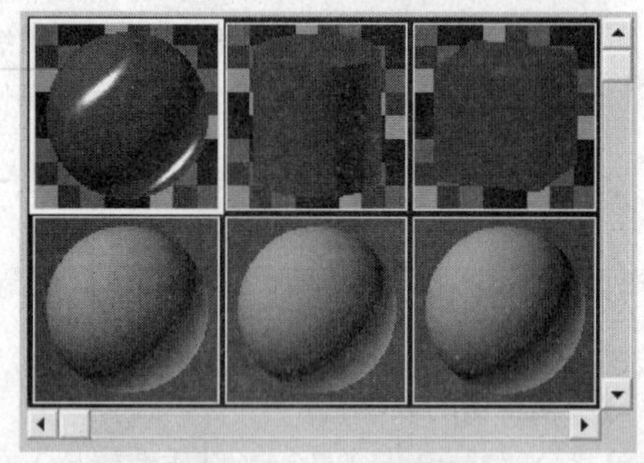

图8-3 3种采样类型

Backlight（背光）按钮工具主要用于设置是否显示材质的背景光。图8-4所示的是有背光和无背光时的对比效果。

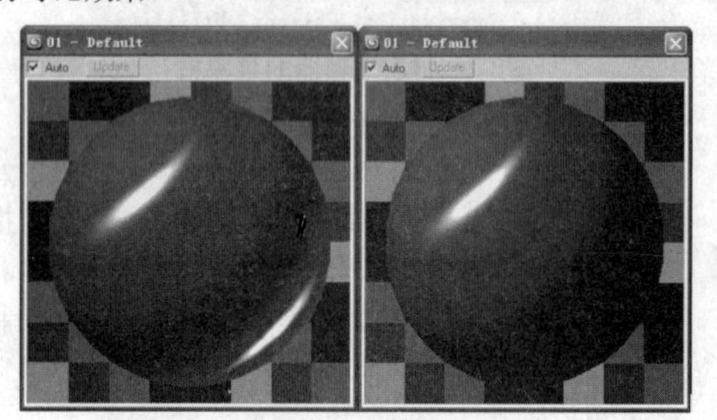

图8-4 有背光和无背光的效果对比

Background（背景）工具主要用于控制是否在材质球的示例窗口中显示方格状背景图案。图8-5所示的是显示与不显示背景的对比效果。

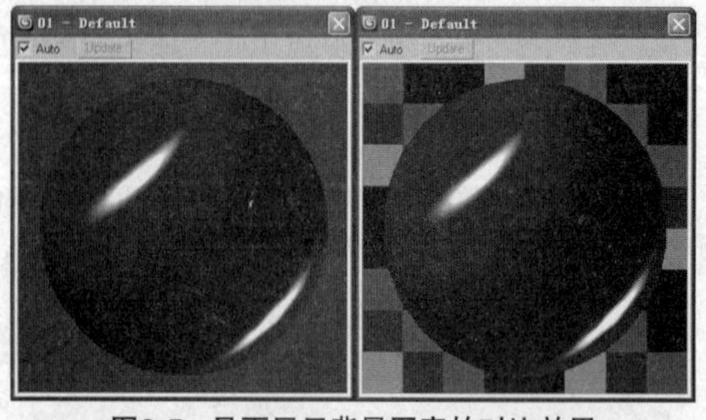

图8-5 是否显示背景图案的对比效果

使用Material/Map Navigator（材质/贴图导航器）工具可以对当前选择的材质样本进行浏览。单击此工具，会弹出如图8-6所示的对话框。

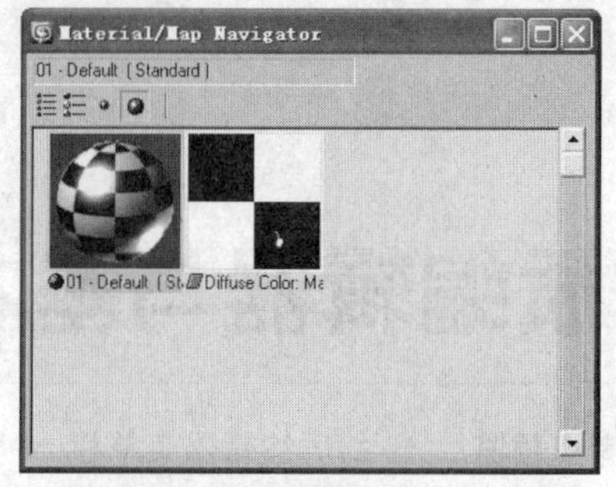

图8-6 材质/贴图导航器对话框

使用Show End Result（显示最终结果）工具，可查看所处级别材质。若禁用此工具按钮，则示例窗中只显示当前级别材质，如图8-7所示。

图8-7 工具未激活时示例窗的显示效果

当该工具处于激活状态时，将显示材质样本的最终效果，如图8-8所示。

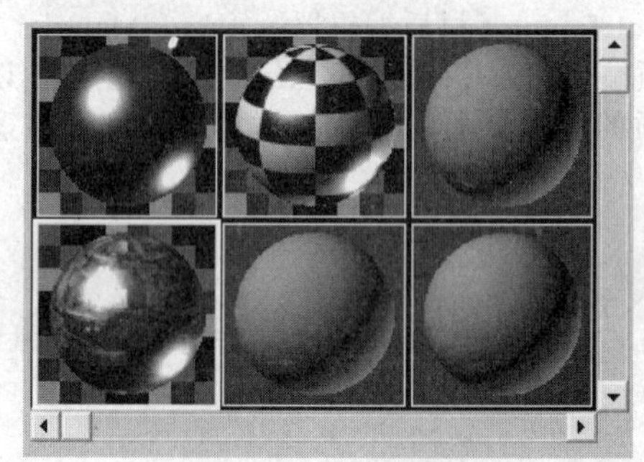

图8-8 工具激活状态下示例窗的显示效果

Assign Material to Selection（将材质指定给选定对象）工具可将当前选择的材质赋予场景中选择的对象。图8-9所示的是未赋予材质的对象效果。

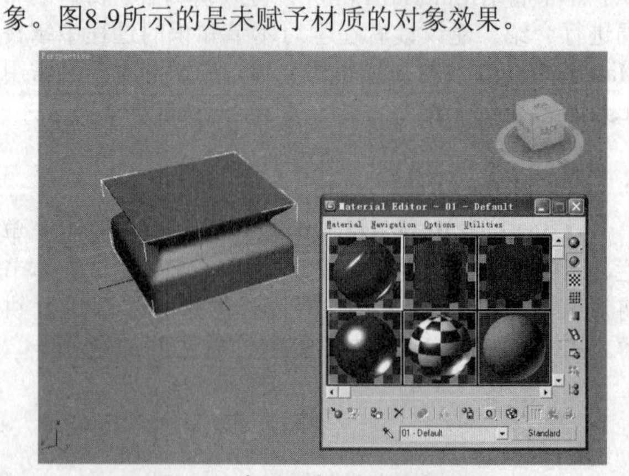

图8-9 未赋予材质的对象效果

图8-10所示的是赋予材质后的对象效果。

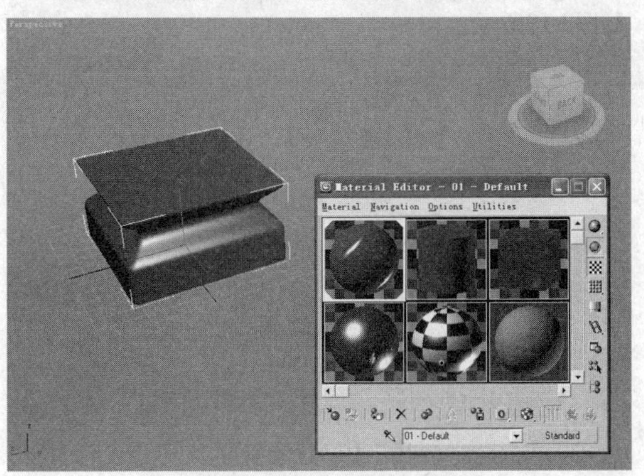

图8-10 赋予材质后的对象效果

3. 参数卷展栏

在材质示例窗及工具栏的下面是参数卷展栏。不同材质类型，卷展栏会有所不同。图8-11所示的为标准材质的参数卷展栏。

- Shader Basic Parameters
- Blinn
- Wire
- 2-Sided
- Face Map
- Faceted
- + Blinn Basic Parameters
- + Extended Parameters
- + SuperSampling
- + Maps
- + Dynamics Properties
- + DirectX Manager
- + mental ray Connection

图8-11 标准材质的参数卷展栏

标准材质的各卷展栏的含义如下。

- Shader Basic Parameters（明暗器基本参数）卷展栏：该卷展栏主要用于设置材质的明暗器，以及材质的Wire（线框）等属性。图8-12所示的是Wire（线框）和2-Side（双面）材质的材质球效果。

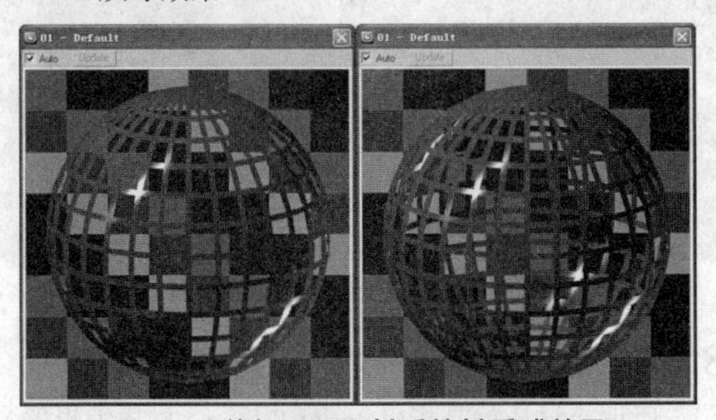

图8-12 线框及双面材质的材质球效果

- Blinn Basic Parameters（Blinn基本参数）卷展栏：该卷展栏会根据明暗器的不同而发生变化，主要用于设置材质的各种基本属性。如图8-13所示的为标准材质的Blinn Basic Parameters（Blinn明暗器基本参数）卷展栏。

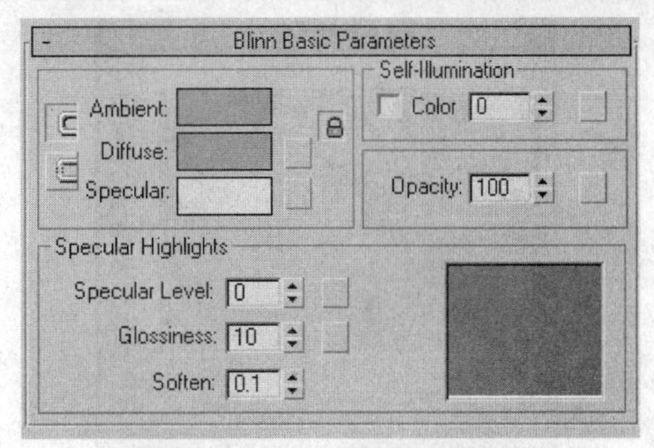

图8-13 Blinn基本参数卷展栏

- Extended Parameters（扩展参数）卷展栏：该卷展栏可以对材质的高级透明等属性进行设置。图8-14所示的即是Extended Parameters（扩展参数）卷展栏。

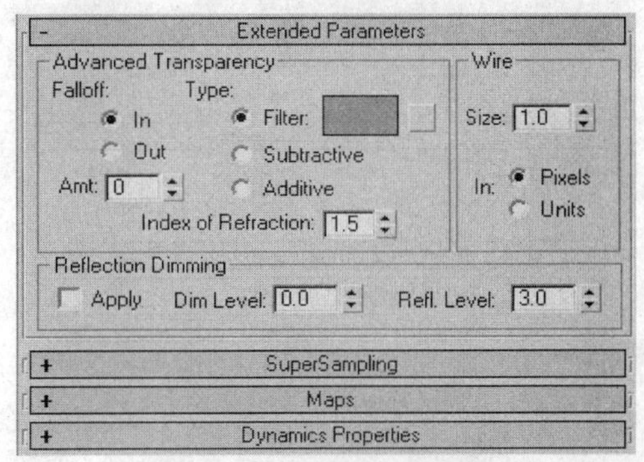

图8-14 扩展参数卷展栏

- SuperSampling（超级采样）卷展栏：在该卷展栏中可以对材质的采样器进行选择。
- Maps（贴图）卷展栏：该卷展栏主要用于为材质设置各种贴图通道。
- Dynamics Properties（动力学属性）卷展栏：该卷展栏主要用来设置材质的反弹系数、静摩擦等动力学属性。
- DirectX Manager （DirectX管理器）卷展栏：该卷展栏可以设置让材质以DirectX的方式来显示。
- mental ray Connection （mental ray连接）卷展栏：在该卷展栏中可以设置材质的mental ray属性。

8.1.3 实际操作

· 最终文件 第8章\任务27\任务27实际操作最终文件.max

前面对Material Editor（材质编辑器）的菜单栏、工具栏，以及参数卷展栏进行了介绍，在本小节中将通过实例操作来练习Material Editor（材质编辑器）的使用方法，具体操作步骤如下。

步骤1 在3ds Max的主工具栏中单击Material Editor（材质编辑器）按钮，即可打开如图8-15所示的Material Editor（材质编辑器）窗口。

图8-15 打开材质编辑器窗口

步骤❷ 在Shader Basic Parameters（明暗器基本参数）卷展栏中设置如图8-16所示的参数。

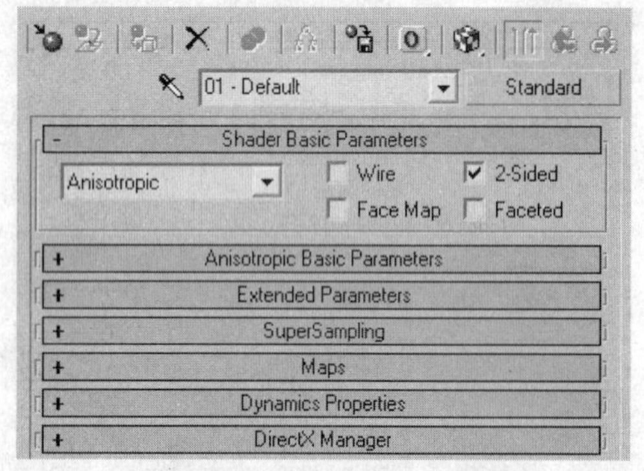

图8-16 设置明暗器基本参数

步骤❸ 在Anisotropic Basic Parameters（各向异性基本参数）卷展栏中单击如图8-17所示的Diffuse（漫反射）后的色块。

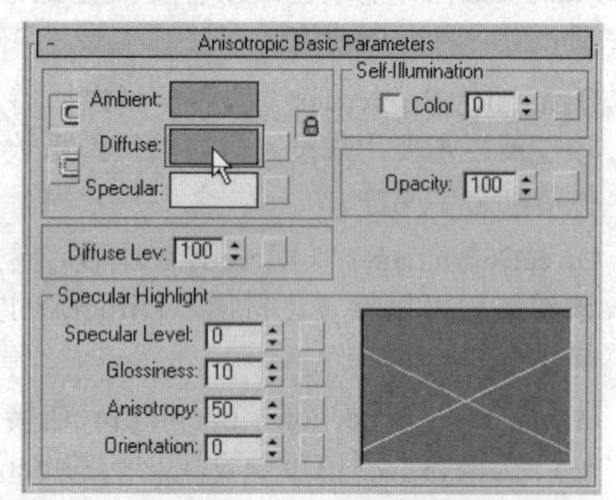

图8-17 单击色块

步骤❹ 在开启的Color Selector（颜色选择器）对话框中设置如图8-18所示的参数，完成后单击OK按钮。

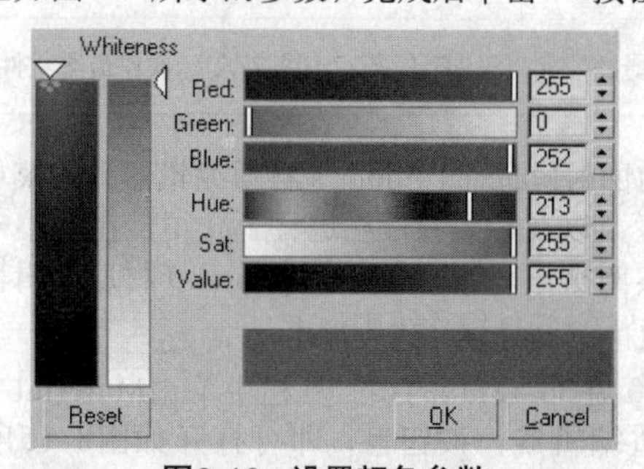

图8-18 设置颜色参数

步骤❺ 设置Opacity（不透明度）等参数，参数设置如图8-19所示。

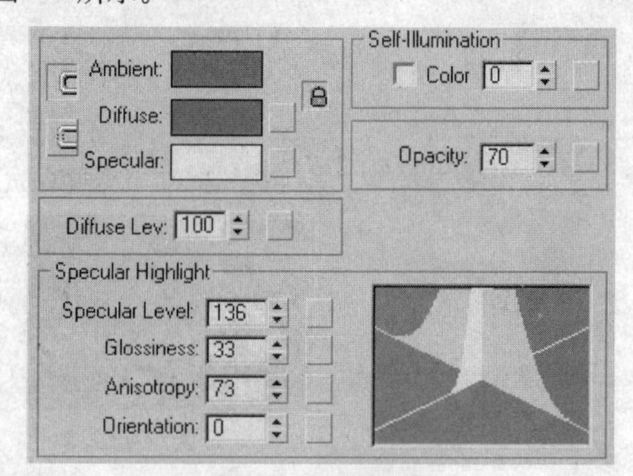

图8-19 设置参数

步骤❻ 在材质示例窗的右侧激活Background（背景）工具▩，如图8-20所示。

图8-20 激活背景工具

步骤❼ 在材质示例窗中双击设置好的材质，即可使材质示例窗单独显示，效果如图8-21所示。

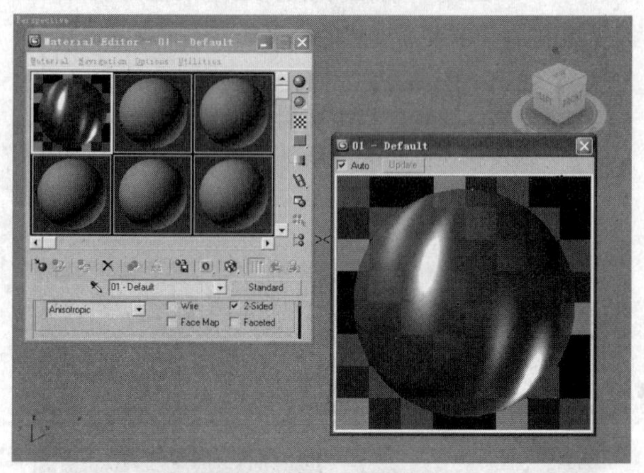

图8-21 单独显示材质示例窗

8.1.4 深度解析：冷材质和热材质

所谓冷材质就是指Material Editor（材质编辑器）中没有被赋予给对象的材质，热材质是指已经被赋予给对象的材质。冷材质和热材质在Material Editor（材质编辑器）中以不同的方式显示。

图8-22所示的是Material Editor（材质编辑器）中的冷材质。

图8-22 冷材质效果

图8-23所示的是Material Editor（材质编辑器）中的热材质。

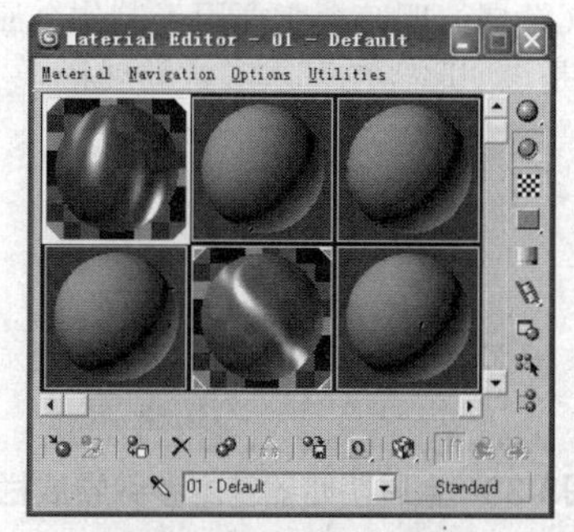

图8-23 热材质效果

单击材质编辑器中的Get Material（获取材质）工具按钮，在打开的对话框中单击选择Mtl Library（材质库）单选按钮，即可打开制作好的材质库，如图8-24所示。

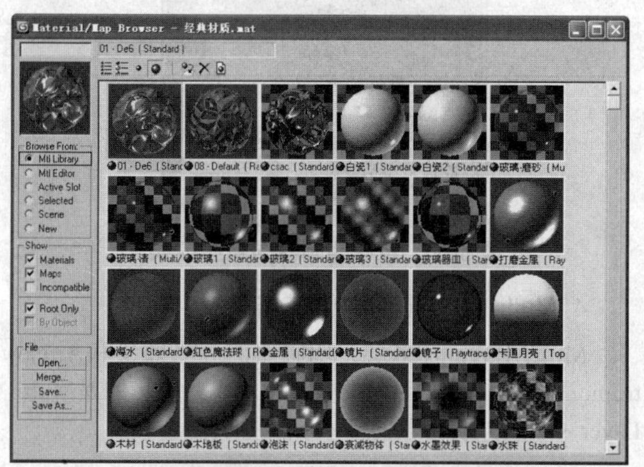

图8-24 打开材质库

在Material/Map Browser（材质/贴图浏览器）窗口中，将需要的材质拖动到示例窗中即可，如图8-25所示。

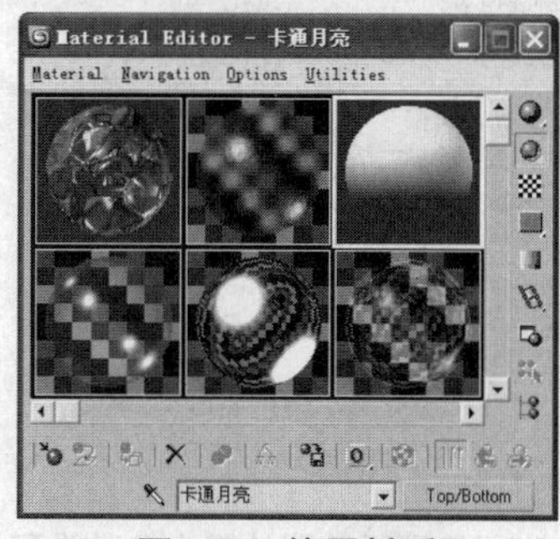

图8-25 使用材质

8.2 任务28 设置材质属性

标准的材质球包括Diffuse（漫反射）、Specular Highlights（反射高光）两个主要属性。其中，Diffuse（漫反射）主要控制材质本身的固有色，而Specular Highlights（反射高光）控制材质反射光的颜色。

任务快速流程：

打开Material Editor（材质编辑器）→ 设置材质属性参数 → 赋予对象材质 → 渲染场景

8.2.1 简单讲评

材质是表现对象的途径之一。通过材质的Basic Parameters（基本参数）卷展栏与Extended Parameters（扩展参数）卷展栏，可设置材质的属性。建议读者重点掌握这些卷展栏中各个参数的作用及对材质的影响，以及不同类型的明暗器。

8.2.2 核心知识

前面带领读者认识了Material Editor（材质编辑器），本小节将向读者介绍设置材质属性的方法。

首先认识的是Material Editor（材质编辑器）中不同类型的明暗器。

1. Anisotropic（各向异性）明暗器

该明暗器用于产生磨沙金属或头发的效果。可创建拉伸并成角的高光，而不是标准的圆形高光，效果如图8-26所示。

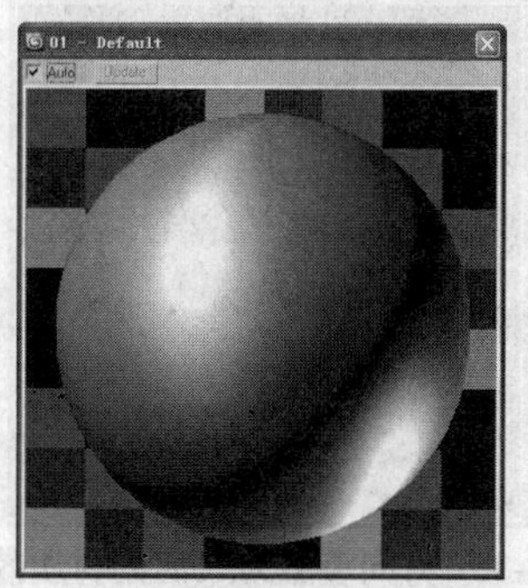

图8-26 各向异性明暗器的高光效果

图8-27所示的是该明暗器的基本参数卷展栏。

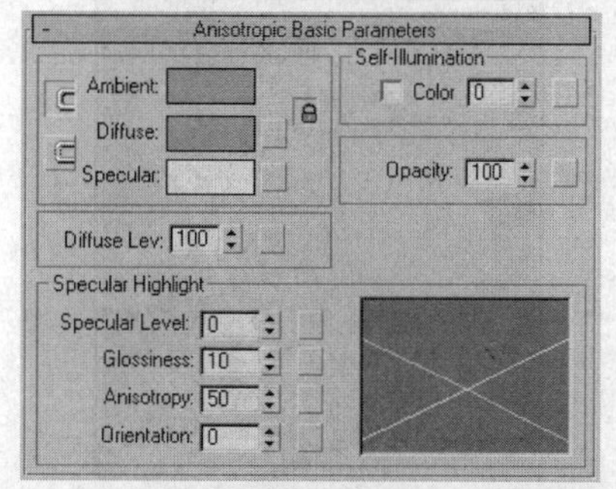

图8-27 各向异性明暗器的基本参数卷展栏

Specular Highlight（反射高光）选项组中的Anisotropy（各向异性）参数主要控制材质高光的形状。图8-28所示的是该参数值为0时的材质效果。

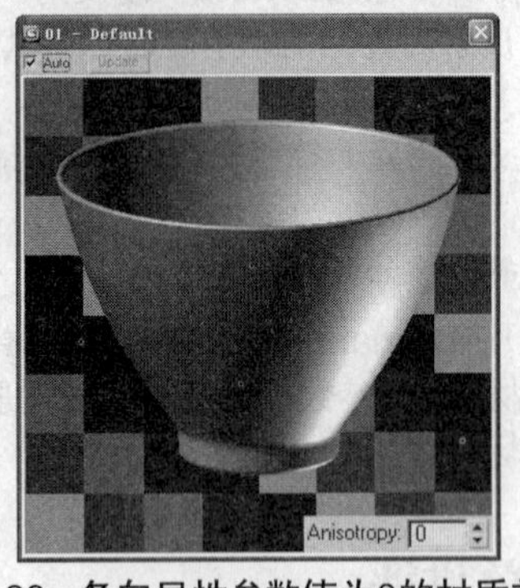

图8-28　各向异性参数值为0的材质效果

图8-29所示的是该参数值为90时的材质效果。

图8-29　各向异性参数值为90的材质效果

Orientation（方向）参数控制高光的方向。图8-30所示的是该参数值为10时的材质效果。

图8-30　方向参数为10时的材质效果

图8-31所示的是方向参数为90时的材质效果。

图8-31　方向参数为90时的材质效果

2. Blinn明暗器

该明暗器是3ds Max的默认明暗器，与Phong明暗器具有相同的功能，但前者在数字上更精确。图8-32所示的是该明暗器的材质效果。

图8-32　Blinn明暗器材质效果

3. Metal（金属）明暗器

Metal（金属）明暗器主要用于制作金属材质。图8-33所示的是该明暗器的基本参数卷展栏。

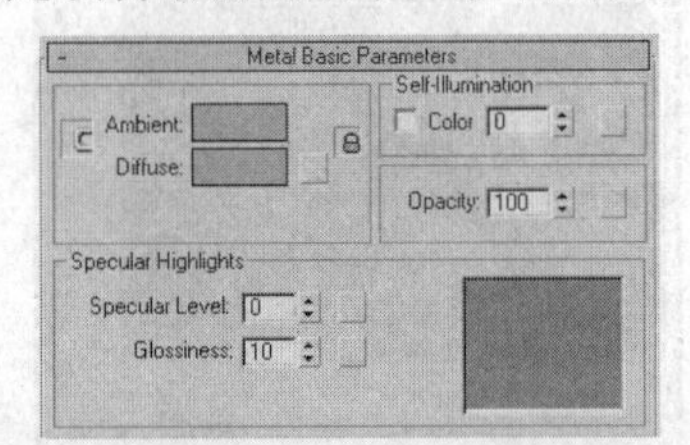

图8-33　金属明暗器基本参数卷展栏

图8-34所示的是Metal（金属）明暗器的材质效果。

图8-34　金属明暗器的材质效果

4. Multi-Layer（多层）明暗器

Multi-Layer（多层）明暗器的高光效果和Anisotropic（各向异性）明暗器类似。图8-35所示的是Multi-Layer（多层）明暗器的基本参数卷展栏。

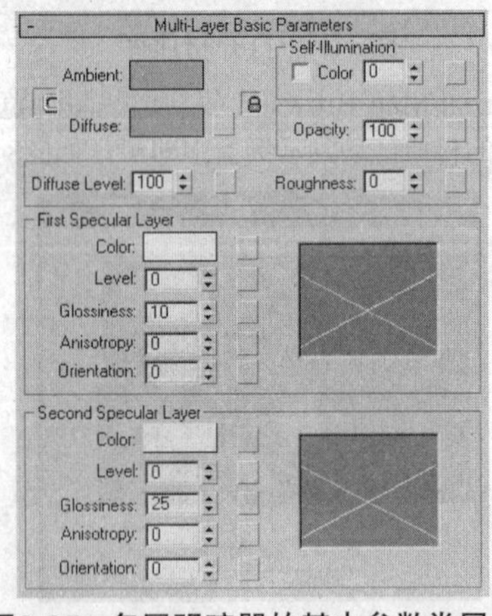

图8-35　多层明暗器的基本参数卷展栏

图8-36所示的是Multi-Layer（多层）明暗器的材质效果。

图8-36 多层明暗器的材质效果

5. Oren-Nayar-Blinn明暗器

Oren-Nayar-Blinn明暗器通常用于制作具有不光滑表面的对象的材质，如布料皮革等。图8-37所示为Oren-Nayar-Blinn明暗器的基本参数卷展栏。

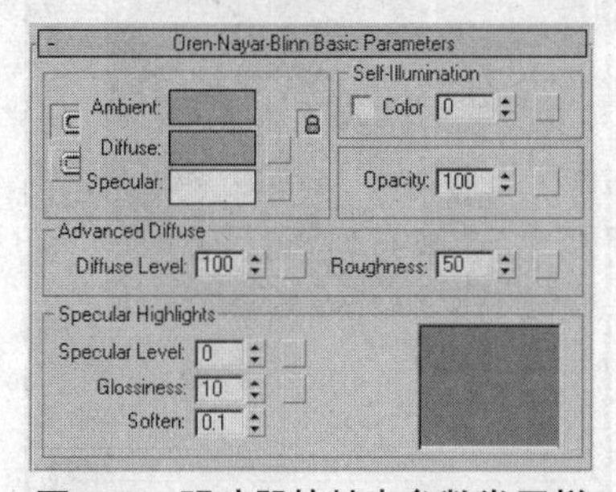

图8-37 明暗器的基本参数卷展栏

图8-38所示的是Oren-Nayar-Blinn明暗器的材质效果。

图8-38 Oren-Nayar-Blinn明暗器的材质效果

6. Phong明暗器

Phong明暗器基本参数卷展栏中的参数和Blinn明暗器的参数完全相同，如图8-39所示。

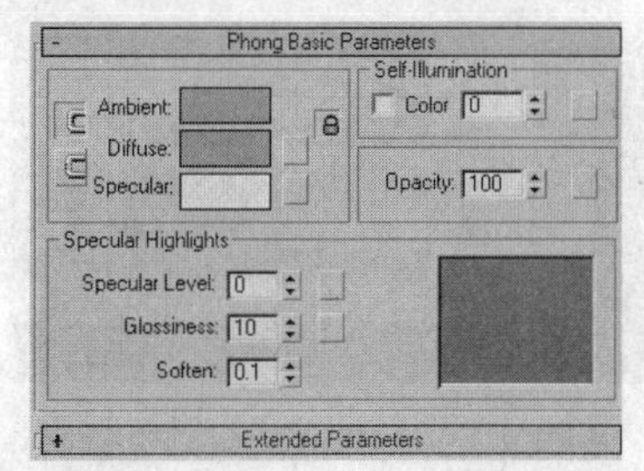

图8-39 Phong明暗器的基本参数卷展栏

但Phong明暗器的渲染速度比Blinn明暗器快。图8-40所示的是Phong明暗器的材质效果。

图8-40 Phong明暗器的材质效果

7. Strauss明暗器

Strauss明暗器与Metal（金属）明暗器类似，都是用于创建金属材质，该明暗器有4个参数，如图8-41所示。Strauss明暗器的模型及界面更为简单。

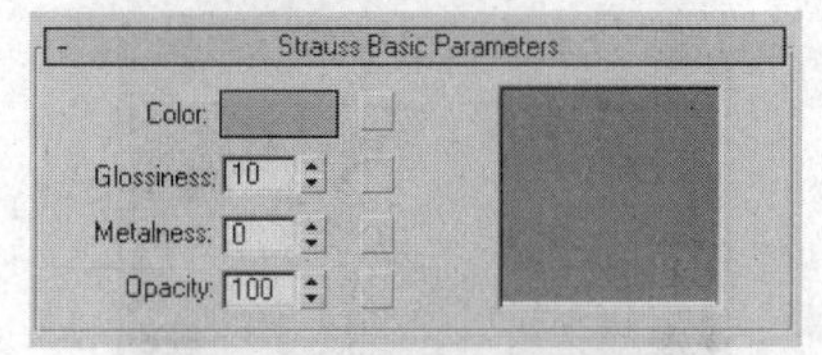

图8-41 Strauss明暗器参数

Metalness（金属度）参数通过影响主要和次要高光，使材质更像金属材质，其材质效果如图8-42所示。

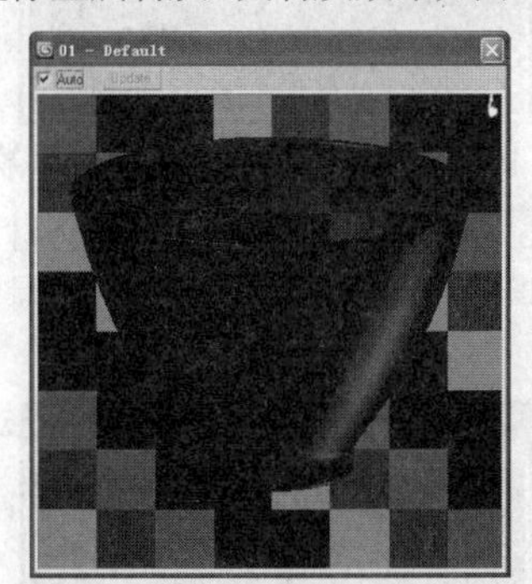

图8-42 Strauss明暗器的材质效果

8. Translucent Shader（半透明）明暗器

Translucent Shader（半透明）明暗器允许光线穿过对象，并在对象内部使光线散射。图8-43所示为该明暗器的基本参数卷展栏。

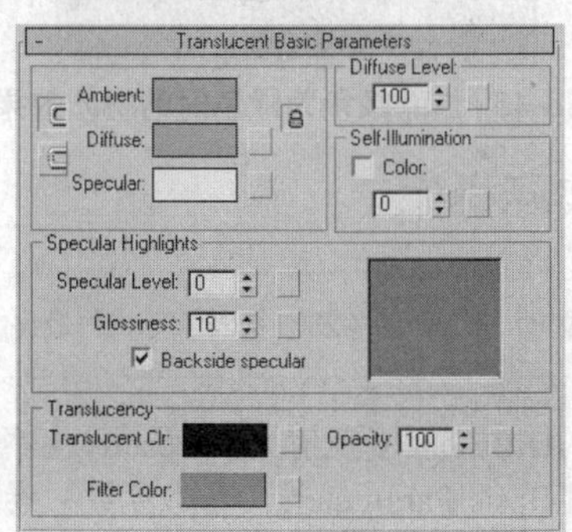

图8-43 半透明明暗器的基本参数卷展栏

其中的Opacity（不透明度）参数用于控制材质的透明程度。图8-44所示为设置该参数值为50时的材质效果。

图8-44　不透明度为50时的材质示例窗效果

Translucent Clr（半透明颜色）表示光线穿过对象后所变成的颜色。图8-45所示为将该颜色设置为大红色后的材质效果。

图8-45　设置半透明颜色后的材质效果

Filter Color（过滤颜色）用于定义材质的光线过滤颜色。图8-46所示的是设置该颜色为绿色时的材质效果。

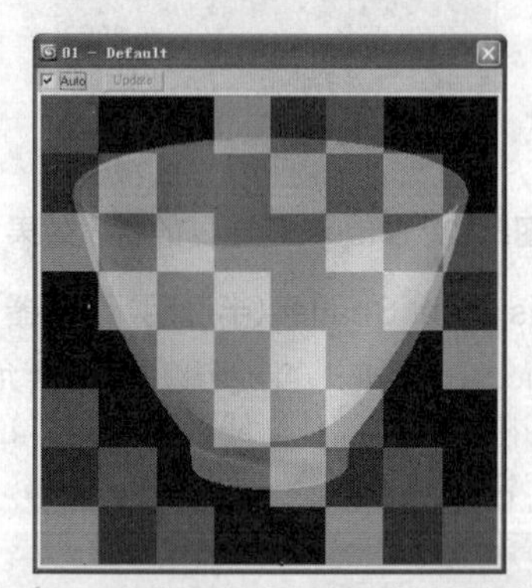

图8-46　过滤颜色为绿色时的材质效果

8.2.3　实际操作

·最终文件　第8章\任务28\任务28实际操作最终文件.max

材质的Diffuse（漫反射）、Opacity（不透明度）等参数都在Basic Parameters（基本参数）卷展栏中，本小节将通过实例操作，向读者介绍设置材质属性的方法，具体步骤如下。

步骤❶ 在3ds Max的主工具栏中单击如图8-47所示的Material Editor（材质编辑器）按钮。

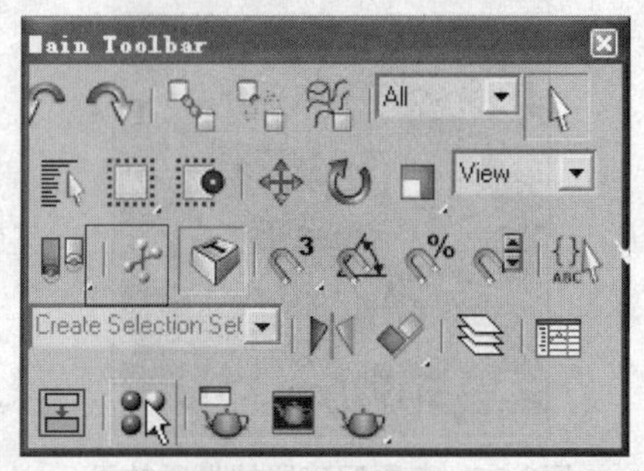

图8-47　单击主工具栏中的材质编辑器按钮

步骤❷ 在弹出的材质示例窗中选择一个空白材质球，如图8-48所示。

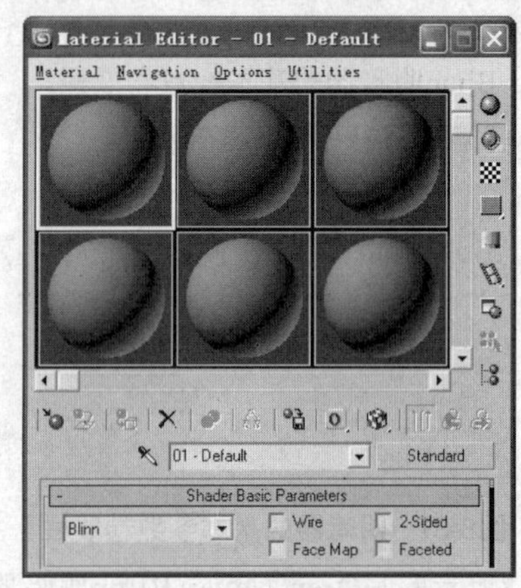

图8-48　选择一材质球

步骤❸ 在Shader Basic Parameters（明暗器基本参数）卷展栏中为材质设置如图8-49所示的明暗器。

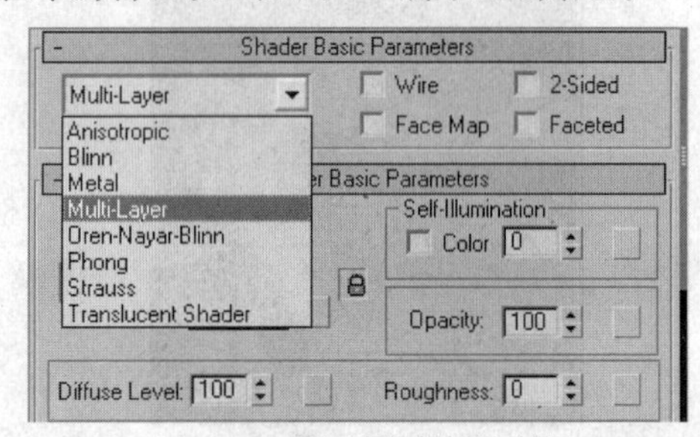

图8-49　设置材质的明暗器

步骤❹ 单击Diffuse（漫反射）后的色块，在弹出的对话框中设置如图8-50所示的漫反射颜色参数，完成后单击OK按钮。

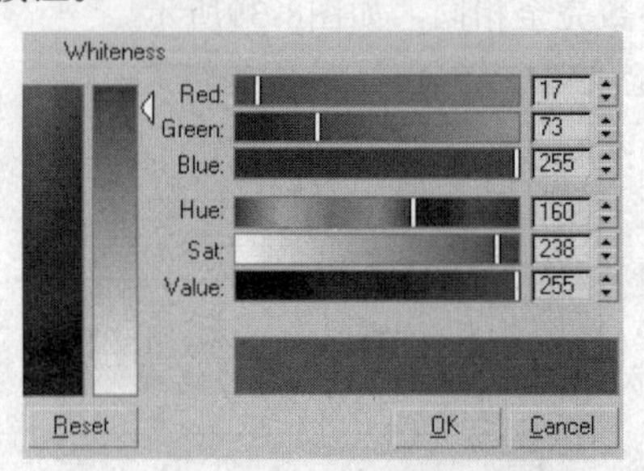

图8-50　设置漫反射颜色参数

步骤❺ 运用前面相同的方法，在Multi-Layer（多层）明暗器的基本参数卷展栏中设置如图8-51所示的First Specular Layer（第一高光反射层）颜色。

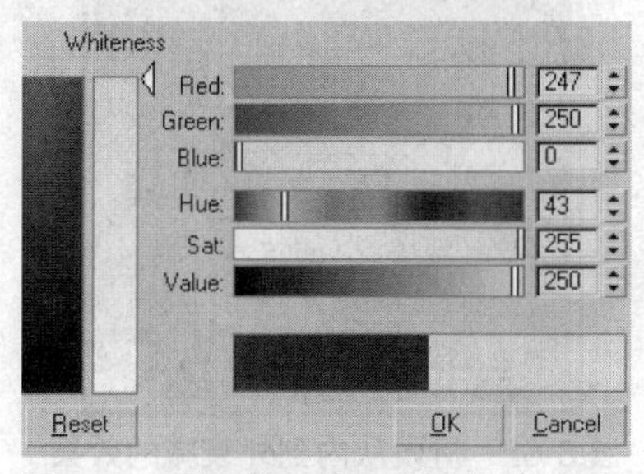

图8-51 设置第一高光反射层的颜色

步骤❻ 设置如图8-52所示的First Specular Layer（第一高光反射层）选项组参数。

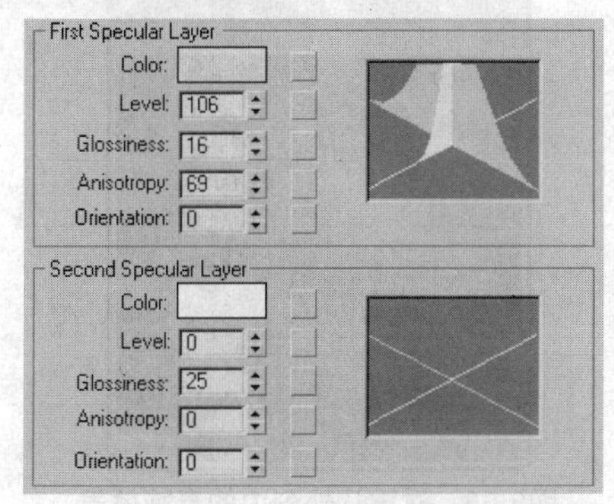

图8-52 第一次高光反射层选项组参数设置

步骤❼ 设置完参数后，材质具有了条状的高光，效果如图8-53所示。

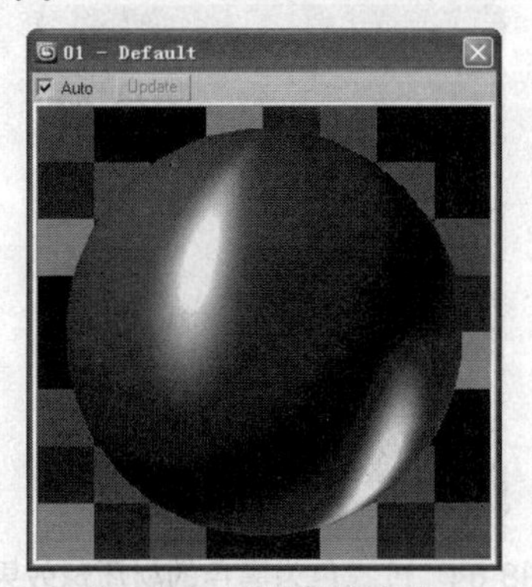

图8-53 显示条状高光

步骤❽ 设置Second Specular Layer（第二高光反射层）的高光颜色，颜色参数如图8-54所示。

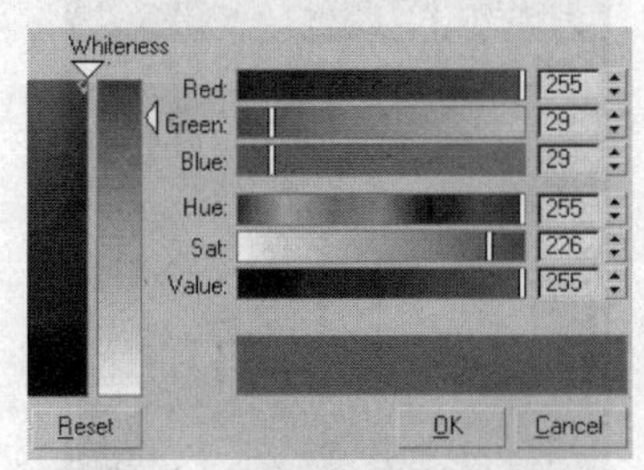

图8-54 第二高光颜色参数设置

步骤❾ 设置如图8-55所示的Second Specular Layer（第二高光反射层）选项组参数。

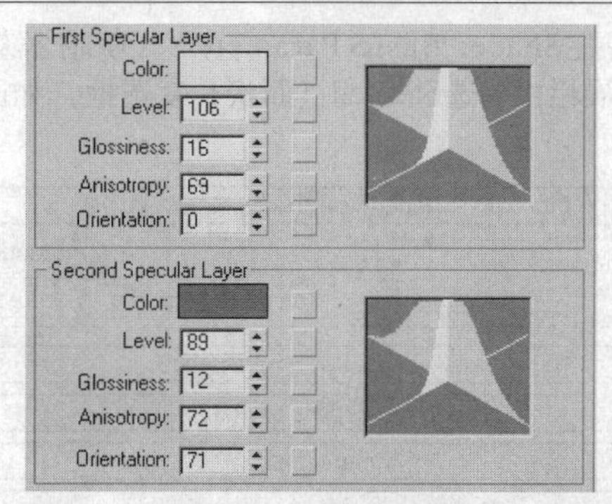

图8-55 设置第二高光反射层选项组参数

步骤❿ 在设置了第二高光反射参数后，材质新增加了一个高光，效果如图8-56所示。

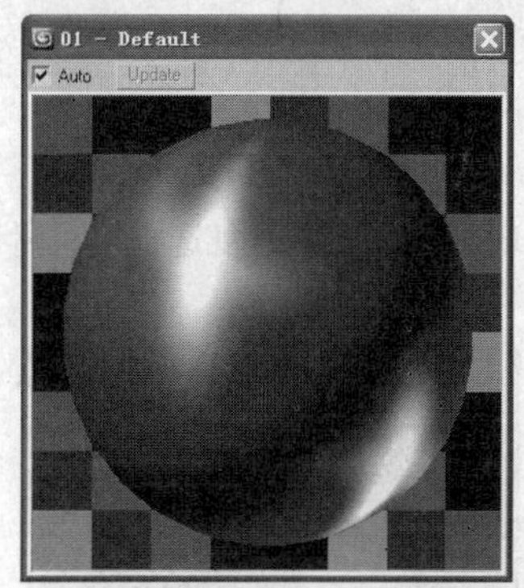

图8-56 新增一个高光

步骤⓫ 在基本参数卷展栏中设置Opacity（不透明度）为20，材质球效果如图8-57所示。

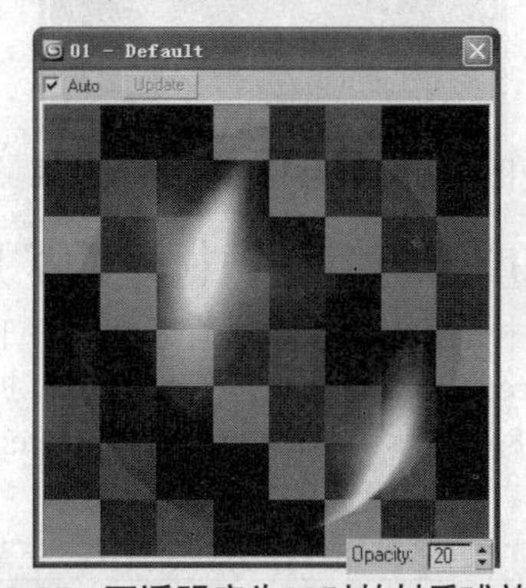

图8-57 不透明度为20时的材质球效果

步骤⓬ 将Opacity（不透明度）设置为85，材质球效果如图8-58所示。

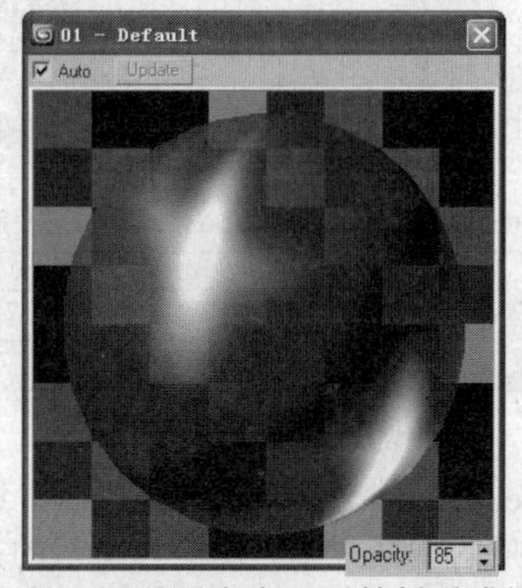

图8-58 不透明度为85时的材质球效果

步骤⑬ 在Shader Basic Parameters（明暗器基本参数）卷展栏中勾选Faceted（面状）复选框，如图8-59所示。

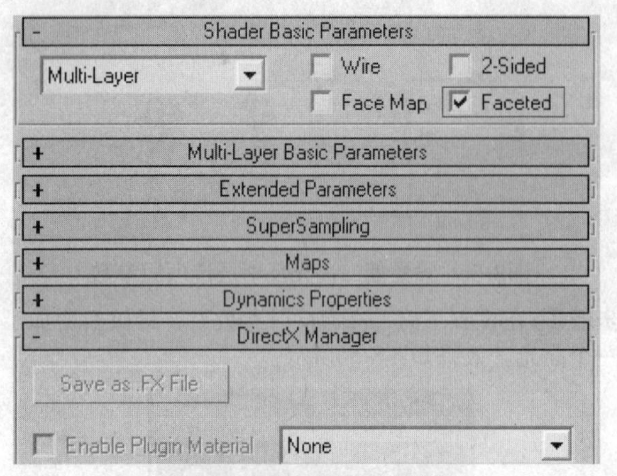

图8-59 选择面状复选框

步骤⑭ 勾选Faceted（面状）复选框后，材质球效果如图8-60所示。

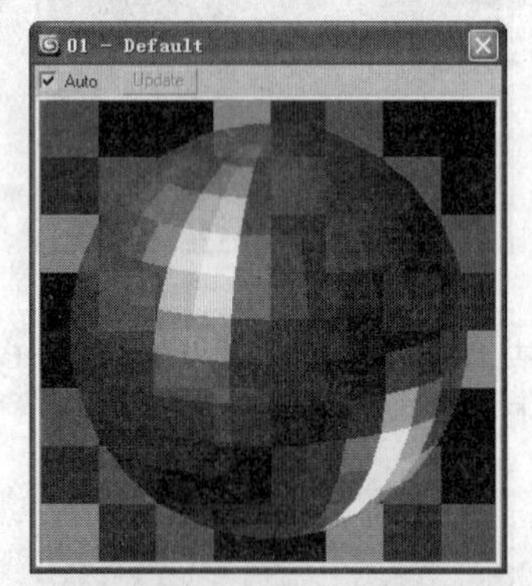

图8-60 面状材质的材质球效果

8.2.4 深度解析：认识材质的扩展参数

前面对材质的基本参数进行了介绍，下面将对材质的Advanced Transparency（高级透明）扩展参数进行介绍。图8-61所示的是Extended Parameters（扩展参数）卷展栏。

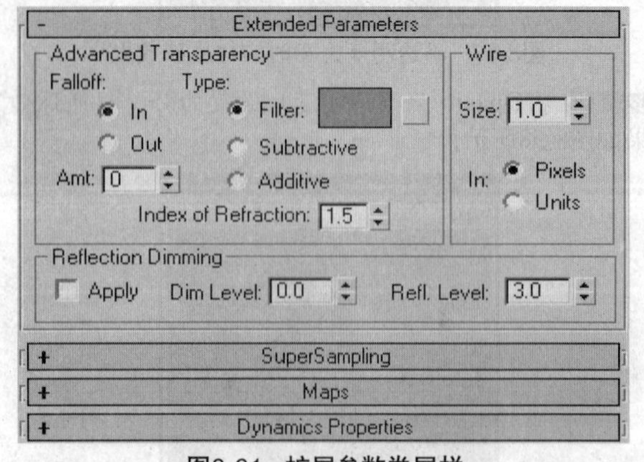

图8-61 扩展参数卷展栏

Advanced Transparency（高级透明）选项组主要用于控制材质的衰减方式。图8-62所示的是Amt（数量）为80时材质球从内到外的衰减效果。

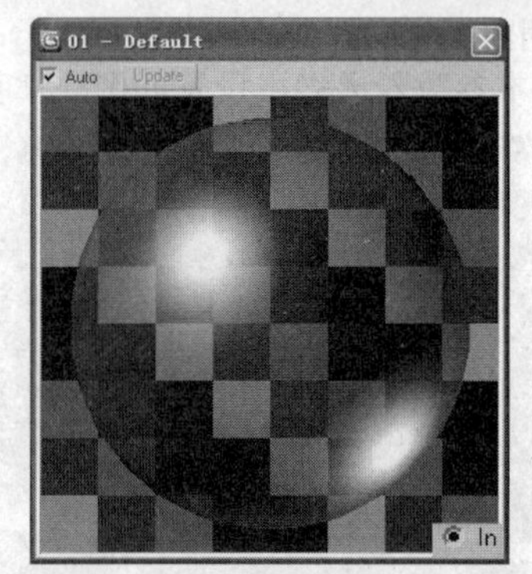

图8-62 材质从内到外衰减的效果

图8-63所示的是Amt（数量）为80时，材质球从外到内的衰减效果。

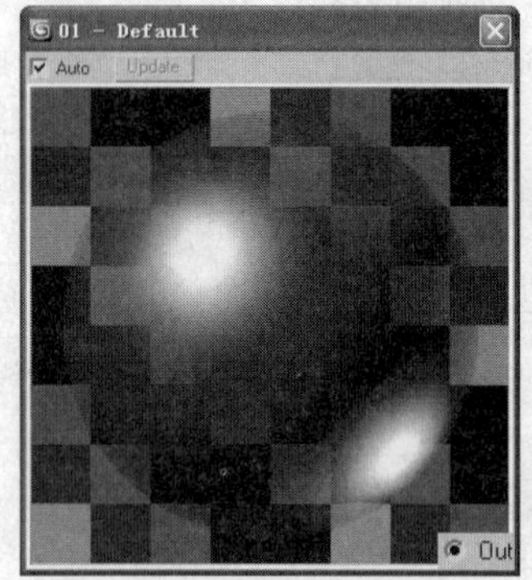

图8-63 材质从外到内的衰减效果

图8-64所示的是选择Filter（过滤）类型，且过滤色为黑色时材质的衰减效果。

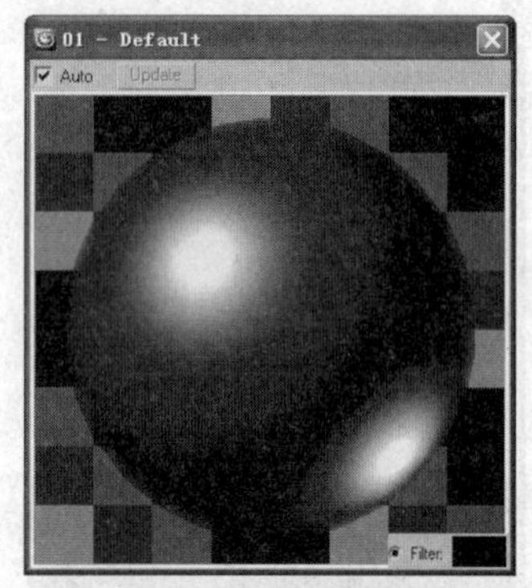

图8-64 过滤色为黑色的材质球效果

图8-65所示的是选择Filter（过滤）类型，且过滤色为白色时材质的衰减效果。

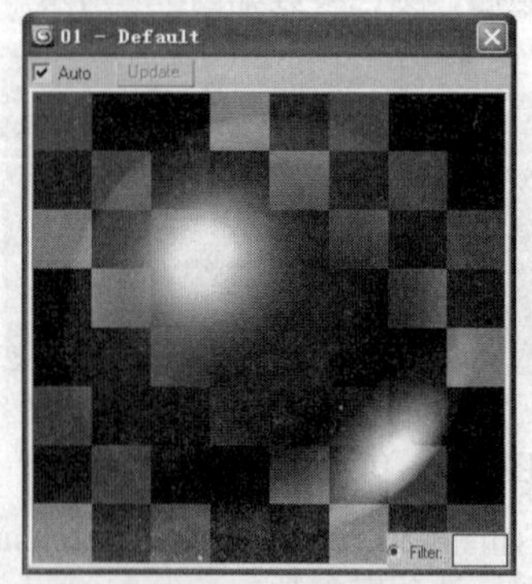

图8-65 过滤色为白色的材质球效果

图8-66所示的是选择Subtractive（相减）衰减类型时的材质球效果。

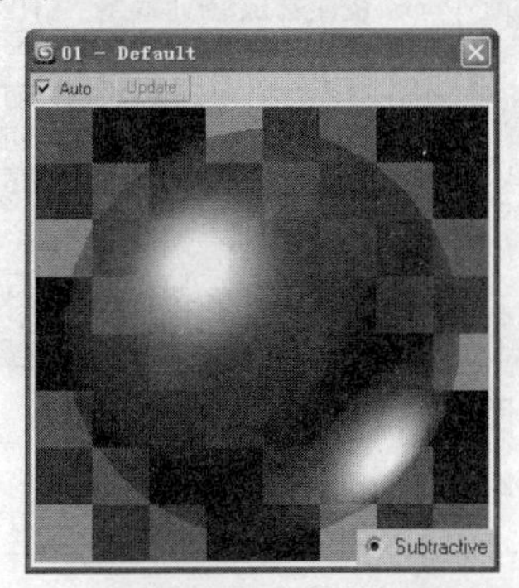

图8-66 相减类型的材质球效果

图8-67所示的是选择Additive（相加）衰减类型时的材质球效果。

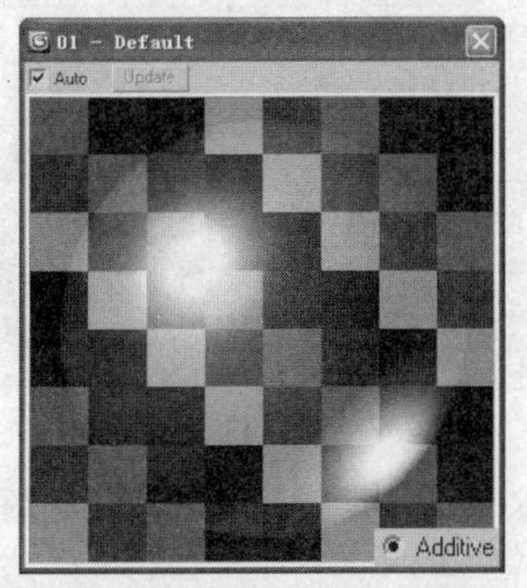

图8-67 相加类型的材质球效果

Wire（线框）选项组用于设置线框材质的相关属性。图8-68所示的是Size（大小）为2时的材质球效果。

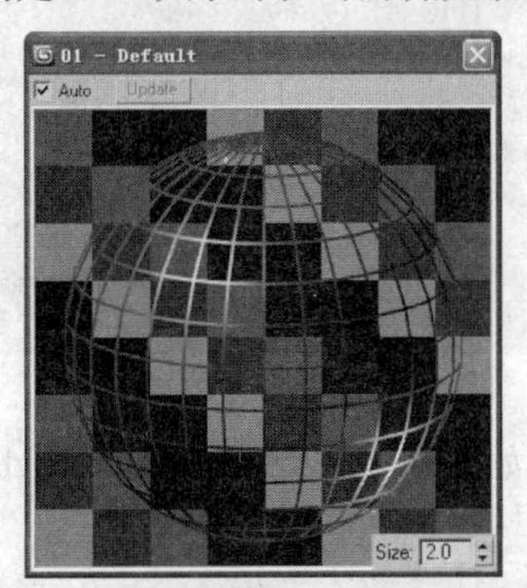

图8-68 大小为2时的材质球效果

图8-69所示的是Size（大小）参数为7时的材质球效果。

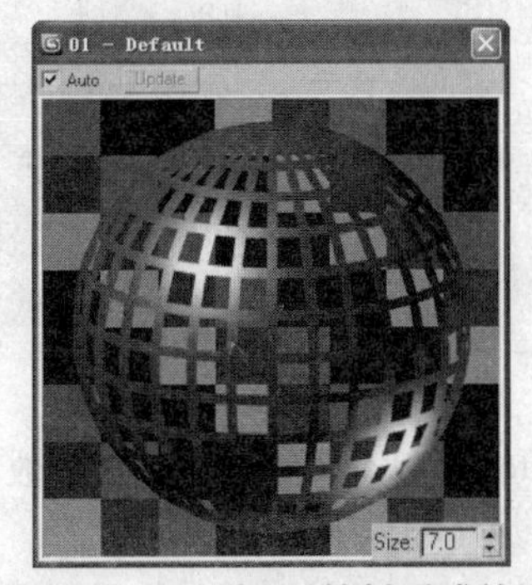

图8-69 大小为7时的材质球效果

8.3 综合实训：翡翠材质的表现

· 原始文件 第8章\综合实训\综合实训原始文件.max

· 最终文件 第8章\综合实训\综合实训最终文件.max

本章对Material Editor（材质编辑器）的布局及材质属性的设置方法进行了介绍，在本节中将通过制作翡翠手镯材质，总结学习的材质相关知识，具体操作步骤如下。

步骤 1 打开附书光盘中的“第8章\综合实训\综合实训原始文件.max”文件，如图8-70所示。

图8-70 场景文件效果

步骤 2 单击主工具栏中的Render Production（快速渲染产品级）按钮来渲染场景，渲染效果如图8-71所示。

图8-71 原始场景渲染效果

步骤 3 在主工具栏中单击Material Editor（材质编辑器）按钮，在弹出的窗口中选择一空白材质球并将其重命名，如图8-72所示。

图8-72 选择并重命名材质球

步骤❹ 单击如图8-73所示的Standard（标准）按钮 Standard 。

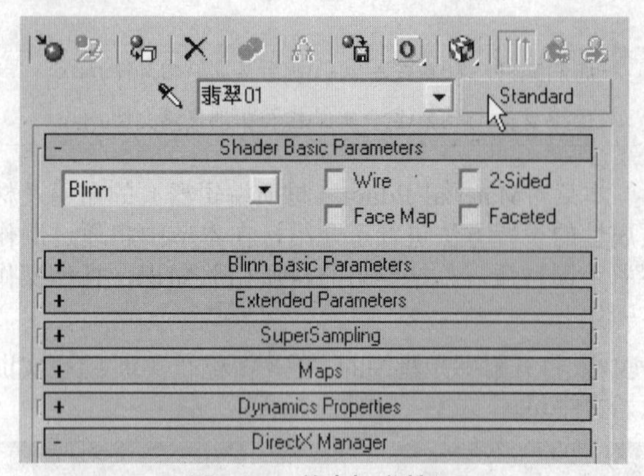

图8-73 单击标准按钮

步骤❺ 在开启的Material/Map Browser（材质/贴图浏览器）窗口中选择如图8-74所示的Raytrace（光线跟踪）贴图，完成后单击OK按钮。

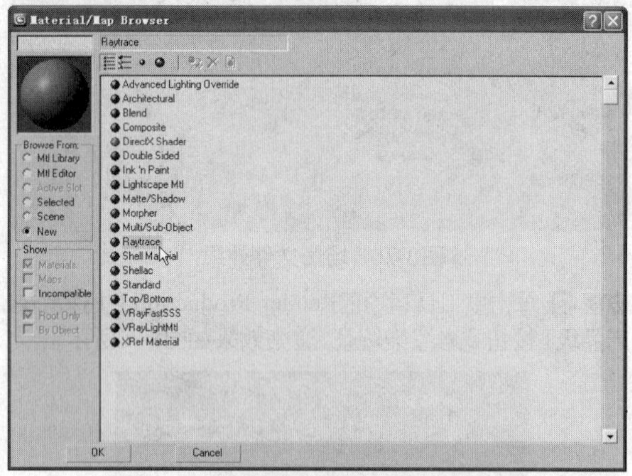

图8-74 选择光线跟踪贴图

步骤❻ 在Raytrace Basic Parameters（光线跟踪基本参数）卷展栏中单击Diffuse（漫反射）后的色块，如图8-75所示。

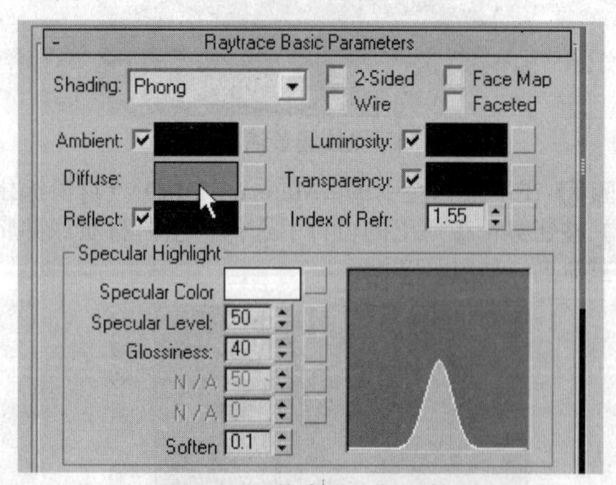

图8-75 单击漫反射色块

步骤❼ 在开启的Color Selector：Diffuse（颜色选择器：漫反射）对话框中设置如图8-76所示的Diffuse（漫反射）颜色参数。

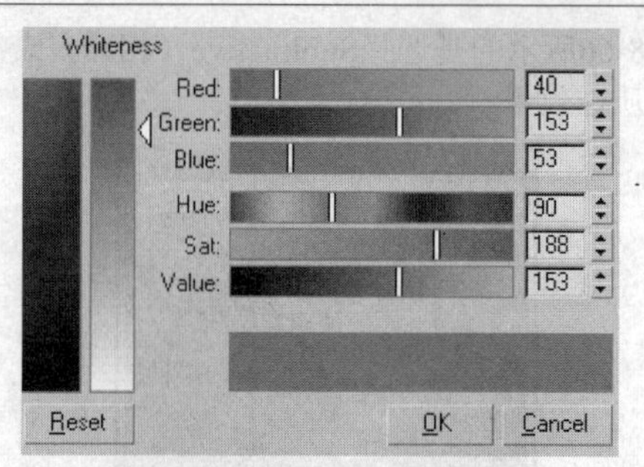

图8-76 设置漫反射颜色参数

步骤❽ 取消勾选Transparency（透明度）参数，设置该参数值为7，如图8-77所示。

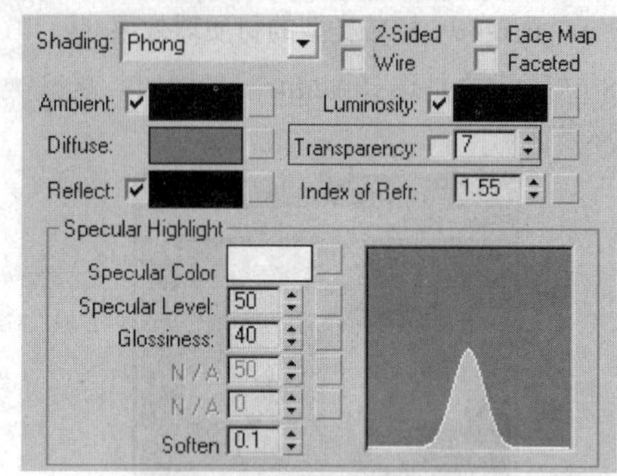

图8-77 设置透明度参数

步骤❾ 设置Reflect（反射）等参数，如图8-78所示。

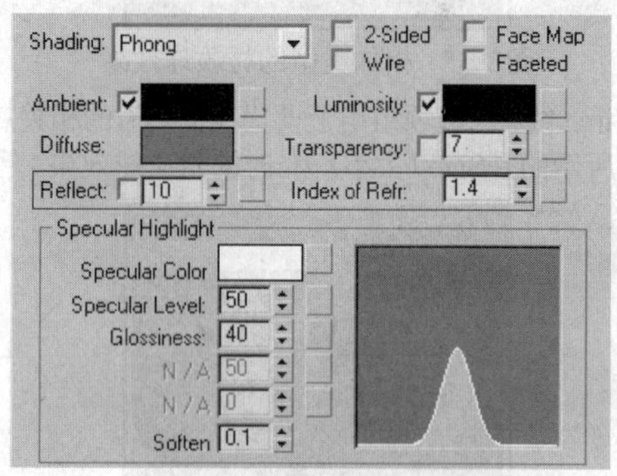

图8-78 设置反射等参数

步骤❿ 设置如图8-79所示的Specular Highlight（反射高光）选项组参数。

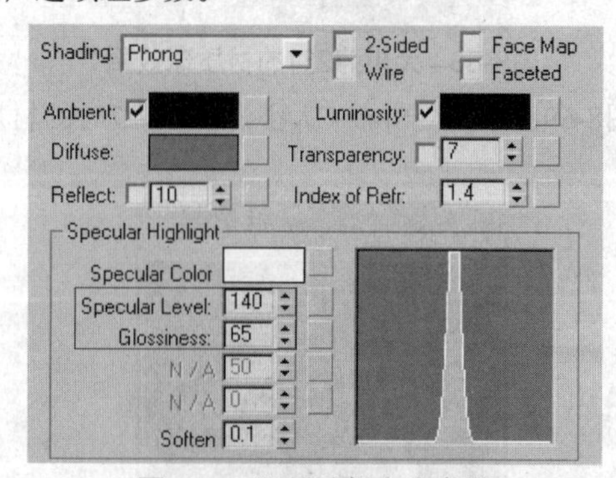

图8-79 设置反射高光参数

步骤⓫ 在Extended Parameters（扩展参数）卷展栏中单击如图8-80所示的色块。

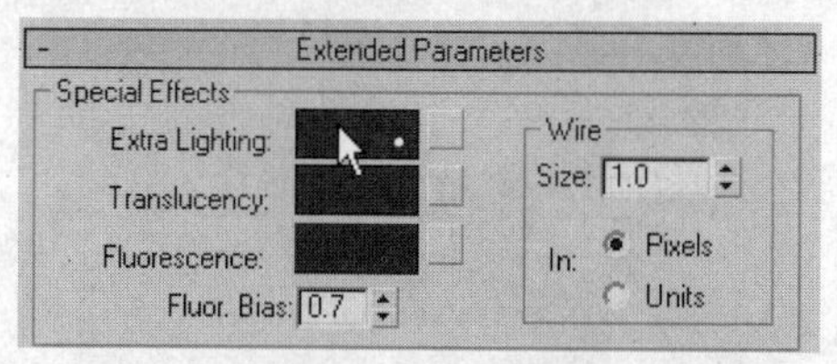

图8-80 单击色块

步骤⑫ 在弹出的Color Selector：Extra Lighting（颜色选择器：附加照明）对话框中设置如图8-81所示的颜色参数，完成后单击OK按钮。再设置Special Effects（特殊效果）选项组中其他选项的颜色均同该颜色参数。

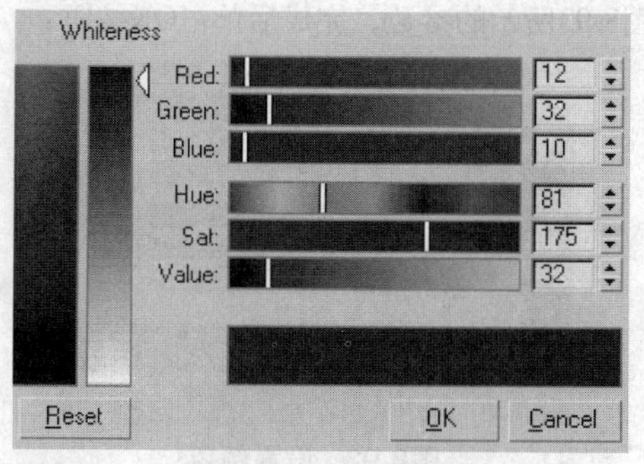

图8-81 设置颜色

步骤⑬ 在Maps（贴图）卷展栏中单击Diffuse（漫反射）贴图通道后的贴图按钮，如图8-82所示。

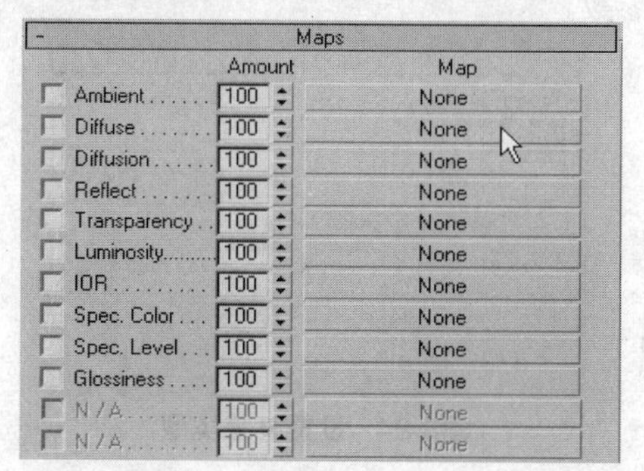

图8-82 单击漫反射贴图按钮

步骤⑭ 在开启的Material/Map Browser（材质/贴图浏览器）窗口中选择如图8-83所示的Falloff（衰减）贴图，完成后单击OK按钮。

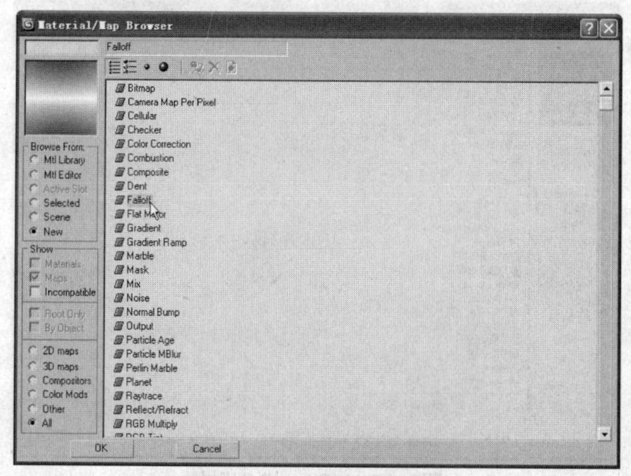

图8-83 选择衰减贴图

步骤⑮ 在Falloff Parameters（衰减参数）卷展栏中单击如图8-84所示的色块。

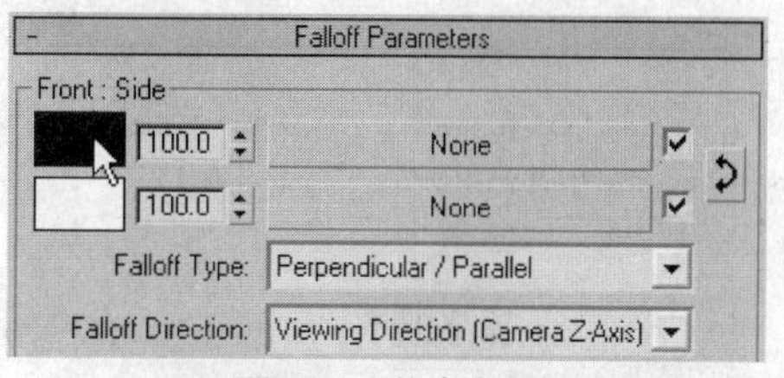

图8-84 单击色块

步骤⑯ 在开启的Color Selector：Color 1（颜色选择器：颜色1）对话框中设置如图8-85所示的颜色参数，完成后单击OK按钮。

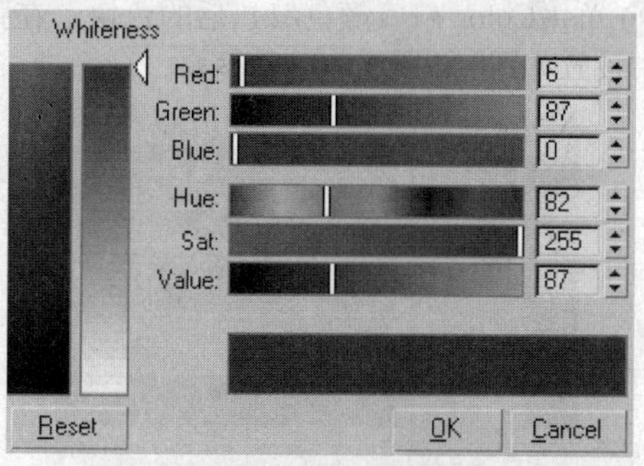

图8-85 设置衰减颜色

步骤⑰ 单击如图8-86所示的贴图按钮。

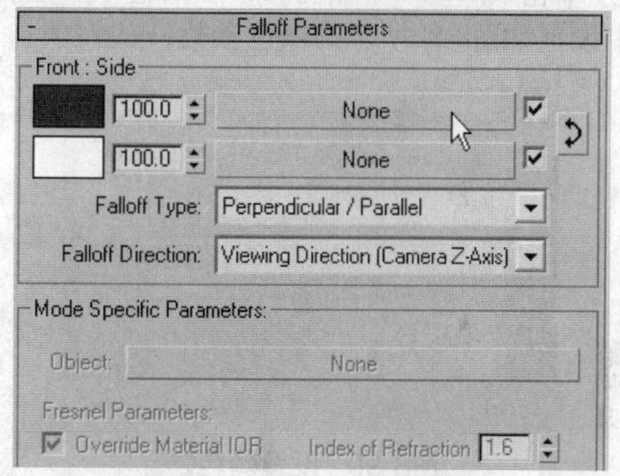

图8-86 单击贴图按钮

步骤⑱ 在开启的Material/Map Browser（材质/贴图浏览器）窗口中选择如图8-87所示的Noise（噪波）贴图，完成后单击OK按钮。

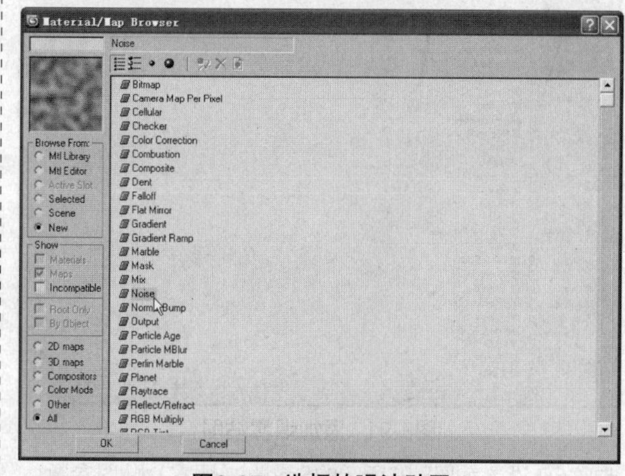

图8-87 选择的噪波贴图

步骤 19 在Noise Parameters（噪波参数）卷展栏中设置如图8-88所示的参数。

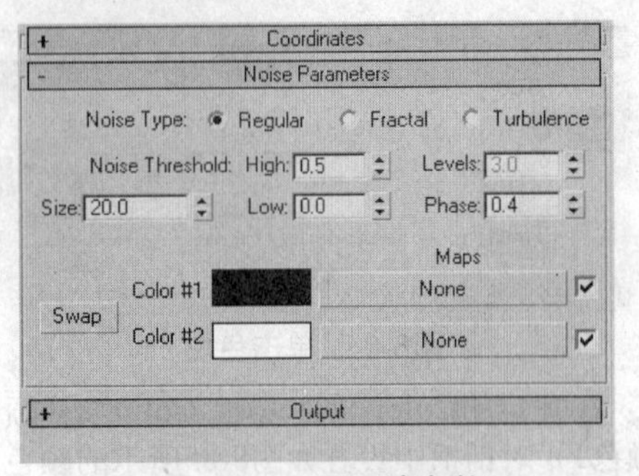

图8-88 设置噪波参数

步骤 20 单击Color #1（颜色#1）后的色块，在弹出对话框中设置如图8-89所示的颜色参数。

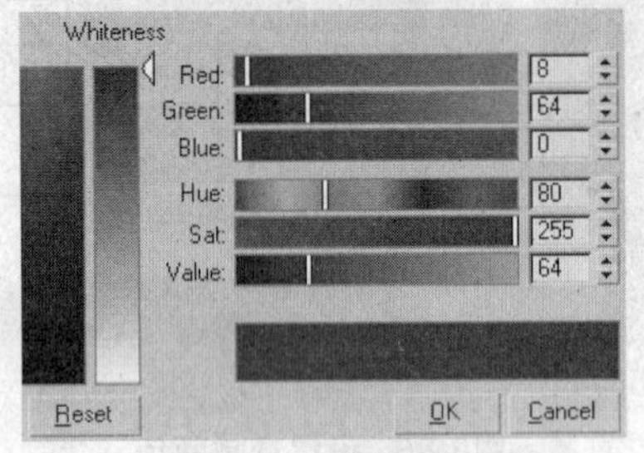

图8-89 设置颜色1

步骤 21 单击Color #2（颜色#2）后的色块，在弹出对话框中设置如图8-90所示的颜色参数。

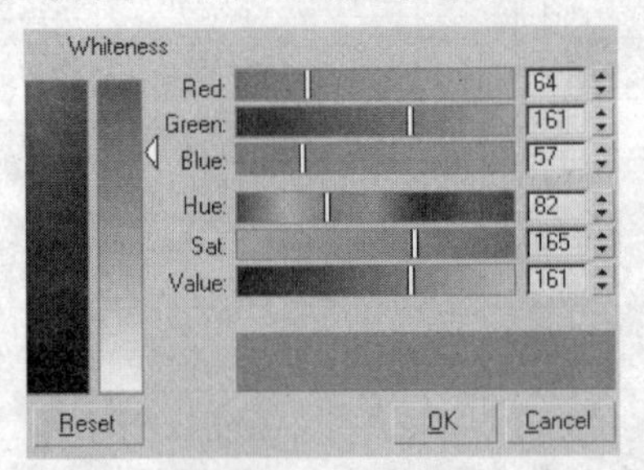

图8-90 设置颜色2

步骤 22 单击Color #2（颜色#2）后的贴图按钮，为其添加如图8-91所示的Smoke（烟雾）贴图。

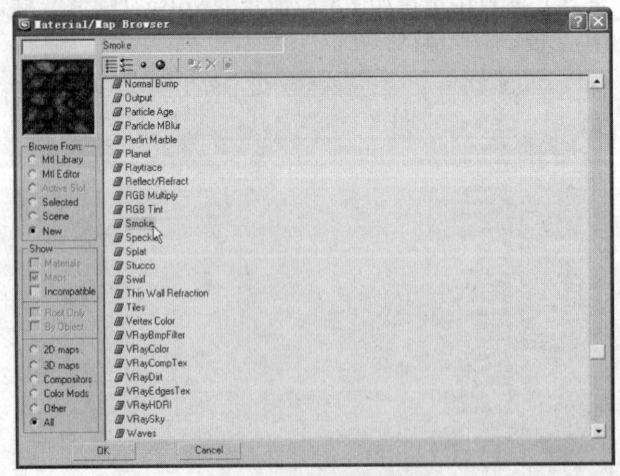

图8-91 添加烟雾贴图

步骤 23 设置如图8-92所示的Smoke（烟雾）贴图参数。

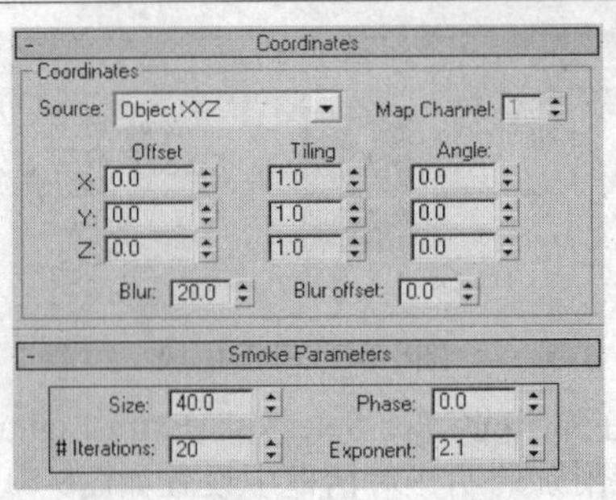

图8-92 设置烟雾贴图参数

步骤 24 在Smoke Parameters（烟雾参数）卷展栏中单击Color #1（颜色#1）后的色块，在开启的对话框中设置如图8-93所示的参数，完成后单击OK按钮。

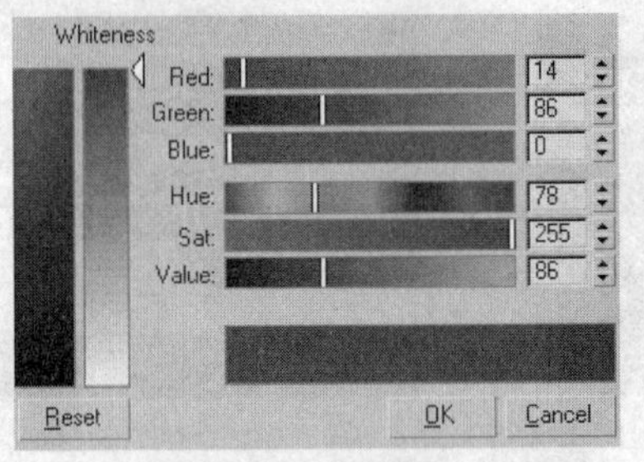

图8-93 设置颜色

步骤 25 多次单击Go to Parent（转到父对象）按钮，返回至Falloff（衰减）贴图一级，设置如图8-94所示的衰减参数。

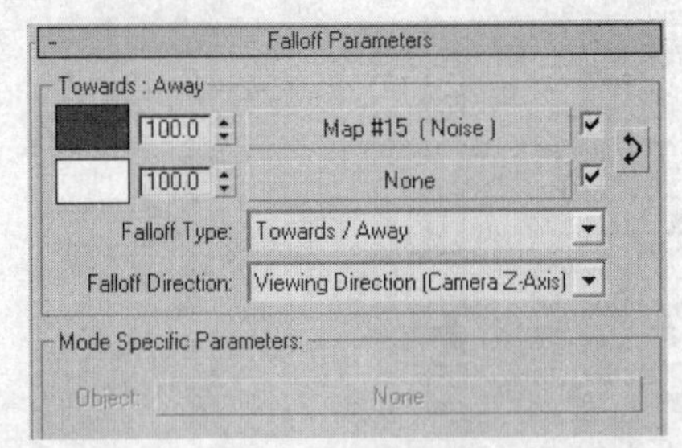

图8-94 设置衰减类型

步骤 26 返回上一级，在Maps（贴图）卷展栏中单击Reflect（反射）后的贴图按钮，在开启的Material/Map Browser（材质/贴图浏览器）窗口中选择如图8-95所示的VRayHDRI贴图。

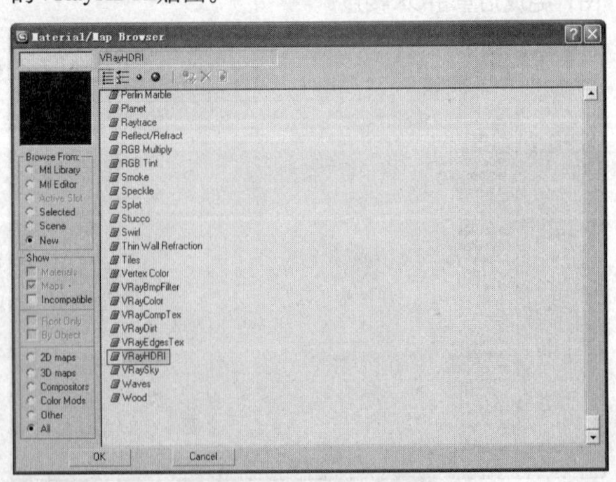

图8-95 VRayHDRI贴图

步骤㉗ 在Parameters（参数）卷展栏中单击Browse（浏览）按钮 Browse ，在弹出的对话框中指定如图8-96所示的贴图，并单击“打开”按钮。

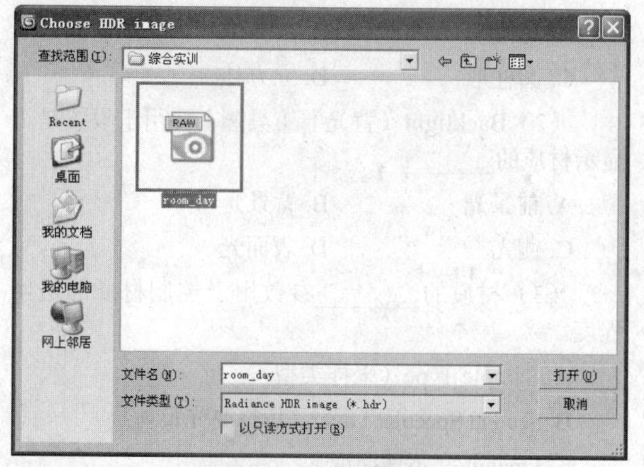

图8-96 指定贴图

步骤㉘ 在Map Type（贴图类型）选项组中单击如图8-97所示的单选按钮。

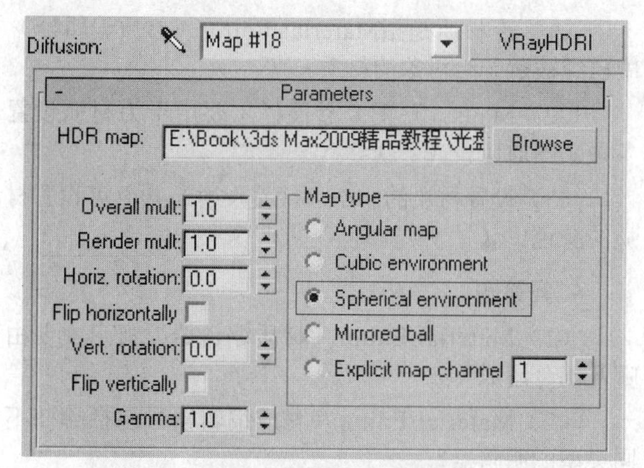

图8-97 设置贴图类型

步骤㉙ 返回上一级，设置Reflect（反射）贴图通道的Amount（数量）参数值为15，如图8-98所示。

Maps	Amount	Map
☐ Ambient	100	None
☑ Diffuse	100	Map #20 (Falloff)
☐ Diffusion	100	None
☑ Reflect	15	Map #18 (VRayHDRI)
☐ Transparency	100	None
☐ Luminosity	100	None
☐ IOR	100	None
☐ Spec. Color	100	None
☐ Spec. Level	100	None
☐ Glossiness	100	None

图8-98 设置数量参数值

步骤㉚ 在材质示例窗中，将制作的材质赋予给场景中的其中一个对象来渲染场景，其渲染效果如图8-99所示。

图8-99 场景渲染效果

步骤㉛ 将制作完成的材质进行拖动复制，并将复制的材质命名为“翡翠02”，如图8-100所示。

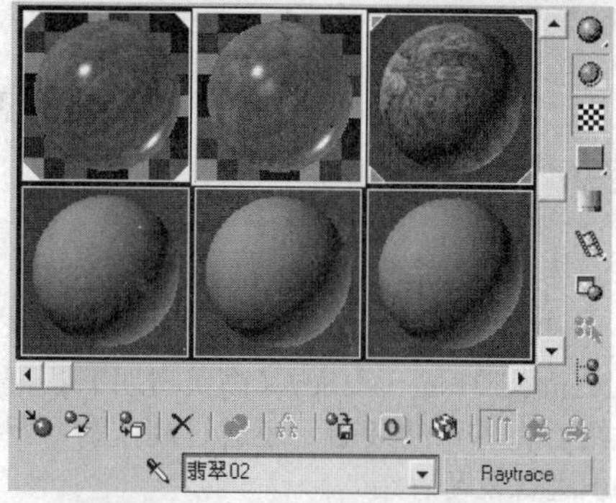

图8-100 复制并重命名材质

步骤㉜ 进入复制材质Noise（噪波）贴图层级，修改贴图的参数，参数设置如图8-101所示。

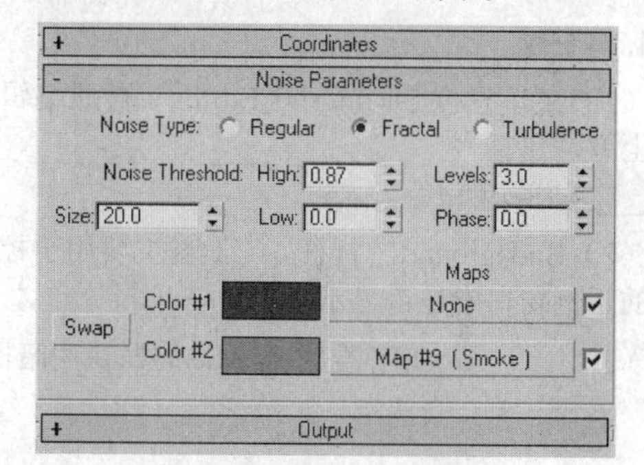

图8-101 修改贴图参数

步骤㉝ 进入Smoke（烟雾）贴图层级，修改贴图参数，参数设置如图8-102所示。

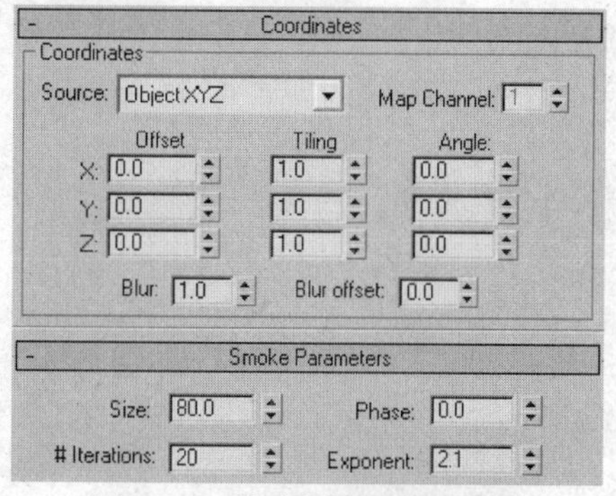

图8-102 修改的烟雾贴图参数

步骤㉞ 将该材质赋予给场景中未赋予材质的手镯对象，渲染场景，最终渲染效果如图8-103所示。

图8-103 最终渲染效果

8.4 教学总结

本章先对Material Editor（材质编辑器）的菜单栏、工具栏，以及材质明暗器进行了介绍。然后对材质的Advanced Transparency（高级透明）扩展参数进行了介绍。在本章的最后，还通过制作翡翠材质对本章的知识进行复习总结。

8.5 测试练习

1. 填空题

（1）菜单栏位于Material Editor（材质编辑器）的最上方，包括________、________、________，以及________4个菜单命令。

（2）Background（背景）工具主要用于控制材质球的示例窗口中是否显示出________。

（3）________明暗器是3ds Max的默认明暗器。

2. 选择题

（1）以下________采样类型不是3ds Max提供的采样类型。

A. 球形　　B. 圆环

C. 圆柱形　　D. 立方体

（2）Backlight（背光）工具主要用于设置是否显示材质的________。

A. 前景光　　B. 背景光

C. 侧光　　D. 表面光

（3）材质的________参数用于控制材质的透明程度。

A. Sample Type（采样类型）

B. Second Specular Layer（第二高光反射层）

C. Opacity（不透明度）

D. Diffuse（漫反射）

3. 判断题

（1）冷材质是指Material Editor（材质编辑器）中已经被赋予给对象的材质。（　）

（2）Maps（贴图）卷展栏主要用于为材质设置各种贴图通道。（　）

（3）设置材质的Diffuse（漫反射）颜色可设置材质的颜色。（　）

4. 问答题

（1）Material Editor（材质编辑器）窗口主要由哪几部分组成？

（2）Material Editor（材质编辑器）包括哪些不同类型的明暗器？

（3）Strauss明暗器与哪种明暗器类似？它们的不同点是什么？

Chapter 09

深入了解材质贴图

▶ **考点预览**

1. 材质球的显示
2. 各种材质类型的作用
3. 各种材质的使用方法
4. 各种贴图类型的作用
5. 各种贴图类型的使用方法

▶ **课前预习** 本章在上一章的基础上进一步对材质与贴图进行深入的讲解，介绍材质编辑器的使用，并使用一些常用的材质制作实例，使读者能轻松掌握一些常用材质效果的制作方法。

9.1 任务29 认识材质/贴图浏览器

在前一章中介绍Material Editor（材质编辑器）窗口的布局及材质属性卷展栏等知识时用到了Material/Map Browser（材质/贴图浏览器），本节中将对其进行详细介绍。

任务快速流程：

选择类型 ➔ 打开材质库 ➔ 选择材质 ➔ 应用材质

9.1.1 简单讲评

Material/Map Browser（材质/贴图浏览器）用于选择材质、贴图或Mental ray明暗器。读者应重点掌握其使用方法。

9.1.2 核心知识

单击Material Editor（材质编辑器）工具栏中的Get Material（获取材质）按钮，即可开启如图9-1所示的Material/Map Browser（材质/贴图浏览器）窗口。

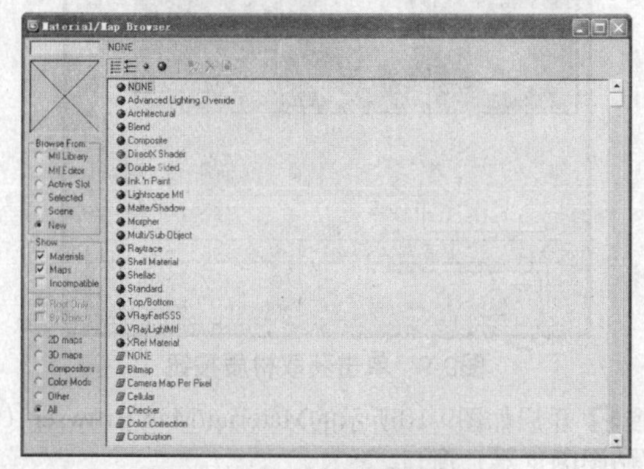

图9-1 材质/贴图浏览器窗口

该窗口主要分为左侧选项区和右侧贴图列表及工具栏。左侧的选项区是Material/Map Browser（材质/贴图浏览器）的重要功能之一，下面将对右侧的选项区域进行介绍。

1. Browse From（浏览自）选项组

Browse From（浏览自）选项组主要用于选择材质/贴图列表中显示的材质来源。分为Mtl Library（材质库）、Mtl Editor（材质编辑器）等6种。图9-2所示的即为Browse From（浏览自）选项组。

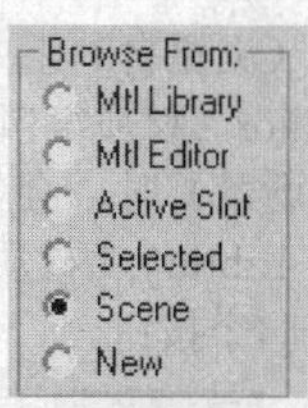

图9-2 浏览自选项组

当选择Mtl Editor（材质编辑器）选项时，Material/Map Browser（材质/贴图浏览器）将显示当前编辑器中的材质，如图9-3所示。

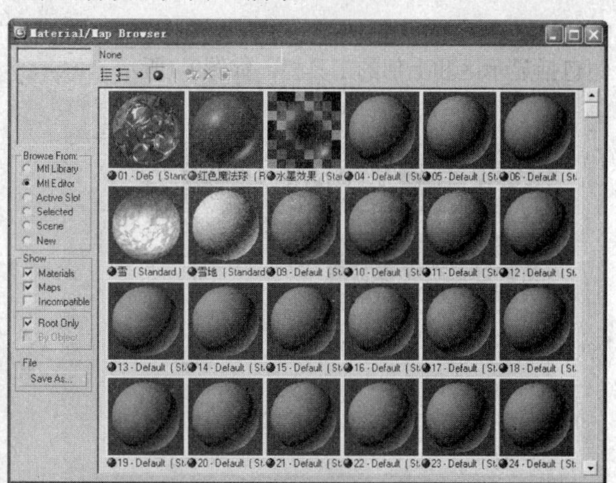

图9-3 显示材质编辑器中的材质效果

2. Show（显示）选项组

Show（显示）选项组主要用于过滤列表中的显示内容。包括Materials（材质）、Maps（贴图）、Incompatible（不兼容）3种选项，如图9-4所示。

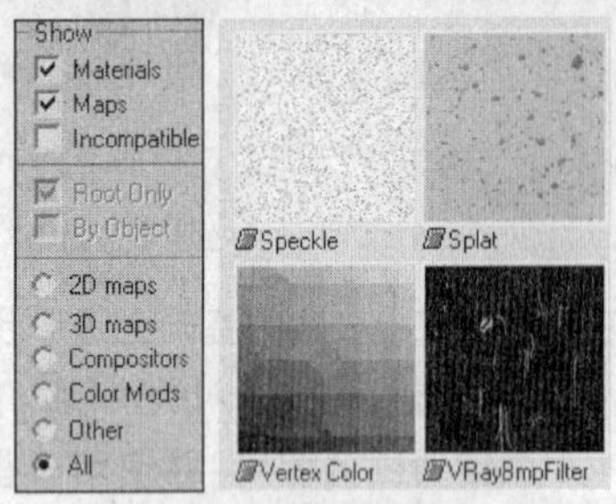

图9-4　显示选项区

当仅勾选Materials（材质）复选框时，右侧的显示区将只显示材质，如图9-5所示。

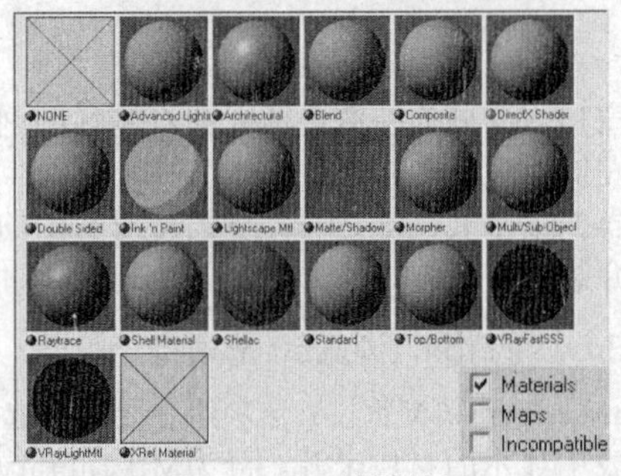

图9-5　显示材质效果

3. File（文件）选项组

在Browse From（浏览自）组中选择了Mtl Library（材质库）、Mtl Editor（材质编辑器）、Selected（选定对象）或Scene（场景）时，会显示File（文件）选项组。仅在选择Mtl Library（材质库）选项时才会显示如图9-6所示的全部4个按钮。

图9-6　显示按钮

Material/Map Browser（材质/贴图浏览器）窗口右侧包括显示区和上部的工具栏，如图9-7所示。

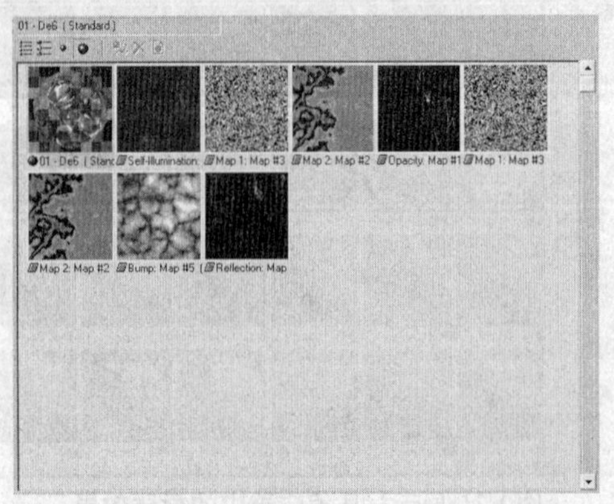

图9-7　材质/贴图浏览器右侧的显示效果

工具栏位于显示区的上部，主要用于控制材质、贴图的显示和控制材质库。

显示区主要是用于显示材质、贴图。显示的内容因左侧选项区中的选项不同而不同。图9-8所示的是选择Mtl Library（材质库）选项后的显示效果。

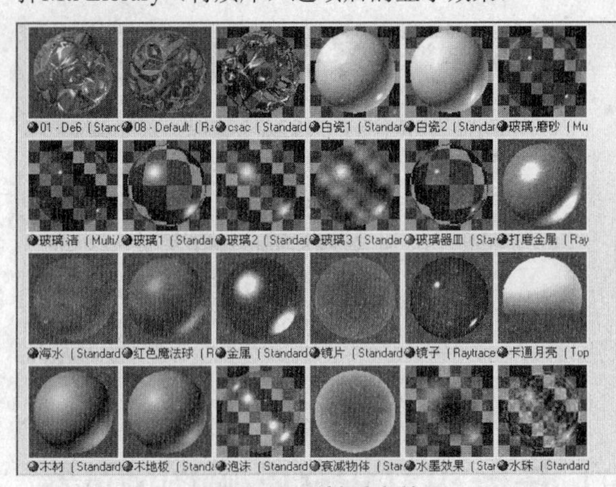

图9-8　显示材质库效果

9.1.3　实际操作

·原始文件　第9章\任务29\任务29实际操作原始文件.max

前面对Material/Map Browser（材质/贴图浏览器）窗口的布局进行了介绍，在本小节中将通过实例练习，介绍Material/Map Browser（材质/贴图浏览器）的使用方法，具体步骤如下。

步骤❶ 打开光盘中提供的“第9章\任务29\任务29实际操作原始文件.max”文件，按下M键，打开Material Editor（材质编辑器）窗口，在其中单击Get Material（获取材质）按钮，如图9-9所示。

图9-9　单击获取材质按钮

步骤❷ 开启如图9-10所示的Material/Map Browser（材质/贴图浏览器）窗口。

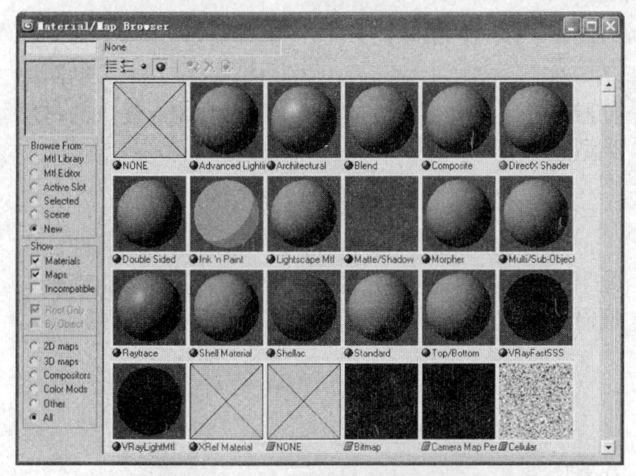

图9-10 材质/贴图浏览器窗口

步骤 3 在窗口左侧的Browse From（浏览自）选项组中单击Mtl Editor（材质编辑器）单选按钮，右侧显示区的显示效果如图9-11所示。

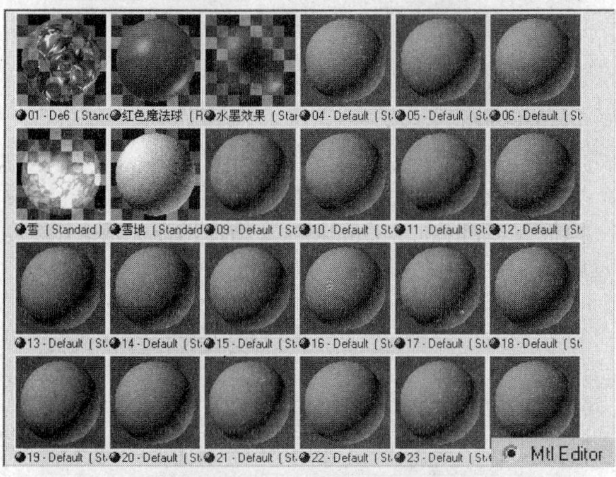

图9-11 显示区的显示效果

步骤 4 在Browse From（浏览自）选项组中单击New（新建）单选按钮，如图9-12所示。

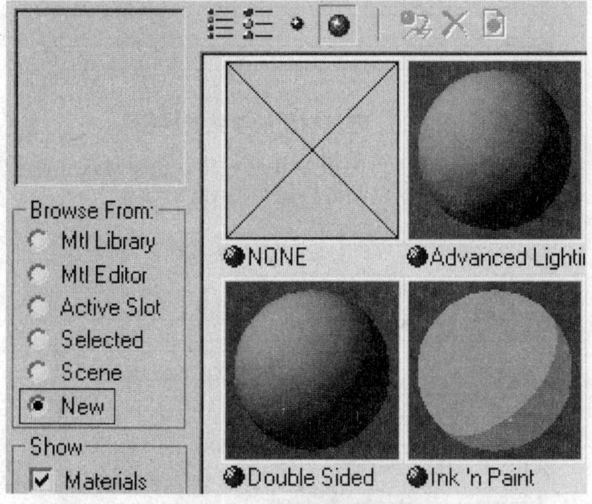

图9-12 选择新建选项

步骤 5 在Show（显示）选项组中单击Materials（材质库）单选按钮，则右侧显示区的显示效果如图9-13所示。

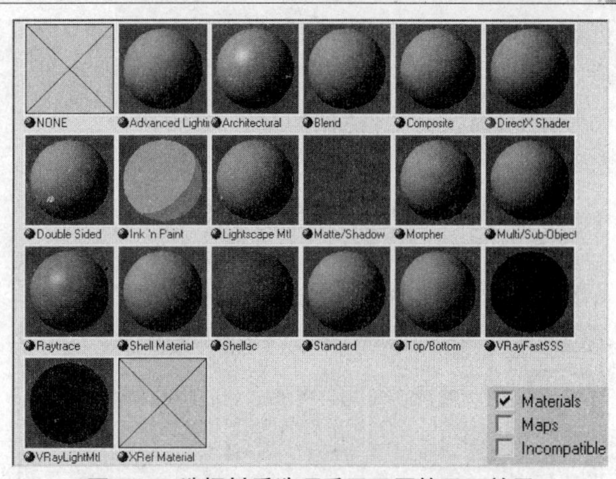

图9-13 选择材质选项后显示区的显示效果

步骤 6 在窗口上部的工具栏中单击View List（查看列表）按钮，显示区的显示效果如图9-14所示。

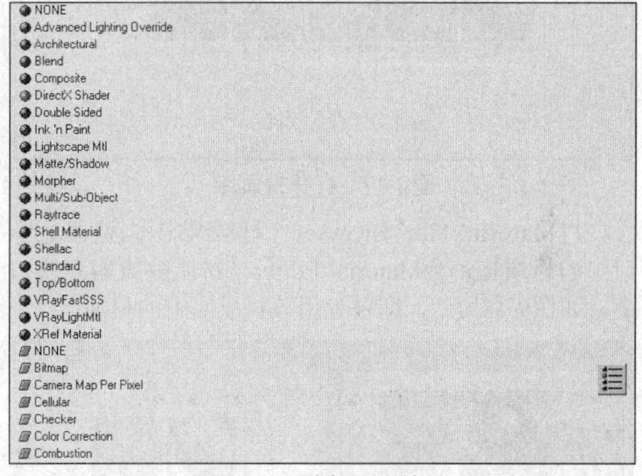

图9-14 列表显示效果

9.1.4 深度解析：从材质库获取材质

Material/Map Browser（材质/贴图浏览器）窗口中不仅可以浏览材质、为材质球指定材质，还可以通过打开外部材质库，直接使用保存的材质。

在Material/Map Browser（材质/贴图浏览器）窗口左侧选项组中单击Mtl Library（材质库）单选按钮，如图9-15所示。

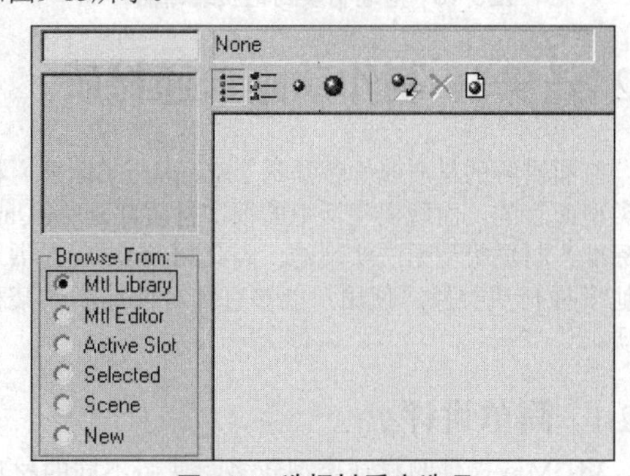

图9-15 选择材质库选项

在File（文件）选项组中单击Open（打开）按钮，如图9-16所示。

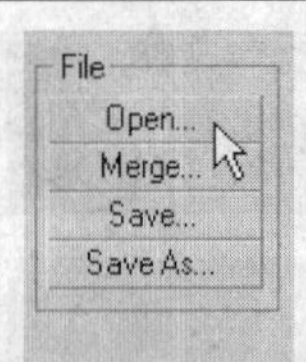

图9-16　单击打开按钮

在弹出的窗口中选择并打开一材质库文件，材质示例的显示效果如图9-17所示。

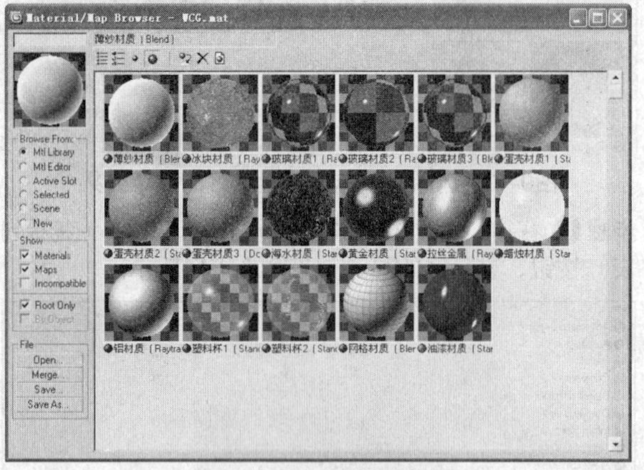

图9-17　打开材质库

将Material/Map Browser（材质/贴图浏览器）窗口中的材质拖动到Material Editor（材质编辑器）窗口中，如图9-18所示，即可使用该材质库中的材质。

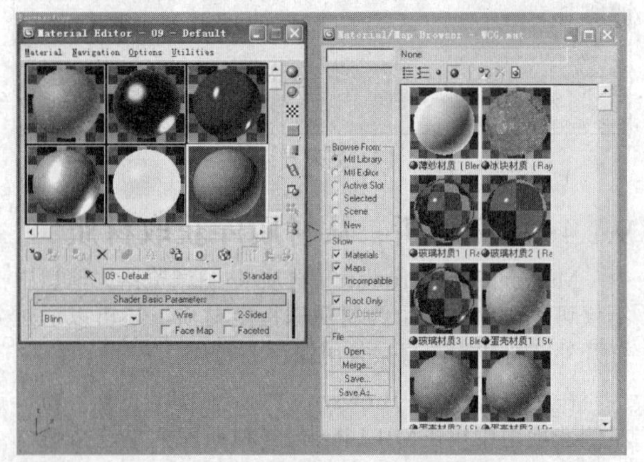

图9-18　拖动材质到材质编辑器

9.2 任务30 制作动画卡通材质

前面讲解的材质属性都是基于Standard（标准）材质类型而言的，而现实生活中的很多材质都是Standard（标准）材质类型无法实现的。因此3ds Max还提供了其他多种材质类型，使用户能够有针对性地制作某种材质。

9.2.1 简单讲评

3ds Max提供的材质类型较多，使用不同的材质类型能够表现不同的效果，本节主要讲解3ds Max几种不同类型的材质，读者应掌握这几种常用的材质。

9.2.2 核心知识

在上一节中对Material/Map Browser（材质/贴图浏览器）进行了介绍，在本节中将对3ds Max提供的材质类型进行介绍。

1. Architectural（建筑）材质

Architectural（建筑）材质设置的是物理属性，因此当与光度学灯光和光能传递一起使用时，能够提供最逼真的效果。图9-19所示的即是该材质的效果。

图9-19　建筑材质效果

Architectural（建筑）材质主要包含了Templates（模板）、Physical Qualities（物理性质）等7个参数卷展栏，如图9-20所示。

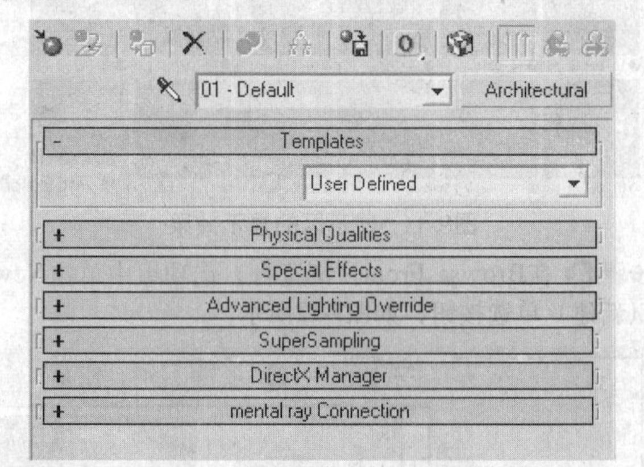

图9-20　建筑材质的参数卷展栏

在Templates（模板）卷展栏中，3ds Max放置了Metal（金属）等多种预设材质，如图9-21所示。

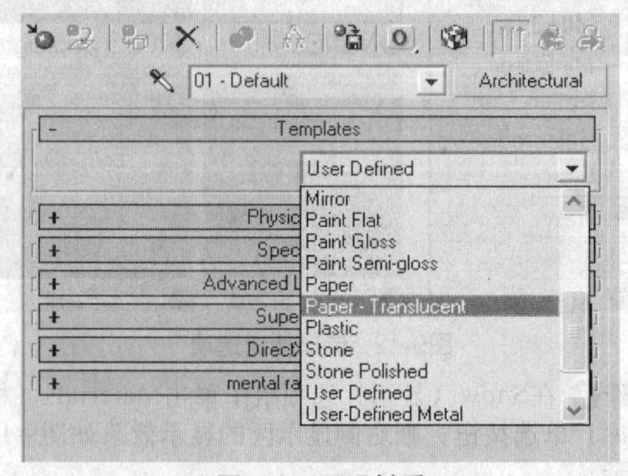

图9-21　预设材质

图9-22所示的Physical Qualities（物理性质）卷展栏主要用于设置材质的物理属性参数。

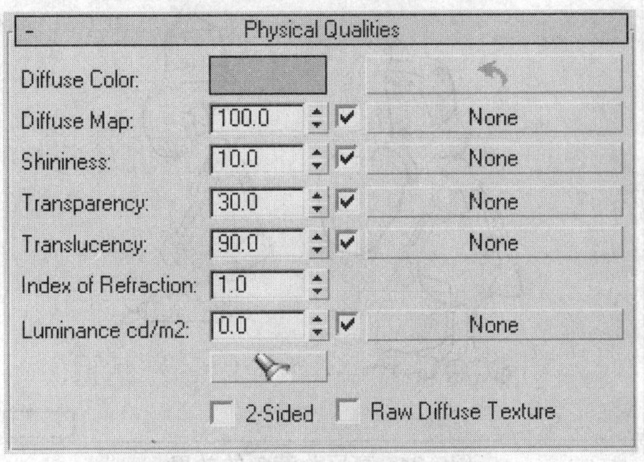

图9-22 物理性质参数卷展栏

该卷展栏中的参数因在其Templates（模板）卷展栏中选择的材质类型的不同而有所差别。图9-23所示的是Metal（金属）材质的物理属性参数。

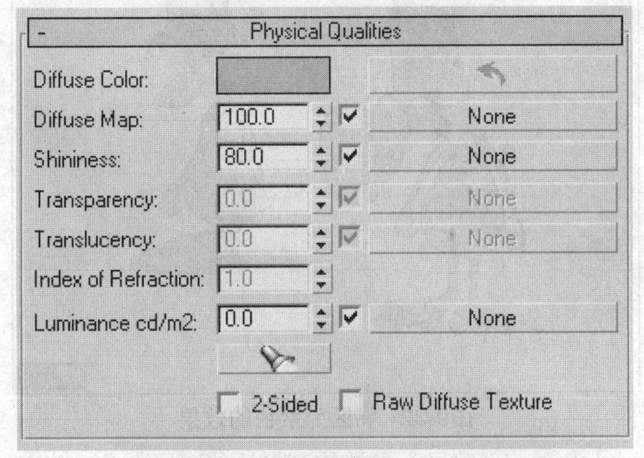

图9-23 金属材质的物理属性参数

2. Double Side（双面）材质

使用Double Side（双面）材质可以为场景对象的前面和后面指定两个不同的材质。图9-24所示的是使用与不使用该材质的对比效果。

图9-24 右侧对象为使用双面材质的效果

图9-25所示的是Double Side（双面）材质的参数卷展栏。

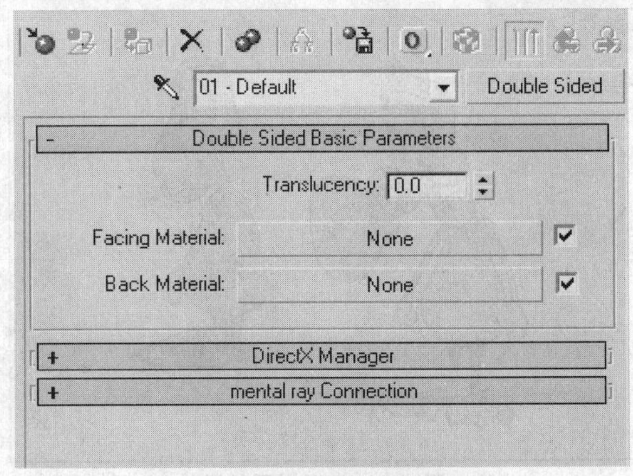

图9-25 双面材质的参数卷展栏

图9-26所示的是只设置了Facing Material（正面材质）的渲染效果。

图9-26 只设置正面材质的渲染效果

图9-27所示的是既设置了Facing Material（正面材质）又设置了Bank Material（背面材质）的渲染效果。

图9-27 既设置正面材质又设置背面材质的效果

3. Ink'n Paint（卡通）材质

Ink'n Paint（卡通）材质可创建卡通效果，效果如图9-28所示。与其他大多数材质提供的三维真实效果不同，该材质提供带有Ink（墨水）边界的平面着色功能。

图9-28　卡通材质效果

由于Ink'n Paint（卡通）是材质，因此可以创建将3D着色对象与平面着色卡通对象相结合的场景，如图9-29所示。

图9-29　卡通材质与3D着色材质结合的效果

在Ink'n Paint（卡通）材质中，Ink（墨水）和Paint（绘制）是两个具有可自定义设置的独立组件。

图9-30所示的是仅使用Paint（绘制）组件和仅使用Ink（墨水）组件的效果。

图9-30　单独使用墨水和绘制组件的效果

Lighted（亮区）控制对象中亮区的填充颜色。默认设置为淡蓝色。通过设置可更改填充颜色。

图9-31所示的是将该颜色设置为黄色的效果。

图9-31　亮区为黄色的效果

图9-32所示的是将该颜色设置为紫色的效果。

图9-32　亮区为紫色的效果

Shaded（暗区）参数控制材质的暗区颜色，当勾选该复选框后，可在其后的文本框中设置在对象非亮面的亮色显示百分比。

图9-33所示的是参数值为0时的画面效果。

图9-33　参数值为0时的画面效果

图9-34所示的是参数值为60时的画面效果。

图9-34 参数值为60时的画面效果

当取消勾选Shaded（暗区）复选框后，用户可通过单击色块来自定义材质中暗部的颜色。图9-35所示的是暗部颜色为蓝色时的画面效果。

图9-35 暗部颜色为蓝色时的画面效果

在Ink Controls（墨水控制）参数卷展栏中，可通过更改Outline（轮廓）颜色参数来设置描线的颜色。图9-36所示的是轮廓颜色为红色时的画面效果。

图9-36 轮廓颜色为红色时的画面效果

4. Raytrace（光线跟踪）材质

Raytrace（光线跟踪）材质是高级表面着色材质。与Standard（标准）材质一样，能支持漫反射表面着色。该材质还可创建完全光线跟踪的反射和折射。

图9-37所示的是Raytrace（光线跟踪）材质的渲染效果。

图9-37 光线跟踪材质的渲染效果

Diffuse（漫反射）参数后的色块主要用于控制材质的漫反射颜色，通过更改该颜色可控制对象颜色。图9-38所示的是漫反射颜色为绿色时的渲染效果。

图9-38 漫反射颜色为绿色时的渲染效果

Reflect（反射）主要用于控制材质的反射强度。当勾选该复选框并设置其颜色白色时，对象具有很强的反射强度，效果如图9-39所示。

图9-39 反射颜色为白色时较强的反射效果

Bump（凹凸）贴图通道可为对象添加如图9-40所示的凹凸效果。

图9-40　材质凹凸效果

9.2.3　实际操作

· 原始文件　第9章\任务30\任务30实际操作原始文件.max

· 最终文件　第9章\任务30\任务30实际操作最终文件.max

前面对Architectural（建筑）等材质进行了介绍，在本小节中将通过制作卡通材质，对前面学习的知识进行总结，具体操作步骤如下。

步骤1 打开光盘中提供的“第9章\任务30\任务30实际操作原始文件.max”文件，效果如图9-41所示。

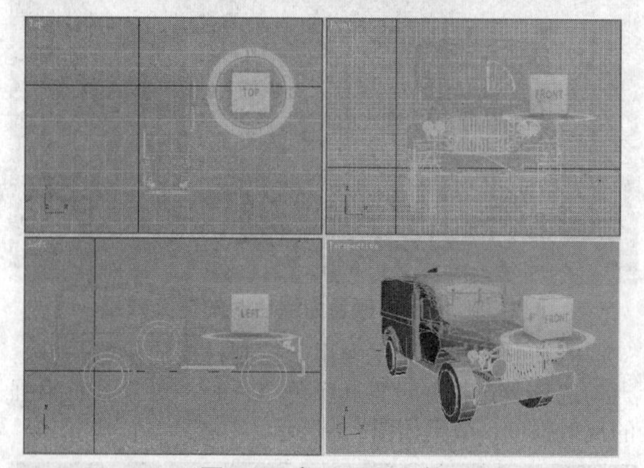

图9-41　打开场景文件

步骤2 对透视图进行默认渲染，效果如图9-42所示。

图9-42　没有材质的渲染效果

步骤3 按下M键打开材质编辑器，再选择一个材质球，单击Standard（标准）按钮，如图9-43所示。

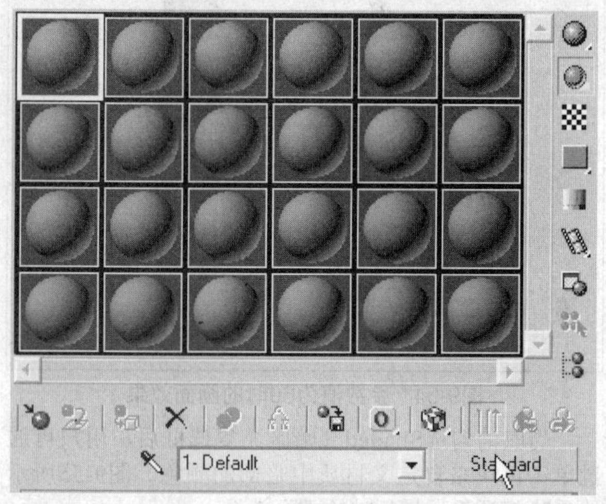

图9-43　打开材质编辑器

步骤4 在Material/Map Browser（材质/贴图浏览器）窗口中选择Ink'n Paint（卡通）材质，如图9-44所示，再单击OK按钮。

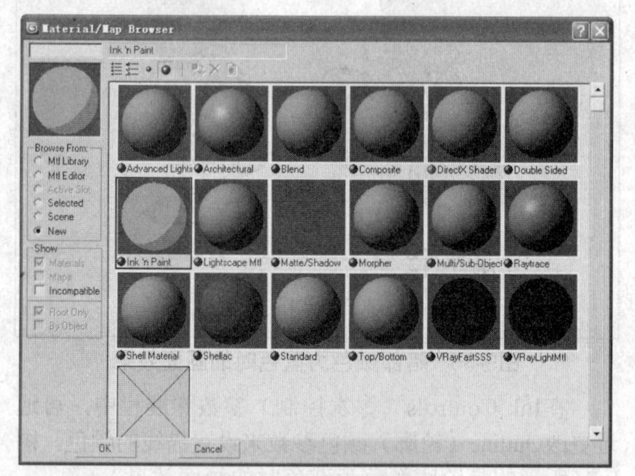

图9-44　选择卡通材质

步骤5 在Paint Controls（绘制控制）卷展栏下单击Lighted（亮区）后的色块，如图9-45所示。

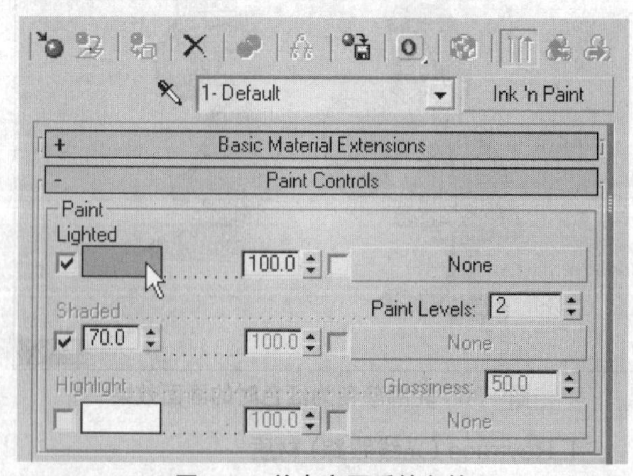

图9-45　单击亮区后的色块

步骤6 在弹出的Color Selector（颜色选择器）对话框中设置RGB的值，如图9-46所示。

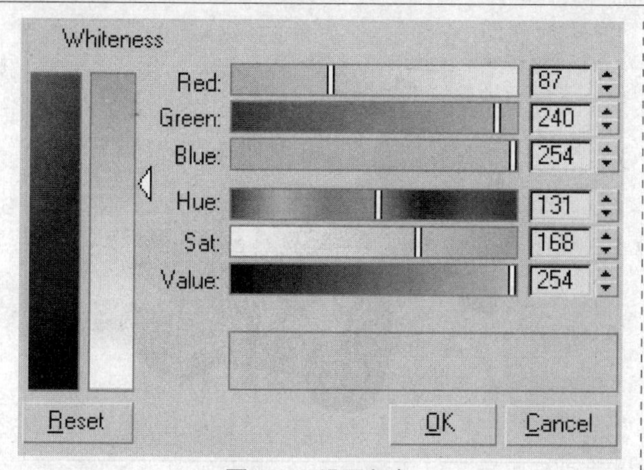

图9-46 设置颜色

步骤❼ 完成后单击OK按钮。再将制作好的材质赋予汽车对象，视图渲染效果如图9-47所示。可看到汽车的亮部呈单色显示。

图9-47 卡通材质的渲染效果

步骤❽ 设置Paint Levels（绘制级别）为3，如图9-48所示。

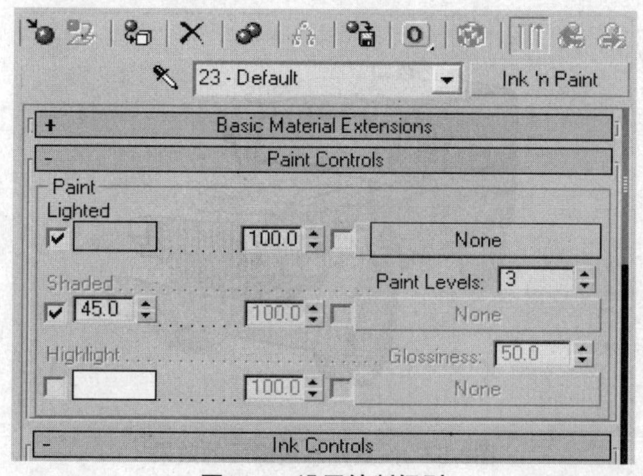

图9-48 设置绘制级别

步骤❾ 视图渲染效果如图9-49所示。可观察汽车的亮部产生了阴影，呈深蓝色显示。

图9-49 再次测试渲染效果

步骤❿ 在Paint Controls（绘制控制）卷展栏下单击Highlight（高光）下的色块，如图9-50所示。

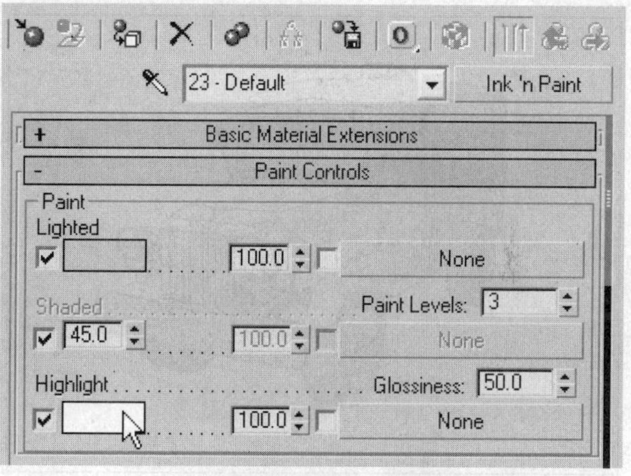

图9-50 单击高光下的色块

步骤⓫ 在Color Selector（颜色选择器）中设置RGB的值，如图9-51所示，完成后单击OK按钮。

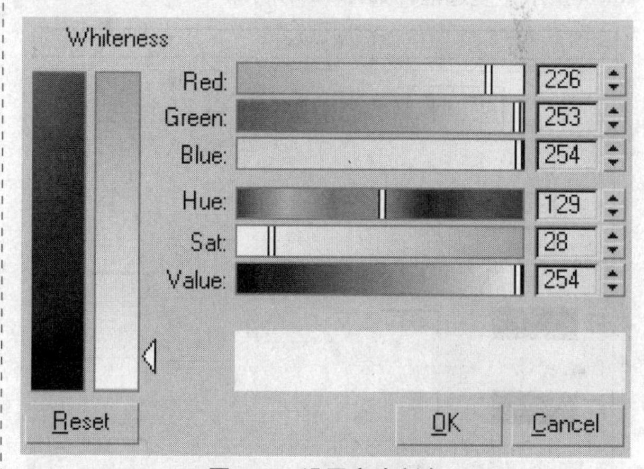

图9-51 设置高光颜色

步骤⓬ 设置Glossiness（光泽度）为30，如图9-52所示。这里的光泽度选项用于设置高光区的大小，参数越小，高光区越大。

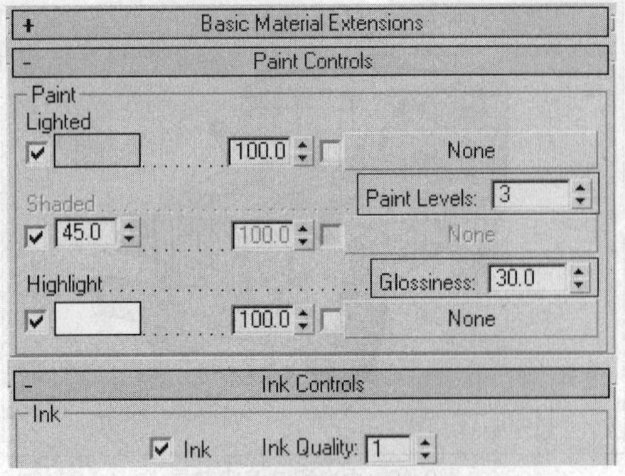

图9-52 设置光泽度

步骤⑬ 视图渲染效果如图9-53所示。可观察到汽车出现了淡蓝色的高光区。

图9-53 测试渲染

步骤⑭ 在Ink Controls（墨水控制）卷展栏下取消勾选Ink（墨水）复选框，如图9-54所示。

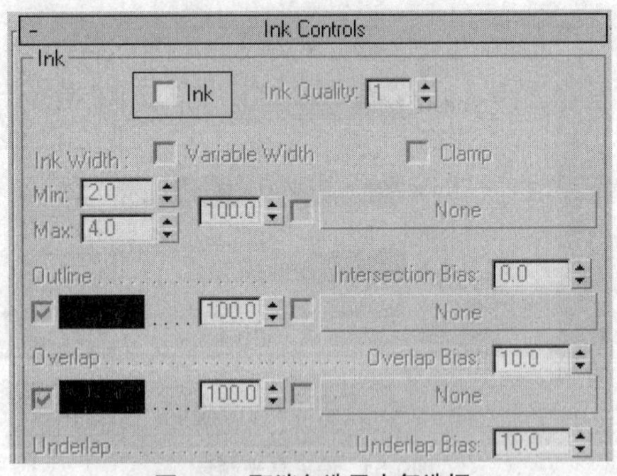

图9-54 取消勾选墨水复选框

步骤⑮ 此时，视图渲染效果如图9-55所示。可观察到汽车的墨水边缘线消失了。

图9-55 没有墨水边缘的渲染效果

步骤⑯ 勾选Ink（墨水）复选框后，再勾选Variable Width（可变宽度）复选框，并设置Min（最小值）和Max（最大值），如图9-56所示。

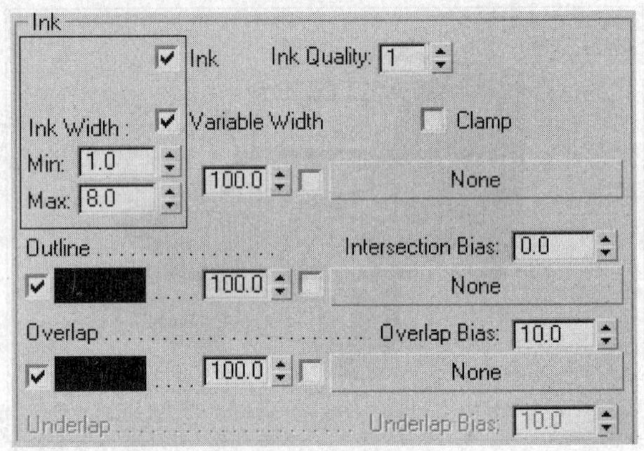

图9-56 设置可变宽度

步骤⑰ 视图渲染效果如图9-57所示。可观察到汽车边缘的墨水线变宽了，并有了粗细变化。

图9-57 设置墨水边缘后的效果

9.2.4 深度解析：使用Blend（混合）材质与Matte/Shadow（无光/投影）材质

Blend（混合材质）可以在曲面的单个面上将两种材质进行混合，如图9-58所示。

图9-58 使用混合材质的渲染效果

Matte/Shadow（无光/投影）材质是一种比较特殊的材质，只在渲染时显示出投射在该对象表面的阴影效果，其他部分不显示。

图9-59所示的即是使用Matte/Shadow（无光/投影）材质的渲染效果。

图9-59 使用无光/投影材质的渲染效果

9.3 任务31 制作车漆材质

3ds Max的材质系统不仅包括材质，还包括贴图。在选择材质后，可以为材质添加贴图，使材质表现出更加真实的效果。例如为Diffuse Color（漫反射颜色）贴图通道添加Bitmap（位图）贴图来表现不同的纹理效果等。

9.3.1 简单讲评

3ds Max提供的贴图，有多种不同类型，一些贴图使用图片来包裹对象，另一些则是通过比较贴图中像素的亮度来定义被修改的区域。建议读者着重了解各种不同类型贴图的特点。

9.3.2 核心知识

贴图主要分为2D和3D贴图两大类，将这些不同类型的贴图赋予不同的贴图通道，可制作出不同的材质效果。在本节中将对各种贴图类型进行介绍。

1. Bitmap（位图）贴图

Bitmap（位图）贴图是一种十分常用的2D贴图，其支持的文件类型包括BMP、JPEG、VAI等。图9-60所示的是为Diffuse Color（漫反射颜色）通道应用该贴图的效果。

图9-60 位图贴图应用于漫反射通道的效果

图9-61所示的是为Self-Illumination（自发光）贴图通道应用Bitmap（位图）贴图的效果。

图9-61 位图贴图应用于自发光通道的效果

图9-62所示的是为Opacity（不透明度）贴图通道应用Bitmap（位图）贴图的效果。

图9-62 位图贴图应用于不透明度通道的效果

图9-63所示的是为Bump（凹凸）贴图通道应用Bitmap（位图）贴图的效果。

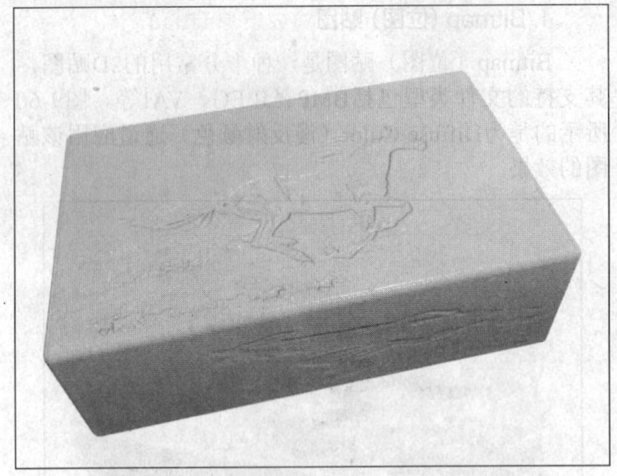

图9-63 位图贴图应用于凹凸通道的效果

2. Checker（棋盘格）贴图

Checker（棋盘格）贴图可将两色的棋盘图案应用于材质。默认为黑白方块图案，如图9-64所示。

图9-64 棋盘格贴图默认效果

图9-65所示的是更改Checker（棋盘格）贴图颜色后的贴图效果。

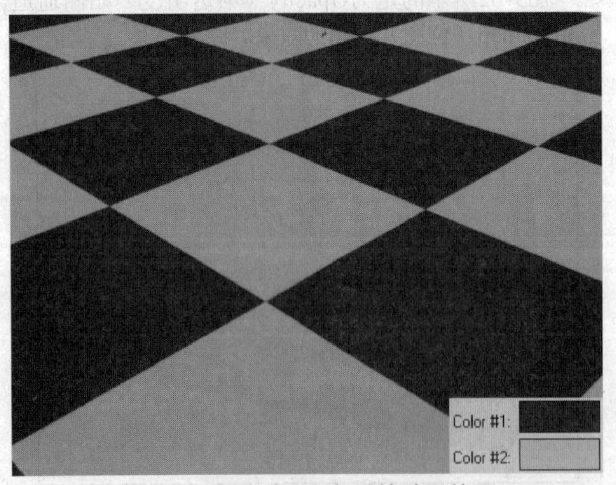

图9-65 更改贴图颜色后的贴图效果

3. Gradient（渐变）贴图

Gradient（渐变）贴图是从一种颜色到另一种颜色进行着色。为渐变指定两种或三种颜色，3ds Max将自动进行差值计算。

图9-66所示的是Gradient（渐变）贴图的参数卷展栏。

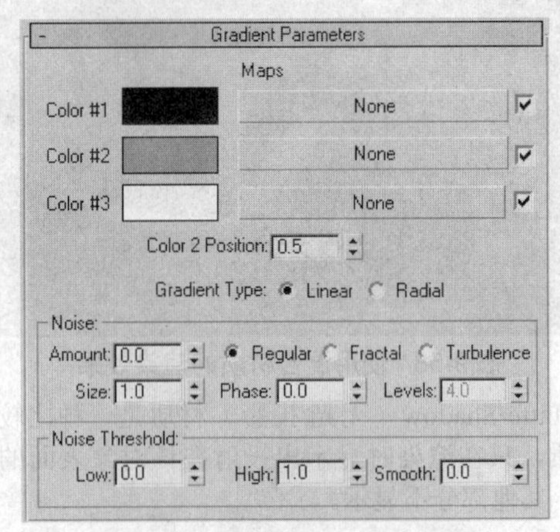

图9-66 渐变贴图参数卷展栏

图9-67所示的是设置3种渐变颜色后的Gradient（渐变）贴图效果。

图9-67 设置颜色后的渐变贴图效果

图9-68所示的是Radial（径向）渐变类型的Gradient（渐变）贴图效果。

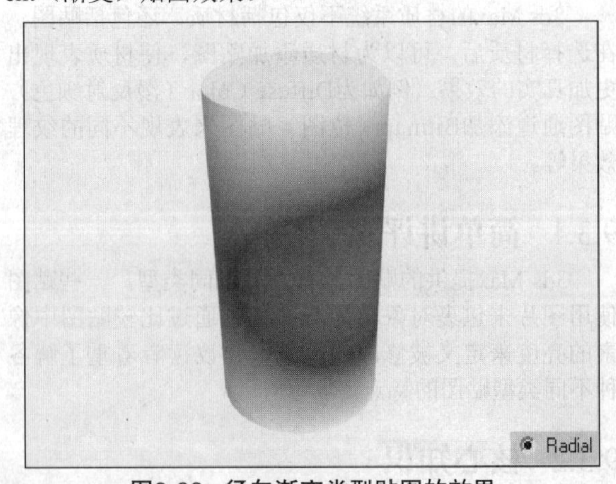

图9-68 径向渐变类型贴图的效果

图9-69所示的是设置Noise（噪波）选项组中Amount（数量）值为0.5及1时的Gradient（渐变）贴图效果。

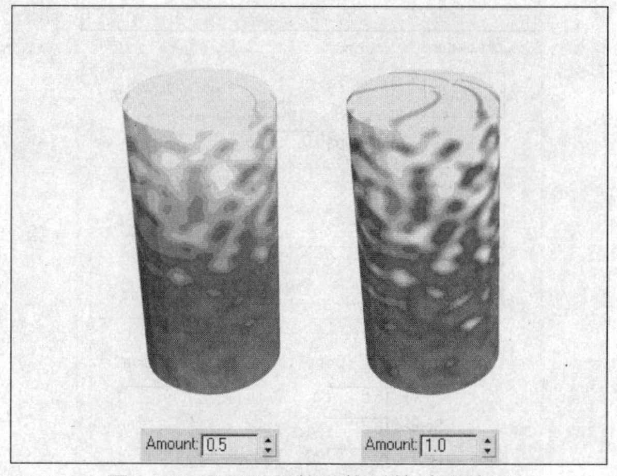

图9-69 设置不同数量值时的贴图效果

图9-70所示的是选择渐变类型为Fractal（分形）时的Gradient（渐变）贴图效果。

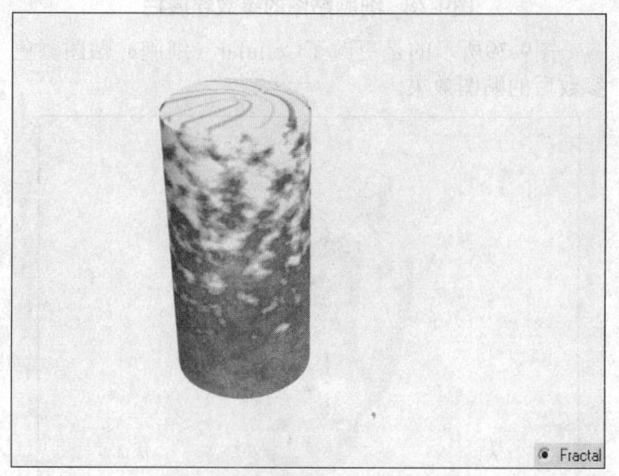

图9-70 噪波分形的贴图效果

图9-71所示的是选择渐变类型为Turbulence（湍流）时的Gradient（渐变）贴图效果。

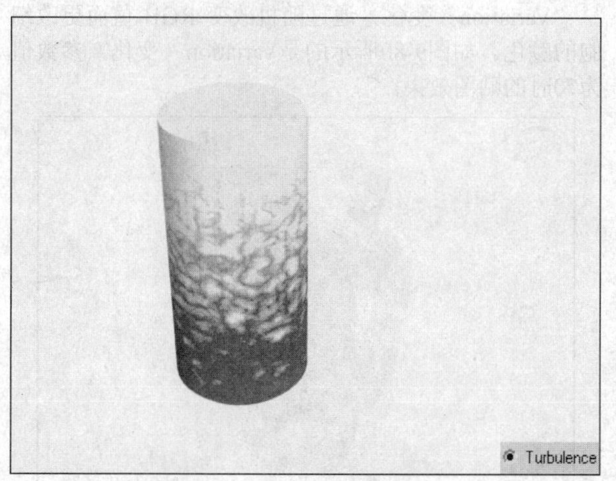

图9-71 湍流的贴图效果

4. Gradient Ramp（渐变坡度）贴图

Gradient Ramp（渐变坡度）贴图与Gradient（渐变）贴图相似，它可以指定任何数量的颜色或贴图。图9-72所示的是Gradient Ramp（渐变坡度）贴图的参数卷展栏。

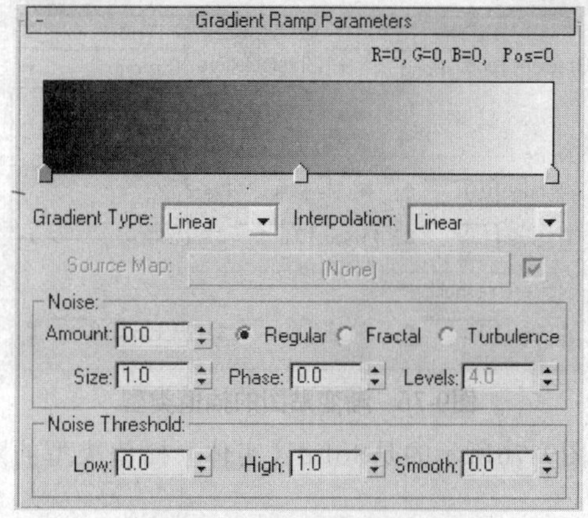

图9-72 坡度渐变参数卷展栏

用户可根据需要设置渐变贴图的颜色，还可以设置Gradient Type（渐变类型）选项。系统为用户提供了如图9-73所示的多种渐变类型。

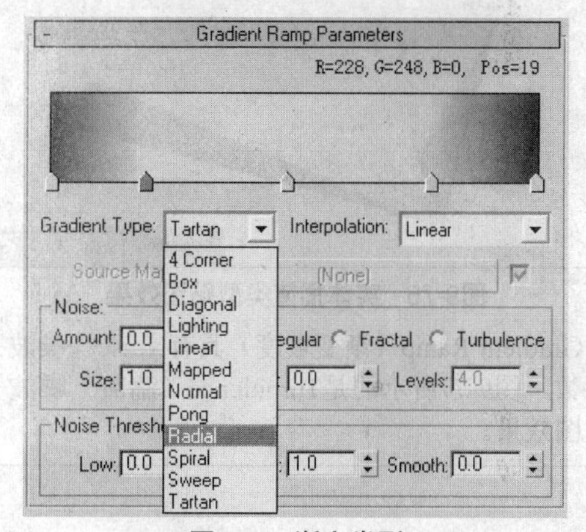

图9-73 渐变类型

图9-74所示为Pong（往复）渐变类型的贴图效果。

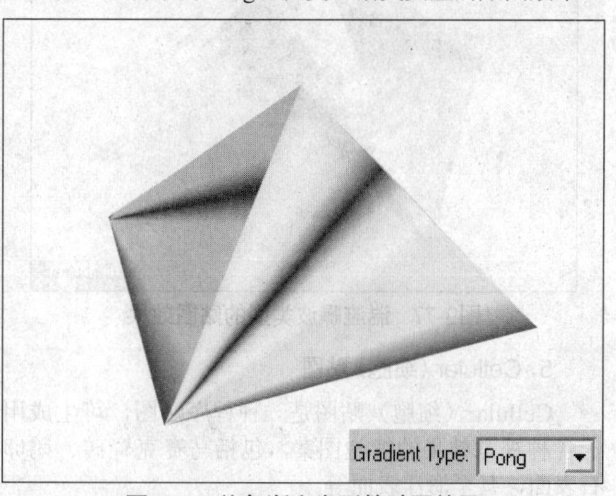

图9-74 往复渐变类型的贴图效果

系统还为用户提供了如图9-75所示的Interpolation（插值）类型。

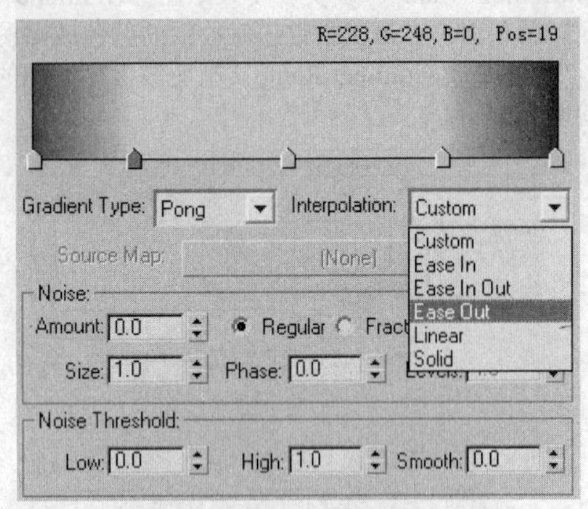

图9-75 渐变贴图的插值类型

图9-76所示的是Solid（实体）插值类型的贴图效果。

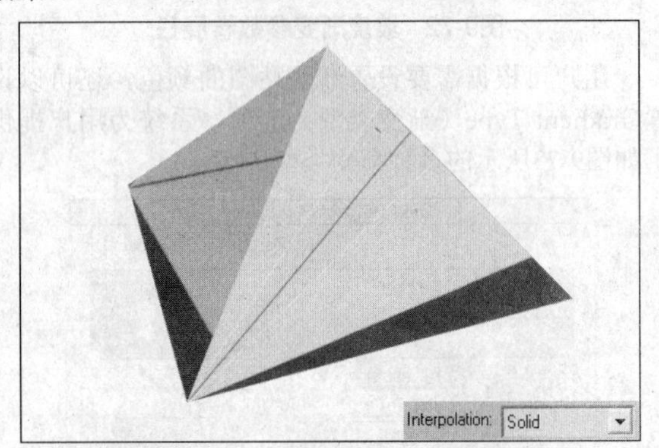

图9-76 实体插值类型贴图效果

Gradient Ramp（渐变坡度）具有Noise（噪波）控制参数。图9-77所示的是Turbulence（湍流）噪波类型的贴图效果。

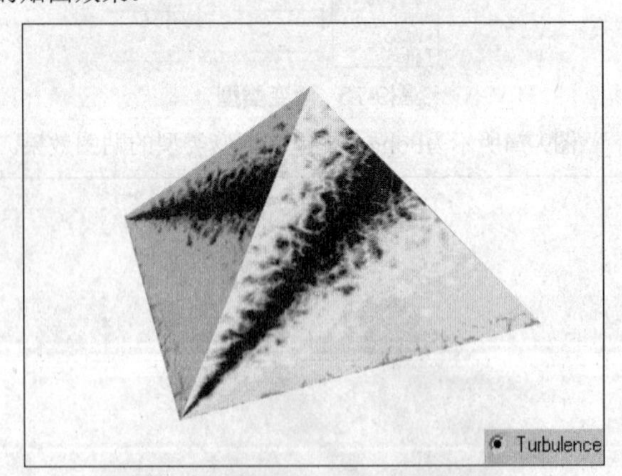

图9-77 湍流噪波类型的贴图效果

5. Cellular（细胞）贴图

Cellular（细胞）贴图是一种程序贴图，可生成用于各种视觉效果的细胞图案，包括马赛克瓷砖、鹅卵石表面，甚至海洋表面等。

图9-78所示的是Cellular（细胞）贴图的参数卷展栏。

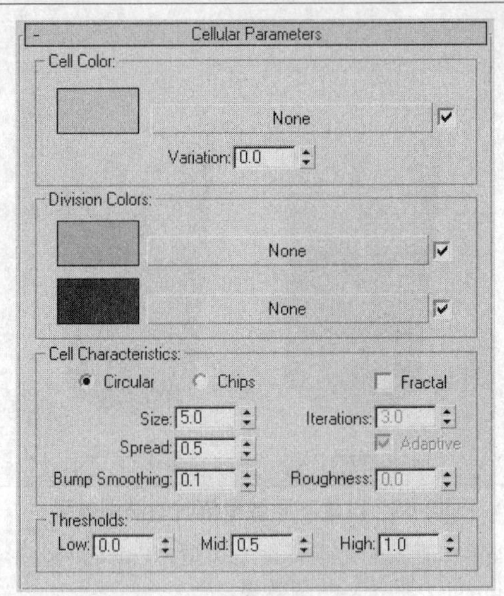

图9-78 细胞贴图的参数卷展栏

图9-79所示的是更改了Cellular（细胞）贴图颜色参数后的贴图效果。

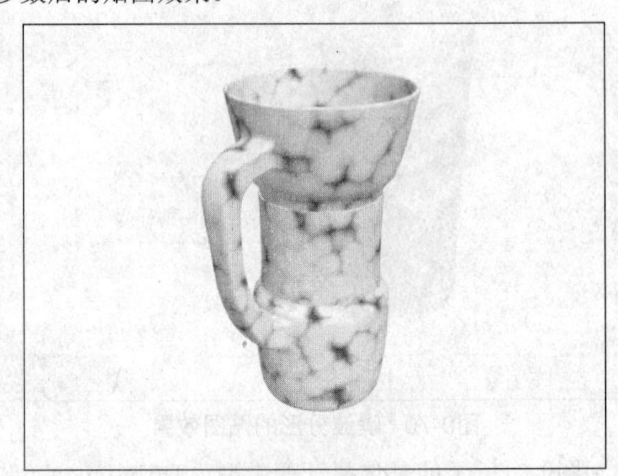

图9-79 更改颜色参数后的贴图效果

Variation（变化）通过随机改变 RGB 值而更改细胞的颜色。如图9-80所示的是Variation（变化）参数值为70时的贴图效果。

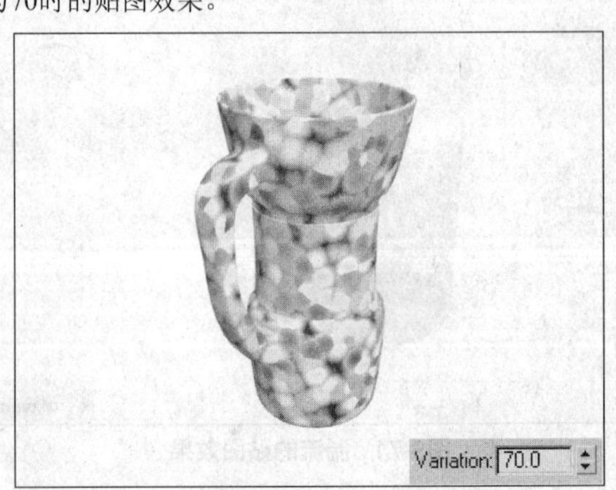

图9-80 变化参数为70时的贴图效果

系统为用户提供了Circular（圆形）和Chips（碎片）两种细胞类型。Circular（圆形）为默认细胞类型。图9-81所示的是Chips（碎片）细胞类型的效果。

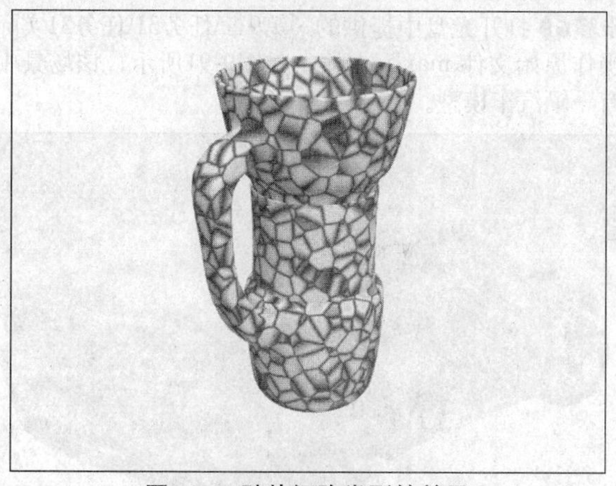

图9-81 碎片细胞类型的效果

Cell Characteristics（细胞特性）选项组中的Size（大小）参数用于控制贴图的总体尺寸，默认值为5.0。图9-82所示的是该参数值为3时的贴图效果。

图9-82 大小参数为3时的贴图效果

Fractal（分形）参数可使细胞图案呈现不规则的碎片图案。默认设置为禁用状态。图9-83所示的是勾选该复选框时的贴图效果。

图9-83 启用分形参数的贴图效果

6. Dent（凹痕）贴图

Dent（凹痕）贴图是3D程序贴图。扫描线渲染过程中，Dent（凹痕）贴图根据分形噪波产生随机图案。

图9-84所示的是Dent（凹痕）贴图的参数卷展栏。

Dent Parameters
Size: 200.0
Strength: 20.0
Iterations: 2
Maps
Swap
Color #1 None
Color #2 None

图9-84 凹痕贴图的参数卷展栏

图9-85所示的是将Dent（凹痕）贴图应用于Bump（凹凸）贴图通道的效果。

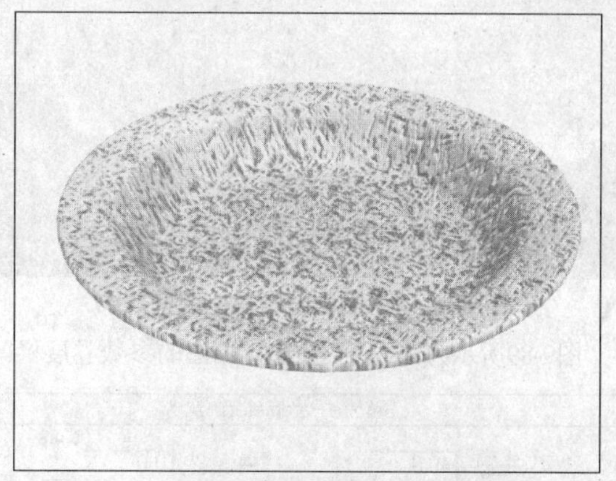

图9-85 凹痕贴图应用于凹凸通道的效果

7. Noise（噪波）贴图

Noise（噪波）贴图是一种使用较为频繁的3D贴图。图9-86所示的是其参数卷展栏。

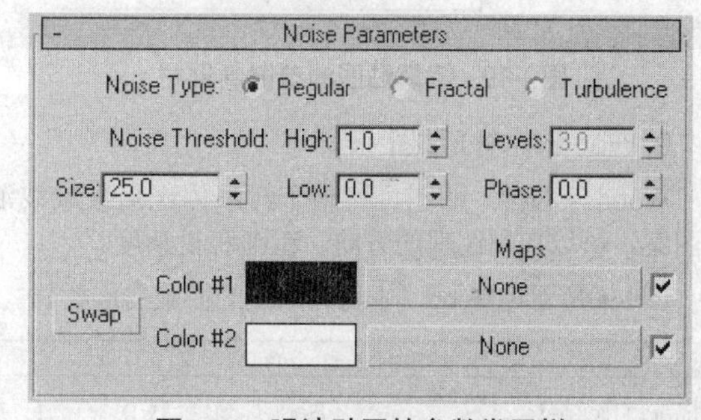

图9-86 噪波贴图的参数卷展栏

图9-87所示的是对罐子的Diffuse（漫反射）贴图通道应用Noise（噪波）贴图的效果。

图9-87 使用噪波贴图的效果

8. Smoke（烟雾）贴图

Smoke（烟雾）贴图是生成无序、基于分形的湍流图案的3D贴图。其主要用于设置动画的不透明贴图，以模拟一束光线中的烟雾效果或其他云状流动贴图效果，如图9-88所示。

图9-88　使用烟雾贴图模拟烟雾效果

图9-89所示为Smoke（烟雾）贴图的参数卷展栏。

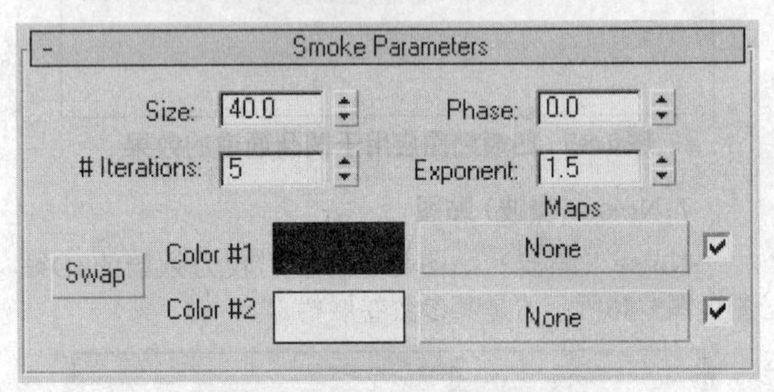

图9-89　烟雾贴图的参数卷展栏

9. Wood（木材）贴图

Wood（木材）贴图可将整个对象体积渲染成波浪纹图案。可以控制纹理的方向、粗细和复杂度。

图9-90所示为Wood（木材）贴图的参数卷展栏。

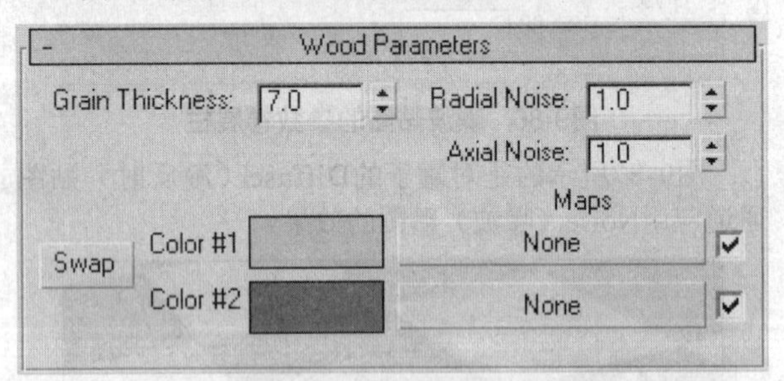

图9-90　木材贴图的参数卷展栏

9.3.3 实际操作

· 原始文件　第9章\任务31\任务31实际操作原始文件.max

· 最终文件　第9章\任务31\任务31实际操作最终文件.max

前面对Bitmap（位图）、Cellular（细胞）等贴图进行了介绍，在本小节中将以制作釉质瓷器为例，向读者介绍贴图的使用方法，具体步骤如下。

步骤❶ 打开光盘中提供的“第9章\任务31\任务31实际操作原始文件.max”文件，如图9-91所示，该场景中有一辆汽车模型。

图9-91　打开场景文件

步骤❷ 在材质编辑器中使用3ds Max的标准材质类型，选择材质的明暗器类型为Multi-Layer（多层），如图9-92所示。

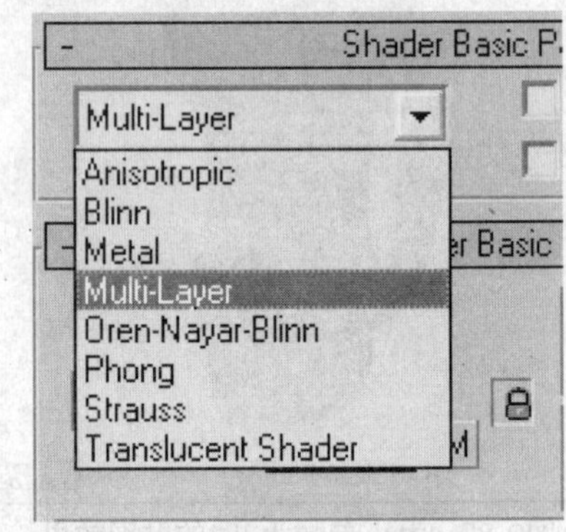

图9-92　选择材质的明暗器

步骤❸ 在材质的高光参数选项组中进行如图9-93所示的设置。

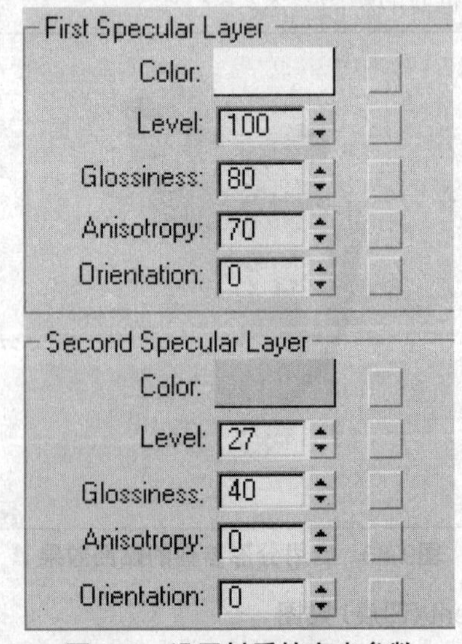

图9-93　设置材质的高光参数

步骤❹ 给材质的Diffuse Color（漫反射颜色）通道添加一个Falloff（衰减）贴图，如图9-94所示。

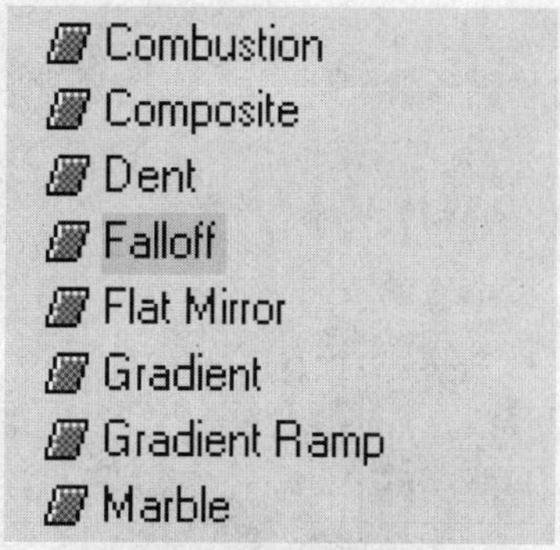

Combustion
Composite
Dent
Falloff
Flat Mirror
Gradient
Gradient Ramp
Marble

图9-94 添加衰减贴图

步骤5 给衰减贴图的第一个颜色通道添加一个Noise（噪波）贴图，参数设置如图9-95所示。

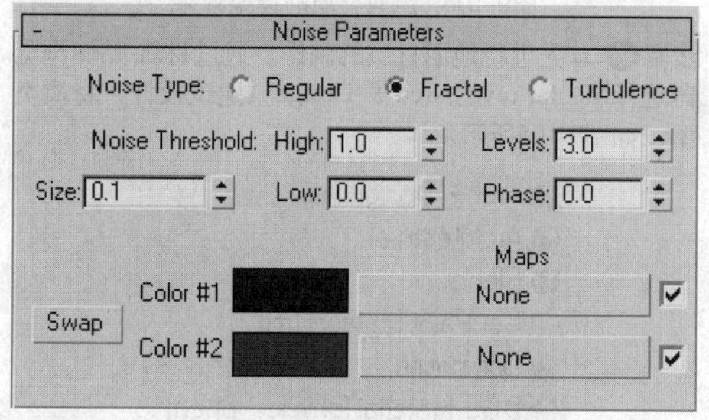

图9-95 添加噪波贴图

步骤6 给材质的Reflection（反射）通道添加一个Falloff（衰减）贴图，如图9-96所示。

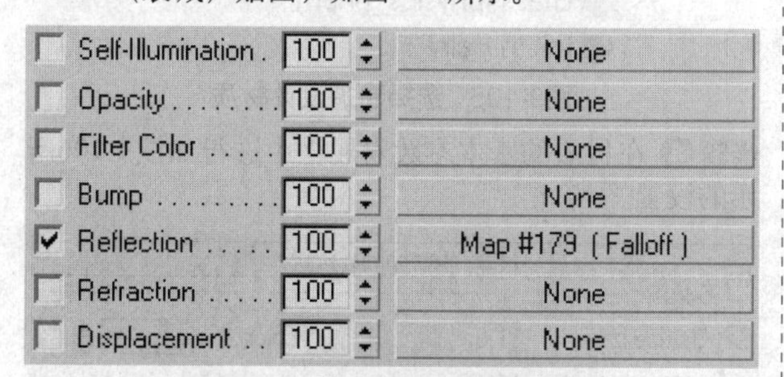

图9-96 给反射通道添加贴图

步骤7 给衰减贴图的第2个颜色通道添加一个Gradient Ramp（渐变坡度）贴图，如图9-97所示。

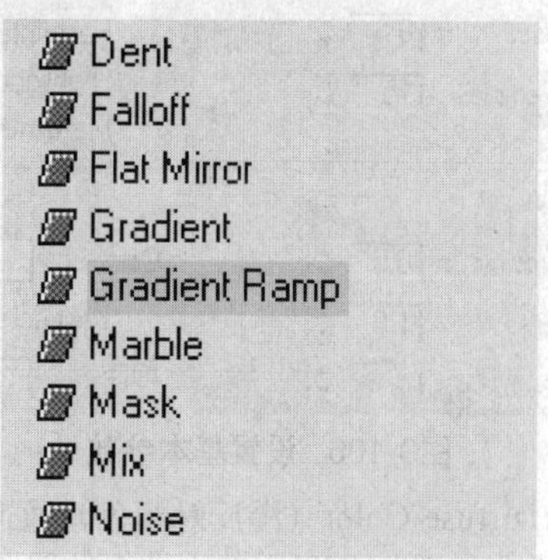

图9-97 添加渐变坡度贴图

步骤8 在渐变坡度贴图的参数卷展栏中进行如图9-98所示的参数设置。

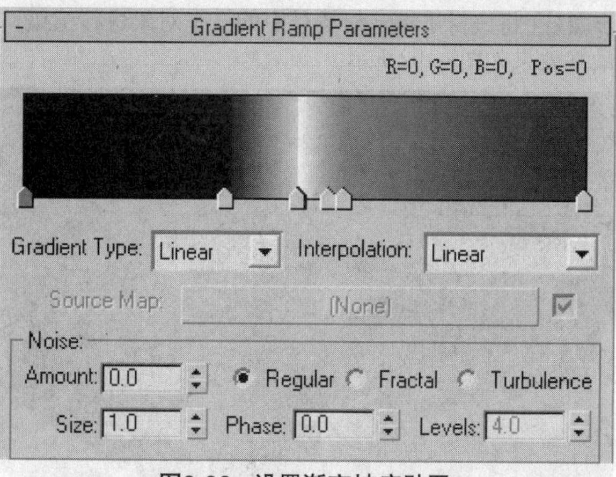

图9-98 设置渐变坡度贴图

步骤9 然后给衰减贴图的第一个颜色通道添加一个衰减贴图，并给这个新添加的衰减贴图的第2个颜色通道添加一个Raytrace（光线跟踪）贴图，如图9-99所示。

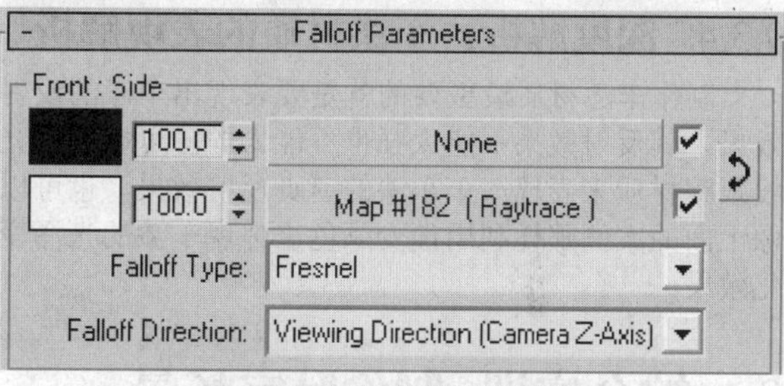

图9-99 添加光线跟踪贴图

步骤10 在光线跟踪贴图的参数卷展栏中进行如图9-100所示的设置。

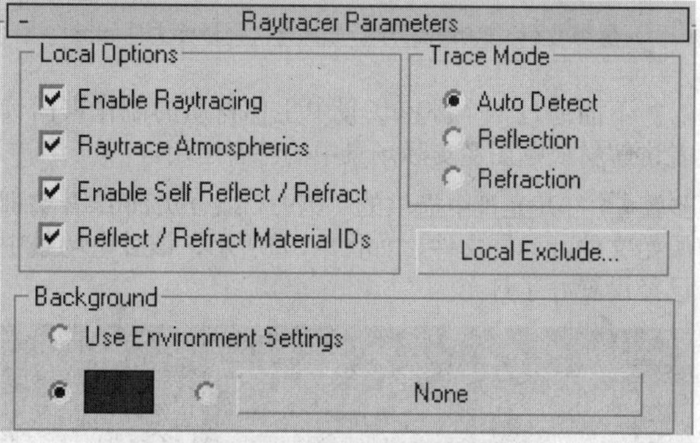

图9-100 设置光线跟踪贴图

步骤11 设置完毕后的车漆材质球效果如图9-101所示。

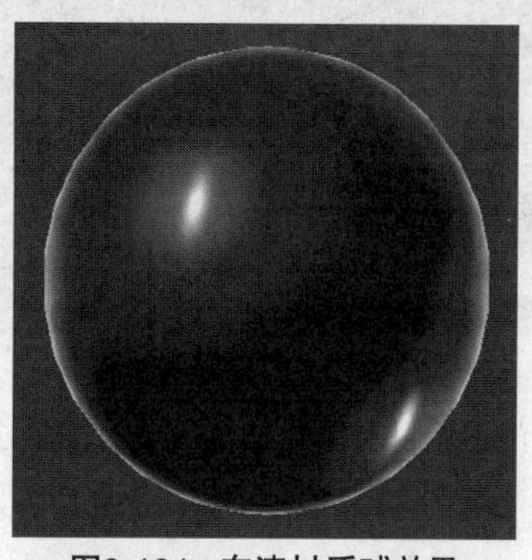

图9-101 车漆材质球效果

步骤⑫ 将该材质指定给场景中的汽车对象进行渲染，最终效果如图9-102所示。

图9-102 车漆材质的渲染效果

9.3.4 深度解析：车漆材质的表现解析

制作车漆材质最主要的就是要表现出车漆的反射效果，其反射效果不能太强也不能太弱，可以利用光线跟踪材质来表现汽车车漆的逼真反射效果，也可以像上面的案例那样利用渐变颜色来体现车漆的光泽变化效果。

9.4 综合实训：制作卧室场景

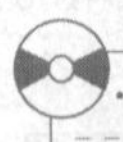

· 原始文件 第9章\综合实训\综合实训原始文件.max

· 最终文件 第9章\综合实训\综合实训最终文件.max

下面通过一个卧室场景中主体材质的制作来向读者讲解材质贴图在实际场景中的综合运用。

步骤❶ 打开光盘中提供的“第9章\综合实训\综合实训原始文件.max”文件，如图9-103所示，该卧室场景中已经设置好了灯光。

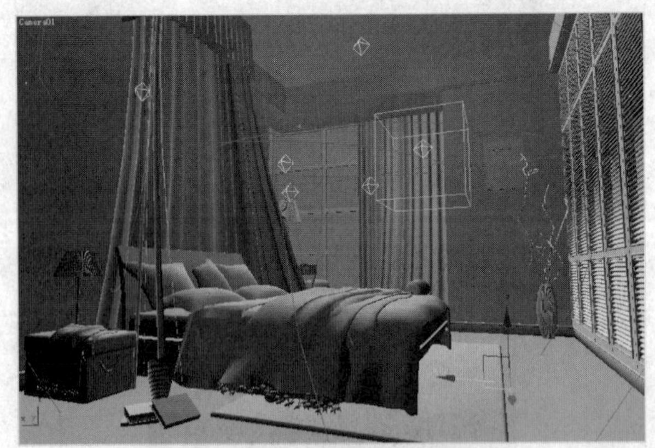

图9-103 打开场景文件

步骤❷ 在没进行材质制作的情况下对场景进行渲染，效果如图9-104所示。

图9-104 没有材质的渲染效果

步骤❸ 首先进行地面材质的制作。通过材质/贴图浏览器选择Mental ray的Arch & Design（建筑设计）材质类型，如图9-105所示。

Arch & Design (mi)
Architectural
Blend
Car Paint Material (mi)
Composite
DGS Material (physics_phen)
DirectX Shader
Double Sided
Glass (physics_phen)
Ink 'n Paint

图9-105 选择建筑设计材质

步骤❹ 在材质的基本参数卷展栏中进行如图9-106所示的设置。

Main material parameters

Diffuse
Diffuse Level 1.0 Color: M
Roughness: 0.0

Reflection
Reflectivity: 0.6 Color:
Glossiness: 0.6 Fast (interpolate)
Glossy Samples: 15 Highlights+FG only
Metal material

Refraction
Transparency: 0.0 Color:
Glossiness: 1.0 Fast (interpolate)
Glossy Samples: 8 IOR: 1.4

图9-106 设置基本参数

步骤❺ 给Diffuse Color（漫反射颜色）通道添加一张光盘中提供的如图9-107所示的木地板纹理图片。

图9-107 添加地板贴图

步骤❻ 设置完成后的地板材质球效果如图9-108所示，可以观察到材质球带有比较弱的反射效果。

图9-108 地板材质球效果

步骤❼ 接下来进行墙面材质的制作。使用3ds Max的标准材质类型，首先给漫反射颜色通道添加一个Falloff（衰减）贴图，衰减参数的设置如图9-109所示。

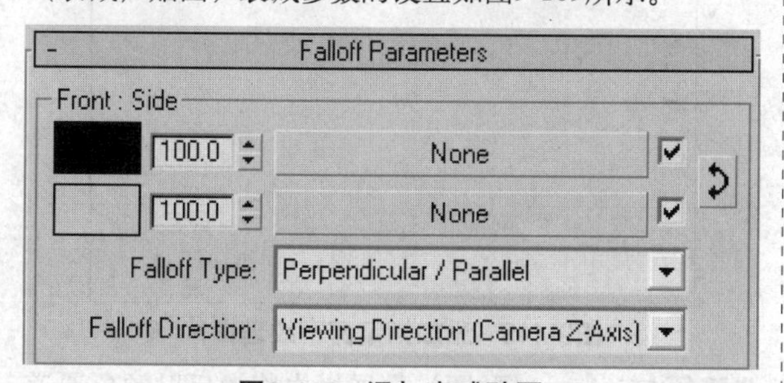

图9-109 添加衰减贴图

步骤❽ 给衰减贴图的第一个颜色通道通道添加一张光盘中提供的如图9-110所示的墙纸贴图。

步骤❾ 在Maps（贴图）卷展栏中将漫反射颜色通道中的贴图复制到Bump（凹凸）通道，并设置凹凸数量为150，如图9-111所示。

图9-110 添加指定的墙纸贴图

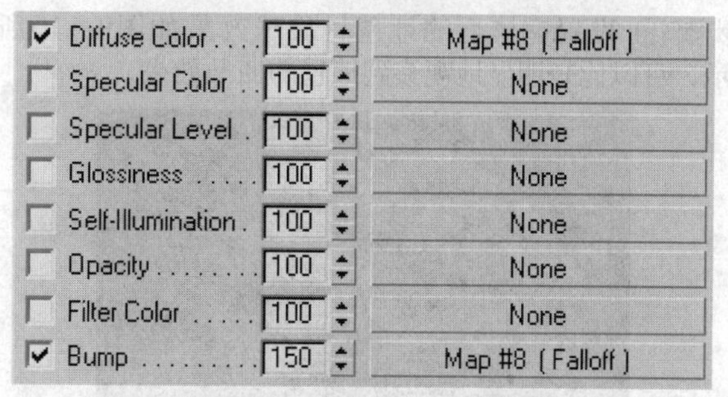

图9-111 设置凹凸通道贴图

步骤❿ 下面进行地毯材质的制作。使用标准材质类型，给漫反射颜色通道添加Falloff（衰减）贴图，衰减参数的设置如图9-112所示。

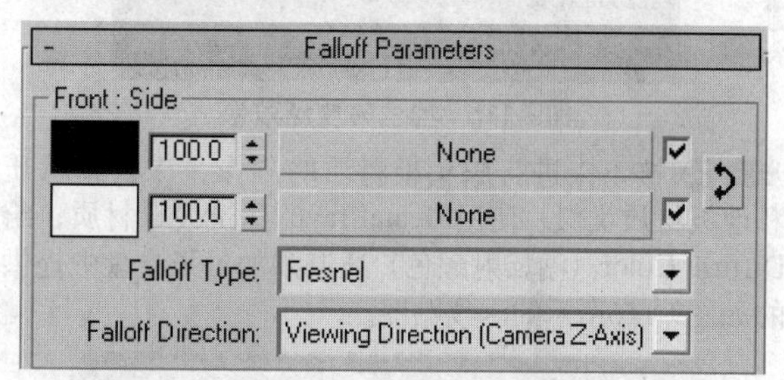

图9-112 添加衰减贴图

步骤⓫ 给衰减贴图的第一个颜色通道添加一张光盘中提供的如图9-113所示的地毯纹理贴图。

图9-113 指定地毯纹理图片

步骤⑫ 在maps（贴图）卷展栏中将漫反射颜色通道的贴图复制到Bump（凹凸）通道，并设置凹凸数量为200，如图9-114所示的。

☑	Diffuse Color	100	Map #11（Falloff）
☐	Specular Color ..	100	None
☐	Specular Level .	100	None
☐	Glossiness	100	None
☐	Self-Illumination .	100	None
☐	Opacity	100	None
☐	Filter Color	100	None
☑	Bump	200	Map #11（Falloff）

图9-114　复制贴图到凹凸通道

步骤⑬ 设置完毕后的地毯材质球效果如图9-115所示，可以比较明显地观察到地毯的凹凸效果。

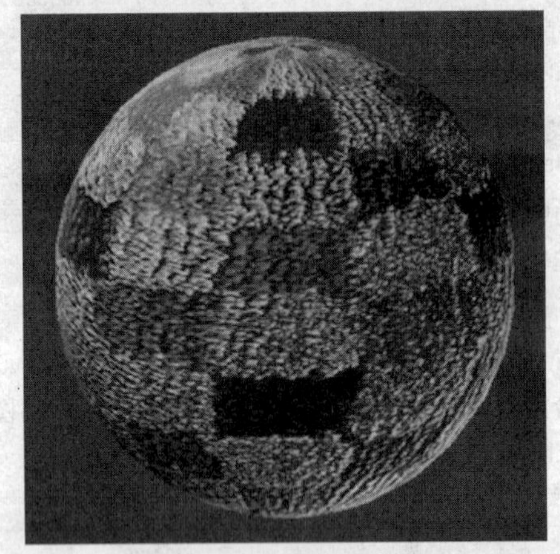

图9-115　地毯材质球效果

步骤⑭ 接下来进行床头柜材质的制作，床头柜材质和地板材质类似。使用Mental ray的建筑设计材质，给Diffuse Color（漫反射颜色）通道添加一张光盘中提供的如图9-116所示的木纹贴图。

图9-116　添加指定木纹图片

步骤⑮ 在材质的基本参数卷展栏中进行如图9-117所示的参数设置。

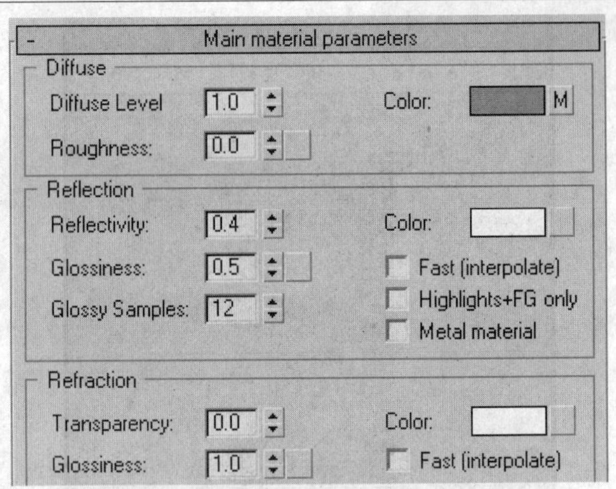

图9-117　设置基本参数

步骤⑯ 下面进行窗纱材质的制作。选择标准材质类型，给漫反射颜色通道添加一个Falloff（衰减）贴图，衰减参数的设置如图9-118所示。

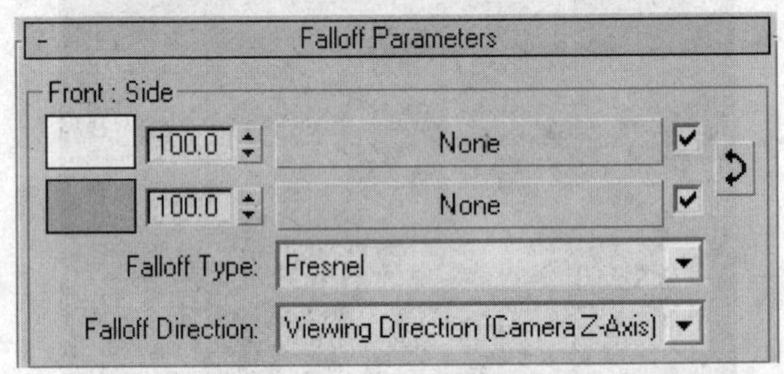

图9-118　添加衰减贴图

步骤⑰ 给衰减贴图的第一个颜色通道添加一张光盘中提供的如图9-119所示的图片。

图9-119　添加指定窗帘纹理图片

步骤⑱ 在Maps（贴图）卷展栏中将漫反射颜色通道中的贴图复制到Opacity（不透明度）通道，并设置不透明度数量为15，如图9-120所示。

步骤⑲ 设置完毕后的窗帘材质球效果如图9-121所示。可以观察到材质球的透明效果。

☑	Diffuse Color	100	Map #1 (Falloff)
☐	Specular Color . .	100	None
☐	Specular Level .	100	None
☐	Glossiness	100	None
☐	Self-Illumination .	100	None
☑	Opacity	15	Map #1 (Falloff)

图9-120 设置不透明贴图

图9-121 窗帘材质球效果

步骤20 场景中的其他小物品材质可以参考上面的材质制作方法。图9-122所示为整个卧室场景材质添加完毕后的渲染效果。

图9-122 最终渲染效果

9.5 教学总结

本章中分别对材质球的显示和材质编辑器中的各种材质，以及贴图类型和使用方法进行了介绍。使用材质和贴图，可以制作出逼真的场景效果。读者应掌握其使用方法。

9.6 测试练习

1. 填空题

（1）3ds Max的贴图类型可以大致分为________和________两种类型。

（2）在材质编辑器的示例窗中最多可以显示________个材质球样本。

（3）使用________材质类型可以得到真实的反射和折射效果。

2. 选择题

（1）卡通材质的Ink Controls（墨水控制）卷展栏主要用来控制________。

A. 卡通材质的颜色

B. 卡通材质的高光

C. 卡通材质的划线和轮廓

D. 卡通材质的亮度

（2）Multi-Layer（多层）明暗器具有________个高光选项控制。

A. 1　　B. 2

C. 3　　D. 4

（3）渐变贴图和渐变坡度贴图的区别主要在于________。

A. 渲染速度不同

B. 渐变坡度贴图可以自由定义渐变的颜色种类

C. 渐变贴图只能选择一种渐变方式

D. 渐变坡度贴图只能在两种颜色间进行切换

3. 判断题

（1）材质编辑器中的材质球样本只能使用球体、立方体和圆柱体3种类型。（ ）

（2）置换贴图能够产生比凹凸贴图更为强烈的起伏效果。（ ）

（3）Checker（棋盘格）贴图属于3D贴图类型。（ ）

4. 问答题

（1）如何在一个物体的表面为它指定多种不同的材质效果？

（2）已经在一个场景中制作好的材质样本如何应用于其他场景中？

（3）当材质编辑器中的材质球用完了该怎么办？

Chapter 10

认识3ds Max动画

▶ **考点预览**

1. 设置关键帧
2. 使用曲线编辑器制作动画
3. 粒子的类型
4. 使用控制器制作动画
5. 人物跑步动画的设置

▶ **课前预习**

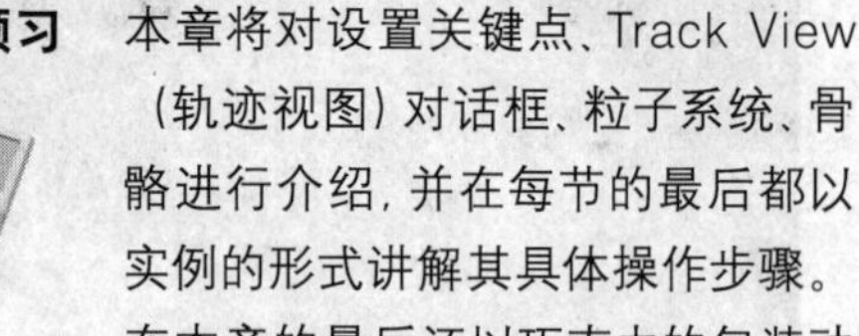

本章将对设置关键点、Track View（轨迹视图）对话框、粒子系统、骨骼进行介绍，并在每节的最后都以实例的形式讲解其具体操作步骤。在本章的最后还以巧克力的包装动画制作对前面所学知识进行复习。

10.1 任务32 制作篮球跳动动画

动画实际上是由于人眼"视觉暂留"的特性而形成的一种视觉假象。将多幅相关联的关键动作帧以最快的速度进行播放产生的动态效果。本节将带领读者学习动画的时间设置，以及关键帧的调整等一些基本知识。

任务快速流程：

打开场景 ➔ 调整关键帧 ➔ 编辑Track View（轨迹视图）中的运动曲线 ➔ 播放动画

10.1.1 简单讲评

功能曲线显示在Track View（轨迹视图）窗口的Curve Editor（曲线编辑器）中，用于控制对象的运动轨迹，功能曲线还决定了动画参数在每一帧如何变换。利用3ds Max 2009制作动画时，可以通过动画控制器的设置，形成流畅的动画。

10.1.2 核心知识

在动画中位置并不是惟一的动画特征。在3ds Max中可以改变的任何参数，包括位置、旋转、比例、参数变换和材质特征等都可以用来设置动画，因此3ds Max中的关键帧只是在时间的某个特定位置指定了一个特定数值的标记。

1. 时间配置

在状态栏的时间控件区中单击Time Configuration（时间配置）按钮，开启Time Configuration（时间配置）对话框，该对话框由Frame Rate（帧速率）、Time Display（时间显示）、Playback（播放）、Animation（动画），以及Key Steps（关键点步幅）5个选项组构成，如图10-1所示。

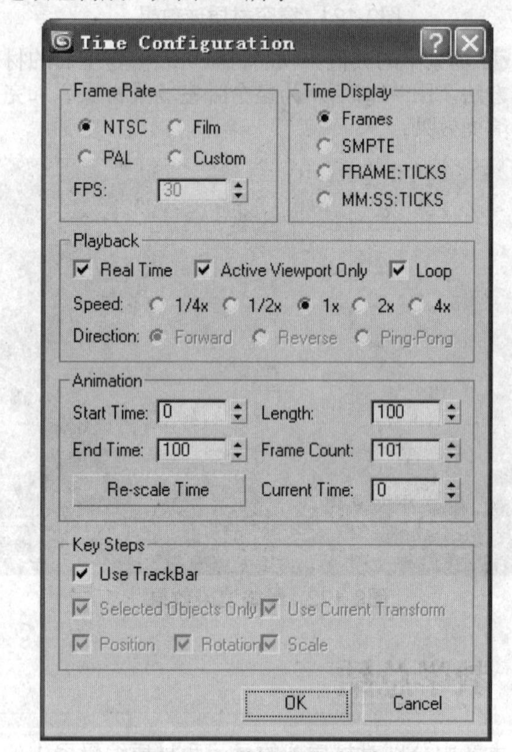

图10-1 时间配置对话框

各选项组的作用如下。

- Frame Rate（帧速率）选项组：该选项组主要用于控制动画的播放速度，可根据需要选择。
- Time Display（时间显示）选项组：该选项组主要用于指定时间滑块和整个动画过程中时间的显示格式。
- Playback（播放）选项组：该选项组用于控制场景中的动画以何种方式进行播放。

- Animation（动画）选项组：该选项组主要用于设置动画的起始时间和结束时间，以及整个动画的长度。
- Key Steps（关键点步幅）：该选项组主要用于配置启用关键点模式时所使用的方法。使用关键点模式可以在动画中的关键帧之间直接跳转。

2. 设置动画关节帧

每一幅单独的静帧图像称为一帧，帧又分为关键帧和动画帧。在3ds Max中包括自动关键点和关键点两种关键帧设置方法。

在场景中单击状态栏的Auto Key（自动关键点）按钮Auto Key，该按钮呈红色显示，如图10-2所示。

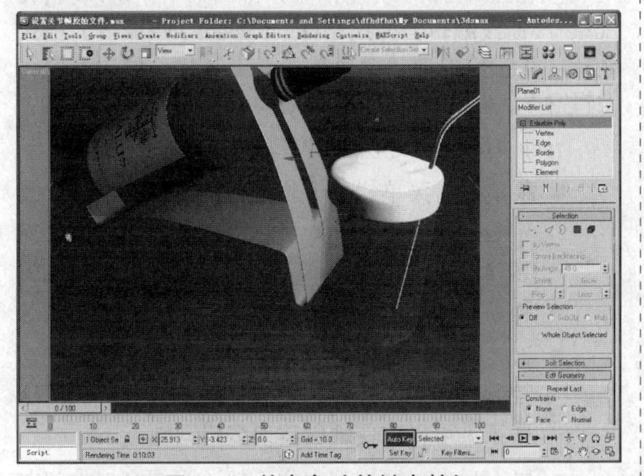

图10-2 单击自动关键点按钮

将时间滑块拖动到第20帧位置，使用Select and Uniform Scale（选择并均匀缩放）工具，将啤酒对象沿着Z轴进行缩放，如图10-3所示，在时间滑块下会自动生成关键帧。

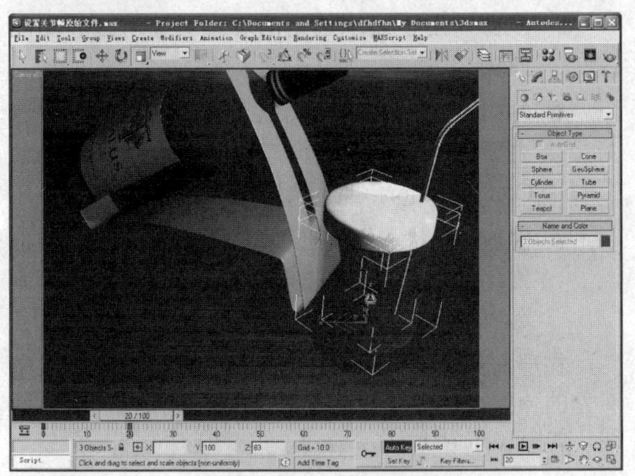

图10-3 自动生成关键帧

再次单击Auto Key（自动关键点）按钮，系统取消关键帧记录，在0到20帧之间的帧称为动画帧，此时界面如图10-4所示。单击Play Animation（播放动画）按钮，系统会播放生成的动画。

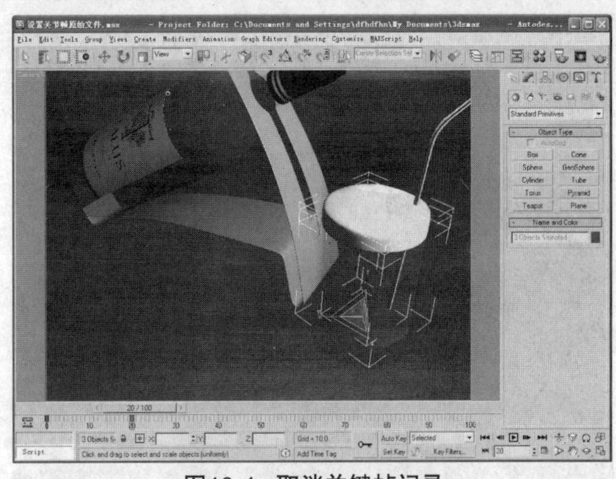

图10-4 取消关键帧记录

单击Set Key（设置关键点）按钮Set Key后，可手动控制关键帧的记录。将时间滑块拖动到50帧位置，使用选择并均匀缩放工具再次将啤酒对象沿着Z轴进行缩放，如图10-5所示。

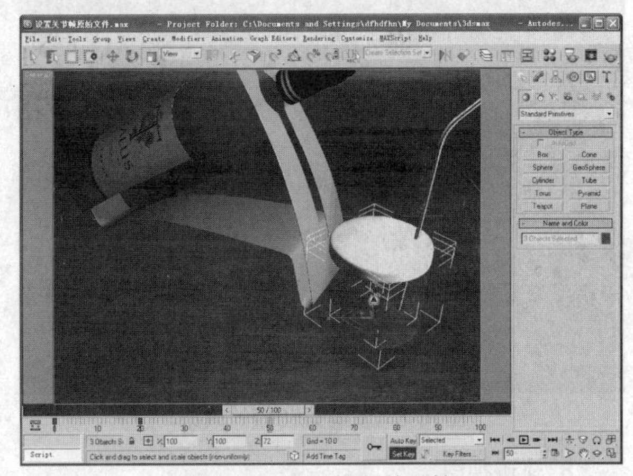

图10-5 手动控制关键帧

在上一步中，系统并没有自动生成关键点，调整好对象后，需单击Set Key（设置关键点）按钮后生成关键帧，如图10-6所示。

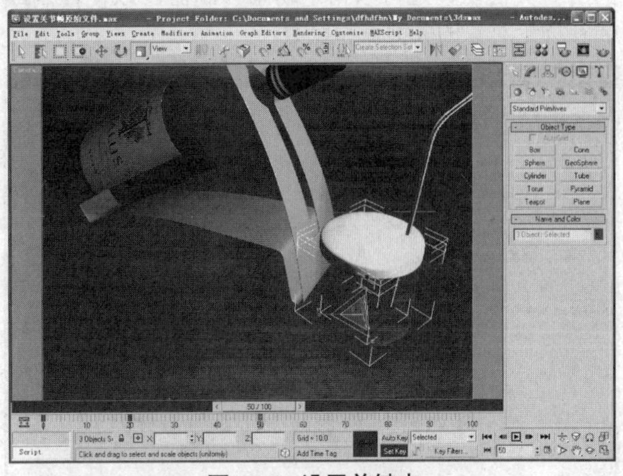

图10-6 设置关键点

单击Play Animation（播放动画）按钮后，即可在视图中观看啤酒逐渐减少的动画。渲染第0帧，效果如图10-7所示。

图10-7　渲染第0帧的效果

渲染第50帧，效果如图10-8所示。

图10-8　渲染第50帧的效果

3. 轨迹视图

Track View（轨迹视图）可分为Curve Editor（曲线编辑器）和Dope Sheet（摄影表）两种模式，如图10-9和图10-10所示。两种模式都可以查看和编辑创建的所有关键点，还可以指定动画控制器，以便控制或插补场景对象的关键点和参数。

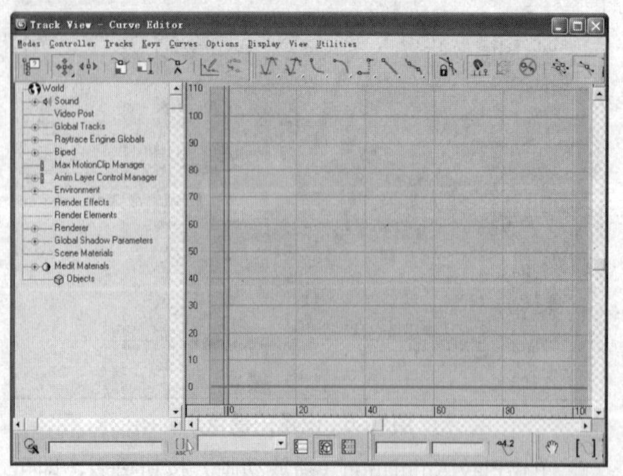

图10-9　曲线编辑器模式窗口

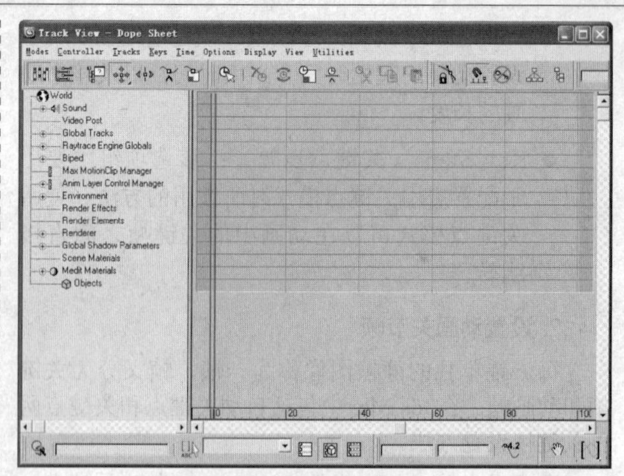

图10-10　摄影表模式窗口

在Track View（轨迹视图）窗口中不论是以Curve Editor（曲线编辑器）还是Dope Sheet（摄影表）模式显示，其窗口中都包含菜单栏、工具栏、层次列表、编辑窗口、时间标尺，以及状态栏6个部分。

Track View（轨迹视图）窗口中各部分的作用如下。

- 菜单栏：菜单栏位于轨迹视图窗口的顶部。其中包含了Track View（轨迹视图）的大部分操作命令。通过Modes（模式）命令可在曲线编辑器和摄影表模式之间切换。
- 工具栏：工具栏位于菜单栏的下方。包含能够控制关键点、控制运动轨迹线的工具，利用这些工具可以方便地创建或编辑动画。
- 层次列表：层次列表位于轨迹视图窗口中部左侧的位置。该列表将场景中所有项目显示在一个层次中，可以按名称选择场景中要编辑的对象。
- 编辑窗口：编辑窗口位于层列表的右侧位置。该窗口用于显示选定的场景对象轨迹和功能曲线。
- 时间标尺：时间标尺位于编辑窗口的下方。主要用于显示编辑窗口中的时间，反应Time Configuration（时间配置）对话框中的设置。
- 状态栏：状态栏位于轨迹视图窗口最下方的位置。包含指标、关键时间、数值栏和导航控制选项组。

在层次列表中，Objects（对象）用于显示场景中对象的分支，包括连接的子对象和对象层次的运动曲线，如图10-11所示。

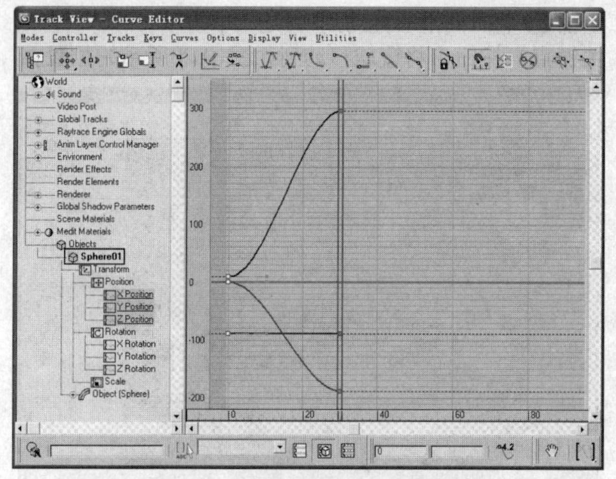

图10-11 显示场景中对象的分支

工具栏中的Move Keys（移动关键点）工具用于控制编辑窗口中运动轨迹上的关键点位置。在运动轨迹上选中0帧处的所有关键点，按住Shift键进行拖动，最后效果如图10-12所示。

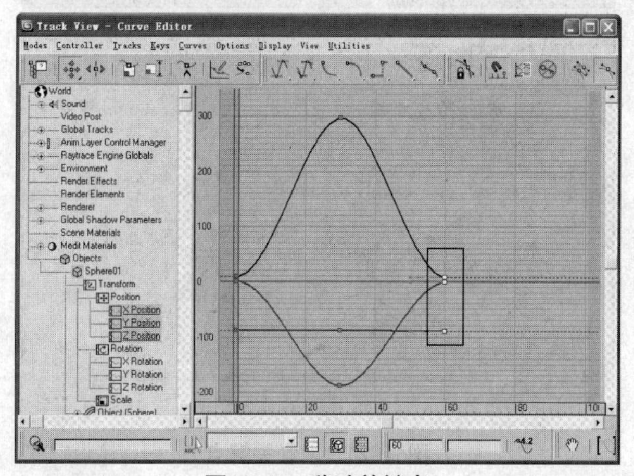

图10-12 移动关键点

在轨迹视图上任意选中一个点，单击鼠标右键，将开启如图10-13所示的对话框。话框中显示了该关键点所在的位置，并可以修改该关键点的插入方式。

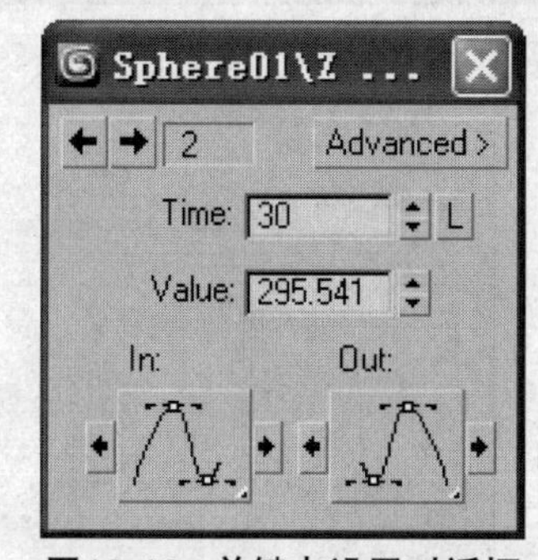

图10-13 关键点设置对话框

在上面所示的关键点设置对话框中分别按住In（输入）和Out（输出）按钮，在弹出的列表中都选择线性方式后，编辑窗口中曲线的效果如图10-14所示。

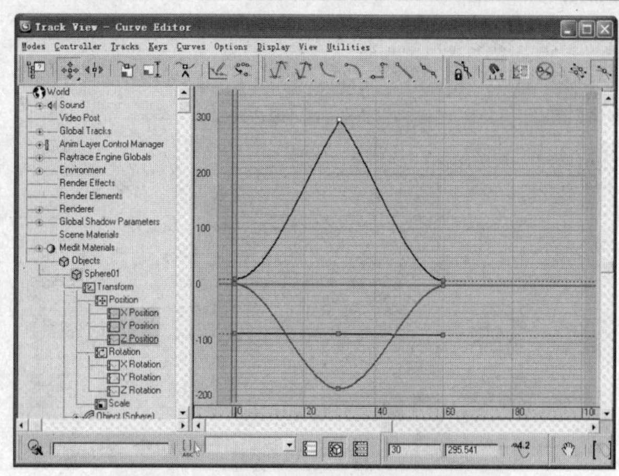

图10-14 选择线性方式后曲线的效果

如设置输入和输出都为加快方式，编辑窗口中曲线的效果如图10-15所示。

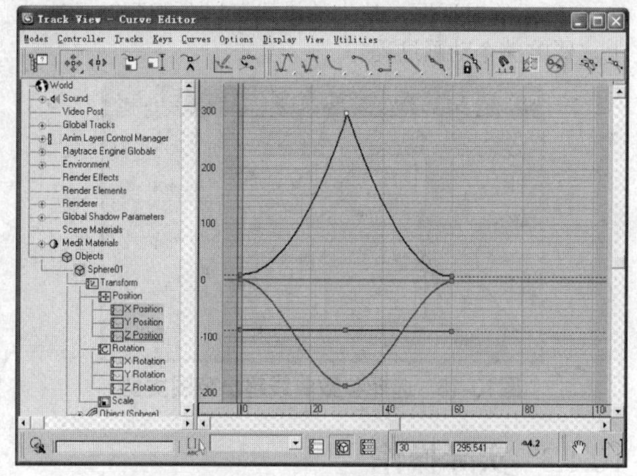

图10-15 选择加快方式后曲线的效果

在窗口的工具栏中可直接修改关键点的切线方式，单击Set Tangents to Custom（将切线设置为自定义）按钮，移动关键点的一个控制柄，另一个控制柄会同时发生变换，如图10-16所示。

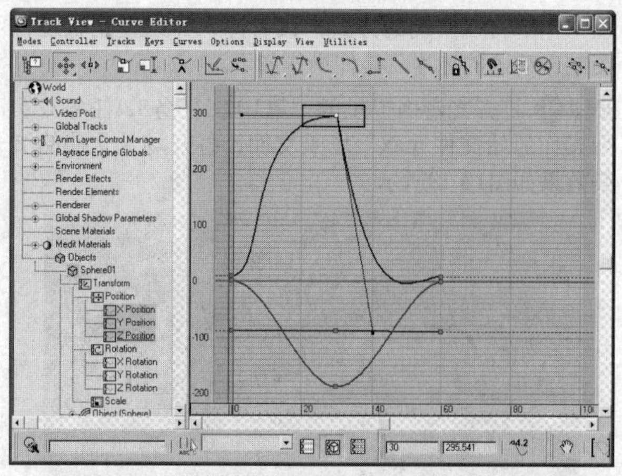

图10-16 将切线设置为自定义方式后曲线的效果

单击Set Tangents to Step（将切线设置为阶跃）按钮，Z轴上蓝色的曲线显示为如图10-17所示的效果。使用这种方式，对象运动时只在关键点设置的位置显示，关键点之间不显示运动过程。

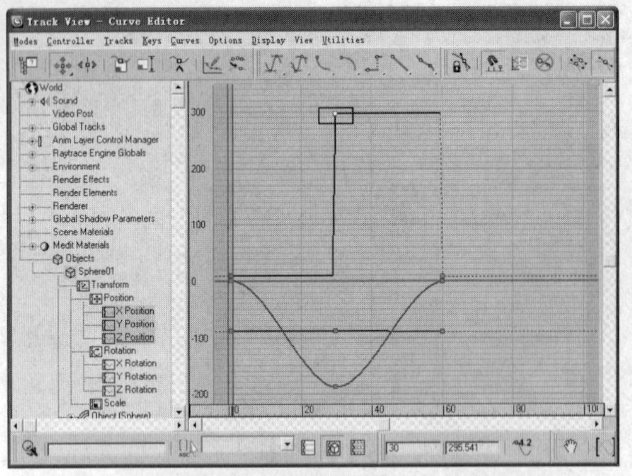

图10-17　将切线设置为阶跃方式后曲线的效果

在工具栏中单击Parameter Curve Out-of-Range Types（参数曲线超出范围类型）按钮，弹出如图10-18所示的对话框，其中的模式可以分配到动画轨迹上，影响整个动画过程。

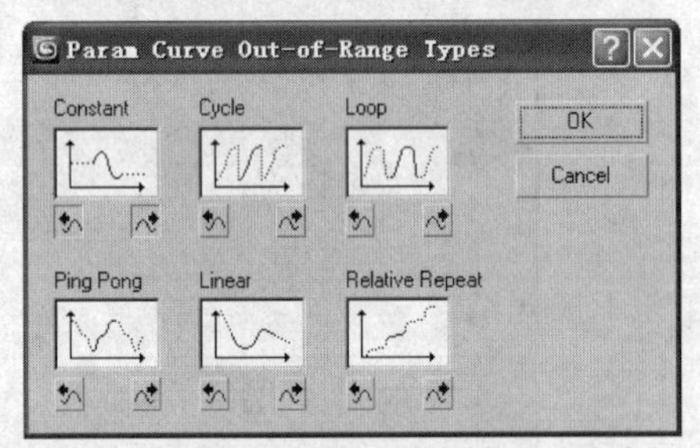

图10-18　选择参数曲线超出范围类型

10.1.3　实际操作

- ·原始文件　第10章\任务32\任务32实际操作原始文件.max
- ·最终文件　第10章\任务32 \任务32实际操作最终文件.max

本节将以实例的方式向读者深入介绍使用轨迹视图制作动画的过程，具体操作如下。

步骤 1 打开光盘中提供的“第10章\任务32\任务32实际操作原始文件.max”场景文件，打开场景文件的渲染效果如图10-19所示。

图10-19　源文件渲染效果

步骤 2 将时间滑块拖动到0帧处，单击Auto Key（自动关键点）按钮，将篮球移动到如图10-20所示的位置。

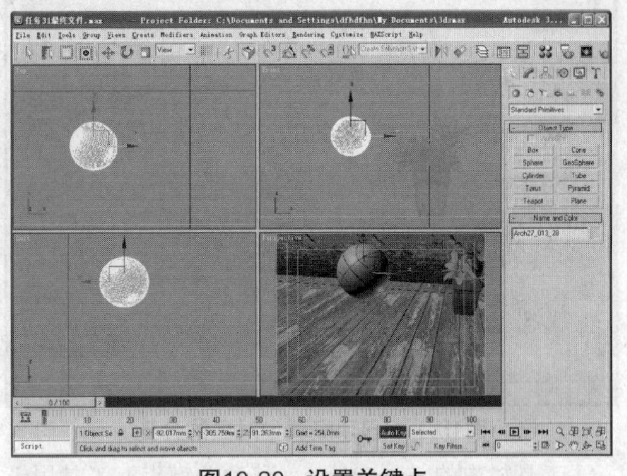

图10-20　设置关键点

步骤 3 将时间滑块拖动到第8帧位置，将篮球移动到如图10-21所示的位置。

图10-21　设置关键点

步骤 4 单击主工具栏中的Curve Editor（曲线编辑器）按钮，在弹出的轨迹视图曲线编辑器窗口中显示了篮球的运动轨迹线，如图10-22所示。

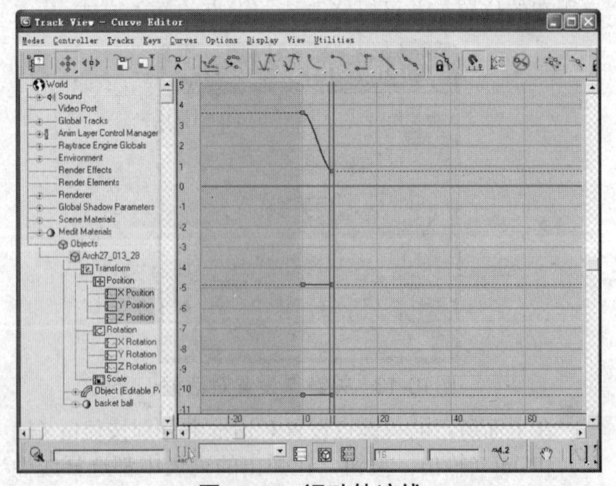

图10-22　运动轨迹线

步骤 5 选择轨迹曲线上第0帧位置的所有关键点，按住Shift键进行拖动，并将复制出的关键点移动到第16帧位置，如图10-23所示。

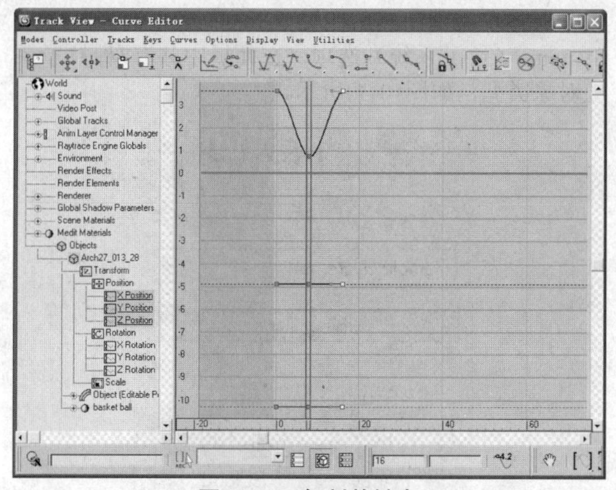

图10-23 复制关键点

步骤6 在蓝色曲线上选择第8帧位置的关键点，单击鼠标右键，在开启的对话框中设置输出和输入的切线方式，如图10-24所示。

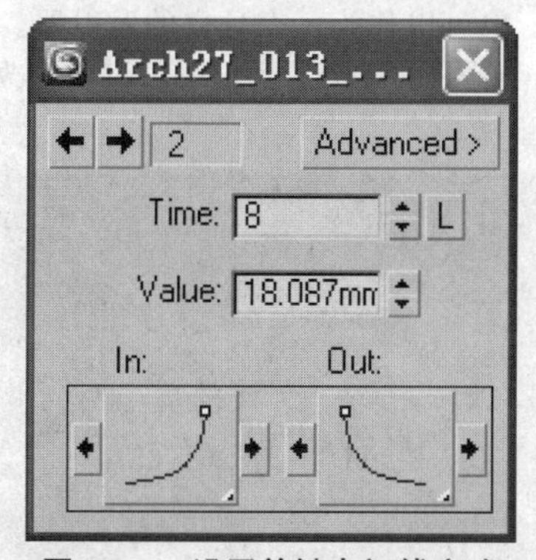

图10-24 设置关键点切线方式

步骤7 设置好切线方式后，篮球的运动轨迹曲线如图10-25所示。

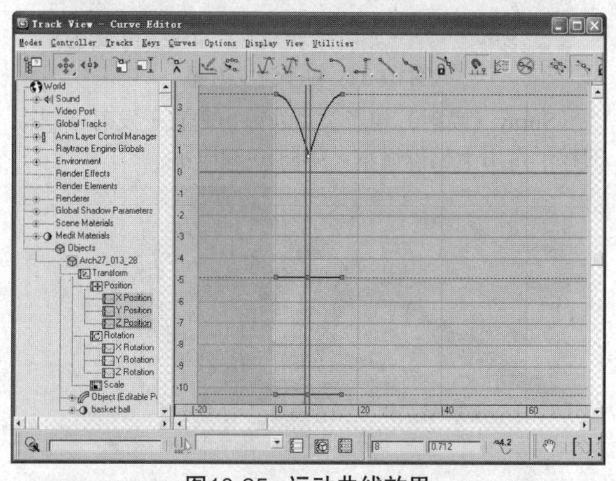

图10-25 运动曲线效果

步骤8 在轨迹视图曲线编辑器窗口的工具栏中单击Parameter Curve Out-of-Range Types（参数曲线超出范围类型）按钮，在弹出的对话框中选择Loop（循环）方式，如图10-26所示。

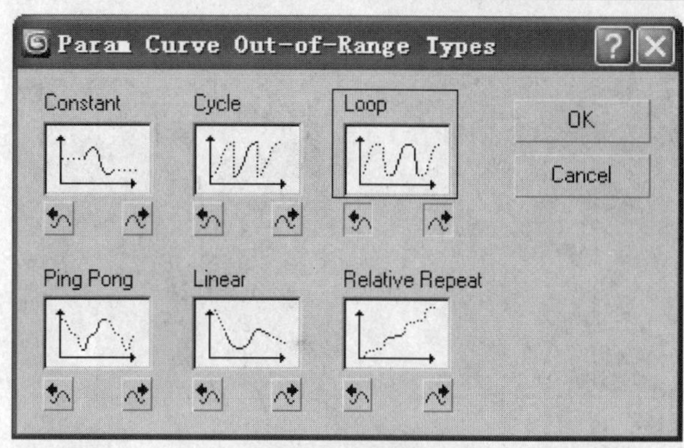

图10-26 选择循环方式

步骤9 选择循环方式后，再在参数曲线超出范围类型对话框中单击OK按钮，此时编辑窗口中篮球的运动轨迹线如图10-27所示。

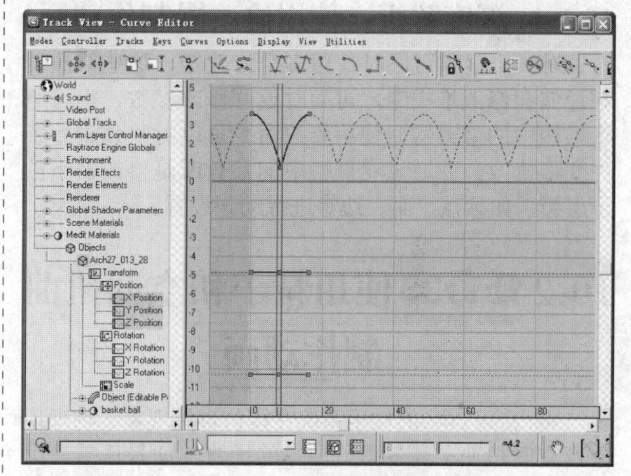

图10-27 运动曲线效果

步骤10 单击Play Animation（播放动画）按钮，在视口中即可预览篮球的运动效果。第10帧的渲染效果如图10-28所示，此时篮球对象处于向上运动状态。

图10-28 第10帧的渲染效果

步骤11 第18帧的渲染效果如图10-29所示。此时篮球对象处于向下运动状态。

图10-29 第18帧的渲染效果

10.1.4 深度解析：使用修改器制作动画

对一个对象可同时使用多个修改器，这些修改器都存储在修改堆栈中，可随时返回修改参数，也可删除堆栈中的修改器。使用修改命令可以对物体进行各种变形修改，并通过卷展栏中的参数或是修改器下的子层级，如顶点、面、边等进行动画设置。

10.2 任务33使用粒子和空间扭曲制作动画

3ds Max 2009的粒子系统在模仿自然现象、物理现象及空间扭曲上具备得天独厚的优势，如暴风雪、火花、流水及雪等。本节将学习粒子系统的创建，以及使用空间扭曲绑定粒子的基本知识。

任务快速流程：

打开场景 ➜ 创建超级喷射粒子系统 ➜ 修改粒子系统参数

10.2.1 简单讲评

利用3ds Max 2009创建粒子系统时，不仅要确定粒子系统的具体位置，而且还要确定其发射方向。其中，其起始位置被称为发射源，在场景中发射源不能被渲染，只是用来说明粒子从何处来和到何处去。

10.2.2 核心知识

3ds Max 2009不仅可以通过专门的空间变形来控制粒子系统和场景之间的交互作用，还可以控制粒子本身的可繁殖性。在3ds Max中，粒子系统是一个对象，而发射的粒子是子对象。将粒子系统作为一个整体来设置动画，并随时调整粒子系统的属性，即可控制每一个粒子的行为。

1. 粒子的不同类型

打开3ds Max 2009后，进入创建面板的Geometry（几何体）类别，然后在类型下拉列表中选择Particle Systems（粒子系统）选项。在面板中共有7种粒子系统对象类型，如图10-30所示。

图10-30 粒子系统对象类型

PF Source（粒子流源）粒子类型是每个粒子流的视口图标，也可以作为一个独立的发射器。该图标呈矩形显示，如图10-31所示。也可以将图标改为圆形或球体。

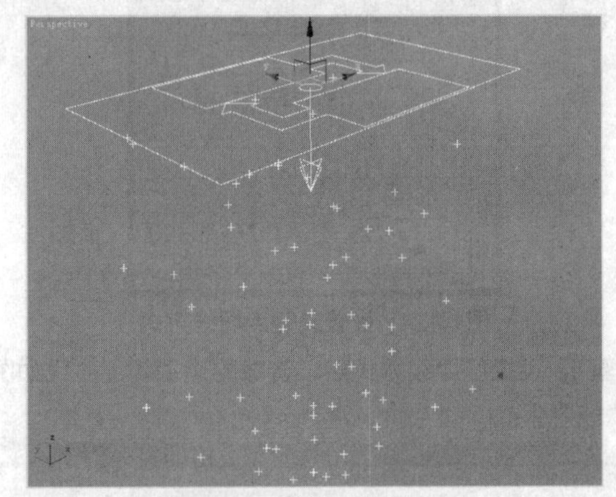

图10-31 粒子流发射器

Spray（喷射）粒子类型发射出垂直于发射器图标的粒子常用于模拟流水，如图10-32所示。

图10-32 使用喷射粒子类型制作流水

Snow（雪）粒子类型常用于模拟雪花飘落的效果，如图10-33所示，并可以为粒子赋予Multi/Sub-Object（多维/子材质）来制作五彩斑斓的效果。

图10-33 使用雪粒子类型制作雪花效果

Blizzard（暴风雪）粒子类型是从一个平面向外发射粒子流，可以用于制作雪花飘落的效果，也可以用于制作群体对象效果，如图10-34所示。

图10-34 使用暴风雪粒子类型制作群体对象效果

PArray（粒子云）粒子类型可为粒子指定一个平面来向外发射粒子流，可以用于制作不规则的群体效果，如图10-35所示。

图10-35 使用粒子云类型制作不规则群体效果

PClond（粒子阵列）粒子类型可在视图中指定一个三维对象作为发射器，从对象的表面发射出粒子阵列。其制作出的效果如图10-36所示。

图10-36 使用粒子陈列类型制作出的效果

Super Spray（超级喷射）粒子类型是从一个点向外发射粒子流，产生线形或锥形的粒子效果，常用于制作礼花效果，如图10-37所示。

图10-37 使用超级喷射类型制作出的效果

2. 粒子的参数

①PF Source（粒子流源）

3ds Max 2009为每一种粒子类型都提供了特有的形状和生存寿命，在创建好粒子发射器后，系统会为该粒子类型自动生成动画。

在视口中创建一个PF Source（粒子流源）发射器，在修改面板下会出现如图10-38所示的参数卷展栏。

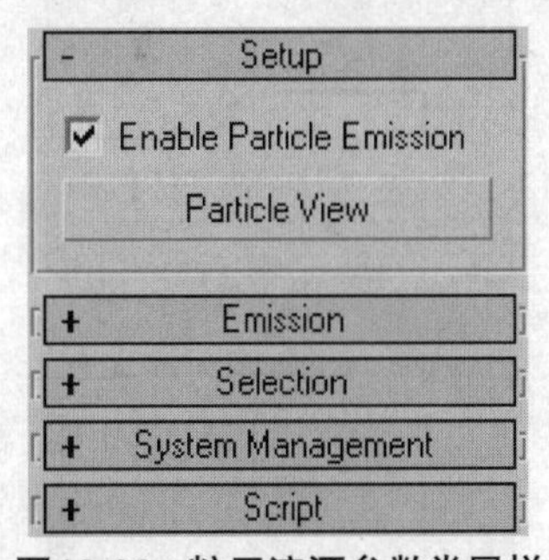

图10-38 粒子流源参数卷展栏

修改面板中的Setup（设置）卷展栏用于控制粒子系统的打开和关闭，可单击Particle View（粒子视图）按钮，打开如图10-39所示的窗口。

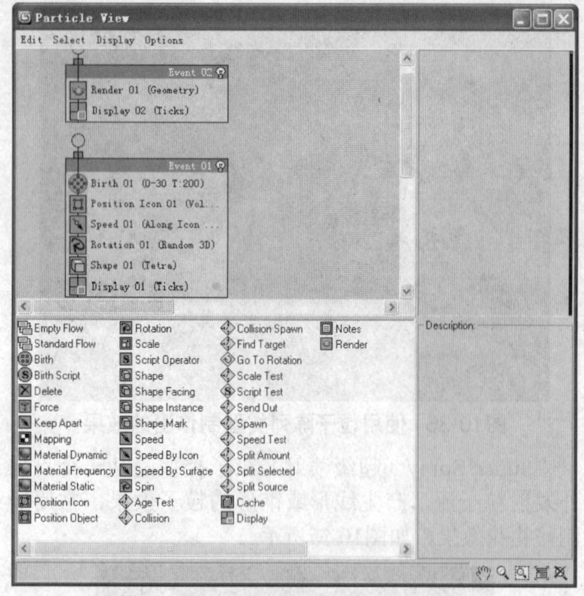

图10-39 粒子视图窗口

图10-40所示的Emission（发射）卷展栏中的参数用于设置发射器图标的物理属性和视图中产生的粒子百分比。

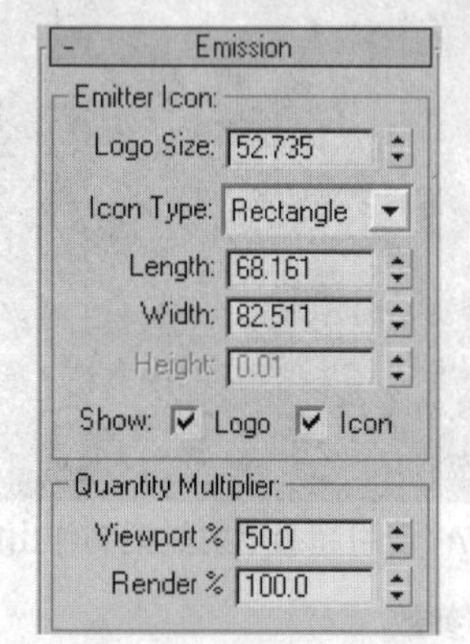

图10-40 粒子的发射卷展栏

图10-41所示的Selection（选择）卷展栏中的参数用于控制基于每个粒子或事件的选择。事件级别粒子的选择用于调试和跟踪。

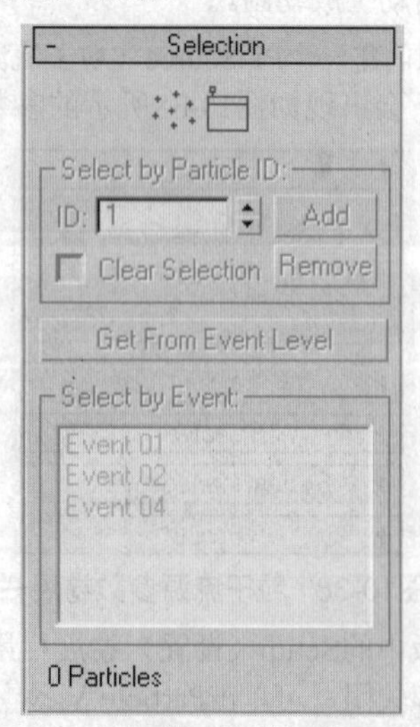

图10-41 粒子的选择卷展栏

②Snow（雪）

雪粒子修改面板中的Viewport Count（视口计数）参数用于设置视口中预览粒子的数量。将其设置为500，效果如图10-42所示。参数值越大，喷射出的粒子就越多。

图10-42 设置视口粒子数量的效果

Render Count（渲染计数）用于设置渲染输出时粒子的数量。将该参数设置为300，视图渲染效果如图10-43所示。该参数与视口计数没有关系。

图10-43 设置渲染粒子数量的效果

Flake Size（雪花大小）用于设置粒子的大小，将该参数设置为1，视图渲染效果如图10-44所示。

图10-44 设置渲染粒子大小的效果

Speed（速度）用于设置喷射粒子的运动速度，数值越大，粒子的运动越快，而粒子的间隔也越大。设置此参数为50，视图渲染效果如图10-45所示。

图10-45 渲染粒子快速运动某一时刻的效果

Flakes（雪花）、Dots（圆点）、Ticks（十字叉）均用来设置粒子自身的形状，若场景中粒子过多，可用Ticks（十字叉）形状来显示，以加快系统运作，效果如图10-46所示。

图10-46 以十字叉形状显示粒子的效果

Render（渲染）选项组包括Six Point（六角形）、Triangle（三角形），以及Facing（面）3个选项，用于设置渲染输出时粒子的形状。当选择六角形渲染时，效果如图10-47所示。

图10-47 选择六角形形式的渲染效果

3. 空间扭曲

空间扭曲是一类不可渲染的对象，通过它们可以用许多独特的方式影响其他对象的形状和运动。空间扭曲可以看成是场景中一种无形的力量。

Space Warps（空间扭曲）类别位于创建面板下，单击面板中的下拉按钮，在列表中可看到所有的空间扭曲类型，如图10-48所示。

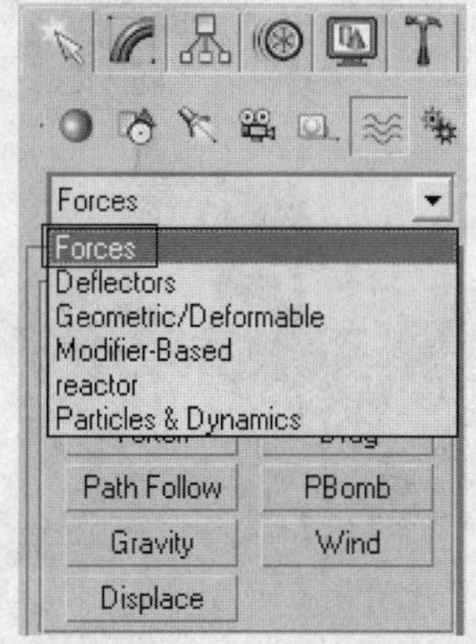

图10-48 空间扭曲类型

各种空间扭曲类型的作用如下。

- Forces（力）：此类型空间扭曲共有9种，一般与粒子系统配合使用，用来表现外来作用的效果，如风、重力和推力等效果。
- Deflectors（导向器）：此类型的空间扭曲主要用于粒子系统和动力学对象，其作用类似于挡板，当粒子碰到它时会改变方向，如果没有这些导向器粒子就会碰到对象。
- Geometric/Deformable（几何/可变形）：共包含7种空间扭曲，如Wave（波浪）、Ripple（涟漪）、Displace（置换）、Conform（适配变形）及Bomb（爆炸）类型等。它们用于使几何体变形。
- Modifier-Based（基于修改器）：此空间扭曲类型与标准的修改器生成的效果类似，但前者可以同时应用到多个对象上。
- reactor：此类型中只有一个Water（水）选项，用于模拟reactor场景中的水面。可以指定水粒子的大小、速度和翻滚等物理属性。
- Particles & Dynamics（粒子和动力学）：此类型下只有Vector Field（向量场）选项，它只能用于粒子和动态对象。

10.2.3 实际操作

·原始文件	第10章\任务33\任务33实际操作原始文件.max
·最终文件	第10章\任务33 \任务33实际操作最终文件.max

前面对粒子的类型、参数以及空间扭曲进行了介绍，在本节中将以实例的形式向读者介绍使用Super Spray（超级喷射）粒子制作水泡的方法，具体步骤如下。

步骤❶ 打开光盘中提供的“第10章\任务33\任务33实际操作原始文件.max”场景文件，打开的场景文件效果如图10-49所示。

图10-49　源文件效果

步骤❷ 在Particle Systems（粒子系统）面板中单击Super Spray（超级喷射）按钮，在顶视图中创建一个粒子发射器，如图10-50所示。

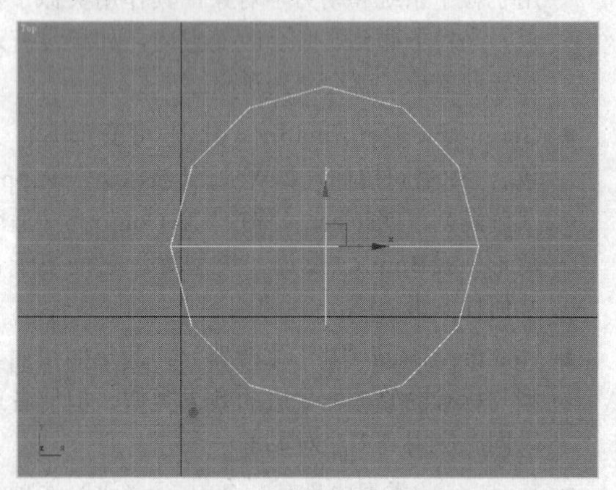

图10-50　创建超级喷射发射器

步骤❸ 在Basic Parameters（基本参数）参数卷展栏中按照图10-51所示进行设置参数，调整粒子的发射方向。

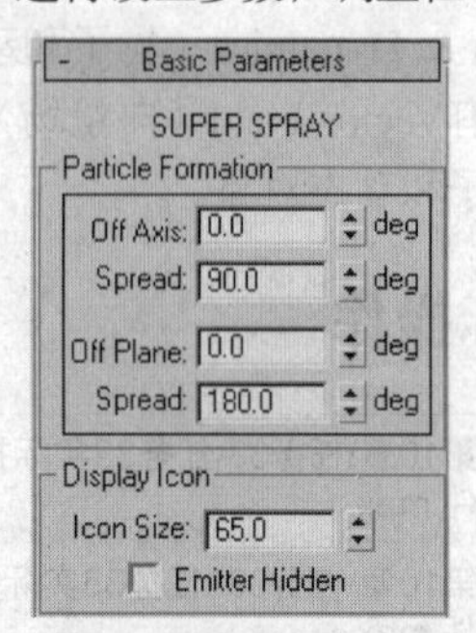

图10-51　调整粒子发射方向

步骤❹ 完成基本参数设置后，在顶视图中观察粒子的发射方向，效果如图10-52所示。

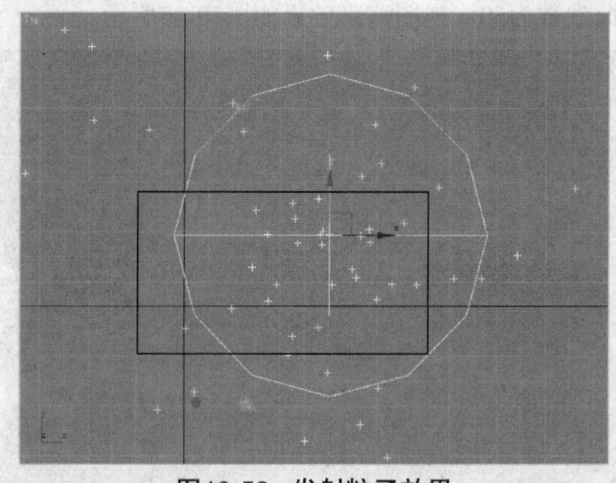

图10-52　发射粒子效果

步骤❺ 在Particle Generation（粒子生成）卷展栏下设置粒子的发射速度和起始时间等参数，如图10-53所示。

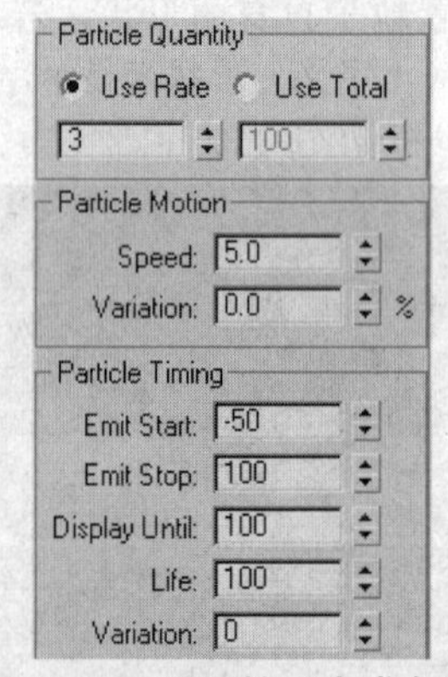

图10-53　设置粒子生成参数

步骤❻ 按照图10-54所示来设置Particle Size（粒子大小）参数。

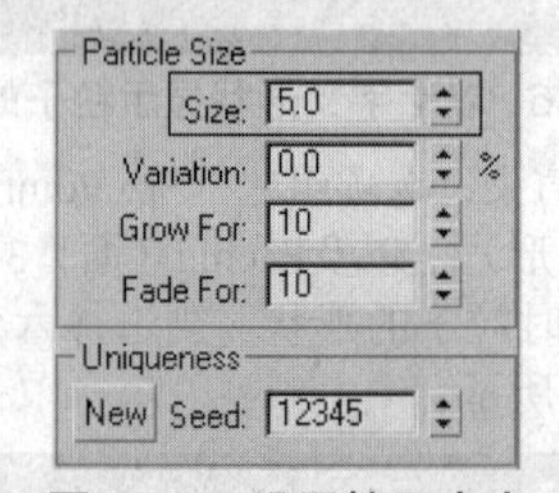

图10-54　设置粒子大小

步骤❼ 在Particle Types（粒子类型）卷展栏下单击Instanced Geometry（实例几何体）单选按钮，如图10-55所示。

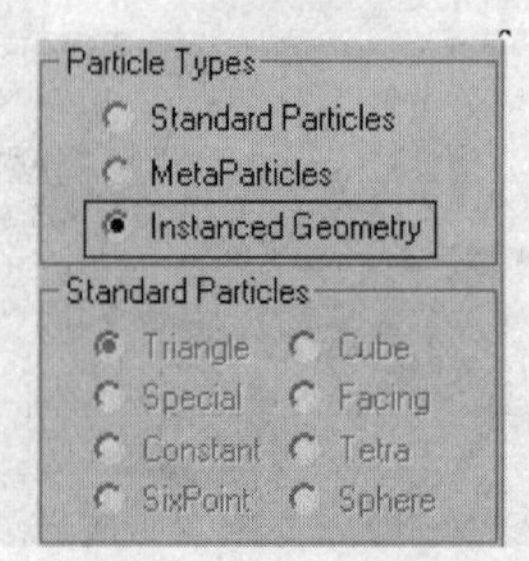

图10-55　设置粒子类型

步骤8 在选择了实例几何体类型后，单击Instancing Parameters（实例参数）选项组中的Pick Object（拾取对象）按钮，如图10-56所示。

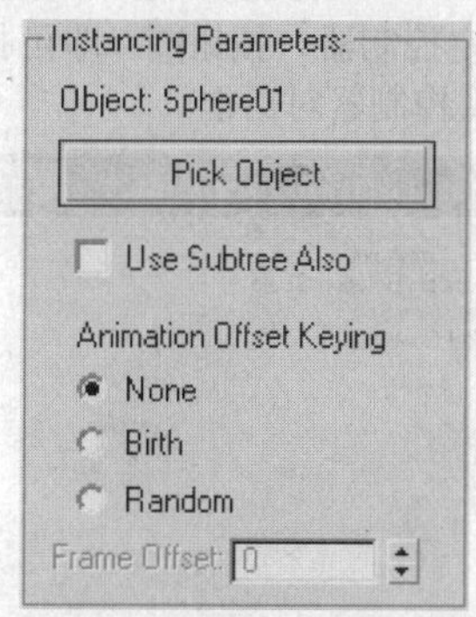

图10-56 单击拾取对象按钮

步骤9 在视口中将时间滑块拖动到第60帧，透视图渲染效果如图10-57所示。超级喷射粒子系统发射出的粒子生成了球体。

图10-57 发射出的粒子效果

步骤10 单击Mat'l Mapping and Source（材质贴图和来源）组中的Get Material From（材质来源）按钮，如图10-58所示。

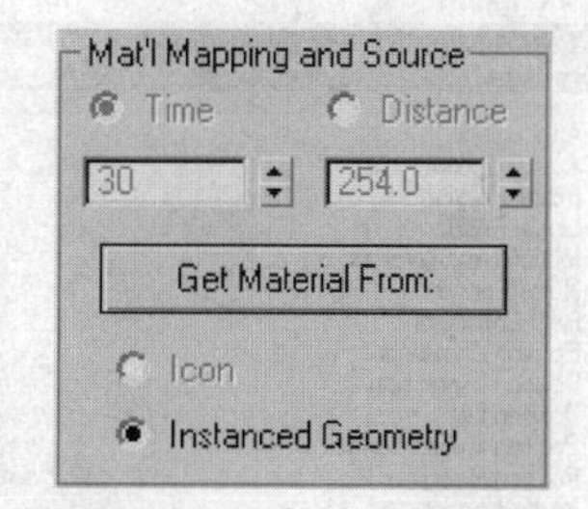

图10-58 单击材质来源按钮

步骤11 单击拾取材质，之前拾取的球体材质会赋予给所有的粒子对象。最终的视图渲染效果如图10-59所示。

图10-59 最终渲染效果

10.2.4 深度解析：力空间扭曲类型

Forces（力）类型的空间扭曲能够影响粒子系统和动力系统。其对象类型如图10-60所示。所有Forces（力）类型的空间扭曲都能应用于粒子系统，但只有部分能够应用于动力系统。

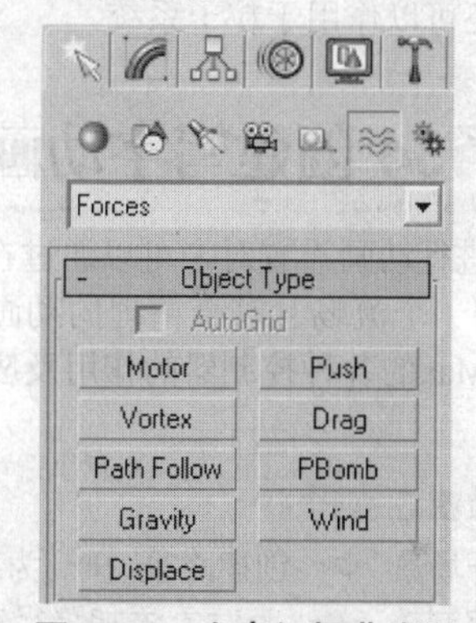

图10-60 力空间扭曲类型

各种力空间扭曲对象类型的作用如下。

- Motor（马达）：能产生一种螺旋推力，像发电机旋转一样旋转粒子，将粒子甩向旋转方向，并可以分别作用于粒子系统和动力系统。当用于粒子系统时，马达的位置和方向都对粒子有影响；而用于动力系统时，只有马达的方向会对粒子产生影响。
- Push（推力）：为粒子系统或动力系统增加一个推动力，对两个不同系统的影响也不同。
- Vortex（漩涡）：用于模拟现实世界中的漩涡。只能用于粒子系统，在创建漩涡和漏斗等对象时很有用。
- Drag（阻力）：仅用于粒子系统，作为粒子运动中的阻尼器，减缓粒子运动的速度。阻力影响的范围可以是线形、球形或柱形阻尼。

- Path Follow（路径跟随）：可以使粒子沿着一条曲线路径流动，并控制粒子运动的方向。可表现山涧的小溪，让水流顺着曲折的路径流动。
- PBomb（粒子爆炸）：它和Bomb（爆炸）相似，只是爆炸空间扭曲使对象从它的单个表面炸开，而粒子爆炸是专门用于PArray（粒子阵列）粒子系统的爆炸。
- Gravity（重力）：用于模拟自然界地心引力的影响。对粒子系统产生引力作用，粒子会沿着其箭头指向移动。重力空间扭曲还可以用在动力系统的模拟中。
- Wind（风）：沿着指定的方向吹动粒子，产生动态的风力和气流的效果。它和重力对象相似，只是增加了一些参数用来表现自然界中风的特征。
- Displace（置换）：是一个具有奇特功能的工具，可以将一个图像映射到三维对象表面，使其产生凹凸效果。置换不仅能作用于三维对象，还可以作用于粒子系统。

10.3 任务34 创建写字动画

3ds Max进行动画设置时，可以通过在动画控制器中的调整得到一个流畅且符合情理的动画。本节将向读者讲解3ds Max的各种控制器的作用及应用方法。

任务快速流程：

打开场景 ➜ 创建路径 ➜ 为对象指定路径控制器 ➜ 为对象添加路径变形修改器 ➜ 播放动画

10.3.1 简单讲评

在3ds Max 2009中提供了多种动画控制器，其作用各不相同，但使用方法是类似的。可单击Motion（运动）面板的Assign Controller（指定控制器）按钮，在打开的指定控制器对话框中进行查看。

10.3.2 核心知识

动画控制器实际上就是控制物体运动轨迹规律的事件，它决定动画参数如何在每一帧动画中形成规律，决定一个动画参数在每一帧的值。通常在轨迹视图窗口或运动面板中进行分配。

指定控制器包括Assign Transform Controller（指定变换控制器）、Assign Position Controller（指定位置控制器）、Assign Rotation Controller（指定旋转控制器），以及Assign Scale Controller（指定缩放控制）器4种类型。不同控制器对话框中的控制器种类也不同。

1. Assign Transform Controller（指定变换控制器）

在运动面板的Assign Controller（指定控制器）卷展栏中选择Transform（变换）选项，然后单击Assign Controller（指定控制器）按钮，即可打开如图11-61所示的指定变换控制器对话框。

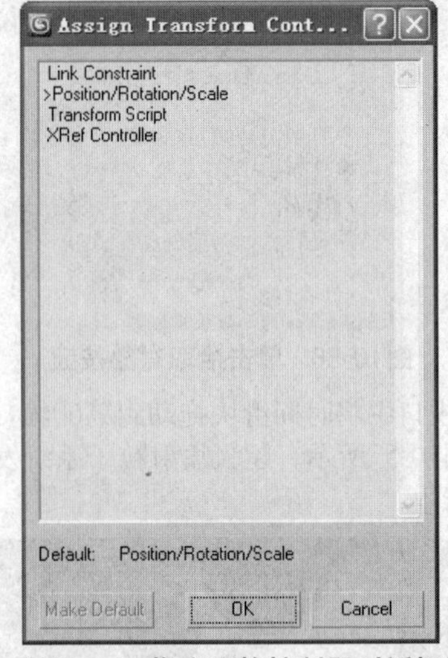

图10-61 指定变换控制器对话框

对话框中部分控制器的作用如下。

- Link Constraint（链接约束）：用于制作层次链中一个物体向另一个物体链接转移的动画。分配作为链接对象的父物体后，即可对开始的时间进行控制。
- Position/Rotation/Scale（位置/旋转/缩放）：它将变换控制分为位置、旋转、缩放3个子控制项目，分别指定不同的控制器。

2. Assign Position Controller（指定位置控制器）

在运动面板的Assign Controller（指定控制器）卷展栏中选择Position（位置）选项，然后单击Assign Controller（指定控制器）按钮，即可打开如图11-62所示的指定位置控制器对话框。

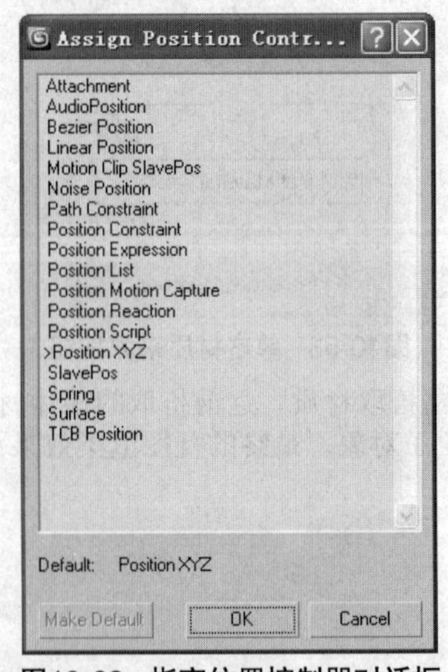

图10-62 指定位置控制器对话框

对话框中部分控制器的作用如下。

- Path Constraint（路径约束）：用来约束对象沿着指定的目标样条曲线路径运动，或在距指定的多个样条线的平均距离上运动。
- Audio Position（音频位置）：通过一个声音的频率和振幅来控制动画物体的位移运动节奏，基本上可以作用于所有类型的控制参数。可以使用WAVE、AVI等音频文件的声音，也可以由外部直接用声音进行同步动作。
- Linear Position（线性位置）：在两个关键点之间平衡地进行动画插补计算，并得到标准的线性动画。
- Noise Position（噪波位置）：产生一个随机值，可在功能曲线上看到波峰及波谷，产生随机的动作变化。没有关键点的设置，而是使用一些参数来控制噪波曲线，从而影响动作。
- Position XYZ（位置XYZ）：将Position（位置）控制项目分为X、Y、Z这3个独立的控制项目，可以单独为每一个控制项目指定控制器。
- Surface（曲面）：使一个物体沿另一个物体表面运动。

3. Assign Rotation Controller（指定旋转控制器）

在运动面板的Assign Controller（指定控制器）卷展栏中选择Rotation（旋转）选项，然后单击Assign Controller（指定控制器）按钮，即可打开如图10-63所示的指定旋转控制器对话框。

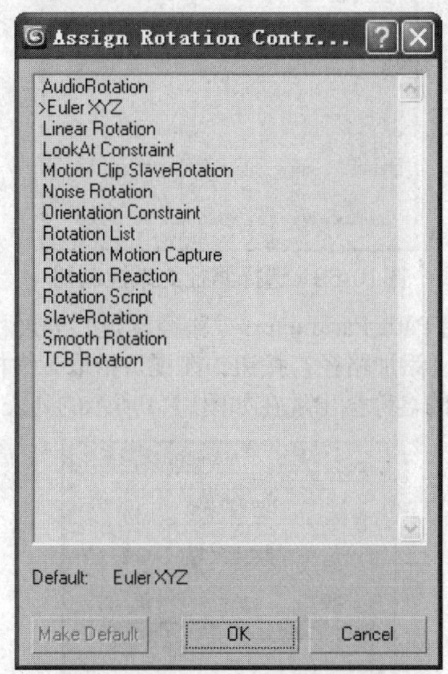

图10-63 指定旋转控制器对话框

对话框中部分控制器的作用如下。

- Euler XYZ（欧拉XYZ）：是一种合成控制器，通过它将旋转控制分为X、Y、Z这3个项目，分别控制3个轴向上的旋转。可以对每个轴向指定其他的动画控制器。
- Linear Rotation（线性旋转）：在两个关键点之间得到稳定的旋转动画，常用于一些有规律的动画旋转效果。
- Noise Rotation（噪波旋转）：产生一个随机值，可在功能曲线上看到波峰及波谷，产生随机的旋转动作变化。没有关键点的设置，而是使用一些参数来控制噪波曲线，从而影响旋转动作。
- Rotation List（旋转列表）：不是一个具体的控制器，而是含有一个或多个控制器的组合，能将其他种类的控制器组合在一起，按从上到下的排列顺序进行计算，产生组合的控制效果。

10.3.3 实际操作

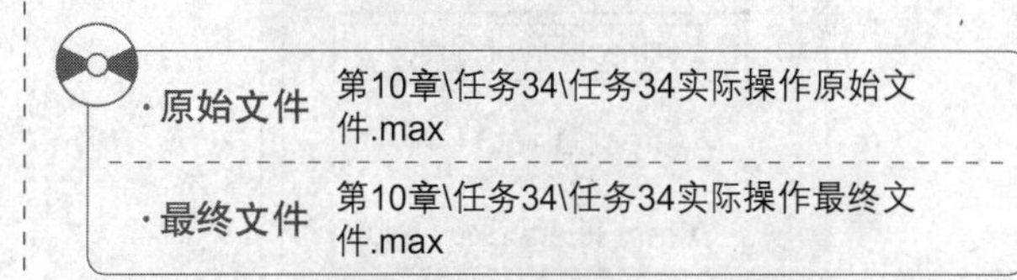

前面介绍了各种控制器的作用及用途，在本节中将以实例的方式向读者介绍结合使用Path Constraint（路径约束）控制器与Path Deform Binding（路径变形）修改器制作写字动画的具体步骤。

步骤1 打开光盘中提供的“第10章\任务34\任务34实际操作原始文件.max”场景文件，打开的场景文件渲染效果如图10-64所示。

图10-64 原文件渲染效果

步骤2 在视图中创建一条如图10-65所示的二维样条线，来作为路径使用。

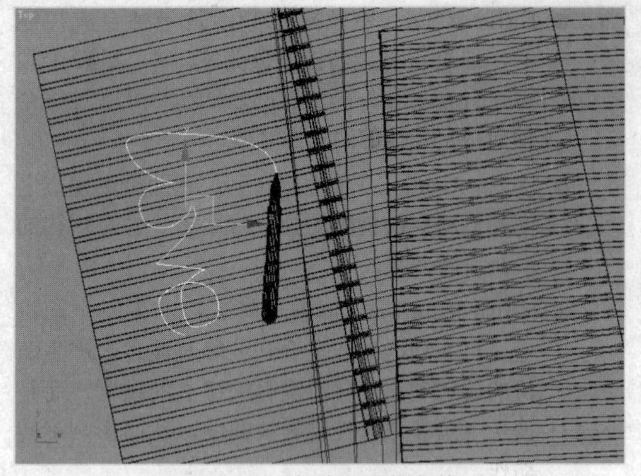

图10-65　创建二维样条线

步骤❸ 选择钢笔对象，在创建面板的Hierarchy（层次）类别下单击Affect Pivot Only（仅影响轴）按钮，如图10-66所示。

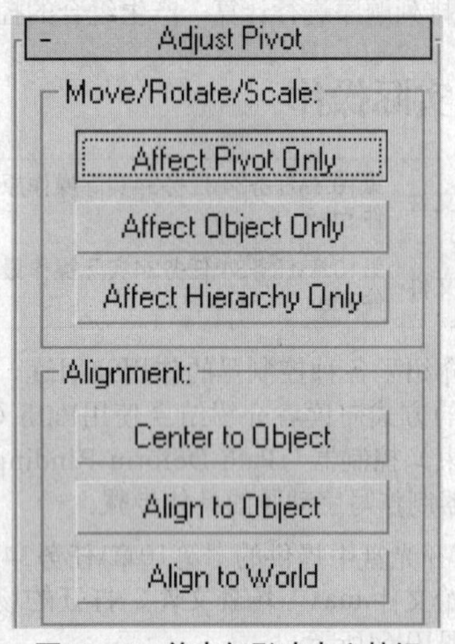

图10-66　单击仅影响中心按钮

步骤❹ 使用选择并移动工具将钢笔对象的中心移动到钢笔笔尖的位置，如图10-67所示。

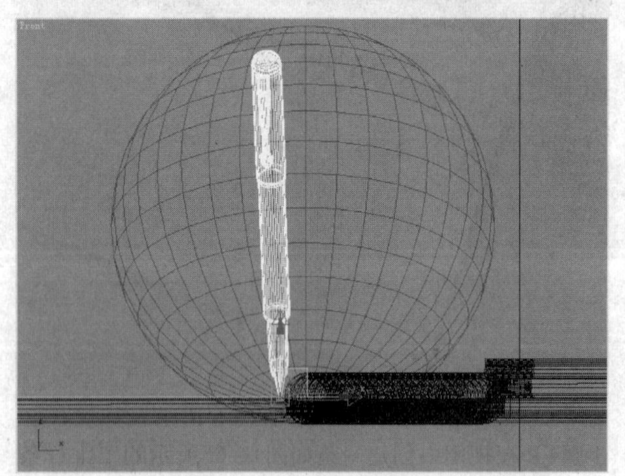

图10-67　移动钢笔的中心

步骤❺ 选中钢笔对象后，在创建面板的Motion（运动）类别下选择Position（位置）选项，如图10-68所示。

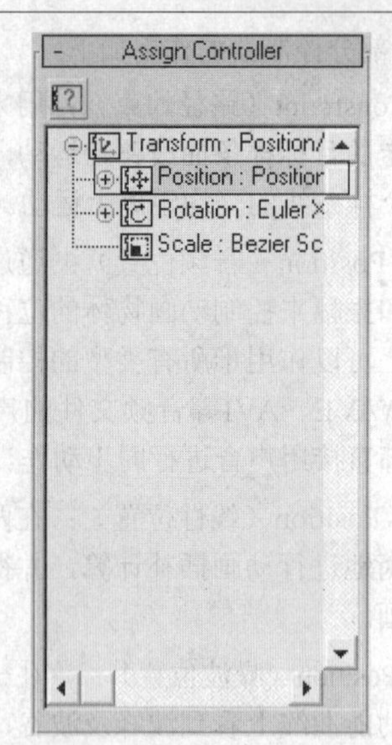

图10-68　选择位置

步骤❻ 单击Assign Controller（指定控制器）按钮，在弹出的Assign Position Controller（指定位置控制器）对话框中选择Path Constraint（路径约束）控制器，如图10-69所示，完成后单击OK按钮。

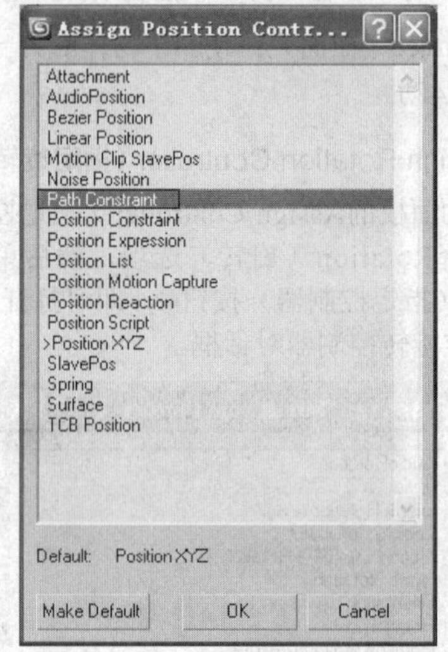

图10-69　选择路径约束控制器

步骤❼ 在Path Parameters（路径参数）卷展栏中单击Add Path（添加路径）按钮，在视口拾取二维样条线，该样条线的名称会出现在如图10-70所示的列表中。

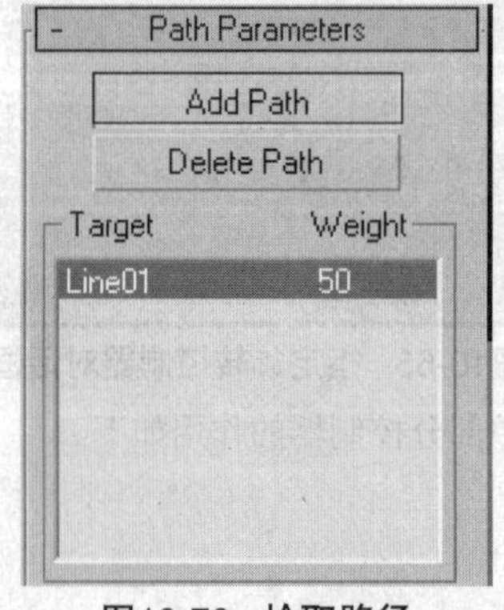

图10-70　拾取路径

步骤❽ 添加好路径后，系统会自动为Path Options（路径选项）设置动画沿路径进行，如图10-71所示。

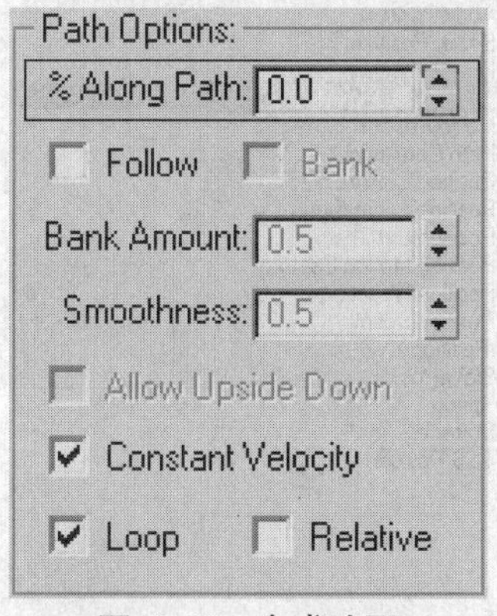

图10-71 生成动画

步骤❾ 在视口中创建一个如图10-72所示大小的Cylinder（圆柱体）对象。

图10-72 创建圆柱体

步骤❿ 选择圆柱体对象，在修改器列表中选择Path Deform Binding（wsm）（路径变形（wsm））修改器，如图10-73所示。

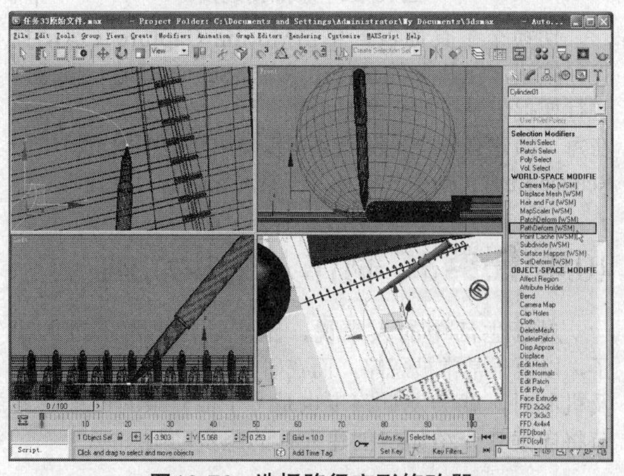

图10-73 选择路径变形修改器

步骤⓫ 在Parameters（参数）卷展栏下单击Pick Path（拾取路径）按钮，在视图中再次拾取二维图形，然后单击Move to Path（转到路径）按钮，如图10-74所示。

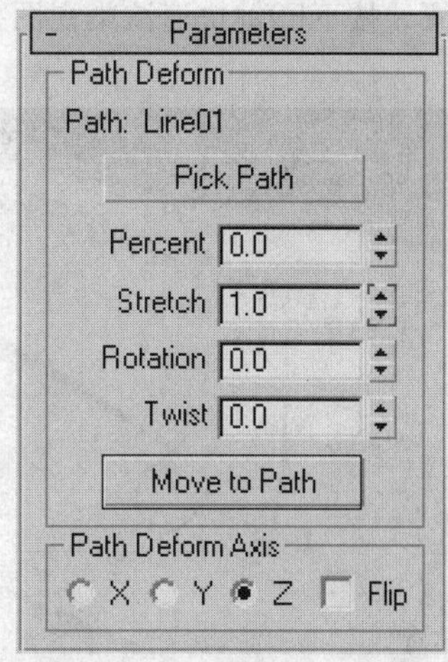

图10-74 单击转到路径按钮

步骤⓬ 单击状态栏中的Auto Key（自动关键点）按钮，将时间滑块拖动到0帧的位置，在参数卷展栏中设置Stretch（拉伸）值为1，如图10-75所示。

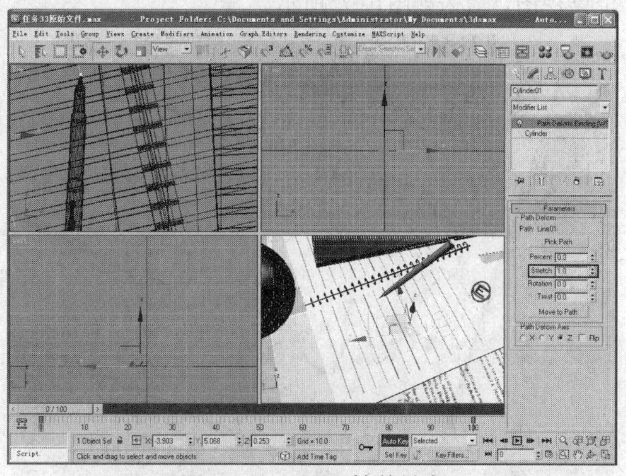

图10-75 设置0帧关键点

步骤⓭ 将时间滑块拖动到100帧的位置，再将Stretch（拉伸）值设置为399，如图10-76所示。

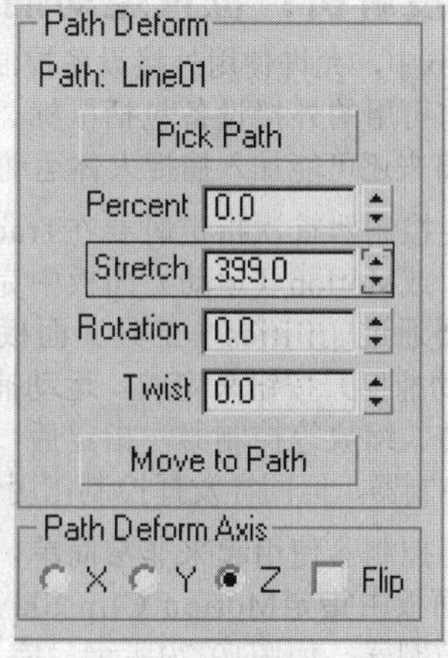

图10-76 设置100帧关键点

步骤⑭ 动画关键帧设置完毕，再次单击Auto Key（自动关键点）按钮，取消关键帧记录。将时间滑块拖动到第50帧位置，按下F9键快速渲染视图，效果如图10-77所示。

图10-77　渲染第50帧的效果

步骤⑮ 将时间滑块拖动到100帧位置，按下F9键快速渲染视图，效果如图10-78所示。

图10-78　渲染第100帧的效果

10.3.4 深度解析：位置运动捕捉

在3ds Max中，允许使用外接设备控制和记录物体的运动，目前可用的外接设备包括鼠标、键盘、游戏杆和MIDI，将来还可能加入捕捉人体运动的设备。

运动捕捉控制器首次指定时要在Track View（轨迹视图）窗口或Motion（运动）面板中完成。修改和调试动作时要通过Utilities（工具）面板中的Motion Capture（运动捕捉）按钮来完成。运动捕捉可以指定给位置、旋转、缩放等控制器，指定后，原控制器将变为下一级控制器，但同样发挥控制作用。

运动捕捉控制器使用起来非常简单，首先对一个物体在运动面板中指定Motion Clip SlavePos（位置运动捕捉）控制器，如图10-79所示，完成后单击OK按钮。

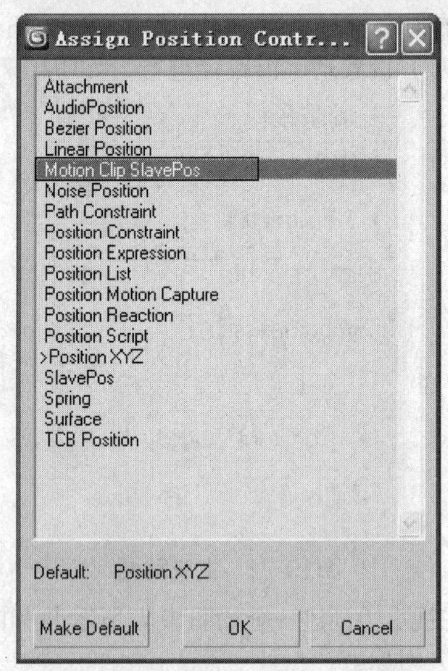

图10-79　指定位置运动捕捉控制器

弹出如图10-80所示的对话框，单击Add New Link（添加新链接）按钮，在弹出对话框中选定外接设备，完成后单击OK按钮。

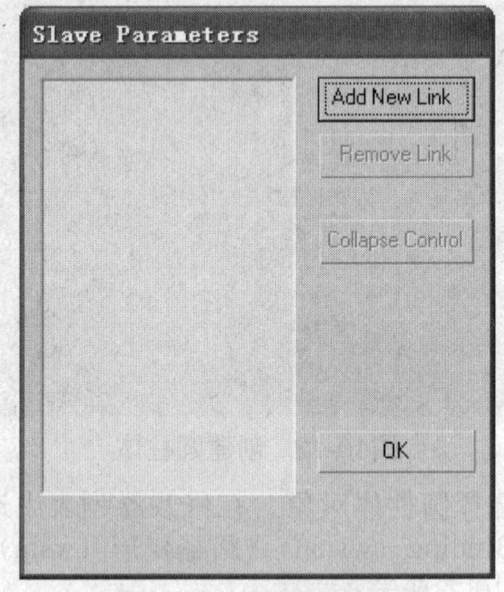

图10-80　添加新链接

切换至工具面板，单击Motion Capture（运动捕捉）按钮，在其参数卷展栏中单击Start（开始）按钮，进行捕捉记录。捕捉可以反复进行，最后的运动结果将在每一帧建立一个关键点。可以使用轨迹视图窗口中的Reduce Keys（减少关键点）工具对它们进行精简。

10.4 任务35 制作人跑步动画

对于生活中的人来说，跑步是再平常不过的事了，以至于常常被忽略，而在研究关于跑步动画的方式及机制时，就会发觉跑步也是一个很复杂的过程。本节将向读者介绍如何创建人体的跑步动画。

任务快速流程：

打开场景 → 创建骨骼 → 设置步长 → 播放动画

10.4.1 简单讲评

跑步是一个非常复杂的过程，不仅双腿会在地面上移动，手臂、头部、脊椎，以及臀部也会同步运动，以保持整体的协调性和稳定性。在3ds Max中使用系统默认骨骼即可制作出人体的各种运动。

10.4.2 核心知识

虽然人体的运动极为复杂，但是人体的所有运动都可以分为肌肉运动和骨骼运动两大类。在3ds Max中肌肉的运动可使用变形修改器来模拟，骨骼的运动则使用3ds Max的骨骼系统来模拟。可以先创建骨骼系统，然后使用蒙皮修改器将对象绑定到骨骼上，来控制骨骼系统的运动，就可以模拟人体的走、跑、跳等一些运动了。

1. 跑步中身体各部分的运动

在跑步时臀部是角色的重心所在，身体其他部分的运动在此达成平衡。当臀部以脊椎为中心做规则性转动时，为保持身体平衡，双臂不断地向反方向摆动，如图10-81所示。

图10-81 跑步时身体的平衡效果

当处于跑步转换位时，臀部离开中心位置，双臂的平衡也被打破，从前面可观察到臀部和双臂的角度，如图10-82所示。

图10-82 转换位时效果

2. 跑步周期

跑步是一种周期性循环运动。对三维设计者来说应该将跑步作为周期动作，而不是作为向前运动的动画来创建。这样设置就可以在跑步动画设置中节约很多时间。这种方法也可以用于在大量不同的环境中创建一系列动作。

但跑步周期也有两大缺点。第一是行走周期运动的重复性时间较长时会导致动作单调且枯燥。第二是跑步周期只适合在平台地带的直线运动。角色曲线或登山运动中就无法使用行走周期方式了。

10.4.3 实际操作

· 原始文件　第10章\任务35\任务35实际操作原始文件.max

· 最终文件　第10章\任务35\任务35实际操作最终文件.max

前面对角色跑步时身体的运动及周期做了介绍，本节将以实例的形式向读者介绍怎样制作角色跑步动画，具体步骤如下。

步骤❶ 打开光盘中提供的"第10章\任务35\任务35实际操作原始文件.max"场景文件，打开的场景文件效果如图10-83所示。

图10-83 场景文件效果

步骤❷ 在创建面板的Systems（系统）类别下单击Biped按钮，如图10-84所示。

图10-84 单击Biped按钮

步骤❸ 在左视图中拖动鼠标创建一个任务骨骼系统，效果如图10-85所示。

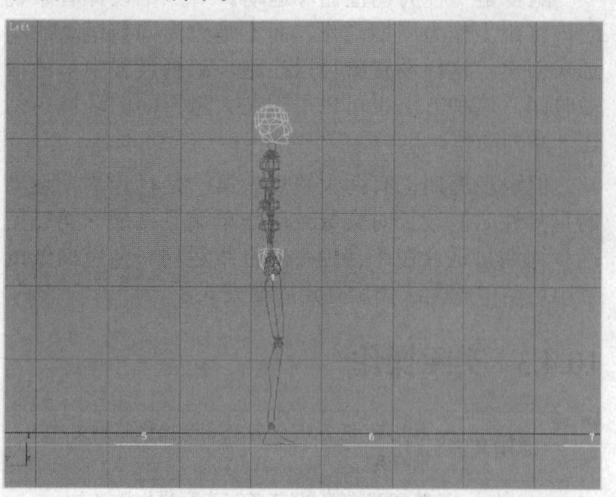

图10-85 创建骨骼系统

步骤❹ 在Motion（运动）面板下单击Footstep Mode（足迹模式）按钮，然后单击Run（跑动）按钮，如图10-86所示。

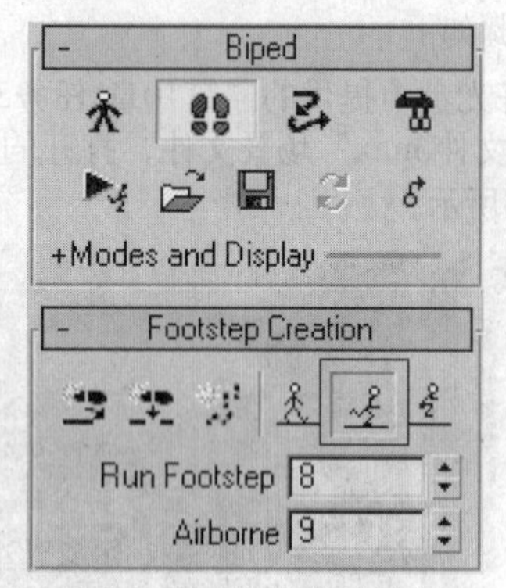

图10-86 单击跑动按钮

步骤❺ 在Footstep Creation（足迹创建）选项组中单击Create Multiple Footsteps（创建多个足迹）按钮，在Create Multiple Footsteps：Run（创建多个足迹：跑动）对话框中按照图10-87所示设置各参数，完成后单击OK按钮。

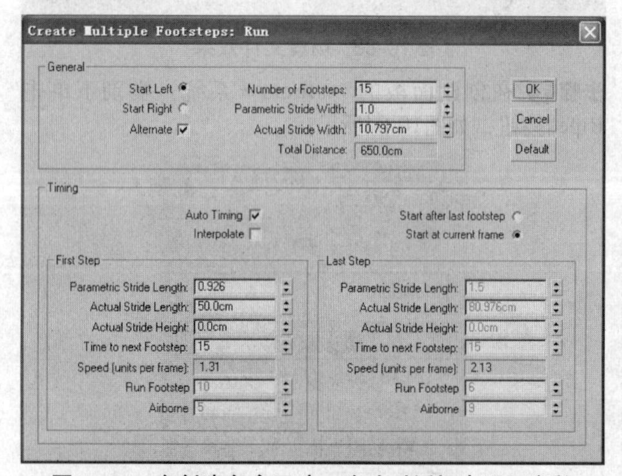

图10-87 在创建多个足迹：跑动对话框中设置参数

步骤❻ 在Footstep Operations（足迹操作）卷展栏中设置Bend（弯曲）为－33.5，然后单击Create Keys For Inactire Footsteps（为非活动足迹创建关键点）按钮，如图10-88所示。

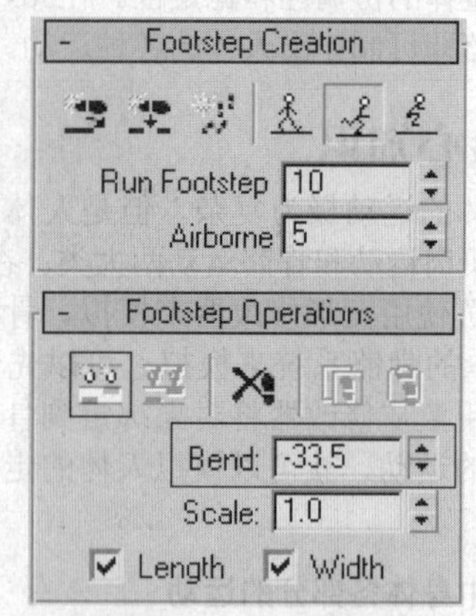

图10-88 设置弯曲度

步骤❼ 设置好的足迹效果如图10-89所示。

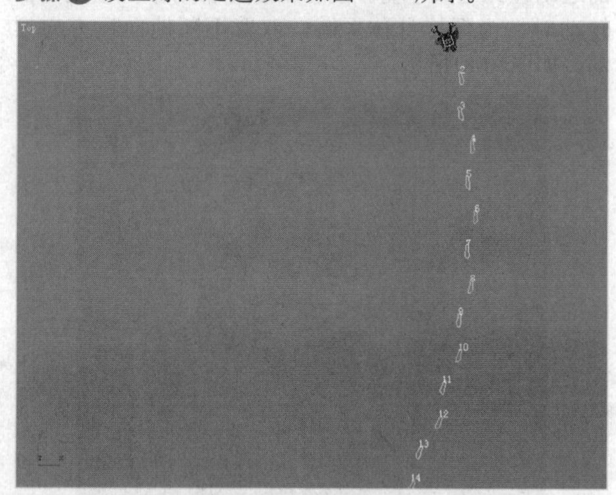

图10-89 足迹弯曲效果

步骤❽ 单击Play Animation（播放动画）按钮后即可在视口中观察小女孩的跑步动画。将时间滑块拖动到第100帧的位置，视图渲染效果如图10-90所示。

图10-90 渲染第100帧的效果

步骤❾ 将时间滑块拖动到第150帧的位置，视图渲染效果如图10-91所示。可观察到小女孩在跑步时动作很小，看起来像是在走路。在手动设置动作时将幅度设置大些，效果会好很多。

图10-91 渲染第150帧的效果

10.4.4 深度解析：创建IK动画的具体操作步骤

创建IK动画时要先创建关节结构模型，再将各关节物体彼此链接，并且确定各自的轴位置。然后确定轴的链接或限制方式。再对链接好关节结构的模型设置应用IK或交互式IK并进行计算。最后将造型链接或蒙皮到骨骼系统，使用IK控制器操纵骨骼系统，从而产生关节动画。效果如图10-92所示。

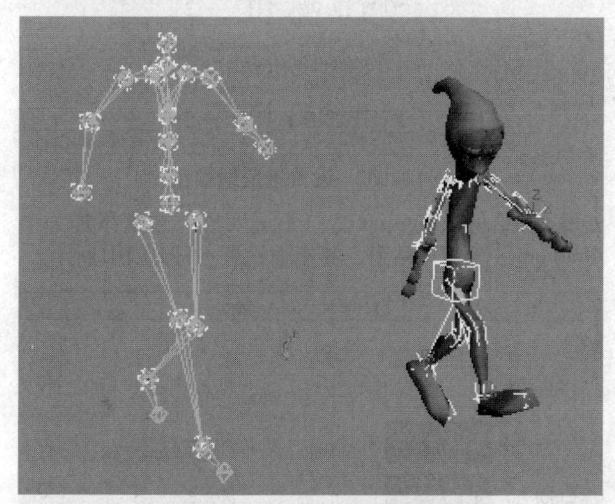

图10-92 创建好的IK骨骼

10.5 综合实训：制作片头包装动画

· 原始文件 第10章\综合实训\综合实训原始文件.max

· 最终文件 第10章\综合实训\综合实训最终文件.max

本章对3ds Max中的轨迹曲线、粒子，以及骨骼的使用进行了介绍，本节将介绍一个片头包装动画的制作，从而复习总结前面所学，其具体步骤如下。

步骤1 打开光盘中提供的“第10章\综合实训\综合实训原始文件.max”文件，如图10-93所示。该场景中有一个已经制作好的字母对象。

图10-93 场景文件

步骤2 在场景中创建一个Sphere（球体）对象，如图10-94所示。

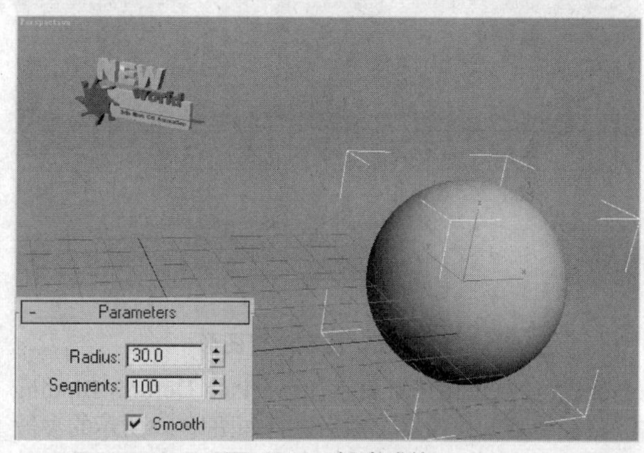

图10-94 创建球体

步骤3 然后使用Select and Oniform Scale（选择并均匀缩放）工具将球体压扁，效果如图10-95所示。

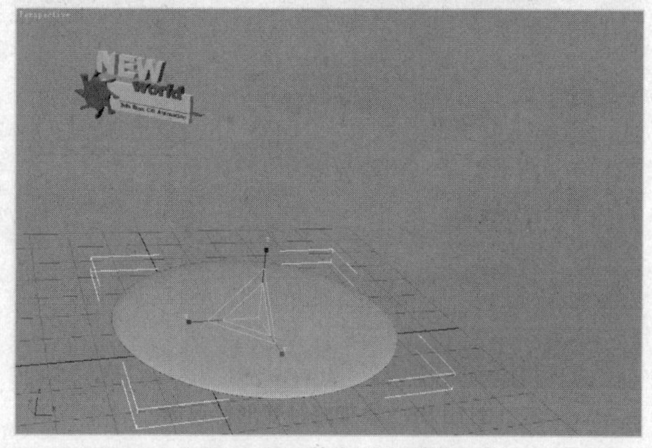

图10-95 均匀缩放球体

步骤4 给球体对象添加一个Noise（噪波）修改器，其参数设置及对象效果如图10-96所示，可看到对象产生凹凸效果。

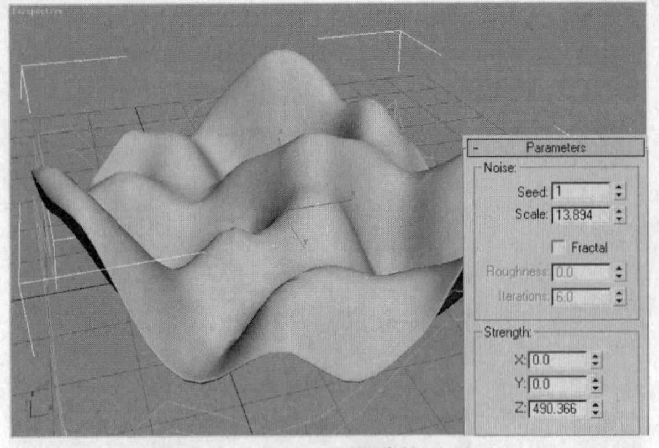

图10-96　添加噪波修改器

步骤❺ 在场景中绘制一个Helix（螺旋线）二维图形，如图10-97所示。

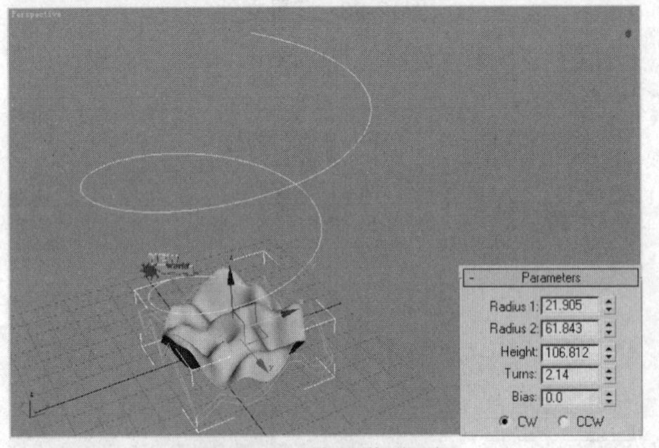

图10-97　绘制弹簧图形

步骤❻ 给二维图形对象添加一个Path Deform Binding（路径变形）修改器，然后进行如图10-98所示的参数设置，可以看到对象产生了较为强烈的变形效果，并将之前创建好的字母对象包围在了中间。

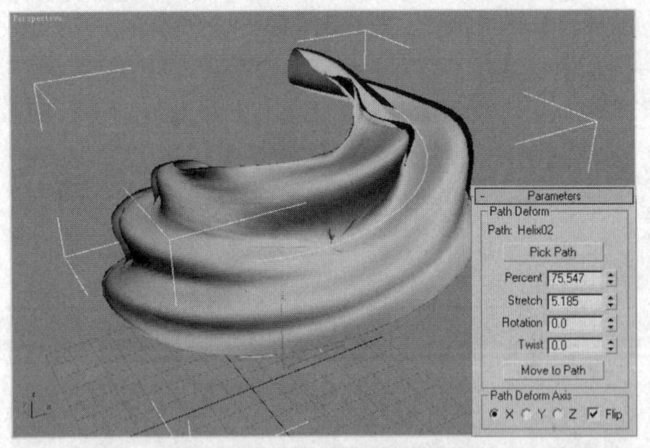

图10-98　添加路径变形修改器

步骤❼ 使用相同方法再制作两个异形对象，最后形成如图10-99所示的效果。

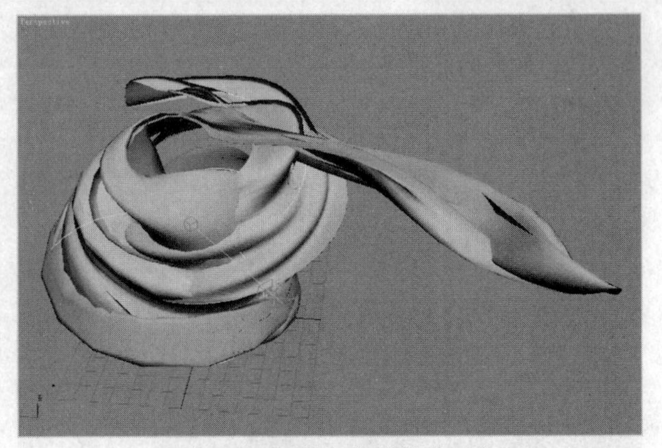

图10-99　继续制作类似的对象

步骤❽ 在材质编辑器中选择Blinn标准材质，并将材质的Diffuse（漫反射）颜色设置为淡红色，如图10-100所示。

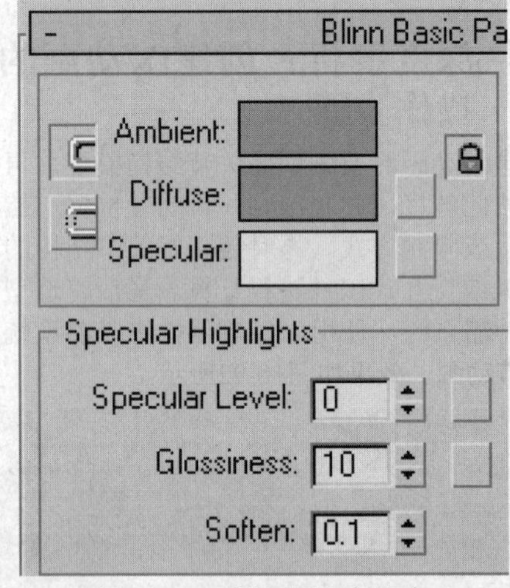

图10-100　设置漫反射颜色

步骤❾ 给材质的Opacity（不透明度）通道添加一个Gradient（渐变）贴图，其参数设置如图10-101所示。

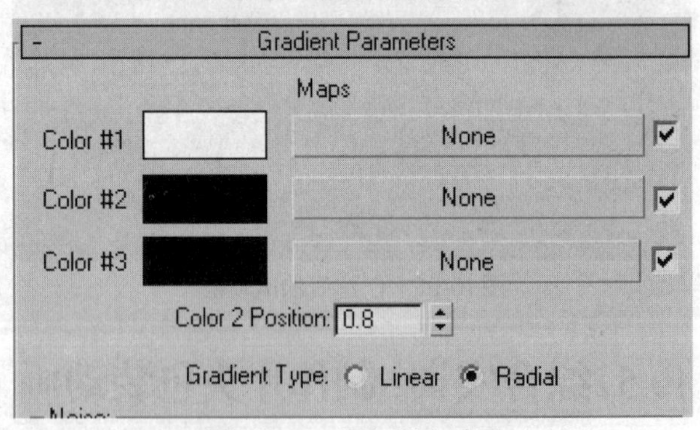

图10-101　添加渐变贴图

步骤❿ 将该材质指定给场景中的异形对象，这样可以观察到内部的字母对象效果如图10-102所示。

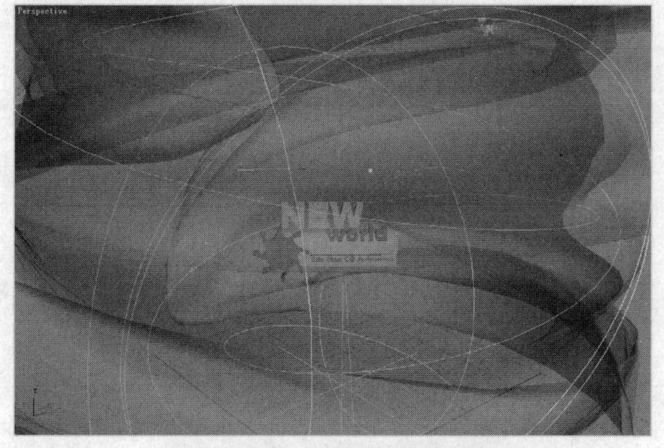

图10-102 给对象指定材质

步骤⑪ 在场景中创建一个平面对象作为背景，并将刚才制作的材质也指定给该对象，效果如图10-103所示。

图10-103 创建对象并赋予材质

步骤⑫ 在场景中创建一个Super Spray（超级喷射）粒子，如图10-104所示。

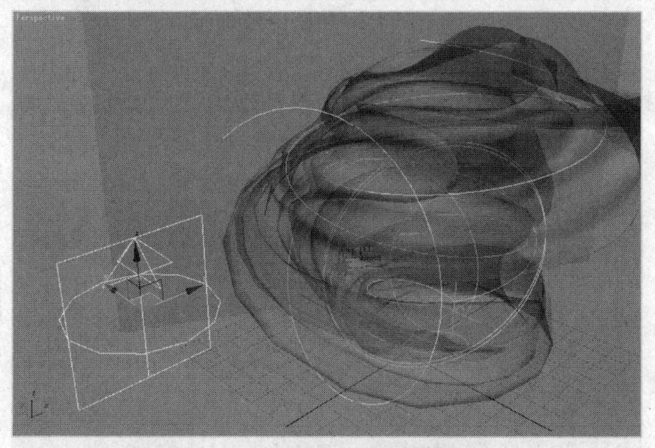
图10-104 创建超级喷射粒子

步骤⑬ 在超级喷射粒子的基本参数卷展栏中进行如图10-105所示的参数设置，使粒子在发射的方向上产生扩散的效果。

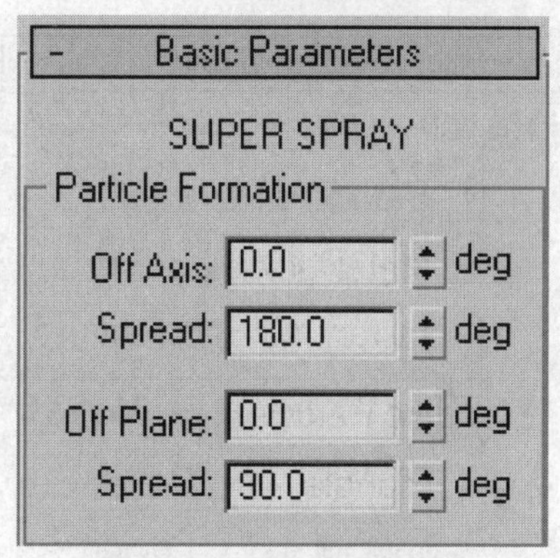

图10-105 设置基本参数

步骤⑭ 进入Particle Generation（粒子生成）卷展栏，进行如图10-106所示的参数设置。

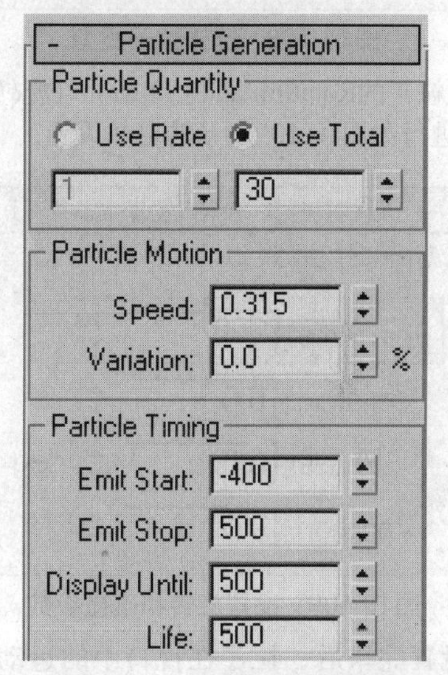

图10-106 设置粒子基本参数

步骤⑮ 在粒子生成卷展栏的Particle Size（粒子大小）选项组中进行如图10-107所示的设置。

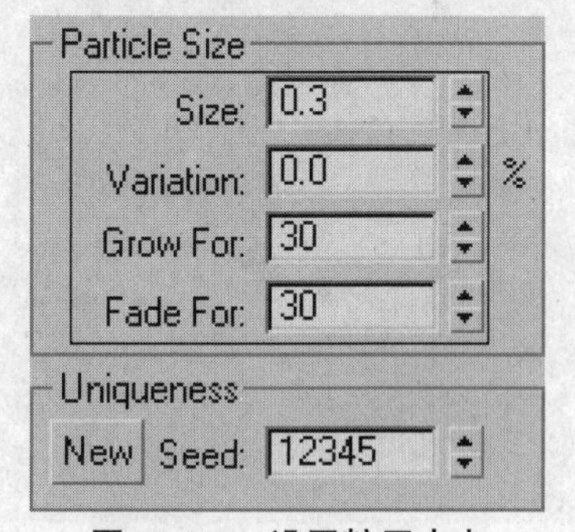

图10-107 设置粒子大小

步骤⑯ 进入Particle Type（粒子类型）卷展栏，选择粒子的类型为Cube（立方体），如图10-108所示。

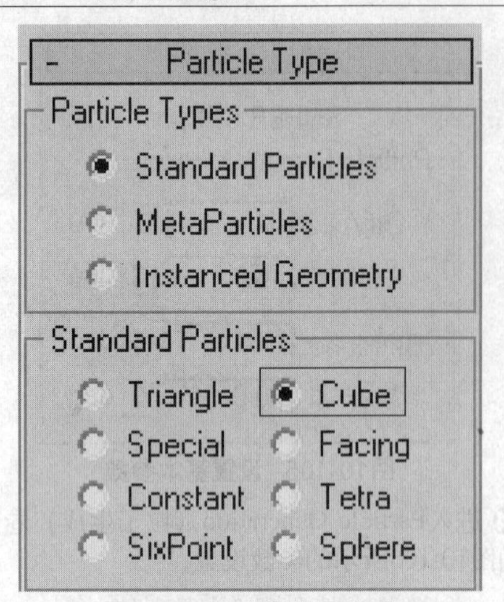

图10-108　选择粒子类型

步骤17 在粒子的Rotation and Collision（旋转和碰撞）卷展栏中进行如图10-109所示的参数设置。

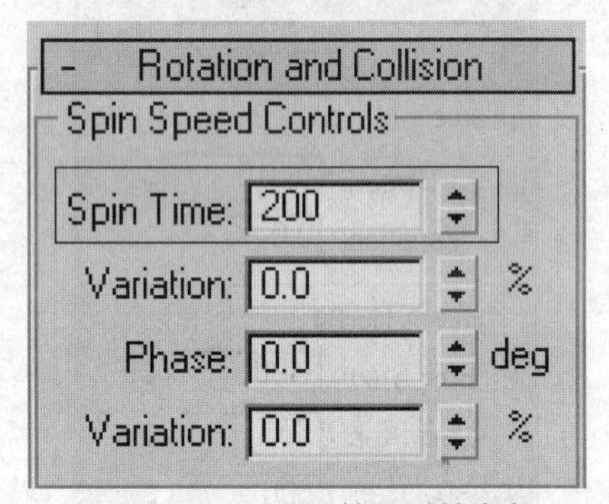

图10-109　设置旋转和碰撞参数

步骤18 设置完毕后，粒子在视口中的运动效果如图10-110所示。

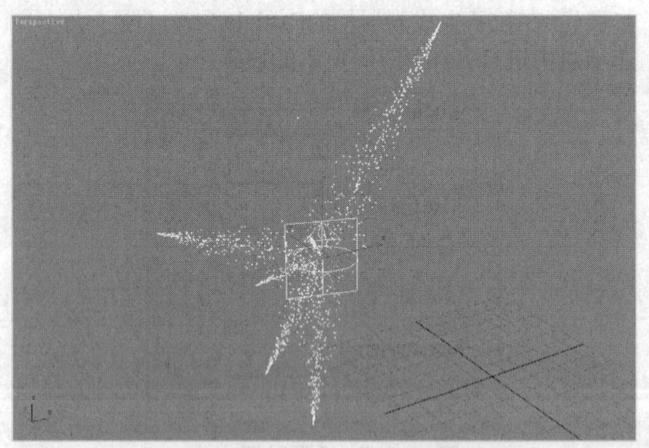

图10-110　粒子在视口中的效果

步骤19 将粒子移动到在摄影机视口中左侧的位置，然后利用一些文字和长条对象来为场景进行装饰，如图10-111所示为场景中的模型制作完成后的效果。

图10-111　完成场景的建立

步骤20 接下来进行场景动画的设置。选择中间的字母标志对象，在第1帧的时候将它移动到画面的外部，如图10-112所示。

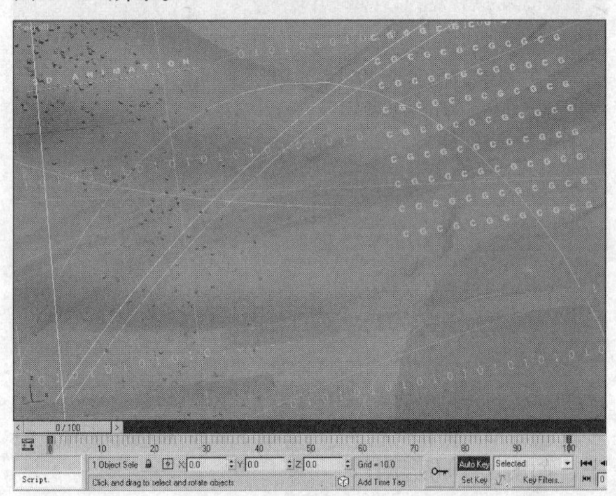

图10-112　开始设置动画

步骤21 在最后一帧的时候，将对象移动到视口的中间位置，如图10-113所示。这样就会形成标志对象从外部缓缓进入画面中央的动画效果。

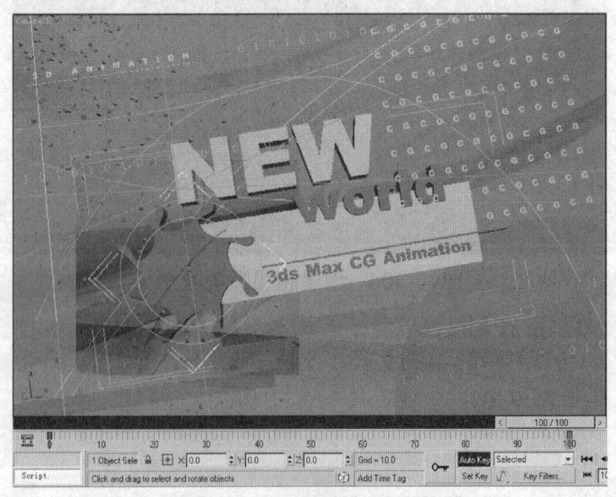

图10-113　设置最后一帧

步骤22 选择场景中使用了路径变形修改器的对象，对Percent（百分比）参数进行更改，如图10-114所示，这样可以制作出背景慢慢移动的效果。

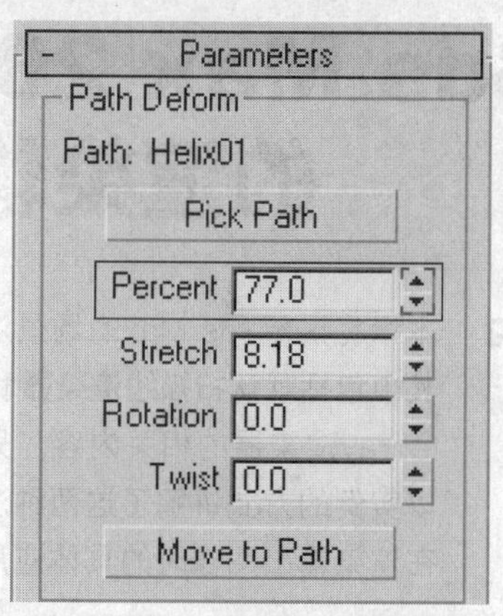

图10-114 设置百分比参数

步骤23 最后将场景渲染输出为动画格式。如图10-115所示为渲染的场景动画效果。

图10-115 动画渲染效果

10.6 教学总结

本章中对使用曲线编辑器调整动画、粒子动画和摄影机动画的制作进行了简单的介绍。读者应掌握这些内容，以达到独立制作动画效果的目的。

10.7 测试练习

1. 填空题

（1）设置关键点有______和______两种方式。

（2）Track View（轨迹视图）包括________和________两种模式。

（3）粒子系统有________、________、________、________、________、________和________7种类型。

2. 选择题

（1）下列选项中不属于Time Configuration（时间配置）对话框组成部分的是________。

A. Animation（动画）

B. Time Display（时间显示）

C. Auto Key（自动关键点）

D. Playback（播放）

（2）粒子类型中的________类型能在粒子视图中编辑粒子的年龄及形状。

A. Spray（喷射）

B. PF Source（粒子流源）

C. PClond（粒子阵列）

D. PArray（粒子云）

（3）在下列选项中只作用于粒子的空间扭曲类型是________。

A. Vortex（漩涡）

B. Displace（置换）

C. Path Follow（路径跟随）

D. Gravity（重力）

3. 判断题

（1）利用3ds Max 2009制作动画时，可以通过轨迹曲线的编辑形成流畅的动画。（　）

（2）空间扭曲是一类不能被渲染的对象，只能通过它们，使用独特的方式来影响其他对象的形状和运动。（　）

（3）跑步是一种周期性循环运动。（　）

4. 问答题

（1）Track View（轨迹视图）窗口中包括几个部分？简述各部分的作用。

（2）如何将空间扭曲绑定到对象上？

（3）简述在角色跑步过程中臂部的作用。

Chapter 11 3ds Max 2009的渲染输出

▶ **考点预览**

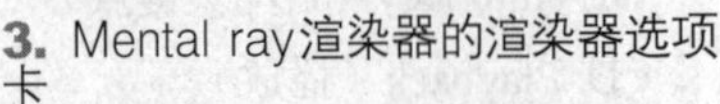
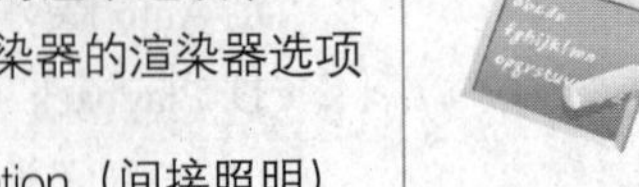

1. 扫描线渲染器的公用选项卡
2. 扫描线渲染器的渲染选项卡
3. Mental ray渲染器的渲染器选项卡
4. Indirect Illumination（间接照明）选项

▶ **课前预习** 本章将讲解3ds Max的场景渲染，其中包括默认扫描线渲染器和Mental ray渲染器的相关内容。另外还以实例的方式讲解了这两种渲染器在渲染输出图像时的具体应用。

11.1 任务36 使用默认扫描线渲染器渲染输出场景

在本节中将带领读者学习3ds Max 2009 Default Scanline Renderer（默认扫描线渲染器）的各选项卡，使读者对渲染输出场景有个基本的认识。

任务快速流程：

打开场景文件 ➔ 设置渲染参数 ➔ 渲染场景

11.1.1 简单讲评

默认扫描线渲染器是3ds Max 2009中的基础渲染器。本章即带领读者学习如何将制作好的动画或效果图渲染输出成图像。

11.1.2 核心知识

创建三维模型并为场景中的各对象编辑真实的材质，其最终目的就是要输出一个动画或静帧文件，这样才能把设计的动作、材质和灯光完美地表现出来。通过渲染可以达到这个目的，渲染就是将场景中灯光及对象的材质处理成图像形式。

默认扫描线渲染器中包括Common（公用）、Renderer（渲染器）、Raytracer（光线跟踪）、Advanced Lighting（高级照明），以及Render Elements这5个选项卡，下面对部分选项卡进行讲解。

1. Common（公用）选项卡

公用选项卡下包括Common Parameters（公用参数）、Email Notifications（电子邮件通知）、Scripts（脚本），以及Assign Renderer（指定渲染器）4个卷展栏，如图11-1所示。

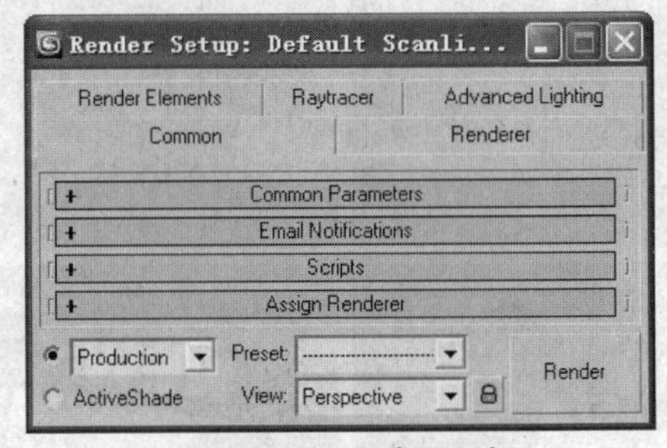

图11-1 公用选项面板

Common Parameters（公用参数）卷展栏用于控制渲染的基本参数，比如渲染的是静帧还是动态图像，渲染输出使用的解决方案等。其中包括4个选项组，如图11-2所示。

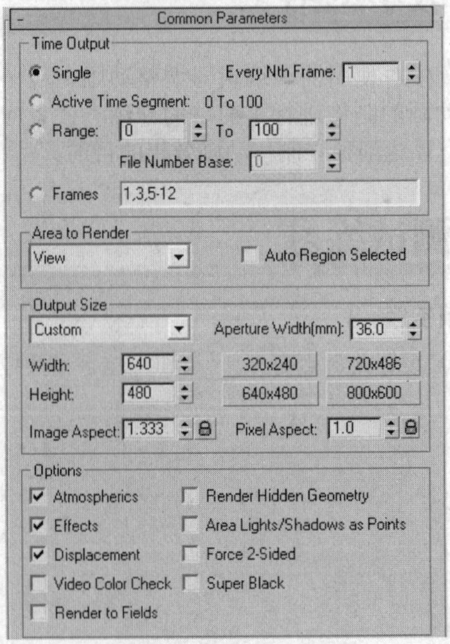

图11-2 公用参数卷展栏

Time Output（时间输出）选项组用于设置渲染输出单帧图像还是多帧动画。输出单帧图像时，保持默认设置即可。输出动画时单击Range（范围）单选按钮，如图11-3所示，还可以手动设置范围。

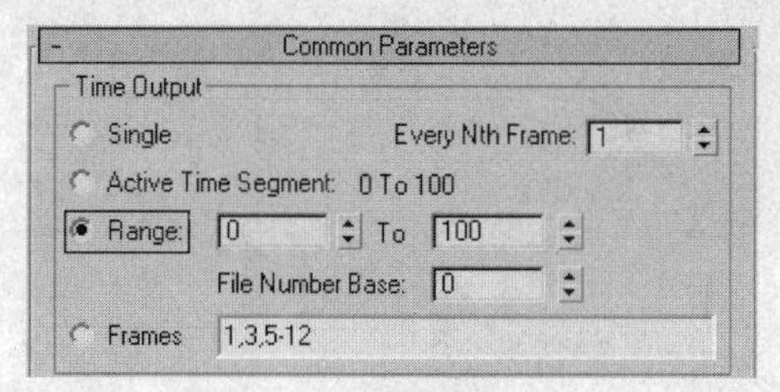

图11-3 输出时间选项组

Output Size（输出大小）选项组用于设置渲染输出图像的纵横比或像素纵横比的大小，当设置Width（宽）和Height（高）分别为640和320时，效果如图11-4所示。

图11-4 设置输出大小后的效果

如果设置Width（宽）和Height（高）分别为320和640，则效果如图11-5所示。

图11-5 更改输出大小后的效果

Options（选项）选项组用于设置渲染输出的图像是否渲染出场景中的Atmospherics（大气）、Effects（效果）及Displacement（置换）等功能。如图11-6所示为勾选大气复选框时的渲染效果。

图11-6 大气渲染效果

Assign Renderer（指定渲染器）卷展栏用于设定材质编辑器，一般不需要手动设置，但要与渲染器同步，如图11-7所示。

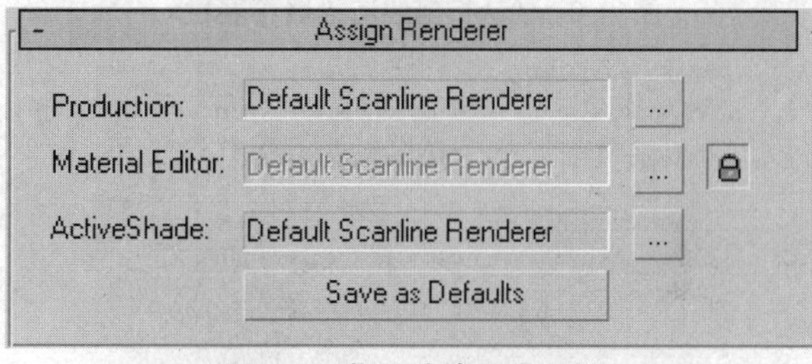

图11-7 指定渲染器卷展栏

单击Poduction（产品级）后面的按钮，在弹出的如图11-8所示的Choose Renderer（选择渲染器）对话框中选择相应的渲染器并单击OK按钮，即可完成渲染器的指定。

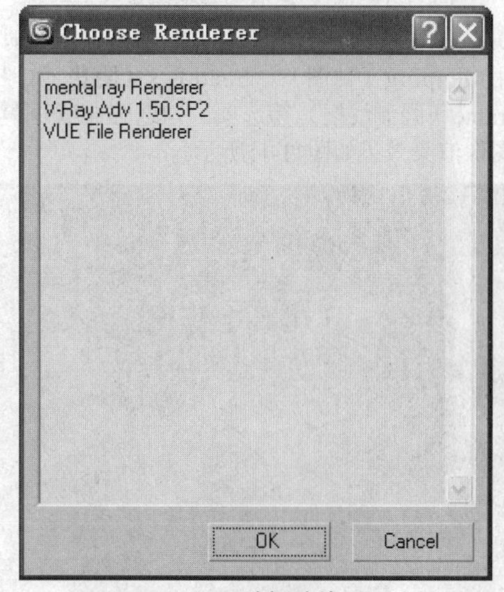

图11-8 选择渲染器

2. Renderer（渲染器）选项卡

在Render Setup（渲染场景）对话框中单击Renderer（渲染器）标签，切换到Renderer（渲染器）选项卡，其中仅包含Default Scanline Renderer（默认扫描线渲染器）卷展栏，如图11-9和图11-10所示。

Options:
Mapping　Auto-Reflect/Refract and Mirrors
Shadows　Force Wireframe
Enable SSE　Wire Thickness: 1.0
Antialiasing:
Antialiasing　Filter: Area
Filter Maps　Filter Size: 1.5
Computes Antialiasing using a variable size area filter.
Global SuperSampling
Disable all Samplers
Enable Global Supersampler　Supersample Maps
Max 2.5 Star
5 samples, star pattern

图11-9　默认扫描线渲染器卷展栏1

Object Motion Blur:
Apply　Duration (frames): 0.5
Samples: 10　Duration Subdivisions: 10
Image Motion Blur:
Apply　Duration (frames): 0.5
Transparency　Apply to Environment Map
Auto Reflect/Refract Maps　Rendering Iterations: 1
Color Range Limiting　Clamp　Scale
Memory Management
Conserve Memory

图11-10　默认扫描线渲染器卷展栏2

Options（选项）选项组用于控制设置渲染时，是否启用Mapping（贴图）、Shadows（阴影）、Force Wireframe（强制线框）等选项。勾选强制线框复选框后，图像渲染效果如图11-11所示。

图11-11　渲染线框效果

勾选Force Wireframe（强制线框）复选框后，再设置Wire Thickness（线框厚度）为5，视图渲染效果如图11-12所示。

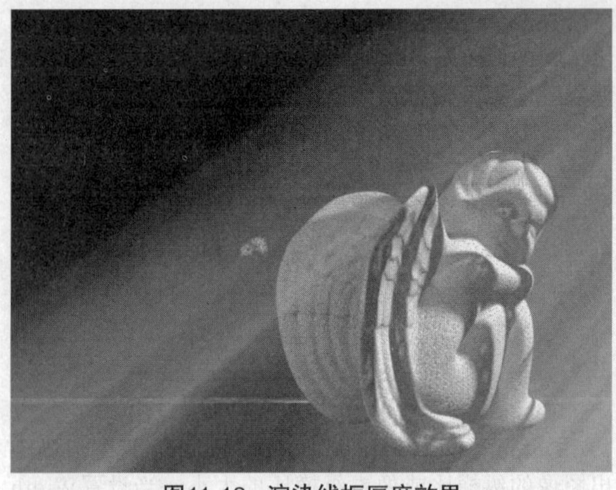

图11-12　渲染线框厚度效果

Antialiasing（抗锯齿）选项用于设置在渲染输出时，是否启用抗锯齿过滤器，勾选该复选框后，可任意设置抗锯齿过滤器的大小和类型。如取消勾选该复选框，渲染效果如图11-13所示。

图11-13　取消勾选抗锯齿复选框的渲染效果

11.1.3　实际操作

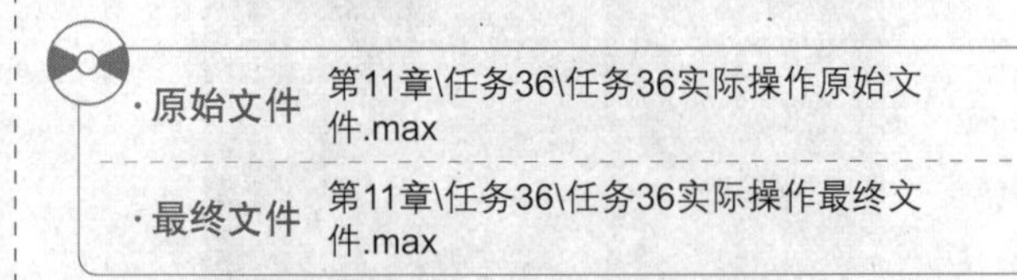
·原始文件　第11章\任务36\任务36实际操作原始文件.max
·最终文件　第11章\任务36\任务36实际操作最终文件.max

在前面对Render Setup（渲染场景）对话框中的Common（公用）选项卡和Renderer（渲染器）选项卡中的选项参数进行了讲解，在本节中将以实例的方式向读者进一步讲解如何设置Render Setup（渲染场景）对话框中的各选项参数，渲染出场景中的图像效果，具体步骤如下。

步骤❶ 打开光盘中提供的“第11章\任务36\任务36实际操作原始文件.max”文件，渲染场景，效果如图11-14所示。

图11-14 源文件的默认渲染效果

步骤❷ 单击工具栏中的Render Setup（渲染场景对话框）按钮打开渲染场景对话框，切换到渲染器选项卡下，在Options（选项）选项组中勾选Mapping（贴图）复选框，如图11-15所示。

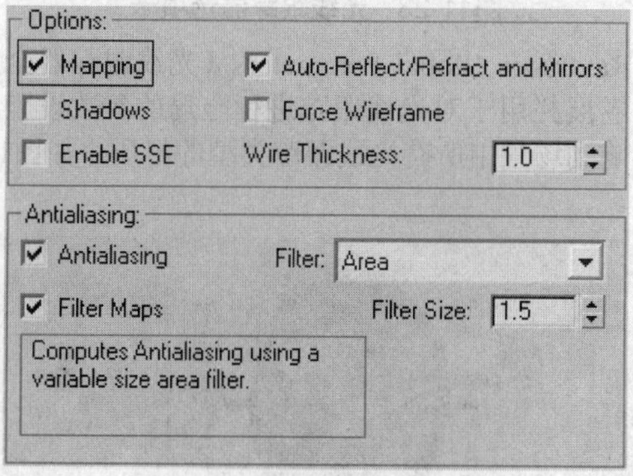

Options:
☑ Mapping ☑ Auto-Reflect/Refract and Mirrors
☐ Shadows ☐ Force Wireframe
☐ Enable SSE Wire Thickness: 1.0
Antialiasing:
☑ Antialiasing Filter: Area
☑ Filter Maps Filter Size: 1.5
Computes Antialiasing using a variable size area filter.

图11-15 勾选贴图复选框

步骤❸ 视图渲染效果如图11-16所示，此时场景中显示出了贴图效果。注意地毯对象以及地面和楼梯的纹理。

图11-16 渲染出贴图效果

步骤❹ 再在Options（选项）选项组中勾选Shadows（阴影）复选框，如图11-17所示。

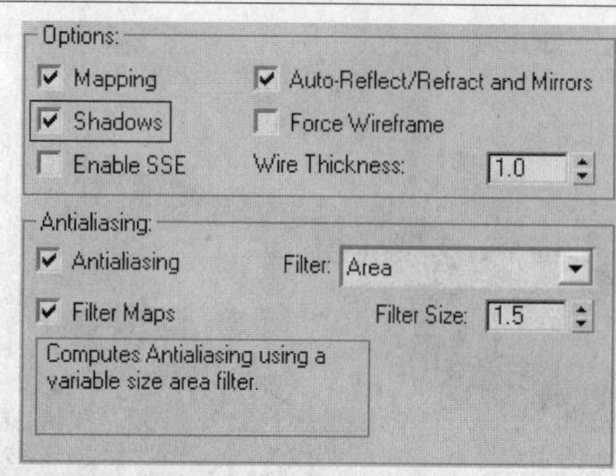

图11-17 勾选阴影复选框

步骤❺ 视图渲染效果如图11-18所示，此时场景中产生了阴影效果。

图11-18 渲染出阴影效果

步骤❻ 在Antialiasing（抗锯齿）选项组中取消勾选Antialiasing（抗锯齿）复选框后，视图渲染效果如图11-19所示，可以发现此时出现了很多锯齿。

图11-19 取消勾选抗锯齿复选框的效果

步骤❼ 勾选Antialiasing（抗锯齿）复选框，并设置Filter Size（过滤器大小）为8，渲染效果如图11-20所示。由于过滤面积太大，对象出现了模糊效果。

图11-20　渲染出模糊效果

步骤8 设置Filter Size（过滤器大小）为3，渲染效果如图11-21所示。可观察到对象虽然产生了模糊效果，但不是很明显。

图11-21　过滤器大小为3时的渲染效果

步骤9 设置抗锯齿的Filter（过滤器）为Catmull-Rom（只读存储）类型，渲染效果如图11-22所示。该抗锯齿过滤类型具有强化边缘的效果。

图11-22　强化边缘效果

11.1.4　深度解析：光线跟踪器选项卡

在Render Scene（渲染场景）对话框中单击Raytracer（光线跟踪器）标签，即切换到Raytracer（光线跟踪器）选项卡下，其中仅包含Raytracer Global Parameters（光线跟踪器全局参数）卷展栏，如图11-23所示。

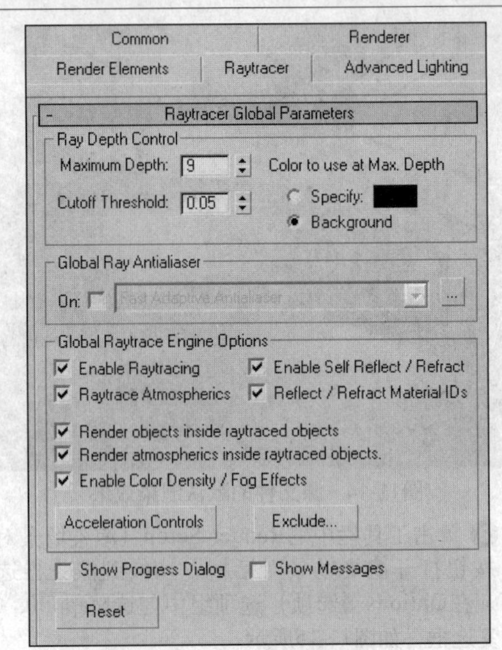

图11-23　光线跟踪器选项卡

Raytracer Global Parameters（光线跟踪器全局参数）卷展栏用于对光线跟踪进行全局的参数设置，这会影响到场景中所有光线跟踪类型的材质，如图11-24所示。

图11-24　光线跟踪类型材质

卷展栏中各选项组的作用如下。

- Ray Depth Control（光线深度控制）选项组：用于设置光线跟踪的Maximum Depth（最大深度）、Cutoff Threshold（中止阈值），以及Color to use at Max Depth（最大深度时使用的颜色）参数。
- Global Ray Antialiaser（全局光线抗锯齿器）选项组：用于设置是否启用全局光线抗锯齿器，若勾选On（启用）复选框，则可防止渲染时对象边缘产生锯齿效果，但会消耗很长时间。
- Global Raytrace Engine Options（全局光线跟踪引擎选项）选项组：用于设置是否启用光线跟踪和光线跟踪大气等，还能实现加速控制。

11.2 任务37 使用Mental ray渲染器渲染输出场景

本节将带领读者学习如何使用Mental ray渲染器输出图像，并在学习使用Mental ray渲染器输出图像前，先了解该渲染器的各选项卡。

任务快速流程：

打开Material Editor（材质编辑器）➔ 设置渲染器 ➔ 设置参数 ➔ 渲染场景

11.2.1 简单讲评

在前一节内容中学习了如何使用3ds Max的Default Scanline Renderer（默认扫描线渲染器），在本节中将带领读者学习如何使用Mental ray渲染器。该渲染器与3ds Max默认的扫描线渲染器不同，它不需要应用光能传递来模拟复杂的灯光效果。

11.2.2 核心知识

Mental ray渲染器是一个专业的3D渲染引擎，使用自带的光照方式，可以模拟出非常真实的光照效果。其焦散渲染投射到对象上产生折射、反射效果，从而获得高质量的渲染质感。

Mental ray渲染器一般情况下不支持作为第三方插件的材质或贴图，它不能识别的材质或贴图在渲染时呈黑色显示。

Mental ray渲染器的主要参数集中在Render Setup（渲染场景）对话框中，除此之外还有一些参数，在这里我们只介绍其主要参数。当使用Mental ray渲染器时，渲染场景对话框中包含5个选项卡，如图11-25所示。

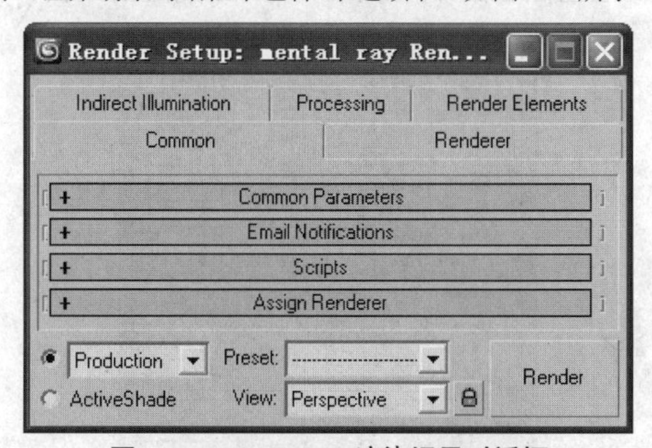

图11-25 Mental ray渲染场景对话框

Mental ray渲染器的Common（公用）和Render Elements选项卡中的参数与默认线扫描渲染器的对应参数一致，因此这里只对一些特有的参数进行讲解。

1. Renderer（渲染器）选项卡

Renderer（渲染器）选项卡下包括Sampling Quality（采样质量）、Rendering Algorithms（渲染算法）、Camera Effects（摄影机效果），以及Shadows & Displacement（阴影与置换）4个参数卷展栏，如图11-26所示。

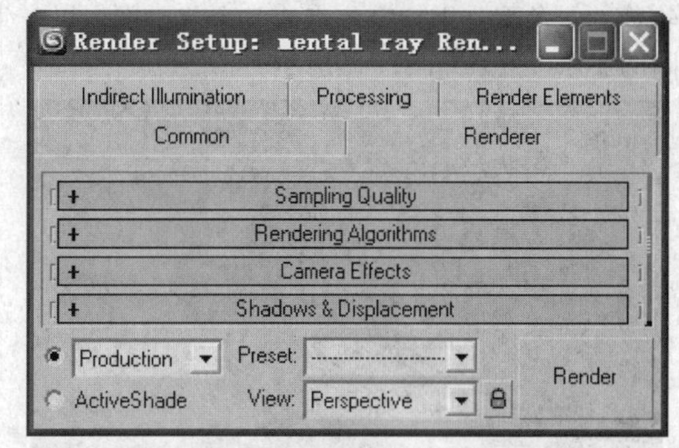

图11-26 渲染器选项卡

① Camera Effects（摄影机效果）卷展栏

Camera Effects（摄影机效果）卷展栏中包括Motion Blur（运动模糊）、Contours（轮廓）、Camera Shaders（摄影机明暗器）和Depth of Field（Perspective Views Only）（景深（仅透视视口））4个选项组，如图11-27所示。

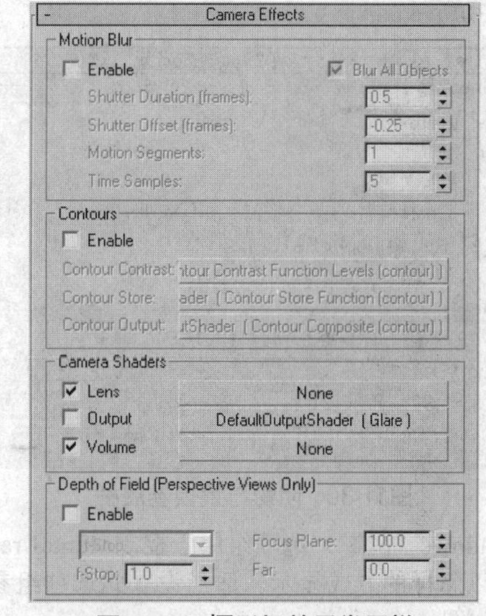

图11-27 摄影机效果卷展栏

Mental ray渲染器使用Motion Blur（运动模糊）功能来模拟照相机在拍摄正在运动中的物体时，按下快门的那一瞬间产生的模糊效果，如图11-28所示。

图11-28 运动模糊效果

Depth of Field（Perspective Views Only）（景深（仅透视视口））选项组用于控制使用照相机使被拍摄物体的景象聚焦于一个焦点或一个焦平面，以产生清晰的影像，效果如图11-29所示。

图11-29 景深效果

② Shadows & Displacement（阴影与置换）

Shadows & Displacement（阴影与置换）卷展栏用于控制Mental ray渲染时的阴影和位移，此参数卷展栏如图11-30所示。

Shadows & Displacement
Shadows
Enable　Mode: Simple
Shadow Maps
Enable　Motion Blur
Rebuild (Do Not Re-Use Cache)
Use File
Displacement (Global Settings)
View　Smoothing
Edge Length: 2.0 pixels
Max. Displace: 20.0　Max. Subdiv.: 16K

图11-30 阴影与置换卷展栏

Shadows（阴影）选项组用于控制Mental ray渲染时阴影以怎样的方式显示。适当设置此选项组参数后的效果如图11-31所示。

图11-31 阴影效果

Displacement（Global Settings）（位移（全局设置））选项组用于控制图像以何种方式进行位移。适当设置此选项组参数后的效果如图11-32所示。

图11-32 位移效果

2. Indirect Illumination（间接照明）选项卡

Indirect Illumination（间接照明）选项卡下包括Final Gather（最终聚集）卷展栏和Caustics and Global Illumination [GI]（焦散和全局照明[GI]）卷展栏，如图11-33所示。

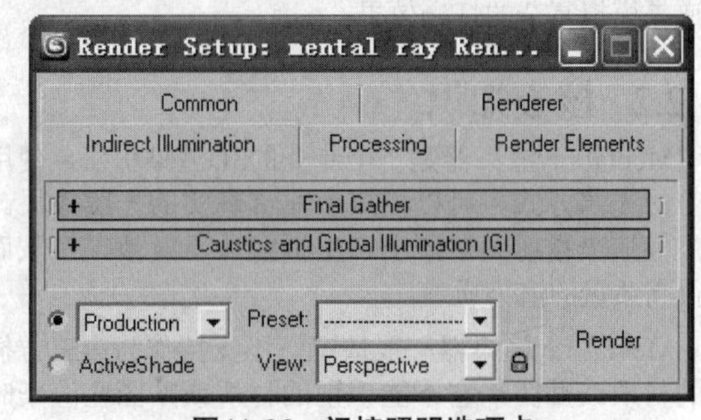

图11-33 间接照明选项卡

① Final Gather（最终聚集）卷展栏

Final Gather（最终聚集）卷展栏如图11-34所示。在默认情况下为关闭状态，如果不使用最终聚集，全局照明会显得不谐和，但是最终聚集会增加渲染时间。

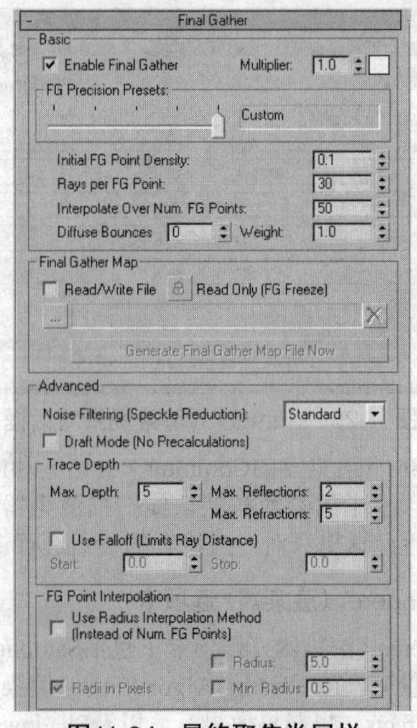

图11-34 最终聚集卷展栏

此卷展栏中主要选项组的作用如下。

- Basic（基本）选项组：用于控制是否开启Mental ray使用最终聚集加强GI效果的功能，还可以控制间接光照的强度和颜色。
- Final Gather Map（最终聚集贴图）选项组：用于控制Mental ray计算间接照明的最终聚集贴图。贴图使用FGM文件格式。
- Trace Depth（跟踪深度）选项组：组中的参数与用于计算反射和折射的参数类似，不同之处在于跟踪深度是指由最终聚集使用的光线，而不是在漫反射和折射中使用的光线。

② Caustics and Global Illumination[GI]（焦散和全局照明[GI]）卷展栏

在Caustics and Global Illumination[GI]（焦散和全局照明[GI]）卷展栏中可以为渲染设置焦散以及全局照明，如图11-35所示。

图11-35 焦散和全局照明卷展栏的部分选项

此卷展栏中包括Caustics（焦散）、Global Illumination[GI]（全局照明[GI]）、Volumes（体积）、Photon Map（光子贴图）、Trace Depth（跟踪深度）、Light Properties（灯光属性），以及Geometry Properties（几何体属性）7个选项组。

Caustics（焦散）选项组用于控制Mental ray渲染出的焦散效果的形状及模糊效果，如图11-36所示。

图11-36 焦散效果

Global Illumination[GI]（全局照明[GI]）选项组用于控制场景中的对象是否生成并接收全局照明。生成和接收GI的设置位于Object Properties（对象属性）对话框的mental ray选项卡中，如图11-37所示。

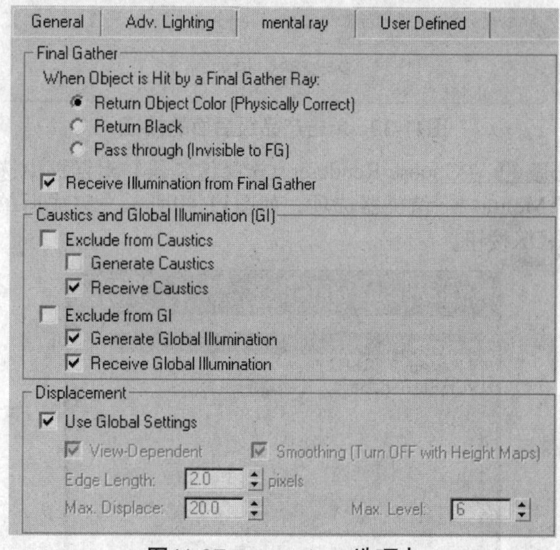

图11-37 mental ray选项卡

11.2.3 实际操作

前面对Mental ray渲染器的参数进行了介绍，本节将以实例的方式向读者讲解如何使用Mental ray渲染器将场景渲染出图像的效果。

步骤❶ 打开光盘中提供的“第11章\任务37\任务37实际操作原始文件.max”文件，效果如图11-38所示。

图11-38 场景文件

步骤❷ 按下F10键打开渲染场景对话框，在Common（公用）选项卡的Assign Renderer（指定渲染器）卷展栏下单击Poduction（产品级）后面的■按钮，如图11-39所示。

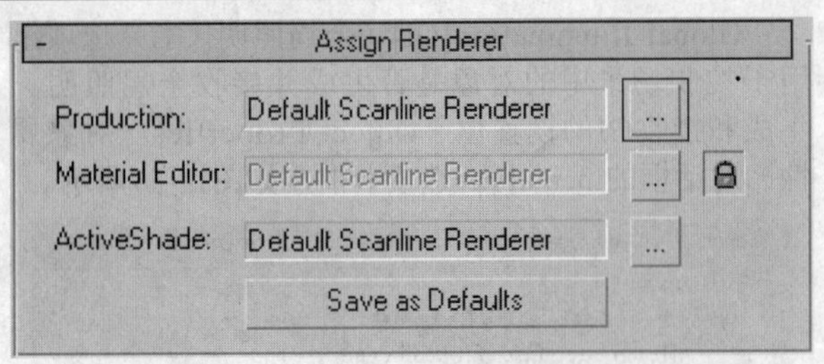

图11-39　单击产品级后面的按钮

步骤❸ 在Choose Renderer（选择渲染器）对话框中选择Mental ray渲染器选项，如图11-40所示，完成后单击OK按钮。

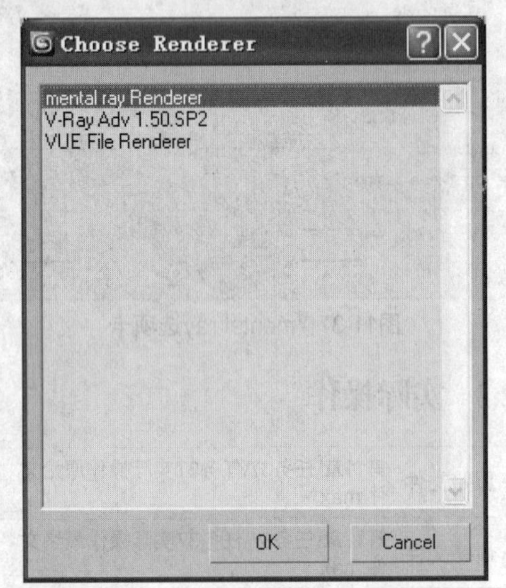

图11-40　选择Mental ray渲染器选项

步骤❹ 按下F9键，快速渲染视图，效果如图11-41所示。可观察到渲染出的对象显得更光滑。

图11-41　视图渲染效果

步骤❺ 选择摄影机对象，在修改面板的Multi-Pass Effect（多过程效果）选项组中勾选Enable（启用）复选框，并选择Depth of Field（Mental ray）（景深效果（Mental ray），如图11-42所示。

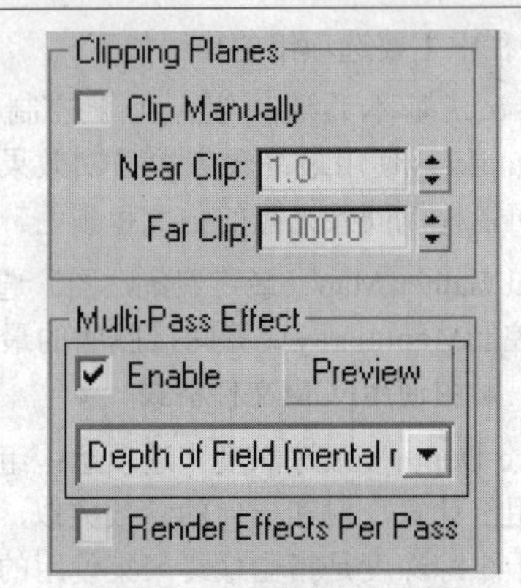

图11-42　勾选启用复选框

步骤❻ 按下F9键，快速渲染视图，效果如图11-43所示。

图11-43　渲染景深效果

步骤❼ 设置f-Stop（f制光圈）为3，按下F9键，快速渲染视图，效果如图11-44所示。

图11-44　f值光圈为3渲染效果

步骤❽ 在渲染场景窗口中，在Renderer（渲染器）选项卡的Depth of Field（Perspective Views Only）（景深（仅透视视口））选项组中勾选Enable（启用）复选框，如图11-45所示。

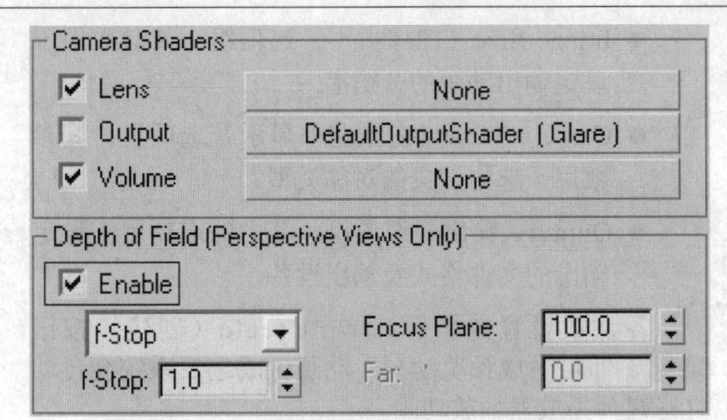

图11-45 勾选景深（仅透视视图）的启用复选框

步骤⑨ 按下F9键，快速渲染视图，其效果如图11-46所示。

图11-46 渲染景深效果

步骤⑩ 在Depth of Field（Perspective Views Only）（景深（仅透视视口））选项组中设置f-Stop（f制光圈）为0.3，渲染效果如图11-47所示。

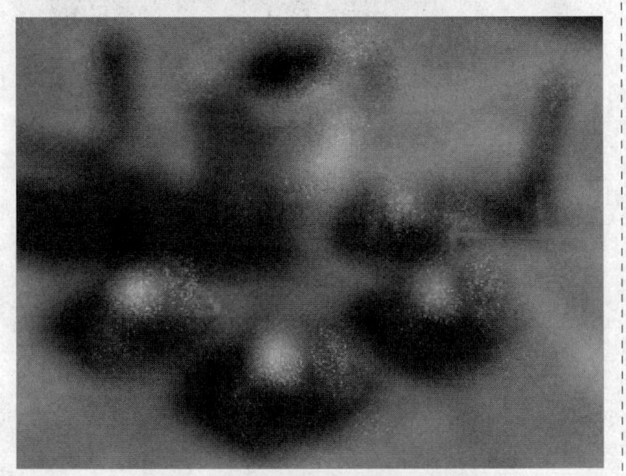

图11-47 f制光圈值为0.3的渲染效果

步骤⑪ 在Depth of Field（Perspective Views Only）（景深（仅透视视口））选项组中设置f-Stop（f制光圈）为2.5，渲染效果如图11-48所示。

图11-48 f制光圈值为2.5渲染效果

步骤⑫ 在摄影机对象修改面板的多过程效果选项组中设置Target Distance（目标距离）和渲染场景窗口中景深（仅透视视口）选项组下的Focus Plane（焦平面）参数均为18，如图11-49所示。

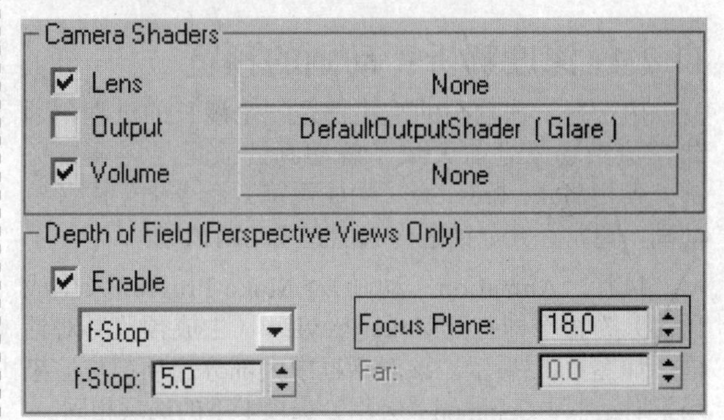

图11-49 设置焦平面和目标距离值都为18

步骤⑬ 按下F9键，渲染视图，效果如图11-50所示。

图11-50 渲染效果

步骤⑭ 在Sampling Quality（采样质量）卷展栏的Samples Per Pixel（每像素采样数）选项组中设置Minimum（最小值）和Maximum（最大值）分别为1和4，如图11-51所示。

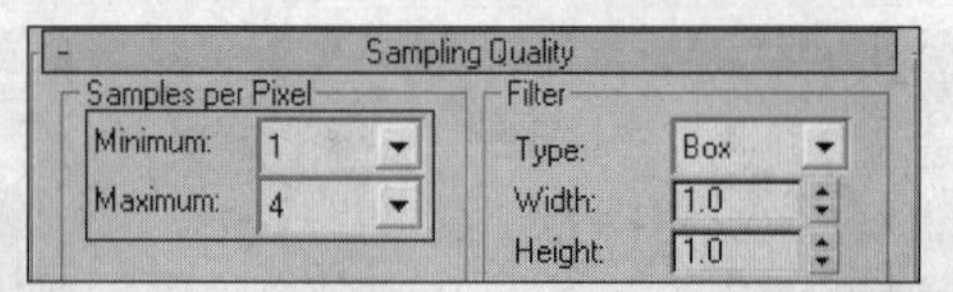

图11-51　设置每像素采样数的最大值和最小值

步骤⑮ 按下F9键，渲染效果如图11-52所示。

图11-52　最终渲染效果

11.2.4　深度解析：动画的预览

由于每一次动画的渲染都是一个漫长的过程，因此在渲染场景之前大致了解动画的质量显得非常关键。使用Make Preview（生成预览）命令来生成预览动画，通常在几分钟之内就能完成动画预览。

执行“Anmation（动画）>Make Preview（生成预览）”命令即打开Make Preview（生成预览）对话框，如图11-53所示。该对话框中大部分选项都与渲染场景对话框中Common（公用）选项卡下的选项相同。

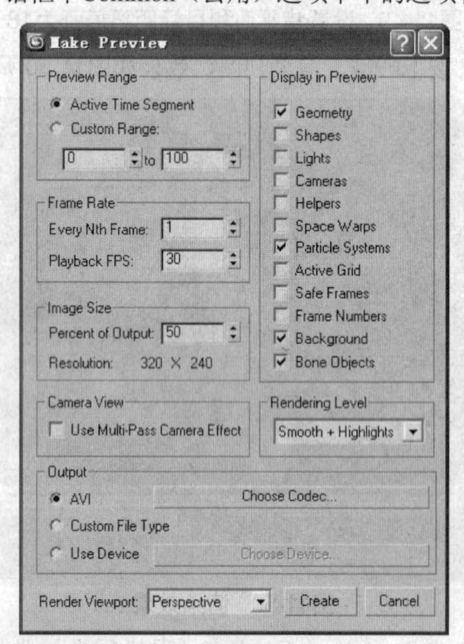

图11-53　生成预览对话框

此对话框中各选项组的作用如下。

- Preview Range（预览范围）选项组：其参数用于选择预览的时间范围。
- Frame Rate（帧速率）选项组：其参数用于设定播放速度，单位是FPS。
- Image Size（图像大小）选项组：其参数用于设定输出动画的分辨率。
- Camera View（在预览中显示）选项组：其参数用于选定渲染的对象类型。
- Output（输出）选项组：其中的选项用于设定输出的文件格式及输出设备。

各参数设置完毕后，单击Create（创建）按钮 Create ，即可生成预览动画，动画生成之后系统会自动打开媒体播放器播放动画。

11.3　综合实训：表现室内场景

·原始文件　第11章\综合实训\综合实训原始文件.max

·最终文件　第11章\综合实训\综合实训最终文件.max

本节将通过实例讲解如何使用Mental ray渲染器来表现室内场景效果来复习总结前面所学的知识，具体步骤如下。

步骤① 打开光盘中提供的“第11章\综合实训\综合实训原始文件.max”文件，如图11-54所示，该场景是一个已经设置好灯光材质的室内场景。

图11-54　源文件

步骤② 按下F10键打开渲染场景窗口，通过单击指定渲染器卷展栏中产品级后的按钮，在Choose Renderer（选择渲染器）对话框中选择Mental ray渲染器，如图11-55所示，完成后单击OK按钮。

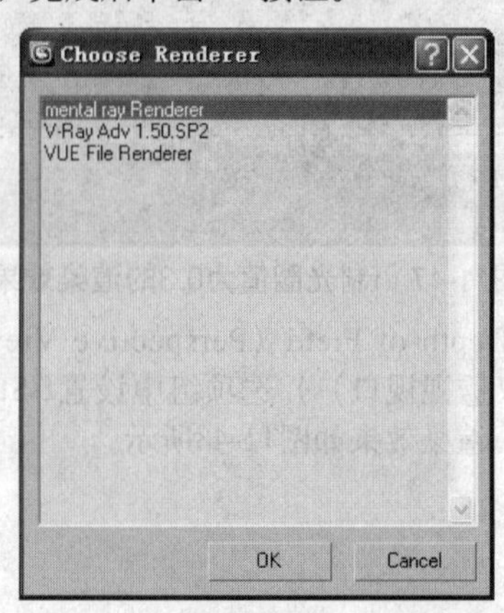

图11-55　选择Mental ray渲染器

步骤❸ 保持默认的参数进行渲染，效果如图11-56所示。可以看到场景的整体效果比较暗。

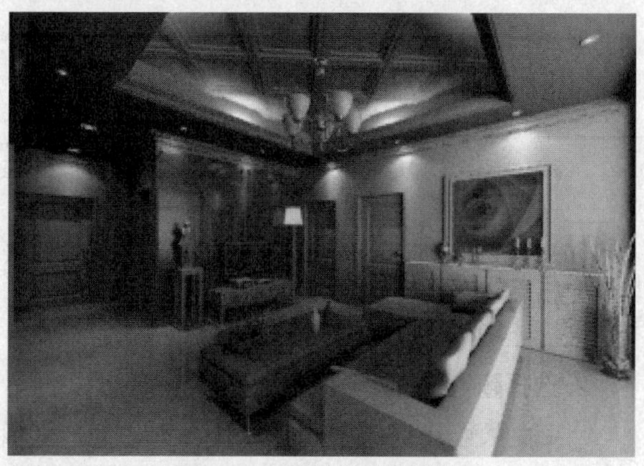

图11-56 默认的渲染效果

步骤❹ 切换至间接照明选项卡，在焦散和全局照明[GI]卷展栏中，在全局照明选项组中勾选Enable（启用）复选框，如图11-57所示。

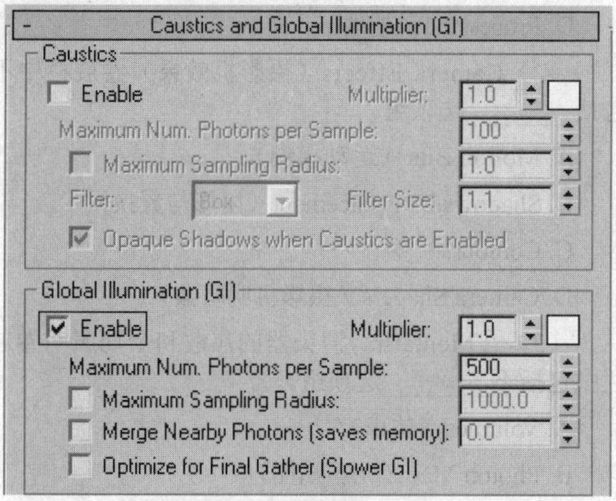

Caustics and Global Illumination (GI)
Caustics
Enable
Multiplier: 1.0
Maximum Num. Photons per Sample: 100
Maximum Sampling Radius: 1.0
Filter: Box
Filter Size: 1.1
Opaque Shadows when Caustics are Enabled
Global Illumination (GI)
Enable
Multiplier: 1.0
Maximum Num. Photons per Sample: 500
Maximum Sampling Radius: 1000.0
Merge Nearby Photons (saves memory): 0.0
Optimize for Final Gather (Slower GI)

图11-57 开启全局照明

步骤❺ 对场景进行渲染，效果如图11-58所示，可以看到在开启全局光照后场景的整体亮度提高了。

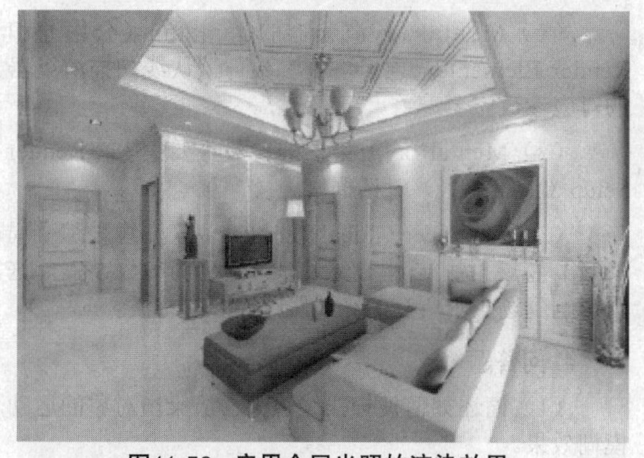

图11-58 启用全局光照的渲染效果

步骤❻ 在Final Gather（最终聚焦）卷展栏中启用最终聚焦功能，如图11-59所示。

Final Gather
Basic
Enable Final Gather
Multiplier: 1.0
FG Precision Presets:
Low
Initial FG Point Density: 0.4
Rays per FG Point: 150
Interpolate Over Num. FG Points: 30
Diffuse Bounces 0
Weight: 1.0
Final Gather Map
Read/Write File
Read Only (FG Freeze)
Generate Final Gather Map File Now

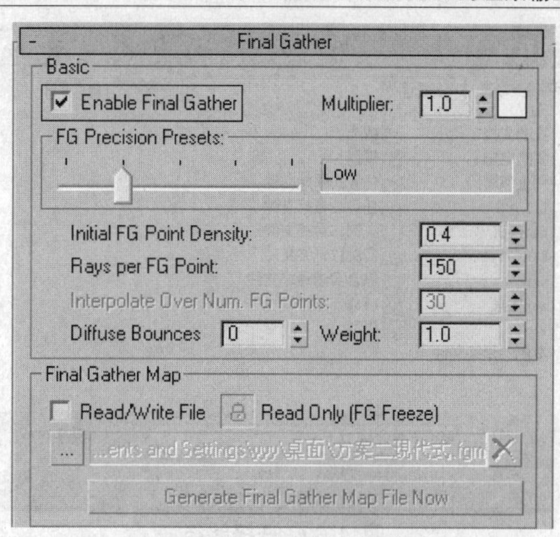

图11-59 启用最终聚焦

步骤❼ 再次对场景进行渲染，效果如图11-60所示。可看到开启最终聚焦后渲染质量有了明显的提高。

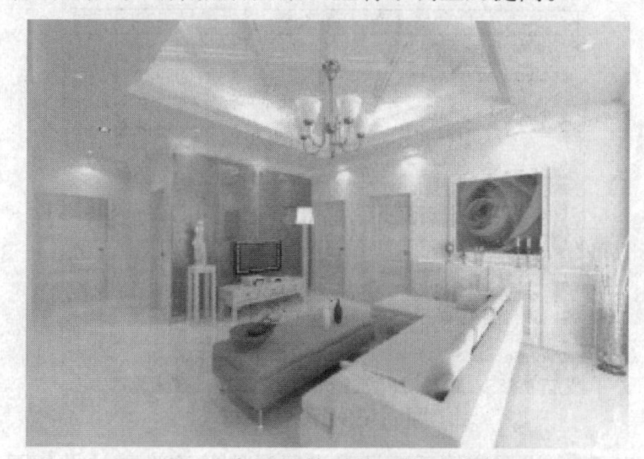

图11-60 启用最终聚焦后的渲染效果

步骤❽ 在Final Gather Map（最终聚焦贴图）选项组中勾选Read/Write File（读取/写入文件）复选框，如图11-61所示。

Final Gather
Basic
Enable Final Gather
Multiplier: 1.0
FG Precision Presets:
Low
Initial FG Point Density: 0.4
Rays per FG Point: 150
Interpolate Over Num. FG Points: 30
Diffuse Bounces 0
Weight: 1.0
Final Gather Map
Read/Write File
Read Only (FG Freeze)
...cuments and Settings\yyy\桌面\最终聚焦.fgm
Generate Final Gather Map File Now

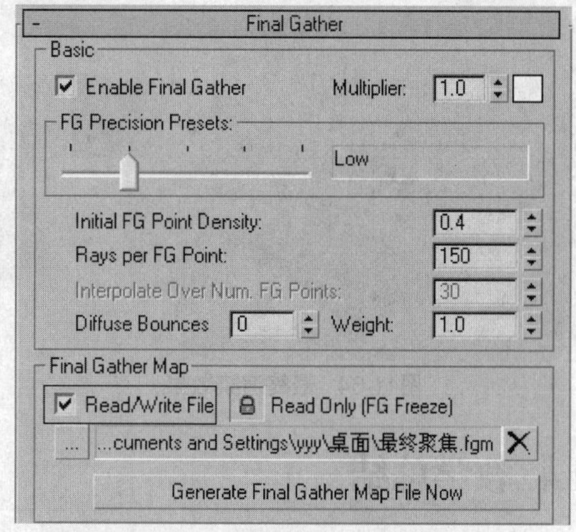

图11-61 勾选读取/写入文件复选框

步骤❾ 单击读取/写入文件选项下方的按钮，在弹出的对话框中为将要保存的最终聚焦贴图选择一个路径，如图11-62所示，完成后单击“保存”按钮。

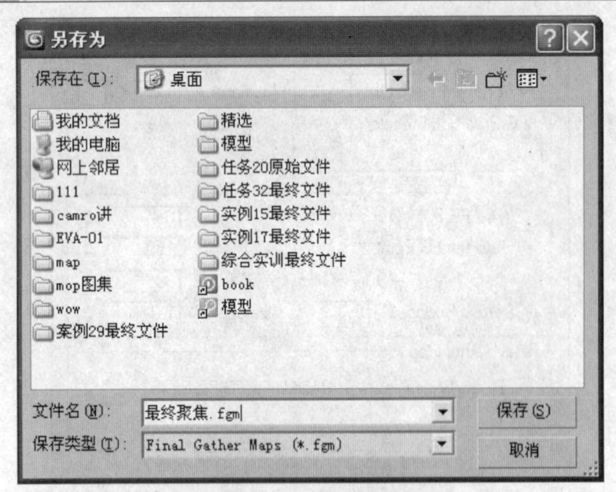

图11-62 选择路径

步骤⑩ 进入渲染器选项卡下的Sampling Quality（采样质量）卷展栏，进行如图11-63所示的参数设置。

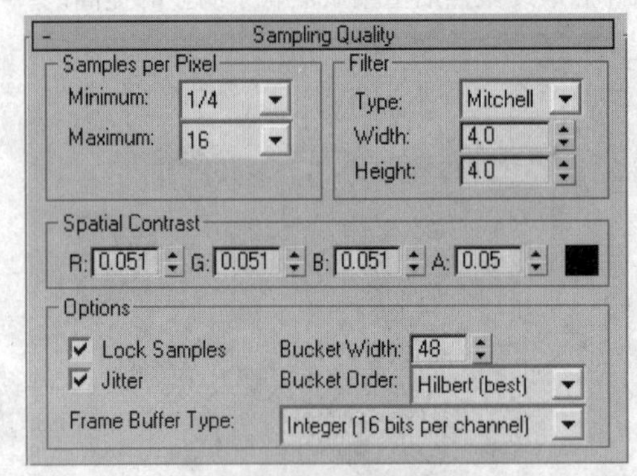

图11-63 设置采样

步骤⑪ 设置完毕后对场景进行最终的渲染，效果如图11-64所示。

图11-64 最终渲染效果

11.4 教学总结

在本章中带领读者学习了3ds Max的渲染输出。并向读者介绍了3ds Max自带的渲染器参数。读者应掌握这些知识，从而更好更快地进行渲染输出。

11.5 测试练习

1. 填空题

（1）3ds Max中自带的渲染器包括________、________和________3种。

（2）渲染器就是将场景中灯光及对象的材质处理成________的形式。

（3）Default Scanline Renderer（默认扫描线渲染器）包括________、________、________、________、和________5个选项卡。

2. 选择题

（1）默认扫描线渲染器中不包括________选项卡。

A. Advanced Lighting（高级照明）

B. Render Elements

C. Raytracer（光线跟踪）

D. Processing（处理）

（2）Camera Effects（摄影机效果）卷展栏中不包括________选项组。

A. Motion Blur（运动模糊）

B. Shadows&Displacement（阴影与置换）

C. Contours（轮廓）

D. Camera Shaders（摄影机明暗器）

（3）在Mental ray渲染器的焦散和全局照明卷展栏中包括不________选项组。

A. Volumes（体积）

B. Photon Map（光子贴图）

C. Contours（轮廓）

D. Trace Depth（跟踪深度）

3. 判断题

（1）Mental ray渲染器的Common（公用）和Render Elements选项卡下的参数与默认线扫描渲染器的对应参数完全一致。（　）

（2）Mental ray渲染器的参数主要集中在Render Setup（渲染场景）对话框中。（　）

（3）Raytracer Global Parameters（光线跟踪全局参数）卷展栏用于对光线跟踪进行全局参数设置，这会影响到场景中所有的光线跟踪类型的材质。（　）

4. 问答题

（1）简述如何使扫描线渲染器渲染出对象的运动模糊效果。

（2）简述Renderer（渲染器）选项卡下Antialiasing（抗锯齿）选项组的作用。

（3）简述扫描线渲染器和Mental ray渲染器有何不同。

Chapter 12 认识3ds Max的环境和特效

▶ **考点预览**

1. Fog（雾）效果
2. Volume Light（体积光）效果
3. Fire Effect（火效果）效果
4. Hair and Fur（毛发）效果
5. Blur（模糊）效果
6. Color Balance（色彩平衡）效果
7. Film Grain（胶片颗粒）效果

▶ **课前预习**

在本章中将带领读者学习3ds Max的环境和特效。首先向读者介绍环境和特效的参数面板及作用。再通过实例介绍各种效果的制作。

12.1 任务38 利用大气效果制作火焰

如果使用3ds Max的灯光进行照明，场景中不能产生光环和火焰，这时可以在环境对话框中设定体积光或火效果来达到需要的效果。而这些环境效果只有在渲染后才可以看到。

任务快速流程：

打开场景文件 ➔ 创建大气装置 ➔ 创建灯光 ➔ 设置火焰参数 ➔ 渲染场景

12.1.1 简单讲评

在3ds Max中能够创建各种增加场景真实感的效果，比如说向场景中添加雾、体积雾、体积灯光和火焰效果，还可以为场景设置背景贴图。众多的大气装置为场景提供了丰富多彩的环境效果。

12.1.2 核心知识

执行“Rendering（渲染）>Environment（环境）”命令，即可打开Environment and Effects（环境和效果）窗口。

在Environment（环境）选项卡下包括Common Parameters（公用参数）、Exposure Control（曝光控制）和Atmosphere（大气）3个卷展栏，如图12-1所示。

窗口中各卷展栏的作用如下。

- Common Parameters（公用参数）卷展栏：用于设置场景中的背景颜色，也可以为环境添加一张位图贴图。

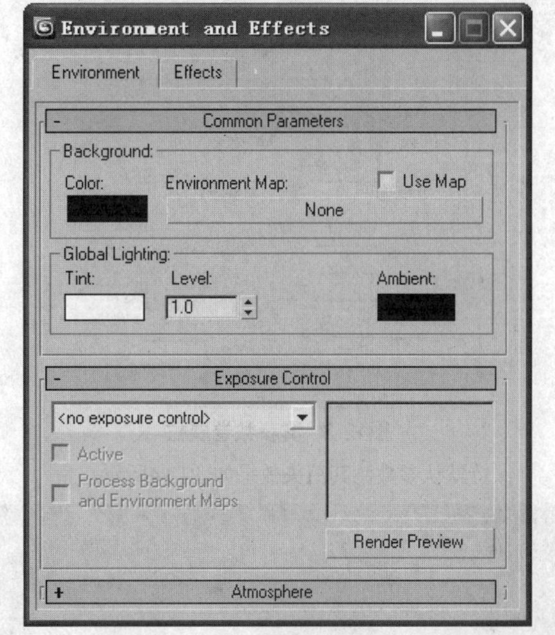

图12-1 环境和效果窗口

- Exposure Control（曝光控制）卷展栏：用于调整渲染场景的颜色范围和输出级别，与调节照相机胶卷的曝光作用类似。
- Atmosphere（大气）卷展栏：主要用于为场景添加一些特殊的环境效果。

下面对可通过大气卷展栏添加的一些大气效果进行逐一介绍。

1. Fog（雾）效果

现实中的大气并不纯净，其中充满了空气和尘埃，为了使场景更加真实，通常为场景添加一些雾效果，使得远处的对象看起来模糊一些，如图12-2所示。

图12-2　雾效果

在Atmosphere（大气）卷展栏中添加Fog（雾）效果后，在环境和效果窗口中会自动生成Fog Parameters（雾参数）卷展栏，如图12-3所示。

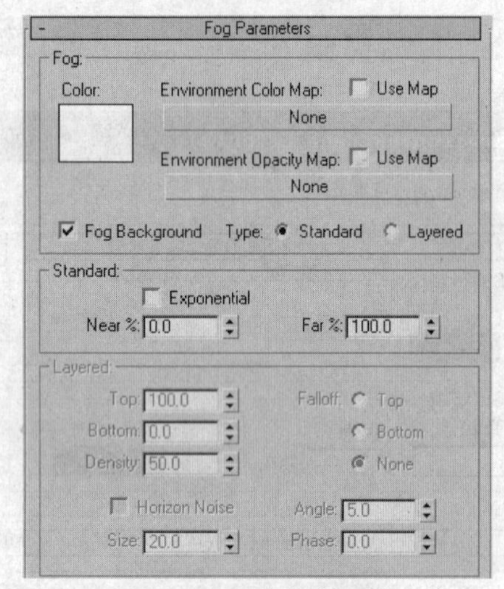

图12-3　雾参数卷展栏

保持默认参数，其渲染效果如图12-4所示。

图12-4　渲染雾效果

雾参数卷展栏中的Color（颜色）选项用于设置雾的颜色。将其设置为黄色，渲染效果如图12-5所示，场景中的雾变成了黄色。

图12-5　修改雾颜色后的渲染效果

单击Environment Color Map（环境颜色贴图）下的按钮，通过弹出对话框载入一张如图12-6所示的位图作为环境贴图。

图12-6　设置环境颜色贴图

载入后的位图会影响雾的密度，其渲染效果如图12-7所示。

图12-7　渲染雾的密度效果

Fog Background（雾化背景）用于设置雾效果是否应用于场景背景。取消勾选该复选框后的渲染效果如图12-8所示。

图12-8 勾选雾化背景复选框后渲染效果

Exponential（指数）用于设置是否随指数方式增加雾的密度。勾选该复选框后，渲染效果如图12-9所示。

图12-9 勾选指数复选框后的渲染效果

Far%（远端%）用于设置在离摄影机远范围内雾的密度。将该参数设置为50，渲染效果如图12-10所示。

图12-10 设置远端%为50的渲染效果

Density（密度）用于设置雾的稀薄程度，将该参数设置为10，渲染效果如图12-11所示。

图12-11 渲染雾的密度效果

2. Volume Light（体积光）效果

Volume Light（体积光）能够产生灯光透过灰尘和雾的自然效果，可以方便地模拟阳光透过窗户照进室内的场景，如图12-12所示。

图12-12 体积光效果

在Atmosphere（大气）卷展栏中添加Volume Light（体积光）效果后，在环境和效果对话框中会自动生成Volume Light Parametors（体积光参数）卷展栏，如图12-13所示。

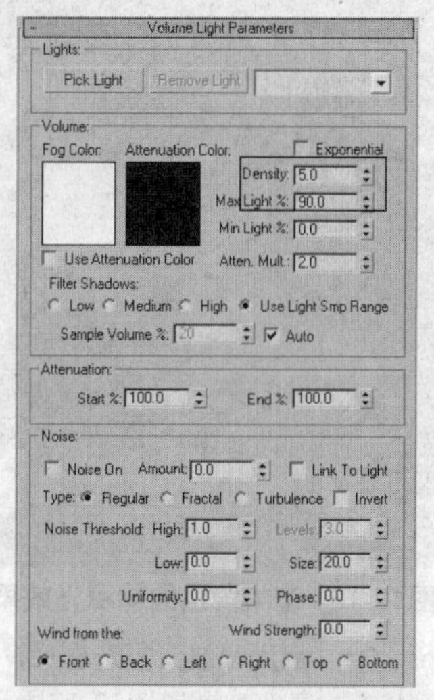

图12-13 体积光参数卷展栏

在卷展栏中单击Pick Light（拾取灯光）按钮并在场景中拾取聚光灯，其渲染效果如图12-14所示。

图12-14 拾取灯光后的渲染效果

Density（密度）用于设置体积光烟雾的密度。数值越大，整个光越不透明。将该参数设置为1，渲染效果如图12-15所示。

图12-15 设置密度为1后的渲染效果

Fog Color（雾颜色）用于设置体积光烟雾的颜色。将该颜色设置为淡黄色，渲染效果如图12-16所示。

图12-16 渲染黄色的体积光效果

勾选Niose On（启用噪波）复选框后，再设置Amount（数量）为0.5，渲染效果如图12-17所示。

图12-17 渲染体积光的噪波效果

Noise（噪波）选项组下的Type（类型）用于控制体积光中应用的噪波以何种方式分布。选择Fractal（分形）类型，渲染效果如图12-18所示。

图12-18 渲染分形噪波效果

选择Turbulence（湍流）噪波类型，渲染效果如图12-19所示。

图12-19 渲染湍流噪波效果

在使用体积光时，灯光的形状不同，产生体积光的形状也不相同。平行光的体积光常用来模拟激光光束效果，如图12-20所示。

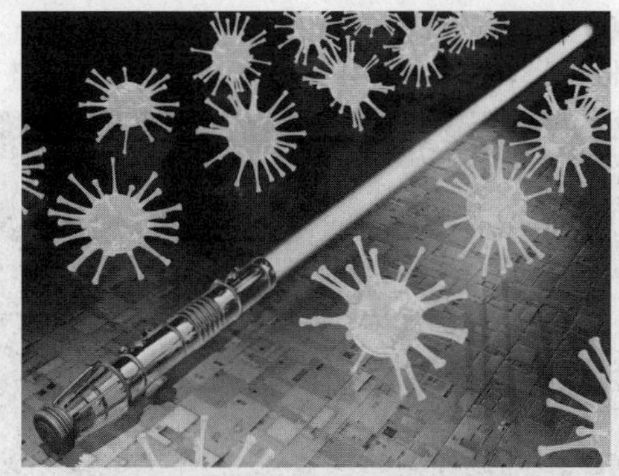

图12-20 使用平行光制作体积光效果

泛光灯的体积光是最具特色的光效，能产生美丽的光晕效果，如图12-21所示。

图12-21 使用泛光灯制作体积光效果

12.1.3 实际操作

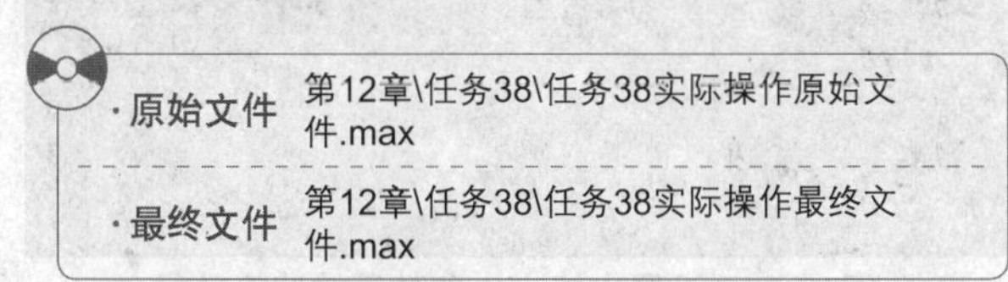

· 原始文件 第12章\任务38\任务38实际操作原始文件.max

· 最终文件 第12章\任务38\任务38实际操作最终文件.max

前面对环境和效果窗口中Environment（环境）选项卡下的部分大气特效进行了介绍，在本节中将以实例的方式向读者介绍使用大气中的火焰和体积光制作烛光效果的具体步骤。

步骤❶ 打开光盘中提供的“第12章\任务38\任务38实际操作原始文件.max”场景文件，其渲染效果如图12-22所示。

图12-22 源文件的渲染效果

步骤❷ 在创建面板中Helpers（辅助对象）类别的下拉列表中选择Atmos Pheric Apparatus（大气装置），并单击SphereGizmo（球体线框）按钮，如图12-23所示。

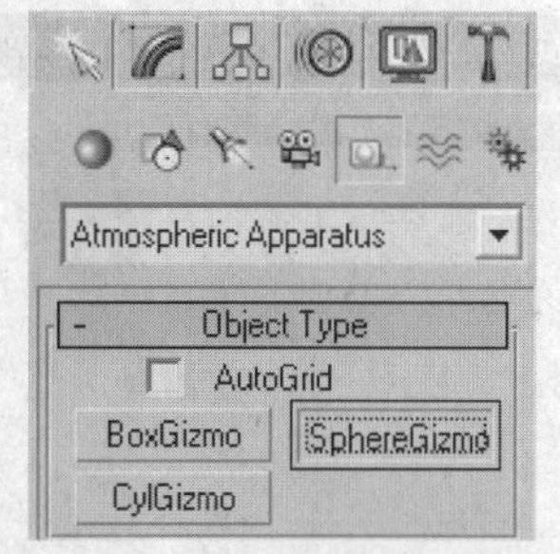

图12-23 单击球体线框按钮

步骤❸ 在视口中创建一个球体线框，如果12-24所示。

图12-24 创建球体线框

步骤❹ 在Sphere Gizmo Parameters（球体线框参数）卷展栏中设置如图12-25所示的参数。

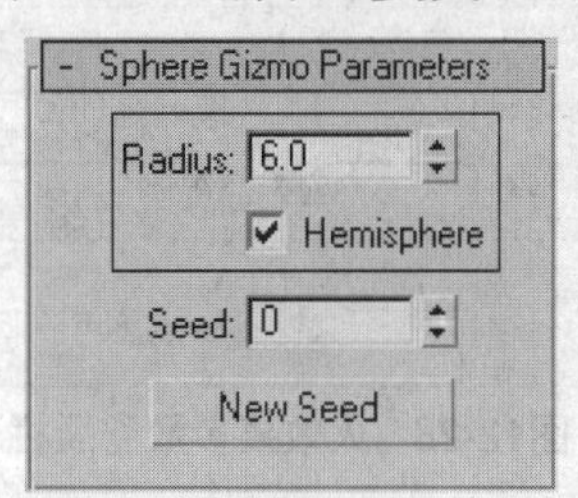

图12-25 设置线框参数

步骤❺ 使用Select and Uniform Scale（选择并均匀缩放）工具在摄影机视口中将线框沿着Z轴进行拉伸，最后效果如图12-26所示。

图12-26 调整线框的形状

步骤❻ 在修改面板中Atmospheres & Effects（大气和效果）卷展栏下单击Add（添加）按钮 Add ，在Add Atmo sphere（添加大气）对话框中选择Fire Effect（火效果），如图12-27所示，完成后单击OK按钮。

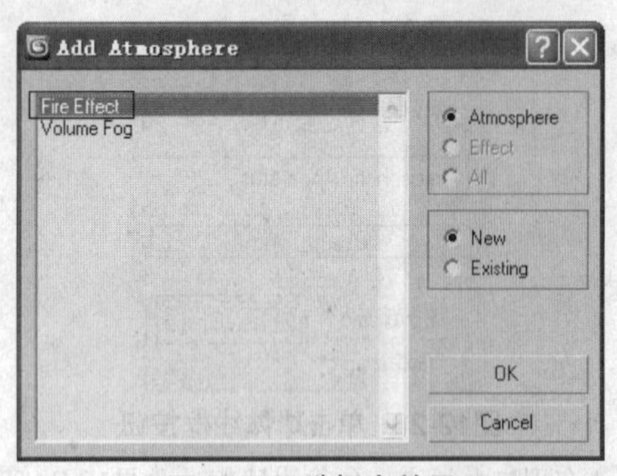

图12-27　选择火效果

步骤❼ 按下8数字键，打开Environment and Effects（环境和效果）窗口，该窗口中增加了Fire Effect Parameters（火效果参数）卷展栏，如图12-28所示。

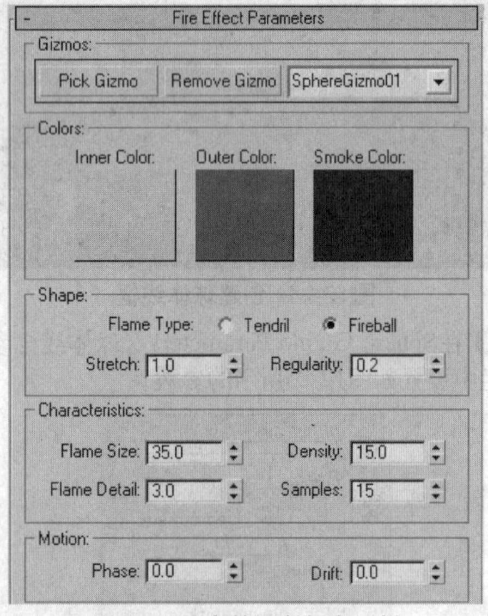

图12-28　火效果参数卷展栏

步骤❽ 此时场景的渲染效果如图12-29所示。可观察到渲染出了微弱的火焰效果。

图12-29　渲染火焰效果

步骤❾ 在Shape（图形）选项组中设置Stretch（拉伸）值为0.8，渲染效果如图12-30所示。

图12-30　设置拉伸参数后的渲染效果

步骤❿ 在Characteristics（特性）选项组中设置Flame Size（火焰大小）为3，渲染效果如图12-31所示。

图12-31　设置火焰大小参数后的渲染效果

步骤⓫ 设置Density（密度）为150，其渲染效果如图12-32所示。

图12-32　设置密度后的渲染效果

步骤⓬ 设置Flame Detail（火焰细节）为10，渲染效果如图12-33所示。

图12-33 设置火焰细节后的渲染效果

步骤⑬ 在球体线框内部创建一个Omni（泛光灯），用于模拟火焰的亮度，如图12-34所示。

图12-34 创建泛光灯

步骤⑭ 创建好灯光后，保持默认参数进行渲染，效果如图12-35所示。可看到场景中出现了曝光效果。

图12-35 渲染视图效果

步骤⑮ 按照图12-36所示设置灯光的Intensity/Color/Attenuation（强度/颜色/衰减）参数卷展栏中的各项参数。

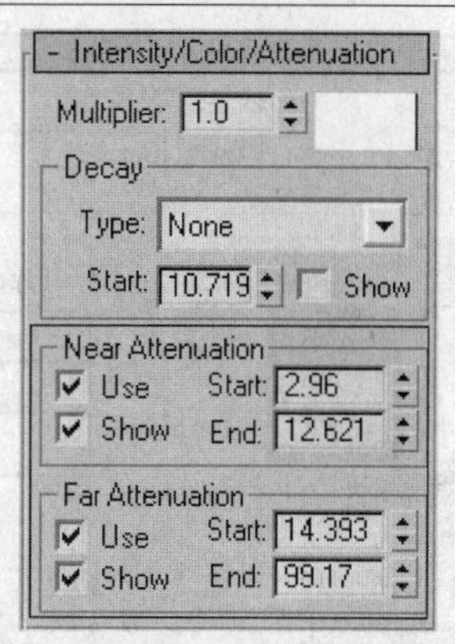

图12-36 设置强度/颜色/衰减卷展栏参数

步骤⑯ 设置好灯光参数后，再次对场景进行渲染，效果如图12-37所示。

图12-37 渲染火焰效果

步骤⑰ 选择泛光灯，在修改面板的Atmospheres & Effects（大气和效果）卷展栏下单击Add（添加）按钮，在弹出的对话框中选择Volume Light（体积光），如图12-38所示，完成后单击OK按钮。

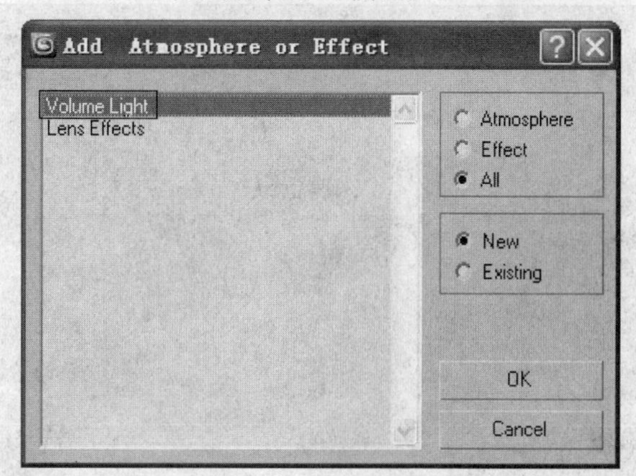

图12-38 选择体积光

步骤⑱ 按下8数字键，打开Environment and Effects（环境和效果）窗口，在该窗口中自动添加了Volume Light Parameters（体积光参数）卷展栏，如图12-39所示。

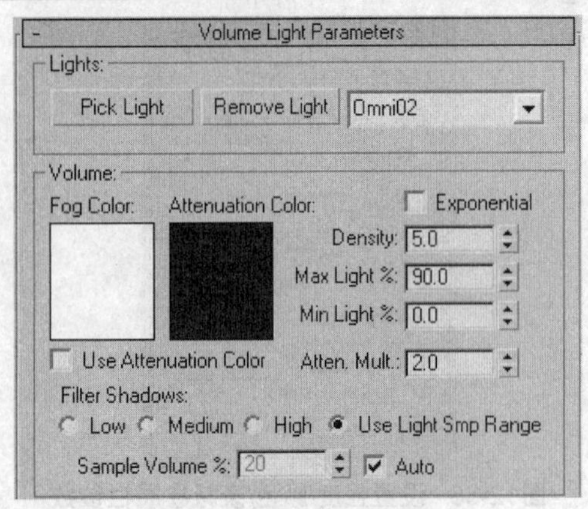

图12-39 体积光参数卷展栏

步骤19 添加体积光后的渲染效果如图12-40所示。可观察到体积光是白色的。

图12-40 渲染体积光效果

步骤20 设置Fog Color（雾颜色）为橘黄色，Aeeenuation Color（衰减颜色）为红色，渲染效果如图12-41所示。可观察到体积光变成了橘黄色。

图12-41 渲染黄色的体积光效果

步骤21 设置勾选体积光的Exponential（指数）复选框，并设置Density（密度）为0.3，如图12-42所示。

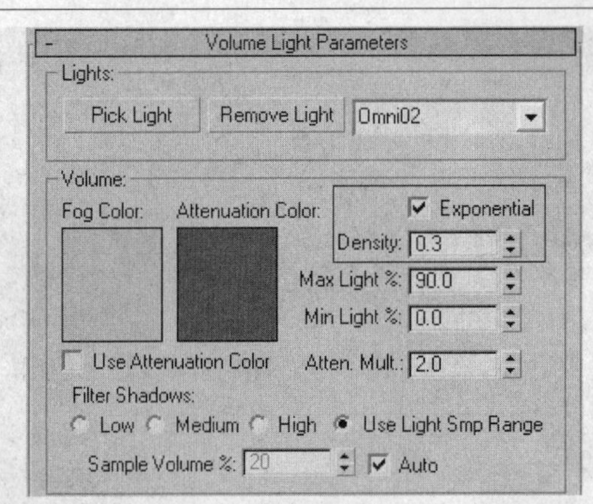

图12-42 勾选指数复选框并设置密度

步骤22 设置体积光密度后渲染效果如图12-43所示。由于体积光的密度太大，已经看不到其效果了。

图12-43 渲染体积光效果

步骤23按照图12-44所示设置泛光灯的Multiplier（倍增）值、颜色及衰减参数。

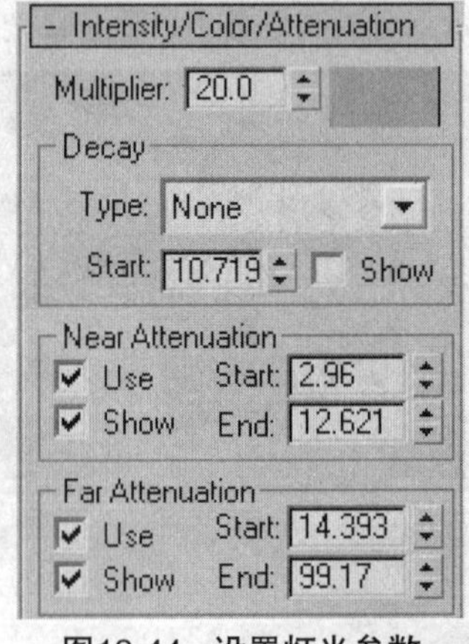

图12-44 设置灯光参数

步骤24 完成泛光灯参数的设置后，此时渲染效果如图12-45所示。场景中的火焰和体积光都产生了相当真实的效果。

图12-45 最终渲染效果

12.1.4 深度解析：曝光控制

曝光控制是指对象接受光照的强弱程度。它包括Automatic Exposure Control（自动曝光控制）、Linear Exposure Control（线性曝光控制）、Logarithmic Exposure Control（对数曝光控制）、mr Photographic Exposure Control（mr物理曝光控制），以及Pseudo Color Exposure Control（伪彩色曝光控制）5种类型，如图12-46所示。

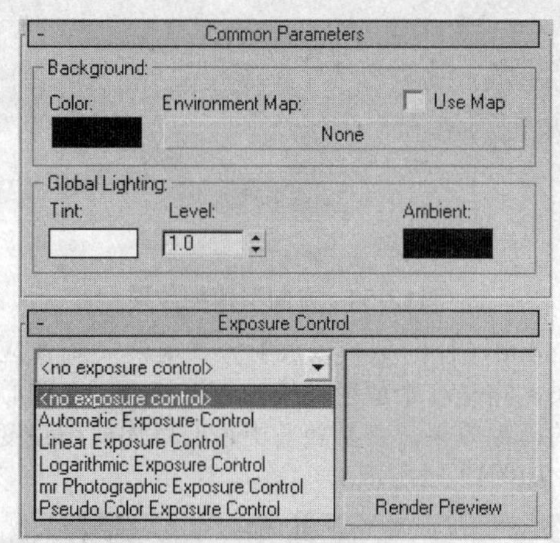

图12-46 曝光控制类型

主要类型的作用如下。

- Automatic Exposure Control（自动曝光控制）：从渲染图中采样，对渲染的图像进行曝光处理。主要通过Brightness（亮度）和Contrast（对比度）来增强或减弱照明效果。
- Linear Exposure Control（线性曝光控制）：利用场景的平均亮度将物理值映射为RGB值。主要通过Brightness（亮度）和Contrast（对比度）来调整效果。
- Logarithmic Exposure Control（对数曝光控制）：主要通过Brightness（亮度）和Contrast（对比度）来调整效果，通常用于制作室外效果。
- Pseudo Color Exposure Control（伪彩色曝光控制）：该类型受光照影响，视口中的对象因光照在Physical Scale（物理比例）选项下的色带中从红色到蓝色拾取颜色显示。

12.2 任务39 制作戒指高光效果

在3ds Max中的各种特殊效果有处理图片的功能，为场景添加效果后，可直接在视图中观察到该效果，在改变其参数时，也可在视图中直接观察到效果随参数的改变而发生变化。

任务快速流程：

打开场景文件 ➔ 创建灯光 ➔ 添加Lens Effects（镜头效果）➔ 渲染场景

12.2.1 简单讲评

通过环境和效果窗口中的Effects（效果）选项卡，可以为场景加入一些视频后期效果，并交互式地使用在虚拟帧缓冲区中，不需要渲染场景就可以在视图中观察到结果。当改变一个效果的参数时，在虚拟缓冲区中应用效果的对象和场景会立即更新，还可以手动来更新。

12.2.2 核心知识

执行“Rendering（渲染）>Environment（环境）”命令，即可打开Environment and Effects（环境和效果）窗口。在Effects（效果）选项卡下只有Effects（效果）一个参数卷展栏，如图12-47所示。

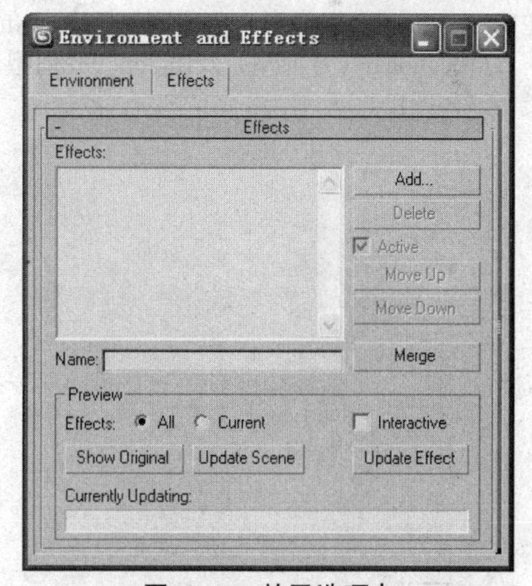

图12-47 效果选项卡

下面对可添加的各种效果进行逐一介绍。

1. Hair and Fur（毛发）效果

通过Effects（效果）选项卡为场景中的对象添加头发和毛发渲染效果后，会显示如图12-48所示的参数卷展栏。也可在修改面板中对头发和毛发效果进行修改。

Hair and Fur
Hair Rendering Options
Hairs buffer
mr Voxel Resolution 5
Lighting native
Raytrace the Reflections/Refractions
Motion Blur
Duration 0.5
Interval middle
Buffer Rendering Options
Oversampling low
Tile Memory Usage 70 Mb
Transparency Depth 30
Composite Method
None Off Normal GBuffer

图12-48 头发和毛发参数卷展栏中的部分参数

卷展栏中部分选项组的作用如下。

- Hair Rendering Options（头发渲染选项）：此选项组用于设置毛发的显示数量及灯光的衰减计算方式。
- Motion Blur（运动模糊）：此选项组用于设置渲染运动模糊的毛发。
- Buffer Rendering Options（缓冲渲染选项）：此选项组用于控制渲染毛发时的抗锯齿等级。
- Composite Method（合成方法）：此选项组用于设置毛发效果的合成方法。

2. Blur（模糊）效果

模糊效果按照在其参数卷展栏中Pixel Selections（像素选择）选项卡下选择的模式来对渲染图像的像素应用模糊。通过渲染对象的幻影或摄影机运动，可以使动画看起来更加真实。

在Blur Type（模糊类型）选项下包括Uniform（均匀型）、Directional（方向型）及Radial（径向型）3种模糊类型，如图12-49所示。

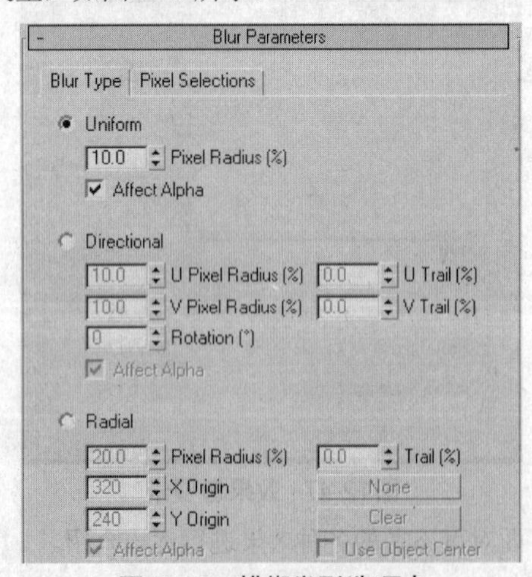

图12-49 模糊类型选项卡

Uniform（均匀型）模糊方式可均匀地模糊整幅渲染图像，如图12-50所示。

图12-50 均匀型模糊效果

Directional（方向型）模糊方式按照方向对渲染图像应用模糊效果。可以对UV方向使用不同的模糊效果强度，以达到特殊的模糊效果，如图12-51所示。

图12-51 方向型模糊效果

Radial（径向型）以放射方式对渲染图像应用模糊效果，它是一个放射性模糊效果的圆，在圆心应用少量的模糊效果，并且随着半径的增加模糊强度也会增加，如图12-52所示。

图12-52 径向型模糊效果

3. Color Balance（色彩平衡）效果

色彩平衡效果通过单独控制RGB颜色通道来设置图像颜色，其参数卷展栏如图12-53所示。

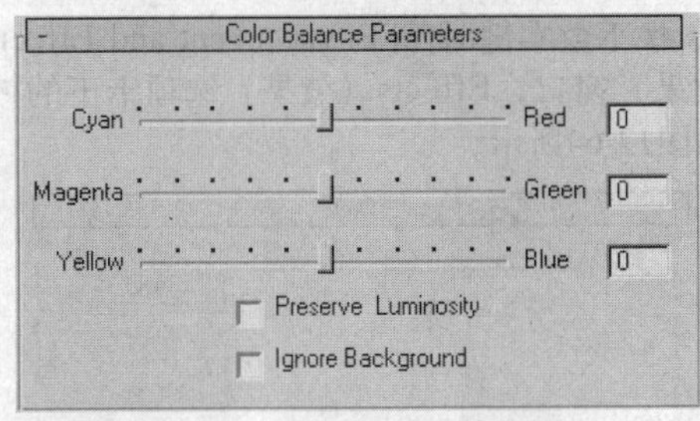

图12-53 色彩平衡参数卷展栏

Cyan/Red（青/红）滑块用于调节红色通道。在其后的文本框中输入50，场景渲染效果如图12-54所示。

图12-54 渲染红色通道效果

Magenta/Green（洋红/绿）滑块用于调节绿色通道。在其后的文本框中输入20，渲染效果如图12-55所示。

图12-55 渲染绿色通道效果

Yellow/Blue（黄/蓝）滑块用于调节蓝色通道。在其后的文本框中输入50，视图渲染效果如图12-56所示。

图12-56 渲染蓝色通道效果

勾选Preserve Luminosity（保持发光度）复选框后，在调节图像颜色的同时保持原图像的发光度，视图渲染效果如图12-57所示。

图12-57 保持发光度效果

4. Film Grain（胶片颗粒）效果

使用胶片颗粒效果可以使渲染的图像具有胶片颗粒状外观。使用胶片颗粒效果还可以使渲染后场景中的对象与场景中红色的背景图像更加融合。胶片颗粒效果如图12-58所示。

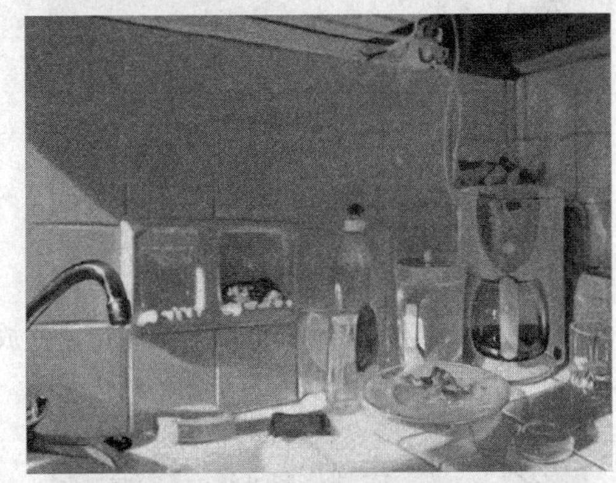

图12-58 渲染胶片颗粒效果

Grain（颗粒）选项用于设置应用胶片颗粒的数量。在渲染出的图像中胶片颗粒不明显时，可以将该选项的默认值0.2更改为更大的参数，如图12-59所示。

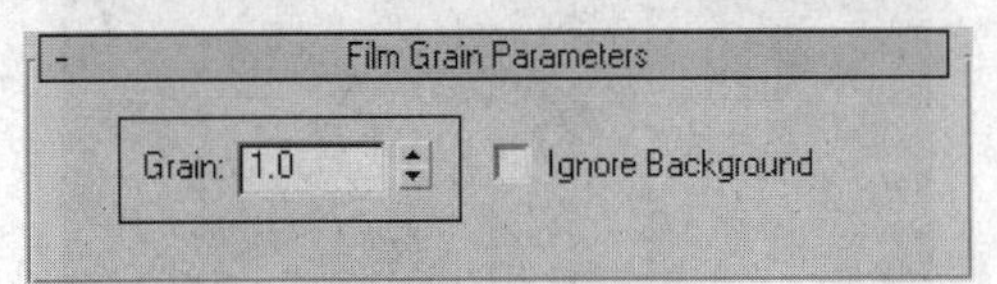

图12-59 设置颗粒大小

Grain（颗粒）值越大，渲染出的颗粒就越大，如图12-60所示。

图12-60 渲染出的较大颗粒效果

12.2.3 实际操作

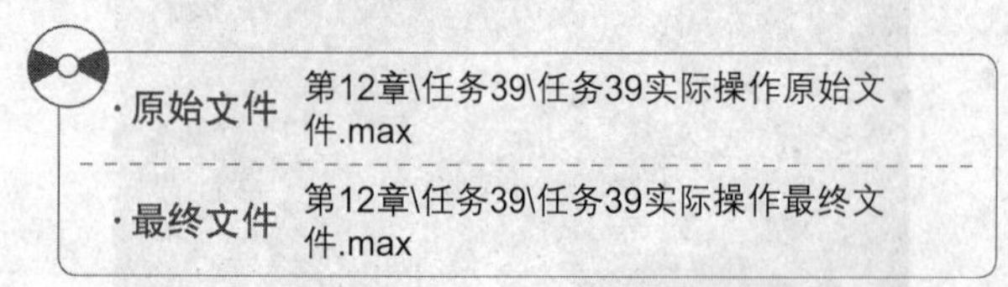
·原始文件 第12章\任务39\任务39实际操作原始文件.max

·最终文件 第12章\任务39\任务39实际操作最终文件.max

前面向读者介绍了Environment and Effects（环境和效果）窗口中Effects（效果）选项卡下的部分特殊效果，本节将以实例的形式向读者介绍制作镜头效果的具体步骤。

步骤❶ 打开"第12章\任务39\任务39实际操作原始文件.max"场景文件，其渲染效果如图12-61所示。

图12-61 源文件渲染效果

步骤❷ 在视图中创建一个Omni（泛光灯），并放置到如图12-62所示的位置，用作镜头效果的灯光。

图12-62 创建泛光灯

步骤❸ 按照图12-63所示设置灯光的参数。

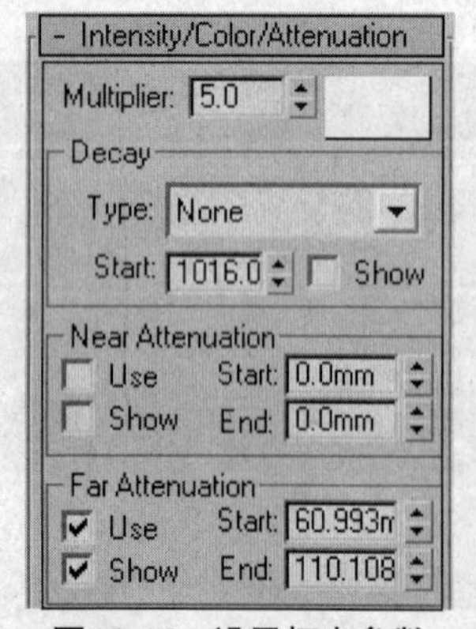

图12-63 设置灯光参数

步骤❹ 按下数字键8打开Environment and Effects（环境和效果）窗口，Effects（效果）选项卡下的效果卷展栏如图12-64所示。

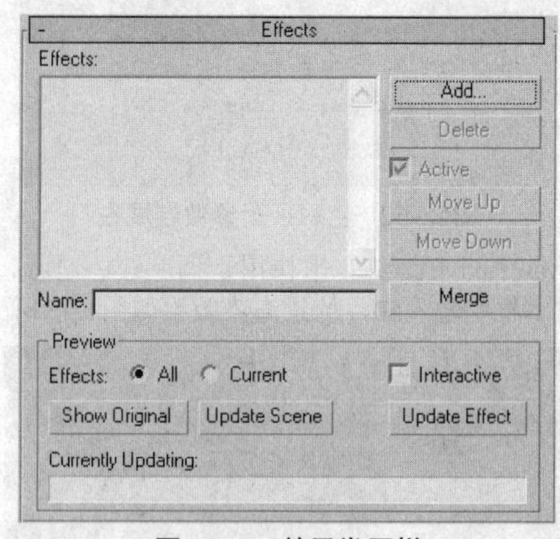

图12-64 效果卷展栏

步骤❺ 在Effects（效果）卷展栏下单击Add（添加）按钮，在Add Effect（添加效果）对话框中选择Lens Effects（镜头效果）选项，如图12-65所示。

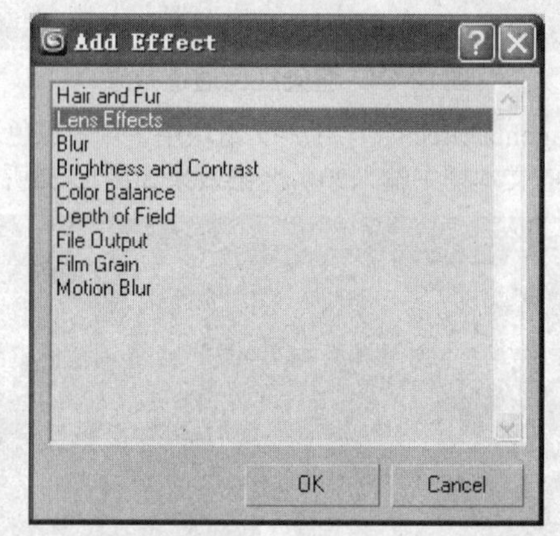

图12-65 选择镜头效果

步骤❻ 单击OK按钮返回，在Lens Effects Parameters（镜头效果参数）卷展栏下，将左侧列表中的Star（星形）选项移至右边的列表中，如图12-66所示。

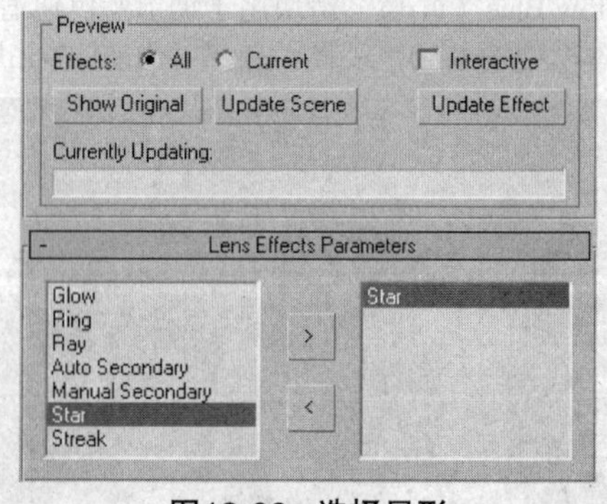

图12-66 选择星形

步骤❼ 在Lens Effects Globals（镜头效果全局）卷展栏中单击Pick Light（拾取灯光）按钮，然后在视图中拾取泛光灯，此时卷展栏如图12-67所示。

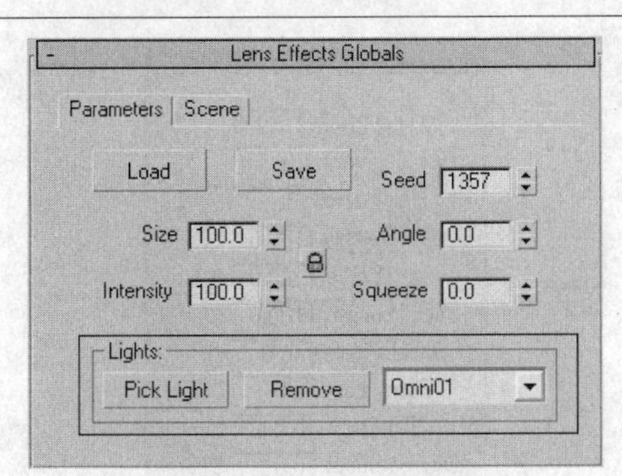

图12-67　拾取灯光

步骤 8 按下F9键快速渲染视图，效果如图12-68所示。

图12-68　渲染镜头效果

步骤 9 在镜头效果全局卷展栏中设置Size（大小）为50，按下F9键快速渲染视图，效果如图12-69所示。

图12-69　大小为50时的渲染效果

步骤 10 设置Intensity（强度）为80，按下F9键快速渲染视图，效果如图12-70所示。

图12-70　强度为80时的渲染效果

步骤 11 在Star Element（星形元素）卷展栏下设置Size（大小）参数为80，如图12-71所示。

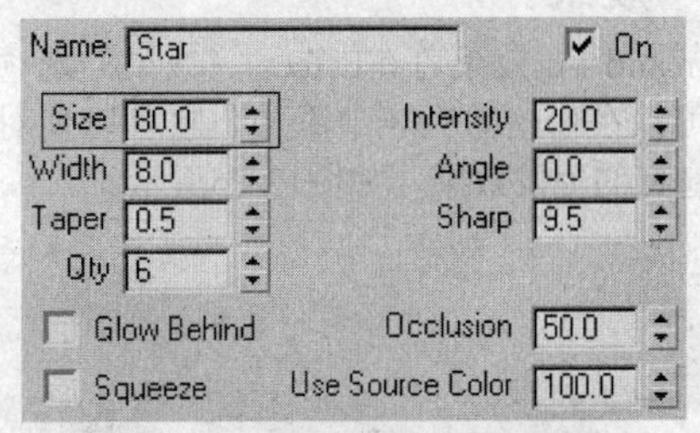

图12-71　设置星形大小为80

步骤 12 按下F9键快速渲染视图，效果如图12-72所示。

图12-72　渲染镜头效果

步骤 13 设置Width（宽度）为3，按下F9键快速渲染视图，效果如图12-73所示。

图12-73　设置宽度为3时的渲染效果

步骤 14 设置Taper（锥化）为0.3，按下F9键快速渲染视图，效果如图12-74所示。

图12-74　设置锥化为0.3时的渲染效果

12.2.4 深度解析：通过修改器添加毛发效果

Hair and Fur效果可在Effects（效果）选项卡下添加，也可以在修改器列表中添加。它可以使对象的表面产生逼真的毛发效果，如图12-75所示。

图12-75 毛发效果

在修改器列表中为对象添加Hair and Fur（WSM）修改器后，显示的参数卷展栏如图12-76所示。

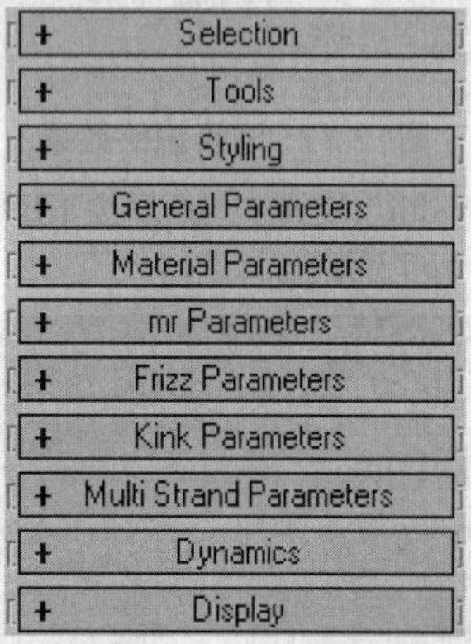

+ Selection
+ Tools
+ Styling
+ General Parameters
+ Material Parameters
+ mr Parameters
+ Frizz Parameters
+ Kink Parameters
+ Multi Strand Parameters
+ Dynamics
+ Display

图12-76 Hair and Fur参数卷展栏

在Styling（设计）卷展栏中单击Styling Hair（设计发型）按钮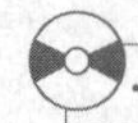，即可对对象表面的毛发进行造型设计。此时参数卷展栏如图12-77所示。

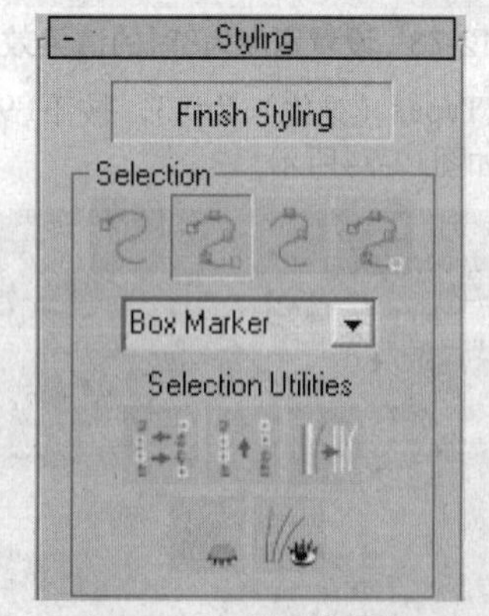

图12-77 设计卷展栏

在General Parameters（常规参数）卷展栏下可设置头发的密度、长度、数量等一些常规参数。其参数卷展栏如图12-78所示。

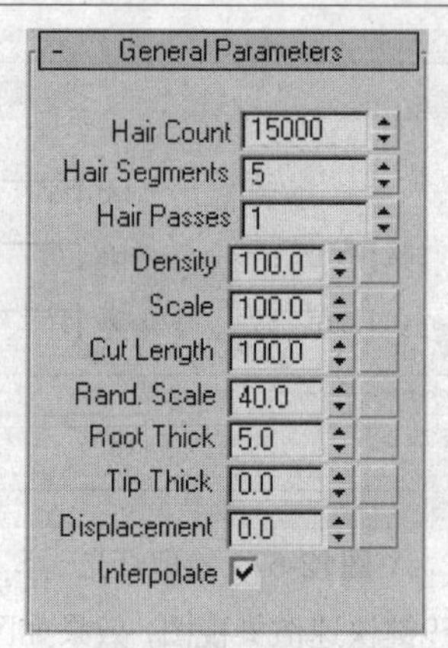

图12-78 常规参数卷展栏

在Material Parameters（材质参数）卷展栏中可对毛发的材质进行设置，如改变毛发的颜色、设置毛发的高光等。其参数卷展栏如图12-79所示。

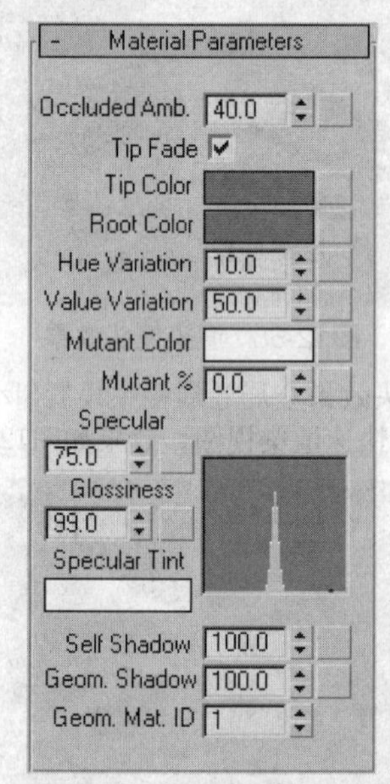

图12-79 材质参数卷展栏

12.3 综合实训：为小屋添加晨雾和阳光

· 原始文件 第12章\综合实训\综合实训原始文件.max
· 最终文件 第12章\综合实训\综合实训最终文件.max

前面对环境中的Fog（雾）、Volume Light（体积光），以及特效中的Hair and Fur（头发和毛发）效果、Blur（模糊）效果、Color Balance（色彩平衡）效果及Film Grain（胶片颗粒）效果进行了介绍，在本节中将通过为小屋添加雾效果和太阳光效果，复习总结环境和特效的相关知识，具体操作步骤如下。

步骤 1 打开光盘中提供的“第12章\综合实训\综合实训原始文件.max”文件，场景文件的渲染效果如图12-80所示。

图12-80 场景文件渲染效果

步骤❷ 按下数字键8，打开Environment and Effects（环境和效果）窗口，在Atmosphere（大气）卷展栏下单击Add（添加）按钮，如图12-81所示。

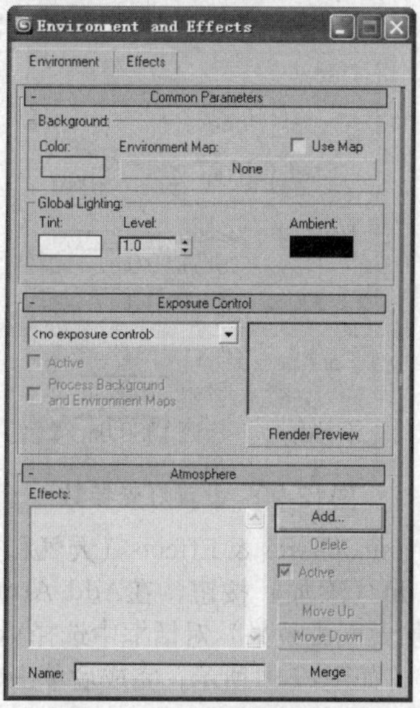

图12-81 单击添加按钮

步骤❸ 在Add Atmospheric Effect（添加大气效果）对话框中选择Fog（雾）效果，如图12-82所示，完成后单击OK按钮。

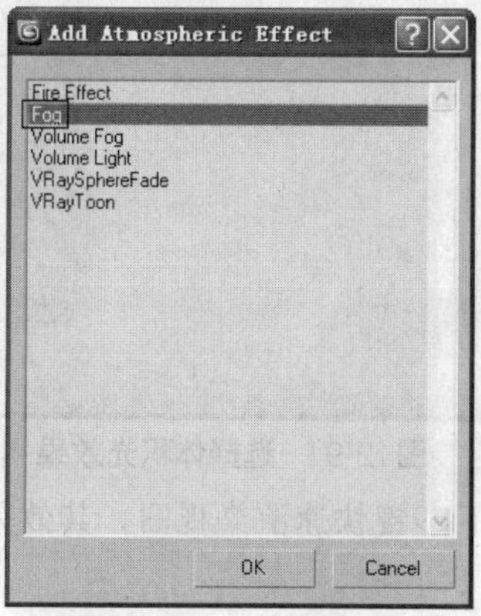

图12-82 选择雾效果

步骤❹ 按下F9键快速渲染视图，效果如图12-83所示。

图12-83 渲染雾效果

步骤❺ 在Fog Parameters（雾参数）卷展栏下设置如图12-84所示的Color（颜色）为橘黄色，其RGB值为218、113、62。

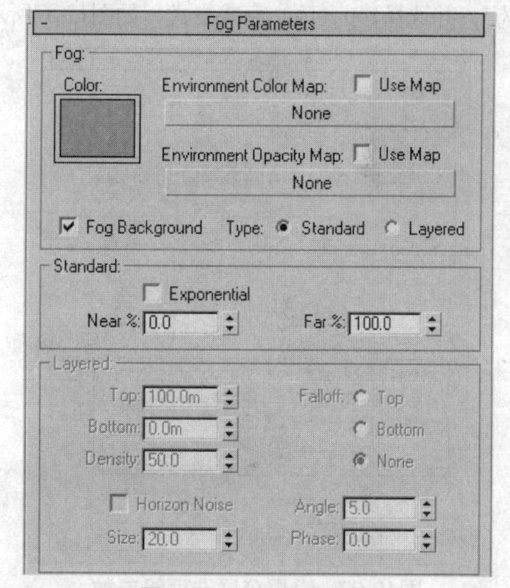

图12-84 设置雾颜色

步骤❻ 按下F9键快速渲染视图，雾颜色效果如图12-85所示。

图12-85 渲染场景效果

步骤❼ 在参数卷展栏的Type（类型）后单击Layered（分层）单选按钮，然后按下F9键快速渲染视图，其效果如图12-86所示。

图12-86 渲染雾效果

步骤❽ 在Layered（分层）选项组中设置Density（密度）为5，并选择Top（顶）衰减方式，如图12-87所示。

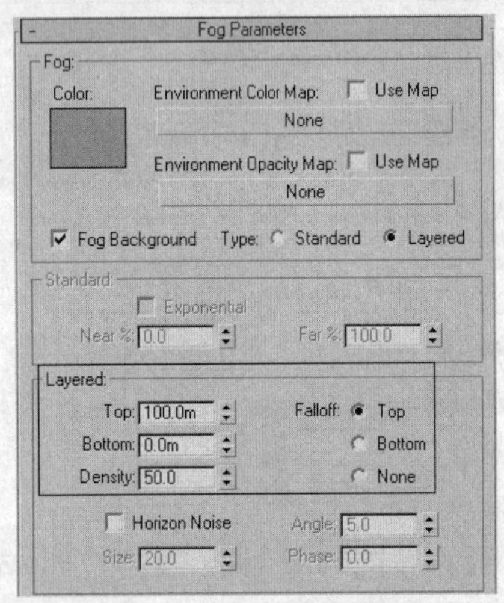

图12-87 设置分层选项组参数

步骤❾ 按下F9键，快速渲染视图，其效果如图12-88所示。

图12-88 渲染效果

步骤❿ 在视图中如图12-89所示的位置创建一个Target Spot（目标聚光灯），用于模拟太阳光效果。

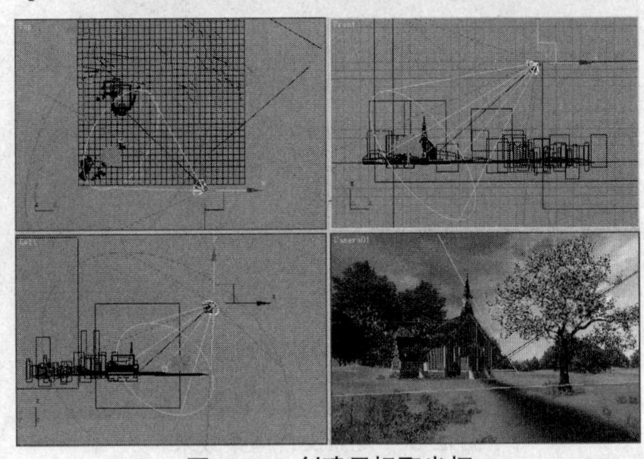

图12-89 创建目标聚光灯

步骤⓫ 按照图12-90所示设置灯光的参数。

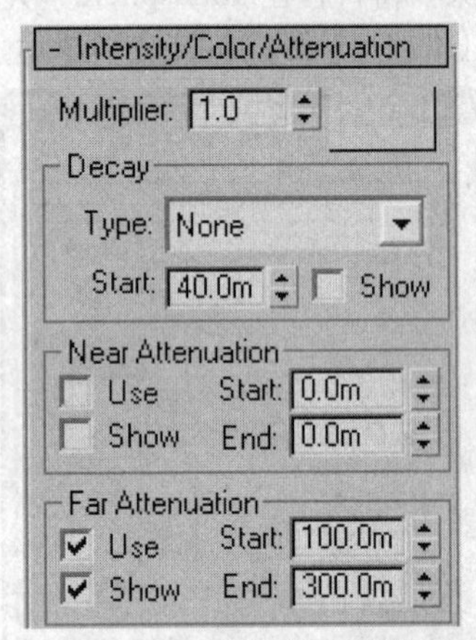

图12-90 设置灯光参数

步骤⓬ 在Atmospheres & Effects（大气和效果）卷展栏下单击Add（添加）按钮，在Add Atmosphere or Effect（添加大气或效果）对话框中选择Volume Light（体积光），如图12-91所示，完成后单击OK按钮。

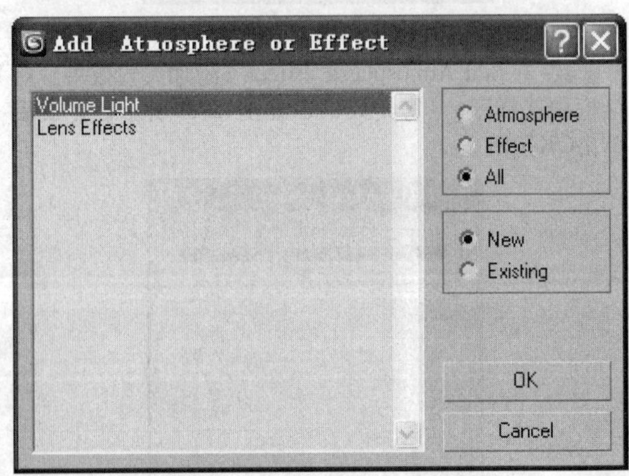

图12-91 选择体积光效果

步骤⓭ 按下F9键快速渲染视图，其效果如图12-92所示。

图12-92 渲染体积光效果

步骤⑭ 按照图12-93所示设置Volume（体积）选项组下的各选项。

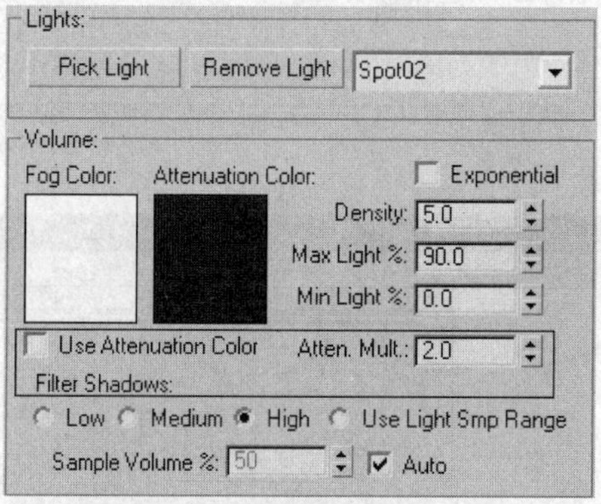

图12-93 设置体积选项组参数

步骤⑮ 按下F9键，快速渲染视图，其效果如图12-94所示。

图12-94 最终渲染效果

12.4 教学总结

本章对Environment and Effects（环境和效果）窗口中的各种大气环境和特殊效果进行了介绍，并以实例的方式讲解了其具体的应用及制作步骤。最后还通过制作太阳光特效对本章的内容进行了复习总结。读者应掌握相关环境及效果的应用方法，以便制作出更为逼真的效果。

12.5 测试练习

1. 填空题

（1）在Environment（环境）选项卡中包括________、________和________3个卷展栏。

（2）Exposure Control（曝光控制）包括________、________、________、________和________5种方式。

（3）在Add Effects（添加效果）对话框中包括________、________、________、________、________、________、________、________以及________9种特殊效果。

2. 选择题

（1）Add Effect（添加大气）对话框中不包括________效果。

A. Fog（雾）

B. Color Balance（色彩平衡）

C. Fire Effect（火效果）

D. Volume Light（体积光）

（2）在Pixel Selections（像素选择）选项卡中不包括________类型。

A. Uniform（均匀型）

B. Directional（方向型）

C. Brightness（亮度）

D. Radial（径向型）

（3）________曝光方式不是用Brightness（亮度）和Contrast（对比度）来调节效果的。

A. Automatic Exposure Control（自动曝光控制）

B. Linear Exposure Control（线性曝光控制）

C. Logarithmic Exposure Control（对数曝光控制）

D. Pseudo Color Exposure Control（伪彩色曝光控制）

3. 判断题

（1）Environment（环境）选项卡和 Effects（效果）选项卡位于同一个窗口中。（ ）

（2）在Effects（效果）选项卡下的Hair and Fur效果和Hair and Fur（WSM）修改器，其参数卷展栏是一样的。（ ）

（3）渲染出的Lens Effects（镜头效果）都是星形的。（ ）

4. 问答题

（1）简述大气装置的作用。

（2）简述特殊效果的作用。

（3）简述大气效果与特殊效果有何区别。

Chapter 13 使用Video Post制作特效

▶ **考点预览**

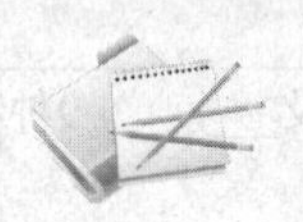

1. Video Post视频合成窗口的组成部分
2. Video Post视频合成窗口中各种工具的参数对话框
3. 添加或编辑图像过滤器事件
4. 添加或编辑镜头效果过滤器事件
5. 添加或编辑图层事件

▶ **课前预习**

Video Post视频合成是3ds Max非常重要的组成部分，它相当于一个后期软件。本章将对Video Post视频合成窗口中的各面板、工具，以及各种特殊效果的作用和使用方法等进行讲解。

13.1 任务40 认识Video Post事件

Video Post视频合成是3ds Max中非常重要的组成部分，它提供了各种图像及动画合成的手段，包括动态影像的非线性编辑功能及特殊效果处理功能，类似于Adobe公司的Premiere视频合成软件。

任务快速流程：

打开Video Post视频合成窗口 ➔ 添加事件 ➔ 编辑事件 ➔ 渲染输出

13.1.1 简单讲评

Video Post视频合成在合成图像或动画时有其自身特有的编辑窗口和输出窗口。本节主要是对Video Post视频合成窗口中的各个组成部分进行介绍，使读者先对Video Post视频合成器有个大概的了解，然后再来学习Video Post视频合成器中各种特殊效果和其效果的具体使用方法。

13.1.2 核心知识

在菜单栏中执行“Rendering（渲染）>Video Post”命令，即可打开Video Post视频合成器窗口，如图13-1所示。

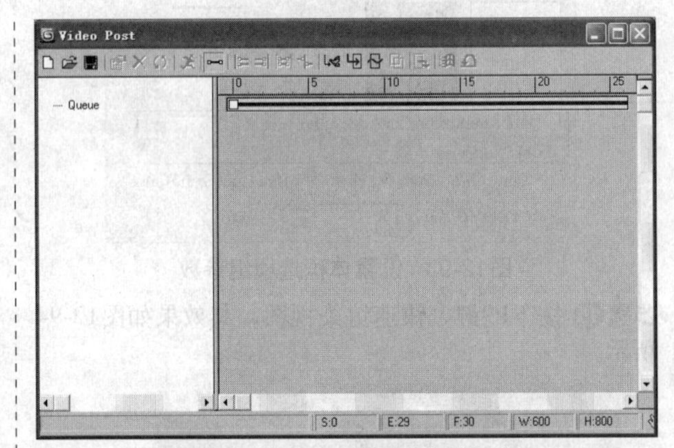

图13-1 Video Post视频合成器窗口

Video Post是一个独立的、无模式窗口，最上面是工具栏，左边是Video Post Queue（视频编辑队列）窗口，右边是视频事件编辑窗口，最下面是Video Post Status Bar/Contrals（视频编辑合成状态栏/视图控件）。下面对各部分进行逐一介绍。

1. 工具栏

单击New Sequence（新建序列）按扭，会弹出Clear Event Queue（清除事件队列）对话框，如图13-2所示，单击“是”按扭可新建一个序列，同时删除当前所有的序列。

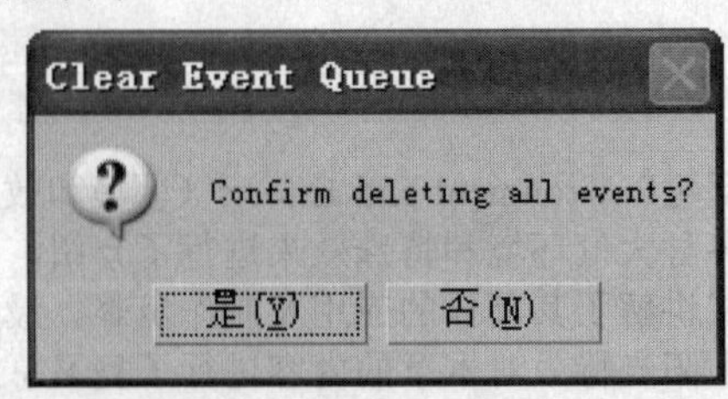

图13-2 单击“是”按钮

单击Open Sequence（打开序列）按扭，会弹出Open Sequence（打开序列）对话框，如图13-3所示。可以打开一个.vpx格式的序列。

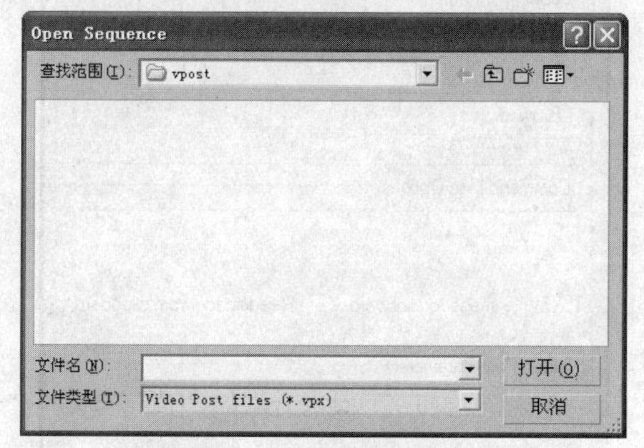

图13-3 打开序列对话框

单击Save Sequence（保存系列）按扭，可将当前序列保存起来。

单击Edit Current Event（编辑当前事件）按扭，会弹出当前选择项目的参数设置对话框，在该对象中可以对当前时间进行编辑。当选择不同事件时，弹出的编辑对话框也不同。

单击Delete Current Event（删除当前事件）按扭，将删除当前选择的项目。

当同时选择两个项目时，单击Swap Events（交换事件）按扭可以交换这两个项目的位置。

单击Execute Sequence（执行序列）按扭，会弹出Execute Video Post（执行Video Post）对话框，如图13-4所示。在该对话框中可以对当前帧窗口进行渲染。

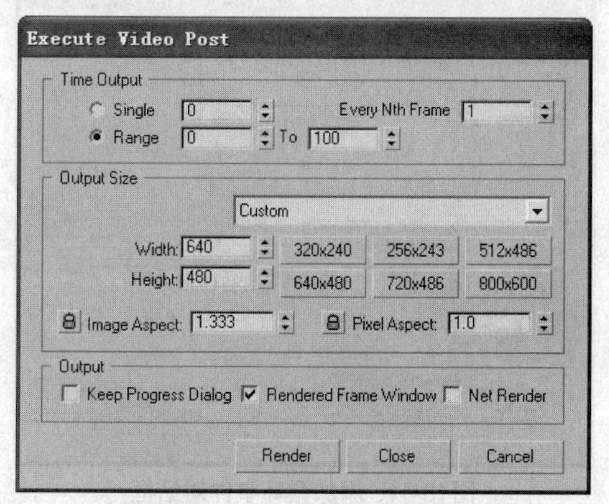

图13-4 执行序列对话框

激活Edit Range Bar（编辑范围栏）按扭后，可以在编辑窗口中改变事件的活动进行段。

单击Add Scene Event（添加场景事件）按扭，会弹出Add Scene Event（添加场景事件）对话框，如图13-5所示，在该对话框中可将当前场景中的一个视图作为事件添加到序列窗口中，并可以设置该事件的开始时间、结束时间，以及渲染选项等。

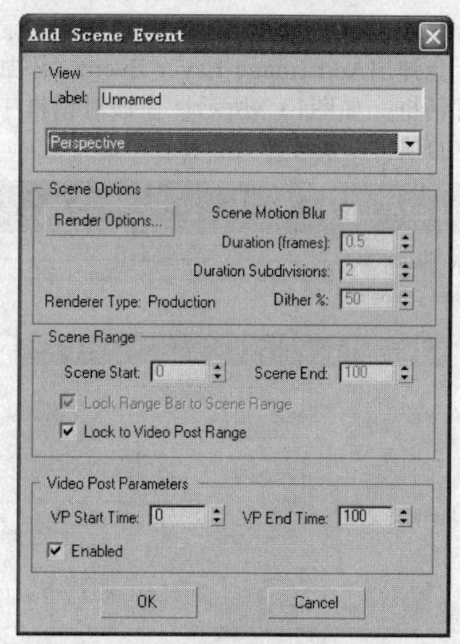

图13-5 添加场景事件对话框

单击Add Image Input Event（添加图像输入事件）按钮，会弹出如图13-6所示的对话框。可将静止或移动的图像添加至场景。

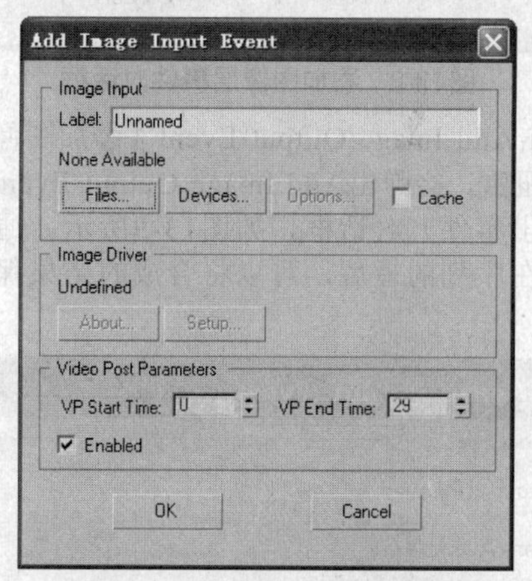

图13-6 添加图像输入事件对话框

单击Add Image Filter Event（添加图像过滤器事件）按钮，会弹出Add Image Filter Event（添加图像过滤器事件）对话框，如图13-7所示。在该对话框中可以对图像进行特殊效果的处理。

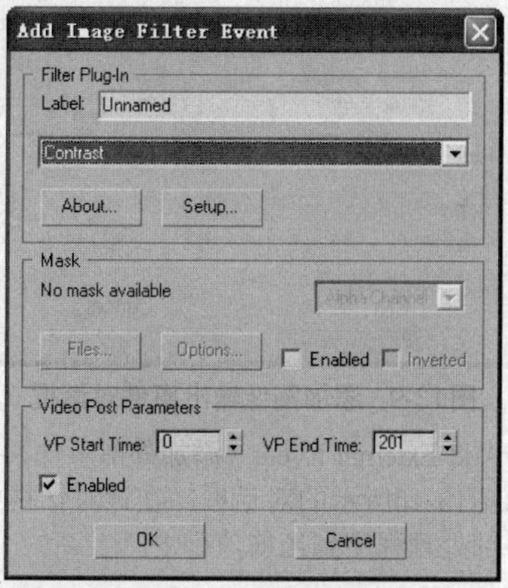

图13-7 添加图像过滤器事件对话框

单击Add Image Layer Event（添加图像层事件）按钮，会弹出Add Image Layer Event（添加图像层事件）对话框，如图13-8所示。在该对话框中可以将两个选中的项目以某种方式合并在一起。

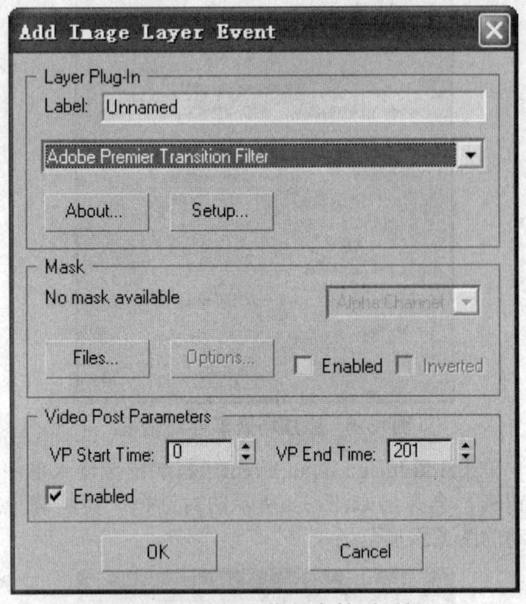

图13-8　添加图像层事件对话框

单击Add Image Output Event（添加图像输出事件）按钮，会弹出Add Image Output Event（添加图像输出事件）对话框，如图13-9所示。通常将该事件放在序列的最后，可以将合成的结果保存为图像事件。

Add Image Output Event
Image File
Label: Unnamed
None Available
Files... Devices...
Image Driver
Undefined
About... Setup...
Video Post Parameters
VP Start Time: 0 VP End Time: 100
Enabled
OK Cancel

图13-9　添加图像输出事件对话框

单击Add External Event（添加外部事件）按钮，会弹出如图13-10所示的对话框，在该对话框中可以添加一个外部处理程序到当前项目中。

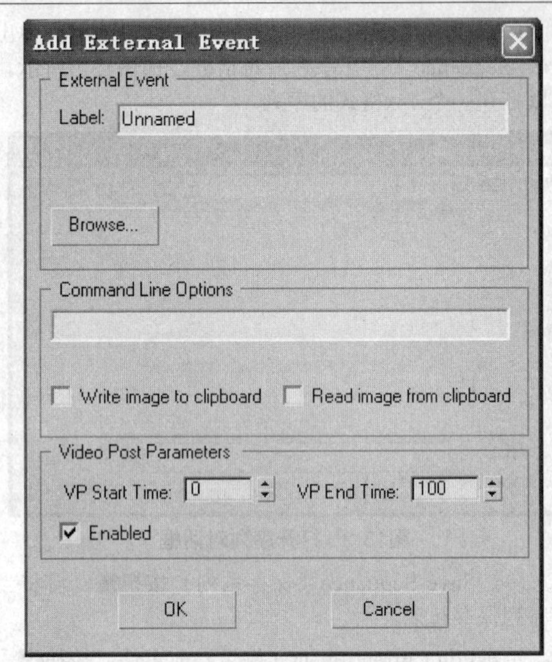

图13-10　添加外部事件对话框

选择一个要循环的事件，再单击Add Loop Event（添加循环事件）按钮，会弹出如图13-11所示的Add Loop Event（添加循环事件）对话框，在该对话框中可以设置该事件随时间在视频输出中重复播放。

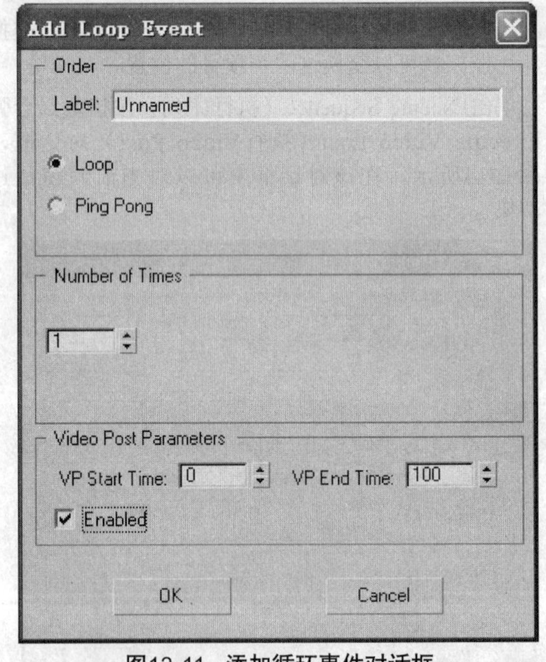

图13-11　添加循环事件对话框

2. 序列窗口

序列窗口也称队列窗口，是合成的图像、场景，以及事件的层次列表。在Video Post视频合成器中组成队列的项目场景、动画、一些特殊效果或外部过程也被称为事件。事件在队列中从上到下的显示顺序也是视频合成的顺序。

3. 编辑窗口

在编辑窗口中每一个轨迹都对应一个事件，调整轨迹区域的长短可以改变事件发生的长短，用户可以利用工具栏中的工具对轨迹的开始帧和结束帧进行移动或缩放。

4. 状态栏/视图控件

状态栏/视图控件位于Video Post（视频合成器）的底部位置，主要用于提示当前可进行的操作，显示当前事件的状态，以及控制编辑窗口中轨迹的显示状态。

13.1.3 实际操作

前面对Video Post视频合成窗口中的各组成部分做了详细的介绍，在本小节中主要向读者介绍使用Video Post视频合成器合成图像或动画等效果的应用流程。

步骤1 在菜单栏中执行“Rendering（渲染）>Video Post”命令，如图13-12所示。

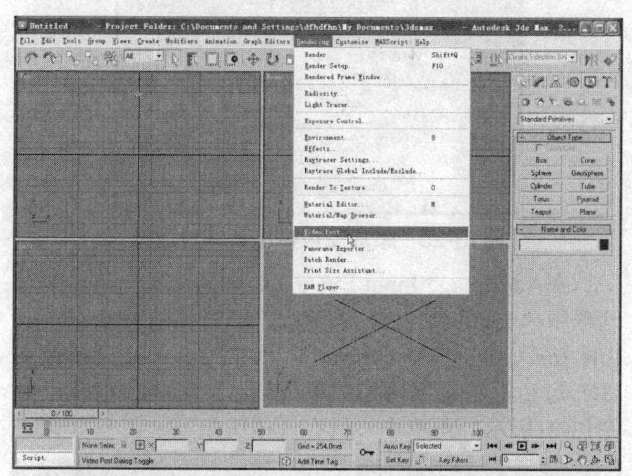

图13-12 执行Video Post视频合成命令

步骤2 打开的Video Post视频合成器窗口，如图13-13所示，在编辑窗口中有一个名为Queue（队列）的轨迹。

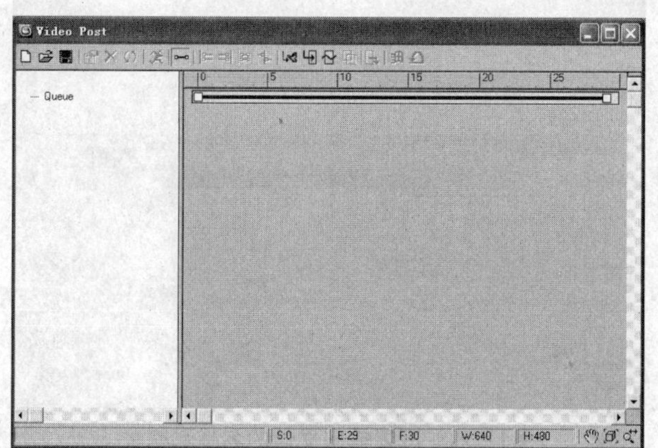

图13-13 Video Post视频合成器窗口

步骤3 单击Add Scene Event（添加场景事件）按钮，在弹出的Add Scene Event（添加场景事件）对话框中可设置场景中任意一个视图为输出视图，如图13-14所示，完成后单击OK按钮。

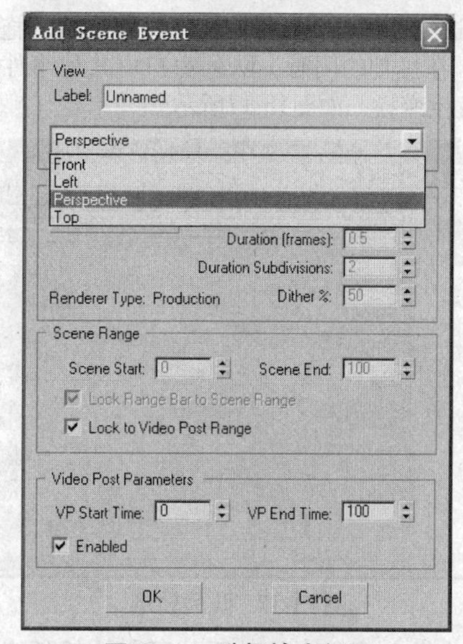

图13-14 选择输出视图

步骤4 单击Add Image Filter Event（添加图像过滤器事件）按钮，再在Add Image Filter Event（添加图像过滤器事件）对话框中选择图像过滤器类型，如图13-15所示。

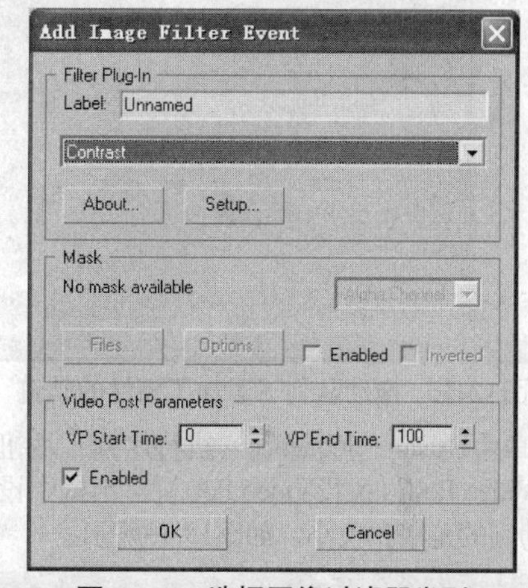

图13-15 选择图像过滤器类型

步骤5 在添加图像过滤器事件的对话框中单击OK按钮，在序列窗口中即会显示出之前添加的两个事件，队列轨迹的长度也随添加的事件而变长，如图13-16所示。

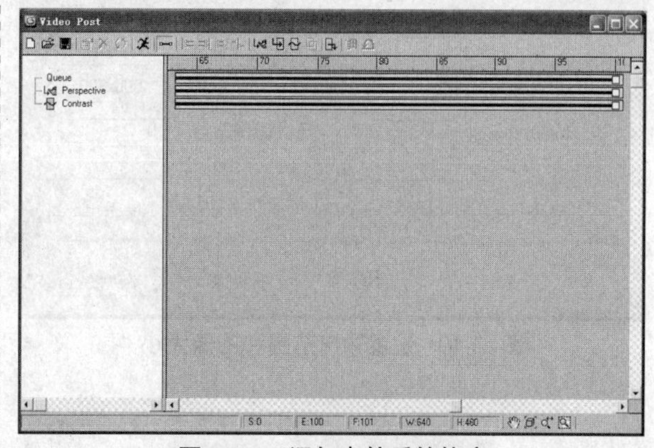

图13-16 添加事件后的轨迹

步骤❻ 选择Queue（队列）轨迹的结束帧，拖动来进行拉伸。在拉伸的同时，队列窗口中其他事件的轨迹也随之发生变换，如图13-17所示。

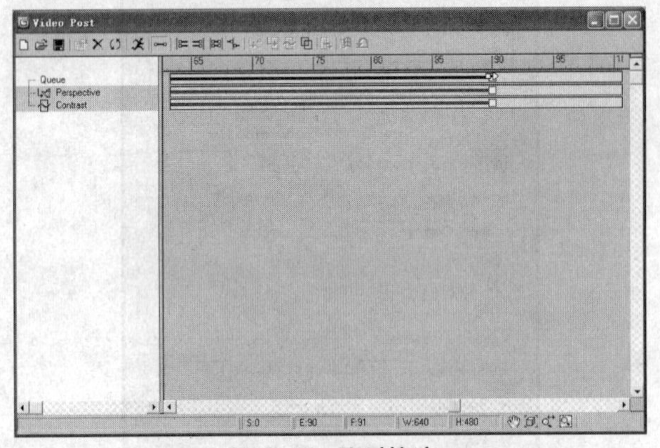

图13-17　队列轨迹

步骤❼ 在队列窗口中拖动添加了事件的任意一个轨迹，其他轨迹不会随之发生变换，如图13-18所示。

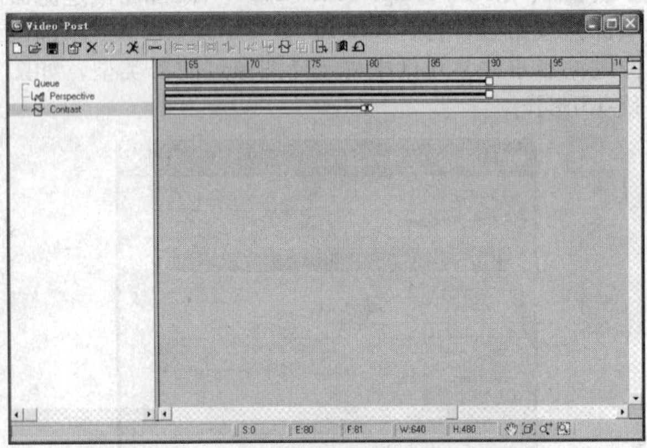

图13-18　拖动队列下添加了事件的轨迹

步骤❽ 单击Execute Sequence（执行序列）按钮，在Execute Video Post（执行Video Post）对话框中设置输出图像或动画的范围和大小，如图13-19所示。

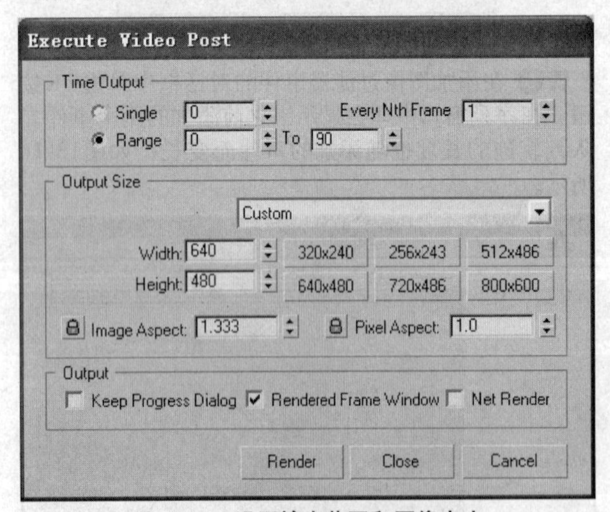

图13-19　设置输出范围和图像大小

13.1.4　深度解析：保存输出的图像或动画

在Video Post视频合成窗口中编辑的特殊效果或合成的动画需在其自身特有的输出对话框中进行渲染输出。

在渲染输出图像或动画时，需在渲染前单击Video Post视频合成窗口中的Add Image Output Event（添加图像输出事件）按钮，打开如图13-20所示的Add Image Input Event（添加图像输出事件）对话框。

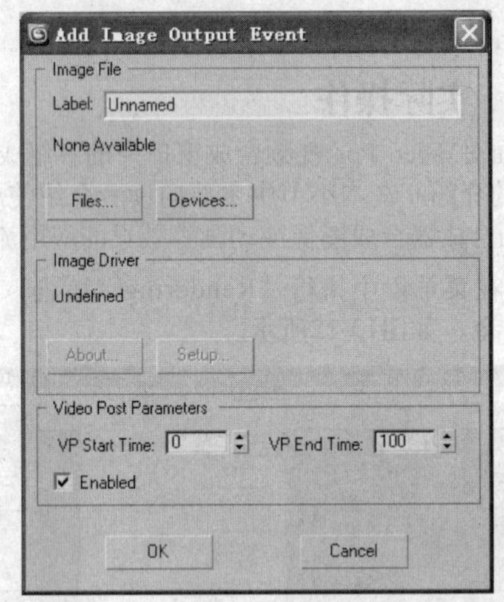

图13-20　添加图像输出事件对话框

在Add Image Input Event（添加图像输出事件）对话框中单击Files文件按钮，在弹出的Select Image File for Video Post Output（为Video Post输出图像文件）对话框中设置输出图像或动画的名字和格式，如图13-21所示，再单击“保存”按钮即可。

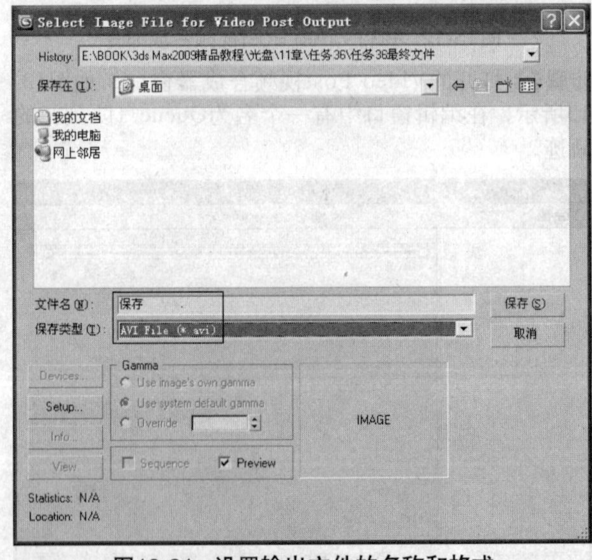

图13-21　设置输出文件的名称和格式

在渲染输出静帧图像时，也可直接在渲染窗口的顶部单击Save Image（保存图像）按钮，对输出的图像进行保存，如图13-22所示。

图13-22 保存静帧图像

13.2 任务41 利用Video Post制作星星效果

视频编辑合成主要有两个目的：一是将动画、文字图像和场景等连接在一起，将动态影像进行编辑，分段组合以达到剪辑影片的作用；二是对组合和连接加入效果处理，比如对画面进行光晕处理，在两个影片衔接时作淡入淡出处理等。

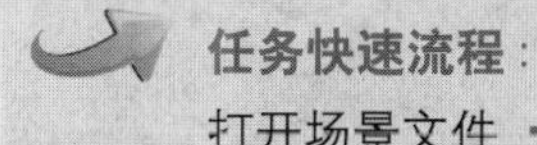

任务快速流程：

打开场景文件 ➔ 打开Video Post视频合成窗口 ➔ 添加事件 ➔ 渲染输出

13.2.1 简单讲评

Video Post视频合成也称为视频后期合成，是指将制作好的作品素材收集在一起，包括最后场景所需的各种动态图像、静止的图片、文字等。通过使用Video Post视频合成窗口，将一段动画与另一段动画合成、连接，并根据需要加入各种文字字幕、静止画面、真实场景画面、镜头光斑特技、过滤器、合成器或淡入淡出效果等。

13.2.2 核心知识

在Video Post视频合成器中添加事件的各种特殊效果通常在Add Image Filter Event（添加图像过滤器事件）对话框中进行。在Filter Plug-In（过滤器插件）选项组的下拉列表中有11种图像过滤效果，如图13-23所示。

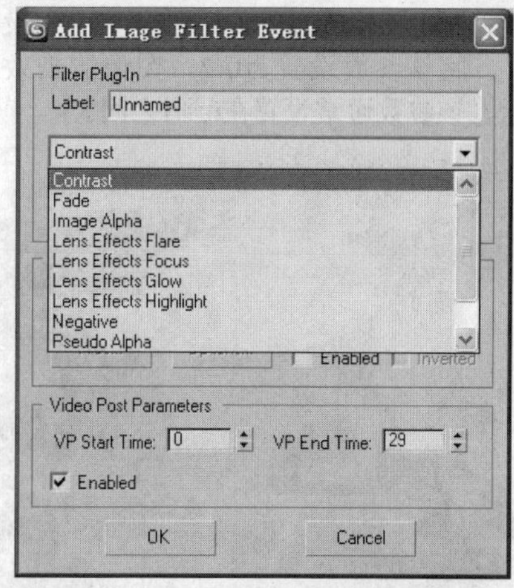

图13-23 添加图像过滤器事件对话框

图像分层事件是以某种方式合成两个相邻事件，相当于两个子事件的父事件。在Video Post视频合成器窗口中按住Ctrl键选择两个事件，然后单击Add Image Layer Event（添加图像层事件）按钮，打开如图13-24所示的对话框。

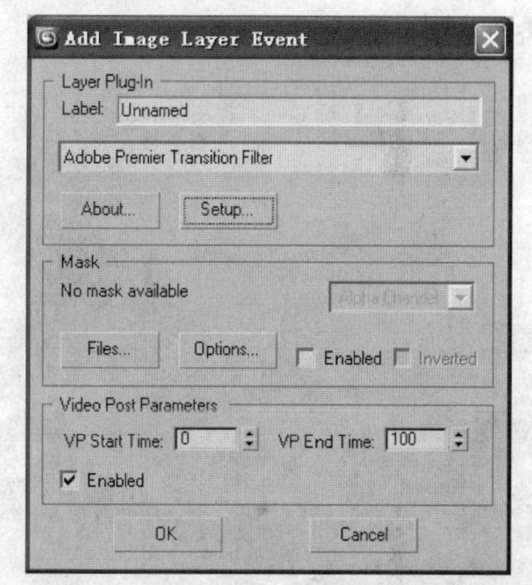

图13-24 添加图像层事件对话框

1. 添加或编辑图像过滤器事件

3ds Max中Video Post视频合成器的图像过滤器效果很丰富，而且操作起来十分简单，各个过滤器的参数设置几乎完全相同。

下面对其中两种过滤器的参数进行介绍。

① Contrast（对比度）过滤器

Contrast（对比度）过滤器通常用来调节图像的亮度和对比度，在添加图像过滤器事件对话框中选择该过滤器类型后，单击Setup（设置）按钮 Setup... ，其参数设置对话框如图13-25所示。

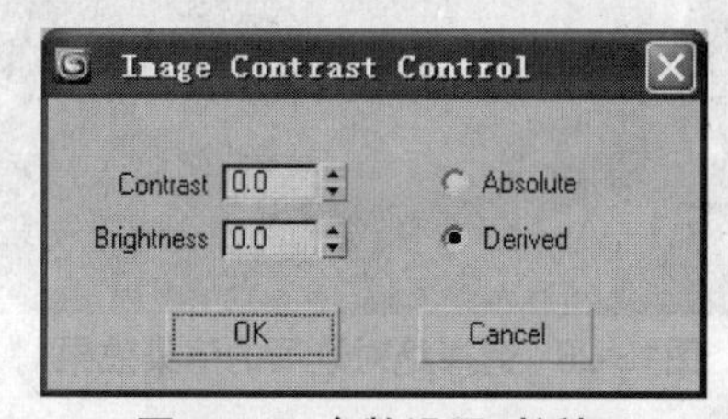

图13-25 参数设置对话框

在对话框中，Contrast（对比度）用于设置图像的对比度。将该参数设置为0.2，图像渲染效果如图13-26所示。该参数通常设置在0到1之间。

图13-26 设置对比度为0.2的渲染效果

Brightness（亮度）用于设置图像的亮度，将该参数设置为0.3，渲染图像效果如图13-27所示。该参数通常设置在0到1之间。

图13-27 设置亮度为0.3的渲染效果

单击Absolute（绝对）单选按钮，将根据最高的颜色值计算中间的灰度值，其渲染效果如图13-28所示。

图13-28 选择绝对选项的渲染效果

② Simple Wipe（简单擦除）过滤器

Simple Wipe（简单擦除）过滤器用于简单清除过滤器，并用黑色背景取代原来的背景，从而清除图像。其参数设置对话框如图13-29所示。

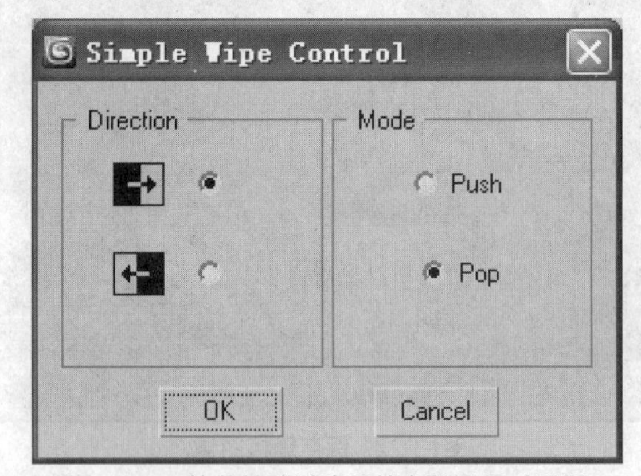

图13-29 简单擦除过滤器的参数设置对话框

Direction（方向）用于设置清除图像的方向，可以选择从左到右清除或从右到左清除，如图13-30所示。

图13-30 从左到右的清除效果

Mode（模式）选项组中的Push（推入）用于显示清除的背景图像，Pop（弹出）用来清除背景图像。单击Push（推入）单选按钮，视图渲染效果如图13-31所示。

图13-31 渲染效果

2. 添加或编辑镜头效果过滤器事件

镜头效果包括Lens Effects Flare（镜头效果光斑）、Lens Effects Focus（镜头效果焦点）、Lens Effects Glow（镜头效果光晕），以及Lens Effects Highlight（镜头效果高光）4种，其参数基本相似。

Lens Effects Flare（镜头效果光斑）是最复杂的过滤器，常用于模拟太阳光和刺眼的灯光效果。其参数设置窗口相当大，左边是和其他3种镜头过滤器相似的正规镜头特效过滤器设置面板，上面的预览窗口可用来预览最后的光斑效果，如图13-32所示。

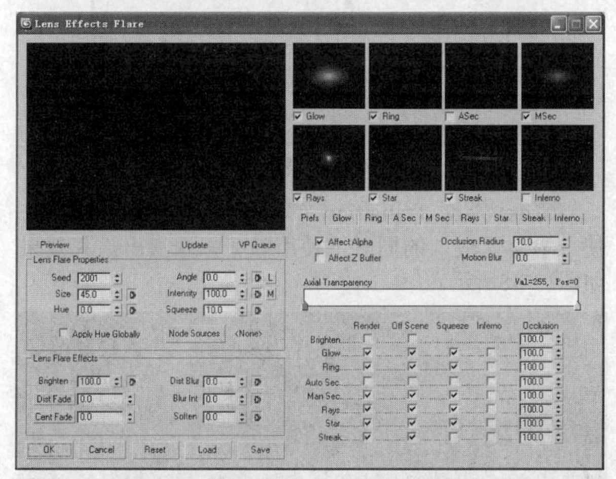

图13-32 镜头效果光斑的参数设置窗口

在每个镜头效果过滤器参数设置窗口中都有一个预览窗口，该窗口既可以显示当前Video Post中的实际场景效果，也可以显示对系统内定的一个场景的处理效果。如图13-33所示。在窗口左上角的主预览窗口中显示了完整的场景。在右上角的8个较小的预览窗口中显示了镜头光斑的各个部分。每个小预览窗口都在其下方没有显示光斑效果的复选框。

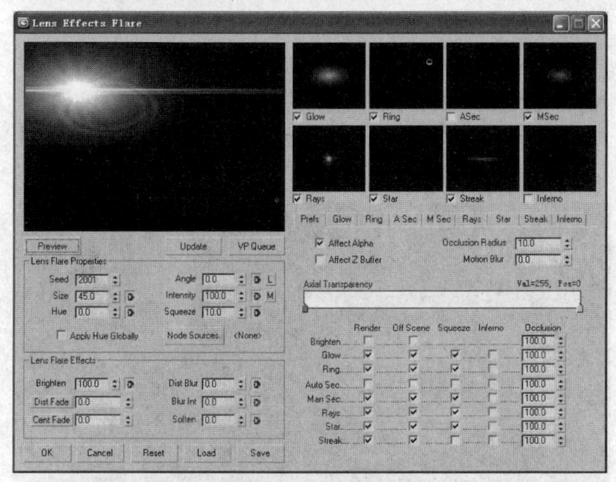

图13-33 预览效果

Lens Flare Properties（镜头光斑属性）选项组用来设定光斑出现的位置、尺寸和方向，如图13-34所示。

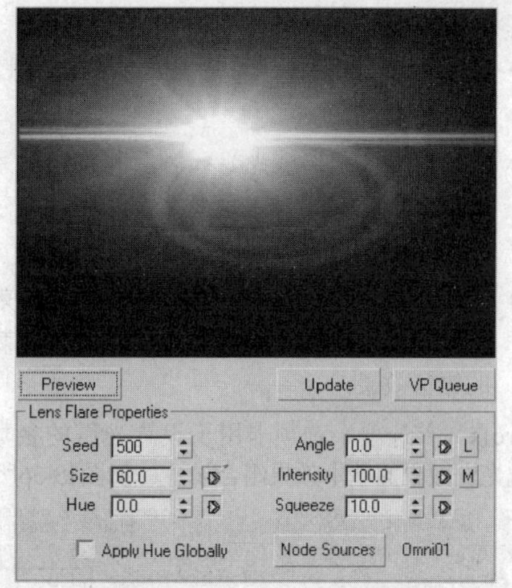

图13-34 镜头光斑属性选项组

此选项组中主要选项的作用如下。

- Seed（种子）选项：用于设置种子数，在不改变其他参数的情况下，不同的种子值会对最后效果稍加改变，但不会破坏整体效果。
- Size（大小）选项：用于设置整个光斑及二级光斑的大小。虽然每个部分都有自身的大小设置，但只能设置相对大小，整体光斑的尺寸调节还是需要通过此参数来进行。
- Intensity（强度）选项：用于控制整个光斑的明亮度和不透明度。
- Node Sources（节点源）按钮：单击此按钮，可在弹出对话框中选择产生光斑效果的任意对象。
- Angle（角度）：用于设置光斑从默认位置开始旋转的量。
- Squeeze（挤压）：在水平方向或垂直方向挤压镜头光斑的大小，用于补偿不同的帧纵横比。
- Hue（色调）：如果勾选全局应用色调复选框，将控制镜头光斑效果中的色调量。
- Apply Globally（全局应用色调）：可将节点源的色调全局应用于其他光斑效果。

Lens Flare Effects（镜头光斑特效）选项组用于控制光斑效果在场景中出现的方式与位置，如图13-35所示。

图13-35 镜头光斑特效选项组

此选项组中主要选项的作用如下。

- Brighten（加亮）选项：用于设置整个图像的亮度。
- Dist Fade（距离褪光）：激活此按钮后系统会依据光斑与摄影机的距离大小产生褪光效果，但要求用于摄影机视口。
- Soften（柔化）选项：用于对整个光斑效果进行柔化处理，较小的值可以消除尖锐芒刺产生的锯齿效果。

Prefs（首选项）选项卡用于设置光斑的参数，以及组成光斑效果的基本效果组合设置，如图13-36所示。

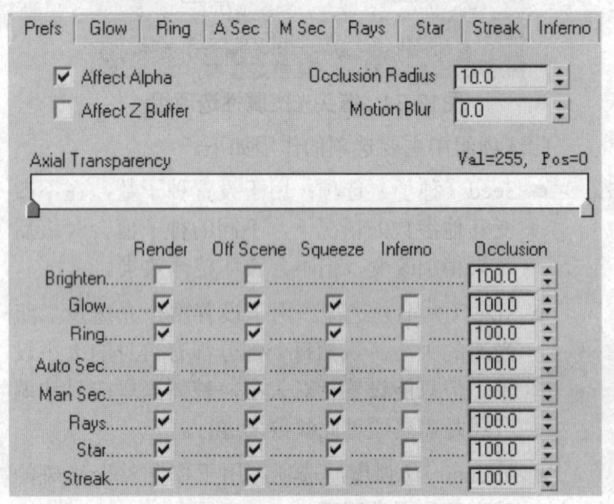

图13-36　首选项选项卡

此选项选项卡中主要参数选项的作用如下。

- Render（渲染）选项：用于决定每种基本效果是否被渲染。
- Off Scene（场景外）选项：用于设置当光斑对象在渲染场景外时，渲染的场景是否具有光斑镜头效果。
- Squeeze（挤压）选项：用于设置在Lens Flare Properties（镜头光斑属性）选项组中设置的挤压参数是否对此基本效果生效。

3. 添加或编辑图层事件

在Video Post视频合成器窗口中选择两个相邻事件合成时，第一个选中的子事件图像为源对象，第二个选中的子事件图像为合成图像。图像分层事件类似于图像过滤器事件，其差别在于是对选择事件过滤还是合成。

Add Image Layer Event（添加图像层事件）对话框中包含Adobe Premier Transition Filter（Adobe Premiere变换过滤器）、Alpha Compositor（Alpha合成器）、Cross Fade Transition（交叉淡入淡出），以及Pseudo Alpha（伪Alpha）等6种合成器，如图13-37所示。下面对这些合成器进行一一介绍。

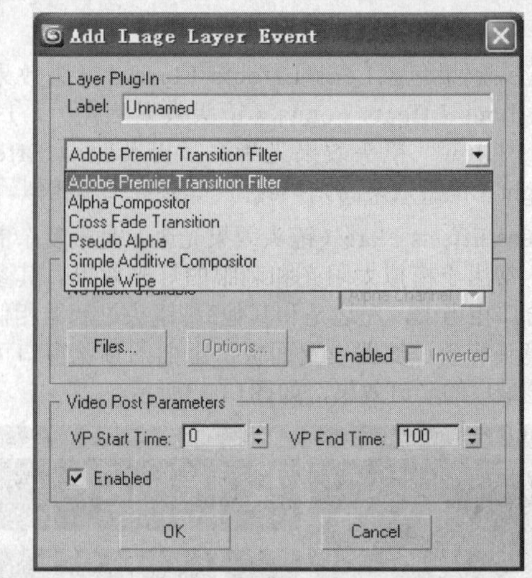

图13-37　添加图像层事件对话框

Cross Fade Transition（交叉淡入淡出）合成器在使一幅图像淡入的同时，使用另一幅画淡出，其效果如图13-38所示。

图13-38　交叉淡入淡出效果

Pseudo Alpha（伪Alpha）合成器可以用于在没有Alpha通道时合成两幅图像，并以第一幅图像为前景，第二幅图像为背景。该合成器没有专门的参数设置对话框。其效果如图13-39所示。

图13-39　伪Alpha合成效果

Simple Additive Compositor（简单加法合成器）使用前景图像的亮度来合成两幅图像，其效果如图13-40所示。该合成器也没有参数设置对话框。

图13-40 简单加法合成效果

Simple Wipe（简单擦除）合成器与图像过滤事件中的Simple Wipe（简单擦除）过滤器相似，只不过它是将一幅图像滑出的同时滑入另一幅图像，而不是清除图像，效果如图13-41所示。

图13-41 简单擦拭合成效果

13.2.3 实际操作

- ·原始文件　第13章\任务41\任务41实际操作原始文件.max
- ·最终文件　第13章\任务41\任务41实际操作最终文件.max

在前面的小节中对Video Post视频合成中的各种图像过滤器事件、镜头效果过滤器事件，以及图层编辑事件进行了介绍，本节将以实例的形式对前面所讲到的知识进行操作练习，具体步骤如下。

步骤❶ 打开光盘中提供的“第13章\任务41\任务41原始文件.max”场景文件，其渲染效果如图13-42所示。

图13-42 场景文件的渲染效果

步骤❷ 在路灯灯泡的位置上创建一个Omni（泛光灯），并使用Select and Uniform Scale（选择并均匀缩放）工具将泛光灯调整到如图13-43所示的形状。

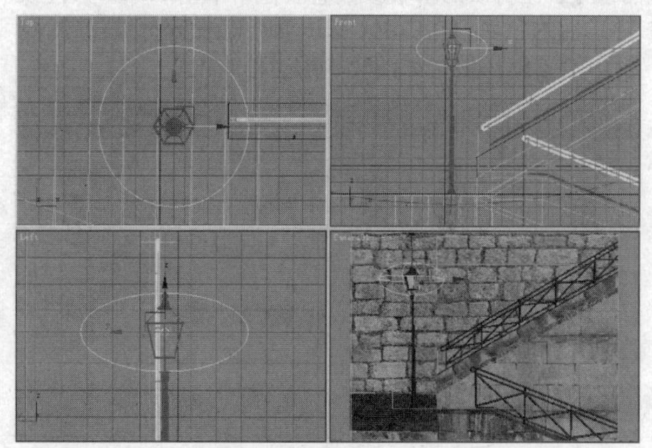

图13-43 创建泛光灯

步骤❸ 在灯光的参数卷展栏下设置其Multiplier（倍增）值和灯光颜色，并设置Far Attenuation（远距衰减）的范围，如图13-44所示。

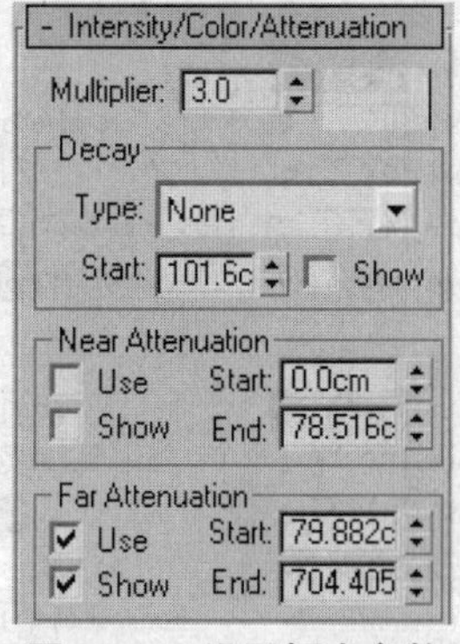

图13-44 设置灯光参数

步骤❹ 按下M键打开材质编辑器窗口，选择一个材质球来制作灯罩的材质，单击Standard（标准）按钮，在材质/贴图浏览器窗口中选择VRayMtl材质，如图13-45所示，完成后单击OK按钮。

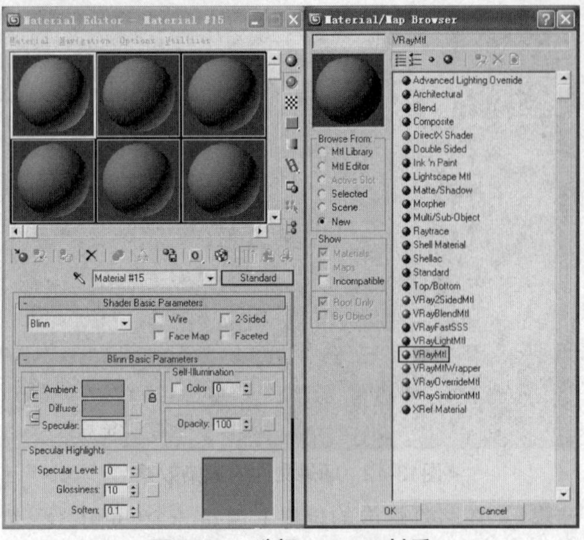

图13-45　选择VRayMtl材质

步骤❺ 在材质的基本参数卷展栏下单击Diffuse（漫反射）后的色块，在Color Selector（颜色选择器）对话框中设置RGB值，如图13-46所示。

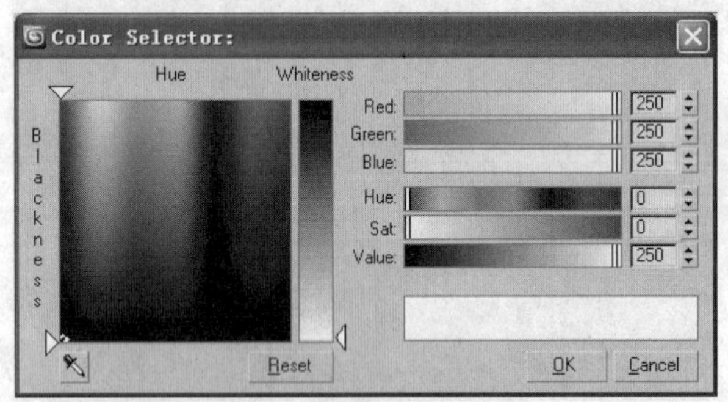

图13-46　设置漫反射颜色

步骤❻ 设置Reflec（反射）和Refrac（折射）色块的R、G、B值均为25，并按照图13-47所示设置其他选项的参数值。

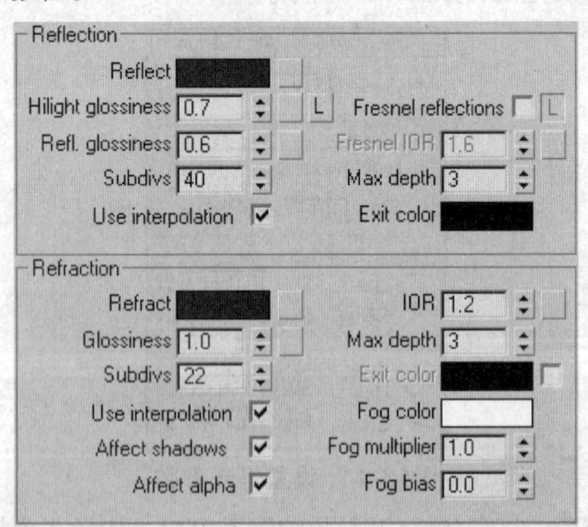

图13-47　设置其他参数选项

步骤❼ 将制作好的材质赋予场景中的灯罩，其渲染效果如图13-48所示。可观察到光线透过灯罩照亮了周围的场景。

图13-48　渲染场景效果

步骤❽ 在菜单栏中执行“Rendering（渲染）>Video Post”命令，如图13-49所示。

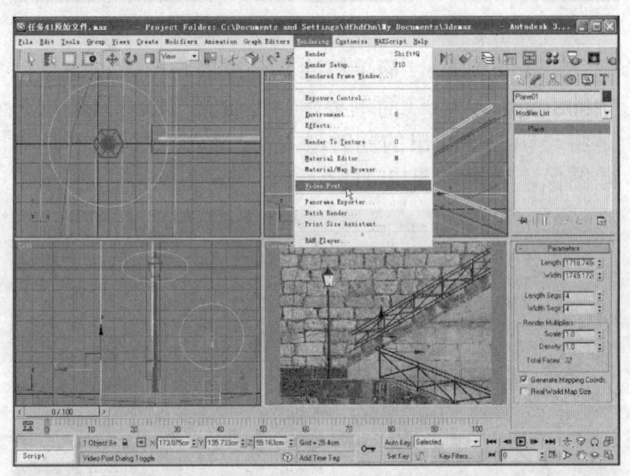

图13-49　执行Video Post视频合成命令

步骤❾ 在Video Post窗口中单击Add scene Event（添加场景事件）按钮，在弹出对话框中选择Camera01（摄影机01）视口，如图13-50所示，完成后单击OK按钮。

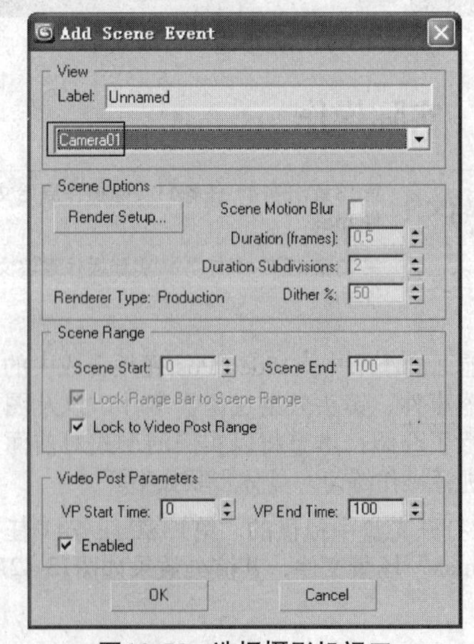

图13-50　选择摄影机视口

步骤⑩ 回到Video Post窗口，单击Add Image Filter Event（添加图像过滤器事件）按钮，在弹出对话框中选择Lens Effects Flare（镜头效果光斑），如图13-51所示。

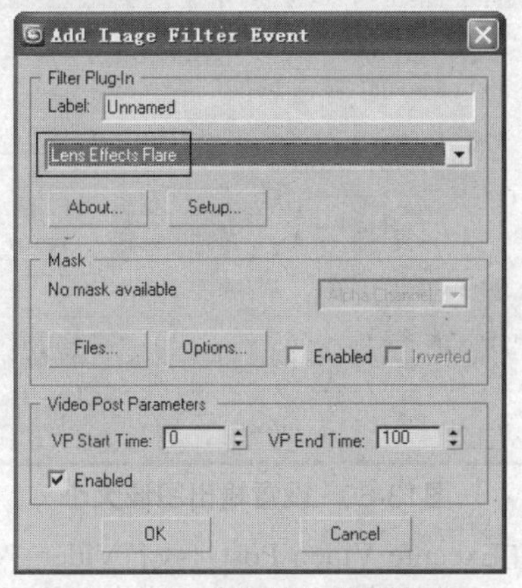

图13-51 选项镜头效果光斑

步骤⑪ 在添加图像过滤器事件的对话框中单击Setup（设置）按钮，弹出如图13-52所示的参数设置对话框。

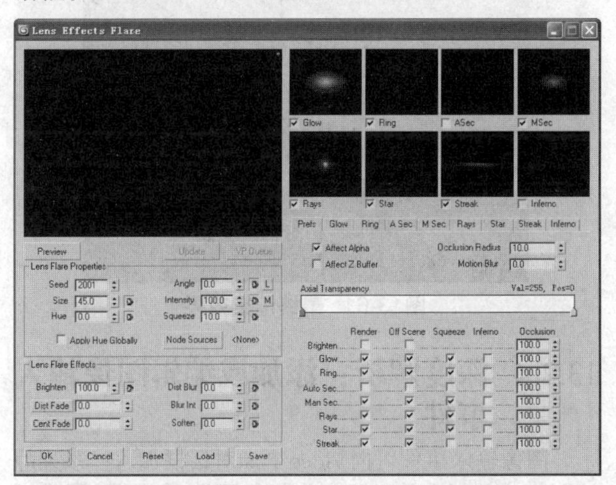

图13-52 镜头效果光斑参数设置对话框

步骤⑫ 在Lens Flare Properties（镜头光斑属性）选项组单击Node Sources（节点源）按钮，在如图13-53所示的对话框中选择Omni01（泛光灯01）。

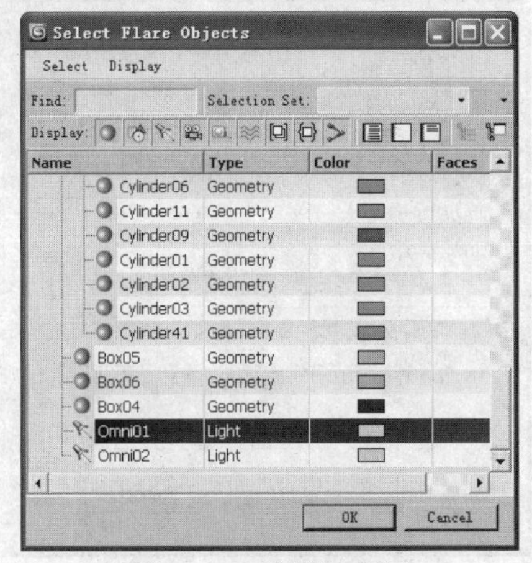

图13-53 选择泛光灯

步骤⑬ 单击OK按钮返回，在窗口中单击VP Queue（VP 队列）按钮 VP Queue ，在预览窗口中就可观察到当前Video Post中的实际场景效果，如图13-54所示。

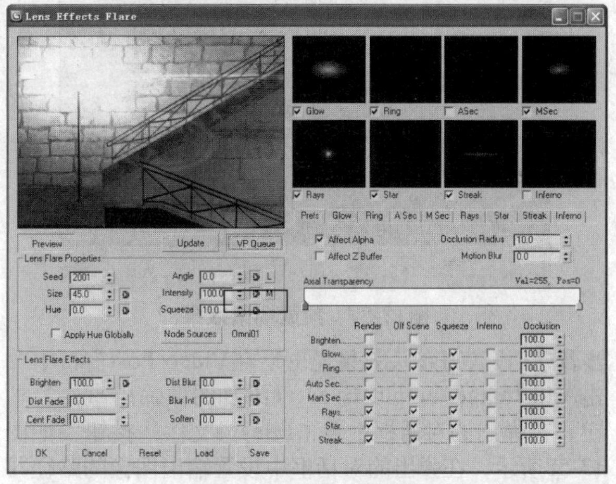

图13-54 预览场景效果

步骤⑭ 按照图13-55所示设置Prefs（首选项）选项卡下的各选项。

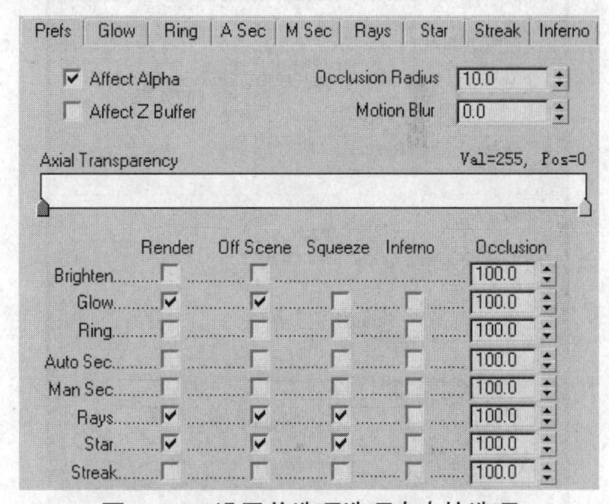

图13-55 设置首选项选项卡中的选项

步骤⑮ 按照图13-56所示设置Glow（光晕）选项卡下各参数的值。

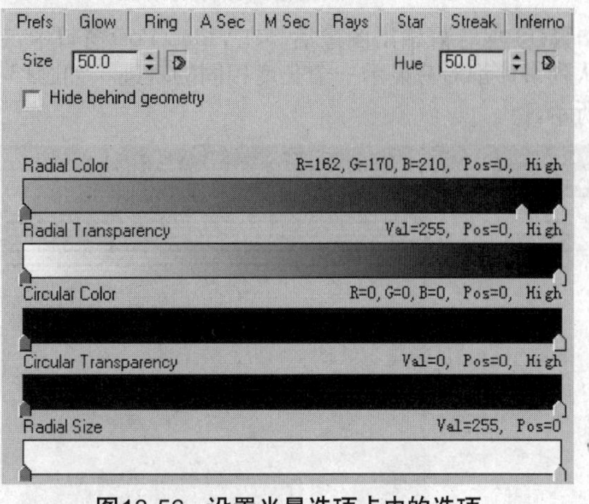

图13-56 设置光晕选项卡中的选项

步骤⑯ 再次在预览窗口中观察当前Video Post中的实际场景效果，如图13-57所示。

图13-57　预览场景效果

步骤⑰ 设置好镜头效果光斑后在Video Post窗口中单击Add Image Output Event（添加图像输出事件）按钮，在弹出的对话框中单击Files（文件）按钮，如图13-58所示，在弹出的对话框中设置输出图像的路径并保存。

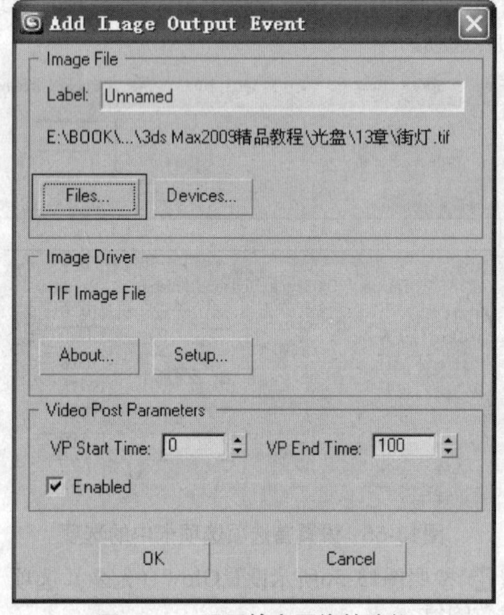

图13-58　设置输出图像的路径

步骤⑱ 保存好输出图像后，在Video Post窗口中每个队列事件都对应显示一个长度相同的轨迹，如图13-59所示。

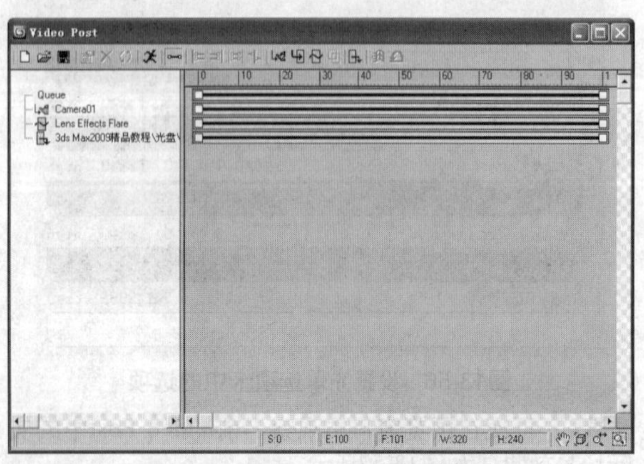

图13-59　Video Post窗口的轨迹

步骤⑲ 单击Execute Video Post（执行Video Post）按钮，在弹出的如图13-60所示的对话框中设置输出图像的大小。

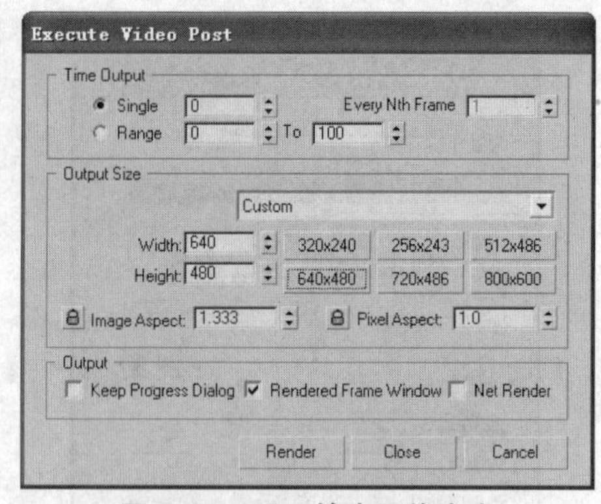

图13-60　设置输出图像大小

步骤⑳ 在Execute Video Post（执行Video Post）对话框中单击Render（渲染）按钮，渲染出的视图效果如图13-61所示。

图13-61　最终渲染效果

13.2.4 深度解析：添加或编辑图像输入事件

图像输入事件可向Video Post对话框加入一系列静帧图像或动画文件。通常先加入图像，再通过图像过滤器进行后期处理。单击Add Image Input Event（添加图象输入事件）按钮，弹出如图13-62所示的对话框。

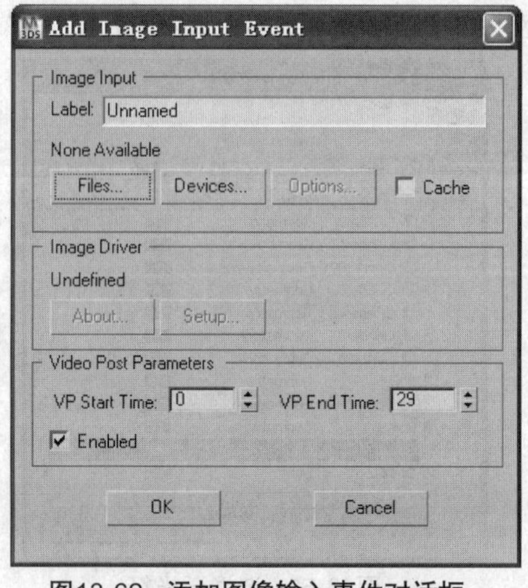

图13-62　添加图像输入事件对话框

Image Input（图像输入）：此选项组用于用于设置图像输入事件的名称和格式。其中主要选项的作用如下。

- Label（标签）：用于设置所添加的图像输入事件的名称。
- Files（文件）：单击此按钮，可在弹出对话框中选择添加的图像或动画文件，支持AVI、BMP、GIF、IFL、MOV、TGA和TIF等多种格式。

Image Driver（图像驱动程序）选项组只有在选择了从设备中载入图像或动画文件后才能被使用。

13.3 综合实训：制作霓虹灯效果动画

·原始文件 第13章\综合实训\综合实训原始文件.max

·最终文件 第13章\综合实训\综合实训最终文件.max

本章对Video Post视频合成器窗口中的各个部分进行了介绍，在本节中将以制作霓虹灯效果为例，对前面小节中所讲到的知识进行复习总结，其具体步骤如下。

步骤❶ 打开光盘中提供的“第12章\综合实训\综合实训原始文件.max”文件，在创建面板的图形类别下单击Line（线）按钮，如图13-63所示。

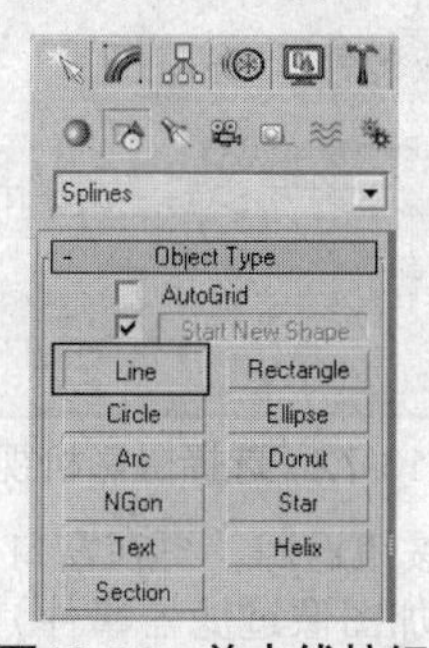

图13-63 单击线按钮

步骤❷ 在前视图中创建如图13-64所示的二维图形。注意该二维图形是由多条曲线组成的。

图13-64 创建二维图形

步骤❸ 在创建面板的图形类别下单击Text（文本）按钮 Text ，在Parameters（参数）卷展栏下按照图13-65所示进行设置。

图13-65 设置文本对象

步骤❹ 在前视图中单击鼠标左键，文本对象即被创建在了视图中，效果如图13-66所示。

图13-66 创建文本对象

步骤❺ 在视图中所有的曲线和文本对象的Rendering（渲染）卷展栏下都进行如图13-67所示的设置。

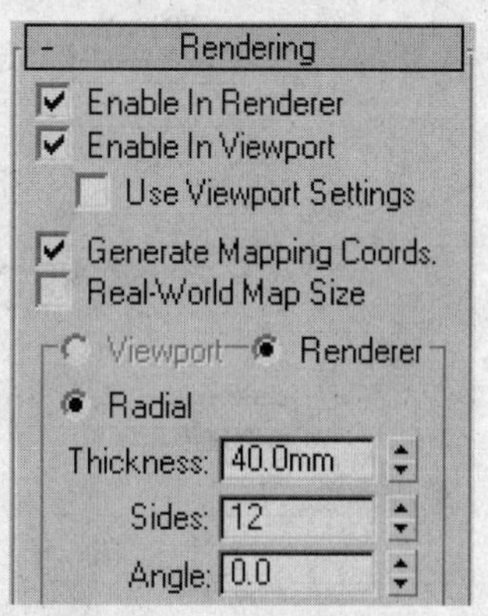

图13-67 设置渲染参数

步骤❻ 参数设置完成后，可看到场景中所有的二维对象都呈现三维对象效果，如图13-68所示。

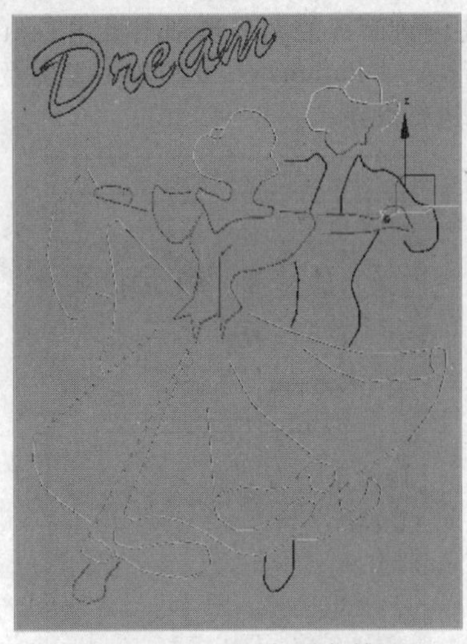

图13-68 显示为三维效果

步骤⑦ 在材质编辑器中为每条线段设置不同颜色的材质，其文本对象的材质球效果如图13-69所示。

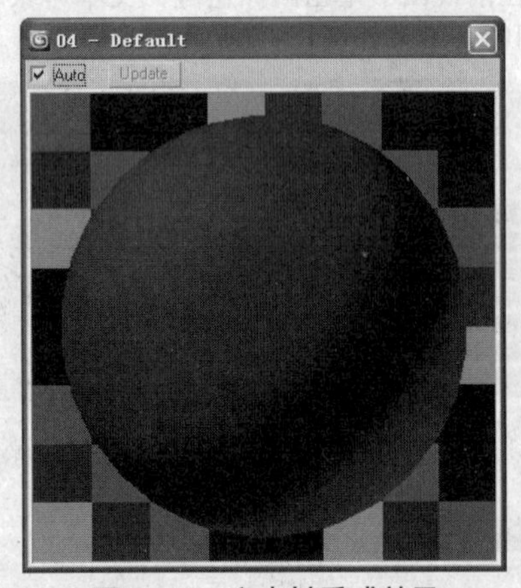

图13-69 文本材质球效果

步骤⑧ 在视图中选择所有的对象，单击鼠标右键，在弹出的四元菜单中选择Object Properties（对象属性）命令，如图13-70所示。

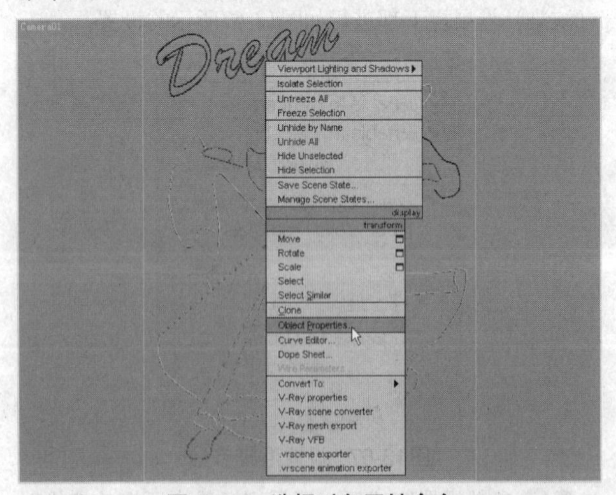

图13-70 选择对象属性命令

步骤⑨ 在Object Properties（对象属性）对话框中设置Object ID（对象ID）为1，如图13-71所示，完成后单击OK按钮。

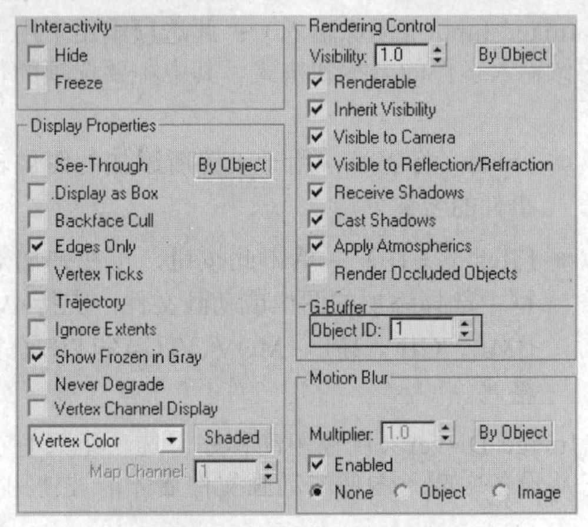

图13-71 设置对象ID号

步骤⑩ 打开Video Post视频合成窗口，在其中单击Add Scene Event（添加场景事件）按钮，在弹出对话框中选择Camera01（摄影机01）视口，如图13-72所示。

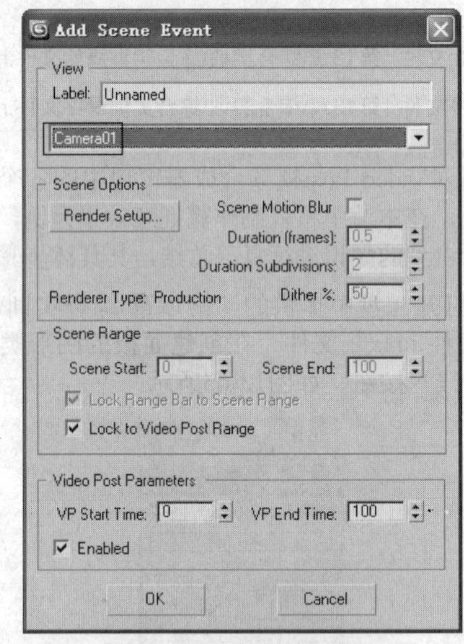

图13-72 选择摄影机视口

步骤⑪ 单击OK按钮返回，再在窗口中单击Add Image Filter Event（添加图像过滤器事件）按钮，在弹出对话框中选择Lens Effects Glow（镜头效果光晕），如图13-73所示。

图13-73 选择镜头效果光晕

步骤⑫ 在添加图像过滤器事件的对话框中单击Setup（设置）按钮，在开启的对话框中勾选Effeots ID（效果ID）复选框，如图13-74所示。

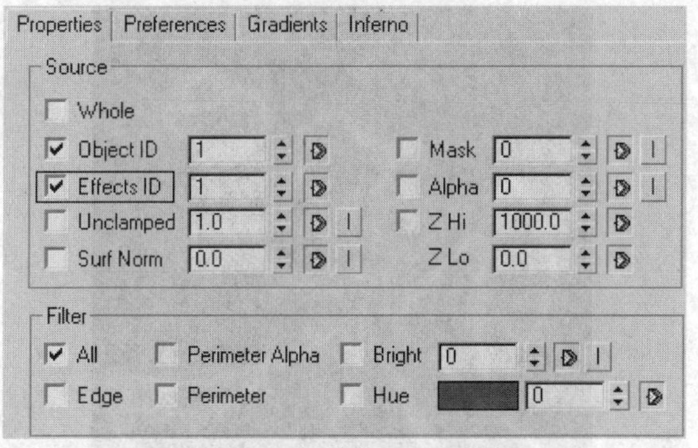

图13-74 勾选效果ID复选框

步骤⑬ 在Preferences（首选项）选项卡下设置效果Size（大小）为1，并且设置颜色Intensity（强度）为50，如图13-75所示。

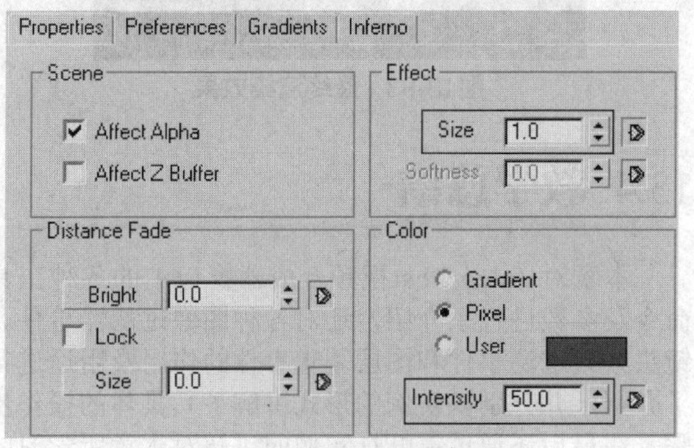

图13-75 设置首选项卷展栏

步骤⑭ 在预览窗口中可观察到当前Video Post中的实际场景效果，如图13-76所示。然后再单击OK按钮退出。

图13-76 预览场景效果

步骤⑮ 在Video Post窗口中单击Image Filter Event（添加图像过滤器事件）按钮，在弹出对话框中再次选择Lens Effects Glow（镜头效果光晕），如图13-77所示。

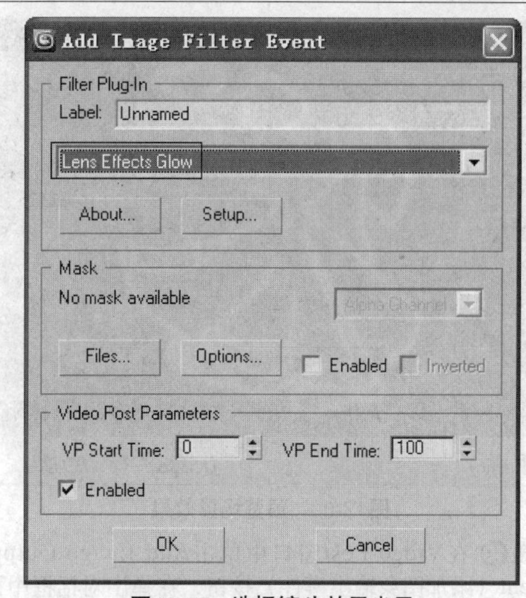

图13-77 选择镜头效果光晕

步骤⑯ 在添加图像过滤器事件的对话框中单击Setup（设置）按钮，再在开启的对话框中勾选Effeots ID（效果ID）复选框，如图13-78所示。

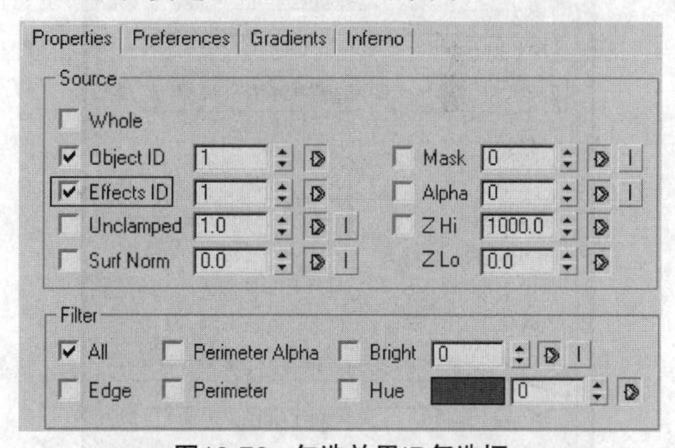

图13-78 勾选效果ID复选框

步骤⑰ 在Preferences（首选项）选项卡下设置效果Size（大小）为3，并设置颜色Intensity（强度）为60，如图13-79所示。

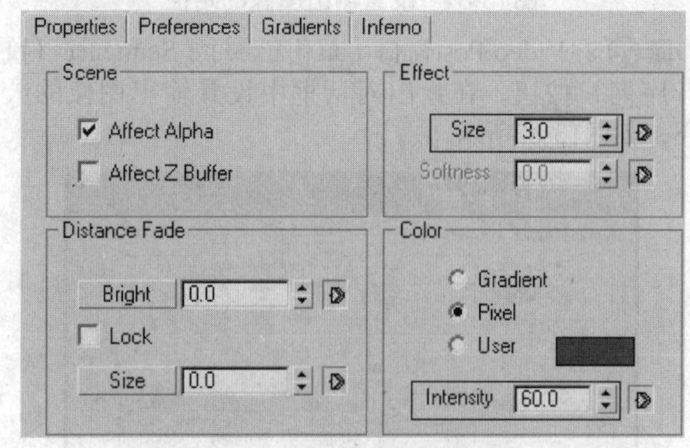

图13-79 设置首选项卷展栏

步骤⑱ 在预览窗口中可观察到当前Video Post中的实际场景效果，如图13-80所示。然后单击OK按钮退出。

图13-80　预览场景效果

步骤⑲ 在Video Post窗口中单击Add Image Output Event（添加图象输出事件）按钮，在弹出对话框中设置输出图像的路径，如图13-81所示，完成后单击OK按钮。

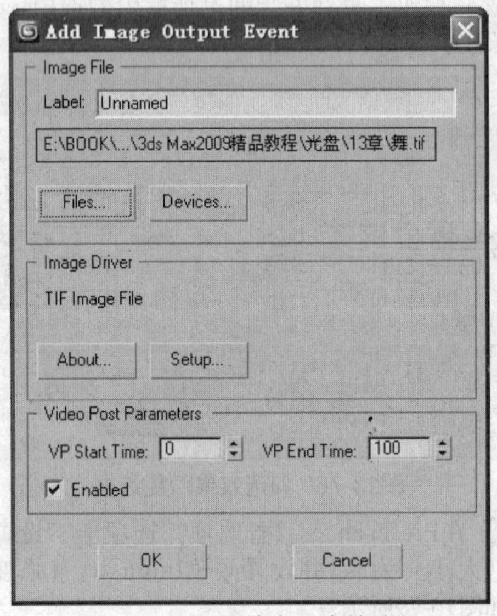

图13-81　设置输出图像的路径

步骤⑳ 在Video Post窗口中单击Execute Sequence（执行序列）按钮，在弹出对话框中设置输出图像的大小，如图13-82所示。

Execute Video Post
Time Output
Single 0　Every Nth Frame 1
Range 0 To 100
Output Size
Custom
Width: 480　320x240　256x243　512x486
Height: 640　640x480　720x486　800x600
Image Aspect: 0.750　Pixel Aspect: 1.0
Output
Keep Progress Dialog　Rendered Frame Window　Net Render
Render　Close　Cancel

图13-82　设置图像输出大小

步骤㉑ 在Execute Video Post（执行Video Post）对话框中单击Render（渲染）按钮，渲染出的视图效果如图13-83所示。

图13-83　最终渲染效果

13.4 教学总结

本章对Video Post视频合成器窗口中的各种工具命令及参数进行了介绍，还对各种图像过滤器事件、镜头效果过滤事件和图层编辑事件的作用及用途进行了介绍，并分别以实例的形式讲解了其具体的操作步骤。在最后还通过霓虹灯实例的讲解对本章所学习的知识进行了总结复习。读者应掌握以上内容，以便制作出优秀的动画效果。

13.5 测试练习

1. 填空题

（1）Video Post视频合成器窗口由________、________、________和________4部分组成。

（2）在渲染输出图像或动画时可在________对话框中进行渲染输出。

（3）在Video Post中添加或编辑图像过滤器事件时，Simple Wipe（简单擦拭）过滤器有________和________两种模式。

2. 选择题

（1）单击________按钮可对使用Video Post渲染出的静止图像进行保存。

A. ▣按扭　　B. ▣按钮

C. ▣按扭　　D. ▣按扭

（2）在编辑窗口中每一个轨迹都对应着一个________。

A. 事件　　　　B. 过滤器

C. 镜头效果　　D. 合成器

（3）下列选项中不属于镜头效果过滤事件的选项是________。

A. Lens Effects Flare（镜头效果光斑）

B. Lens Effects Focus（镜头效果焦点）

C. Lens Effects Glow（镜头效果光晕）

D. Simple Wipe（简单擦拭）

3. 判断题

（1）Video Post视频合成器是一个后期效果处理软件。（　）

（2）图像层事件中的Simple Wipe（简单擦除）合成器与图像过滤事件中的Simple Wipe（简单擦拭）过滤器是完全一样的。（　）

（3）在每个镜头效果过滤器参数设置对话框都有一个预览窗口。（　）

4. 问答题

（1）Video Post视频合成器的主要用途是什么？

（2）在Video Post视频合成器窗口中渲染输出的动画时应如何进行保存？

（3）在Lens Effects Flare（镜头效果光斑）参数设置对话框中可以改变光斑的位置么？

附录1 任务上机指导

实训1 自定义用户界面

▶ 实训目的

通过学习设置视口背景的颜色使读者对3ds Max的界面有更深入的认识，不管是快捷键还是各部分的颜色都可以由自己的喜好来设置。

▶ 实训内容

在Customize User Interface（自定义用户界面）对话框中设置视口的背景颜色，使界面中的视口背景显示为不同的颜色。

步骤❶ 在菜单栏执行“Customize（自定义）>Customize User Interface（自定义用户界面）”命令，如图附-1所示。

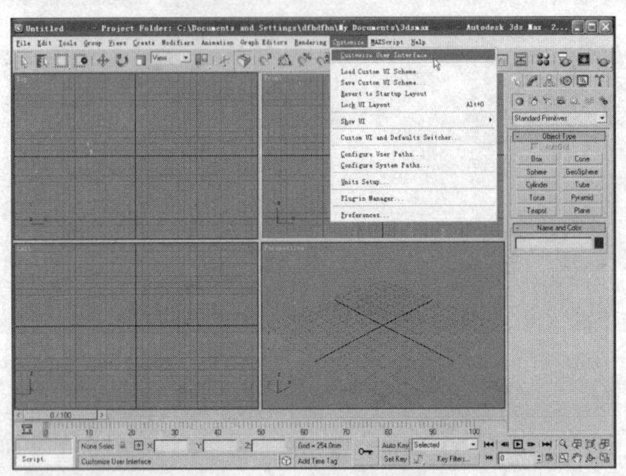

图附-1 执行自定义用户界面命令

步骤❷ 在弹出的Customize User Interface（自定义用户界面）对话框中包含Keyboard（键盘）、Toolbars（工具栏）、Quads（四元菜单）、Menus（菜单）及Colors（颜色）5个选项卡，如图附-2所示。

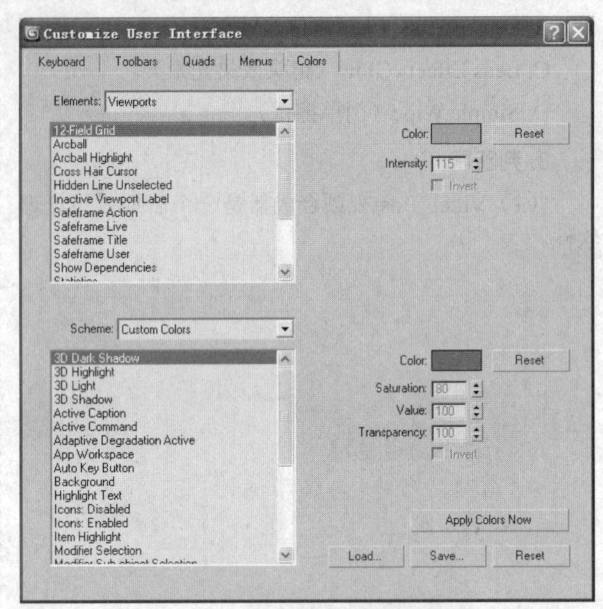

图附-2 自定义用户界面对话框

步骤❸ 在Colors（颜色）选项卡的Elemtnts（元素）下的列表中选择Viewport Background（视口背景），单击右边的色块，在颜色选择器中设置其RGB值为0、53、139，此时自定义用户界面对话框如图附-3所示。

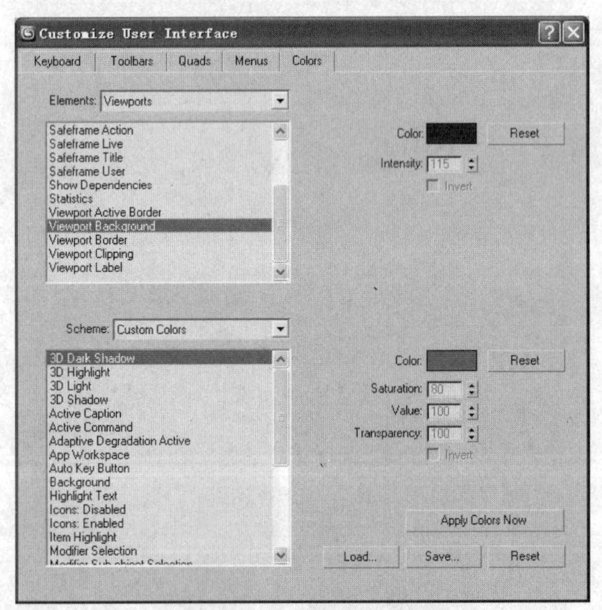

图附-3 改变色块的颜色

步骤❹ 单击Reset（重置）按钮，退出对话框，界面中的每个视口都以蓝色背景显示，效果如图附-4所示。

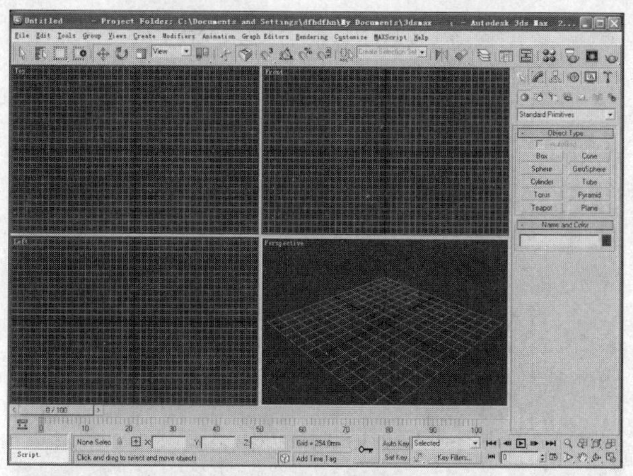

图附-4 最终效果

实训2 制作木桶模型

▶ 实训目的

通过使用三维几何体对象创建出木桶模型，使读者体会在创建模型时应充分地利用3ds Max中系统自带的几何体对象。

▶ 实训内容

本实例运用各种3ds Max系统自带的几何体对象创建出木桶模型。

步骤❶ 在创建面板的几何体类别下单击Cylinder（圆柱体）Cylinder按钮，在视口中创建一个如图附-5所示的圆柱体对象。

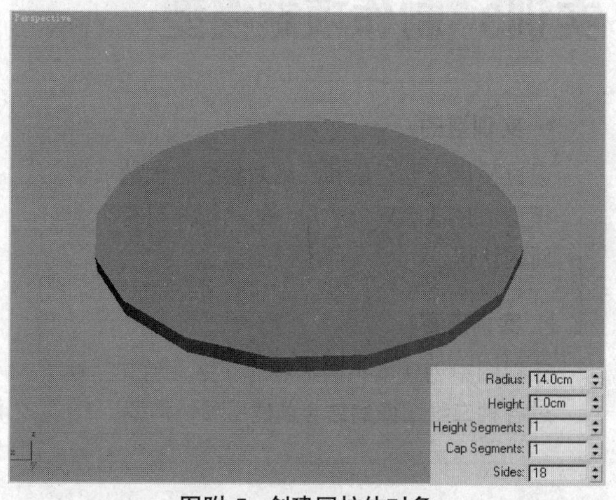

图附-5 创建圆柱体对象

步骤❷ 在创建面板的几何体类别下选择Extended Primitives（扩展基本体），并单击ChamferBox（切角长方体）按钮，在视口中创建一个如图附-6所示的对象。

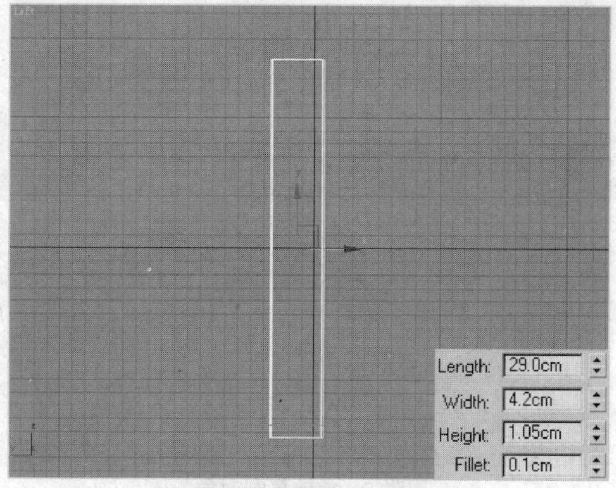

图附-6 创建切角长方体

步骤❸ 选中切角长方体对象，进入Hierarchy（层次）类别下，单击Affect Pivot Only（仅影响轴）按钮，如图附-7所示。

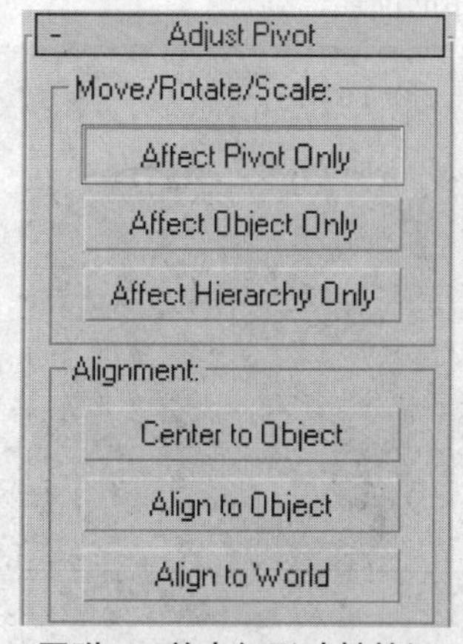

图附-7 单击仅影响轴按钮

步骤❹ 将切角长方体的轴移动到如图附-8所示的位置上。

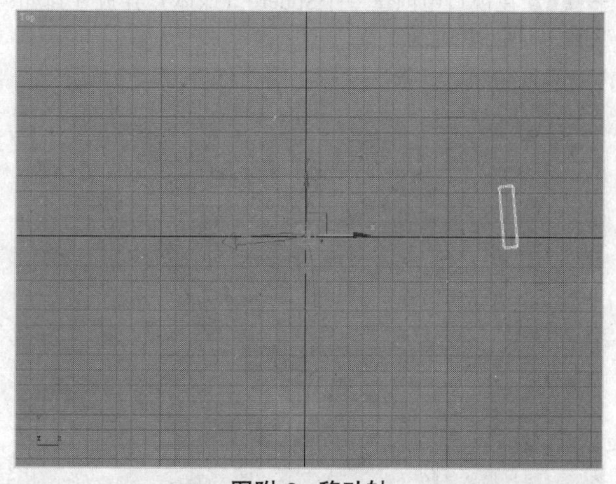

图附-8 移动轴

步骤❺ 单击Select and Rotate（选择并旋转）工具按钮，按住键盘上的Shift键进行旋转并复制出多个副本对象，最终效果如图附-9所示。

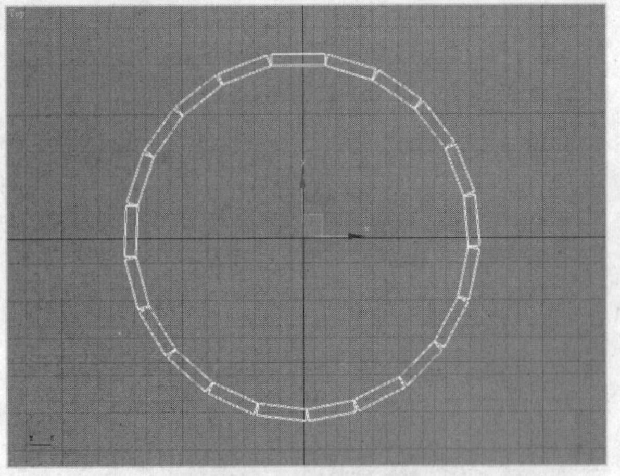

图附-9　旋转复制对象

步骤❻ 在创建面板的几何体类别下选择Standard Primitives（标准基本体），并单击Tube（管状体）按钮，在视口中创建两个大小相同的管状体，并放置到如图附-10所示的位置。

图附-10　创建管状体

步骤❼ 在视口中创建一个Sphere（球体）并放置到如图附-11所示的位置。

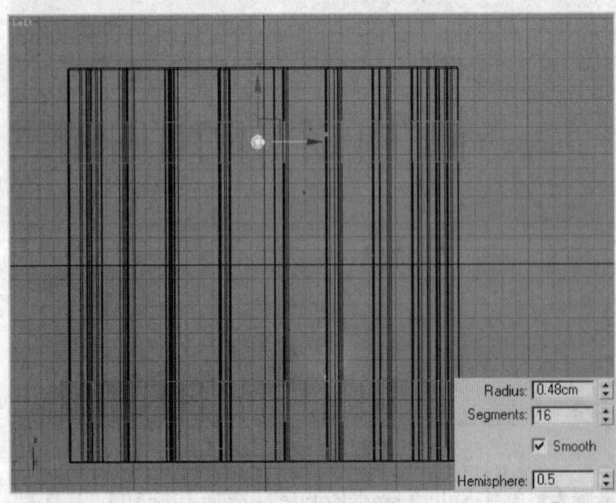

图附-11　创建球体

步骤❽ 选择球体对象进行复制，并将副本对象分别放置到如图附-12所示的位置。

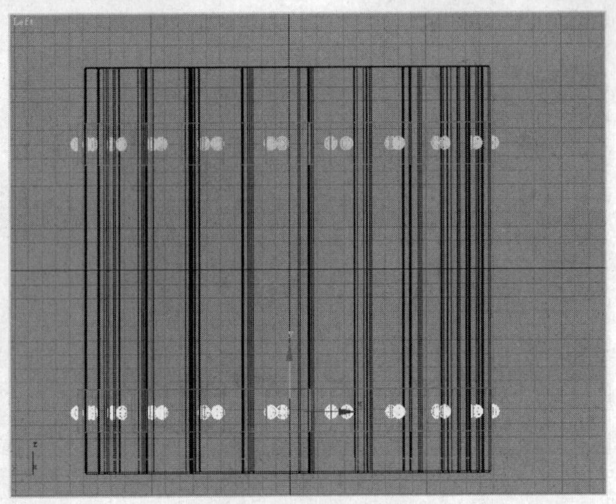

图附-12　复制球体

步骤❾ 至此，木桶模型已经创建完毕，如图附-13所示为赋予了材质后的木桶渲染效果。

图附-13　最终渲染效果

实训3　制作项链模型

▶ **实训目的**

通过使用三维对象和二维对象结合创建项链模型，使读者对3ds Max的建模知识有个全新的认识。

▶ **实训内容**

在视图中创建出不同形状的三维几何体，通过各种二维图像的结合创建出项链模型。

步骤❶ 在创建面板的几何体类别下选择Extended Primitives（扩展基本体），并单击ChamferCyl（切角圆柱体）按钮，在顶视口中创建一个大小如图附-14所示的切角圆柱体。

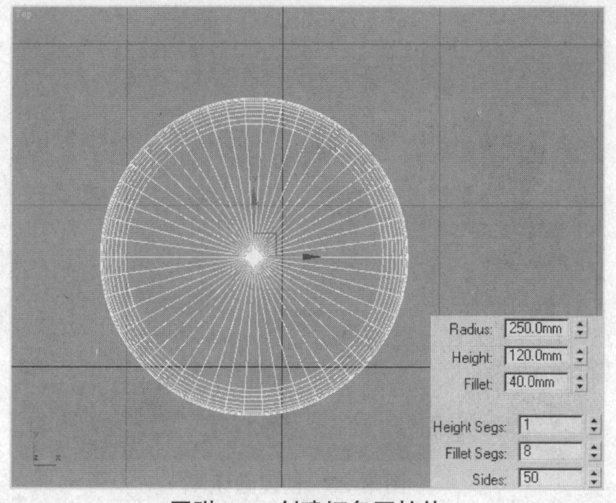

图附-14 创建切角圆柱体

步骤❷ 在创建面板的图形类别下单击Arc（弧）按钮，在顶视口中创建3条大小不同的弧线，如图附-15所示。

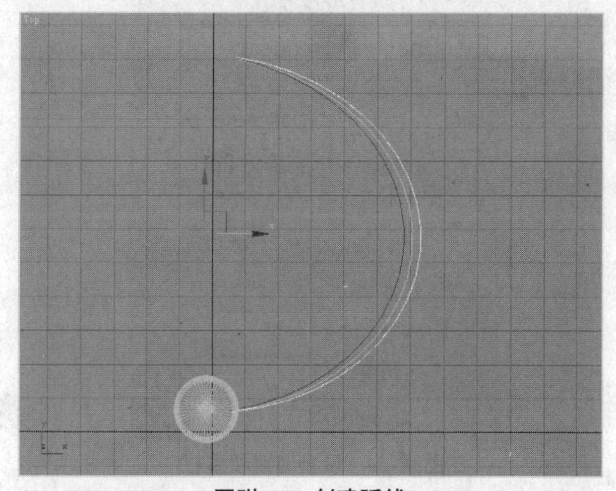

图附-15 创建弧线

步骤❸ 按住键盘上的Shift键，同时选中3条弧线，再在工具栏中单击Mirror（镜像）工具按钮，按照图附-16所示在弹出对话框中进行设置，完成后单击OK按钮，再将复制出的3条弧线移动到另一侧的位置。

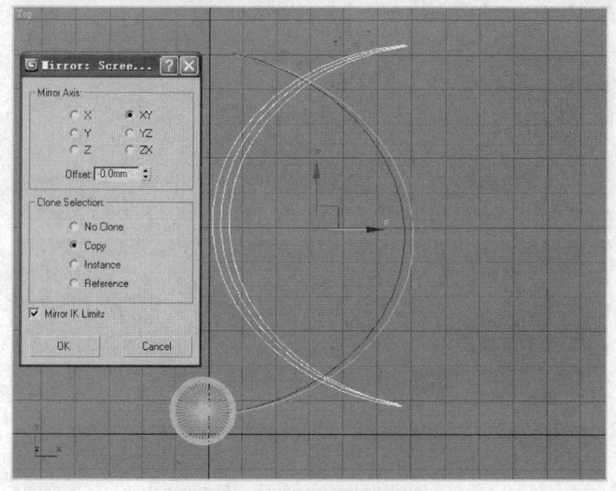

图附-16 复制弧线对象

步骤❹ 在视口中创建两个Radius（半径）都为100的Sphere（球体），并使用Select and Uniform Scale（选择并均匀缩放）工具调整到如图附-17所示的形状。

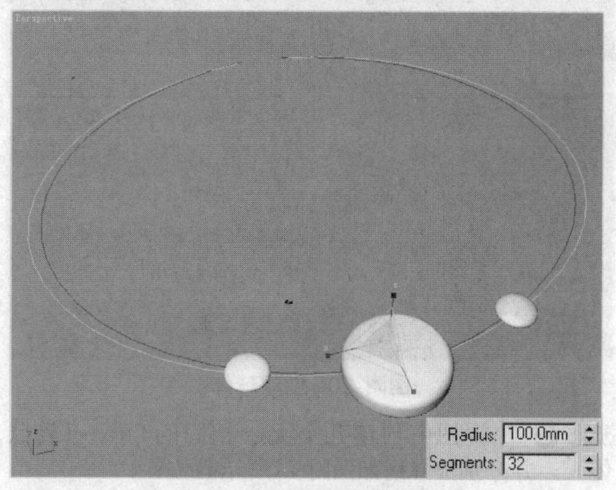

图附-17 创建球体并进行调整

步骤❺ 再次在视口中创建几个大小不同的Sphere（球体），并分别放置到如图附-18所示的位置。

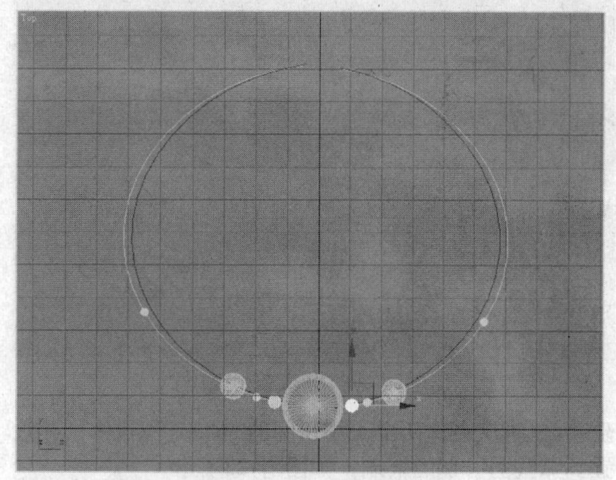

图附-18 创建球体

步骤❻ 在视口中创建一些长短不同的曲线，并分别放置到如图附-19所示的位置。

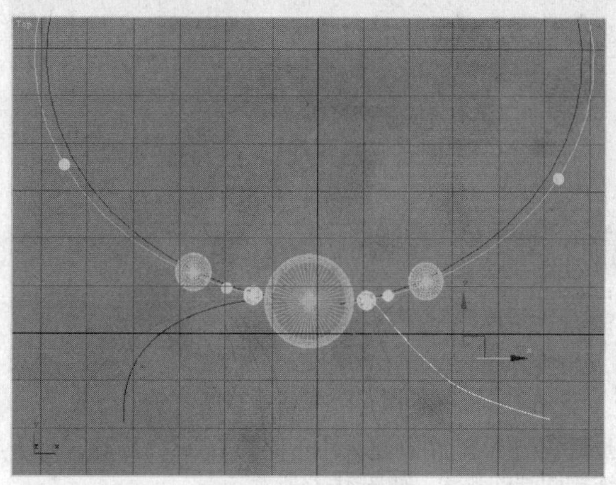

图附-19 创建曲线

步骤❼ 在创建的曲线上分别放置一些大小不同的Sphere（球体），如图附-20所示。

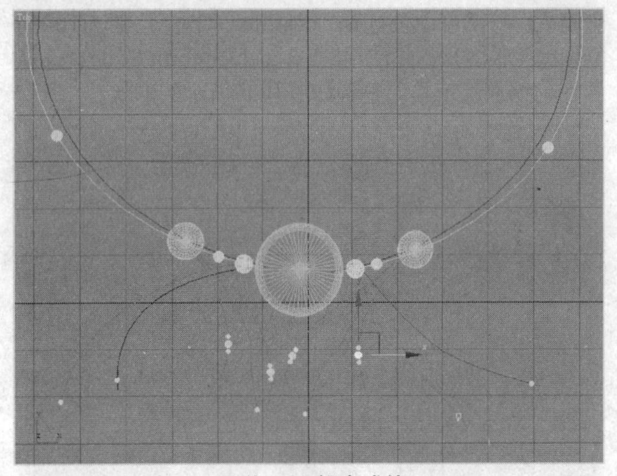

图附-20 创建球体

步骤 8 在视图中创建几个大小相同的Tube（管状体），并分别放置到如图附-21所示的位置。

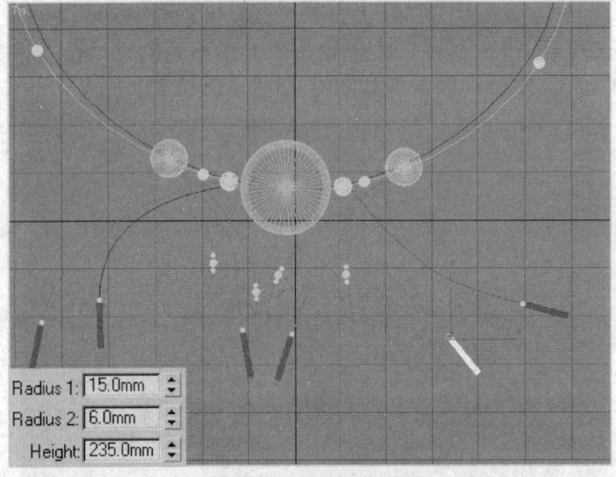

图附-21 创建管状体

步骤 9 再次创建两个大小相同的Tube（管状体）并放置到弧线另一侧的末端，如图附-22所示。

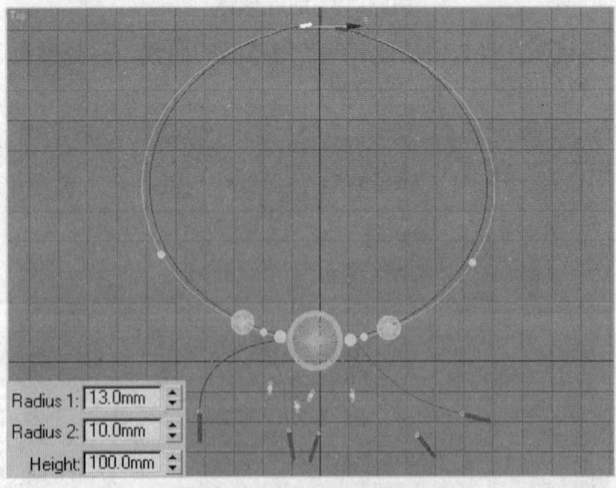

图附-22 创建管状体

步骤 10 在视口中创建大小不同的Torus（圆环）用于连接两端的弧线，如图附-23所示。

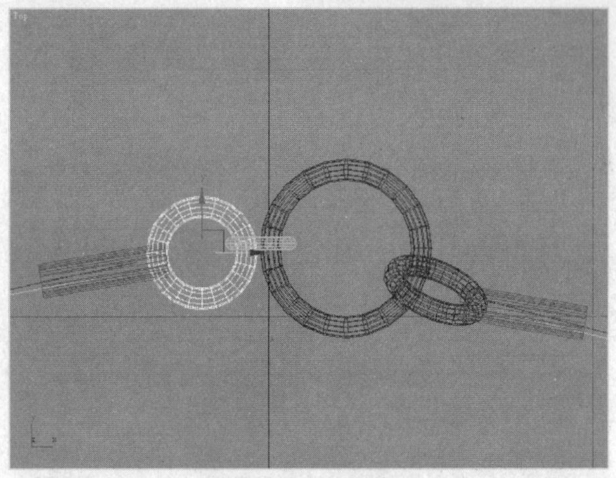

图附-23 创建圆环

步骤 11 分别选择视口中的二维对象，在其修改面板的Rendering（渲染）卷展栏下按照图附-24所示进行设置，以完成整个模型的制作。

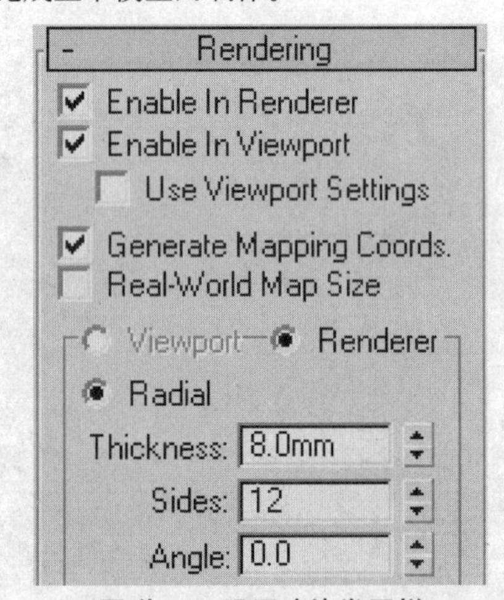

图附-24 设置渲染卷展栏

步骤 12 如图附-25所示为给项链赋予材质后的渲染效果。

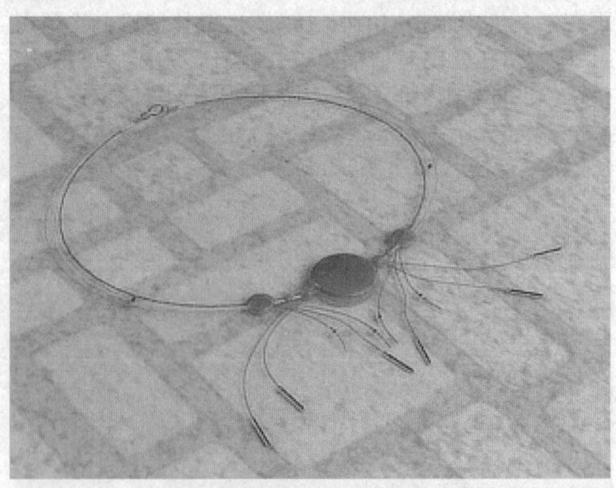

图附-25 模型最终渲染效果

实训4 应用修改器制作台灯模型

▶ **实训目的**

本实例通过对几何体对象添加各种修改器制作出台灯模型，向读者介绍在3ds Max中建模时如何将对象结合修改器进行编辑。

▶ **实训内容**

本案例通过Taper（锥化）、Extrude（挤出），以及FFD（自由变形）修改器的应用向读者讲解一个台灯的制作过程。

步骤❶ 首先在场景中创建一个Tube（管状体）作为灯罩，参数设置如图附-26所示。

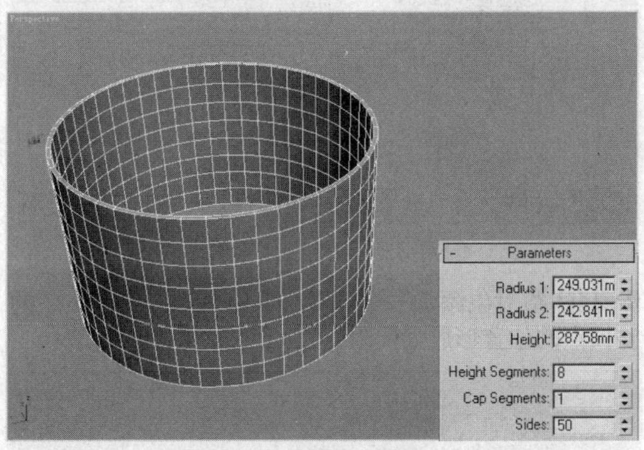

图附-26 创建管状体对象

步骤❷ 给对象添加一个Taper（锥化）修改器，设置Amount（数量）参数使对象的上半部分向内缩，如图附-27所示。

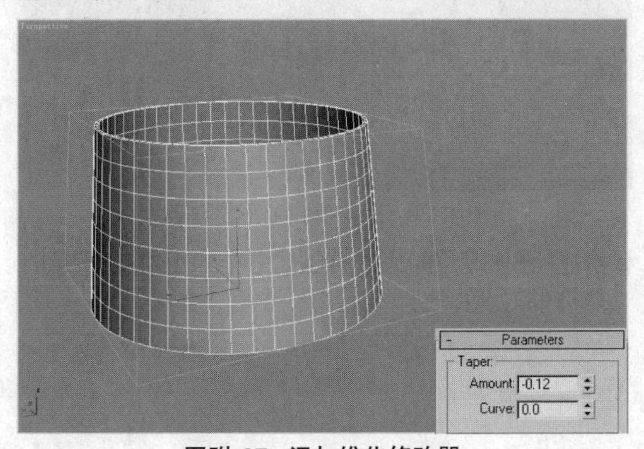

图附-27 添加锥化修改器

步骤❸ 接下来设置Curve（曲线）参数，使对象在垂直方向上产生弯曲效果，如图附-28所示。

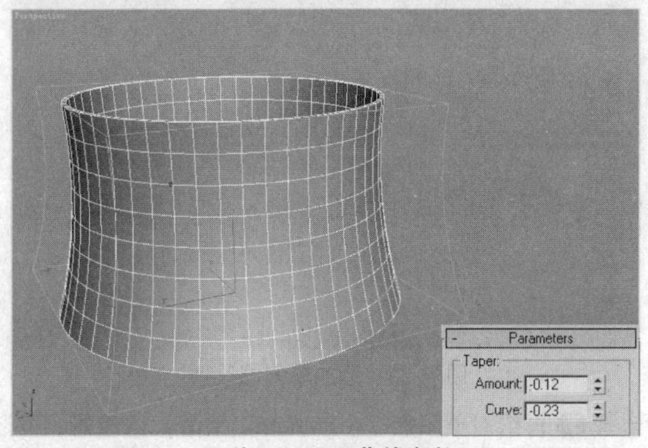

图附-28 设置曲线参数

步骤❹ 然后创建两个Tours（圆环）对象作为灯罩的上下边缘，如图附-29所示。

图附-29 创建圆环对象

步骤❺ 在Front（前）视口中创建一个如图附-30所示的二维图形。

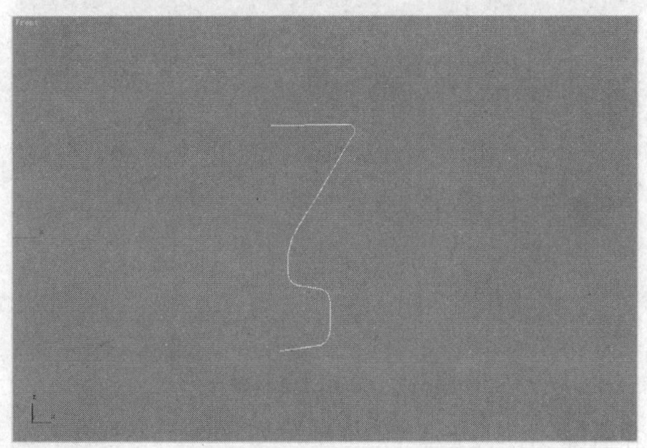

图附-30 创建二维图形

步骤❻ 给该图形添加一个Lathe（车削）修改器，参数设置如图附-31所示。

图附-31　添加车削修改器

步骤7 再给对象添加一个Smooth（平滑）修改器，并对对象的表面进行平滑分组设置，如图附-32所示。

图附-32　设置平滑分组

步骤8 在场景的透视视口中创建一个如图附-33所示的二维图形。

图附-33　继续创建二维图形

步骤9 在视口中选择二维样条线，在修改器列表中选择添加Extrude（挤出）修改器，参数设置及效果如图附-34所示。

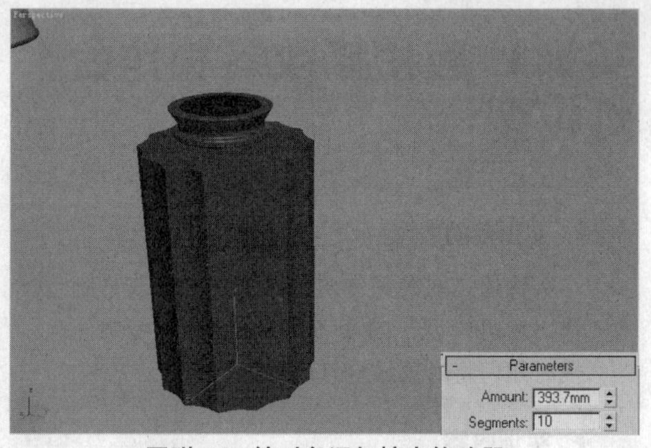

图附-34　给对象添加挤出修改器

步骤10 给挤出的三维对象再添加一个Taper（锥化）修改器，参数设置及效果如图附-35所示。

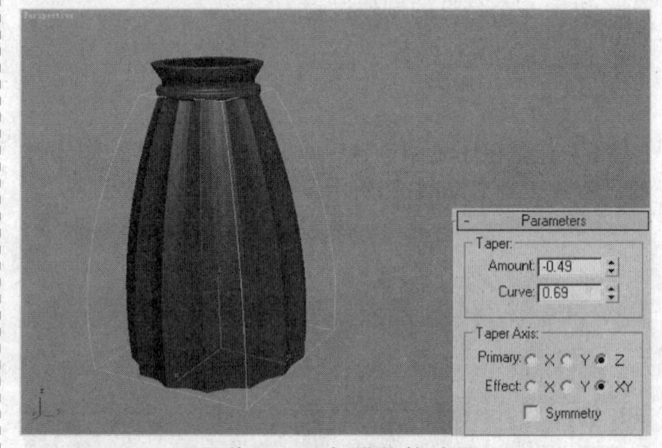

图附-35　添加锥化修改器

步骤11 给对象添加一个FFD（自由变形）修改器，调整顶点的位置形成如图附-36所示的效果。

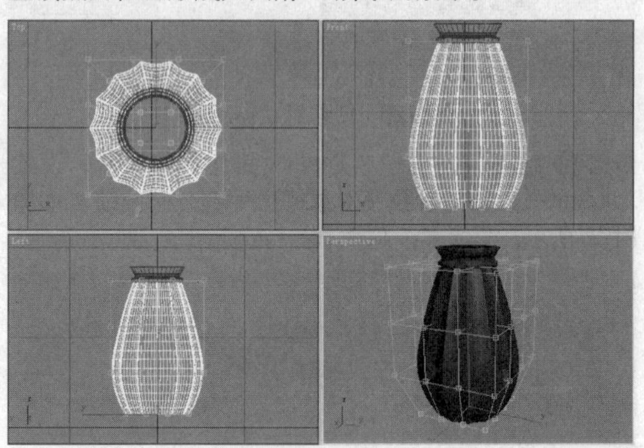

图附-36　添加自由变形修改器

步骤12 在该对象的底部再创建一个如图附-37所示的二维图形。

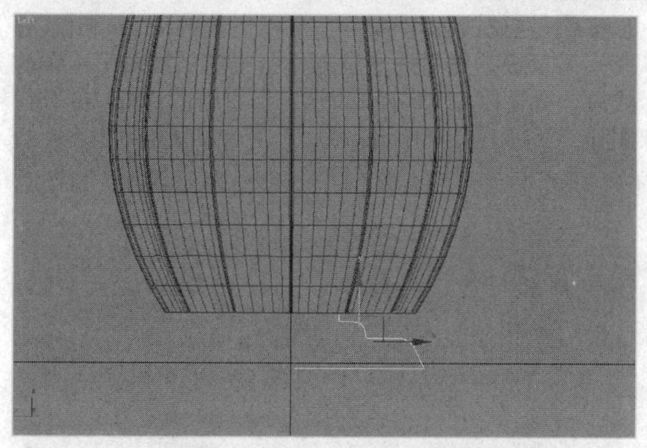

图附-37 再次创建二维图形

步骤⑬ 给该二维图形也添加一个Lathe（车削）修改器。参数设置及效果如图附-38所示。

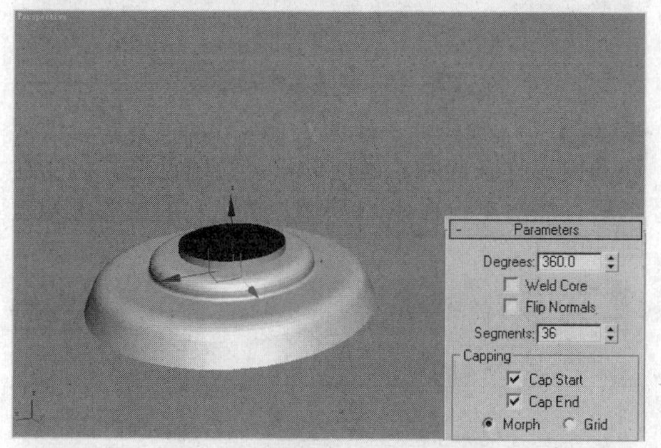

图附-38 再次添加车削修改器

步骤⑭ 给该对象再添加一个Smooth（平滑）修改器，并在其参数卷展栏中勾选Auto Smooth（自动平滑）复选框，如图附-39所示。

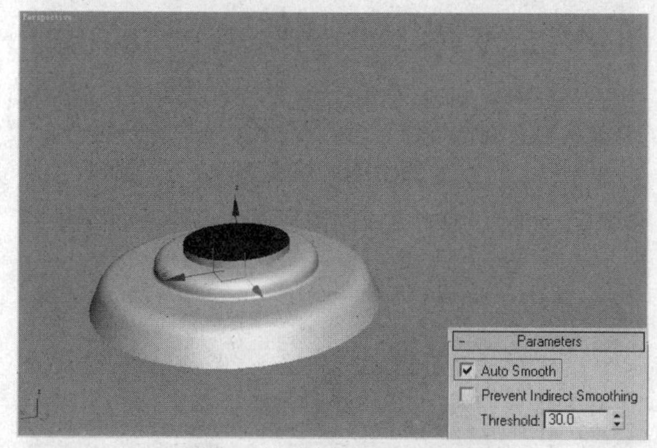

图附-39 勾选自动平滑复选框

步骤⑮ 将台灯的各个部分呈中心对齐，完成模型的制作，效果如图附-40所示。

图附-40 完成模型的制作

步骤⑯ 如图附-41所示为给台灯指定了材质后的渲染效果。

图附-41 台灯的渲染效果

实训5 应用图形合并制作吊灯模型

▶ 实训目的

通过使用图形合并制作出吊灯模型，使读者对二维样条线的使用有深入的了解。

▶ 实训内容

对二维图形进行合并，然后编辑合并的图形制作出吊灯模型。

步骤❶ 在前视图中创建一个如图附-42中所示的二维图形。

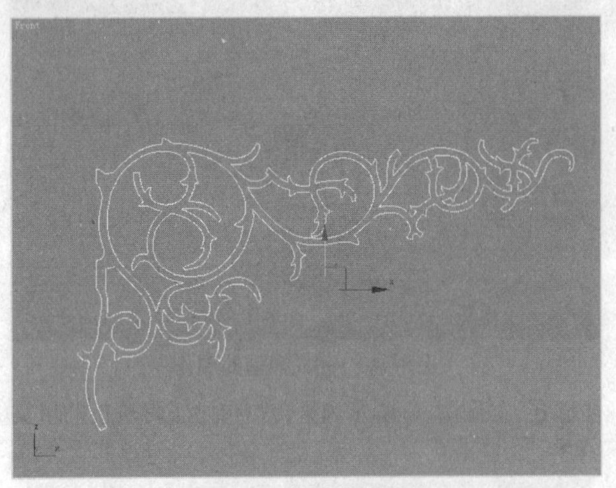

图附-42　创建二维图形

步骤❷ 在视图中创建几个大小不同的Circle（圆）形二维样条线，并放置到如图附-43所示的位置。

图附-43　创建圆形样条线

步骤❸ 在修改器列表中为二维图形指定Edit Spline（编辑样条线）修改器，再在其参数卷展栏中单击Attach（附加）按钮，拾取视图中所有的圆形样条线，最后效果如图附-44所示。

图附-44　添加编辑样条线修改器

步骤❹ 在修改器堆栈中进入样条线的Segment（分段）子层级，然后选择圆形样条线与二维图形重合的线段，如图附-45所示。再单击键盘上的Delete键进行删除。

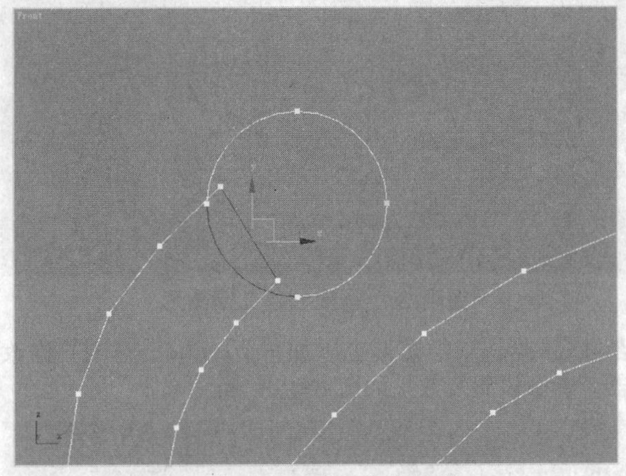

图附-45　删除多余的线段

步骤❺ 进入编辑样条线的Vertex（顶点）子层级，移动圆形样条线和二维图形相应的端点使其组合到一起，然后单击Weld（焊接）按钮，最后效果如图附-46所示。

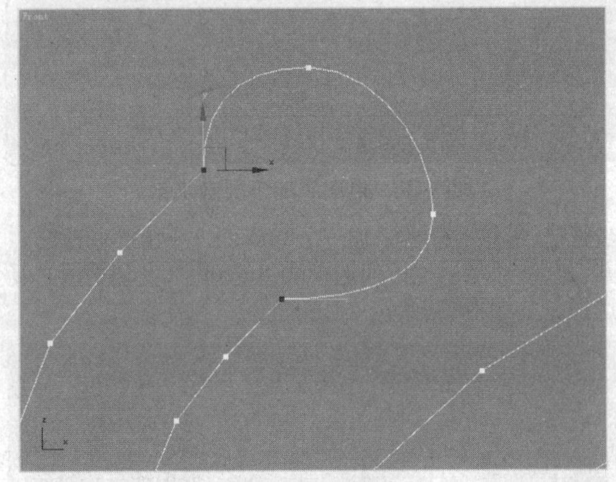

图附-46　焊接点

步骤❻ 此时，编辑完成的图形样条线效果如图附-47所示。

图附-47　编辑好的二维图形效果

步骤❼ 选择二维图形，在修改器列表中选择并添加Extrude（挤出）修改器，并设置Amount（数量）为0.8，其效果如图附-48所示。

图附-48 添加挤出修改器后的效果

步骤❽ 在视口中创建一个大小如图附-49所示的Tube（管状体）对象。

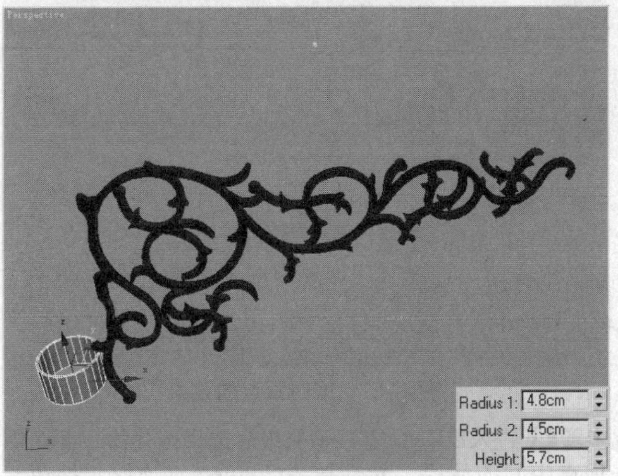

图附-49 创建管状体

步骤❾ 在视口中创建管状体和长方体，并进行编辑，调整到如图附-50所示的效果。

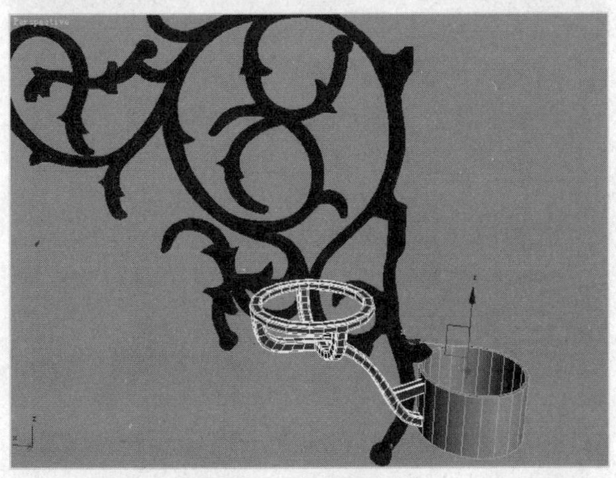

图附-50 编辑几何体

步骤❿ 在视图中创建一个大小如图附-51所示的Tube（管状体）作为灯罩对象。

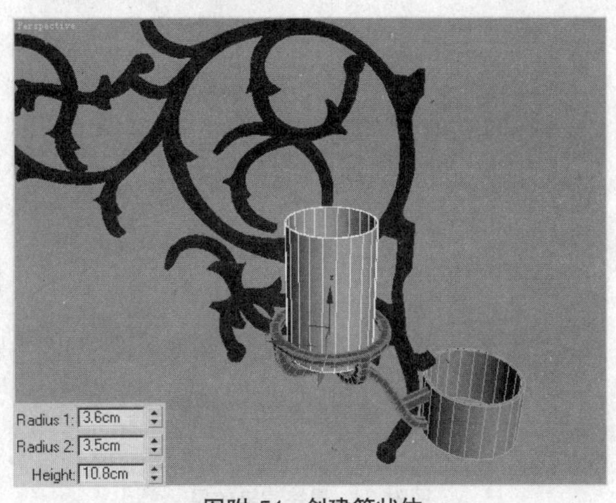

图附-51 创建管状体

步骤⓫ 对挤出后的几何体对象和灯罩对象进行复制，并将副本对象分别放置到如图附-52所示的位置。

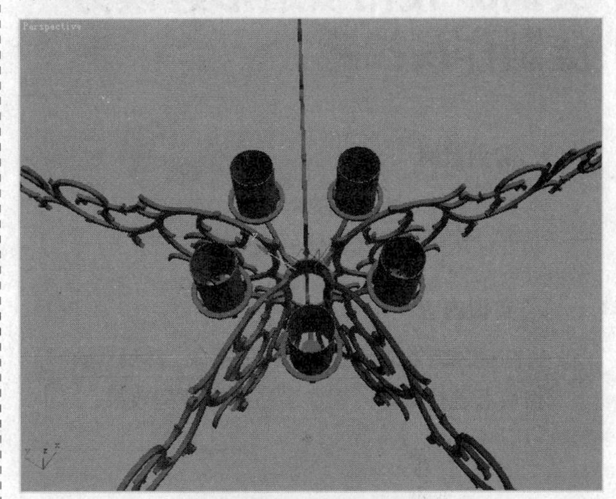

图附-52 复制对象

步骤⓬ 在视口中创建圆柱体和管状体作为吊顶的灯柱，效果如图附-53所示。

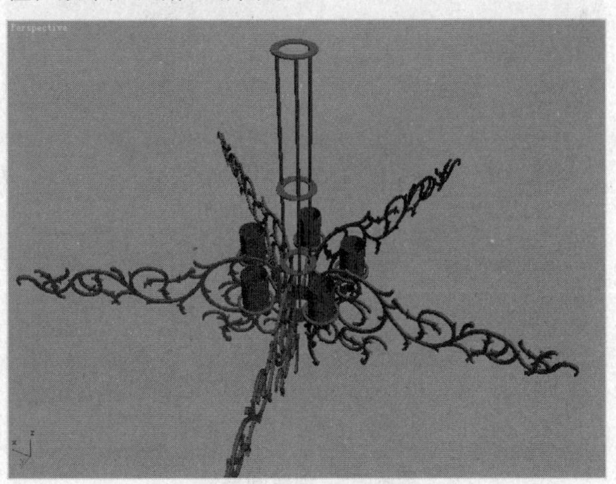

图附-53 创建灯柱

步骤⑬ 在视口中创建一个无缝背景，渲染场景，效果如图附-54所示。

图附-54　最终渲染效果

实训6　使用多边形建模方法制作易拉罐

▶ 实训目的

本实例通过对圆柱体的编辑制作易拉罐模型，读者应熟练掌握几何体的编辑方法。

▶ 实训内容

将圆柱体转换成可编辑几何体对象，然后对边和顶点进行编辑，制作出易拉罐模型效果。

步骤① 在视口中创建一个如图附-55所示大小的Cylinder（圆柱体）对象。

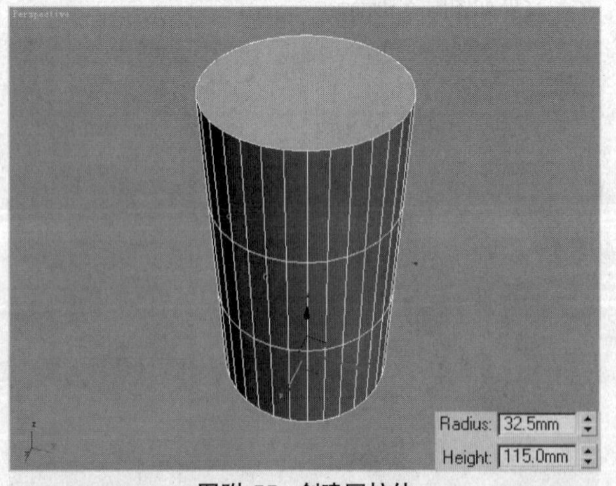

图附-55　创建圆柱体

步骤② 选择圆柱体对象，在修改器列表中选择Edit Poly（编辑多边形）修改器，如图附-56所示。

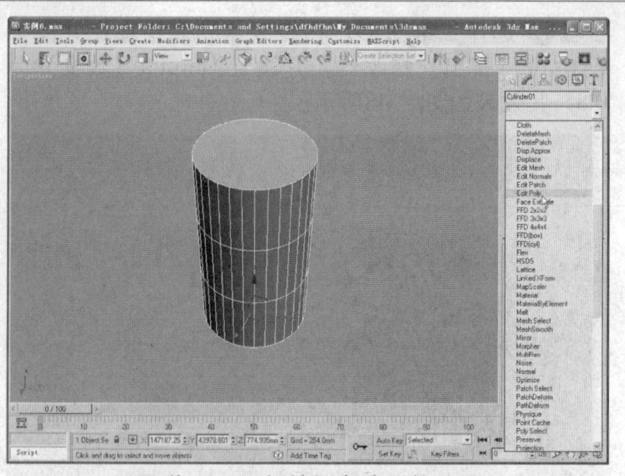

图附-56　添加编辑多边形修改器

步骤③ 在修改器堆栈中进入可编辑几何体的Vertex（顶点）子层级，对圆柱体的顶点进行编辑，最后效果如图附-57所示。

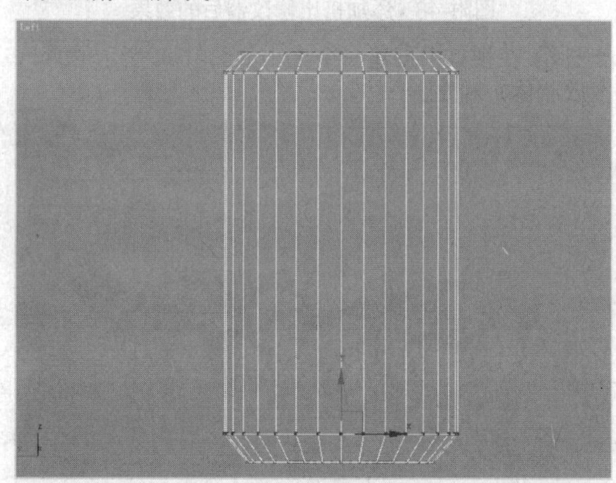

图附-57　编辑顶点的效果

步骤④ 进入Edge（边）子层级，选择圆柱体下面两圈顶点中间的线段，然后单击Connect（连接）按钮，连接得到一条新的线段，并对顶点进行缩放，效果如图附-58所示。

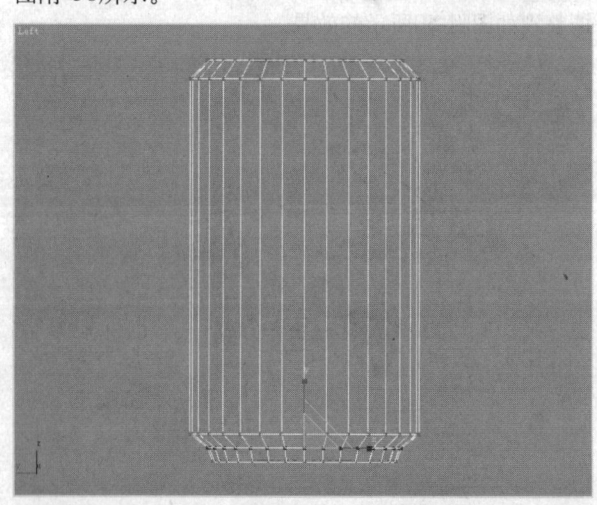

图附-58　添加新线段并调整顶点

步骤❺ 依次选择圆柱体表面各圈的边，然后再单击Chamfer（切角）按钮，对边进行切角圆滑处理，最后效果如图附-59所示。

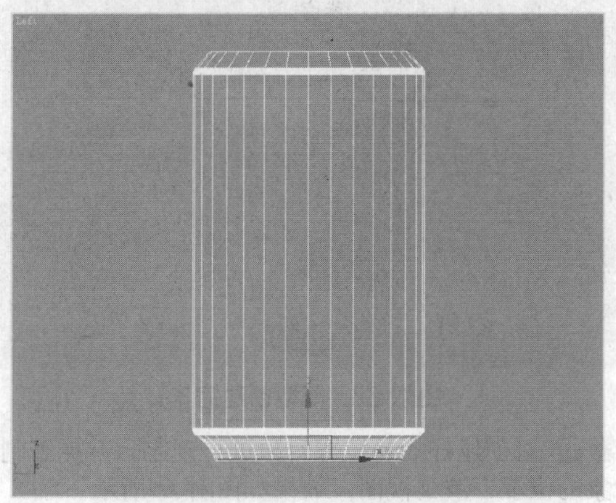

图附-59 对边进行圆滑处理

步骤❻ 进入Polygon（多边形）子层级，选择圆柱体顶部的面，单击Extrude（挤出）按钮，设置挤出高度为3.81，然后删除面，选择圆柱体底部的面并连续两次单击Bevel（倒角）按钮，最后效果如图附-60所示。

图附-60 对面使用倒角命令

步骤❼ 选择圆柱体颈部一圈的边，单击Extrude（挤出）按钮，并设置挤出高度和宽度分别为－1和0.1，然后再使用Chamfer（切角）命令，如图附-61所示。

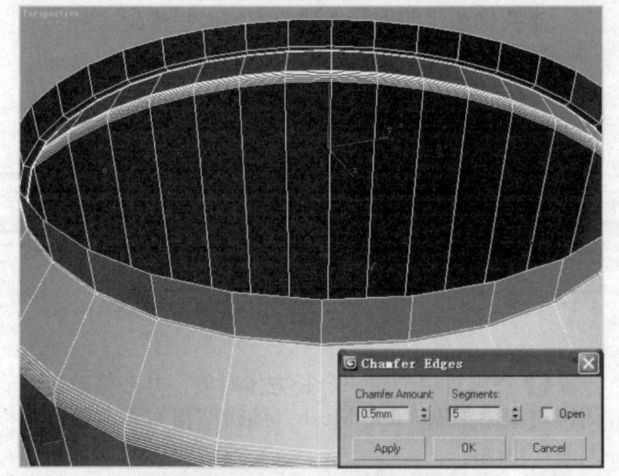

图附-61 对边使用切角命令

步骤❽ 选择圆柱体对象，在修改器列表中选择Shell（壳）修改器，设置Inner Amount（内轮廓数量）为0.5。最后将该对象转换为可编辑多边形，如图附-62所示。

图附-62 为对象添加壳修改器

步骤❾ 在视口中创建一个与圆柱体颈口同样大小的圆柱体作为拉罐的盖子，如图附-63所示。

图附-63 创建圆柱体对象

步骤❿ 在顶视口中创建一个如图附-64所示的二维图形。

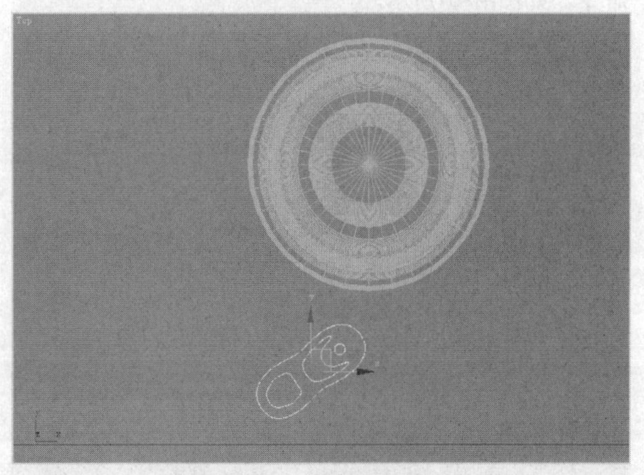

图附-64 创建二维图形

步骤⓫ 为二维图形添加Extrude（挤出）修改器，设置挤出数量为1.5mm。然后将该对象转换成可编辑几何体，对边进行Chamfer（切角）处理，如图附-65所示。

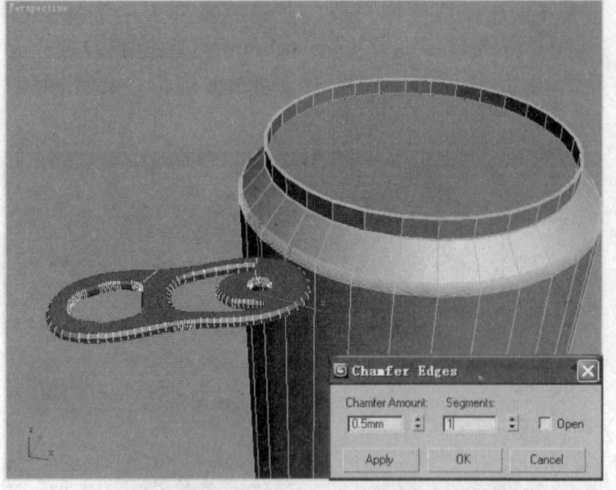

图附-65　对边使用切角命令

步骤⑫ 在如图附-66所示的位置创建一个Radius（半径）为2mm的圆柱体对象。

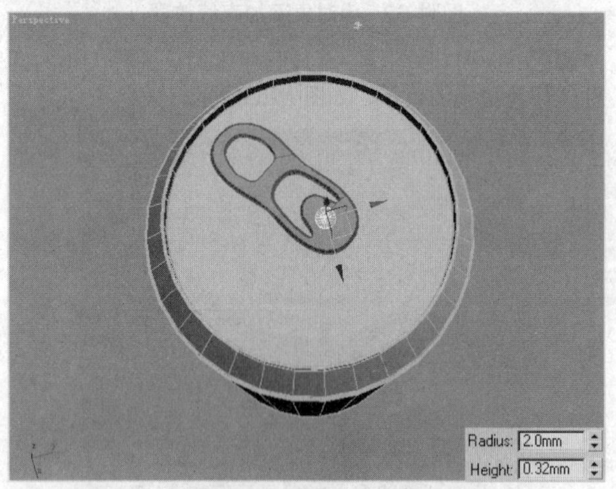

图附-66　创建圆柱体

步骤⑬ 选择刚创建的对象，按下快捷键Alt+Q将该对象独立，选择圆柱体底部的面，使用Extrude（挤出）命令，如图附-67所示。

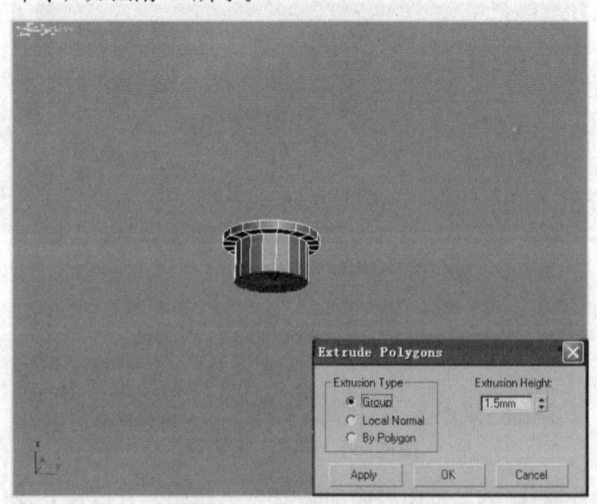

图附-67　对面使用挤出命令

步骤⑭ 在拉罐的盖子上创建一个如图附-68所示的几何体对象，此时易拉罐对象创建完毕。

图附-68　模型创建完毕

步骤⑮ 对创建好的易拉罐对象进行复制，并调整副本对象的位置，渲染视图，效果如图附-69所示。

图附-69　最终渲染效果

实训7　使用网格建模方法制作称模型

▶ 实训目的

本实例通过使用网格建模制作出称模型，向读者展示3ds Max建模的多样性。

▶ 实训内容

本实例将长方体对象转换称可编辑网格，然后对其边、顶点和多边形进行编辑，来制作出称模型。

步骤① 在视口中创建一个长方体对象，并在修改器中为该对象添加Editable Mesh（编辑网格）修改器，如图附-70所示。

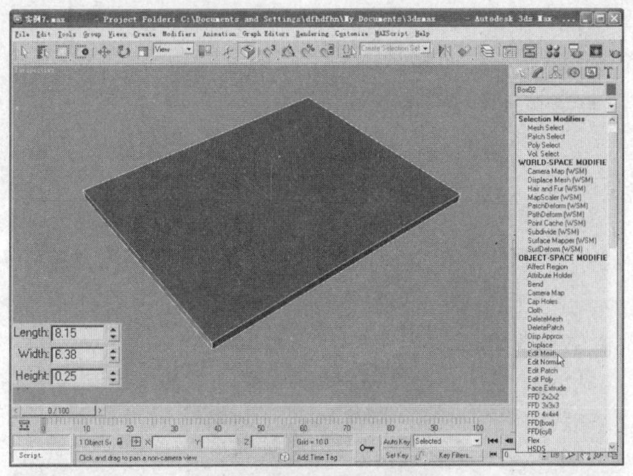

图附-70 创建长方体

步骤❷ 选择长方体的顶面，然后在Edit Geometry（编辑几何体）卷展栏下设置Extrude（挤出）的参数为0.5，调整顶点后，效果如图附-71所示。

图附-71 对挤出面的顶点进行编辑

步骤❸ 再次选择挤出的面，同样进行Extrude（挤出）操作后再调整顶点的位置，最后效果如图附-72所示。

图附-72 对面使用挤出命令

步骤❹ 在修改器堆栈中进入Editable Mesh（编辑网格）的Edge（边）子层级，对各边进行切角处理，如图附-73所示。

图附-73 对边进行切角处理

步骤❺ 在视图中创建两个大小相同的长方体对象，并放置到如图附-74所示的位置。

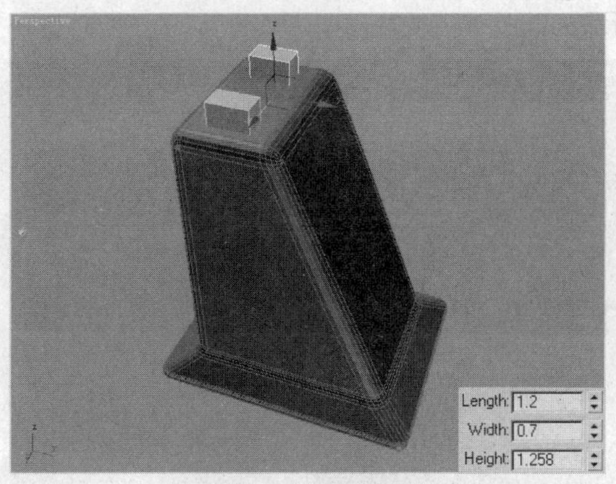

图附-74 创建长方体

步骤❻ 选择几何体，使用ProBoolean（超级布尔）命令拾取两个长方体对象，完成后，在PrBoolean（超级布尔）产生的凹陷处创建两个略小的长方体，再次创建大小相同的长方体，编辑网格点后效果如图附-75所示。

图附-75 编辑几何体对象

步骤❼ 在视口中创建一个切角圆柱体，然后为其添加Editable Mesh（编辑网格）修改器，进入Polygon（多边形）子层级，将多边形的上半部分删除，效果如图附-76所示。

图附-76　创建切角圆柱体

步骤 8 将切角圆柱体编辑成秤盘的形状，如图附-77所示。

图附-77　编辑切角圆柱体

步骤 9 再次创建一个切角圆柱体对象，将其转换成可编辑网格后，选择圆柱体中间一圈的面调整到如图附-78所示的位置。

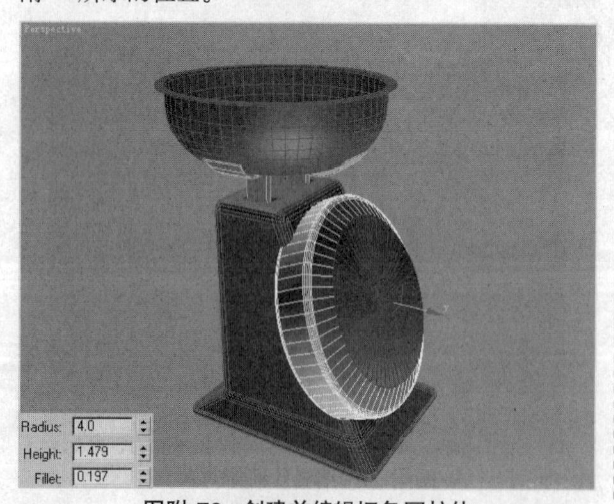

图附-78　创建并编辑切角圆柱体

步骤 10 对切角圆柱体进行编辑后，再创建一个圆柱体用于制作玻璃盖对象的圆柱体，如图附-79所示。

图附-79　创建盖子和称针对象

步骤 11 为场景添加一个无缝背景，最终渲染效果如图附-80所示。

图附-80　最终渲染效果

实训8　为场景添加灯光

▶ 实训目的

本实例利用泛光灯模拟台灯效果，使读者在使用3ds Max中有限的灯光类型时，能制作出各种各样的灯光效果。

▶ 实训内容

本实例主要通过利用泛光灯摸拟台灯效果，讲解其颜色和衰减的应用。

步骤 1 打开光盘中提供的“附录\实训8\实训8原始文件.max”，如图附-81所示，这是一个浴室场景。

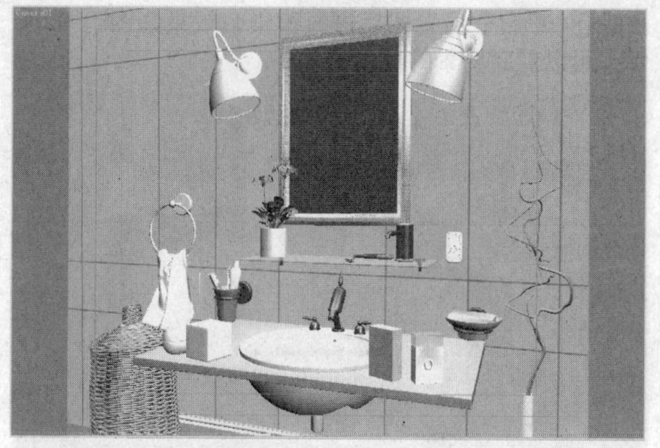

图附-81 打开场景文件

步骤❷ 在如图附-82所示的镜子的顶部位置创建一个Free Light（自由灯）。

图附-82 创建自由点光源

步骤❸ 然后在灯光的外形/区域阴影卷展栏中选择光源类型为Rectangle（矩形），如图附-83所示。

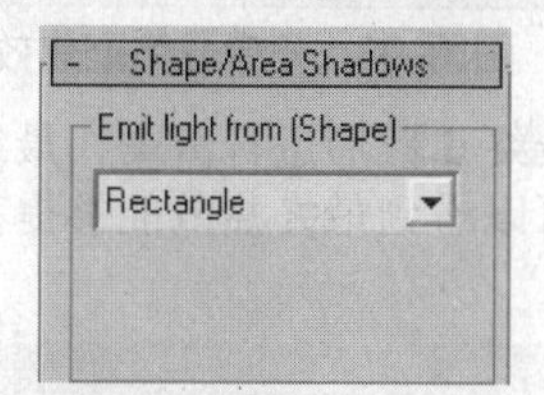

图附-83 选择光源类型

步骤❹ 接下来在灯光的强度/颜色/衰减卷展栏中进行如图附-84所示的设置。

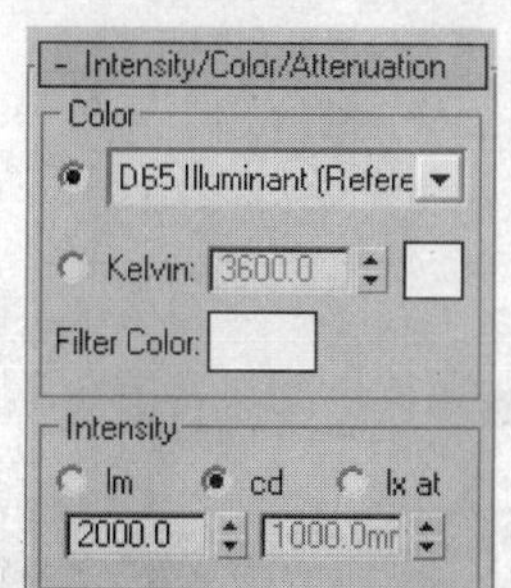

图附-84 设置灯光参数

步骤❺ 设置完毕后进行渲染，效果如图附-85所示。

图附-85 初次添加灯光的效果

步骤❻ 接下来继续在场景中的灯罩内创建一个Target Light（目标灯），如图附-86所示。

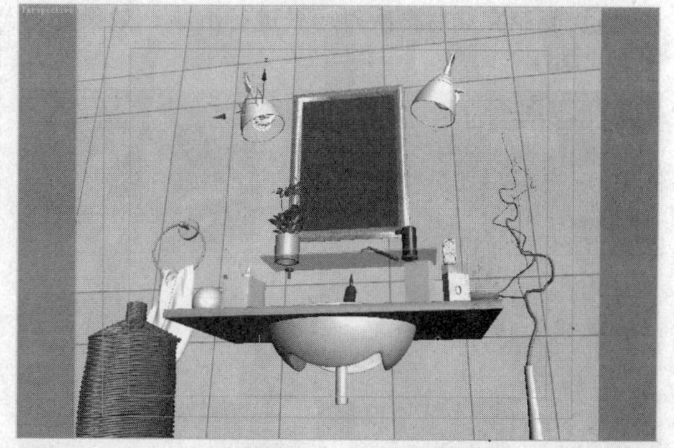

图附-86 创建目标灯

步骤❼ 在灯光的强度/颜色/衰减卷展栏中进行如图附-87所示的参数设置。

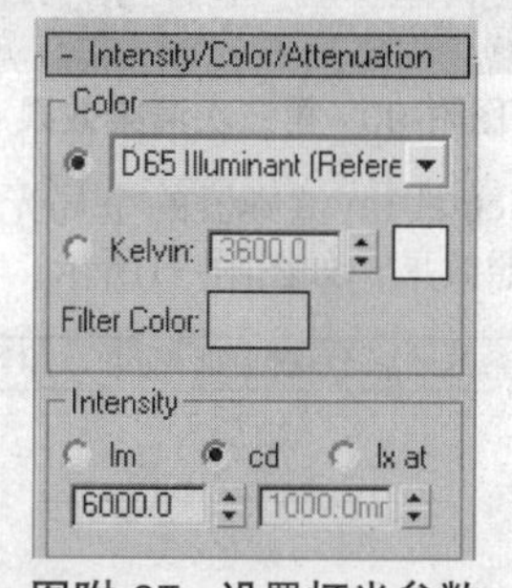

图附-87 设置灯光参数

步骤❽ 在灯光的常规参数卷展栏中选择灯光的阴影为RayTraced Shadows（光线跟踪阴影）类型，如图附-88所示。

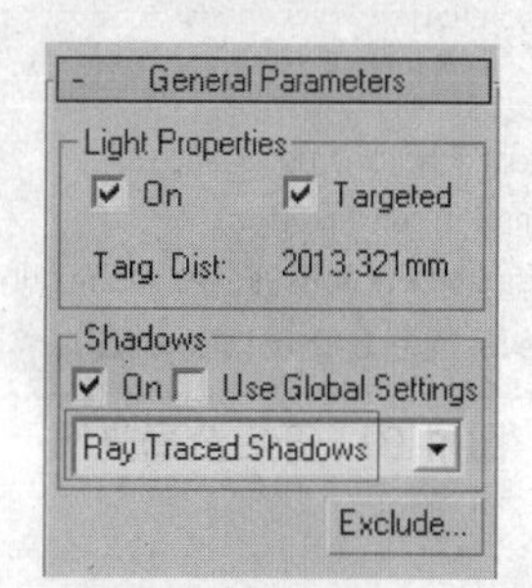

图附-88 选择灯光的阴影类型

步骤⑨ 将该灯光以实例的方式复制到另一侧的灯罩中，效果如图附-89所示。

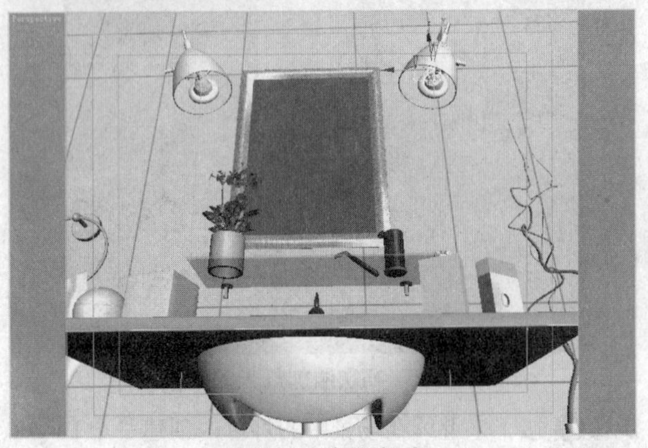

图附-89 复制灯光

步骤⑩ 复制完成后再次对场景进行渲染，效果如图附-90所示。

图附-90 第二次渲染效果

步骤⑪ 进入Mental ray渲染器的全局光照选项卡，首先开启全局光照效果，如图附-91所示。

图附-91 开启全局光照

步骤⑫ 开启全局光照后进行渲染，效果如图附-92所示，可以看到场景的亮度增加了。

图附-92 开启全局光照的效果

步骤⑬ 在最终聚焦卷展栏中开启Mental ray的最终聚焦效果，如图附-93所示。

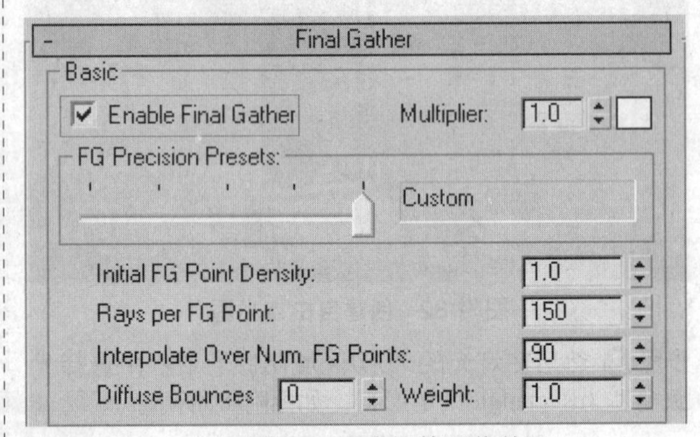

图附-93 开启最终聚焦效果

步骤⑭ 开启最终焦散后进行渲染，最终的效果如图附-94所示，可以看到最终焦散能够提高场景的渲染质量。

图附-94 最终焦散的渲染效果

实训9 为场景添加摄影机

▶ **实训目的**

本实例利用快捷键在场景中创建摄影机，使读者能方便灵活地为场景创建最佳视角。

▶ **实训内容**

在场景中快捷地创建摄影机，并设置不同的视角观察场景。

步骤① 打开光盘中提供的“附录\实训9\实训9原始文件.max”，其透视视口效果如图附-95所示。

图附-95 打开场景文件

步骤② 激活透视视口，按下键盘上的Ctrl+C快捷键，视口中自动创建出一个摄影机，且透视视口转换成摄影机视口，如图附-96所示。

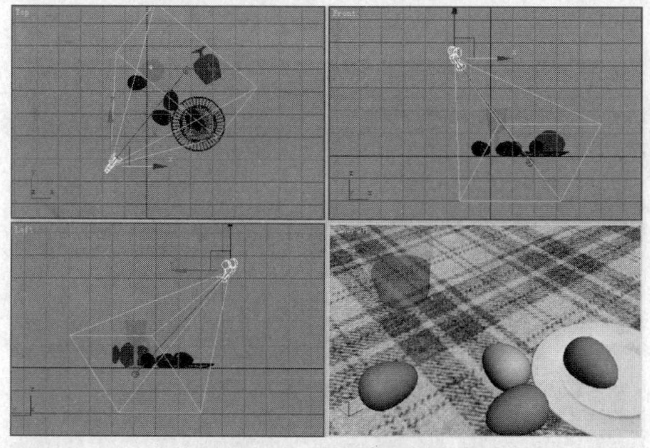

图附-96 创建摄影机

步骤③ 按下键盘上的F9键进行渲染，效果如图附-97所示。

图附-97 渲染后摄影机视口的效果

步骤④ 选择摄影机，在参数卷展栏下设置FOV（视野）为40，Lens（镜头）的参数会随视野角度的变化而发生变换，如图附-98所示。

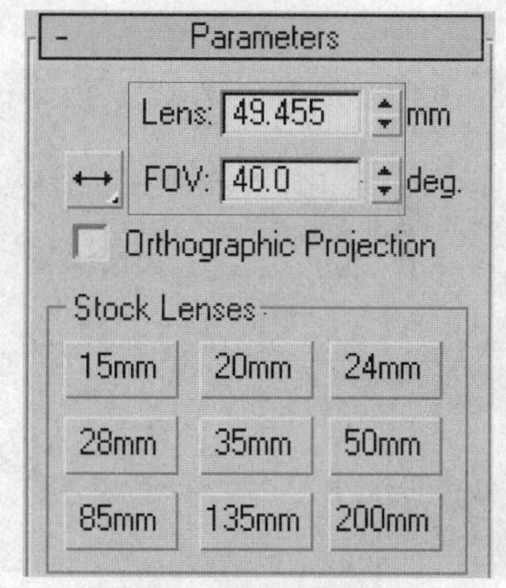

图附-98 设置视野角度

步骤⑤ 再次对摄影机视口进行渲染，其效果如图附-99所示。

图附-99 渲染摄影机视口的效果

实训10 制作景深效果

▶ 实训目的

本实例为场景中的摄影机设置景深效果，从而让读者了解到在3ds Max中的摄影机也可以制作出多种效果。

▶ 实训内容

在场景中创建一个摄影机，然后为该摄影机调节景深效果。

步骤1 打开光盘中提供的“附录\实训10\实训10原始文件.max”，如图附-100所示，该场景中摆放了一排货架。

图附-100 打开场景文件

步骤2 在视口中创建一个Target（目标）摄影机，位置如图附-101所示。

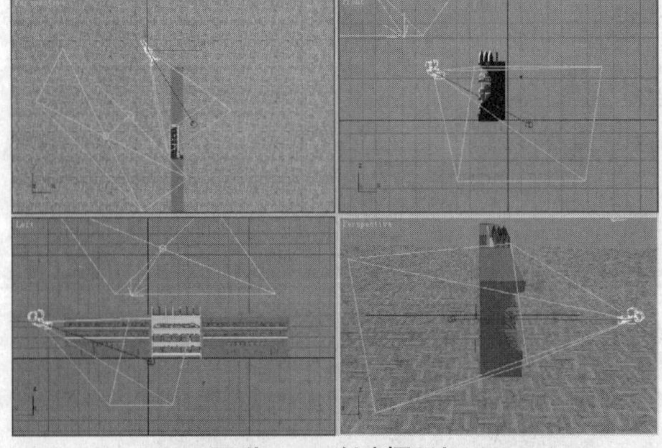

图附-101 创建摄影机

步骤3 在没有开启景深效果的情况下对场景进行渲染，效果如图附-102所示。

图附-102 没有景深的渲染效果

步骤4 进入摄影机的参数面板，在Multi-Pass Effect（多过程效果）选项组中勾选Enable（启用）复选框来开启多过程效果，并选择效果类型为Depth of Field（景深），如图附-103所示。

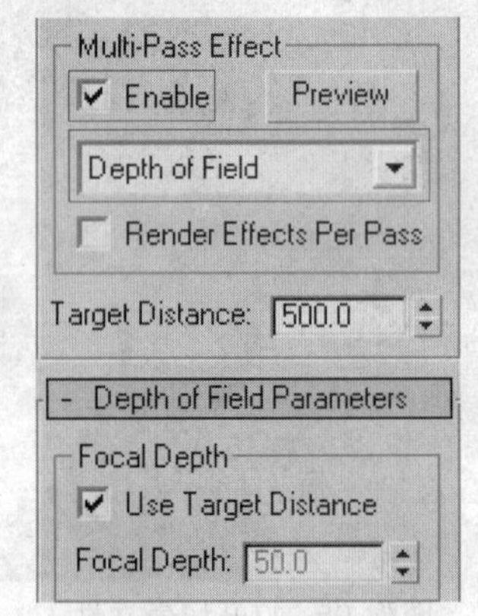

图附-103 开启景深效果

步骤5 开启景深效果后单击Preoiew（预览）按钮，在场景中预览景深效果，可以发现整个场景都显的很模糊，这是因为镜头设置不正确的原因，如图附-104所示。

图附-104 景深预览

步骤6 在多过程效果选项组中将Target Distance（目标距离）设置为140，如图附-105所示。

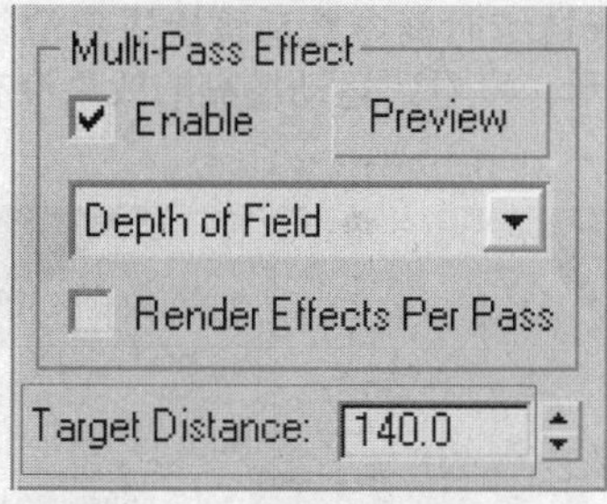

图附-105 设置目标距离为140

步骤❼ 设置完毕后对场景进行景深的预览，效果如图附-106所示，可以看到此时场景的远端显示得较为清晰，近端显示得较为模糊。

图附-106 远端显示得较为清晰

步骤❽ 将Target Distance（目标距离）参数值设置为66，如图附-107所示。

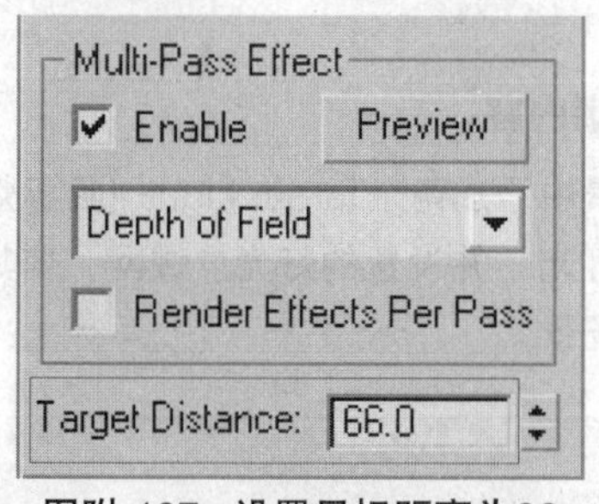

图附-107 设置目标距离为66

步骤❾ 再次对场景进行效果预览，如图附-108所示，此时场景远端显示得较为模糊，近端显示得比较清晰。

图附-108 近端显示得较为清晰

步骤❿ 设置完毕后对场景进行最终的渲染，效果如图附-109所示。

图附-109 最终渲染效果

实训11 制作运动模糊效果

▶ **实训目的**

本实例为场景中的摄影机应用运动模糊效果，使读者对摄影机的多样效果有深入的了解。

▶ **实训内容**

在制作本实例的过程中为场景设置一个摄影机，然后为该摄影机设置运动模糊效果。

步骤❶ 打开光盘中提供的“附录\实训11\实训11原始文件.max”文件，如图附-110所示，该场景中有一个已经设置好动画的钟表模型。

图附-110 打开场景文件

步骤❷ 将时间滑块拖动到第9帧，然后对场景进行渲染，效果如图附-111所示，虽然这是指针运动中的一帧，但是没有产生运动模糊的效果。

图附-111　没有运动模糊的渲染效果

步骤❸ 选择场景中的摄影机，在Multi-Pass Effect（多过程效果）选项组中启用Motion Blur（运动模糊）效果，如图附-112所示。

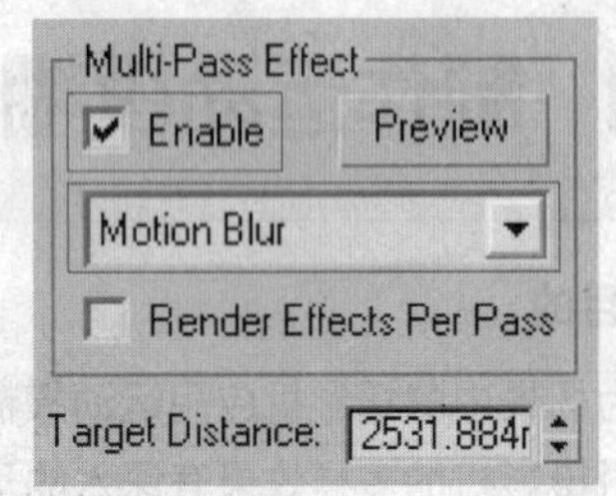

图附-112　启用运动模糊效果

步骤❹ 在默认的参数下进行渲染，效果如图附-113所示，可看到对象产生了强烈的运动模糊效果。

图附-113　非常强烈的运动模糊效果

步骤❺ 在运动模糊参数卷展栏中将Duration（持续时间）参数设置为0.5，如图附-114所示。

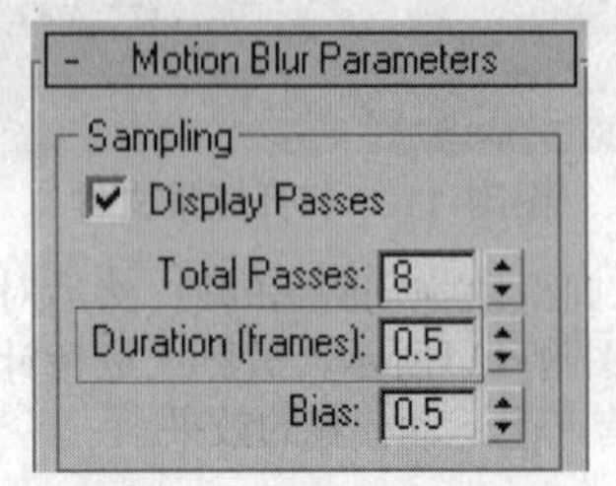

图附-114　设置持续时间

步骤❻ 降低持续时间参数后再次进行渲染，效果如图附-115所示，可看到运动模糊的效果没有之前那么强烈了。

图附-115　降低持续时间后的渲染效果

实训12　使用光域网制作射灯效果

▶ 实训目的

本实例中为场景设置照明效果，向读者介绍Photometric（光度学）灯光类型的具体使用方法。

▶ 实训内容

为场景中添加两个Target Light（目标灯）光度学灯光，并设置的灯光广域网，使其照亮整个场景。

步骤❶ 打开光盘中提供的“附录\实训12\实训12原始文件.max”，对场景进行渲染，效果如图附-116所示。

图附-116　默认的渲染效果

步骤❷ 下面在背景墙面上制作出射灯的效果。选择Photometric（光度学）灯光类型，在场景中创建一个Target Light（目标灯），如图附-117所示。

图附-117 创建光度学灯光

步骤❸ 在目标灯参数卷展栏中的Light Distribution（灯光分布）选项组中选择Photometric Web（光域网）类型，如图附-118所示。

Shadows
On
Use Global Settings
Shadow Map
Exclude...
Light Distribution (Type)
Photometric Web

图附-118 选择光域网分布类型

步骤❹ 在Distribution（分布）卷展栏中单击Choose Photometric File（选择光域网文件）按钮，如图附-119所示，在弹出对话框中选择光盘中所提供的光域网文件。

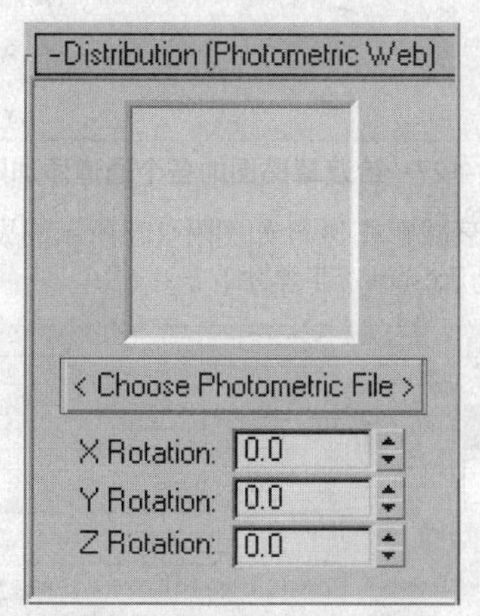

图附-119 选择光域网文件

步骤❺ 以实例的形式将灯光进行复制，并摆放到如图附-120所示的位置。

图附-120 以实例形式复制灯光

步骤❻ 复制完成后对场景进行渲染，效果如图附-121所示，此时不能观察到光域网效果，这是因为灯光的强度太弱的原因。

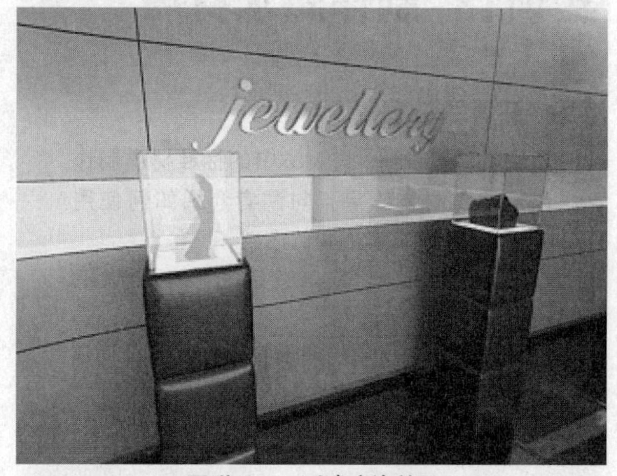

图附-121 测试渲染效果

步骤❼ 在灯光的强度/颜色/衰减卷展栏中设置灯光的过滤颜色为淡黄色，灯光的强度为4000，如图附-122所示。

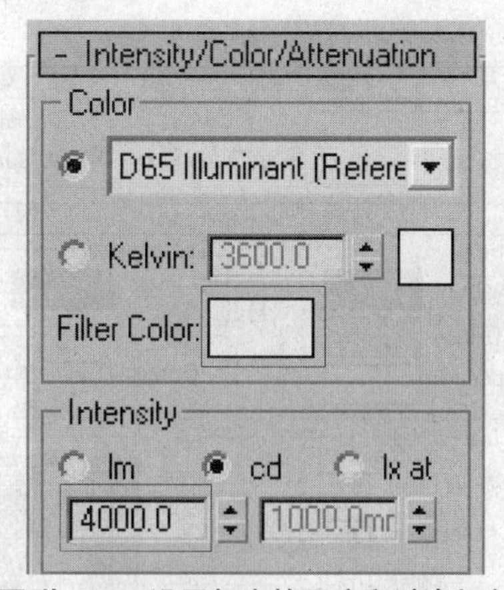

图附-122 设置灯光的强度和过滤颜色

步骤❽ 设置完毕后再次对场景进行渲染，效果如图附-123所示，场景中出现了光域网的效果。

图附-123　射灯的渲染效果

实训13　制作海水材质

▶ **实训目的**

本实例通过使用3ds Max中的标准材质制作出海水的材质效果，向读者介绍如何使用3ds Max创建真实的物体质感。

▶ **实训内容**

通过设置标准材质的漫反射颜色及凹凸通道的纹理贴图模拟出真实海水效果。

步骤❶ 打开光盘中提供的“附录\实训13\实训13原始文件.max”。在材质编辑器中以标准材质作为基础材质类型，对材质基本参数进行如图附-124所示的设置。

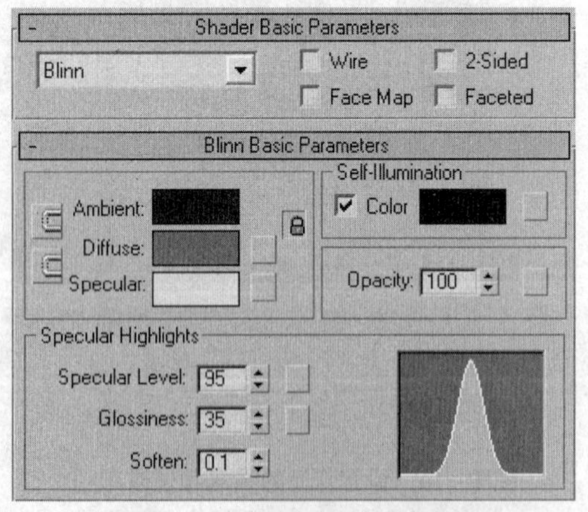

图附-124　设置材质的基本参数

步骤❷ 给Bump（凹凸）通道添加一个Noise（噪波）贴图并进行如图附-125所示的参数设置。

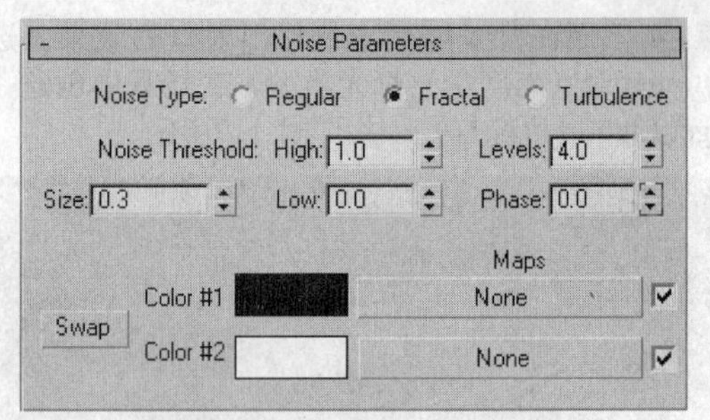

图附-125　设置噪波贴图参数

步骤❸ 接下来给Reflection（反射）通道添加一个Mix（混合）贴图，并分别给混合贴图的颜色#1和颜色#2通道添加Raytrace（光线跟踪）贴图，然后给Mix Amount（混合数量）通道添加一个Mask（遮罩）贴图，如图附-126所示。

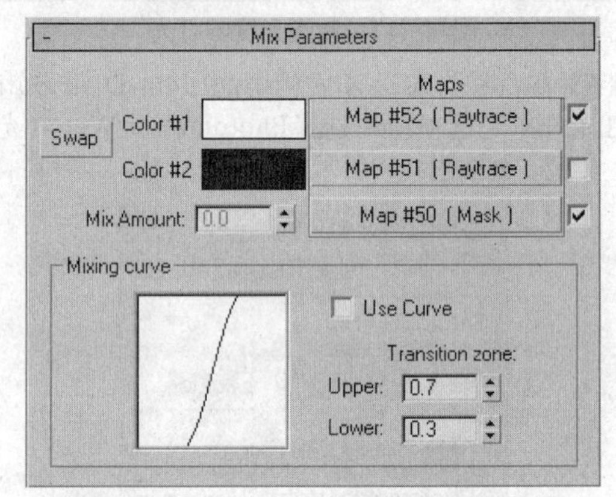

图附-126　给混合贴图的各个通道添加贴图

步骤❹ 给混合数量通道的遮罩贴图的Map（贴图）通道添加Falloff（衰减）贴图，给Mask（遮罩）通道添加Noise（噪波）贴图，如图附-127所示。

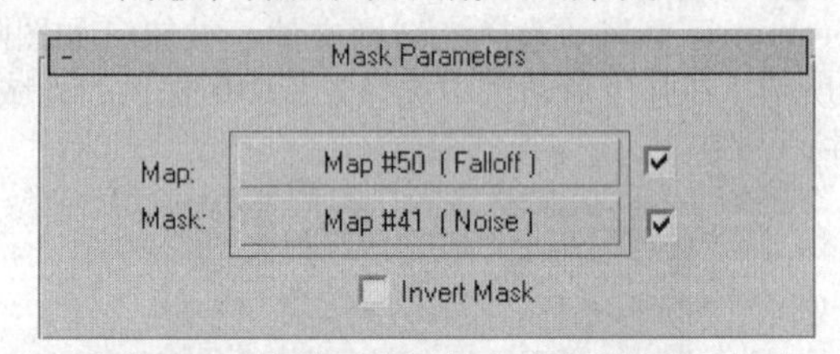

图附-127　给遮罩贴图的各个通道添加贴图

步骤❺ 对衰减贴图进行如图附-128所示的设置，选择衰减类型为Fresnel（菲涅尔）。

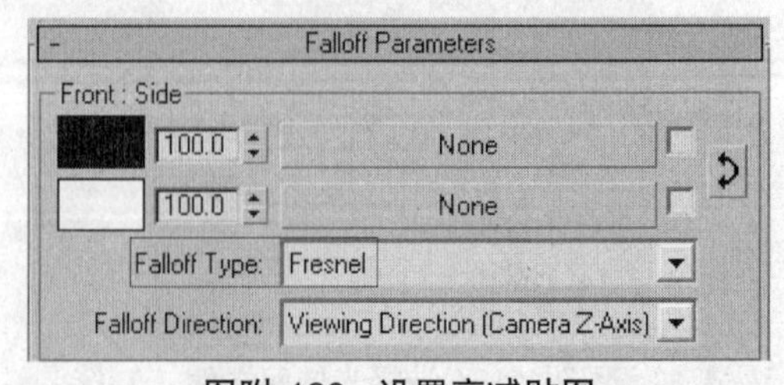

图附-128　设置衰减贴图

步骤❻ 对遮罩通道的噪波贴图进行如图附-129所示的参数设置。

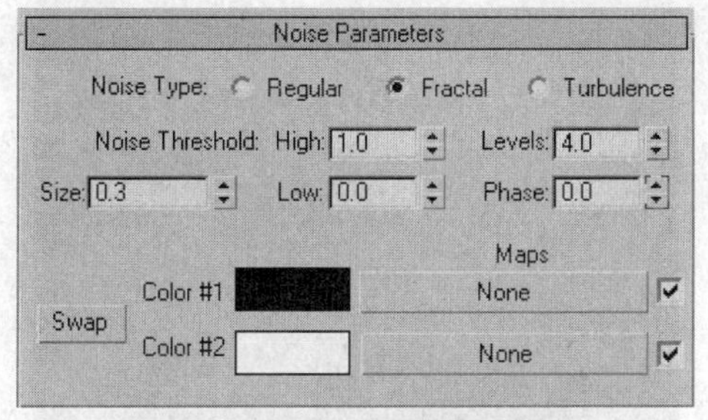

图附-129　设置噪波贴图参数

步骤7 返回基础材质的Maps（贴图）卷展栏，设置凹凸数量为30，设置反射数量为40，如图附-130所示。

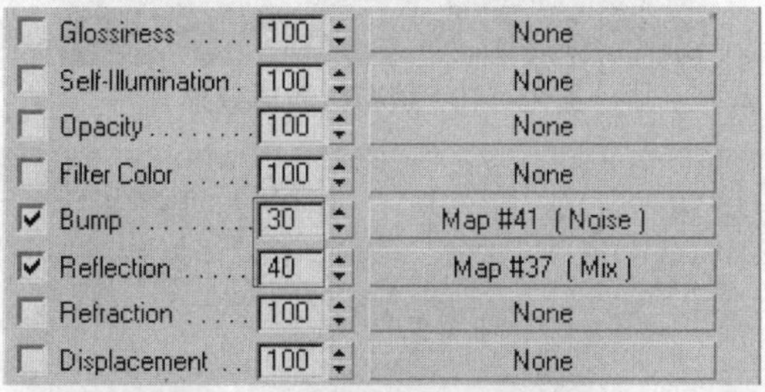

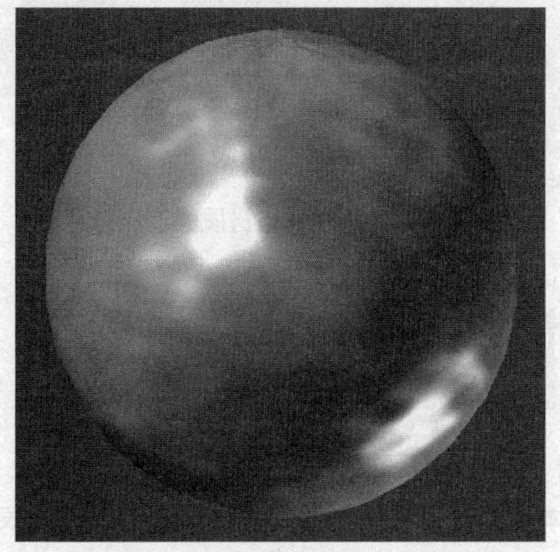

图附-130　设置凹凸和反射数量

步骤8 设置完毕后的海水材质球的效果如图附-131所示。

图附-131　海水材质球效果

步骤9 图附-132所示为海水材质在场景中的最终渲染效果。

图附-132　海水材质的渲染效果

实训14　制作绒布材质

▶ 实训目的

本实例通过使用3ds Max的标准材质制作出绒布的效果，向读者讲解绒布材质的制作方法。

▶ 实训内容

通过设置材质的漫反射和自发光颜色创建出绒布材质的效果。

步骤1 打开光盘中提供的“附录\实训14\实训14原始文件.max”。在材质编辑器中使用3ds Max的标准材质类型作为绒布材质的基础材质，首先选择材质的明暗器类型为Anisotropic（各向异性），如图附-133所示。

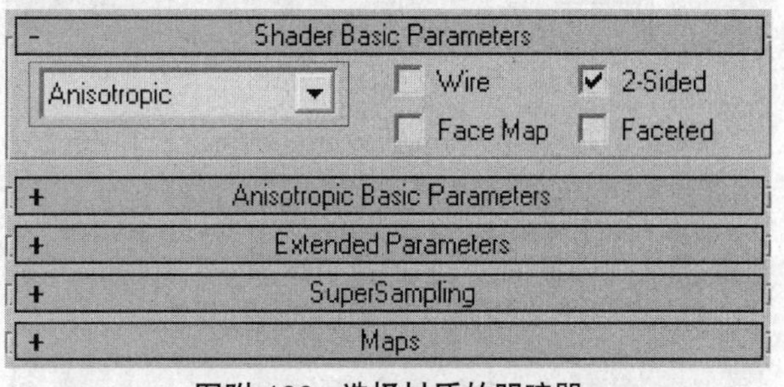

图附-133　选择材质的明暗器

步骤2 在材质的Specilar Highlight（反射高光）选项组中将所有参数都设置为0，如图附-134所示。

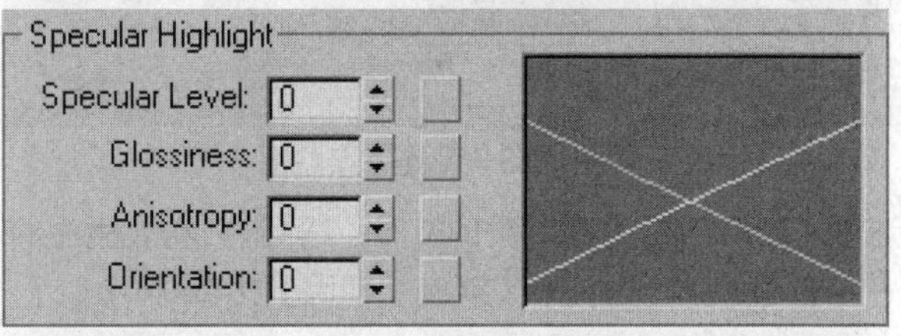

图附-134　设置高光参数

步骤3 给材质的Diffuse Color（漫反射颜色）通道添加一个Falloff（衰减）贴图，并进行如图附-135所示的设置。

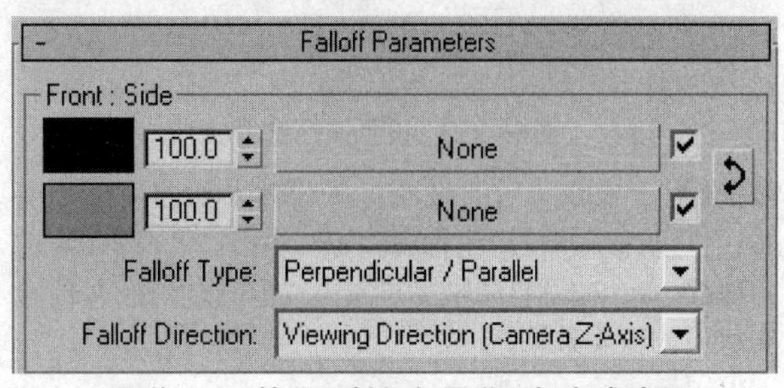

图附-135　给漫反射颜色通道添加衰减贴图

步骤❹ 给材质的自发光通道同样添加一个衰减贴图，其参数设置和漫反射颜色通道中的衰减贴图相同，只是第2个衰减颜色要更深一些，如图附-136所示。

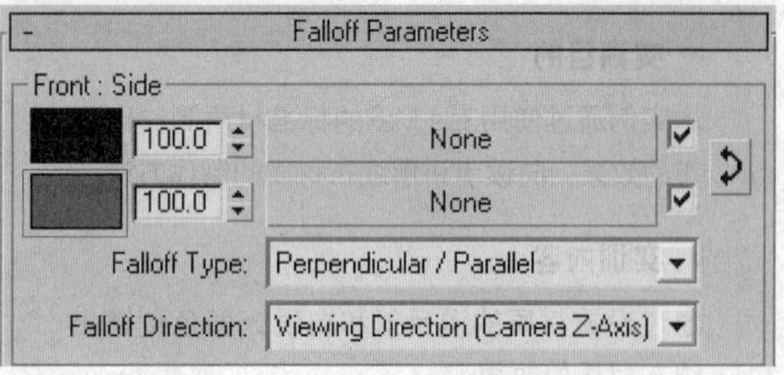

图附-136　给自发光通道添加贴图

步骤❺ 给材质的Orientation（方向）通道也添加一个衰减贴图，并进行如图附-137所示的参数设置。

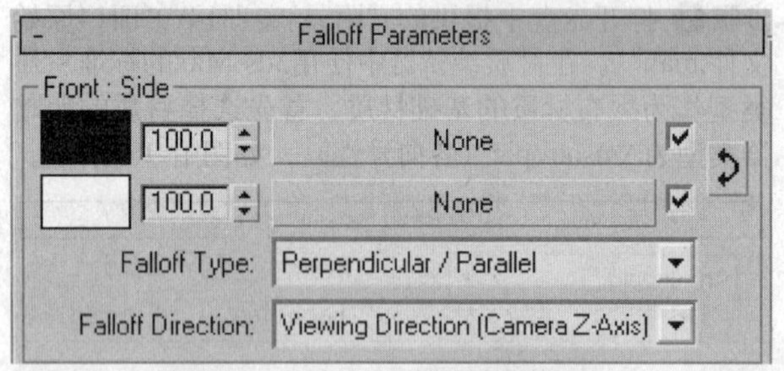

图附-137　设置衰减贴图的参数

步骤❻ 给Bump（凹凸）通道上添加一个Speckle（斑点）贴图，进行如图附-138所示的参数设置。

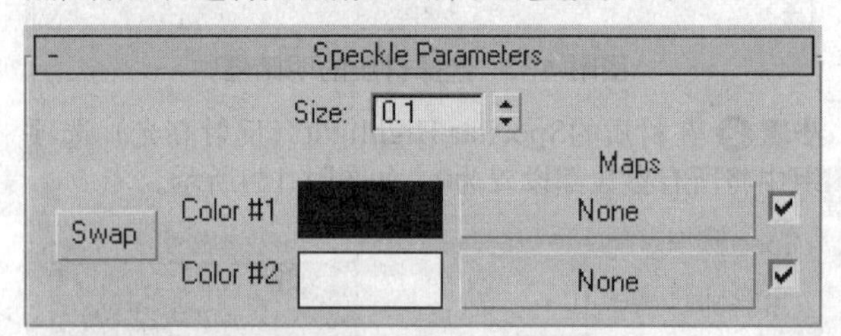

图附-138　设置斑点贴图

步骤❼ 然后返回到材质的Maps（贴图）卷展栏中将Bump（凹凸）数量设置为10，如图附-139所示。

☐	Opacity	100	None
☐	Filter Color	100	None
☑	Bump	10	Map #4 (Speckle)
☐	Reflection	100	None
☐	Refraction	100	None
☐	Displacement ..	100	None

图附-139　设置凹凸数量

步骤❽ 设置完毕后的绒布材质球效果如图附-140所示。可以观察到材质球表面的颗粒及颜色过渡效果。

步骤❾ 如图附-141所示为更改漫反射颜色后的各种绒布材质的渲染效果。

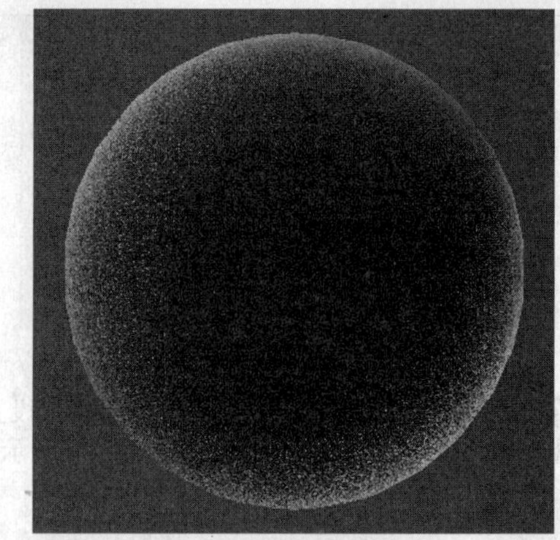

图附-140　绒布材质球效果

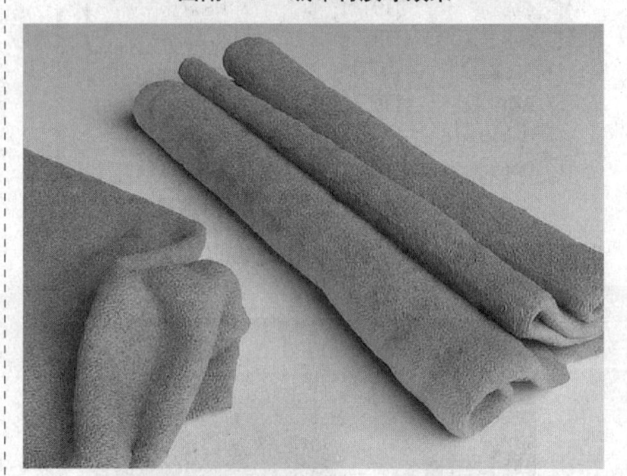

图附-141　各种绒布材质的渲染效果

实训15　制作冰块材质

▶ 实训目的

本实例使用混合材质制作出冰块的质感，表现3ds Max材质功能的强大。

▶ 实训内容

为混合材质的材质1、材质2和遮罩分别指定不同的材质类型，并对材质进行编辑制作出冰块材质效果。

步骤❶ 打开光盘中提供的“附录\实训15\实训15原始文件.max”。在材质编辑器中以Blend（混合）材质作为冰块的基础材质类型，其参数卷展栏如图附-142所示。

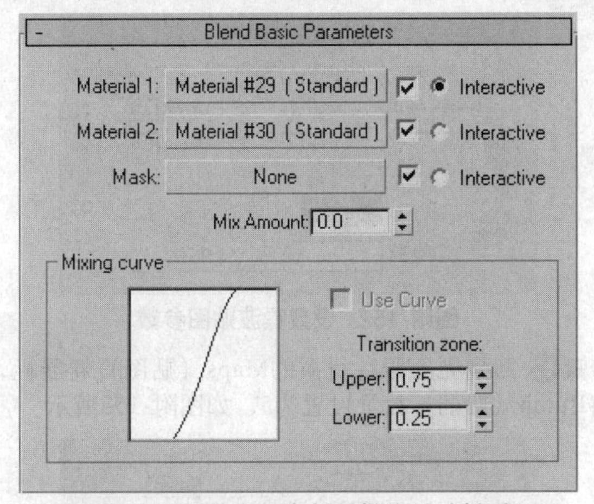

图附-142 使用混合材质做为基础材质

步骤❷ 给混合材质的材质1通道添加一个Raytrace（光线跟踪）材质，并在其基本参数卷展栏中进行如图附-143所示的参数设置。

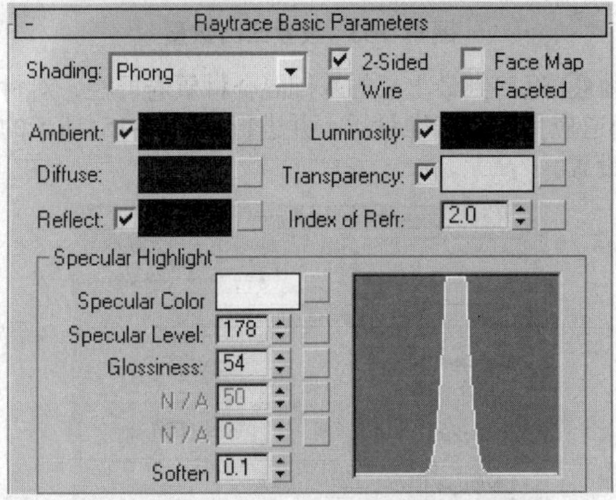

图附-143 设置光线跟踪材质参数

步骤❸ 给Reflect（反射）通道添加一个Falloff（衰减）贴图，选择衰减类型为Fresnel（菲涅尔），如图附-144所示。

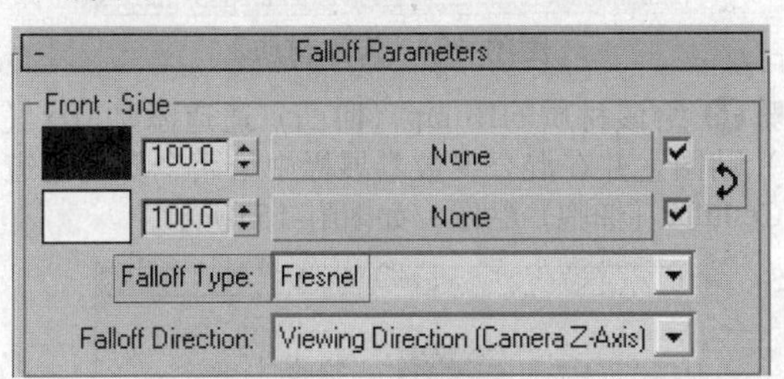

图附-144 添加衰减贴图

步骤❹ 给衰减贴图的第2个颜色通道添加一个Mix（混合）贴图，再分别为其下的颜色#1和颜色#2通道添加Cellular（细胞）贴图，如图附-145所示。

步骤❺ 对颜色#1通道中的Cellular（细胞）贴图进行如图附-146所示的参数设置。

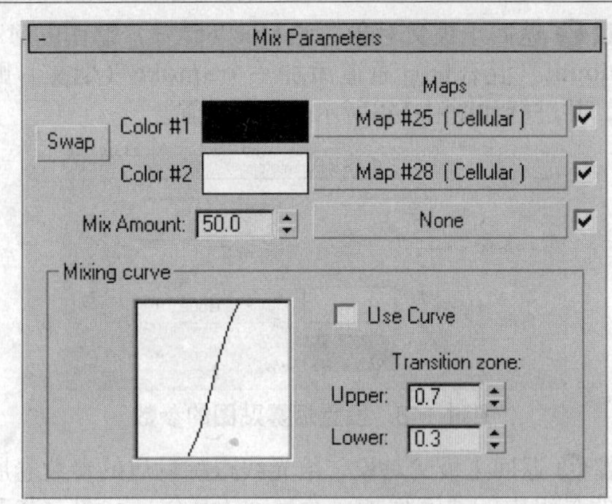

图附-145 添加混合贴图并设置

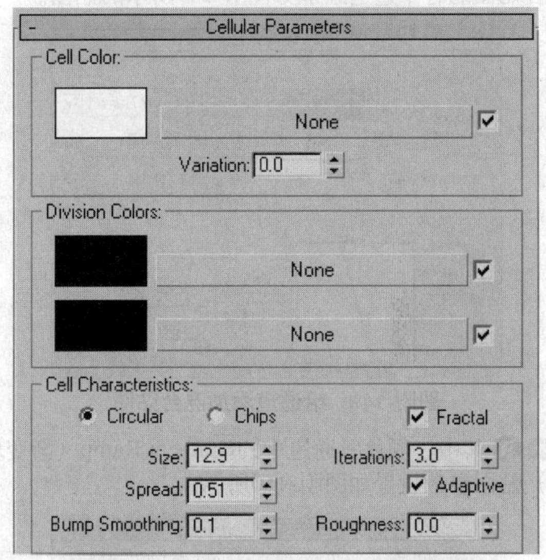

图附-146 设置颜色#1通道细胞贴图

步骤❻ 对颜色#2通道中的细胞贴图进行如图附-147所示的参数设置。

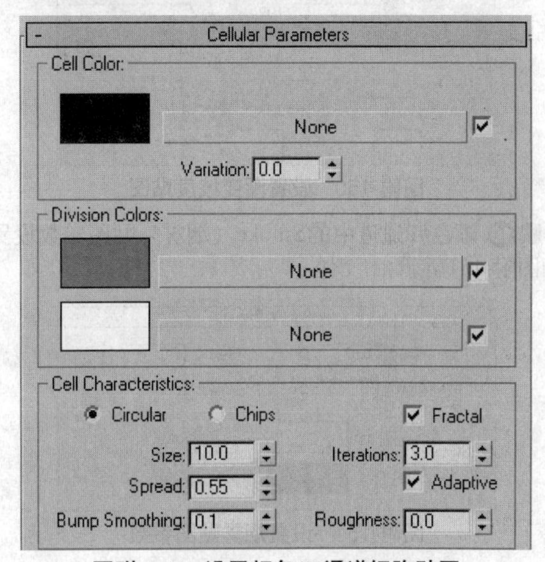

图附-147 设置颜色#2通道细胞贴图

步骤❼ 返回上级父对象，给Mix（混合）贴图的Mix Amount（混合量）通道添加一个Smoke（烟雾）贴图，并进行如图附-148所示的参数设置。

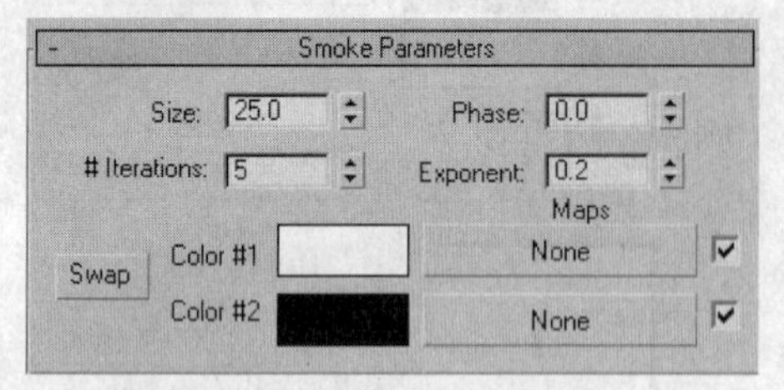

图附-148 设置烟雾贴图的参数

步骤❽ 返回上级父对象，给光线跟踪材质的参数卷展栏背景组中的通道添加一个Mix（混合）贴图，并对混合贴图的各个通道添加如图附-149所示的贴图。

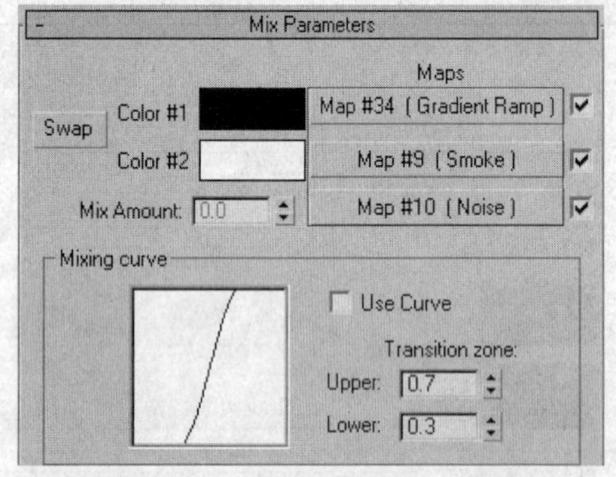

图附-149 给通道添加混合贴图

步骤❾ 其中，颜色#1通道中的Gradient Ramp（渐变坡度）贴图参数设置如图附-150所示。

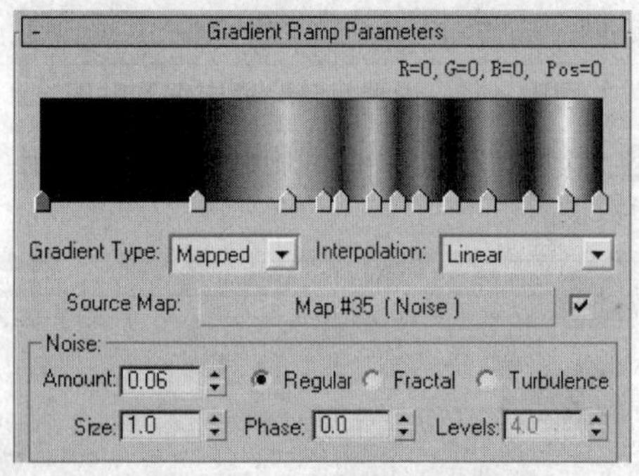

图附-150 设置渐变坡度贴图

步骤❿ 颜色#2通道中的Smoke（烟雾）贴图参数设置如图附-151所示。

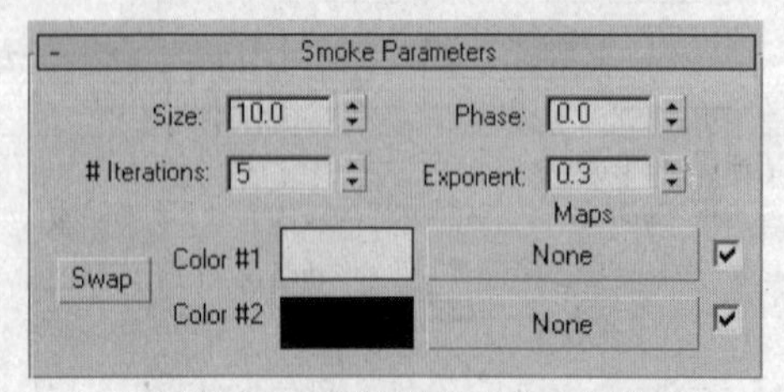

图附-151 设置烟雾贴图参数

步骤⓫ 混合量通道中的Noise（噪波）贴图参数设置如图附-152所示。

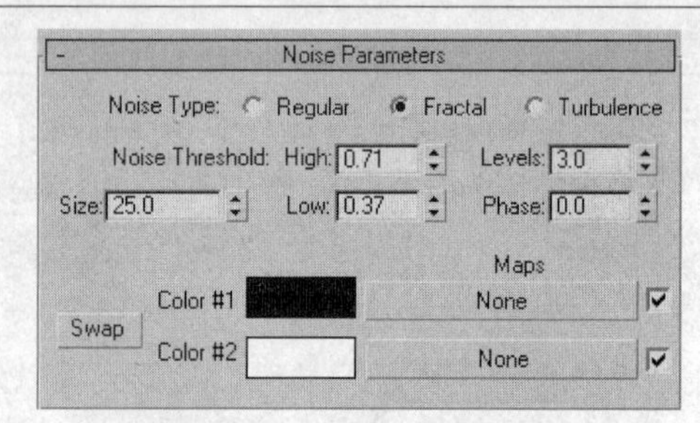

图附-152 设置噪波贴图参数

步骤⓬ 回到光线跟踪材质的Maps（贴图）卷展栏，将Bump（凹凸）数量设置为5，如图附-153所示。

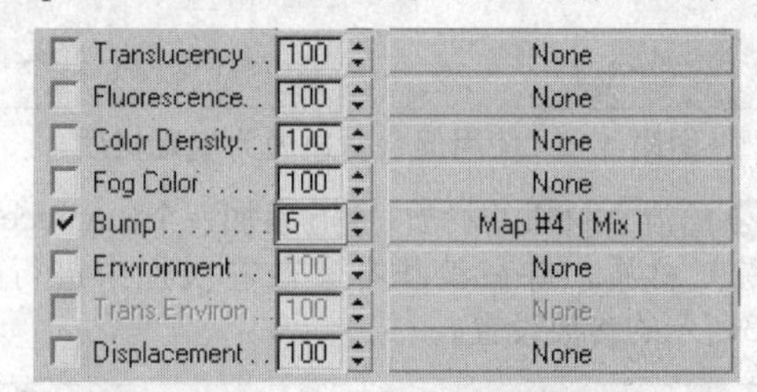

图附-153 设置凹凸数量

步骤⓭ 返回到最上层的基础混合材质卷展栏，对材质2通道应用一个标准材质，并进行如图附-154所示的参数设置。

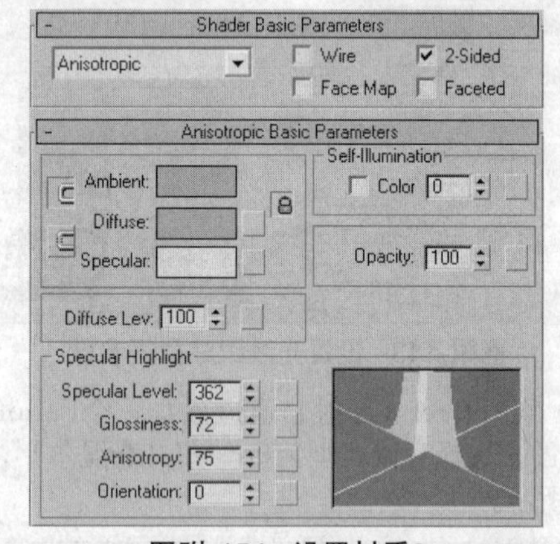

图附-154 设置材质2

步骤⓮ 给该材质的Bump（凹凸）通道添加Mix（混合）贴图，并在混合参数卷展栏中给两个颜色通道添加Cellular（细胞）贴图，如图附-155所示。

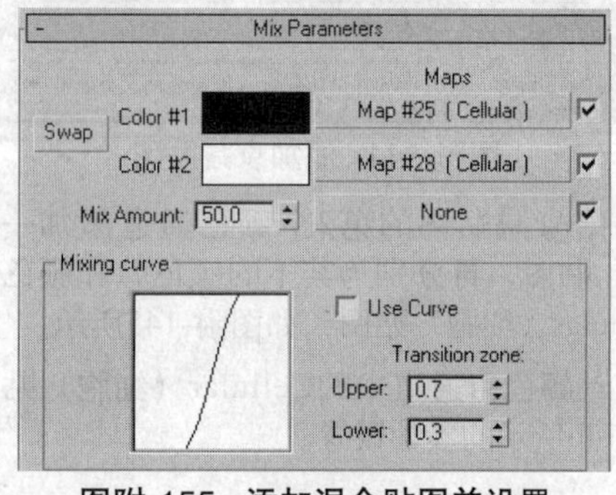

图附-155 添加混合贴图并设置

步骤⓯ 对颜色#1通道的细胞贴图进行如图附-156所示的参数设置。

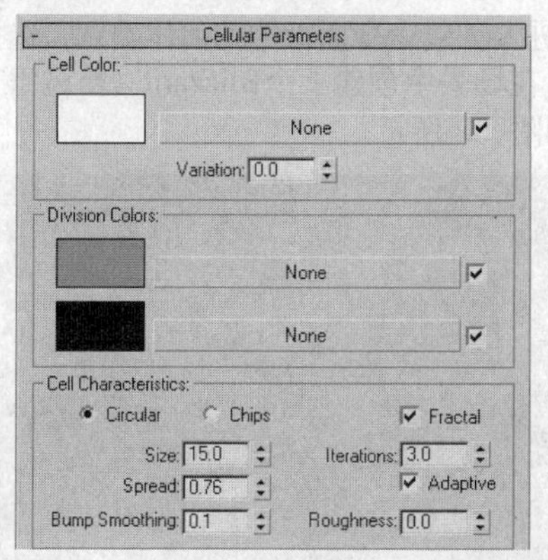

图附-156　设置颜色#1通道的细胞贴图参数

步骤⑯ 对颜色#2通道的细胞贴图进行如图附-157所示的参数设置。

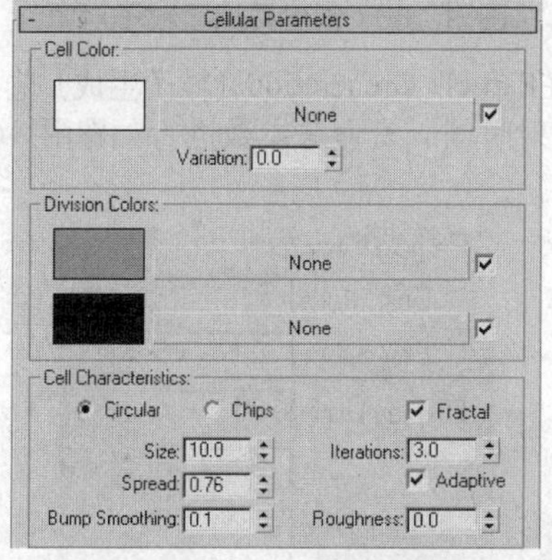

图附-157　设置颜色#2通道的细胞贴图参数

步骤⑰ 返回到最上层卷展栏，给基础混合材质的Mask（遮罩）通道添加一个Mix（混合）贴图，如图附-158所示。

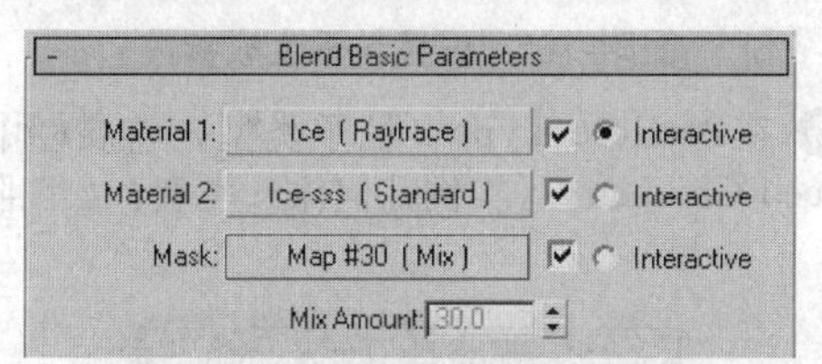

图附-158　为遮罩通道添加混合贴图

步骤⑱ 对该混合贴图的各通道添加如图附-159所示的贴图。

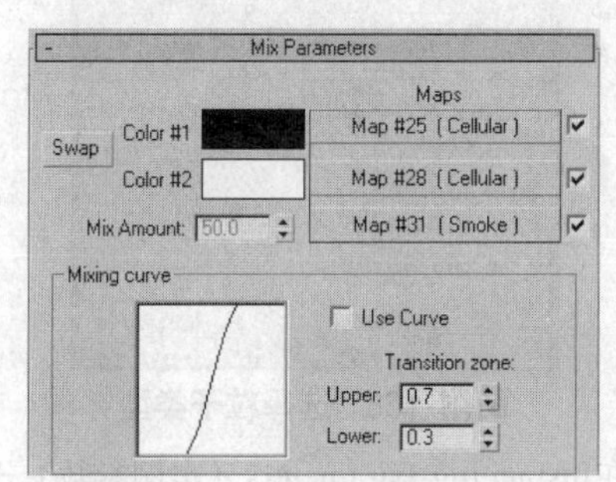

图附-159　添加各个通道的贴图

步骤⑲ 其中，颜色#1通道的细胞贴图参数设置如图附-160所示。

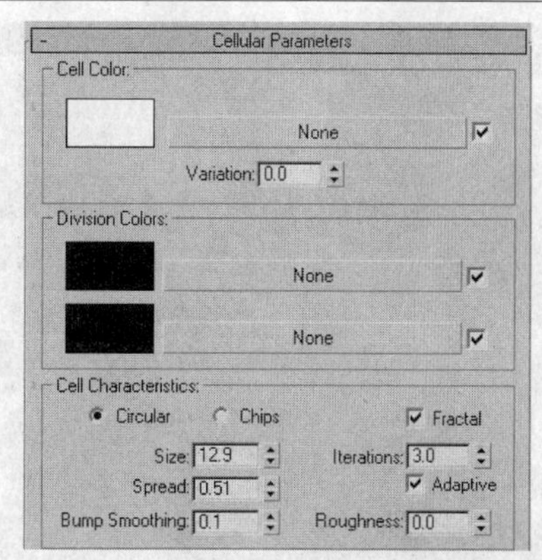

图附-160　设置颜色#1通道的细胞贴图参数

步骤⑳ 颜色#2通道的细胞贴图参数设置如图附-161所示。

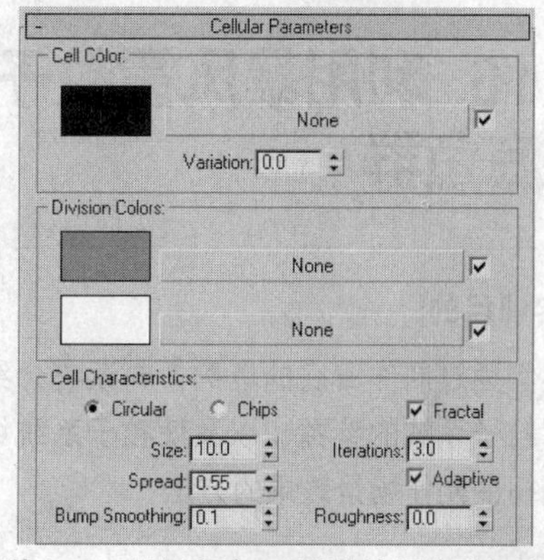

图附-161　设置颜色#2通道的细胞贴图参数

步骤㉑ 混合量通道中的Noise（噪波）贴图参数设置如图附-162所示。

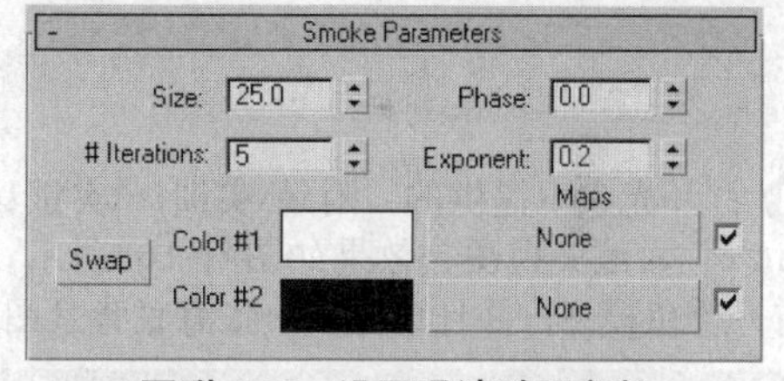

图附-162　设置噪波贴图参数

步骤㉒ 设置完毕后的冰材质球效果如图附-163所示。

图附-163　冰材质球效果

步骤㉓ 图附-164所示为将冰材质应用于对象上的渲染效果。

图附-164　冰材质的渲染效果

实训16　利用暴风雪粒子制作海底鱼群

▶ **实训目的**

本实例通过制作海底的鱼群，向读者介绍暴风雪粒子系统的参数，以及使粒子系统结合空间扭曲制作场景效果的方法。

▶ **实训内容**

通过设置暴风雪粒子系统的参数并为粒子绑定空间扭曲，制作出鱼群的效果。

步骤① 打开光盘中提供的“附录\实训16\实训16原始文件.max”，渲染视图，效果如图附-165所示，该场景中有一个鱼模型，并且设置了一张海底背景图片。

图附-165　场景渲染效果

步骤② 进入创建命令面板的几何体类别，选择粒子系统类型，在场景中创建一个Blizzard（暴风雪）粒子对象，如图附-166所示。

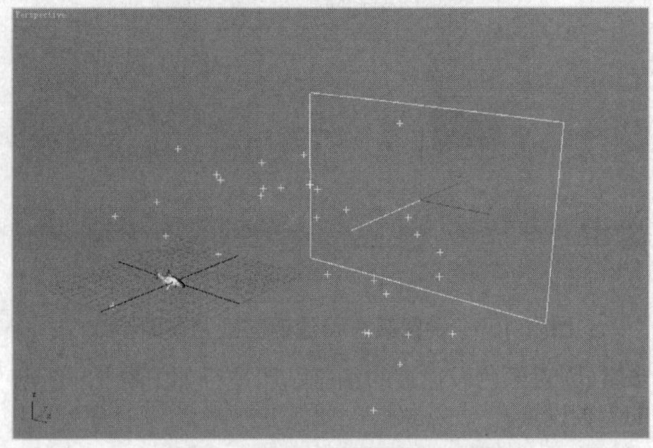

图附-166　创建暴风雪粒子对象

步骤③ 在Particle Greneration（粒子生成）卷展栏中对粒子的发射时间、寿命等参数进行如图附-167所示的设置。

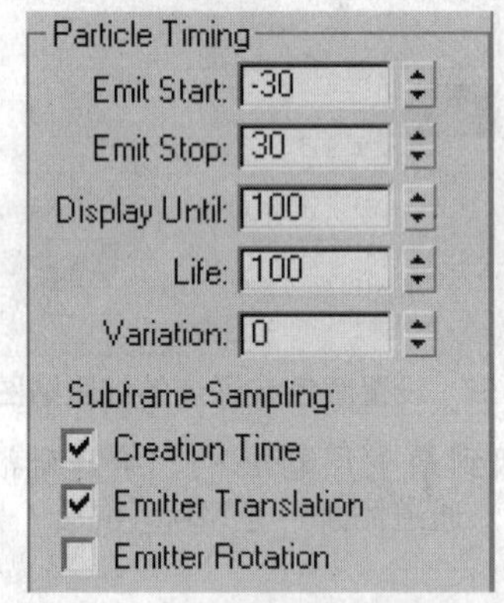

图附-167　设置粒子生成参数

步骤④ 在Particle Type（粒子类型）卷展栏中选择Instanced Geometry（实例几何体）类型，如图附-168所示。

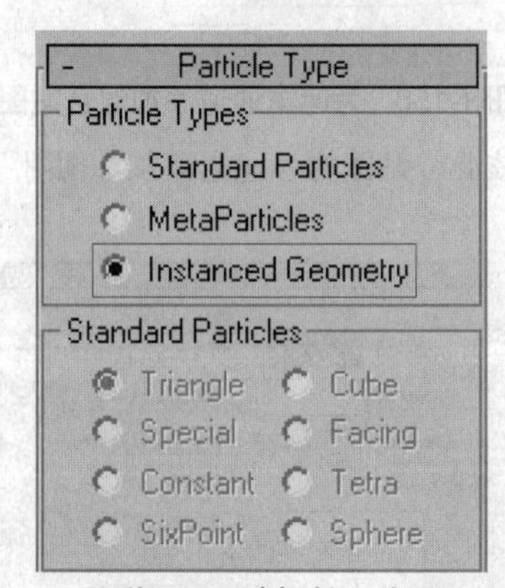

图附-168　选择粒子类型

步骤⑤ 在Instancing Parameters（实例参数）选项组中单击如图附-169所示的Pick Object（拾取对象）按钮，在场景中拾取鱼对象。

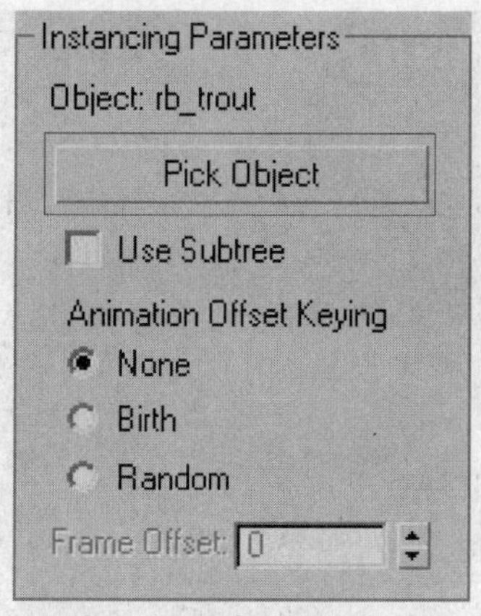

图附-169 单击拾取对象按钮

步骤6 在场景中创建一条弯曲的线条图形，如图附-170所示。

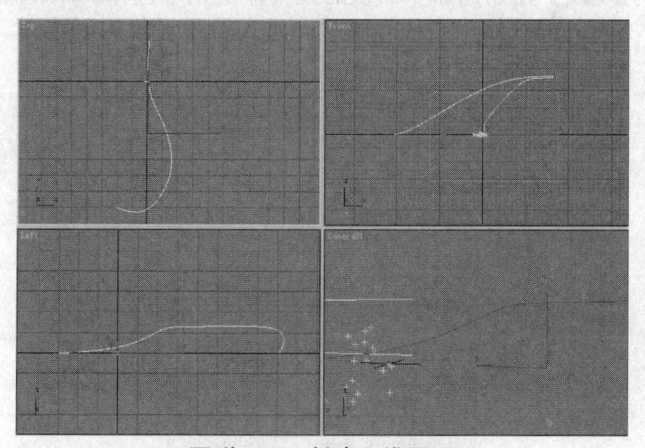

图附-170 创建二维图形

步骤7 在创建命令面板的Space Warps（空间扭曲）类别下选择Forces（力）类型，如图附-171所示，再在场景中创建一个Path Follow（路径跟随）空间扭曲。

图附-171 选择力类型

步骤8 在路径跟随的基本参数卷展栏中单击Pick Shape Object（拾取图形对象）按钮，如图附-172所示，然后单击拾取场景中的线条图形。

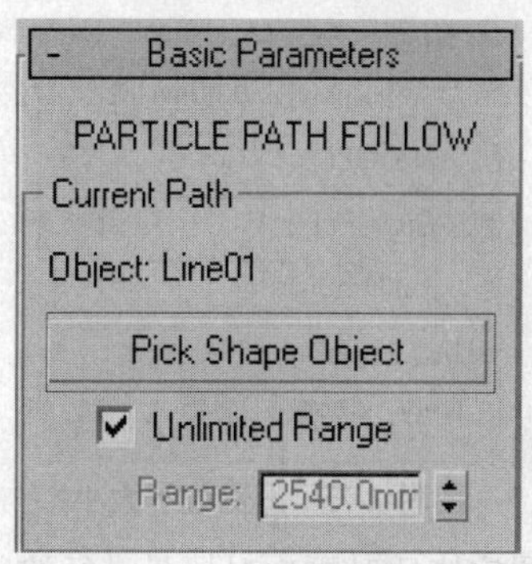

图附-172 拾取图形对象

步骤9 使用Bind to Space Warp（绑定到空间扭曲）工具将暴风雪粒子绑定到路径跟随空间扭曲上，使粒子可以沿着指定的路径运动，效果如图附-173所示。

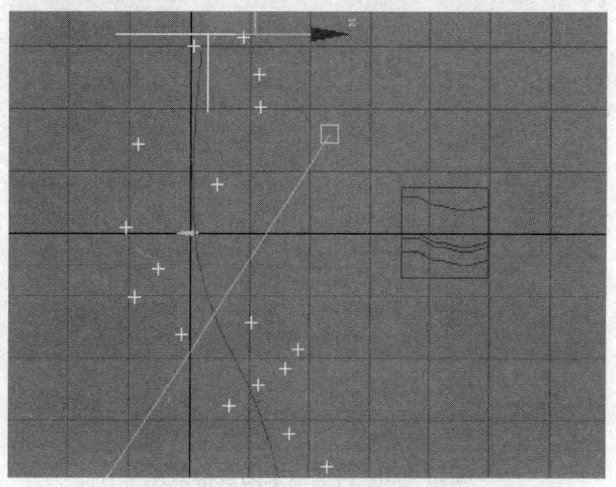

图附-173 将粒子绑定到空间扭曲

步骤10 设置完毕后对场景进行渲染，效果如图附-174所示，此时并不能看到鱼群的效果，这是因为默认的粒子尺寸太小，观察不到。

图附-174 初次渲染效果

步骤11 进入Particle Generation（粒子生成）卷展栏，在Particle Size（粒子大小）选项组中将Size（大小）参数设置为2300，如图附-175所示。

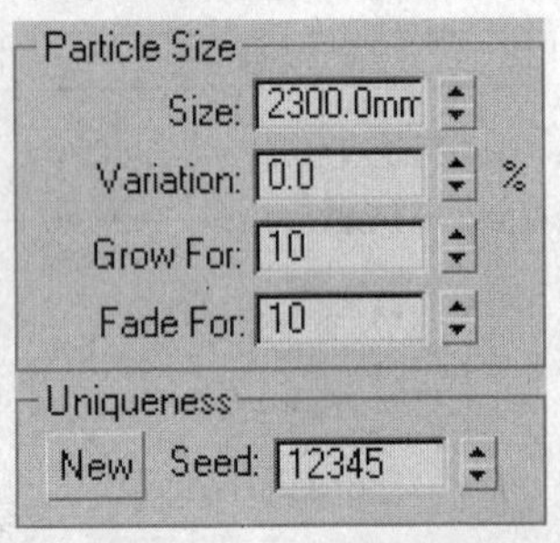

图附-175 设置粒子大小

步骤⑫ 设置完毕后对再次对场景进行渲染，效果如图附-176所示，可看到图像中出现了鱼群效果。还可以利用本实例中用到的方法来制作鱼群沿路径游动的动画。

图附-176 再次渲染的鱼群效果

实训17 使用超级喷射粒子系统制作礼花

▶ 实训目的

本实例通过设置超级喷射粒子系统的参数，制作出礼花效果，使读者对粒子系统有更加深入的的了解。

▶ 实训内容

在场景中创建一个超级喷射粒子系统，并设置其参数，再为该粒子对象赋予材质来制作出礼花的效果。

步骤① 打开光盘中提供的“附录\实训17\实训17原始文件.max”，对场景进行渲染，效果如图附-177所示，该场景中只有一个背景图片，下面将要在该图片上制作出礼花的效果。

图附-177 场景文件渲染效果

步骤② 在创建命令面板的几何体类别下选择Particle Systems（粒子系统）类型，进入粒子对象的创建面板，如图附-178所示。

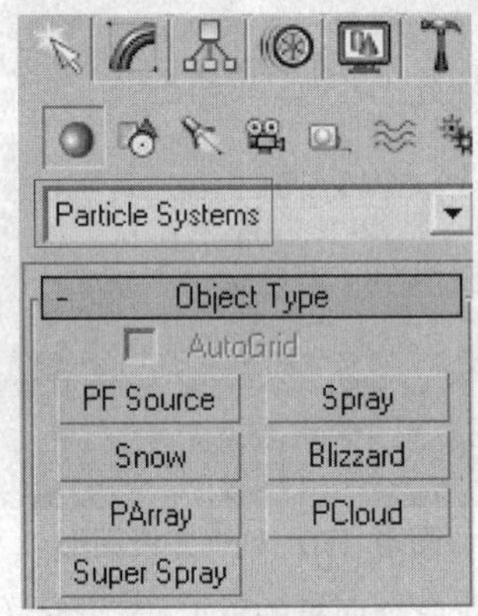

图附-178 选择粒子对象类型

步骤③ 单击Super Spary（超级喷射）按钮 Super Spray ，在场景中创建一个超级喷射粒子发射器，如图附-179所示。

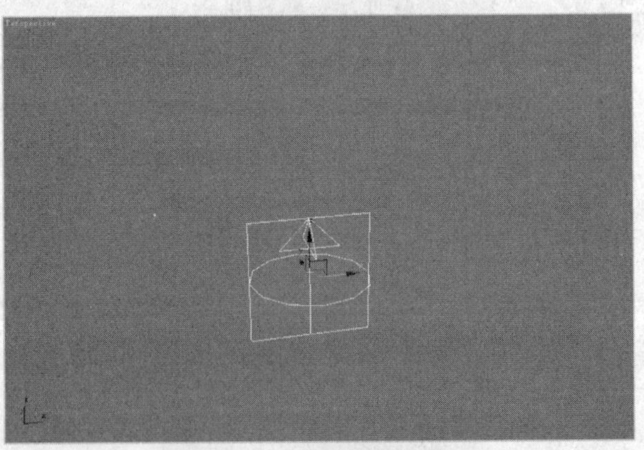

图附-179 创建粒子发射器

步骤④ 在粒子基本参数卷展栏中的Viewport Display（视口显示）选项组中设置Percentage of Particles（粒子数百分比）为100，如图附-180所示，这样可以在视口中显示出所有的粒子效果以便于观察。

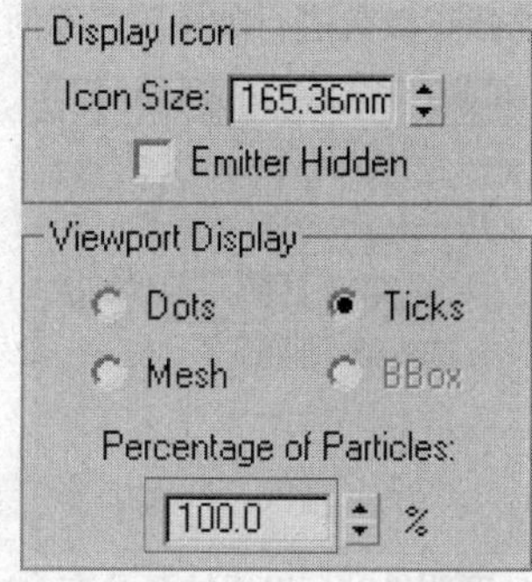

图附-180 设置粒子显示状态

步骤5 在Particle Generation（粒子生成）选项组中选择Use Total（使用总数）选项，并设置总数为10，如图附-181所示。

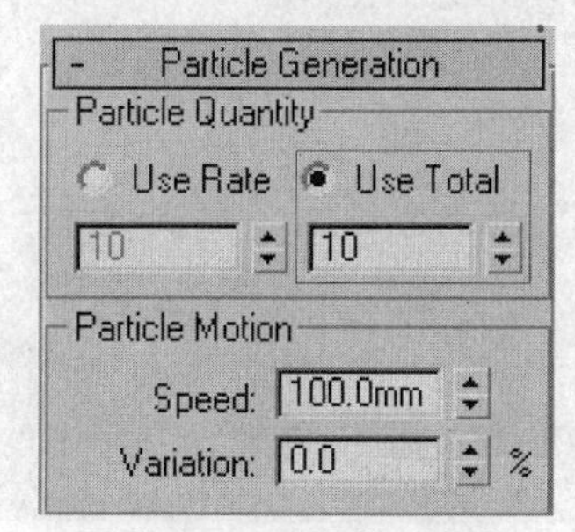

图附-181 设置粒子总数

步骤6 在Particle Timing（粒子计时）选项组中进行如图附-182所示的参数设置。

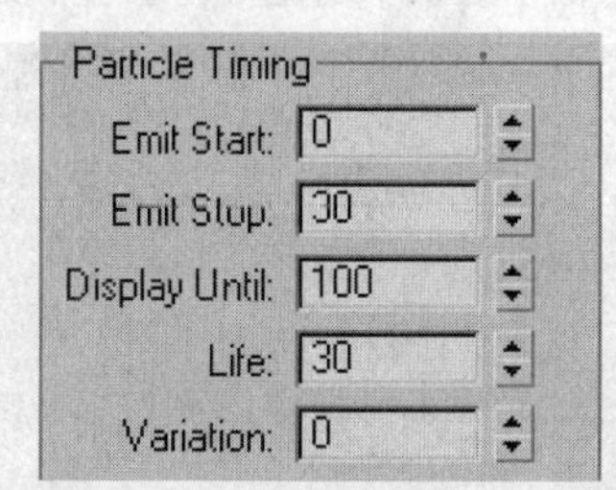

图附-182 设置粒子计时参数

步骤7 进入Particle Spawn（粒子繁殖）卷展栏，在其中选择繁殖效果为Spawn Trails（繁殖拖尾），如图附-183所示。

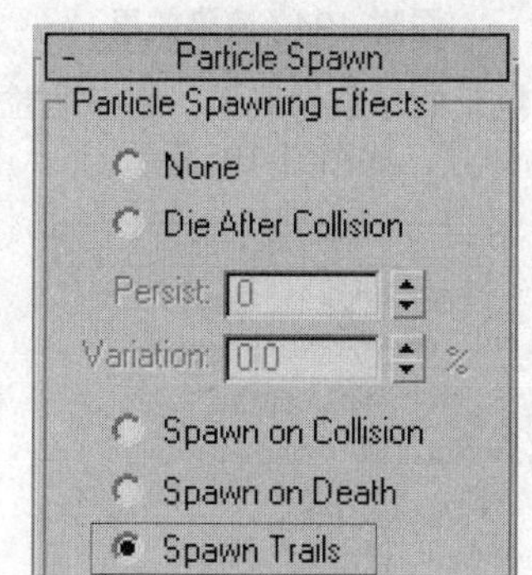

图附-183 设置粒子繁殖效果

步骤8 继续在该参数卷展栏中进行如图附-184所示的参数设置。

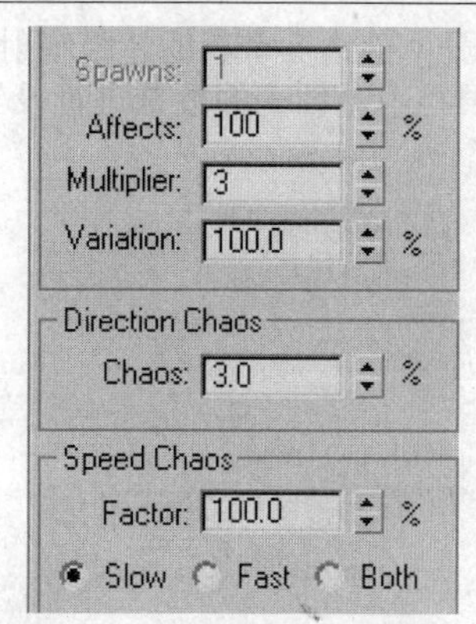

图附-184 设置粒子繁殖参数

步骤9 设置完毕后在场景中拖动时间滑块可以看到发射出的粒子分布在一条直线上，如图附-185所示。

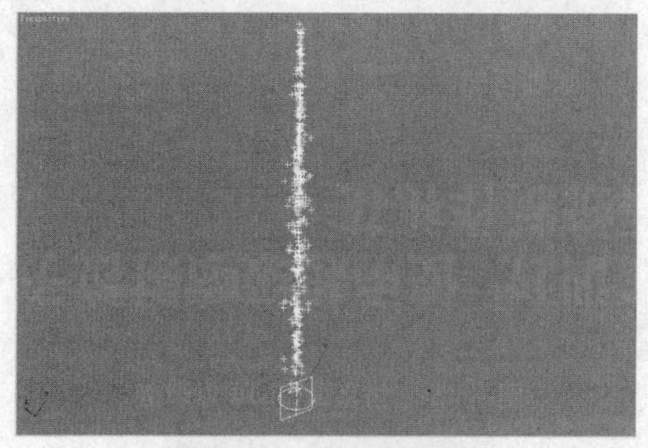

图附-185 预览粒子效果

步骤10 在粒子基本参数卷展栏的Particle Formation（粒子分布）选项组中进行如图附-186所示的设置。

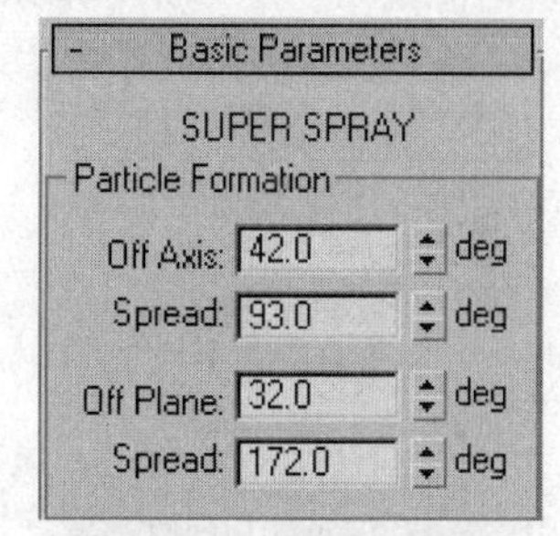

图附-186 设置粒子分布

步骤11 在场景中预览粒子效果，如图附-187所示，粒子朝四周产生了喷射效果。

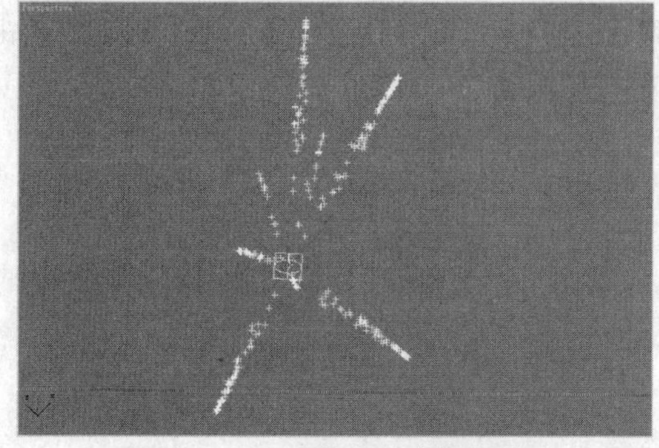

图附-187 设置粒子分布后的效果

步骤⑫ 在场景中创建一个新的超级喷射粒子，在相应的参数卷展栏中对粒子的数量进行设置，如图附-188所示。

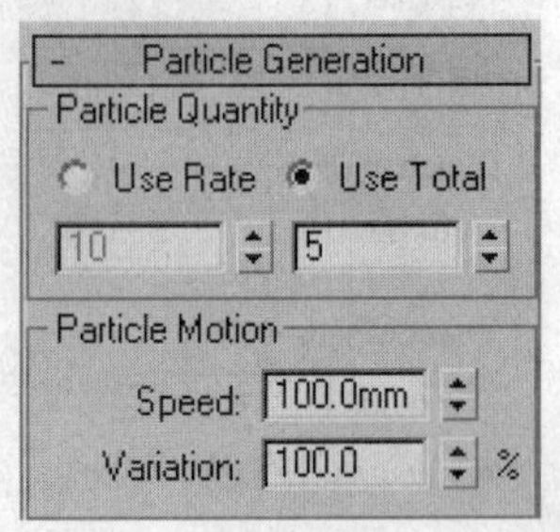

图附-188　设置第2个粒子的数量

步骤⑬ 在Particle Timing（粒子计时）选项组中进行如图附-189所示的设置。

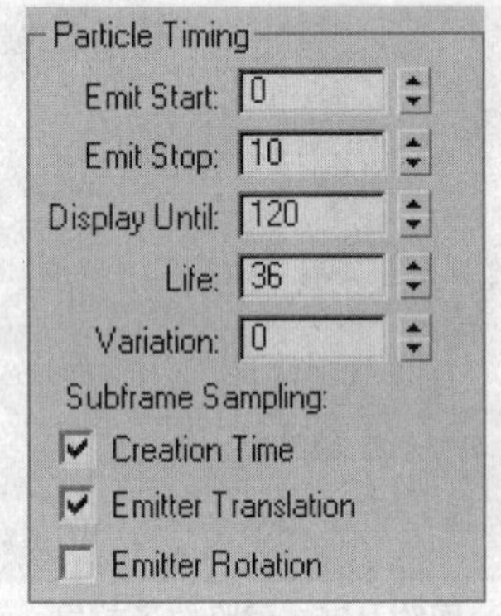

图附-189　设置粒子计时参数

步骤⑭ 进入Particle Spawn（粒子繁殖）卷展栏，选择繁殖效果为Spawn on Death（消亡后繁殖），如图附-190所示。

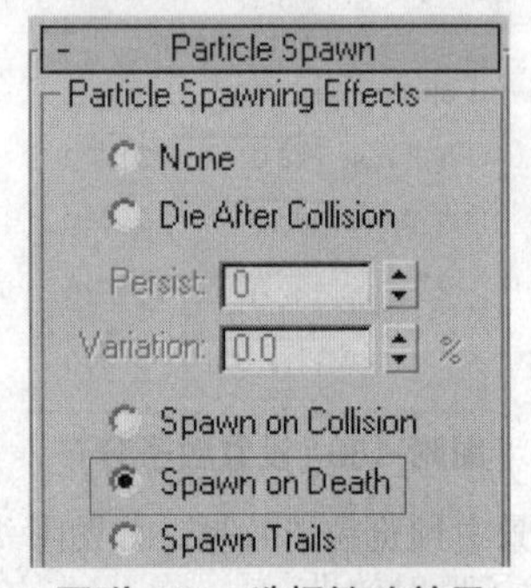

图附-190　选择繁殖效果

步骤⑮ 选择繁殖类型后，对粒子繁殖参数进行如图附-191所示的设置。

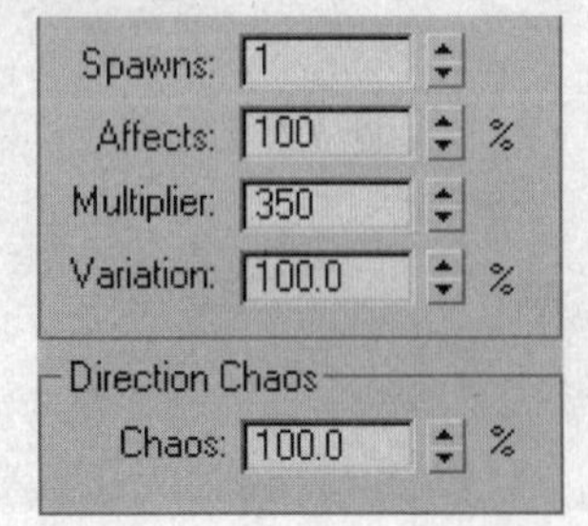

图附-191　设置粒子繁殖参数

步骤⑯ 对粒子分布参数进行如图附-192所示的设置。

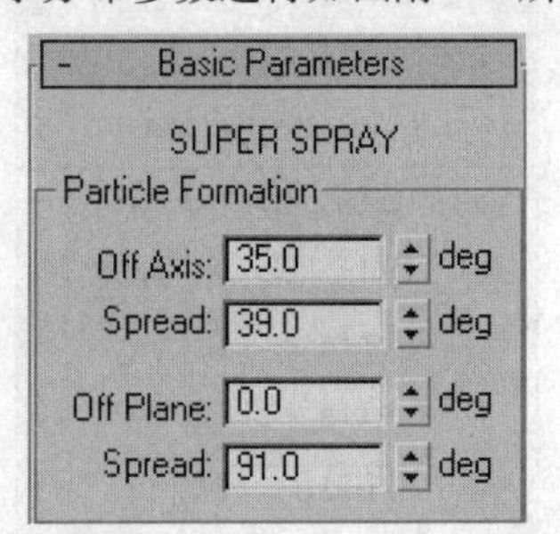

图附-192　设置粒子分布

步骤⑰ 设置完毕后拖动时间滑块，可以在场景中看到两种不同的粒子效果，如图附-193所示。

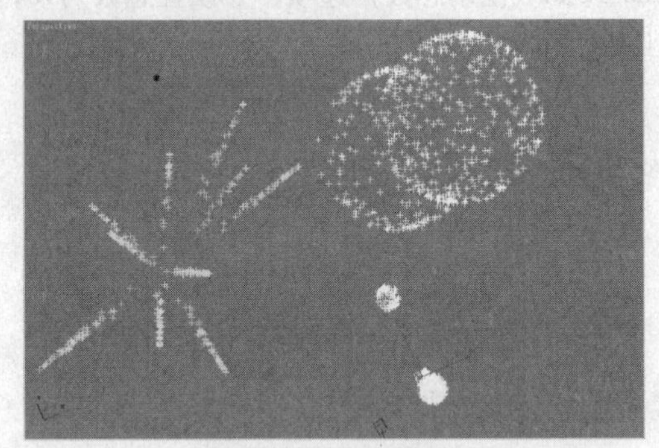

图附-193　预览效果

步骤⑱ 对场景进行渲染，效果如图附-194所示，可发现渲染图中的粒子效果不明显，几乎看不见。

图附-194　渲染效果

步骤⑲ 回到粒子的参数卷展栏，将标准粒子类型设置为Sphere（球体），如图附-195所示。

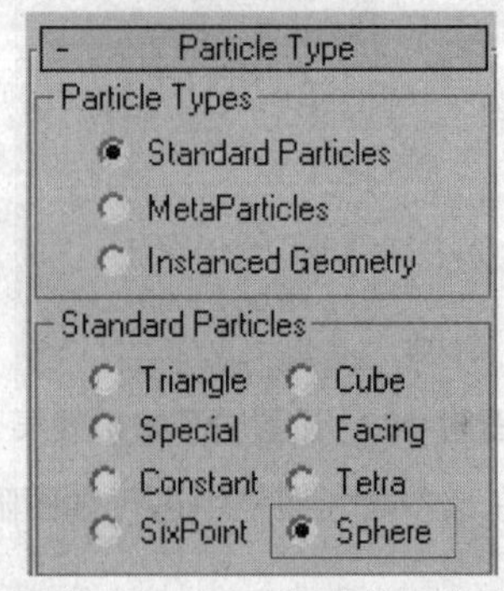

图附-195　设置标准粒子类型

步骤20 在Particle Size（粒子大小）选项组中设置粒子的Size（大小）参数为100，如图附-196所示。

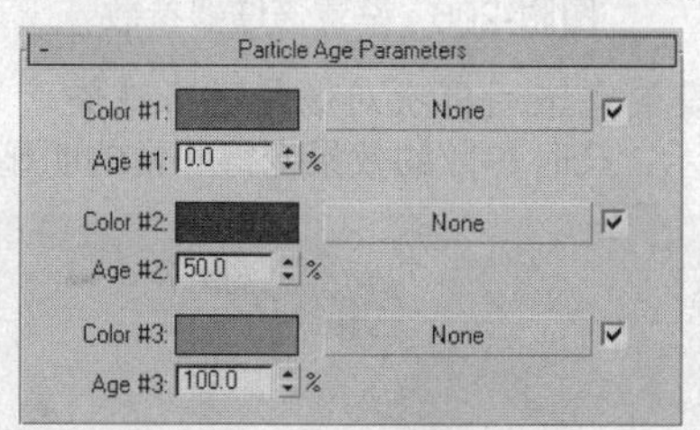

图附-196 设置粒子大小

步骤21 设置完毕后再次进行渲染，效果如图附-197所示，这次可比较明显地观察到粒子的渲染效果。

图附-197 加大粒子后的效果

步骤22 下面进行粒子材质的制作。在材质编辑器中选择标准材质类型，给漫反射颜色通道添加一个Parttcle Age（粒子年龄）贴图，其参数卷展栏如图附-198所示。该贴图能够为不同时间段的粒子设置不同的颜色。

Particle Age Parameters

Color #1:	None	✓
Age #1: 0.0 %		
Color #2:	None	✓
Age #2: 50.0 %		
Color #3:	None	✓
Age #3: 100.0 %		

图附-198 制作粒子材质

步骤23 将制作好的材质指定给粒子对象进行渲染，效果如图附-199所示。

图附-199 添加了材质的粒子渲染效果

步骤24 如图附-200所示为最后给粒子添加了光晕特效后的最终渲染效果。

图附-200 最终渲染效果

实训18 制作焦散效果

▶ 实训目的

本案例通过使用VRay渲染器渲染出透明象棋的焦散效果，向读者介绍VRay渲染器的具体应用。

▶ 实训内容

为场景设置生成焦散和接收焦散的对象，然后通过Mental ray渲染器的设置，渲染出象棋的焦散效果。

步骤1 打开光盘中提供的"附录\实训18\实训18原始文件.max"，如图附-201所示。

图附-201 打开场景文件

步骤❷ 在场景中创建一个Target Direct（目标灯），如图附-202所示。

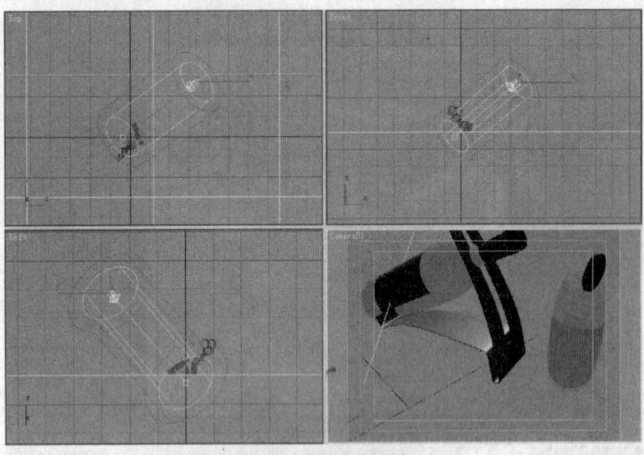

图附-202　创建目标灯

步骤❸ 对灯光进行渲染，效果如图附-203所示，可看到场景中没有出现焦散效果。

图附-203　创建灯光后的渲染效果

步骤❹ 按下F10键，再进入VRay的渲染器选项卡下的V-Ray：散焦卷展栏，在其中勾选On（启用）复选框开启焦散效果，如图附-204所示。

V-Ray:: Caustics
On　Multiplier: 1.0
Search dist: 127.0mr
Max photons: 60
Max density: 0.0mm
Photon map has 465647 samples
Photon map takes 48000960 bytes (45.8 MB)
Mode
Mode: New map　Save to file
File: <None>　Browse
On render end
Don't delete
Auto save: <None>　Browse
Switch to saved map

图附-204　开启焦散效果

步骤❺ 对场景进行渲染，效果如图附-205所示，在对象的阴影中可看到比较微弱的焦散效果。

图附-205　开启焦散后的渲染效果

步骤❻ 回到V-Ray：散焦参数卷展栏中，设置Multipler（倍增器）参数为8，如图附-206所示。

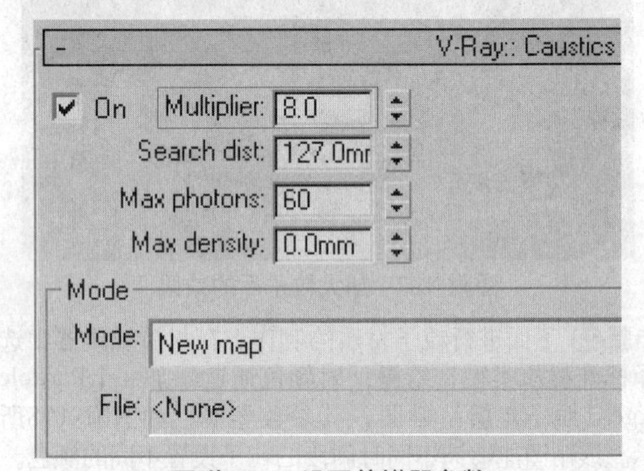

图附-206　设置倍增器参数

步骤❼ 设置完毕后再次对场景进行渲染，效果如图附-207所示，此时焦散的效果变得非常的明显。

图附-207　设置倍增器后的渲染效果

步骤❽ 在场景中选择地面对象并单击鼠标右键，在弹出的四元菜单中选择V-Ray Properties（VRay属性）命令，在开启的VRay对象属性设置对话框中取消勾选Receive caustics（接收散焦）复选框，如图附-208所示。

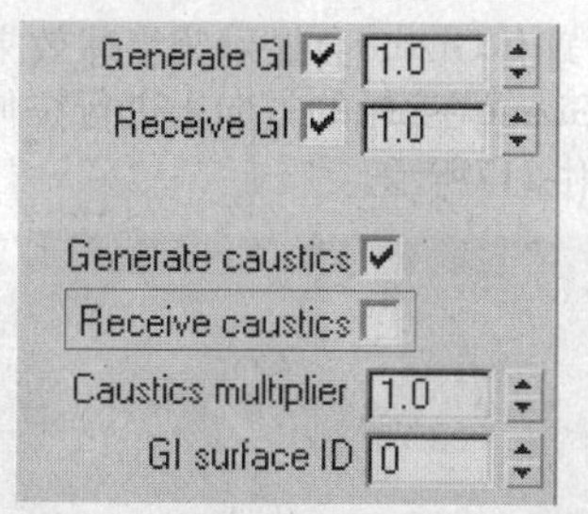

图附-208 取消勾选接收散焦复选框

步骤9 再次对场景进行渲染，效果如图附-209所示，可看到地面上的焦散效果消失了。

图附-209 取消接收散焦后的渲染效果

步骤10 在VRay对象属性设置对话框中也能够对焦散的强度进行设置，如图附-210所示，将Caustics multipler（散焦倍增）参数设置为5。

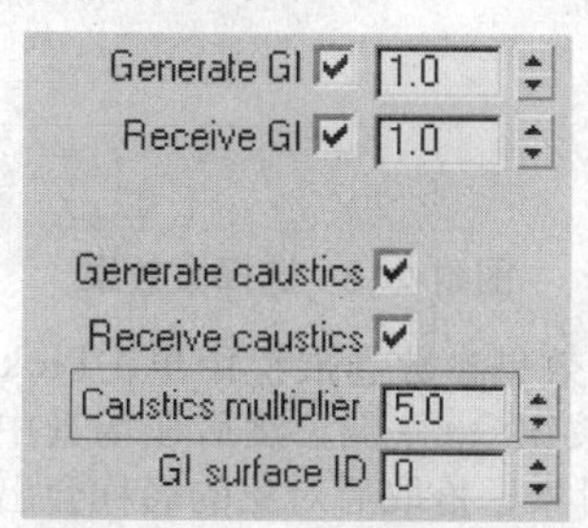

图附-210 设置散焦强度

步骤11 再次对场景进行渲染，效果如图附-211所示，可看到散焦效果变得非常的强烈。

图附-211 增加散焦强度后的渲染效果

实训19 制作火焰效果

▶ 实训目的

本实例将使用火焰大气效果来制作逼真的篝火效果。

▶ 实训内容

通过拾取帮助对象使火焰呈现出锥形并向上燃烧的形态，并且还通过参数设置来得到理想的效果。

步骤1 打开光盘中提供的“附录\实训19\实训19原始文件.max”，如图附-212所示，该场景中提供了表现火焰所需的道具模型。

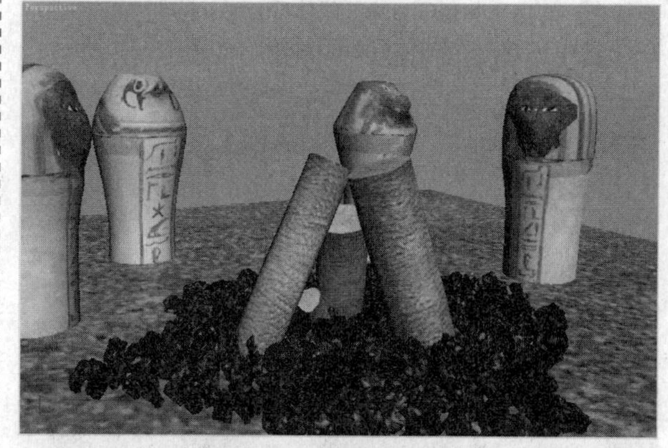

图附-212 打开场景文件

步骤2 在没有添加火焰特效的情况下进行渲染，效果如图附-213所示，为了突出火焰的效果所以场景背景设置得比较暗，并且设置了微弱的光照效果以模拟火焰对周围物体的照射，下面要做的就是在此基础上加上火焰特效。

图附-213 没有火焰的渲染效果

步骤❸ 在创建命令面板的Helpers（辅助对象）类别下选择Atomspheric Apparatus（大气装置）对象类型，如图附-214所示。

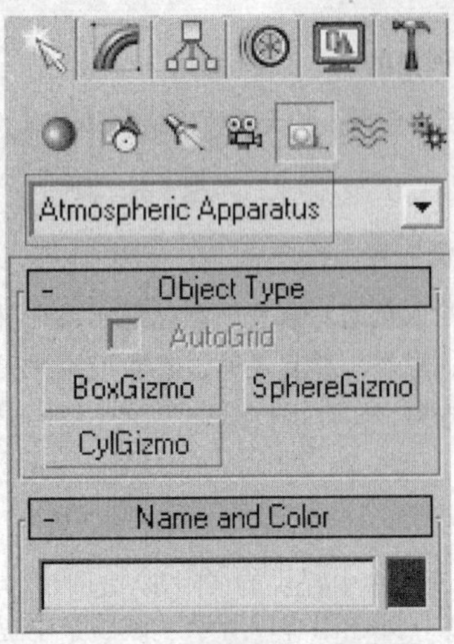

图附-214　选择大气装置类型

步骤❹ 单击SphereGizmo（球体Gizmo）按钮SphereGizmo，在场景中创建一个球体Gizmo对象，如图附-215所示。

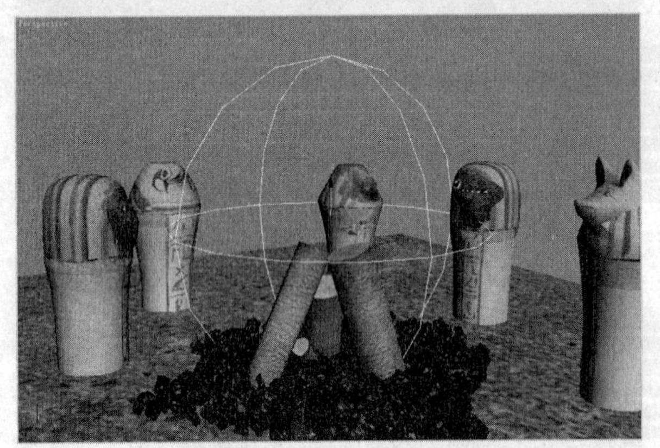

图附-215　创建球体Gizmo对象

步骤❺ 在球体Gizmo的参数卷展栏中勾选Hemisphere（半球）复选框，如图附-216所示。

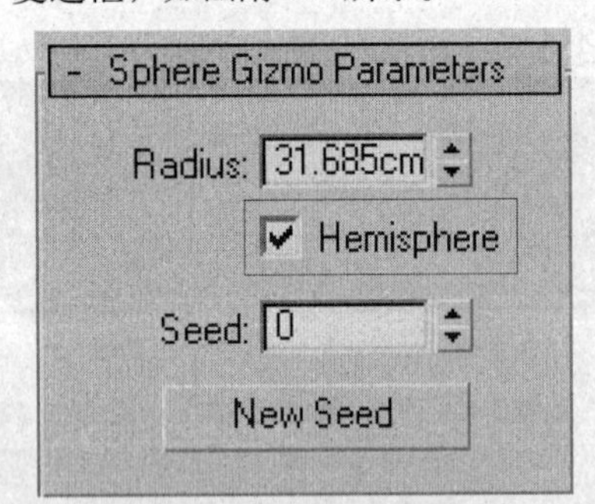

图附-216　勾选半球复选框

步骤❻ 此时球体Gizmo会显示为半球效果，使用缩放工具将球体Gizmo在Z轴的方向上进行拉伸，形成锥形效果，如图附-217所示。

图附-217　拉伸Gizmo

步骤❼ 使用快捷键8打开Environment and Effects（环境和效果）窗口，在Atmospheric（大气）卷展栏中单击Add（添加）按钮Add...，在开启的对话框中选择Fire Effect（火效果），如图附-218所示，完成后单击OK按钮。

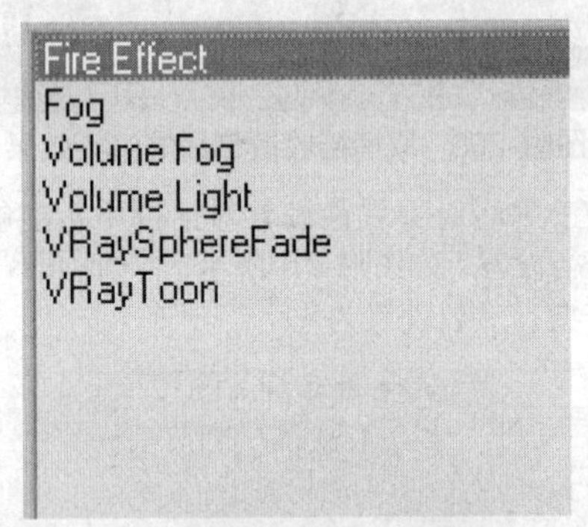

图附-218　选择火效果

步骤❽ 在火效果参数卷展栏中单击Pick Gizmo（拾取Gizmo）按钮Pick Gizmo，然后在场景中拾取创建的球体Gizmo对象，拾取后对象的名称会出现在Gizmos选项组中，如图附-219所示。

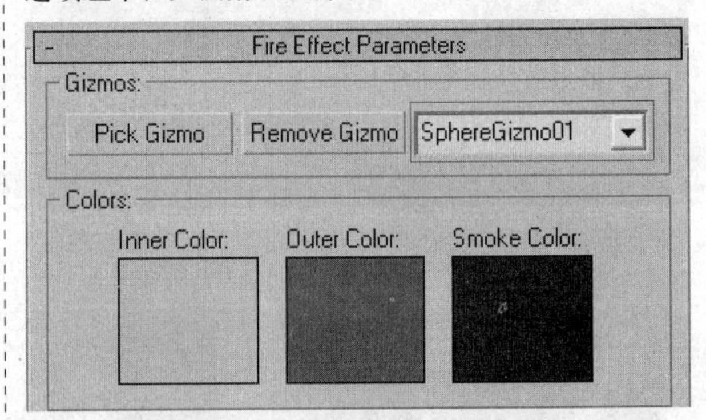

图附-219　拾取Gizmo对象

步骤❾ 在默认的状态下进行渲染，效果如图附-220所示，可以看到火焰的效果比较弱，并且不逼真。

图附-220 默认参数下的渲染效果

步骤⑩ 在火效果参数卷展栏的Shape（图形）选项组中选择Flame Type（火焰类型）为Tendril（火舌），如图附-221所示。

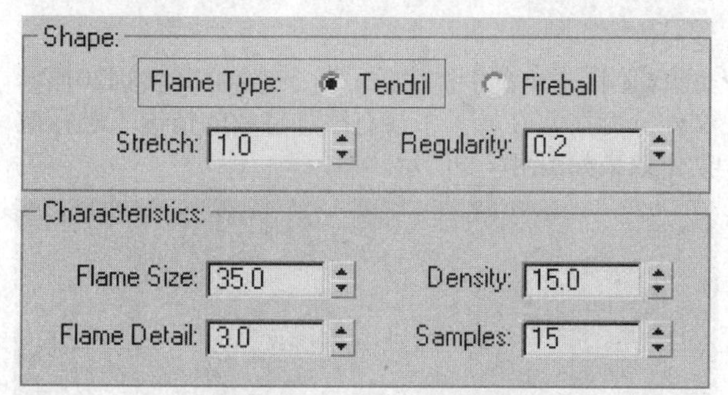

图附-221 选择火焰类型

步骤⑪ 选择了Tendril（火舌）类型后再次进行渲染，效果如图附-222所示。

图附-222 选择火舌类型后的渲染效果

步骤⑫ 从上图的渲染效果可以看到火焰效果太规整了。将Flame Size（火焰大小）参数设置为15再次进行渲染，效果如图附-223所示，可发现缩小火焰大小后，火焰的外形产生了一些变化。

图附-223 设置火焰大小后的渲染效果

步骤⑬ 将Flame Size（火焰大小）参数设置为3，然后进行渲染，效果如图附-224所示，此时火焰产生了比较杂乱的外形效果。

图附-224 缩小火焰大小后的渲染效果

步骤⑭ 将Stretch（拉伸）参数设置为0.7，可增加火焰的变化程度，效果如图附-225所示。

图附-225 设置拉伸参数

步骤⑮ 将Density（密度）参数设置为25，可加强火焰的密度使燃烧效果更加强烈，效果如图附-226所示。

图附-226　设置密度参数

步骤16 回到场景中，将球体Gizmo再向上拉伸一点，使火焰的面积更大一些，如图附-227所示。

图附-227　再次拉伸球体Gizmo

步骤17 红色的火焰效果体现出的是一种狂野的效果，读者可以尝试将火焰更改为其他色彩来表现更丰富的内容，如图附-228所示，将火焰设置为蓝色后体现出了一种神秘的气氛。

图附-228　蓝色火焰的效果

实训20　制作薄雾笼罩的小岛

实训目的

本实例通过为场景添加大气效果，向读者介绍大气效果中的雾与体积雾的区别和不同的设置方法。

实训内容

为场景直接添加雾效果，然后再在场景中设置长方体Gizmo作为体积雾的载体，制作出薄雾笼罩的效果。

步骤1 打开光盘中提供的“附录\实训20\实训20原始文件.max”，在场景中没有添加特效的情况下进行渲染，效果如图附-229所示。

图附-229　没有特效的渲染效果

步骤2 打开Environment and Effects（环境和效果）窗口，在Atmosphere（大气）卷展栏中单击Add（增加）按钮 Add... ，在弹出的对话框中选择Fog（雾）效果，如图附-230所示，完成后单击OK按钮。

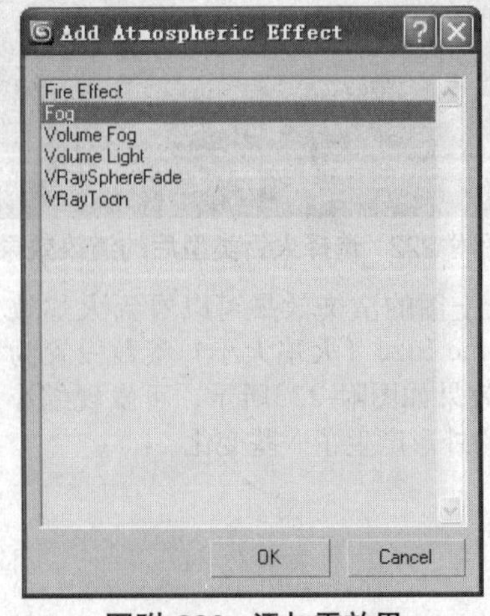

图附-230　添加雾效果

步骤3 保持默认的参数不变，然后进行渲染，效果如图附-231所示，可看到图像中出现了雾的效果，并且远处的雾效果比较浓厚。

图附-231 添加了雾效果后的渲染效果

步骤4 在Create（创建）命令面板中的Helpers（辅助对象）类别下选择Atmospheric Apparatus（大气装置）类型，如图附-232所示。

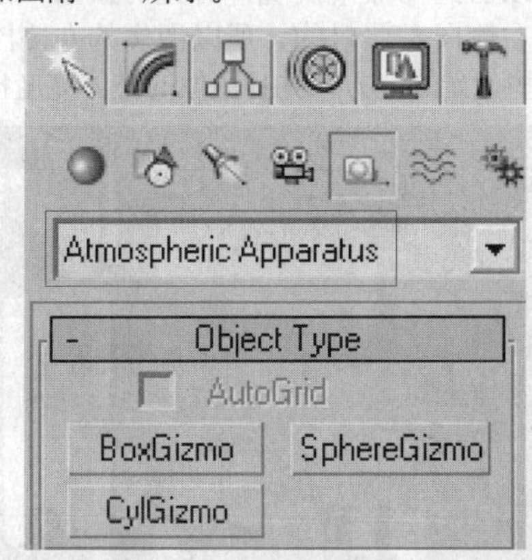

图附-232 选择大气装置类型

步骤5 单击面板中的Box Gizmo（长方体Gizmo）按钮 BoxGizmo ，在场景中创建一个长方体Gizmo，如图附-233所示。

图附-233 创建长方体Gizmo

步骤6 进入环境和效果窗口，在其中添加一个Volume Fog（体积雾）大气效果，如图附-234所示。

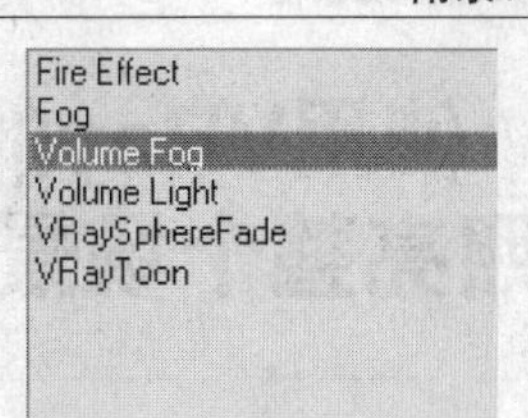

图附-234 添加体积雾效果

步骤7 在体积雾参数卷展栏的Gizmos选项组中单击如图附-235所示的Pick Gizmo（拾取Gizmo）按钮 Pick Gizmo ，拾取场景中创建的长方体Gizmo，如图附-235所示。

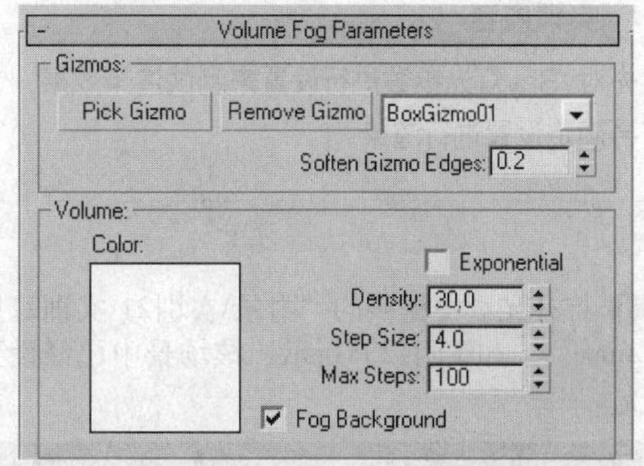

图附-235 单击拾取Gizmo按钮

步骤8 按照相同方法在场景中如图附-236所示的几个位置再创建两个长方体Gizmo，并添加体积雾效果。

图附-236 创建其他的长方体Gizmo

步骤9 设置完毕后对场景进行渲染，最终效果如图附-237所示。

图附-237 最终渲染效果

实训21 使用VRay的全局光照来照亮整个场景

▶ 实训目的

本实例通过为场景添加VRay的全局光照效果，来向读者介绍VRay灯光的运用与参数的设置方法。

▶ 实训内容

先对VRay灯光参数进行设置来测试渲染效果，再确定设置进行渲染。

步骤❶ 打开光盘中提供的“附录\实训21\实训21原始文件.max”，如图附-238所示，该场景中已经设置好了灯光。

图附-238 打开场景文件

步骤❷ 首先进行渲染前的准备工作，按下F10键，在打开窗口中选择VRay渲染器，再在渲染器选项卡下的V-Ray：图像采样卷展栏中选择采样器类型为Fixed（固定），如图附-239所示。

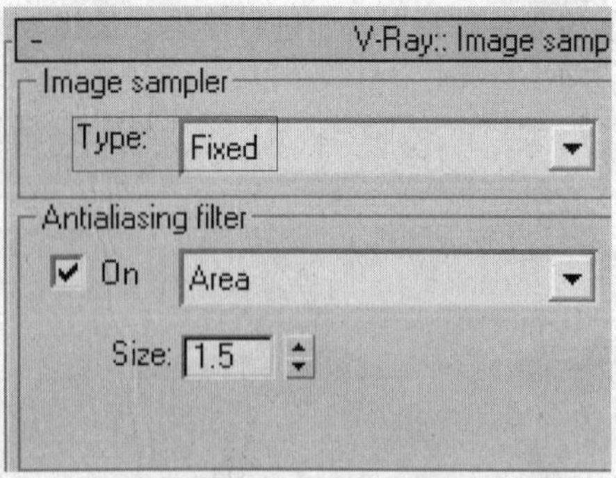

图附-239 设置图像采样器

步骤❸ 在VRay的全局开关卷展栏中勾选Override mtl（覆盖材质）复选框，使用一个普通的灰材质来替代场景中的所有材质，如图附-240所示。这样在测试渲染时可以加快渲染速度。

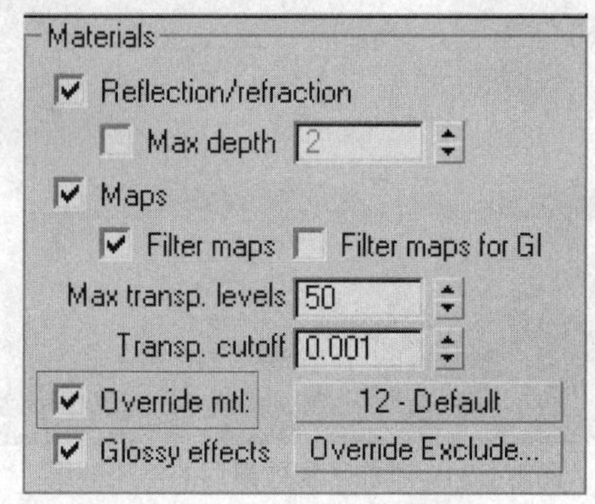

图附-240 使用替代材质

步骤❹ 设置完毕后对场景进行渲染，效果如图附-241所示，可以看到图像中出现了灯光的效果，但是由于灯光是从右侧向左照射的，所以图像的左侧比较暗，尤其是一些背光的地方，并且图像的整体亮度也偏暗。

图附-241 没有开启全局光照的效果

步骤❺ 进入VRay的间接照明卷展栏，勾选On（启用）复选框，如图附-242所示，并选择发光贴图和灯光缓存作为渲染引擎。

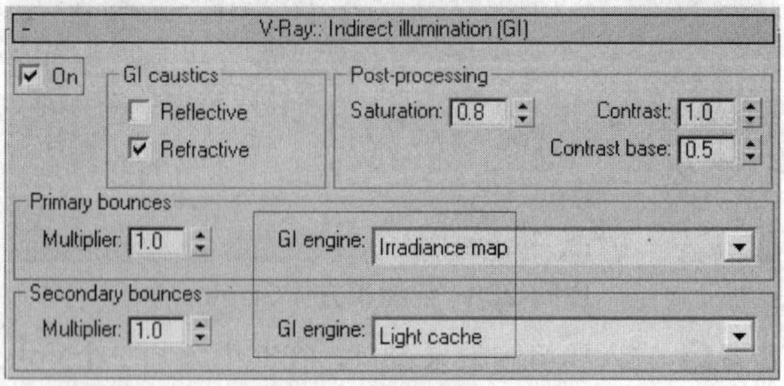

图附-242 开启间接光照

步骤 6 由于是测试渲染，所以在VRay的发光贴图卷展栏中设置光照贴图的质量为Very low（非常低），如图附-243所示。

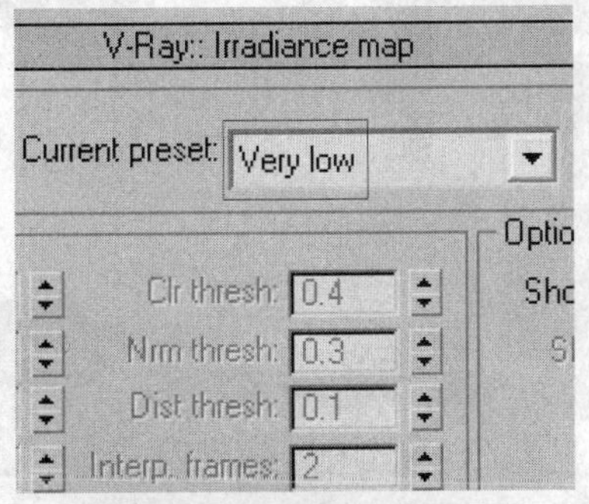

图附-243 设置光照贴图质量

步骤 7 在VRay的系统卷展栏中设置Subdivs（细分）质量为200，如图附-244所示。

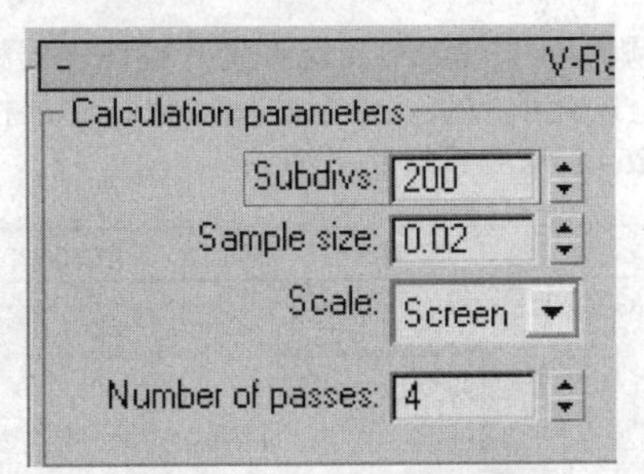

图附-244 设置细分质量

步骤 8 设置完毕后对场景进行渲染，可以看到在开启全局光照后整个场景的亮度都增加了，但是在靠近右侧的光源处出现了曝光，如图附-245所示。

图附-245 开启全局光照后的效果

步骤 9 进入VRay的颜色映射卷展栏，选择曝光类型为Exponential（指数）类型，如图附-246所示。

步骤 10 再次对场景进行渲染，效果如图附-247所示，在使用了指数颜色映射类型后，曝光被消除了，但是场景的亮度也有了一定程度的降低。

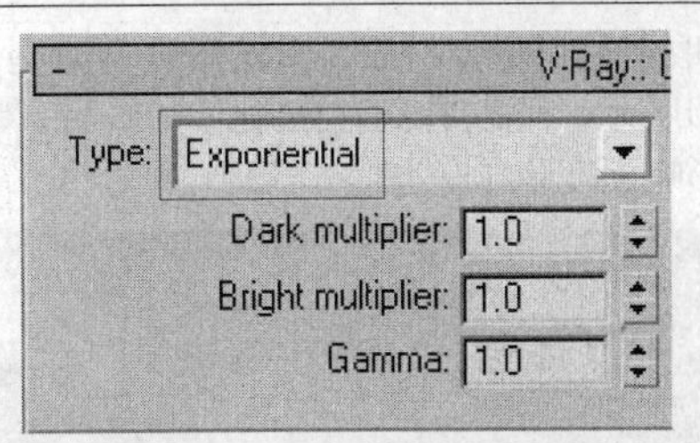

图附-246 选择指数曝光类型

图附-247 使用指数颜色映射类型后的渲染效果

步骤 11 在颜色映射卷展栏中将Dark multiplier（变暗倍增器）设置为1.5，如图附-248所示。

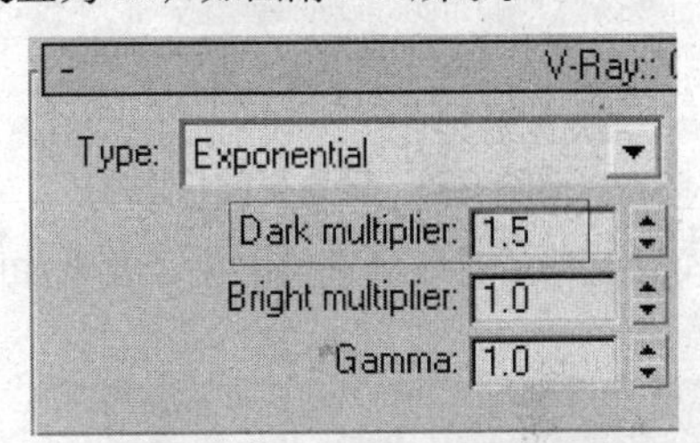

图附-248 设置变暗倍增器

步骤 12 对场景渲染，效果如图附-249所示，可看到此时亮度已经比较合适了。

图附-249 提高暗部倍增后的渲染效果

步骤13 取消使用覆盖材质并对场景进行渲染，效果如图附-250所示，可以看到在使用了材质后，场景因为材质的影响而变暗了一些。

图附-250　使用材质的渲染效果

步骤14 在颜色映射卷展栏中将Bright multiplier（变亮倍增器）设置为2.5，如图附-251所示。

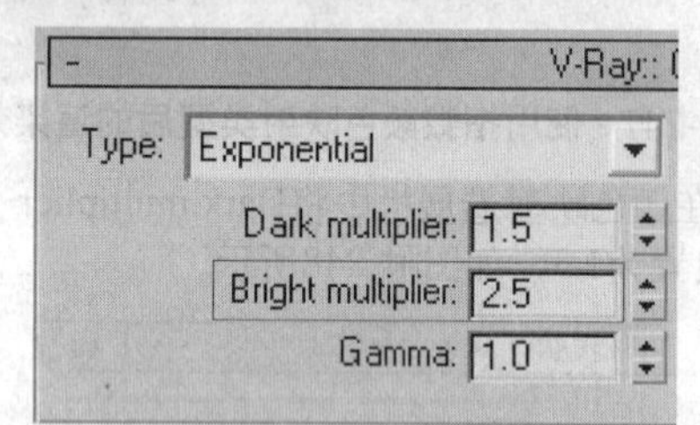

图附-251　设置亮部倍增

步骤15 设置完毕后对场景进行渲染，效果如图附-252所示。

图附-252　设置亮部倍增后的渲染效果

步骤16 将Dark multiplier（变暗倍增器）设置为3.5，再次进行渲染，效果如图附-253所示。

图附-253　继续增加暗部倍增后的渲染效果

步骤17 测试效果满意后可以在发光贴图卷展栏中设置较高的全局光照质量，然后在图像采样卷展栏中选择如图附-254所示的采样器类型。

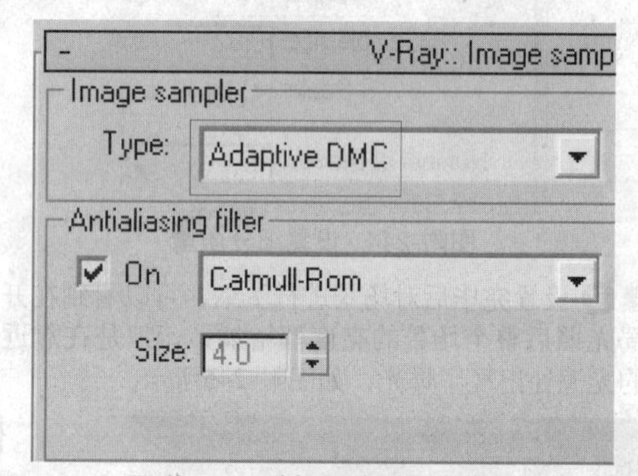

图附-254　选择图像采样器类型

步骤18 设置完毕后对场景进行最终渲染，效果如图附-255所示。

图附-255　最终渲染效果

实训22 应用Video Post制作太空激光武器效果

▶ **实训目的**

本实例通过制作飞船发射激光武器的效果，向读者介绍Video Post的使用以及镜头效果的设置方法。

▶ **实训内容**

通过Video Post合成器添加场景事件，以及镜头效果光晕和镜头效果高光图像过滤器事件来制作激光效果。

步骤❶ 打开光盘中提供的“附录\实训22\实训22原始文件.max”，在没有进行设置的情况下渲染，效果如图附-256所示，场景中使用了一些圆柱体来模拟飞船发射出的光柱。

图附-256 默认场景的渲染效果

步骤❷ 执行“Rendering（渲染）>Video Post”命令，打开Video Post窗口，单击工具栏中的Add Scene Event（添加场景事件）按钮，在弹出对话框中选择Camera01（摄影机01）视口，如图附-257所示，完成后单击OK按钮。

Add Scene Event

View

Label: Unnamed

Camera01

Scene Options

图附-257 添加场景事件

步骤❸ 单击工具栏中的Add Image Filter Event（添加图像过滤器事件）按钮，在弹出的对话框中选择Lens Effects Glow（镜头效果光晕）类型，如图附-258所示。

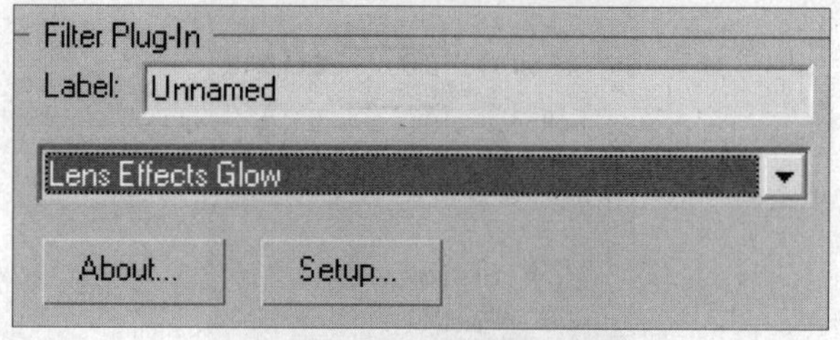

图附-258 添加图像过滤器事件

步骤❹ 选择场景中的所有圆柱体对象并单击鼠标右键，然后在弹出四元菜单中选择执行Object Properties（对象属性）命令，在打开的对象属性对话框中设置Object ID（对象ID）为1，如图附-259所示，完成后单击OK按钮。

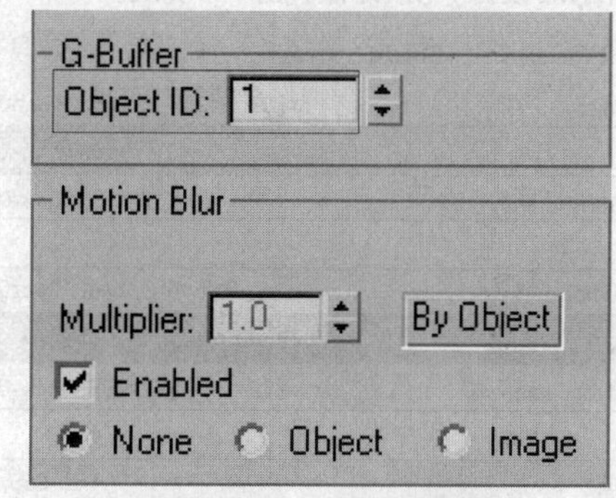

图附-259 设置材质ID号

步骤❺ 在Video Post窗口中单击Add Image Filter Event（添加图像过滤器事件）按钮，在弹出对话框中选择Lens Effects Highlight（镜头效果高光），再单击Setup（设置）按钮，在弹出对话框的Properties（属性）选项卡中勾选Effects ID（效果ID）复选框并设置Effects ID（效果 ID）为1，如图附-260所示。

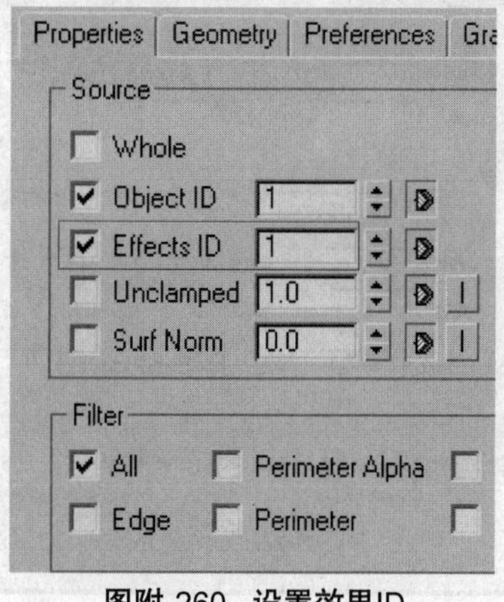

图附-260 设置效果ID

步骤❻ 在Preferences（首选项）选项卡中进行如图附-261所示的参数设置。

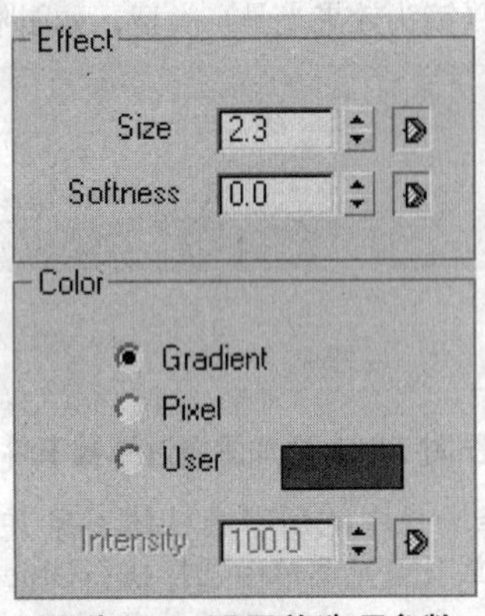

图附-261　设置首选项参数

步骤❼ 然后进入Gradients（渐变）选项卡中进行如图附-262所示的设置，完成后单击OK按钮。

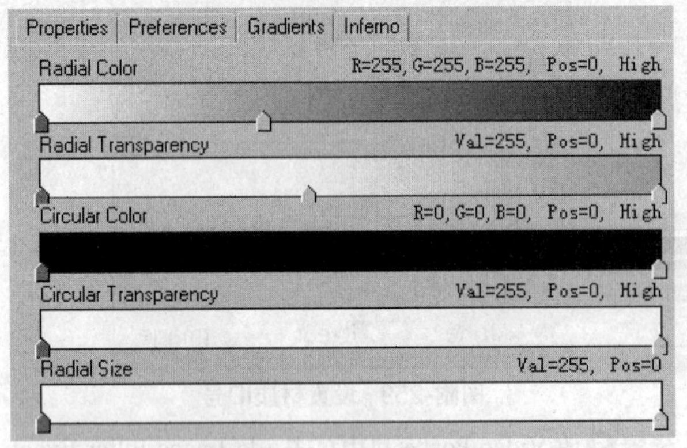

图附-262　设置渐变参数

步骤❽ 设置完毕后在Video Post窗口中单击Execute Sequence（执行序列）按钮，开启Video Post的渲染输出对话框，如图附-263所示。

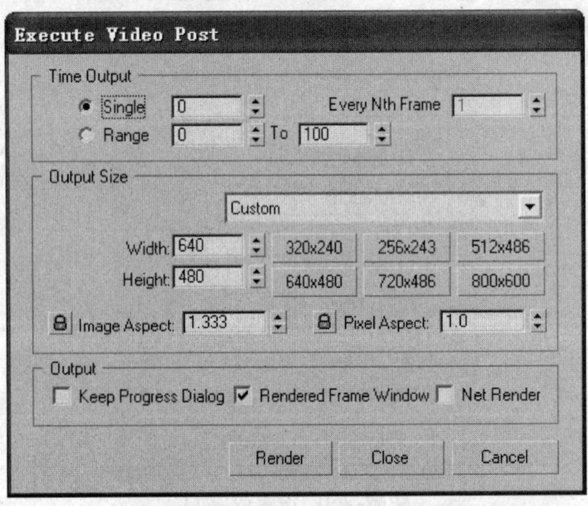

图附-263　执行Video Post对话框

步骤❾ 选择需要的图像输出尺寸然后进行最终渲染，效果如图附-264所示。渲染图像中模拟光标的圆柱体对象产生了发光的效果。

图附-264　星光效果的最终渲染

实训23　应用Video Post制作镜头高光效果

▶ 实训目的

本案例通过对粒子系统添加镜头效果高光和镜头效果光晕效果，向读者介绍在Video Post可为同一个物体上添加多种镜头效果进行渲染。

▶ 实训内容

本案例通过对粒子系统添加Lens Effects Highlight（镜头效果高光）和Lens Effects Glow（镜头效果光晕）效果表现夜空中的星星效果。

步骤❶ 打开光盘中提供的“附录\实训23\实训23原始文件.max”，视图渲染效果如图附-265所示。

图附-265　场景文件渲染效果

步骤❷ 在创建面板的几何体类别下选择粒子系统类型，并单击Blizzard（暴风雪）按钮，在视口中如图附-266所示的位置创建一个粒子系统。

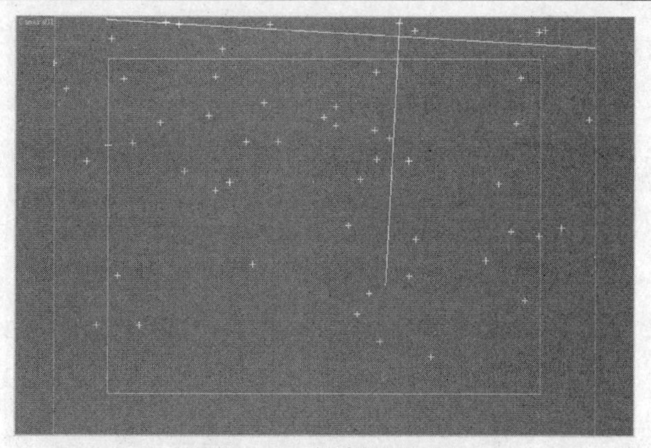

图附-266 创建粒子系统

步骤❸ 按照图附-267所示设置Particle Generation（粒子生成）卷展栏中的各选项参数。

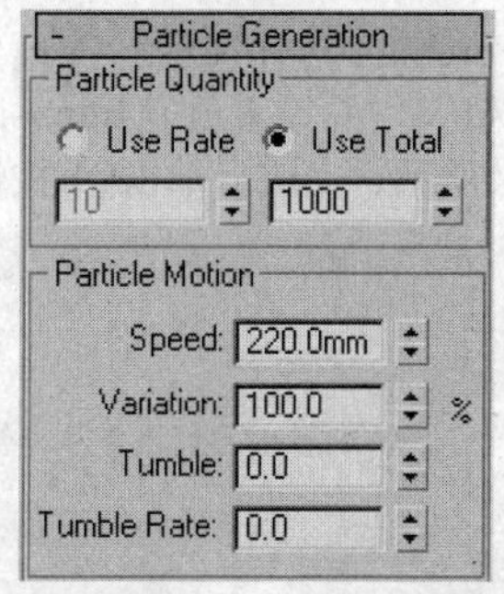

图附-267 设置粒子生成卷展栏中的参数

步骤❹ 选择粒子系统，单击鼠标右键，在四元菜单中选择Object Properties（对象属性）命令，在对象属性对话框中设置Object ID（对象ID）号为1，如图附-268所示，完成后单击OK按钮。

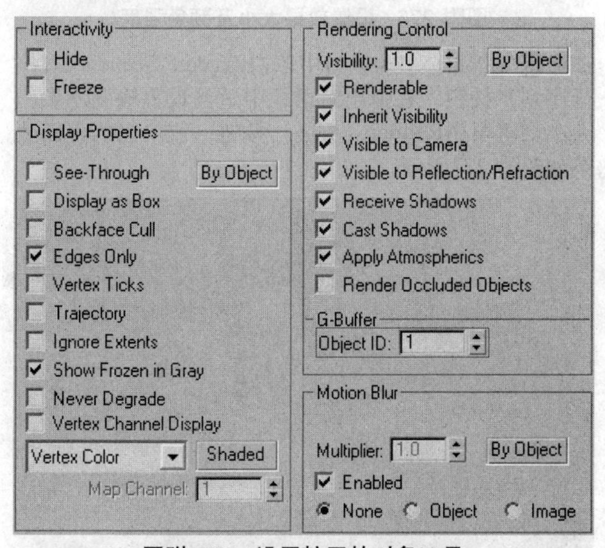

图附-268 设置粒子的对象ID号

步骤❺ 打开Video Post窗口，在其中单击Add Scene Event（添加场景事件）工具按钮，在弹出对话框中选择Camera01（摄影机01）视口，如图附-269所示。

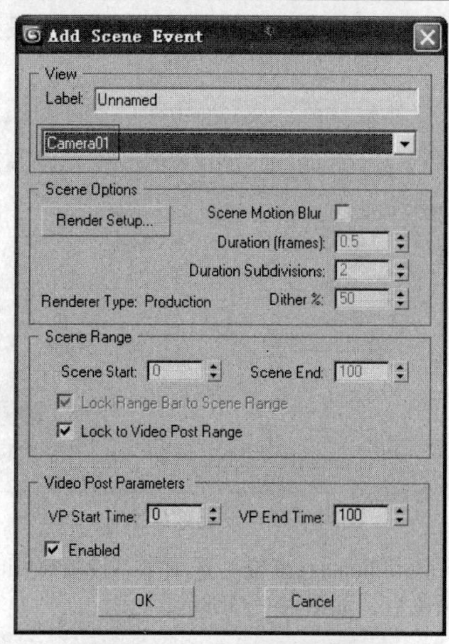

图附-269 选择摄影机视口

步骤❻ 单击OK按钮后，再在Video Post窗口中单击Add Image Filter Event（添加图像过滤器事件）工具按钮，在弹出对话框中选择Lens Effects Highlight（镜头效果高光），如图附-270所示。

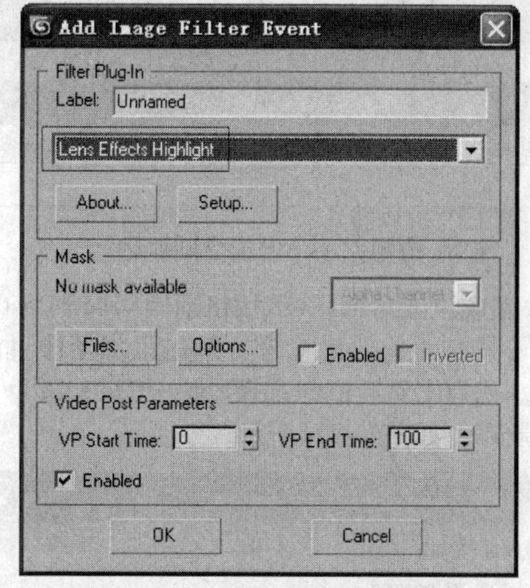

图附-270 选择镜头效果高光

步骤❼ 在添加图像过滤器事件对话框中单击Setup（设置）按钮，在开启的对话框中勾选Effects ID（效果ID）复选框，如图附-271所示。

图附-271 勾选效果ID复选框

步骤❽ 在Preferences（首选项）选项卡下设置效果Size（大小）为2，如图附-272所示。

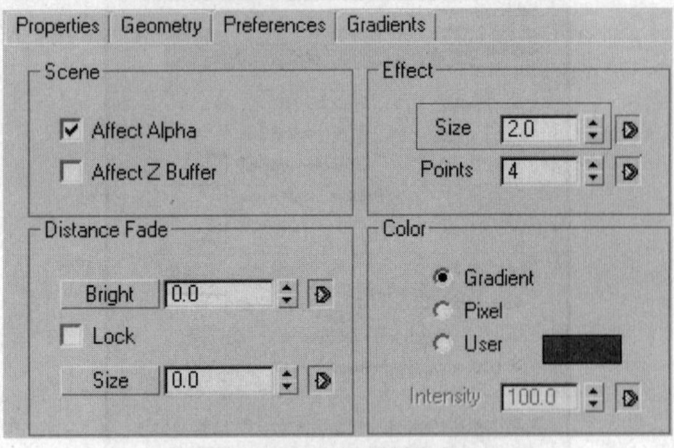

图附-272　设置效果大小

步骤❾ 在Gradients（渐变）选项卡下设置Radial Color（径向颜色），如图附-273所示。

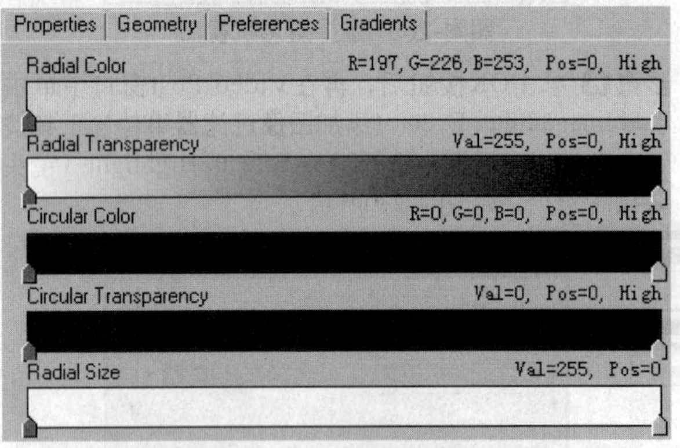

图附-273　设置径向颜色

步骤❿ 完成设置后单击OK按钮返回Video Post窗口，再为粒子添加镜头效果光晕，单击添加图像过滤器事件按钮，在弹出对话框中选择Lens Effects Glow（镜头效果光晕），如图附-274所示。

图附-274　选择镜头效果光晕

步骤⓫ 在添加图像过滤器事件的对话框中单击Setup（设置）按钮，在开启的对话框中勾选Effects ID（效果ID）复选框，如图附-275所示。

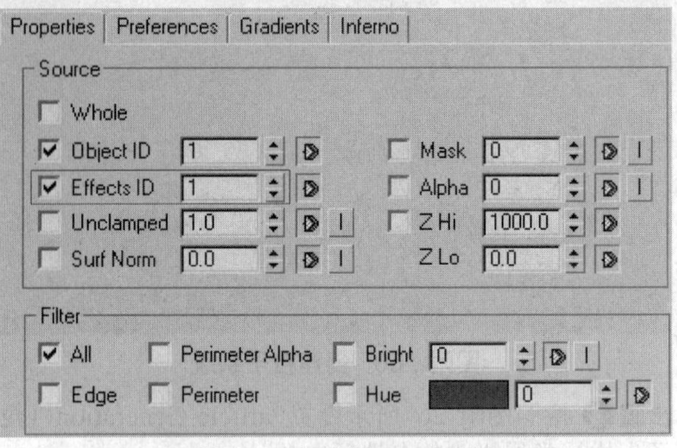

图附-275　勾选效果ID复选框

步骤⓬ 在Preferences（首选项）选项卡下设置效果Size（大小）为0.8，并设置颜色Intensity（强度）为80，如图附-276所示，完成后单击OK按钮。

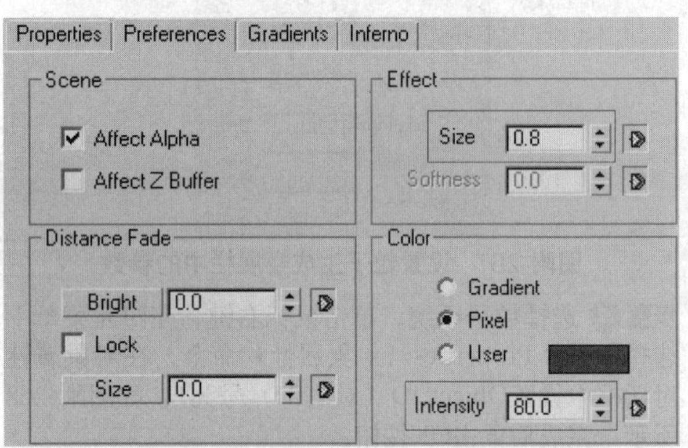

图附-276　设置效果大小及颜色强度

步骤⓭ 在Video Post窗口中单击Execute Sequence（执行序列）按钮，在弹出对话框中适当设置输出图像的大小，再单击Render（渲染）按钮，渲染出的视图效果如图附-277所示。

图附-277　最终渲染效果

附录2 认证模拟试题

模拟试题I及答案

一、选择题

1. 下列选项中不属于3ds Max建模方法的是________。

A. 网格建模　　B. 多边形建模

C. NURBS建模　　D. 节点建模

2. 下面用于合并max文件的命令是________。

A. File>Replace　　B. File>Merge

C. File>Reset　　D. File>Asset Tracking

3. 下面的贴图类型中不展示3D贴图的是________。

A. Dent　　B. Marble

C. Combustion　　D. Niose

4. Mental ray渲染器不支持以下________格式的贴图。

A. JPG格式　　B. BMP格式

C. Png格式　　D. Gif格式

5. 在使用Bitmap（位图）贴图时，Coordinates（坐标）卷展栏中的________能控制贴图的位置。

A. Offset　　B. Tiling

C. Mirror　　D. Tile

6. 能实现选择冻结的功能是________。

A. Unhide by Name　　B. Freeze Selection

C. Hide Unselectes　　D. Unhide All

7. 能实现选择独立的功能是________。

A. Unhide by Name　　B. Freeze Selection

C. Isolate Selection　　D. Unhide All

8. 在场景中打开和关闭对象的关联显示的命令是________。

A. Views>Show Dependencies

B. Views>Show Transform Gizmo

C. Views>Show Background

D. Views>Show Connection

9. ________材质类型与面的ID号有关。

A. Blend　　B. Composite

C. Multi/Sub-Object　　D. Raytrace

10. 下面选项中________属于卡通材质。

A. Composite　　B. Raytrace

C. Ink'n Paint　　D. Morpher

11. 将两个二维图形与二维图形进行合并应选择________。

A. Shape Merge　　B. Conform

C. Attach　　D. Connect

12. 在Track View（轨迹视图）中选择环境应选择________。

A. Sound　　B. Global Tracks

C. Environment　　D. Renderer

13. 在Assign Transform Controller（指定控制器）对话框中控制对象位置变换的是________控制器。

A. Link Constraint

B. Position/Rotation/Scale

C. Transform Script

D. XRef Controller

14. 在Environment and Effects（环境和效果）对话框的Environment（环境）选项卡下可为场景添加________效果。

A. Fire Effect　　B. Fog

C. Volume Light　　D. Blur

15. 在Video Post视频合成器窗口中为对象添加特殊效果时，该对象必须有________。

A. 材质　　B. ID号

C. 贴图　　D. 灯光

16. Video Post视频合成器窗口中的镜头效果过滤器事件不包括________。

A. Lens Effects Flare（镜头效果光斑）

B. Lens Effects Focus（镜头效果焦点）

C. Lens Effects Highlight（镜头效果高光）

D. Cross Fade Transition（交叉淡入淡出）

17. 在3ds Max中，动画时间的最小计量单位是________。

A. 1帧　　B. 1秒

C. 1/2400秒　　D. 1/4800秒

18. 在使用Mental ray渲染器渲染透明对象的焦

散效果时场景中必须有________。

A. 产生和接收焦散的对象

B. 赋予了材质的对象

C. 产生了动画的对象

D. 摄像机

19. 下面的________对话框不能用来进行精确的变换。

A. Move Transform Type-In

B. Scale Transform Type-In

C. Rotate Transform Type-In

D. Preferences

20. 下面MeshSmooth（网格平滑）修改器的________选项可以控制节点的权重。

A. Power　　B. NURMS

C. NURBS　　D.Weight

二、判断题

21. Active shade可以更改渲染器的类型。

A. 对　　B. 错

22. 可以通过F3键来切换物体的边框与实体显示。

A. 对　　B. 错

23. 打开动画设置的快捷键默认为N。

A. 对　　B. 错

24. 3ds Max 2009中打开最近文件列表中最多有10个选项。

A. 对　　B. 错

25. 放样中的路径可以有若干个。

A. 对　　B. 错

26. 用Ungroup命令打开组后必须使用Group命令重新形成组。

A. 对　　B. 错

27. 可以通过灯光参数卷展栏中的任意一个选项设置动画。

A. 对　　B. 错

28. 在编辑样条线时，不能对两条样条线运用超级布尔运算。

A. 对　　B. 错

29. 在样条线的线段编辑中，选取Curve并不移动将线段变成曲线。

A. 对　　B. 错

30. 在使用Multi/Sub-Object（多维/子材质）时，其子材质球最多只能设置10个。

A. 对　　B. 错

31. 在3ds Max中渲染生成的PNG文件没有Alpha通道。

A. 对　　B. 错

32. 在Viewport Configuration（视口配置）对话框中可以重叠3ds Max各视口的颜色及相关的快捷键。

A. 对　　B. 错

33. Gradient（渐变）贴图包括Linear和Radial两种类型。

A. 对　　B. 错

34. 样本球的数量不能够决定材质的数量。

A. 正确　　B. 错误

35. 可通过调整二维曲线的插值来提高它曲线的光滑度。

A. 正确　　B. 错误

36. 在3ds max中我们可以通过Bump模拟浮雕效果。

A. 正确　　B. 错误

37. 在明暗模式中，设置金属材质的选项为Metal。

A. 正确　　B. 错误

38. 灯光也可以制作投影动画文件。

A. 正确　　B. 错误

39. 在使用放样时，所使用的截面图形不能有不封闭的图形。

A. 正确　　B. 错误

40. 3ds Max中的双面材质与面的法线有关。

A. 正确　　B. 错误

1	D	2	D	3	C
4	A	5	A	6	B
7	C	8	A	9	C
10	C	11	A	12	C
13	B	14	D	15	B
16	D	17	D	18	A
19	D	20	B	21	B
22	A	23	A	24	B
25	B	26	A	27	B
28	A	29	A	30	B
31	B	32	A	33	A
34	A	35	B	36	A
37	A	38	A	39	B
40	A				

模拟试题II及答案

一、选择题

1. 在3ds max 2009中，可选择的区域形状有________。

A. 1种　　B. 2种

C. 3种　　D. 4种

2. 快速渲染的快捷键默认为________。

A. F9　　B. F10

C. Shift +Q　　D. F11

3. 以下不属于粒子系统的对象是________。

A. Spray　　B. Teapot

C. Snow　　D. Super Spray

4. Edit Spline中有几个次物体类型________。

A. 5　　B. 4

C. 3　　D. 6

5. 以下________按钮可以在Edit mesh的任何次物体层级均可用。

A. Divide　　B. Select open edges

C. Chamfer　　D. Attach

6. 以下不属于3ds max 2009灯光中使用的调整参数的是________。

A. Cast shadow　　B. Attenuation

C. Multiplier　　D. Link

7. 在使用布尔运算时，不包括的运算操作类型为________。

A. Union　　B. Subtraction

C. Intersection　　D. Connection

8. 以下关于修改器的说法正确的是________。

A. 弯曲修改器的参数变化不可以形成动画

B. NURBS建模又称为多边形建模

C. 放样是使二维图形形成三维物体

D. Edit mesh中有3种次物体类型

9. 以下不属于3ds max 2009中常用的材质类型的是________。

A. Standard　　B. Raytrace

C. Absorption　　D. Blend

10. 以下不属于3ds max 2009系统中自带的动画控制器的是________。

A. Path Constraint　　B. Compound Biped

C. Noise　　D. Position XYZ

11. 在3ds Max中有很多的坐标系统，其中________不是软件中自带的坐标系统。

A. View　　B. V3d

C. World　　D. Screen

12. 下面用于合并扩展名为max的文件命令是________。

A. Merge　　B. Open

C. Export　　D. View Image files

13. 以下________命令可以用来设置线性渲染属性________。

A. Fuse　　B. Interpolation

C. Renderable　　D. Cut

14. 3ds max 2009中默认的专家模式快捷键为________。

A. Ctrl +D　　B. Ctrl +X

C. Ctrl +A　　D. Ctrl +E

15. 以下________操作不能用来对二维样条线上的点进行操作。

A. Refine　　B. Weld

C. Make First　　D. Bevel

16. 角度捕捉的默认快捷键为________。

A. A　　B. S

C. P　　D. U

17. 可隐藏当前视口中网格的默认快捷键是________。

A. F5　　B. I

C. W　　D. G

18. 火、雾等Video Post特效可以在以下________视口中正常渲染。

A. Top　　B. Front

C. Camera　　D. Back

19. Edit Spline中可以进行正常布尔运算的次物体层级为________。

A. Vertex　　B. Edge

C. Line　　D. Spline

20. 以下不属于标准三维空间捕捉的类型是________。

A. Vertex　　B. Edge

C. Polygon　　D. Pivot

二、判断题

21. 3ds Max 2009线框材质的线框粗细不可以调整。

A. 对　　B. 错

22. 3ds Max 2009中选择并移动命令的默认快捷键W。

A. 对　　B. 错

23. Edit Mesh中次物体移动，在不添加任何其他修改器的情况下可以做成动画。

A. 对　　B. 错

24. 可以通过在材质的反射通道中添加位图，从而表现物体真实的反射效果。

A. 对　　B. 错

25. 可以使用C键将当前激活的视口切换到摄影机视口。

A. 对　　B. 错

26. 修改编辑器一定会改变物体的形状。

A. 对　　B. 错

27. 不指定双面材质就不能同时渲染物体的内外表面。

A. 对　　B. 错

28. 为物体指定贴图后，材质不能设置为透明。

A. 对　　B. 错

29. Bend编辑器不可以对二维曲线进行修改。

A. 对　　B. 错

30. Optimize减少对象上的面的数目，但不减少节点的数目。

A. 对　　B. 错

31. UVW Map不可以给次级对象放置贴图的坐标。

A. 对　　B. 错

32. 作为运动路径的样条曲线的第一点决定运动的起始位置。

A. 对　　B. 错

33. Skew一定沿着3个轴或次级对象几何体来偏移对象。

A. 对　　B. 错

34. 在Mask遮罩贴图中，遮罩图像最好是彩色图像。

A. 对　　B. 错

35. SnapShot复制功能不需要先给被复制的对象设置动画。

A. 对　　B. 错

36. 当Lock Handles的Alike选项作用于多个节点的时候，只有当选择的是Bezier Corner节点的时候，一个节点的两边才不同。对于Bezier节点，拖曳任何一个手柄都会影响两个手柄。

A. 对　　B. 错

37. 可以根据面的ID号应用于平面镜效果。

A. 对　　B. 错

38. 应用在对象局部坐标系的编辑修改器受对象轴心点的影响。

A. 对　　B. 错

39. 在3ds Max的修改器堆栈中改变修改器的次序，对最后的效果没有影响。

A. 对　　B. 错

40. 在环境和效果对话框中为场景添加的大气效果，可以在Video Post视频合成器中渲染输出。

A. 对　　B. 错

1	C	2	A	3	B
4	C	5	D	6	D
7	D	8	A	9	C
10	B	11	B	12	A
13	C	14	B	15	D
16	A	17	D	18	C
19	D	20	C	21	A
22	A	23	B	24	A
25	A	26	B	27	B
28	B	29	B	30	B
31	B	32	A	33	B
34	B	35	B	36	A
37	B	38	A	39	B
40	A				